Ps

中文版

Photoshop CC 2018

完全自学教程

李金明 李金蓉 编著

人民邮电出版社

北京

图书在版编目（CIP）数据

中文版Photoshop CC 2018完全自学教程 / 李金明，
李金蓉编著. -- 北京 : 人民邮电出版社，2019.1
ISBN 978-7-115-50065-6

Ⅰ. ①中… Ⅱ. ①李… ②李… Ⅲ. ①图象处理软件
—教材 Ⅳ. ①TP391.413

中国版本图书馆CIP数据核字(2018)第247937号

内 容 提 要

本书是有着 11 年热销历史的 Photoshop 经典自学教程。书中从基础的 Photoshop CC 2018 下载和安装开始讲起，循序渐进地解读 Photoshop CC 2018 的操作方法，以及全部工具和命令，深入剖析了选区、图层、蒙版、通道、混合模式等 Photoshop 核心功能，并通过实战案例+原理分析的方式讲解非破坏性编辑、图像合成、特效制作、照片处理、修图、抠图、数字绘画、高级调色、3D 等 Photoshop 应用技术。

针对不同需求的读者（初学者、想要进阶的读者、从事设计工作的职场人士），书中设置了多种学习方案，可以使读者提高学习效率，在较短的时间内掌握 Photoshop 的相关技能。本书还从实用角度出发，精选了大量高品质的设计实例，涵盖各种行业项目，不论是初学者，还是从事平面设计、UI 设计、网店美工、照片修图、插画设计、包装设计、服装设计、三维动画设计、影视广告等工作的设计师，都可以从中获得实战技巧，独立制作出精彩的作品。

本书提供了多种形式的配套资源：为所有实例提供视频教学录像；附赠海量设计资源，包括近千种画笔、形状、动作、渐变、图案和样式；赠送学习资料，包括"UI 设计配色方案""网店装修设计配色方案""常用颜色色谱表""CMYK 色卡""色彩设计""图形设计""创意法则"7 个设计类电子文档，以及"Illustrator CC 自学教程""Photoshop 应用宝典""Photoshop CC 2018 滤镜""Photoshop 外挂滤镜使用手册""Photoshop CC 2018 首选项"5 个软件学习类电子文档。另外，读者还可以通过 QQ、微信、微博或在参与直播课程时，在线提问，获得学习指导。

本书适合 Photoshop 初学者，以及从事设计和创意工作的人员使用，同时也适合高等院校相关专业的学生和各类培训班的学员参考阅读。

◆ 编　　著　李金明　李金蓉
　　责任编辑　张丹丹
　　责任印制　陈　犇

◆ 人民邮电出版社出版发行　　北京市丰台区成寿寺路 11 号
　　邮编　100164　　电子邮件　315@ptpress.com.cn
　　网址　http://www.ptpress.com.cn
　　北京市雅迪彩色印刷有限公司印刷

◆ 开本：880×1092　1/16
　　印张：34　　　　　　　　　　　　　彩插：12
　　字数：1126 千字　　　　　　　　　2019 年 1 月第 1 版
　　印数：1-12 000 册　　　　　　　　2019 年 1 月北京第 1 次印刷

定价：99.00 元

读者服务热线：(010)81055410　印装质量热线：(010)81055316
反盗版热线：(010)81055315
广告经营许可证：京东工商广登字 20170147 号

Preface 前言

如果说从前的Photoshop是卓越的图像编辑软件，那么现在这个称谓就要重新定义了。在近些年的版本升级中，Photoshop越来越多元化。它加入和增强了网页、视频、3D、技术成像等功能，在UI、APP、视频、3D、动画和科学技术领域获得了突破，也有了更加广泛的应用。事实上，Photoshop已经成为设计和创意领域的全能霸主。

这样一个功能庞大，用途又极其广泛的软件程序，给我们学习提出了不小的挑战。初次面对Photoshop，我们的首要问题不是"怎样学习它"，而是"我要用它做什么"。只有明确需求，之后再配以合理的学习计划，有取舍、有重点地学习，才能避免按部就班地学习每一种功能而造成时间上的浪费。本书针对不同层次和工作需要的读者制订了差异化的学习计划，包括为初学者设计的必学课程；为具备了一定基础，想要进入Photoshop高手行列的读者安排的原理、技巧和实战经验方面的中高级进阶课；为设计师或想从事设计工作的人员制定的设计实践课。科学合理的课程安排，可以让读者以最少的时间投入，获得最优的学习效果。

本系列图书自Photoshop CS3版本起，一直稳居计算机与网络类书籍畅销榜前列，历经126次印刷，总销售已超880 000册，深受读者喜爱。这一版除增加新功能外，还在以下几个方面进行了改进。

更加完备的工具书

本书涵盖Photoshop所有方面，是目前功能介绍较为全面的Photoshop工具书。我们还为它配备了详细的索引，当读者对某个功能的用法有疑问的时候，可以通过索引快速检索Photoshop中的任何功能，就像查字典一样简单。

实用性更强的案例

本书包含301个不同类型的精彩实例，其中既有功能练习（注：部分功能练习演示视频所用素材图与书中不同），也有与设计工作相关的行业案例。所有实例均提供视频教学录像，全程演示制作方法。用手机或平板设备扫描二维码，便可随时随地观看。

更有针对性的差异化课程

"基础–进阶–设计"三大学习模块分别对应初学者、进阶用户和设计师。量身定制的速成计划，让Photoshop学习更加简单、高效。

图书+视频+直播课+答疑指导+互动交流

本书借鉴风靡全球的翻转课堂教学模式，即读者先通过图书和视频自学，再加入QQ群，我们会在群中安排时间直播授课、进行学习辅导、解答疑问，还会通过微信、微博等平台发布Photoshop、Illustrator使用技巧和有趣的原创实例。

更丰富的资源和学习资料

近千种Photoshop资源。7个设计类电子文档："UI设计配色方案""网店装修设计配色方案""常用颜色色谱表""CMYK色卡""色彩设计""图形设计""创意法则"。5个软件学习类电子文档："Illustrator CC自学教程""Photoshop CC 2018 滤镜""Photoshop外挂滤镜使用手册""Photoshop CC 2018 首选项""Photoshop应用宝典"。

提供教学课件

鉴于本书之前曾被多所院校选作教材，这一次我们制作了PPT教学课件，以方便教师授课时使用。

资源下载

在线视频

下载本书学习资源和教学课件，请扫描资源下载二维码。观看本书所有实例的视频，请扫描在线视频二维码。

编者

2018年9月

本书配套服务

观看直播课、交流学习问题，请加QQ群。学习 Photoshop、Illustrator 技巧，请扫描微博或微信二维码。

QQ群
（131409518）

微博

微信

本书学习项目

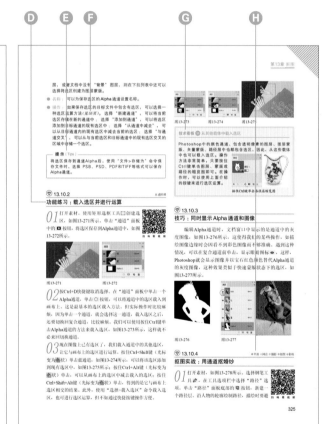

ⒶⒷⒸⒹⒺⒻⒼⒽ

Ⓐ **本章介绍**：简要介绍本章需要学习的内容和相关知识。

Ⓑ **学习重点**：本章重点学习内容。

Ⓒ **二维码**：用手机或平板设备扫描二维码，即可观看视频教学录像。

Ⓓ **功能练习/实战/技巧**：通过实际操作学习软件功能、技术和效果的制作方法。

Ⓔ **提示**：包含了软件的使用技巧和操作过程中的注意事项。

Ⓕ **相关链接**：Photoshop体系庞大，功能之间都有着密切的联系，"相关链接"标出了与当前介绍功能相关的其他知识所在的页码。

Ⓖ **技术看板**：汇集了大量技术性提示和相关功能的解释，有助于读者对Photoshop进行更加深入的研究。

Ⓗ **课程标识**：标识了必学课、进阶课和设计课（含具体设计门类）。

手机界面效果图展示设计

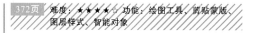

ICON

Gallery

Photoshop CC 2018

制作童装店招 426页

制作首饰店招 427页

LockScreen

创意风暴：
菠萝城堡

529页 难度：★★★★★ 功能：蒙版、混合模式、"色彩平衡"命令

将不同色调、光线的图像合成在一起，制作出具有童话艺术氛围的有趣作品。

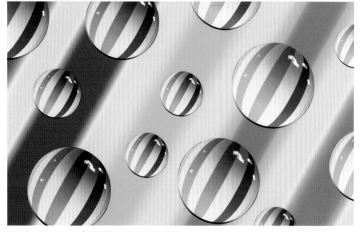

用绘画工具和滤镜制作绚彩玻璃球 499页

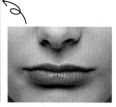

用铅笔工具将照片变为卡通画 129页

修改效果 343页

路径文字

沿路径排列文字 405页

创建变形文字 408页

用从通道中生成蒙版的方法合成图像 150页

把照片中的自己制作
成金银纪念币（502页）

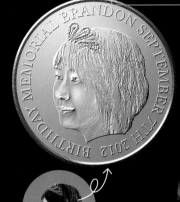

从选区中创建3D 模型（458页）

制作超酷打孔特效字（486页）

通过路径运算制作图标（389页）

制作3D效果有机玻璃字（488页）

拟物图标设计（348页）

调整3D 相机（455页）

拟物图标设计（352页）

用透明渐变制作玻
璃质感图标（139页）

在3D 汽车模型上涂鸦（471页）

动漫设计：

绘制美少女

515页 难度 功能 工具 钢笔工具

充分利用路径轮廓绘画，对路径填色，以及将路径转为选区，以限定绘画范围。用钢笔工具绘制发丝，进行描边处理，表现出头发的层次感。

用通道抠婚纱

325页

导出和载入颜色查找表

214页

172页 用混合模式制作隐身效果

309页 用"主体"命令抠图制作时尚封面

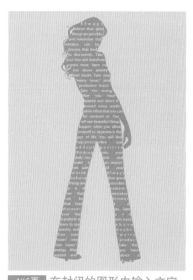

405页 在封闭的图形内输入文字

精彩实例

（318页） 抠像并制作牛奶裙

「制作梦幻光效气泡」

A Whole New World

508页 难度：★★★★☆ 功能：矢量图形、变换复制、图层样式
制作矢量图形并添加图层样式，产生光感特效。通过复制、变换图形与编辑图层样式，改变图形的外观及发光颜色。

分形艺术
Fen Xing Yi Shu

88页 通过再次变换制作分形特效

PS
legend
Adobe Photoshop 创意＋想象

490页 制作重金属风格特效字

Color

29页 用加载的资源库制作特效字

CLEAN AIR

SILENCE

TOLERANCE

1/4UNCONDITIONAL LOVE

Tiny happiness is around you
Being easily contented makes your life in heaven

492页 制作激光特效字

高端影像合成:
「CG插画」

523页 难度:★ ★ ★ ★ ★ 功能:蒙版、"色阶"和"色彩范围"命令
灵活编辑图像、合成图像,注意影调的表现。

381页 制作手提袋和咖啡杯状条码签

977876322823 6215>

977876322823 6215>

166页 通过删除通道制作专色印刷图像

从文字中创建3D 模型（457页）

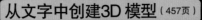

用3D 材质吸管工具添加布纹（468页）

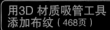

替换并调整纹理位置（469页）

拆分3D 对象（460页）

为瓷盘贴青花图案（468页）

用3D 材质拖放工具添加大理石材质（468页）

从路径中创建3D 对象（459页）

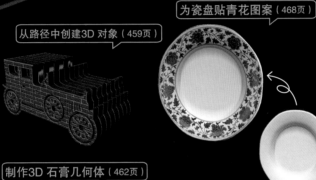

制作3D 石膏几何体（462页）

为3D 模型添加约束（461页）

复制3D 模型（460页）

创建深度映射的3D 网格（464页）

广告表现大视觉：

「拒绝象牙制品」

526页 难度：★★★★★ 功能：蒙版、混合颜色带

通过蒙版、混合颜色带进行图像合成，在图像上叠加纹理，表现裂纹效果。

148页

用图层蒙版制作练瑜伽的汪星人

331页

钢笔+"色彩范围"命令抠图

307页

用快速选择工具抠图并合成奇景

496页　制作球面极地特效

A Whole New World

FASTFOOD—Choose Fun

484页　制作超可爱牛奶字

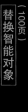
（100页）替换智能对象

Unchained Melody

将照片中的自己

变成插画女郎

510页　难度：★★★　功能：混合模式　变换

通过混合模式将位图与矢量图合成在一个画面中，形成时尚、独特的插画风格。

（344页）将效果创建为图层

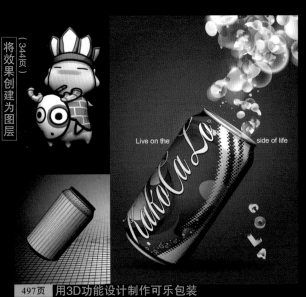

Live on the　　　　side of life

COLA

497页　用3D功能设计制作可乐包装

用橘子制作米老鼠头像

494页 难度：★★★☆☆ 功能：参考线、画笔工具、蒙版

通过蒙版的遮盖来表现橘子剥皮后的效果，橘皮的厚度是用画笔工具绘制的。

玻璃质感卡通头像（356页）

用画笔描边路径制作花饰字（393页）

PHOTOSHOP CC

通过变形为咖啡杯贴图（89页）

定义并填充图案制作足球海报（135页）

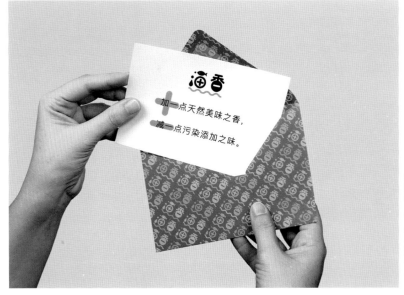

VI设计：
「标志与标准色」

394页

制作名片
应用系统设计

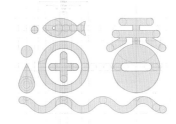

C:100 M:0 Y:0 K:0　　C:0 M:0 Y:0 K:100

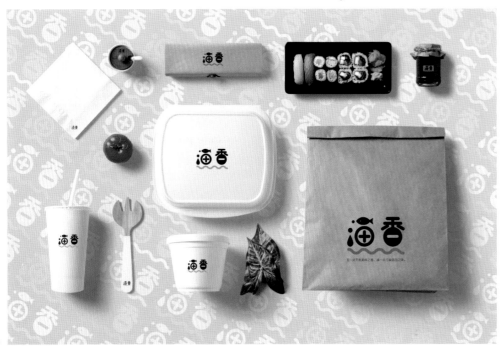

空间突变：

[擎天柱重装上阵]

521页　★★★★　功能：滤镜、蒙版

通过影像合成技术把虚拟与现实结合，制作具有视觉震撼力的作品。

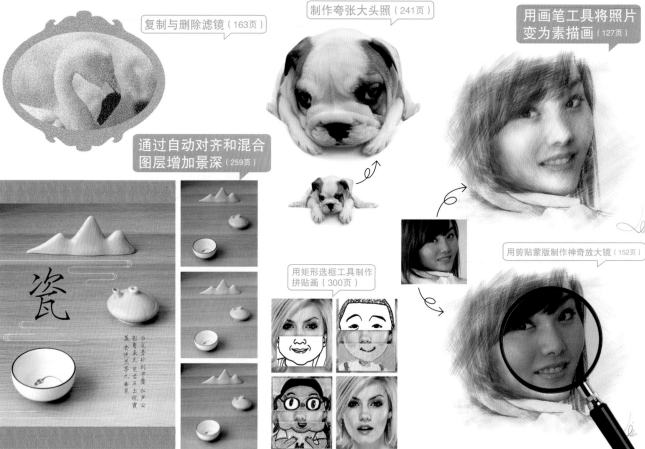

复制与删除滤镜（163页）

制作夸张大头照（241页）

用画笔工具将照片变为素描画（127页）

通过自动对齐和混合图层增加景深（259页）

瓷

用矩形选框工具制作拼贴画（300页）

用剪贴蒙版制作神奇放大镜（152页）

卡片流式列表设计

365页~368页 难度:★★★☆☆ 功能:绘图工具、剪贴蒙版、图层样式

卡片流设计方式在网页和界面领域都有广泛的应用。卡片流以大图和文字吸引用户,强化了无尽浏览的体验,仿佛可以一直滚动浏览下去。

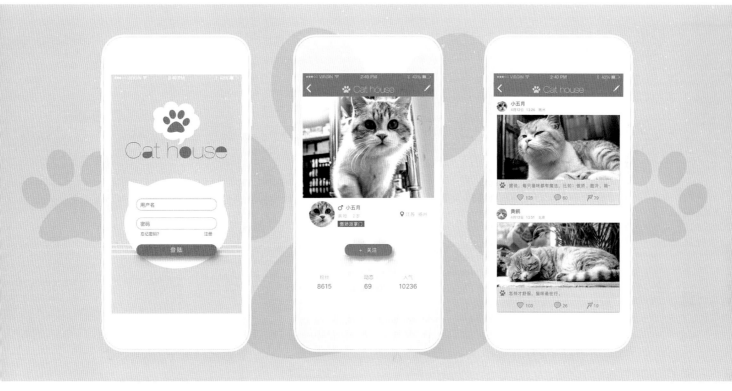

442页 时尚女鞋网店装修

439页 详情页:时尚清新的宝贝描述

439页

制作铜手特效

制作超震撼冰手特效

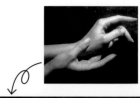

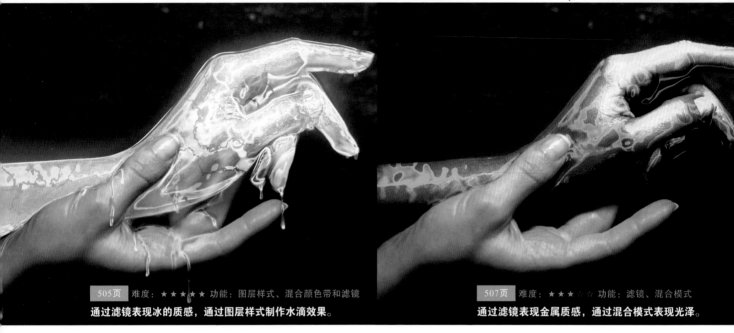

505页 难度：★★★☆☆ 功能：图层样式、混合颜色带和滤镜
通过滤镜表现冰的质感，通过图层样式制作水滴效果。

507页 难度：★★★☆☆ 功能：滤镜、混合模式
通过滤镜表现金属质感，通过混合模式表现光泽。

519页

超现实效果：画面突破创意

244页

用仿制图章工具克隆小狗

207页

制作趣味照片

151页

用剪贴蒙版和图层蒙版合成图像

拟物图标设计：布纹质感图标

359页

使用图层样式表现图标的布纹质感和立体效果。缝纫线则选用方头画笔，通过调整笔尖大小、圆度和间距等参数，使笔迹产生断点，模拟出缝纫效果。

364页

166页 定义和修改专色

346页 扁平化图标设计：收音机

导出并微调图像资源

424页

WELCOME TO AROMA

客服区设计
（431页）

收藏区设计（429页）

用图层复合展示两套设计方案（81页）

制作风光明信片（217页）

欢乐优惠在仲秋

Deep Forest

极致优雅/时尚百搭/多色可选

全场满**399**送**99**

活动时间：2018.9.1—2018.9.30

（432页）

欢迎模块及优惠促销设计

VANESSA BAI

温妮莎的
新年计划

在最好的年纪穿最美的衣服

新品首发**7.5**折起
全场满**599**送**59**

立即抢购

活动时间仅限12.18-12.29

欢迎模块及新年促销活动设计

（437页）

初夏新品

Deep Forest

森林物语

源自法国普罗旺斯

适用于油性肌肤，调理水油，柔软肌肤

调理肌肤 平衡水油

Deep Forest

（434页）

欢迎模块及新品发布设计

净白在洁士
专业牙齿美白口腔护理

JIESHI
洁士

洁士再突破
J5升级版声波级洁齿

网店店招与导航条设计

（428页）

所有分类 ▼　　首页　　洁士系列　　官方旗舰店　　口腔护理　　店铺活动

Gallery
精彩实例

158页　利用高级混合选项制作文字嵌套效果

321页　抠宠物狗

346页　使用外部样式创建特效字

龍門石窟

龙门石窟是中国石刻艺术宝库之一，现为世界文化遗产、全国重点文物保护单位。国家AAAAA级旅游景区。位于河南省洛阳市洛龙区伊河两岸的龙门山与香山上。龙门石窟为其高度、云冈石窟、麦积山形窟并称中国四大石窟。

292页　用目标调整工具修改色彩

194页　调整亮度

76页　在画板上设计网页和手机图稿

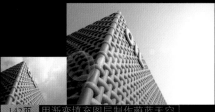

142页　用渐变填充图层制作蔚蓝天空

183页　用中性色图层制作金属按钮

86页　旋转与缩放

130页　用颜色替换工具为头发换色

223页　制作涂鸦效果卡片

447页　制作动态静图

183页　用中性色图层制作舞台灯光

260页　合成HDR图像

406页　制作奔跑的人形轮廓字

136页　用图案图章工具为汽车绘制图案

328页　1分钟快速抠闪电

293页　用径向滤镜工具制作Lomo照片

2

用调整图层制作头发漂染效果
187页

210页 粉红色的回忆

219页 制作摇滚风格插画

用污点修复画笔去除色斑
246页

用PS设计一款

「**时尚彩妆**」

512页 难度：★★★☆☆ 功能：调整图层、蒙版

通过"色彩平衡""曲线""色相/饱和度"命令以及混合模式等为人物打造一个时尚、绚烂的妆容。

266页 用通道磨皮

Those Were The Days
CHILDHOOD
doe a deer a female deer ray a drop of golden sun
me a name i call myself far a lang lang way to run
sew a needle pulling thread

212页 后现代风格调色

在矢量蒙版中添加形状 154页

用"光圈模糊"滤镜制作柔光照
265页

143页 用图案填充图层为衣服贴花

232页 用Lab调出明快色彩

226页 用通道混合法制作反转负冲照片

162页 用智能滤镜制作网点照片

193页 调整对比度

291页 磨皮与美白

250页 修饰脸型和面部表情

That Easy to Forget

That Easy to Forget

232页 用Lab 调出唯美蓝橙调

用"镜头模糊"滤镜
制作景深效果
263页

214页 用"颜色查找"命令调整婚纱

141页 用纯色填充图层制作发黄旧照片

315页 用"色彩范围"命令抠像

274页 载入外部动作制作拼贴照片

306页 用魔棒工具抠图

203页 调整严重曝光不足的照片

164页 用"滤镜库"制作抽丝效果照片

（330页）用钢笔工具抠陶瓷工艺品

Photoshop CC 2018
Gallery

310页 用魔术橡皮擦工具抠像

149页 用从选区中生成蒙版的方法抠图

311页 用背景橡皮擦工具抠动物毛发

257页 在消失点中粘贴和变换海报

243页 用海绵工具制作色彩抽离效果

323页 用快速蒙版抠像

195页 校正色偏

247页 用修补工具清除照片多余内容

286页 调整色温和饱和度

288页 去除雾霾

265页 模拟移轴摄影

287页 调整色相和色调曲线

294页 用渐变滤镜工具营造梦幻色彩

目录

说明：刷 ▨▨▨▨▨ 底色的章节是必学内容；刷 ▨▨▨▨▨▨▨ 底色的章节是进阶内容，Photoshop初级用户通过学习可转入中、高级阶段；刷 ▨▨▨▨▨ 底色的章节是专业内容，即想要学习平面广告、网店装修、UI设计、摄影后期、影视动画、商业插画、动漫、抠图的读者（及其他设计从业者）应重点关注的内容（具体相关门类，在正文的标题上都有标注）。

基础篇

抠图篇

设计应用篇

第14章 图层样式与UI设计............332

中文版
Photoshop CC 2018
完全自学教程

第1章  Photoshop 基本操作方法

Photoshop和Adobe往事

1.1

伟大的公司诞生卓越的软件产品，卓越的软件也成就公司的伟大。Adobe与Photoshop就是很好的诠释。

1987年秋，美国密歇根大学计算机系博士生托马斯·洛尔（Thomes Knoll）为解决论文写作过程中的麻烦，编写了一个可以在黑白显示器上显示灰度图像的程序，他将其命名为Display，并拿给哥哥约翰·洛尔（John Knoll）分享。约翰当时在电影制造商乔治·卢卡斯那里工作（制作《星球大战》《深渊》等电脑特效），他对Display产生了浓厚兴趣，并让弟弟编写一个处理数字图像的程序，还给了他一台彩色苹果电脑，这样Display便可以显示彩色图像。之后兄弟俩修改了Display的代码，相继开发出羽化、色彩调整、颜色校正、画笔、支持滤镜插件和多种文件格式等功能，这就是Photoshop的最初蓝本。

这款软件功能愈加完善，约翰敏锐地发现其中蕴含着的商机，他说服弟弟以后，二人开始为Photoshop寻找投资者。当时的市场上，Photoshop并非唯一的绘画和图像编辑程序，SuperMac公司的PixelPaint和Letraset公司的ImageStudio，以及其他大量软件已经将市场瓜分完毕，名不见经传的Photoshop要想占有一席之地，困难程度可想而知。事实也是如此，洛尔兄弟打电话联系了很多公司，但没有什么回应。最终，一家小型扫描仪公司（Barneyscan）同意在他们出售的扫描仪中将Photoshop作为赠品送给用户，这样Photoshop才得以面世（与Barneyscan XP扫描仪捆绑发行，版本为0.87）。

与Barneyscan的短暂合作，无法让Photoshop以独立软件的身份在市场上获得认可，兄弟俩继续为Photoshop寻找新"东家"。

1988年8月，Adobe公司业务拓展和战略规划部主管在Macword Expo博览会上看到Photoshop这款软件，就被吸引住了。9月的一天，约翰·洛尔受邀到Adobe公司做Photoshop功能演示，Adobe创始人约翰·沃诺克对这款软件也非常感兴趣，在他的努力下，Adobe公司获得了Photoshop的授权许可。而Photoshop真正"嫁入"Adobe豪门则是在7年之后——1995年，Adobe公司以3450万美元的价格买下了Photoshop的所有权。

最初，即1990年Photoshop 1.0 版本发行时，每个月只有几百套的销量，Adobe公司对它没有寄予太多期望，甚至将其当成Illustrator的子产品和

PostScript的促销手段，因此，Photoshop的身份只比在Barneyscan公司时好一点点。然而，作为桌面出版革命的先驱之一，Adobe公司为Photoshop提供了更加广阔的平台和更加专业的技术支持，Photoshop在这里积蓄了惊人的力量，凭借自身的独特优势和强大的功能表现，以及恰逢数字图像市场高速发展和桌面出版革命，仅用1年多的时间，Photoshop的收益就超过了Illustrator。虽然之后Adobe公司开发和收购了很多业界领先的软件程序，但没有一款能有Photoshop那样大的影响力。直到今天，Photoshop在图像编辑领域仍占据重要地位。

从诞生之初被当作赠品的尴尬处境，到成为改变图像世界的软件程序，Photoshop成功逆袭，关键的力量便是Adobe公司。这是一家令人尊敬的企业，坐落于美国加利福尼亚州的圣何塞市。圣何塞地处旧金山湾以南的圣克拉拉谷，被誉为硅谷（Silicon Valley）之心，世界知名的大型高科技公司——Apple、Google、intel、Yahoo、ebay、HP、FireFox等云集于此。这里既是全球科技的制高点，也是创新的最前沿。

1982年12月，约翰·沃诺克和查克·基斯克——两位长着大胡子，看起来更像艺术家的科学家，离开施乐公司PARC研究中心，创立了Adobe公司。他们开发的PostScript语言解决了个人计算机与打印设备之间的通信问题，使文件在任何类型的机器上打印都能获得清晰、一致的文字和图像。现在我们看好像没有什么了不起，但在当时这是一项震动业界的发明。史蒂夫·乔布斯专程到Adobe公司狭小办公室中了解早期版本的PostScript，并签订了Adobe公司的第一份合同。乔布斯还说服二人放弃做一家硬件公司的想法，专门从事软件研发。两家公司进行了良好的合作，苹果公司向Adobe投资了250万美元，Adobe则帮助苹果公司研发了第一代LaserWriter（激光打印机）。两位科学家说："如果没有史蒂夫当时的高瞻远瞩和冒险精神，Adobe就没有今天。"

1985年，苹果公司的硬件——Macintosh

Photoshop最早的工具

托马斯·洛尔

约翰·洛尔

约翰·沃诺克

查克·基斯克

在美国加利福尼亚州的洛斯阿尔托斯，约翰·沃诺克家后面有一条小河，叫作Adobe Creek。Adobe的名称便来源于此。

1991
1991年2月，Adobe推出了Photoshop 2.0。新版本增加了路径功能，支持栅格化Illustrator文件，支持CMYK，最小分配内存也由原来的2MB增加到了4MB。该版本的发行引发了桌面印刷的革命。此后，Adobe公司还开发了一个Windows视窗版本——Photoshop 2.5

2000
2000年9月推出的6.0版本中增加了Web工具、矢量绘图工具，并增强了层管理功能

2002
2002年3月Photoshop 7.0发布，增强了数码图像的编辑功能

2003
2003年9月，Adobe公司将Photoshop与其他几个软件集成为Adobe Creative Suite CS套装，这一版本称为Photoshop CS，功能上增加了镜头模糊、镜头校正及智能调节不同区域亮度的数码照片编修功能

2008
2008年9月发布Photoshop CS4，增加了旋转画布、绘制3D模型和GPU显卡加速等功能

2012
2012年4月，Photoshop CS6发布，增加了内容识别工具、自适应广角和场景模糊等滤镜，增强和改进了3D、矢量工具和图层等功能，并启用了全新的黑色界面

2014—2016
2014—2016年，Adobe加快了Photoshop CC 的升级频次，先后推出2014、2015、2016、2017版。增加了Typekit字体、搜索字体、路径模糊、旋转模糊、人脸识别液化、匹配字体、内容识别裁剪、替代字形、全面搜索、OpenType SVG 字体等功能

1990
1990年2月Adobe推出了Photoshop 1.0。当时的Photoshop只能在苹果机（Mac）上运行，功能上也只有"工具"面板和少量的滤镜

1995
1995年Photoshop 3.0版本发布，增加了图层功能

1996
1996年的4.0版本中增加了动作、调整图层、标明版权的水印图像

1998
1998年的5.0版本中增加了历史记录调板、图层样式、撤销功能、垂直书写文字等。从5.02版本开始推出中文版Photoshop。在之后的Photoshop 5.5中，首次捆绑了ImageReady（Web功能）

2005
2005年推出了Photoshop CS2，增加了消失点、Bridge、智能对象、污点修复画笔工具和红眼工具等

2007
2007年推出了Photoshop CS3，增加了智能滤镜、视频编辑功能和3D功能等，软件界面也进行了重新设计

2010
2010年4月Photoshop CS5发布，增加了混合器画笔工具、毛刷笔尖、操控变形和镜头校正等功能

2013
2013年6月，Adobe公司推出了Photoshop CC。CC是指Creative Cloud，即云服务下的新软件平台，使用者可以把自己的工作结果储存在云端，随时随地在不同的平台上工作，云端储存也解决了数据丢失和同步的问题

2017
2017年10月，Adobe发布Photoshop CC 2018版

电脑、Aldus公司的软件——PageMaker，以及Adobe公司的技术（为LaserWriter激光打印机提供的PostScript技术）使传统的出版领域发生了巨变，开创了全新的桌面出版业。

软件行业竞争激烈，更新和迭代速度极快，任何一家公司要想不被淘汰，就要有超越对手、领先于市场的产品。Adobe做得非常出色，在每一个关口，它总是能够正确地预见未来。Adobe相继开发了PostScript技术以及与之配套的字体库，推出了Illustrator（1987年）、Acrobat（1993年）和PDF（便携文档格式），以及Indesign（1999年）等出版界革新性的技术和软件程序。然而，这远远不够，Adobe还通过大举收购开疆拓土，将触角伸向了出版以外的领域。

1991年，Adobe收购Super Mac公司，将该公司的非线性视频编辑软件Reel Time改造为我们现在所熟知的Premiere。

1994年收购Aldus公司，后者拥有鼎鼎大名的排版软件PageMaker和视频后期特效制作软件After Effcets。由于PageMaker软件自身的技术局限，Adobe对其进行了全面修整，之后用开发出的Indesign替代。

1999年收购Attitude Software公司，获得了3D技术。

类似的收购还有很多。最大的一次发生在2005年4月18日，Adobe公司以34亿美元的价格收购了重要竞争对手Macromedia公司，将后者的Flash、Dreamweaver、Fireworks、FreeHand等纳入囊中。

一系列的收购行动加速了Adobe公司的发展，催生了一个从字体、图像编辑、视频特效到网页和动画，横跨所有媒介和显示设备的软件帝国。Adobe公司改变了出版、印刷、视频媒体、动画、摄影、图像和图形艺术等行业，也影响了无数人。毫无疑问，Adobe是一家伟大的公司！

下载和安装Photoshop CC 2018

1.2

Adobe公司提供了Photoshop CC 2018免费试用版下载，安装方法比较简单，但下载过程要复杂一些。我们登录该公司官网后，需要先注册一个Adobe ID，然后下载桌面程序——Creative Cloud，之后再用它安装Photoshop。

注册 Adobe ID

单击Adobe网站页面右上角的"登录"按钮，如图1-1所示，切换到下一个画面，然后单击"获取Adobe ID"，如图1-2所示，之后输入姓名、邮箱、密码等必要信息，并单击"注册"按钮。完成注册以后，会返回上一画面，此时便可在"登录"选项下方输入邮箱和密码进行登录。

扫码看视频

下载"选项卡，然后单击"下载和安装"，在下一个画面中，单击Creative Cloud图标，将程序下载到计算机中。下载完成后，单击"打开文件夹"按钮，进入程序所在的文件夹。

单击"下载和安装"

图1-1

图1-2

下载Creative Cloud

登录以后，我们会重新返回主界面，这时便可下载Creative Cloud了，如图1-3所示。操作方法是单击"支持与

单击Creative Cloud图标

图1-3

单击"打开文件夹"按钮

安装Creative Cloud

双击Creative Cloud桌面程序图标，弹出一个面板，即可进行安装（安装时还需要输入Adobe ID及密码），如图1-4所示。在此期间不需要特别的设定。

双击程序图标　　　　　　　　开始安装Creative Cloud

图1-4

安装Photoshop

安装好Creative Cloud桌面程序后，可以通过它安装、更新和卸载Adobe应用程序，如图1-5所示，以及共享文件、查找字体和库存图片。例如，我们单击Photoshop图标右侧的"安装"按钮，即可自动安装Photoshop。试用版从安装之日算起一同有7天的试用时间。如果想要购买Photoshop正式版，可单击"立即购买"按钮。如果想要卸载Photoshop，可单击■按钮，在打开的菜单中选择"卸载"命令。

安装Photoshop　　购买Photoshop　　卸载Photoshop

图1-5

Photoshop CC 2018 系统要求		
Windows	●IntelCore 2或 AMD Athlon 64 处理器；2 GHz 或更快处理器 ●Microsoft Windows 7 Service Pack 1、Windows 8.1或 Windows 10 ●32位安装需要2.6 GB的硬盘空间；64位安装需要3.1 GB的硬盘空间	●2GB或更大 RAM（推荐使用 8 GB） ●1024x768显示器（推荐使用1280 x 800），带有 16 位颜色和512 MB 或更大的专用 VRAM；推荐使用2 GB ●支持 OpenGL 2.0 的系统 ●必须连接网络并完成注册，才能激活软件、验证订阅和访问在线服务
macOS	●具有64位支持的多核Intel处理器 ●macOS版本10.13（High Sierra）、macOS 版本 10.12（Sierra）或 Mac OS X 版本10.11（El Capitan） ●安装需要4GB或更大的可用硬盘空间	

Photoshop CC 2018 工作界面

1.3

Adobe公司的软件都有一个共同的特点，也是一大优势，就是操作界面的一致性。用户掌握了一种软件，就等于学会了其他软件界面的操作方法。

1.3.1 ⚑必学课

"开始"工作区

运行Photoshop CC 2018后，首先进入我们视线的是"开始"工作区，如图1-6所示。"开始"工作区界面非常友好，在这里，我们可以快速访问最近打开的文件、库和预设，也可以搜索 Adobe Stock 资源，创建空白文件
（见36页），处理 Lightroom 照片，或者打开计算机中保存的文件。

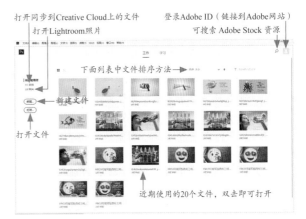

图1-6

"开始"工作区提供了两种模式——工作和学习。前面介绍的是与工作有关的项目，即默认的"工作"模式。单击工作区顶部的"学习"标签，就可以切换到"学习"模式。

"学习"模式很有意思，Photoshop会提供几个画面，它们有的是视频链接，单击其中的一个，便可以链接到相关网站观看该实例的视频演示，如图1-7和图1-8所示。有的则是练习教程，单击这样的画面，可以在Photoshop中打开练习素材和"学习"面板，按照"学习"面板中的提示和要求去做，就可以一步一步地完成实例，如图1-9和图1-10所示。

图1-7

图1-8

图1-9

图1-10

如果喜欢之前版本的Photoshop简单的开启方式，可以按Esc键，将"开始"工作区关闭，这样我们就进入Photoshop工作界面了。如果要重新显示"开始"工作区，可以执行"窗口>工作区>起点"命令。另外，关闭所有文件时，也会显示"开始"工作区。

💎 1.3.2

进入工作界面

在"开始"工作区中打开或新建文件以后，便可进入Photoshop CC 2018工作界面。它要比一般的软件程序复杂些，除具备基本的菜单和"工具"面板外，还包括图像编辑区（文档窗口）、选项卡和面板，如图1-11所示。这些都设计得非常合理，也很人性化，即使是初学者也能轻松上手操作。

默认的工作界面是黑色的。在黑色的衬托下，图像辨识度高，色彩感强，加之黑色界面的炫酷效果，是很多人喜欢的风格。但如果要进行颜色处理，最好还是使用灰色界面，因为相对于其他颜色，灰色对图像色彩的干扰最小，不会影响判断，这样我们才能更加准确地观察色彩和进行调色操作。界面颜色切换的快捷键是Alt+Shift+F2（由深到浅）和Alt+Shift+F1（由浅到深），从黑到浅灰分为4级，每个快捷键可按3次。

图1-11

- 菜单：包含可以执行的各种命令。

- 标题栏：显示了文件名称和文件格式，窗口缩放比例和颜色模式等信息。当文件中包含多个图层时，标题栏中会显示当前工作图层的名称。

- "工具"面板：包含用于执行操作的各种工具。

- 工具选项栏：用来设置工具的各种选项。它会随着所选工具的不同而改变选项内容。

- 面板：有的用来设置编辑选项，有的用来设置颜色属性。

- 文档窗口：显示和编辑图像的区域。

- 选项卡：打开多个图像时，只在窗口中显示一个图像，其他的最小化到选项卡中。单击选项卡中各个文件名便可以显示相应的图像。

- 状态栏：可以显示文件大小、文档尺寸、当前工具和窗口缩放比例等信息。

💎 1.3.3　　　　　　　　　　📺必学课

功能练习：使用文档窗口

文档窗口既是显示图像，也是我们观察和编辑图像的区域。如果打开了多个文件，则每个文件都会创建一个窗口。文档窗口可以浮动、切换和调整大小，这些操作都很简单，与上网冲浪时调整网页窗口差不多。

扫码看视频

01 按Ctrl+O快捷键，弹出"打开"对话框，导航到配套资源中的素材文件夹，按住Ctrl键单击两幅图像，如图1-12所示，按Enter键，将它们打开。其中的一个图像显示，另一个会停放到选项卡中，如图1-13所示。

图1-12　　　　　　　图1-13

02 在选项卡中单击隐藏的文件的名称，即可将其设置为当前操作的窗口，而另一个会隐藏起来，如图1-14所示。也可以按Ctrl+Tab快捷键，按照前后顺序切换窗口，或者按Ctrl+Shift+Tab快捷键，按照相反的顺序切换窗口。

03 在文件的标题栏上单击，然后向下方拖曳鼠标，可以将它从选项卡中拖出，使之成为浮动窗口，如图1-15所示。在这种状态下，拖曳标题栏就可以移动它的位置。

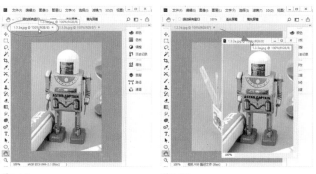

图1-14　　　　　　　图1-15

04 拖曳浮动窗口的一角，可以调整窗口大小，如图1-16所示。将其拖向选项卡，当出现蓝色横线时放开鼠标，可以将窗口重新停放到选项卡中，如图1-17所示。

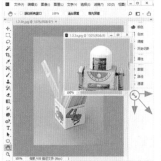

图1-16　　　　　　　图1-17

05 将光标放在文件的标题栏上，单击并在选项卡中水平移动，可以调整各个文件的排列顺序，如图1-18所示。

图1-18

06 单击一个窗口右上角的 × 按钮，如图1-19所示，可以关闭该窗口。如果要快速关闭所有窗口，可以在一个文件的标题栏上单击鼠标右键，打开下拉菜单，选择"关闭全部"命令，如图1-20所示。

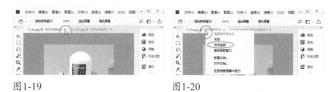

图1-19　　　　　　　图1-20

> **提示**（Tips）
>
> 当打开了很多图像时，如果选项卡中无法显示全部文件的名称，可以打开"窗口"菜单，或者单击选项卡右侧的 >> 按钮，打开下拉菜单，在这两个菜单中都能找到需要编辑的文件。当然，也可以按Ctrl+Tab快捷键来切换窗口。
>
>

> **技术看板 01** 从标题栏中可以了解到的信息
>
> 从文档窗口顶部的标题栏中，可以了解当前文件的基本信息，包括文件名、颜色模式和位深度等。除此之外，如果图像经过编辑但尚未保存，标题栏中会显示*状符号；如果配置文件（见111页）丢失或不正确，则会显示#状符号。
>
> 窗口缩放比例　　　　配置文件不正确
> 文件名/格式　　　　　文件未保存
>
>
>
> 当前选择的图层　颜色模式/位深度

💎 **1.3.4**

技巧：识别状态栏信息

文档窗口底部的一小条是状态栏，不太显眼，很容易被忽视。其实它可以显示很多有用信息，在我们编辑图像时帮上大忙。

状态栏的最左侧可显示和调整文档窗口的缩放比例，即视图比例。单击状态栏右侧的 > 按钮，可以打开一个菜单，如图1-21所示，在这里可以选择状态栏中显示哪些信息。其中的"文档大小""暂存盘大小""效率"都与Photoshop的工作效率和内存的使用情况有关。后面有详细介绍（见22页）。其他选项介绍如下。

图1-21

图1-22　　　　　图1-23

● **文档配置文件：** 图像所使用的颜色配置文件（见110页）。

● **文档尺寸：** 显示图像的尺寸。还有两种方法可以显示更多信息，即在状态栏上单击，显示当前图像的宽度、高度和通道信息，如图1-22所示；或者按住Ctrl键单击（按住鼠标按键不放），显示图像的拼贴宽度等信息，如图1-23所示。

● **测量比例：** 显示文档的比例。

● **计时：** 显示完成上一次操作所用的时间。

● **当前工具：** 显示当前使用的工具的名称。

● **32位曝光：** 用于调整预览图像，以便在计算机显示器上查看32位/通道高动态范围（HDR）图像（见260页）的选项。只有文档窗口显示HDR图像时，该选项才有作用。

● **存储进度：** 保存文件时显示存储进度。

● **智能对象：** 显示文件中包含的智能对象（见97页）及状态。

● **图层计数：** 显示文件中包含多少个图层（见57页）。

◈ **1.3.5**　　　　　　　　　　　　　　　　　　　　　　　　▶ 必学课

使用"工具"面板

"工具"面板是Photoshop的"兵器库"，如图1-24所示。这里藏着7种类型的工具，如图1-25所示。要想成为Photoshop高手，这些"兵器"必须得样样精通才行。下面讲解工具的选取方法，每个工具的具体用法，相关章节中都会介绍。

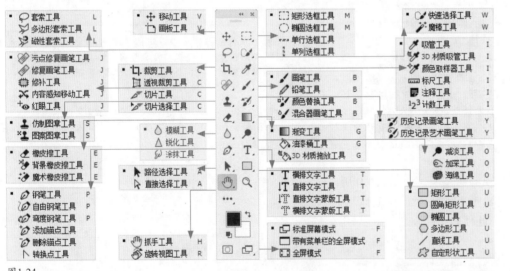

图1-24　　　　　　　　　　　　　　　　　　　　　　　　　　　　　　　　图1-25

单击"工具"面板中的一个工具，即可选择该工具，如图1-26所示。右下角带有三角形图标的是工具组，在这样的工具上按住鼠标按键可以显示隐藏的工具，如图1-27所示；将光标移动到隐藏的工具上然后放开鼠标，即可选择该工具，如图1-28所示。将光标移动到工具上并停放片刻，可显示工具名称、快捷键、工具的描述和简短视频，如图1-29所示。

图1-26　　　　图1-27　　　　　　　图1-28　　　　　　　图1-29

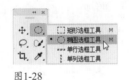

单击"工具"面板顶部的 ◄◄ 图标，可以将"工具"面板切换为单排（或双排）显示。在默认状态下，"工具"面板停放在窗口左侧。将光标放在面板顶部双箭头 ◄◄ 右侧，单击并向右侧拖曳鼠标，可以将"工具"面板从左侧列表中拖出，放在窗口的任意位置。

◈ 1.3.6

功能练习：自定义"工具"面板

01 执行"编辑>工具栏"命令，或单击"工具"面板中的 ••• 按钮，在打开的快捷菜单中选择"编辑工具栏"命令，打开"自定义工具栏"对话框，如图1-30所示。

扫码看视频

02 对话框中有两个列表，左侧"工具栏"列表全都是"工具"面板中包含的工具，右侧"附加工具"列表是空的。对于不常用的工具，可将其拖曳到"附加工具"列表中，如图1-31和图1-32所示，这样"工具"面板中就不会再显示它，如图1-33所示，而将其隐藏到附加工具组中。只有单击"工具"面板底部的 ••• 按钮，才能找到它，如图1-34所示。工具被拖曳到"附加工具"列表以后，就类似于被"打入冷宫"，雪藏了一样。想要解除工具的"雪藏"也很简单，重新拖曳到左侧列表即可。

图1-30

图1-31

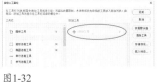
图1-32

图1-33　图1-34

03 在"工具栏"列表中，每一个窗格代表一个工具组。如果将一个工具拖曳到另一个窗格内，它就会编入该窗格内的工具组中，如图1-35~图1-37所示；拖曳到窗格外，则所选工具会单独创建为一个工具组，如图1-38和图1-39所示。"附加工具"列表也是如此。工具虽然可以重新分组，但还是遵从Photoshop默认的划分方式为好，因为这是经过好几代Photoshop版本检验过的，合理的分组方式。

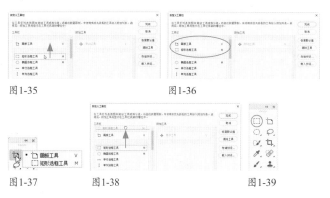
图1-35　　　　　　　图1-36

图1-37　　图1-38　　　　　　　　图1-39

选项	说明
存储预设/载入预设	要存储自定义的工具栏，可单击"存储预设"按钮。要打开以前存储的自定义工具栏，可单击"载入预设"按钮
恢复默认值	恢复为默认的工具栏
清除工具	将所有工具移动到附加工具
••• / ▣ / ▢ / ▱	各个按钮依次为显示/隐藏前景色和背景色图标，显示/隐藏快速蒙版模式按钮，显示/隐藏屏幕模式按钮

◈ 1.3.7
▶ 必学课

功能练习：使用工具选项栏

Photoshop中的每个工具都配有选项，它们位于菜单下方的工具选项栏中，由图标、按钮和选项框构成。

扫码看视频

选项的设定往往比工具本身更加重要，因为它们决定了工具的用途、性能和使用方法。在这里，还是先讲解选项的统一设置方法，具体参数后面每个工具当中都有详细介绍。

01 选择渐变工具 ▣ 。图1-40所示为它的选项栏。该工具比较典型，包含了所有形式的选项。

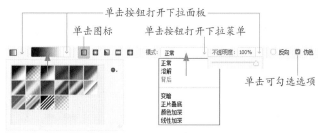
图1-40

02 对于图标类型的按钮，只需单击便可。例如，单击 ▣ 按钮，表示当前选择的是线性渐变；对于三角形的按钮 ，在其上方单击，可以打开下拉面板或是下拉菜单；提供了选项框 □ 的，在选框或选项的名称上单击鼠标，可以勾选选项 ☑ 。想要取消勾选，再次单击便可。

03 带有数值的选项（如"不透明度"）可以通过4种方法操作。第1种方法是在数值上双击，将其选取，如图1-41所示，然后输入新数值并按Enter键，如图1-42所示。

04 第2种方法是在数值框内单击，当出现闪烁的"I"形光标时，如图1-43所示，向前或向后滚动鼠标中间的滚轮，可以调整数值。

图1-41　　　　　　图1-42　　　　　　图1-43

05 第3种方法是单击 ⌄ 按钮，显示弹出滑块后，拖曳滑块来调整数值，如图1-44所示。

06 第4种方法是将光标放在选项的名称上，光标会变为图1-45所示的状态，此时单击并向左或右侧拖曳鼠标，可以快速调整数值。

图1-44　　　　　　　图1-45

> **提示**（Tips）
>
> 在工具选项栏顶部 ◀◀ 状图标右侧单击并拖曳鼠标，可以将工具选项栏从停放中拖出，放在窗口中的其他位置上。如果要重新停放回原处，将其拖回菜单栏下面，当出现蓝色条时放开鼠标即可。

💎 1.3.8

使用"工具预设"面板

"工具预设"面板也是一个存放工具的"兵器库"。与"工具"面板相比，这里的工具都预先设置好了参数和选项，就像枪装好了弹药、上了镗一样。例如，单击其中的第1项，就会自动选择修复画笔工具 ✎，如图1-46所示。观察工具选项栏，如图1-47所示，可以看到，笔尖已经选择好了，参数也已设定完毕。

图1-46　　　　　　　图1-47

"工具预设"面板是懒人的福利，只可惜很多预设不符合我们的需要，真正常用的工具预设还要靠我们自己创建。例如，如果经常使用某一种渐变，可以选择渐变工具 ▇，然后在工具选项栏中将这种渐变的参数都设置好，如图1-48所示。之后单击"工具预设"面板中的 🔲 按钮，将

其保存到面板中，如图1-49所示。以后需要使用时，可以直接到"工具预设"面板中选取，不必再重复设置这些参数和选项。如果要删除一个工具预设，可以将它拖曳到 🗑 按钮上，或者单击工具预设，然后单击 🗑 按钮。

图1-48　　　　　　　　　　图1-49

工具预设数量多了，"工具预设"面板的列表就会变长，当需要使用其中的一个工具时，查找起来比较麻烦。这时"仅限当前工具"选项就派上用场了。可以先在"工具"面板中选择需要使用的工具，例如，选择渐变工具 ▇，然后选取 "仅限当前工具"选项，这样面板中就会只显示属于该工具的预设，如图1-50所示。

"工具预设"面板还有一个简化的版本，镶嵌在工具选项栏中（最左侧），单击工具图标右侧的 按钮，就可以打开它，如图1-51所示。

配置好"工具预设"面板，就可以将它作为我们自定义的"工具"面板来使用。不过有一点不太方便，也是我们要特别注意的地方，即单击一个工具预设后，它的参数就会被存储到工具选项栏中，也就是说，以后我们到"工具"面板中选择这一工具时，就会自动应用这些参数预设。如果不想被参数干扰，可将其清除。单击"工具预设"面板右上角的 ☰ 按钮，打开面板菜单，如图1-52所示，选择"复位工具"命令，可清除当前所选工具的预设，选择"复位所有工具"，则清除所有工具的预设。

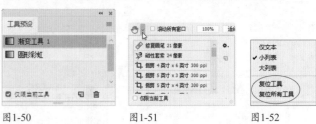

图1-50　　　　　　　图1-51　　　　　　图1-52

💎 1.3.9

使用菜单命令　🚩 必学课

在Photoshop的界面中，菜单非常"亲民"，因为它长了一张"大众脸"，不需要进行过多介绍，只要会上网，就会用菜单。Photoshop 有11个主菜单，如图1-53所示。从各个菜单的名称中，也可以大致了解Photoshop的主要功能有哪些。

图1-53

单击一个菜单，即可将其打开。在菜单中，不同功能的命令之间采用分隔线隔开。带有黑色三角标记的命令表示还包含子菜单，如图1-54所示。选择菜单中的一个命令即可执行该命令。

图1-54

菜单中有些命令是灰色的，这表示它们在当前状态下不能使用。例如，没有创建选区时，"选择"菜单中的多数命令是灰色的，说明它们无法执行。

在文档窗口的空白处，在包含图像的区域，或者在面板上单击鼠标右键，可以打开快捷菜单，如图1-55和图1-56所示。快捷菜单的命令与当前所选工具、面板，或者所进行的操作有关。这要比在菜单中选取这些命令方便。

图1-55   图1-56

Photoshop的菜单命令并非一成不变，我们可以自己定义菜单中显示哪些命令，也可以为特殊的命令刷上颜色（见15页），使其易于识别。另外，那些名称右侧有字母的菜单和命令，都是可以通过快捷键来执行的（见14页）。

💎 1.3.10   🚩 必学课

功能练习：使用对话框

在各个菜单中，凡执行命令时会弹出窗口，即对话框的，其右侧都有"…"状符号。

对话框一般包含参数和选项，可以进行设定。还有一种是警告对话框，提醒我们操作不正确或者注意事项，这样的对话框只需确定或否认，无参数可设定。

01 按Ctrl+O快捷键，打开一个素材，如图1-57所示。执行"图像>调整>色相/饱和度"命令，打开"色相/饱和度"对话框。对话框中通用的选项设定包括数字文本框、滑块、"预览"选项和 ∨ 状按钮，如图1-58所示。

图1-57   图1-58

02 一般情况下，单击 ∨ 按钮可以打开下拉菜单，菜单中包含预设的选项，如图1-59和图1-60所示。

图1-59   图1-60

03 如果要手动调整参数，可以拖曳滑块，如图1-61和图1-62所示。如果要通过数值进行精确调整，可以在一个数字文本框中单击，输入数值后，按Tab键切换到下一个选项，再继续输入。如果需要多次尝试才能确定最终数值，可以这样操作：在选项中双击，将数值选取，然后按↑键和↓键，以1为单位增加或减小数值；如果同时按住Shift键，则会以10为单位调整数值。

图1-61   图1-62

04 调整参数时，可以在文档窗口中实时观察图像的变化情况，这是因为"预览"选项被选取。取消选取，窗口中就会显示原图像。按P键也可以切换原图和修改效果，以便进行对比。需要注意的是，当数值处于选取状态时，按P键不起作用，此时可按Tab键，切换到非数值选项，然后按P键。

05 修改参数以后，如果想要恢复为默认值，可以按住Alt键（一直按住），对话框中的"取消"按钮会变为"复位"按钮，如图1-63所示，单击该按钮即可复位参数，如图1-64所示。

图1-63   图1-64

💎 1.3.11　　　　　　　　　　　　🚩 必学课

功能练习：停放面板的操作方法

通过前面的学习我们发现，Photoshop的界面组件并没有多少特别的地方，与Word、ACDSee、IE浏览器等界面相差不大。也就是说，Photoshop界面是非常友好和易于操作的。而我们真正未接触过的，可能就是面板了。

扫 码 看 视 频

面板是图像编辑的重要工具，它们承担的任务与命令有些相似，甚至面板的很多功能也可以通过命令来完成。例如，创建图层既可单击"图层"面板中的创建新图层按钮 🔲 ，也可以使用"图层>新建"命令完成。但通过面板操作更加简单，一步即可，而在菜单中查找命令所用的步骤就要多一些（除非使用快捷键）。

Photoshop中的面板数量比较多，占用的空间也很大。因此，怎样合理摆放面板，便成为需要掌握的技巧。

在窗口中，面板既可以分散浮动，也可以成组、嵌套和停放。其特点是：浮动的面板可自由摆放；成组的面板首尾相接；嵌套的面板则节省空间。我们下面要学习的是怎样组合和分离面板，以便高效工作。面板中，参数选项的设定方法与对话框基本一样。我们也可以把面板看作始终打开的对话框，由于它们比菜单命令的使用频率高，所以就被固化下来，不会像对话框那样用完就关闭。

01 执行"窗口>工作区>绘画"命令，先将面板复位，如图1-65所示。可以看到，所有面板都停靠在窗口右侧，并分为几个不同的组，它们上下相接。

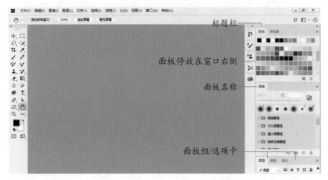

图1-65

02 面板组可以将多个面板嵌套在一起，其中的一个完全显示，其他的只在选项卡中显示名称。在一个面板名称上单击，可以显示该面板，如图1-66所示。

03 在选项卡中沿水平位置拖曳面板名称，可以调整面板的先后顺序，如图1-67所示。如果拖到其他面板组的选项卡中，当出现蓝色提示线时，如图1-68所示，放开鼠标，则可以将其移动到这一面板组中，如图1-69所示。

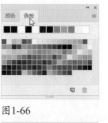

图1-66　　　　　　　图1-67

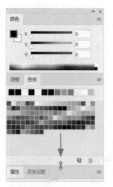

图1-68　　　　　　　图1-69

04 拖曳面板最下方的边框可以调整面板的大小，如图1-70所示。拖曳面板组的左侧边界，则可以将所有面板组拉宽，如图1-71所示。

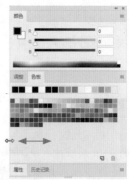

图1-70　　　　　　　图1-71

05 在最上方的面板组中，单击右上角的三角按钮 ▸▸ ，可以将所有面板折叠，只显示它们的图标，如图1-72所示。单击一个图标，可以展开相应的面板，如图1-73所示。再次单击，可将其关闭。

06 拖曳面板左边界，可以调整面板组的宽度，让面板的名称显示出来，如图1-74所示。

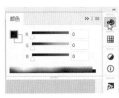

图1-72　　　图1-73　　　　　　　图1-74

07 在最上方的面板组中，单击右上角的三角按钮 ，将面板组重新展开。单击面板右上角的 按钮，可以打开面板菜单，如图1-75所示。菜单中包含与当前面板有关的各种命令。

08 在面板的选项卡上单击鼠标右键，可以显示快捷菜单，如图1-76所示。选择"关闭"命令，可以关闭当前面板；选择"关闭选项卡组"命令，则可关闭当前面板组。

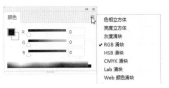

图1-75　　　　　　　　　　　图1-76

提示（Tips）

关闭某一面板（包括"工具"面板）后，需要使用它时，可以在"窗口"菜单中将其打开。

◆ **1.3.12**　　　　　　　　　　　⚑ 必学课

功能练习：浮动面板的操作方法

停放的面板只能固定在面板组中，而浮动面板则可以在窗口中任意摆放。

01 将光标放在面板的名称上，单击并向外拖曳到窗口的空白处，如图1-77所示，可以将其从面板组中分离出来，使之成为浮动面板，如图1-78所示。浮动面板可以摆放在窗口中的任意位置上，只要拖曳面板的名称即可移动它。

扫 码 看 视 频

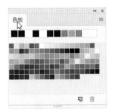

图1-77　　　　　　　图1-78

02 可以拖曳面板左、下、右方边框，调整面板的大小，如图1-79所示。

03 将光标放在一个面板的名称上，如图1-80所示，单击并将其拖曳到浮动面板的选项卡上，出现蓝色提示线时，

如图1-81所示，放开鼠标，可以将其与浮动面板组合，如图1-82所示。

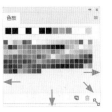

图1-79　　　　　　　　　　图1-80

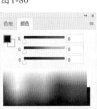

图1-81　　　　　　　　　图1-82

04 单击面板的名称并向窗口的空白处拖曳，将它从面板组中分离出来，然后将其拖曳到另一个面板下方，如图1-83所示。当出现蓝色提示线时，如图1-84所示，放开鼠标，可以将这两个面板链接在一起，如图1-85所示。

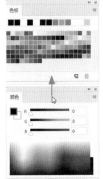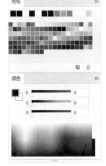

图1-83　　　　　　图1-84　　　　　　图1-85

05 拖曳面板的标题栏可以同时移动所有链接的面板，如图1-86所示。在面板的名称上双击，可以将其折叠为图标状，如图1-87所示。如果要展开面板，可以在名称上再次双击。如果要关闭浮动面板，单击它右上角的 按钮即可。

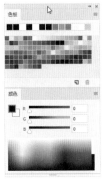

图1-86　　　　　　　　　图1-87

设置工作区

1.4

所谓工作区，是指在Photoshop界面中，由面板、菜单和快捷键所构成的工作空间。具体包括哪些面板是打开的，以及怎样组合和摆放；哪些菜单命令是显示的，哪些被隐藏；还有就是快捷键的设置等。常用的面板有没有打开、面板的摆放位置顺不顺手、菜单命令是否便于查找、快捷键是否容易使用等，都会影响我们的工作效率。下面介绍其中有哪些技巧。

1.4.1   惠 进阶课

技巧：Windows 用户怎样使用快捷键

软件程序大都为用户提供了快捷键，Photoshop也是如此。通过快捷键执行命令、选取工具和打开面板，就不需要到菜单和面板中操作了，这样不仅能提高工作效率，也能减轻频繁使用鼠标给手部造成的疲劳。

扫码看视频

菜单命令快捷键

在Photoshop中，比较常用的命令一般都配有快捷键。打开任意一个菜单，如"选择"菜单，观察命令，右侧有字母的就是快捷键。可以看到，"全部"命令的快捷键是Ctrl+A，如图1-88所示，表示按Ctrl键和A键便可执行"选择>全部"命令。在具体操作时，这两个按键并不是同时按下的，正确的方法是先按住Ctrl键，之后按一下A键。

如果快捷键的按键数多于两个，则应先按住前面的几个，之后按一下最后的。例如，"选择>反向"命令的快捷键是Shift+Ctrl+I，这就表示先要同时按住Shift键和Ctrl键不放，之后按一下I键。

有些命令只有单个字母，这不表示按相应的字母按键就能执行命令，因为单个字母快捷键都分配给了工具和面板。正确的操作方法应该是按Alt键+主菜单的字母按键，这样可以打开主菜单，之后按一下命令后面的字母按键，才能执行该命令。例如，按住Alt键（操作过程中一直按住），然后按一下L键，再按一下D键，就可以执行"图层>复制图层"命令，如图1-89所示。

图1-88

图1-89

工具快捷键

工具的快捷键分为两种情况。一种有单独的按键，

如移动工具 ⊕ ，它的快捷键是V（将光标放在工具上可显示快捷键），那么只要按一下V键，便可选择该工具；另一种情况出现在工具组中。例如，套索工具组中包含3种工具，它们的快捷键都是L，如图1-90所示，当我们按L键时，选择的是该组中当前显示的工具，要想选择另外两个被隐藏的工具，则需要配合Shift键来操作。具体方法是：按住Shift键不放，再按几下L键，便可在这3种工具中循环切换。也就是说，凡工具组中隐藏的工具，都需要通过Shift+工具快捷键来进行选取。

图1-90

我们看到，单个字母快捷键主要分配给了工具，组合按键则分配给了命令。这样的配置方式是比较合理的，因为工具的使用频次要高于命令。而面板只有少数几个有快捷键。因为现在计算机显示器基本上是宽屏的，能够摆放下足够多的面板。另外，通过组合、折叠和停放也可以减少面板占用的空间。

1.4.2

技巧：macOS用户怎样使用快捷键

由于Windows系统和macOS系统的键盘按键有所不同，Photoshop快捷键的使用方法也有一点点差别。本书提供的是Windows快捷键，macOS用户需要进行转换，即将书中的Alt键转换为Opt键，将Ctrl键转换为Cmd键。例如，如果书中给出的快捷键是Alt+Ctrl+Z，macOS用户应使用Opt+Cmd+Z键来操作。

1.4.3   惠 进阶课

功能练习：自定义快捷键

快捷键设置的目的是帮助用户提高工作效率。然而每个人的习惯千差万别，对快捷键的设定也会有自己的想法。Photoshop充分考

扫码看视频

虑到用户这方面的需求，其快捷键可以自由设置，而非一成不变。

01 执行"编辑>键盘快捷键"命令，或"窗口>工作区>键盘快捷键和菜单"命令，打开"键盘快捷键和菜单"对话框。单击"快捷键用于"选项右侧的 ∨ 按钮，打开下拉列表。这里面有3个选项，选择"工具"选项，如图1-91所示。"应用程序菜单"是用于修改菜单命令快捷键的，"面板菜单"则是用于修改面板菜单命令快捷键的。

图1-91

02 在"工具面板命令"列表中选择抓手工具，可以看到，它的快捷键是"H"，如图1-92所示，单击右侧的"删除快捷键"按钮，将该工具的快捷键删除。

图1-92

03 转换点工具没有快捷键，我们将抓手工具的快捷键指定给它。选择转换点工具，在显示的文本框中输入"H"，如图1-93所示。单击"确定"按钮关闭对话框。在"工具"面板中可以看到，快捷键"H"已经分配给了转换点工具，如图1-94所示。

工具面板命令	快捷键
删除锚点工具	
转换点工具	H
横排文字工具	T
直排文字工具	T

钢笔工具 P
自由钢笔工具 P
弯度钢笔工具 P
添加锚点工具
删除锚点工具
转换点工具 H

图1-93　　　　　　　　　　图-194

> **提示** (Tips)
> 单击"摘要"按钮，可以将所有快捷键内容导出到 Web 浏览器中。

💎 **1.4.4**　　　　　　　　　　🎬进阶课

功能练习：自定义菜单命令

Photoshop是一个全能型图像编辑程序，它可以绘画、绘图、修饰照片、合成图像、制作特效，也可以编辑3D模型、视频、制作动画等，是任何设计行业都离不开的基础工具。由于功能强大，涉及的门类广泛，很多命令只适合某些专业领域使用。例如，编辑照片较常用的是"编辑""图

像""选择"菜单命令，而几乎用不到"3D"菜单命令。此外，即使我们不考虑行业差异，对于绝大多数用户，有些命令也是很少使用的。例如，"文件简介""脚本""关于增效工具"等命令。与其让它们在菜单中占据位置，不如将其隐藏，让菜单简洁、清晰，我们使用命令时也更加便于查找。此外，我们也可以为常用的命令刷上颜色，使其易于识别，这样打开菜单时，第一眼就能看到它们。

01 执行"编辑>菜单"命令，打开"键盘快捷键和菜单"对话框。我们先来隐藏一个命令，单击"文件"菜单前面的 ▶ 按钮，展开菜单，将光标放在"在Bridge中浏览"命令的眼睛图标 👁 上，如图1-95所示，单击鼠标，隐藏该命令，如图1-96所示。这种隐藏命令的方法与在"图层"面板中隐藏图层的操作是一样的。要想让命令恢复显示，可以在原眼睛图标 👁 处单击，让眼睛图标 👁 重新显示出来就行了。

	可见性	颜色
∨ 文件		
新建...	👁	无
打开...	👁	无
在 Bridge 中浏览...	👁	无
打开为...	👁	无
打开为智能对象...	👁	无
最近打开文件	👁	无

图1-95　　　　　　　　　　图1-96

02 将光标放在"新建"命令右侧的"无"字上方，如图1-97所示，单击鼠标，打开下拉列表，选择红色，如图1-98所示（"无"表示不为命令刷颜色），单击"确定"按钮关闭对话框。

∨ 文件		
新建...	👁	无
打开...	👁	无
在 Bridge 中浏览...	👁	无
打开为...	👁	无
打开为智能对象...	👁	无
最近打开文件	👁	无
清除最近的文件列表		

红色
无
黄色
绿色
蓝色

图1-97　　　　　　　　　　图1-98

03 打开"文件"菜单，如图1-99所示。可以看到，"在Bridge中浏览"命令已经没有了，"新建"命令也被刷上了红色底色。当需要使用被隐藏的命令时，只要按住Ctrl键单击菜单便可，如图1-100所示。

文件(F)	编辑(E)	图像(I)	图层(L)	文字
新建(N)...			Ctrl+N	
打开(O)...			Ctrl+O	
打开为...		Alt+Shift+Ctrl+O		
打开为智能对象...				
最近打开文件(T)			▶	

文件(F)	编辑(E)	图像(I)	图层(L)	文字
新建(N)...			Ctrl+N	
打开(O)...			Ctrl+O	
在 Bridge 中浏览(B)...		Alt+Ctrl+O		
打开为...		Alt+Shift+Ctrl+O		
打开为智能对象...				

图1-99　　　　　　　　　　图1-100

💎 **1.4.5**

恢复快捷键和菜单命令

自定义快捷键和菜单命令后，如果想要恢复为

Photoshop默认的设置状态，可以打开"键盘快捷键和菜单"对话框，按住Alt键，"取消"按钮会变为"复位"按钮，如图1-101所示，单击"复位"按钮，然后单击"确定"按钮关闭对话框即可。或者在"组"下拉列表中选择"Photoshop默认值"选项，如图1-102所示，之后会弹出图1-103所示的对话框，询问是否保存对快捷键进行的修改，如果需要保存，可以单击"是"按钮。

图1-101

图1-102

图1-103

○ 1.4.6   鼻 进阶课

功能练习：自定义工作区

在Photoshop的界面中，只有菜单是固定不动的，文档窗口、面板、工具选项栏都可以移动位置和关闭。如果我们按照自己的习惯修改了快捷键，或者重新配置了面板位置，最好将其保存为自定义的工作区，这样就可以创建一个能够满足我们个性化需求、适合自己操作的工作空间。下面以面板配置和摆放为例介绍自定义工作区的创建方法。

扫码看视频

01 将无用的面板关闭。在"窗口"菜单中打开常用面板。通过编组和嵌套的方法合理配置面板组，使面板用起来顺手。将常用的面板摆放在便于选择的位置，同时要考虑尽量少占用屏幕空间，以便有足够的空间来编辑图像，如图1-104所示。

图1-104

02 执行"窗口>工作区>新建工作区"命令，在打开的对话框中输入工作区的名称，如图1-105所示（如果修改了菜单命令和快捷键，可以选取下面两个选项，将菜单和快捷键的当前状态也保存到工作区中），单击"存储"按钮关闭对话框，完成工作区的创建。

03 下面可以关闭一些面板，或者移动面板位置，然后通过调用工作区来恢复它们。

04 打开"窗口>工作区"下拉菜单，如图1-106所示，可以看到，自定义的工作区在菜单顶部，选择它，即可切换为该工作区，被关闭的面板会重新打开，被移动过的则会回到先前的位置上。

图1-105

图1-106

> **提示**（Tips）
> 如果要删除自定义的工作区，可以在"窗口>工作区"下拉菜单中选择"删除工作区"命令。如果要恢复为默认的工作区，可以选择"基本功能（默认）"命令。

○ 1.4.7

使用预设的工作区

Photoshop针对3D、Web、动画、绘画和摄影等不同需求的用户，提供了预设的工作区。例如，处理照片时，可以使用"摄影"工作区，此时窗口中就只显示与修饰和调色有关的面板，如图1-107所示，这样就免去了我们自己动手调整的麻烦。预设工作区可以在"窗口>工作区"下拉菜单中选取，如图1-108所示。在使用时，如果关闭或移动了面板，可以使用"窗口>工作区>复位（某工作区）"命令，将它们恢复过来。

图1-107

图1-108

借我一双慧眼：文档导航

在Photoshop界面中，将文档窗口的视图比例放大或缩小，使图像以更大或更小的比例显示，以及当图像较大，窗口中只能显示一部分内容时，通过移动画面查看图像的不同区域等操作，统称文档导航。

1.5.1

厘清概念　　　　　　　　　▶ 必学课

文档导航的目的是更好地观察和编辑图像。例如，处理图像细节时，需要将窗口的视图比例放大，使细节显现，再将需要编辑的区域移动到画面中心。由此可见，文档导航的操作实质就两个，即缩放窗口和定位图像。

缩放文档窗口可以让图像以更大或更小的尺寸呈现在我们眼前，这调整的是视图比例（相关命令在"视图"菜单中），而非图像自身的缩放比例，如图1-109所示，我们千万不要混淆，虽然二者看起来很相似。对图像进行放大或缩小，需要使用"图像"菜单中的命令（见86页）。

打开文件（视图比例为12.5%）

放大窗口（视图比例为25%）

放大图像（视图比例为12.5%）

"视图"菜单中的窗口缩放命令

图1-109

1.5.2

功能练习：使用视图缩放命令

在"视图"菜单中，较常用的缩放命令（见上图）都提供了快捷键，使用时非常方便。像缩放窗口这样的基础性操作，虽然并不难，但如果不掌握一些技巧，不能熟练使用快捷键替代命令，还是会在我们编辑图像时有所不便：一方面会降低工作速度；另一方面会增加鼠标的单击次数，造成手指疲劳。

扫码看视频

01 按Ctrl+O快捷键，打开素材，如图1-110所示。按住Ctrl键，然后连续按+键，可以按照预设比例一级一级地放大窗口，如图1-111所示。

02 当窗口被放大而不能显示全部图像时，可以按住空格键（临时切换为抓手工具🖑）单击并拖曳鼠标来移动画面，如图1-112所示。

图1-110　　　　　图1-111　　　　　图1-112

03 如果想要让窗口缩小，可以按住Ctrl键，并连续按一键来操作，如图1-113所示。如果要查看完整的图像，如图1-114所示，直接按Ctrl+0快捷键便可。

图1-113　　　　　图1-114

"视图"菜单命令	说明
放大/缩小	按照预设比例放大和缩小窗口
按屏幕大小缩放	让整幅图像完整地显示在窗口中。这也是我们最初打开图像时的显示状态
按屏幕大小缩放画板	让画板完整地显示在窗口中
100%/200%	让图像以100%（或200%）的比例显示。在100%状态下可以看到最真实的效果。当对图像进行缩放操作（物理缩放）后，切换到这种状态下观察图像，可以准确地了解图像的细节是否变得模糊，以及模糊程度有多大
打印尺寸	让图像按照其打印尺寸显示。如果图像用于排版程序（如InDesign），可以在这种状态下观察图像的大小是否合适。需要注意的是，打印尺寸并不精确，与图像的真实打印尺寸之间存在误差，我们不要被它的名字误导了

💎 1.5.3

功能练习：使用缩放工具

"视图"菜单中的缩放命令只能用于缩放窗口，并且缩放比例是固定的。与之相比，缩放工具 🔍 更加灵活一些，它还能在缩放窗口的同时定位图像的显示区域。

扫码看视频

01 按Ctrl+O快捷键，弹出"打开"对话框，打开素材，如图1-115所示。

图1-115

02 选择缩放工具 🔍，将光标放在画面中（光标会变为 🔍 状），单击鼠标，可以按照预设的级别放大窗口，如图1-116所示。按住Alt键（光标会变为 🔍 状）单击，可以缩小窗口的显示比例，如图1-117所示。

图1-116

图1-117

03 在工具选项栏中选取"细微缩放"选项。将光标放在需要仔细观察的区域，单击并向右侧拖曳鼠标，能够以平滑的方式快速放大窗口，光标下方的图像会出现在窗口中央，如图1-118所示。通过这样的操作，我们可以同时完成放大和定位，这一技巧是缩放工具 🔍 的最大优点。如果向左侧拖曳鼠标，则会以平滑的方式快速缩小窗口，如图1-119所示。

图1-118

图1-119

缩放工具选项栏

图1-120所示为缩放工具 🔍 的选项栏。其中的部分选项与"视图"菜单中的命令用途相同。

图1-120

- 放大 🔍 / 缩小 🔍：单击 🔍 按钮后，在窗口中单击鼠标，可以放大窗口；单击 🔍 按钮后，在窗口中单击鼠标，可以缩小窗口。

- 调整窗口大小以满屏显示：缩放浮动窗口的同时会自动调整窗口大小（仅针对浮动窗口）。

- 缩放所有窗口：如果打开了多个文件，可以同时缩放所有的窗口。

- 细微缩放：选取该选项后，在画面中单击并向左侧或右侧拖曳鼠标，能够以平滑的方式快速缩小或放大窗口；取消选取时，在画面中单击并拖曳鼠标，可以拖出一个矩形选框，放开鼠标后，矩形框内的图像会放大至整个窗口。按住Alt键操作可以缩小矩形选框内的图像。

- 100%：与"视图 > 100%"命令相同。双击缩放工具 🔍 也可以进行同样的操作。

- 适合屏幕：与"视图 > 按屏幕大小缩放"命令相同。双击抓手工具 ✋ 也可以进行同样的操作。

- 填充屏幕：在整个屏幕范围内最大化显示完整的图像。

💎 1.5.4　🚩必学课

技巧：使用抓手工具

缩放工具 🔍 可以完成缩放和定位操作，但不能移动画面。而抓手工具 ✋ 的主要任务就是在窗口被放大或图像尺寸较大而不能显示全部内容时移动画面。如果配合快捷键，则缩放工具 🔍 的所有操作都可以使用抓手工具 ✋ 完成。实际操作中也是这样，抓手工具 ✋ 配合"视图"菜单命令的快捷键是非常好用的组合。

扫码看视频

01 我们先来学习抓手工具 ✋ 的基本操作方法。选择抓手工具 ✋，将光标放在窗口中，如图1-121所示。按住Alt键单击鼠标，可以缩小窗口，如图1-122所示。按住Ctrl键单击鼠标，则可以放大窗口，如图1-123所示。放开键盘上的按键，单击并拖曳鼠标可以四处移动画面。

图1-121

图1-122

图1-123

02 下面来学习该工具的使用技巧。由于窗口被放大了，在当前状态下不能显示全部图像，如图1-124所示。按住H键，然后单击鼠标并按住按键，此时会出现一个黑色的矩形框，移动鼠标，将它定位到需要查看的区域，如图1-125所示，然后放开H键和鼠标按键，即可快速放大窗口，并让矩形框内的图像出现在窗口中央，如图1-126所示。

图1-124 　　　　图1-125 　　　　图1-126

03 抓手工具 🖐 还有一个隐秘的技巧，这需要缩放工具 🔍 的选项来配合。先选择缩放工具 🔍，在工具选项栏中选取"细微缩放"选项，然后选择抓手工具 🖐，按住Ctrl键单击并向右侧拖曳鼠标，能够以平滑的方式快速放大窗口，同时，光标下方的图像会出现在窗口中央。向左侧拖曳鼠标，则会以平滑的方式快速缩小窗口。

💎 **1.5.5** 　　　　　　　　　🐭 进阶课

功能练习：使用"GPS"导航

　　"导航器"面板也是集缩放和定位于一身的工具，它就像汽车上的GPS一样准确、方便，当文件尺寸特别大或者将视图比例放大后，画面中不能显示完整的图像时，只要在该面板中单击鼠标，就能迅速地将图像定位到我们想要出现的地方。下面介绍"导航器"面板的3种使用方法。

扫 码 看 视 频

01 打开一个素材。第1种方法是单击 ⛰ 按钮，按照预设的比例放大窗口，如图1-127所示。单击 ▲ 按钮则缩小窗口，如图1-128所示。

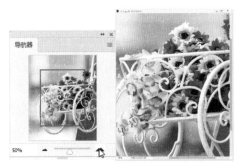

图1-127

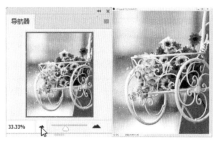

图1-128

02 第2种方法是拖曳滑块，进行动态缩放，如图1-129所示，这样操作要比单击 ⛰ 按钮和 ▲ 按钮的速度快。

03 "导航器"面板左下角的缩放文本框中给出的是窗口的视图比例，如果要进行精确缩放，可以在此输入百分比值并按Enter键，如图1-130所示。这是第3种方法。该文本框中的数值与文档窗口左下角，即状态栏中的百分比完全相同，在状态栏中也可以进行同样的操作。

图1-129 　　　　　　　图1-130

04 在"导航器"面板中，红色的小方框指出了当前正在查看的图像区域。当窗口被放大而不能显示完整图像时，拖曳它可以移动画面，如图1-131所示。此外，在它外面单击，如图1-132所示，则可以让光标所在处的图像迅速出现在文档窗口中心，如图1-133所示。

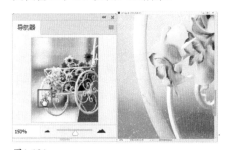

图1-131

图1-132 　　　　　　　图1-133

提示（Tips）

如果图像以红色为主，那么小方框就不太明显了。遇到这种情况时，可以打开"导航器"面板菜单，选择"面板选项"命令，在打开的对话框中将小方框改为其他颜色。

◈ 1.5.6　　　　　　　　　　　　😊进阶课

切换屏幕模式

　　在Photoshop的窗口中，面板占用的空间最大，除非将其全部关闭，否则无论怎样配置，它们总是会占用一定的空间。如果不想关闭面板，可以通过切换屏幕模式来隐藏部分或全部面板，让窗口中只显示图像，这样我们就不会被面板干扰视线，专注于观察和编辑图像。只是在完全隐藏面板的状态下工作，需要具备非常熟练的操作能力才行，因为必须使用快捷键才能选择工具、打开面板和执行菜单命令。

　　单击"工具"面板底部的屏幕模式按钮 ▢，可以显示用于切换屏幕模式的按钮，如图1-134所示。单击其中的一个，即可切换屏幕模式。也可按F键循环切换。

图1-134

● 标准屏幕模式 ▢：默认的屏幕模式，可以显示菜单栏、标题栏、滚动条和其他屏幕元素，如图1-135所示。

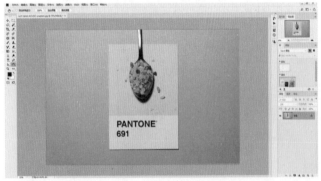

图1-135

● 带有菜单栏的全屏模式 ▢：显示有菜单栏和 50% 灰色背景，无标题栏和滚动条的全屏窗口，如图1-136所示。在这种模式下，文档窗口没有滚动条，需要使用抓手工具 ✋ 移动画面、调整图像的显示区域（可以按住空格键临时切换为抓手工具 ✋）。

● 全屏模式 ▣：显示只有黑色背景，无标题栏、菜单栏和滚动条的全屏窗口，如图1-137所示。在这种模式下，整个屏幕区域只显示图像，工具的选取、命令的执行都要通过快捷

键来完成。如果要显示面板，可以按 Shift+Tab 快捷键，如果要显示面板、"工具"面板和菜单可以按 Tab 快捷键。

图1-136

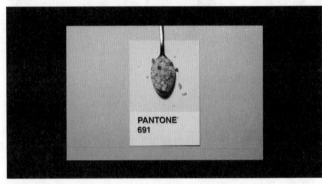

图1-137

◈ 1.5.7　　　　　　　　　　　　😊进阶课

技巧：多个窗口同步编辑图像

　　当前计算机显示器以宽屏为主流，开阔的屏幕空间不仅可以容纳更多的面板，也能排列多个窗口。我们可以利用屏幕空间的优势，为图像创建两个或多个窗口，然后将一个窗口的视图比例放大，在其中处理图像细节，同时，在另一个窗口中观察整体效果。

扫码看视频

01 按Ctrl+O快捷键，打开素材，如图1-138所示。执行"窗口>排列>为（文件名）新建窗口"命令，为当前文件新建一个窗口，再执行"窗口>排列>平铺"命令，让两个窗口并排显示，如图1-139所示。

02 按Ctrl++快捷键，将左侧窗口的视图比例调大，按住空格键拖曳鼠标，将美少女的五官调整到画面中心。选择画笔工具 ✎（见127页），按] 键将笔尖调大，将前景色（见112页）设置为洋红色，在美少女的额头上单击鼠标，点一个点，左、右两个窗口会同时显示处理结果，如图1-140所示。

图1-138

图1-139

图1-140

提示（Tips）

新建的窗口实际上只是当前文件的另一个视图。这就相当于在一个房间里安装了两个监视器，一个从远处拍摄全景，另一个从近处拍摄细节。这个新建的窗口并不是文件的副本。如果要复制文件，需要使用"图像>复制"命令来操作（见45页）。

排列窗口

创建了多个窗口或同时打开了多个图像后，可以使用"窗口>排列"菜单中的命令设置文档窗口的排列方式，如图1-141所示。这些命令分为3组，最上面一组命令可以让文档窗口以不同的样式平铺，各个命令前面的图标显示了排列效果，不需要过多介绍，其中的"将所有内容合并到选项卡

中"，是指有浮动窗口时，将浮动窗口停放到选项卡中；中间一组命令可以让文档窗口浮动；最下面的一组命令可以让各个文档窗口的视图比例、显示位置、角度等相匹配。

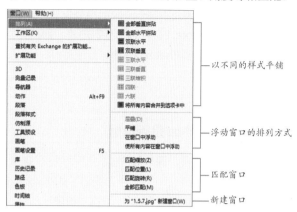

图1-141

- **层叠**：从屏幕的左上角到右下角以堆叠和层叠的方式显示未停放的窗口。
- **平铺**：以边靠边的方式显示窗口。关闭一个图像时，其他窗口会自动调整大小，以填满可用的空间。
- **在窗口中浮动**：允许图像自由浮动。
- **使所有内容在窗口中浮动**：使所有文档窗口都变为浮动窗口。
- **匹配缩放**：将所有窗口都匹配到与当前窗口相同的缩放比例。例如，当前窗口的缩放比例为100%，另外一个窗口的缩放比例为50%，执行该命令后，该窗口的显示比例会自动调整为100%。
- **匹配位置**：将所有窗口中图像的显示位置都匹配到与当前窗口相同。图1-142和图1-143所示分别为匹配前后的效果。

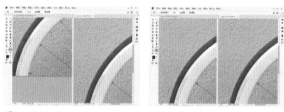

图1-142　　图1-143

- **匹配旋转**：将所有窗口中画布的旋转角度都匹配到与当前窗口相同。图1-144和图1-145所示分别为匹配前后的效果。

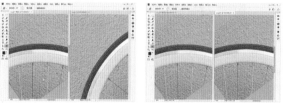

图1-144　　图1-145

- **全部匹配**：将所有窗口的缩放比例、图像显示位置、画布旋转角度与当前窗口匹配。

让Photoshop高效运行的5个妙招

Photoshop不同于一般的办公类软件程序，它对计算机的性能有较高要求（见5页）。例如，处理器至少要Intel Core 2、内存需要2GB等。如果计算机硬件配置一般，那么升级的可能性也不大，可以通过下面的方法提高Photoshop的运行速度。

1.6.1 进阶课

妙招一：判断 Photoshop 是否偷懒

状态栏中有3个选项，即"文档大小""暂存盘大小""效率"，如图1-146所示，可以帮助我们了解Photoshop的工作效率和内存的使用情况，知道它有没有"偷懒"。

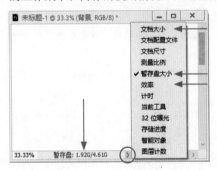

图1-146

"文档大小"显示了有关图像中的数据量的信息。选择该选项后，状态栏中会出现两组数字，如图1-147所示。左边的数字表示图像的打印大小，它近似于以Photoshop 格式拼合并存储时的文件大小；右边的数字表示了文件的近似大小，在添加或减少图层和通道时，该值会随之变化。

图1-147

选择"暂存盘大小"选项后，状态栏中也会出现两组数字，如图1-148所示。左侧的数字显示了当前所有打开的文件与剪贴板、快照等占用内存的大小；右侧的数字是Photoshop可用内存的大概值。如果左侧数值大于右侧数值，表示Photoshop正在使用虚拟内存。

图1-148

"效率"显示了执行操作实际花费时间的百分比。当效率为100%时，表示当前处理的图像在内存中生成；如果低于该值，则表示Photoshop正在使用暂存盘，操作速度会变慢。低于75%，就需要释放内存，或者添加新的内存来提高性能。

1.6.2 进阶课

妙招二：规避占用内存的操作

良好的操作习惯和高效的技巧，可以避免过多地占用内存。例如，复制图像时，尽量不要使用剪贴板复制（即"编辑"菜单中的"拷贝"和"粘贴"命令），因为用剪贴板复制的话，图像会始终保存在剪贴板中，占用内存。替代方法是通过图层复制图像——将对象所在的图层拖曳到"图层"面板底部的 按钮上，复制出一个包含该对象的新图层。或者用移动工具，按住Alt键拖动图像进行复制。如果要复制整幅图像，可以使用"图像>复制"命令来操作。

1.6.3 进阶课

妙招三：减少预设和插件占用的资源

在Photoshop中安装预设和插件时，包括加载样式库、画笔库、形状库、色板库、动作库，以及安装外挂滤镜和字体等，都会占用系统资源和内存，导致Photoshop的运行速度变慢。例如，安装的字体过多，会影响Photoshop 的启动速度，使用文字工具时，字体列表的显示速度也会变得很慢。如果内存有限，应该减少或删除预设（见29页）和插件，在需要的时候再加载和安装。

1.6.4 进阶课

妙招四：释放次要操作所占的内存

在Photoshop中编辑图像时，不仅要通过内存保存图层、蒙版、通道、图层样式等重要的中间数据，简单的操作，包括"还原"命令、"历史记录"面板，以及剪贴板和视频等也会占用内存。使用"编辑>清理"下拉菜单中的命令，可以释放这些次要操作所占用的内存空间，如图1-149所示。在Photoshop运行速度明变慢的情况下，这样操作还是有明显效果的。

需要注意的是，"全部"（清理菜单内的所有项目）

和"历史记录"这两个命令会清理所有在Photoshop中打开的文件。如果只想清理当前文件，应使用"历史记录"面板菜单中的"清除历史记录"命令。

图1-149

1.6.5

◆进阶课

妙招五：为Photoshop增加暂存盘

在计算机硬件无法改变的情况下，要想提高Photoshop运行速度，只能从内存着手：一方面要避免过多地占用内存；另一方面要将更多的内存分配给Photoshop使用。也就是说，要从"节流"和"开源"两方面想办法。

前面介绍的几种方法，都是"节流"技巧。"开源"需要另辟蹊径——借助暂存盘技术来实现。

在编辑大文件，尤其是大尺寸、高分辨率图像，以及视频和3D模型等特别"吃"内存的文件时，如果计算机没有足够的内存执行操作，Photoshop就会使用一种专有的虚拟内存技术（也称为暂存盘），将硬盘当作内存来使用。这一技术确保了Photoshop在内存捉襟见肘时也能够顺利完成任务，防止系统崩溃。然而，其默认的暂存盘位置并不合理，因为，Photoshop将安装了操作系统的硬盘用作主暂存盘（一般是C盘），这会影响系统运行速度。我们最好

动手将这种情况改正过来。

01 执行"编辑>首选项>暂存盘"命令，打开"首选项"对话框。"暂存盘"选项的列表中显示了计算机所有硬盘的盘符和容量。选择一个空间较大的硬盘来作为暂存盘，如图1-150所示。单击▲按钮，向上调整它的顺序，让它成为第1暂存盘，如图1-151所示。

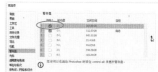

图1-150　　　　　　　　　图1-151

02 在C盘前方单击，取消它的选取，如图1-152所示。采用同样的方法，将其他空间较大的硬盘指定为第2暂存盘，如图1-153所示。设置完成后，单击"确定"按钮关闭对话框。由于个人计算机配置的不同，在选取盘符时可以根据自己的情况来定。一般情况下，暂存盘与内存的总容量至少为运行文件的5倍，Photoshop才能流畅运行。

图1-152　　　　　　　　　图1-153

> **提示**（Tips）
>
> 关闭网页，以及Photoshop以外的其他应用程序，也可以将更多的内存分配给Photoshop使用。

月光宝盒：撤销操作的6种方法

在Photoshop中编辑图像时，如果出现失误，大可不必担心，因为Photoshop中有"月光宝盒"一样的宝物，能够退回到从前，我们可以撤销操作，修正错误，重新再来。

1.7.1

方法一：撤销一步操作

执行"编辑>还原"命令（快捷键为Ctrl+Z），可以后退一步，即撤销一步操作，将图像还原到上一步编辑状态中。执行"编辑>重做"命令（快捷键为Shift+Ctrl+Z），则可前进一步，即恢复被撤销的操作。

1.7.2

▶必学课

方法二：连续撤销操作

Photoshop既可以撤销操作，也能将其恢复。而且不只是限于一步操作这么简单。在Photoshop中，连续撤销操作的方法是，连续按Alt+Ctrl+Z快捷键（相当于连续执行"编辑>后退一步"命令）。

连续恢复操作的方法是连续按Shift+Ctrl+Z快捷键（相当于连续执行"编辑>前进一步"命令）。

◆ 1.7.3
方法三：直接恢复到最后保存状态

执行"文件>恢复"命令，可以将文件直接恢复到最后一次保存时的状态（即撤销保存操作之后的所有操作）。

◆ 1.7.4   ▶ 必学课
方法四：用"历史记录"面板撤销操作

编辑图像时，我们每进行一步操作，都会被Photoshop记录在"历史记录"面板中，单击其中的一个记录，就可以撤销它之前的所有操作，将图像恢复到该记录所记载的编辑状态中。该面板还允许我们再次回到当前操作状态，或者将处理结果创建为快照或是新的文件。

下面学习"历史记录"面板的使用方法，其中涉及怎样撤销部分操作、恢复部分操作，以及将图像恢复为打开时的状态（即撤销所有操作的方法）。

01 打开素材，如图1-154所示。当前"历史记录"面板状态如图1-155所示。

图1-154　　　　　　　　　图1-155

02 执行"滤镜>模糊>径向模糊"命令，打开"径向模糊"对话框，将"模糊方法"设置为"缩放"，参数设置为30，将模糊中心拖曳到图1-156所示的位置，单击"确定"按钮关闭对话框，图像效果如图1-157所示。

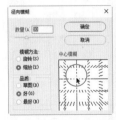

图1-156　　　　　　　　　图1-157

03 按Ctrl+M快捷键，打开"曲线"对话框。在"预设"下拉列表中选择"反冲"，创建反转负冲效果，如图1-158和图1-159所示。

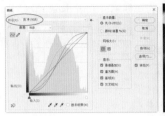

图1-158　　　　　　　　　图1-159

04 下面来撤销操作。单击"历史记录"面板中的"径向模糊"，即可将图像恢复到该步骤的编辑状态中，如图1-160和图1-161所示。

图1-160　　　　　　　　　图1-161

05 打开文件时，图像的初始状态会自动登录到快照区，单击快照区，可以撤销所有操作，即使中途保存过文件，也能将其恢复到最初的打开状态，如图1-162和图1-163所示。

图1-162　　　　　　　　　图1-163

06 如果要恢复所有被撤销的操作，可以单击最后一步操作，如图1-164和图1-165所示。

图1-164　　　　　　　　　图1-165

"历史记录"面板选项

执行"窗口>历史记录"命令，打开"历史记录"面板，如图1-166所示。

● 设置历史记录画笔的源 ✐：使用历史记录画笔时（见132页），该图标所在的位置将作为历史画笔的源图像。

● 快照缩览图：被记录为快照的图像状态缩览图。

● 图像的当前状态：当前选取的图像编辑状态。

设置历史记录画笔的源 —— 1.7.5.jpg

快照缩览图 —— 快照 1

图像的当前状态 —— 曲线

从当前状态创建新文档 —— 创建新快照

—— 删除当前状态

图1-166

● 从当前状态创建新文档 ：基于当前操作步骤中图像的状态创建一个新的文件。

● 创建新快照 ：基于当前的图像状态创建快照。

● 删除当前状态 ：选择一个操作步骤，单击该按钮可以将该步骤及后面的操作删除。

1.7.5 进阶课

方法五：用快照撤销操作

"历史记录"面板是Photoshop中的"账房先生"，我们每一笔开销（操作），它都会记录下来。这个"先生"勤勉、认真，就是记性差一点。因为，它只记得住50步操作。

一般的图像编辑，有50步可以回溯基本够用了。但在使用画笔、涂抹等绘画工具时，50步就捉襟见肘了。因为我们每单击一下鼠标，就会被"账房先生"（"历史记录"面板）视为一次操作并记录为一个步骤。例如，在临摹徐悲鸿的奔马时，要靠无数次单击和涂抹操作来完成，"历史记录"面板中记录的全是画笔工具，如图1-167所示。这显然是一笔糊涂账。

图1-167

这种情况会带来两个麻烦：一是历史记录可保存的步骤太少，50步之前的操作记录不下来；二是我们撤销操作时，从名称上没法分辨哪一步才是自己需要的，历史记录越多，反而越难处理。

使用其他工具时，也有可能出现类似情况。解决这个问题要从两方面着手。一是增加历史记录保存数量。操作

方法是执行"编辑>首选项>性能"命令，打开"首选项"对话框，在"历史记录状态"选项中进行设置，如图1-168所示。增加多少要看我们自己计算机的内存有多大，内存大可以多增加一些；内存小就不要设置得过多，以免影响Photoshop的运行速度。

图1-168

二是编辑图像时，在完成重要操作以后，最好单击"历史记录"面板中的创建新快照按钮 ，将图像的当前状态保存为快照，如图1-169所示。这样以后不论进行了多少步操作，只要单击快照，就可以将图像恢复到它所记录的状态，如图1-170所示。在不想增加历史记录保存数量的情况下，这个方法是最管用的。

图1-169　　　　图1-170

由于快照不像历史记录是自动存储的，需要我们手动记录，因此，千万不要忘记保存，否则以后没有办法撤销操作。另外，快照的命名也很重要。默认的快照名称是按照"快照1、2、3"的顺序排列的，特征不明显，不便于区分。我们自己设置快照名称是非常必要的。操作方法是在快照的名称上双击鼠标，然后在显示的文本框中输入新名称，如图1-171所示，之后按Enter键。如果要删除一个快照，可以将它拖曳到"历史记录"面板底部的 按钮上，如图1-172所示。

图1-171　　　　图1-172

快照选项

在"历史记录"面板中单击要创建为快照的记录，如图1-173所示，按住Alt键单击创建新快照按钮 ，或执行面板菜单中的"新建快照"命令，可以打开"新建快照"对话框，如图1-174所示。

图1-173　　　　图1-174

● 名称：输入快照的名称。

● 自：包含"全文档""合并的图层""当前图层"3个选项，使用这几种快照时，"图层"面板中的图层会有所不同。选择"全文档"，可以为当前状态下图像中的所有图层创建快照，使用此快照时，图层都会得以保留，如图1-175所示；选择"合并的图层"，创建的快照会合并当前状态下图像中的所有图层，使用此快照时，只提供一个合并了的图层，如图1-176所示；选择"当前图层"，只为当前状态下所选图层创建快照，因此，使用此快照时，只提供当时选择的图层，没有其他图层，如图1-177所示。

当前图层状态　　　为全文档创建快照　　　使用此快照

图1-175

当前图层状态　　　为合并的图层创建快照　　　使用此快照

图1-176

当前图层状态　　　为当前图层创建快照　　　使用此快照

图1-177

1.7.6

方法六：使用可"跳跃"的非线性历史记录

历史记录有这样一个特点，当我们单击"历史记录"面板中的一个操作步骤以后，在它之后的记录会全部变灰，如图1-178所示。如果此时编辑图像，则该步骤之后的所有记录会被新的编辑记录覆盖，如图1-179所示。

图1-178　　　　　图1-179

这是由于历史记录采用了线性的记录方法。我们也可以将其改为非线性记录，以便保留之前的记录，如图1-180所示。这有点类似于我们修改一个图层，不会影响其他图层一样。

非线性历史记录的设置方法是，打开"历史记录"面板菜单，选择"历史记录选项"命令，在弹出的对话框中选取"允许非线性历史记录"选项即可，如图1-181所示。

图1-180　　　　　图1-181

● 自动创建第一幅快照：打开图像文件时，图像的初始状态自动创建为快照。

● 存储时自动创建新快照：在编辑的过程中，每保存一次文件，都会自动创建一个快照。

● 默认显示新快照对话框：强制 Photoshop 提示操作者输入快照名称，即使使用面板上的按钮时也是如此。

● 使图层可见性更改可还原：记录隐藏图层和显示图层的操作。

1.7.7

撤销功能大盘点

"历史记录"面板基本上可以解决撤销操作方面的所有问题。它的最大优点是可以进行"挑选式"撤销，即我们可以自由选择撤销到哪一步，而且是一步到位地撤销此前的所有操作。但有两个问题需要注意，一是"历史记录"面板并不能记录所有操作。例如，对面板、颜色设置、动作和首选项做出的修改不是针对图像的，因此，不会记录在"历史记录"面板中。二是历史记录无法保存。

因为保存文件时存储的是图像的当前编辑结果，而历史记录记载的是图像的编辑过程，并存储在内存中，关闭文件时会释放内存，历史记录就会被删除。

下面将所有撤销方法放在一起做一个对比，供读者使用时挑选。

撤销
- 只撤销一步操作（快捷键为 Ctrl+Z）
- 连续地、依次向前撤销（快捷键为 Alt+Ctrl+Z）

局部恢复
- 用历史记录画笔工具 涂抹图像，将其恢复到指定的历史记录状态*（见132页）*
- 用历史记录艺术画笔工具 涂抹图像，局部地、艺术性地恢复到指定的历史记录状态*（见132页）*

恢复
- 直接恢复到某一步，即撤销它之前的所有操作（"历史记录"面板）
- 用快照直接恢复到某一步（突破"历史记录"只保存50步操作的局限）
- 恢复到最后一次保存时的状态（"文件>恢复"命令）
- 恢复至打开时的状态，即撤销所有操作（"历史记录"面板顶部快照）

1.8 Photoshop帮助资源使用方法

除富媒体工具提示*（见4页）*和"学习"面板*（见4页）*外，Photoshop还提供了很多帮助资源。我们可以通过这些资源学习Photoshop教程、了解系统信息、管理账户和更新软件等。

1.8.1
使用 Photoshop 帮助文件和教程

执行"帮助>Photoshop帮助"命令，可以链接到Adobe网站查看Photoshop帮助文件。执行"帮助>Photoshop教程"命令，可以观看Adobe网站上的各种Photoshop视频教程，学习其中的技巧和工作流程。

1.8.2
了解系统信息

执行"帮助>系统信息"命令，可以打开"系统信息"对话框，显示当前操作系统的各种信息，包括CPU型号、显卡和内存，以及可选插件和已禁用插件的完整文件路径、Photoshop可用内存、图像高速缓存级别等信息。

1.8.3
了解 Photoshop 开发者

运行Photoshop时，启动画面中出现的一长串名单是Photoshop研发人员，其中就有Photoshop的发明者Thomes Knoll。这些都是我们应该感谢和致敬的人。

Adobe可能觉得一闪而过的画面不足以让人看清所有名字，特别设置了一个与Photoshop功能并不相关的命令——"帮助>关于Photoshop CC"命令来弥补这个不足。从这个安排中，我们也可以感受到Adobe对Photoshop研发人员的重视。

1.8.4
了解增效工具

增效工具也称插件，可以用来制作特效。Photoshop提供了开放的接口，允许用户将其他软件厂商或个人开发的滤镜以插件的形式安装在Photoshop中。打开"帮助>关于增效工具"下拉菜单，可以查看当前系统中安装了哪些Photoshop插件。

1.8.5
更新 Photoshop

执行"帮助>更新"命令，可以运行Adobe Creative Cloud桌面应用程序，如图1-182所示。如果Photoshop有更新文件，可以单击"更新"按钮进行更新（需要Adobe ID 和密码登录到 Adobe 账户）。

图1-182

◆ 1.8.6

管理 Adobe 账户

执行"帮助>登录"命令，可以链接到Adobe网站建立或登录个人账户。执行"帮助>管理我的账户"命令，可以链接到Adobe网站对Adobe个人账户进行修改。

◆ 1.8.7

技巧：搜索资源

执行"编辑>搜索"命令（快捷键为Ctrl+F），或单击工具选项栏右侧的 🔍 按钮，会显示一个搜索选项卡，在其中输入关键字，可以搜索工具、命令、面板、预设、图层等。例如，输入"渐变"，并单击下方的"全部"字样，可以搜索与渐变相关的所有工具、命令、资源，以及Photoshop帮助文档和学习内容，如图1-183所示。单击后几个字样，则可对资源进行细分。图1-184所示为Adobe Stock图像资源库中的渐变。

图1-183   图1-184

◆ 1.8.8

查找有关 Exchange 的扩展功能

执行"窗口>查找有关Exchange的扩展功能"命令，可以打开Adobe Exchange网站。该网站上提供了许多类型的扩展，包括程序、动作文件、脚本、模板等，我们可以登录Adobe ID，然后进行下载并添加到Photoshop中，以增强其功能。

◆ 1.8.9

◆ 进阶课

技巧：从 Adobe Stock 网站下载资源

Adobe Stock是一个汇聚了数千万照片、视频、插图、矢量图、3D素材和模板等设计资源的网站。它不仅拥有丰富的素材，还是一个可以"先尝后买"的"大卖场"——在Adobe Stoc网站上，我们可以将带水印的素材下载到Photoshop"库"面板中使用，觉得满意后再购买，Photoshop会将文档中的素材自动更新为许可的、具有高分

辨率的无水印资源。

如果想要在Adobe Stock网站下载资源，可以执行"文件>搜索Adobe Stock"命令，或者执行"文件>新建"命令，打开"新建文档"对话框（见36页），单击底部的"前往"按钮，如图1-185所示，打开Adobe Stock网站，单击页面右上角的Sign in标签，如图1-186所示，使用我们的Adobe ID登录，之后就可以下载资源了。

图1-185   图1-186

Adobe Stock将素材分为图像、视频、模板、3D、Premium和时事等几大板块，我们可以在页面顶部单击其中的一个选项卡，查看相关素材，或者使用搜索栏进行搜索。显示搜索结果以后，还可以按照价格、子类别、出现人物、图像方向、颜色等条件筛选，如图1-187所示。

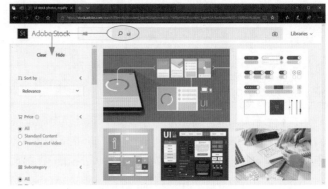

图1-187

找到感兴趣的素材后，将光标放在其上方，单击🛒图标，可以购买并下载。单击▦图标，则可显示与之相似的更多资源，如图1-188和图1-189所示。

图1-188   图1-189

通常情况下，我们需要使用素材进行创作处理，之后才能确定其是否符合要求，最后才正式购买，这样更稳妥。因此，需要下载的是素材的水印版本，即未授权的预览版。操作方法是在图片上单击，如图1-190所示，然后单击 ⬇ 图标右侧的 ∨ 按钮，在展开的列表中单击 Ps 图标，

如图1-191所示，即可将资源的预览版下载到Photoshop的"库"面板中。其他几个图标也是Creative Cloud 系列应用程序的图标。例如，单击 Ai 图标，可以将素材下载到Illustrator的"库"面板中。当然，前提是您的计算机上安装了Illustrator才行。

图1-190　　　　　　　　　图1-191

💎 1.8.10
远程连接 Tutorial Player

执行"编辑>远程连接"命令，可以打开"首选项"对话框，选择"启用远程连接"选项，可以在Tutorial Player和Photoshop之间建立连接。

Tutorial Player for Photoshop是一款交互式iPad应用程序，它能跟踪我们在完成Photoshop教程步骤方面的进度，在我们遇到问题时提供帮助，甚至可以从我们的iPad上控制Photoshop。例如，将它们连接之后，选择一个教程，可以自行执行相关步骤，也可单击"示范"按钮，观看在Photoshop中打开的教程。目前Tutorial Player只适用于iPad（在Apple App Store上可以免费获取该程序）。

💎 1.8.11
使用"修改键"面板

通过"修改键"面板，可以在支持 Windows 的触控设备，如 Surface Pro（平板电脑）上访问常用的键盘修改键Shift、Ctrl 和 Alt。

💎 1.8.12
功能练习：用加载的资源库制作特效字

Photoshop为用户提供了大量的设计资源，如各种色板库、形状库、画笔库、渐变库、样式库和图案库等。使用"预设管理器"可以加载这些资源，以及外部资源。

扫 码 看 视 频

01 执行"编辑>预设>预设管理器"命令，打开"预设管理器"对话框，在"预设类型"下拉列表中选择"样

式"，单击对话框右上角的 ⚙. 按钮打开下拉菜单，菜单中包含了Photoshop提供的预设样式，可载入使用。选择"替换样式"命令，如图1-192所示，在弹出的对话框中选择配套资源中的样式素材，如图1-193所示，单击"载入"按钮载入它。载入的资源也会出现在"样式"面板中。载入其他资源时，则同时出现在"色板""画笔""形状"下拉面板等相应面板中。

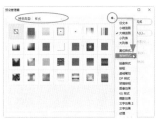

图1-192　　　　　　　　　图1-193

02 打开素材，如图1-194所示。单击"样式"面板中新载入的样式，为文字和图形添加该效果，只需单击鼠标，即可生成彩条状特效字，如图1-195所示。这里有一点需要注意，资源库会占用内存，影响Photoshop的运行速度，因此，在需要的时候再加载即可，平时最好将它们清除。如果要删除载入的项目，恢复为Photoshop默认的资源，可以单击"资源管理器"对话框或"样式"面板中右上角的 ≡ 按钮，打开下拉菜单，选择"复位（具体项目名称）"命令。

图1-194　　　　　　　　　图1-195

> **提示**（Tips）
>
> 执行"编辑>预设>迁移预设"命令，可以从旧版本中迁移预设。执行"编辑>预设>导入/导出预设"命令，可以导入预设文件，或将当前预设文件导出。

💎 1.8.13
设置 Photoshop 首选项

软件程序、APP（如QQ、微博、微信）等一般都允许用户对它的一些核心设置进行修改。例如，界面背景、文字大小、消息推送等，以使其符合用户的个人习惯和使用需要。Photoshop也支持类似设置，我们可以在"编辑>首选项"菜单中选择"常规""界面""工作区""工具"等命令，打开"首选项"对话框进行操作。对于初学者，首选项的意义不大，因为Photoshop默认已处于最佳状态。如果有个性化设置需求，想要了解首选项的详细说明，可参阅本书配套资源中的附加内容。

第2章

文件设置与管理

图像关键概念

2.1

对于图像，大家都不陌生，我们每天都接触和使用图像，也通过手机或数码相机拍照、用扫描仪扫描图片、用软件程序绘画、在计算机屏幕上截图等方式获取图像。下面我们来探究图像的组成元素及制约条件，其中会有大量概念和原理阐述，这些知识非常重要。因为Photoshop是图像编辑软件，不了解图像的组成，就无法理解Photoshop的图像编辑原理。

2.1.1 惠 进阶课

图像的"原子"世界

在现实世界中，原子是构成一般物质的最小单位。而我们在计算机显示器上看到和编辑的图像是数字图像（在技术上称为栅格图像），它的最小单位则是像素（Pixel）。

扫码看视频

与原子类似，像素"个头"也非常小。以A4大小的海报为例，在21厘米×29.7厘米的画面中，就包含多达8699840像素。想要看清单个像素，必须借助专门的工具才行。我们可以在Photoshop中打开任意一幅图像，如图2-1所示，使用缩放工具 🔍 在窗口中连续单击鼠标，同时观察窗口底部的视图比例数值，大概在3200%的时候，画面中会显示一个个小方块，这便是像素（每个方块是一像素），如图2-2所示。

视图比例为100%   视图比例放大到3200%时，像素才显现出来

图2-1   图2-2

在Photoshop中处理图像时，所编辑的就是这些数以百万，甚至千万计

的"小方块"。像素虽小，但每一个都不可或缺，图像发生任何改变，都是像素变化的结果。

提示（Tips）

像素还有一个"身份"，就是作为计量单位使用。例如，绘画和修饰工具的笔尖大小、选区的羽化范围、矢量图形的描边宽度等，都是以像素为单位的。

🔷 2.1.2   进阶课

推导像素与分辨率关系公式

前面我们将文档窗口的视图比例放大3200倍，才看到单个像素，可见像素的"个头"有多小。但这并不是绝对情况，像素也可以很大，大到无须借助任何工具和方法，直接用眼睛就能观察到。

像素"个头"的大小，取决于分辨率的设定。分辨率用像素/英寸（ppi）来表示，它的意思是一英寸（1英寸=2.54厘米）的距离里有多少个像素。分辨率为10像素/英寸，表示一英寸里有10个像素，如图2-3所示；分辨率为20像素/英寸，则表示一英寸里有20个像素，如图2-4所示。

一英寸10像素
图2-3（此图非原大）

一英寸20像素
图2-4（此图非原大）

分辨率越高，一英寸（1英寸=2.54厘米）的距离里包含的像素越多，因此，像素的"个头"就越小，其总数会增加。由于像素记录了图像的信息，像素数量多，就意味着图像的信息丰富，由此，我们可以推导出像素与分辨率的关系公式。

条件   原理   结果

分辨率越高→像素"个头"越小、排列越密集→像素总数越多→图像的信息越丰富、细节越多

图2-5所示为相同尺寸、不同分辨率的3幅图像。可以看到，低分辨率的图像有些模糊不清，高分辨率的图像由于像素多，包含的信息也多，所以图像十分清晰；反之，在分辨率不变的情况下，图像的尺寸越大，画质越差，如图2-6所示。由此可见，分辨率设置正确与否是影响画质的关键因素，在实际操作中需要考虑很多情况（见35页）。

提示（Tips）

Photoshop中可以控制分辨率的功能有两个："文件>新建"命令（见36页）用于设置分辨率；"图像>图像大小"命令可以修改分辨率。

分辨率为32像素/英寸   分辨率为72像素/英寸   分辨率为300像素/英寸
（图像模糊）   （效果一般）   （图像清晰）
图2-5

分辨率为72像素/英寸，打印尺寸依次为10厘米×15厘米、20厘米×30厘米、45厘米×30厘米。随着尺寸的增加，图像的清晰度在下降
图2-6

🔷 2.1.3   进阶课

技巧：掌握图像大小的描述方法

既然图像的画质与分辨率及尺寸休戚相关，那么从哪里能获取这两个信息呢？可以打开任意一幅图像，然后执行"图像>图像大小"命令，打开"图像大小"对话框进行查看，如图2-7所示（这是一个A4尺寸文档）。

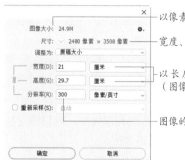

以像素数量为单位描述图像大小

宽度、高度方向上的像素数量

以长度为单位描述图像大小（图像的宽度、高度尺寸）

图像的分辨率

图2-7

在该对话框中，Photoshop使用两种方法描述了图像有多大："图像大小"选项组以像素数量为单位描述了图像大小；下方的选项组以长度为单位（即打印尺寸）描述了图像的宽度和高度尺寸。

从第1种方法中我们可以获取这两个数据：图像的"宽度"方向上有2480像素，"高度"方向上有3508像素。将这两个数值相乘，就可以计算出图像中包含的像素总数（8699840）。"图像大小"右侧的数值显示的是所有像素将占用24.9MB的存储空间（即文档占用的存储空间）。

从第2种方法中我们获取的数据是，图像的分辨率是300像素/英寸，将其打印到纸上，或者在计算机屏幕上显示时，它的"宽度"是21厘米、"高度"是29.7厘米。

2.1.4 惠 进阶课
重新采样之"反向联动"

在Photoshop中，如果要修改一个图像的分辨率，可以执行"图像>图像大小"命令，打开"图像大小"对话框进行设置。在操作时，"重新采样"是非常重要的选项，它决定了像素总数是否发生改变，画质是否受到影响。

这里又出现了一个新名词——"重新采样"。我们可以这样理解，当图像生成以后（如数码相机拍摄完照片），其原始像素的数量便没有办法增加了，但Photoshop可以对原始像素重新采样，然后通过特殊方法生成新的像素，从而使像素总数增加，或者减少原始像素，让图像中的像素总数变少。

当然，Photoshop也可以不对图像重新采样——既不增加像素，也不减少像素。前提是，"图像大小"对话框中的"重新采样"选项未被选取。在这种状态下，当提高分辨率时，例如，分辨率从10像素/英寸提高到20像素/英寸，那么原来1英寸距离里排列10像素，现在就要排列20像素，像素的个头"变小"了。请注意，在像素总数不变的情况下，像素"个头"变小，它们就不需要原来那么大的画面空间了，这时Photoshop会自动缩减图像尺寸，以与之匹配，如图2-8和图2-9所示。

反过来降低分辨率时，例如，从10像素/英寸改为5像素/英寸，则原来1英寸距离里排列10像素，现在只排列5像素，这就导致像素的"个头"变大，那么原有的画面空间就不够用了，这时Photoshop会扩展图像尺寸，以提供足够大的画面空间来容纳像素，如图2-10所示。

原始图像
图2-8

提高分辨率时图像尺寸自动减小
图2-9

降低分辨率时图像尺寸自动增加
图2-10

我们发现，未选择"重新采样"选项时，无论提高分辨率，还是降低分辨率，像素总数均保持不变（宽度100像素、高度100像素）。也就是说，分辨率与图像之间存在着反向联动，一方增加，另一方就会减少，就像是压跷跷板。反向联动的意义在于，它确保了像素数量不会增减，这样图像的画质就不会因分辨率的改变而受到影响。

2.1.5 惠 进阶课
重新采样之"无中生有"

选择"重新采样"选项，就等于授予了Photoshop改变像素数量的权利。此时的"图像大小"对话框中，分辨率与图像尺寸互不影响，它们之间也不存在反向联动。当调整分辨率，进而导致像素"个头"的变大或变小时，图像尺寸不会随之扩大或缩减。但是，像素数量发生改变，会造成图像的画质变差。具体原因如下。

当提高分辨率时，例如，分辨率从10像素/英寸提高到20像素/英寸，原来1英寸距离里从排列10像素到现在要排列20像素，像素的个头"变小"了，但图像尺寸是不变的（因为它与分辨率没有关联），这就导致每一英寸里都缺少10像素，在这种情况下，Photoshop会对现有像素进行采样，然后通过差值的方法生成新的像素，来填满空间。图2-11和图2-12所示为提高分辨率的操作，从中可以看到图像尺寸没有改变。

原始图像
图2-11

提高分辨率时图像尺寸不变小
图2-12

降低分辨率时，像素的"个头"会变大，在图像尺寸不变的情况下，原有的画面空间就"装不下"原先那么多像素了，这时Photoshop会通过差值运算的方法，将多余的像素筛选出来并删除。

打个形象的比喻，选择"重新采样"选项，就相当于把水龙头的开关交给了Photoshop，Photoshop通过往图像里"加水"（增加像素），或者"向外放水"（减少像素）的做法保持分辨率与图像尺寸之间的平衡。然而这种平衡是以画质变差为代价的。

我们观察"图像大小"对话框顶部的参数，如果像素总数减少，如图2-13所示，就表示Photoshop丢弃了一部分像素，也就是说当前图像的信息比原始图像少。丢弃像素一般不会给图像造成太大损害，因为细微的画质变化我们的眼睛是察觉不到的。而像素总数增加情况就完全不同了，如图2-14所示。由于是软件生成的像素，添加到图像中以后，会使图像的清晰度下降（原因见下一节）。就像是往酒里兑水，水越多，酒味越淡。

降低分辨率导致像素减少
图2-13

提高分辨率导致像素增加
图2-14

还有一个规律，就是没有选择"重新采样"选项时，

无论调整哪项参数，其实都是在调整图像的尺寸；选择"重新采样"选项后，调整任意一个参数，Photoshop都会改变像素总数。

2.1.6 进阶课

扫码看视频

重新采样之"无损变换"

除了调整图像大小时会重新采样外，对图像进行缩放和旋转（见86页）时也能遇到这个问题。因为这些操作会改变像素的位置，造成部分空间缺少像素，需要新的像素来填充。新像素从何而来？只能由Photoshop生成。然而这种模拟出来的像素会模糊图像细节，造成图像的清晰度下降，如图2-15和图2-16所示（放大图像的操作）。

大小为2像素×2像素的原始图像（像素总数为4个）
图2-15

将图像放大到4像素×4像素后，像素总数变为16个。在此过程中，Photoshop先通过差值的方法对4个原始像素重新采样，然后基于它们生成新的像素。可以看到，此时图像中原始的纯黑和纯白的像素已经没有了，这是导致图像清晰度下降的根本原因
图2-16

但并非所有旋转操作都会破坏图像。当我们以90°或90°的整数倍旋转图像时，所有的方形像素都转换到新的方形位置中，这样旋转，画质是不会发生改变的，如图2-17所示。这种不损害图像画质的操作，在Photoshop中有专用的名称——非破坏性编辑。

50像素×50像素的图像　　旋转90°　　将其旋转回来。可以看到，画质没有丝毫改变
图2-17

而如果以非90°的角度旋转，则方形像素无法填满新的位置，空缺部分仍需要新的像素填充，这又回到上面所讲的，由Photoshop增加像素，其结果便可想而知了，如图2-18所示。我们要记住，图像缩放或以非90°及90°的整数倍旋转时，操作次数越多，受损程度越大。

50像素×50像素的图像　　旋转45°　　　　将其旋转回来。图像的清晰度明显下降，细节已经变得模糊了

图2-18

2.1.7 进阶课

重新采样之差值方法

当我们修改图像尺寸和分辨率，以及进行旋转、缩放等改变像素数量的操作时，Photoshop将遵循一种差值方法来对原始像素进行采样，以决定生成或删除哪些像素。

差值这个名词不像重新采样那样过于专业，我们生活中很容易接触到。例如，去购买数码相机、扫描仪等设备，就会有销售人员对我们讲，设备的分辨率有多么的高。他们口中的分辨率多是指差值分辨率。而这些设备的实际分辨率是光学分辨率。光学分辨的参数高，才能捕获更多的信息。当光学分辨率达到设备上限时，设备中的软件会通过差值运算的方式提高分辨率（即差值分辨率），从而增加像素数量（例如，在每两个真实的像素点之间再插入一个模拟像素）。然而这只是设备模拟出的像素，而非真实捕获的像素，因此，差值分辨率再高也没有实际意义，它只是一种营销概念。

Photoshop也是通过差值运算的方法模拟出像素的。所以如果一个图像的分辨率较低，细节模糊，我们也不要奢望提高分辨率就能使它变得清晰，因为Photoshop也无法生成新的原始像素。

但是，只要在Photoshop中编辑图像，就可能面临缩放、旋转，以及改变像素数量的操作，因此，重新采样是无法避免的。不过我们可以通过一些方法降低损害程度。一是使用非破坏性编辑功能（见95页），将破坏性降到最小；另外可以选择一种差值方法，使新生成的像素更接近于原始像素，让模拟效果更加逼真。

差值方法可以在"图像大小"对话框底部的下拉列表中选取，如图2-19所示。

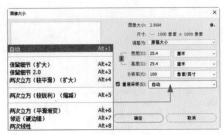

图2-19

增加像素时，可使用"两次立方（较平滑）（扩大）"。这是一种基于两次立方插值且旨在产生更平滑效果的有效的图像放大方法。减少像素时，可使用"两次立方（较锐利）（缩减）"。这是一种基于两次立方插值且具有增强锐化效果的有效的图像减小方法。此方法可以在重新采样后的图像中保留细节。如果图像中的某些区域锐化程度过高，可以尝试使用"两次立方（平滑渐变）"。其他选项介绍如下。

● 自动：Photoshop 根据文档类型，以及是放大还是缩小文档来选取重新采样方法。

● 保留细节（扩大）：可在放大图像时使用"减少杂色"滑块消除杂色。

● 保留细节 2.0：可在调整图像大小时保留重要的细节和纹理，并且不会产生任何扭曲（基于人工智能辅助技术）。

● 两次立方（平滑渐变）：一种将周围像素值分析作为依据的方法，速度较慢，但精度较高。产生的色调渐变比"邻近"或"两次线性"更为平滑。

● 邻近（硬边缘）：一种速度快但精度低的图像像素模拟方法。该方法会在包含未消除锯齿边缘的插图中保留硬边缘并生成较小的文件。但是，该方法可能产生锯齿状效果，在对图像进行扭曲或缩放时，或者在某个选区上执行多次操作时，这种效果会变得非常明显。

● 两次线性：一种通过平均周围像素颜色值来添加像素的方法，可以生成中等品质的图像。

2.1.8 必学课

功能练习：修改照片尺寸和分辨率

我们拍摄照片或在网络上下载图像以后，可将其设置为计算机桌面、制作为个性化的QQ头像、用作手机壁纸、传输到网络相册上、用于打印等。然而，每一种用途对图像的尺寸和分辨率的要求也不相同，这就需要对图像的大小和分辨率做出适当的调整。我们已经了解了像素、分辨率、差值等这些专业概念及它们之间的联系，下面就可以用所学知识解决实际问题，将一个大幅图像调整为6英寸×4英寸照片大小。

01 按Ctrl+O快捷键，打开照片素材，如图2-20所示。执行"图像>图像大小"命令，打开"图像大小"对话框，如图2-21所示。可以看到，当前图像的尺寸是以厘米为单位的，我们首先将单位设置为英寸，然后修改照片尺寸。另外，照片当前的分辨率是72像素/英寸，分辨率太低了，打印时会出现锯齿，画质很差，因此，分辨率也需要调整。

图2-20　　　　　　　图2-21

02 先来调整照片尺寸。取消"重新采样"选项的选取。将"宽度"和"高度"单位设置为"英寸"，如图2-22所示。可以看到，以英寸为单位时，照片的尺寸是39.375英寸×26.25英寸。将"宽度"值改为6英寸，Photoshop会自动将"高度"值匹配为4英寸，同时分辨率也会自动更改，如图2-23所示。由于没有重新采样，将照片尺寸调小后，分辨率会自动增加。可以看到，现在的分辨率是472.5像素/英寸，已经远远超出了最佳打印分辨率（300像素/英寸）。高出最佳打印分辨率其实对打印出的照片没有任何用处，因为画质再细腻，我们的眼睛也分辨不出来。下面来降低分辨率，这样还能减少图像的大小，加快打印速度。

图2-22　　　　　　　图2-23

> **提示**（Tips）
>
> "宽度"和"高度"选项中间有一个 🔗 状按钮，并处于按下状态，它表示当前会保持宽、高比例。如果要分别修改"宽度"和"高度"，可以先单击该按钮，再进行操作。

03 这次需要选择"重新采样"选项，如图2-24所示，否则减少分辨率时，照片的尺寸会自动增加。将分辨率设置为300像素/英寸，然后选择"两次立方（较锐利）（适用于缩减）"选项。这样照片的尺寸和分辨率就都调整好了。观察对话框顶部"像素大小"右侧的数值，如图2-25所示。文件从调整前的15.3MB，降低为6.18MB，文件成功"瘦身"。单击"确定"按钮关闭对话框。执行"文件>存储为"命令，将调整后的照片另存（*见41页*）。

图2-24　　　　　　　图2-25

◈ 2.1.9　　　　　　　　　　　　惠 进阶课
技巧：设置最佳分辨率

图像的分辨率过低，不仅画面细节不充足，图像尺寸也很小，会限制使用范围。分辨率高，图像中才能包含更多的细节、色彩和色调信息，画质才能更加细腻。

但分辨率设置得过高，图像会占用更多的存储空间，用于打印时，打印速度会变慢；用于网络时，会增加刷新时间，下载速度也会变慢。另外，最高分辨率不一定就是最佳分辨率，分辨率的设定标准是由图像的用途决定的。例如，如果用于打印，最佳分辨率应该是300像素/英寸。因为人的眼睛每英寸最多只能识别300像素（即300ppi），像素多于这个数，我们也分辨不出来。所以，打印机设备一般以300像素/英寸作为打印标准。由此可见，只有根据图像的用途设置合适的分辨率才能取得最佳的使用效果。下表是比较常用的分辨率设定规范。

输出设备	图像分辨率设定
用于计算机屏幕显示	72像素/英寸（ppi）
用于喷墨打印	250～300像素/英寸（ppi）
用于照片洗印	300像素/英寸（ppi）
用于印刷	300像素/英寸（ppi）

2.2 创建文件

使用Photoshop编辑图像前，先要将其加载到Photoshop操作界面中。图像的来源可以是在Photoshop中创建的空白文件（基于它从零开始创作），也可以是计算机硬盘上的文件（对其进行编辑修改）。

2.2.1 ▶必学课

使用预设创建空白文件

设计师在接到UI、网页、海报或其他设计任务时，一般是按照要求创建一个空白文件，然后将各种素材通过拖入、置入等方式加载到该文件中，再进行编辑。

使用"文件>新建"命令（快捷键为Ctrl+N）可以创建空白文件。执行该命令会打开"新建文档"对话框。最上方是6个选项卡，包括"照片""打印""图稿和插图""Web""移动设备""胶片和视频"，如图2-26所示，基本涵盖了各种设计工作所需要的文件项目。

图2-26

要创建哪种类型的文件，就单击相应的选项卡，然后在其下方选择一个预设（单击"查看全部预设信息+"文字，可以显示此类文件的所有预设），之后单击"创建"按钮，即可基于预设创建一个文件。例如，想要创建一个5英寸×7英寸的照片文件，可先单击"照片"选项卡，然后在下方选择"横向，5×7"预设，Photoshop会在对话框右侧自动给出文档尺寸、分辨率和颜色模式，如图2-27所示。即使不知道5英寸×7英寸照片的具体参数，也可以使用预设创建出符合标准的文件。

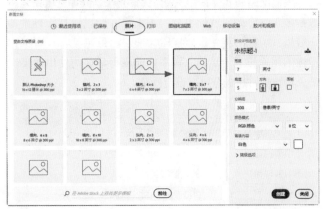

图2-27

"新建文档"对话框顶部还有"最近使用项"和"已保存"两个选项卡，分别收录了我们最近在Photoshop中使

用和存储过的文件，并作为临时预设，可用于创建文件。

"新建文档"对话框选项

- **未标题-1**：在该选项中可输入文件的名称。创建文件后，文件名会显示在文档窗口的标题栏中。保存文件时，文件名会自动显示在存储文件的对话框内。"文件名"可以在当时输入，也可以使用默认的名称（未标题-1），等到保存文件时，再为它设置正式的名称。

- **宽度/高度**：可以输入文件的宽度和高度。在右侧的选项中可以选择一种单位，包括"像素""英寸""厘米""毫米""点""派卡"。

- **方向**：单击█和█按钮，可以指定文档的页面方向——横向或纵向，即对调"宽度"和"高度"数值。

- **画板**：选取该选项后，可创建画板（见75页）。

- **分辨率**：可输入文件的分辨率。在右侧的选项中可以选择分辨率的单位，包括"像素/英寸"和"像素/厘米"。

- **颜色模式**（见103页）：可以选择文件的颜色模式和位深度。

- **背景内容**：可以为选择文件中的"背景"图层（见61页）选择颜色，包括"白色""黑色""背景色"。"白色"为默认的颜色，如图2-28所示；"背景色"是指将"工具"面板中的背景色用作"背景"图层的颜色，如图2-29所示。如果要自定义颜色，可单击选项右侧的颜色块，打开"拾色器"进行设置。

图2-28

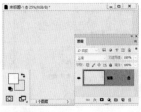

图2-29

- **高级选项**：单击❯按钮，可以显示两个隐藏的选项。其中"颜色配置文件"选项可以为文件指定颜色配置文件。"像素长宽比"选项可以指定一帧中单个像素的宽度与高度的比例。需要注意的是，计算机显示器上的图像是由方形像素组成的，除非用于视频，否则都应选择"方形像素"选项。

2.2.2

创建自定义文件并保存为预设

如果Photoshop提供的预设不符合需要，我们可以在"新建文档"对话框中设置参数，从而创建自定义的文件。

如果该文件以后可能会经常使用，可在设置好尺寸、分辨率和颜色模式等参数后，如图2-30所示，单击 按钮，如图2-31所示，在显示的"保存文档设置"选项卡中输入名称，如图2-32所示，并单击"保存预设"按钮，将当前设置保存为一个预设。以后需要创建同样的文件时，在"已保存"选项卡中便可找到它，如图2-33所示，这样就省去了重复设置选项的麻烦。

图2-30　　　　图2-31

图2-32　　　　图2-33

💎 **2.2.3** 　　　　　　　　　　　　　　　鼎 进阶课

技巧：从Adobe Stock模板中创建文件

在"新建文档"对话框中，"照片""打印""图稿和插图""Web""移动""胶片和视频"选项卡下方均提供了Adobe Stock中的模板，可用来创建文档。例如，单击一个模板，对话框右侧会显示它的详细信息，单击"下载"按钮，如图2-34所示，Photoshop会提示授权来自Adobe Stock模板，同时进行下载。

图2-34

模板下载好之后，"下载"按钮会变为"打开"按钮，单击它，即可从模板中创建文件。模板中的所有图像、图形和文字素材都会加载到新建的文件中，如图2-35所示。

图2-35

> **提 示**（Tips）
>
> 打开模板时，如果系统提示从 Typekit 同步某些字体，可单击"确定"按钮。

下载后的模板还会被添加到一个称作"Stock 模板"的 Creative Cloud Library 中。我们可以在"库"面板中访问该库。

"新建文档"对话框底部有一个"在Adobe Stock上查找更多模板"文本框，输入关键字，如图2-36所示。单击"前往"按钮，可在浏览器窗口中打开 Adobe Stock 网站，搜索符合要求的所有可用模板，如图2-37所示。

图2-36

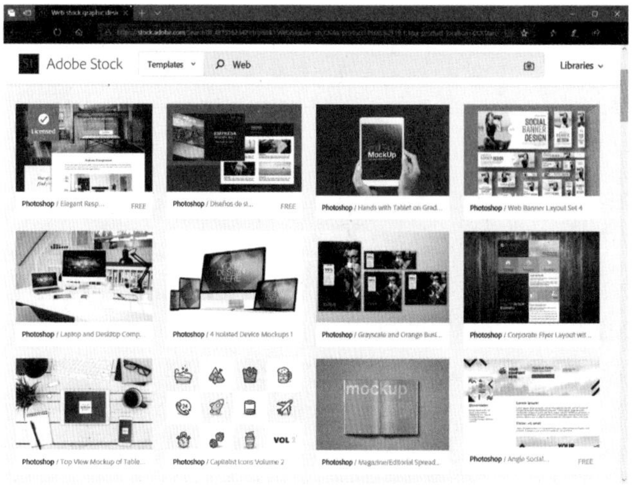

图2-37

打开文件

2.3

如果要在Photoshop中编辑一个已有的文件，如计算机硬盘上保存的照片、图像素材、视频、3D模型、GIF动画、矢量文件，以及Photoshop支持的各种格式的文件，需要将其打开。

💎 2.3.1

▶ 必学课

用"打开"命令打开文件

常规的文件打开方法是使用"文件>打开"命令操作（快捷键为Ctrl+O）。

执行该命令（也可在灰色的Photoshop程序窗口中双击鼠标），会弹出"打开"对话框，从左侧的列表中选择文件所在的文件夹，然后在其中选择需要的文件（如果要选择多个文件，可以按住Ctrl键单击它们），如图2-38所示，单击"打开"按钮或按Enter键，或者双击文件，即可将其打开。

图2-38

> **提示** (Tips)
>
> 使用Adobe Bridge管理图像时，双击一个图像，可切换到Photoshop中并将其打开（见46页）。

技术看板 02 文件查找技巧

在"文件类型"下拉列表中，默认选择的是"所有格式"，这样不会漏掉Photoshop支持的任何一种格式的文件。但如果文件数量较多，查找起来就比较麻烦了。我们可以通过指定文件格式来缩小查找范围。例如，想要打开的是JPEG格式的文件，就可以在"文件类型"下拉列表中选择"JPEG"，将其他格式的文件屏蔽。

💎 2.3.2

用"打开为"命令打开文件

设计公司、影楼或印厂为了色彩还原准确，多使用Mac电脑，而个人用户则偏重于PC机。由于Mac OS系统与Windows 系统存在差别，在它们之间传递文件时，文件格式可能会出错。例如，JPEG文件错标为PSD格式，或者文件没有扩展名（如 .jpg，.eps，.TIFF）。这就导致无法使用"文件>打开"命令打开文件。遇到这种情况时，可以执行"文件>打开为"命令，在弹出的"打开"对话框中找到文件并将其选择，然后在文件格式下拉列表中选择正确的格式，如图2-39所示，按Enter键，便可在Photoshop中打开它。如果用这种方法也不能打开文件，则选取的格式可能与文件的实际格式不匹配，或者文件已经损坏了。

图2-39

💎 2.3.3

技巧：通过快捷方法打开文件

下面，我们来学习怎样通过快捷方法打开文件。如果您运行了Photoshop，请先将它关闭。

扫 码 看 视 频

01 在计算机硬盘的文件夹中找一幅图像，将它拖曳到桌面的Photoshop应用程序图标 上，如图2-40所示，即可运行Photoshop并打开该文件，如图2-41所示。

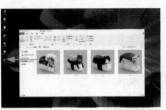

图2-40   图2-41

02 现在Photoshop已经打开了。在这种状态下，在Windows资源管理器中找一幅图像，将它拖曳到Photoshop窗口中，可将其打开，如图2-42所示。

03 如果要打开近期使用过的文件，可以打开"文件>最近打开文件"下拉菜单，菜单中列出了最近在Photoshop中打开过的20个文件的名称，如图2-43所示，选择其中的一个，即可直接将其打开。如果要清除该目录，可以选择菜单底部的"清除最近的文件列表"命令。如果要增加文件目录，可以执行"编辑>首选项>文件处理"命令，打开"首选项"对话框，在"近期文件列表包含"选项中进行设置。

图2-42   图2-43

2.4 导入、导出和共享文件

在Photoshop中创建或打开文件后，可以使用"文件"菜单中的命令，将其他类型的文件导入当前文件中，也可将当前文件导出到其他程序或设备中。此外，还可以将自己的作品共享或发布到Behance网站上。

2.4.1 导入文件

使用"文件>导入"下拉菜单中的命令，如图2-44所示，可以将视频帧、注释和WIA支持等不同类型的文件导入当前文件中。

图2-44

某些数码相机使用"Windows 图像采集"（WIA）支持来导入图像，将数码相机连接到计算机后，执行"文件>导入>WIA支持"命令，可以将照片导入 Photoshop 中。

如果计算机配置有扫描仪并安装了相关的软件，可以在"导入"下拉菜单中选择扫描仪的名称，使用扫描仪制造商的软件扫描图像，将其存储为TIFF、PICT、BMP格式，然后在Photoshop中打开。关于数据组和注释，请参阅后面的章节（见277页）。

2.4.2 导出文件

使用"文件>导出"下拉菜单中的命令，如图2-45所示，可以将Photoshop文件中的图层、画板、图层复合等导出为图像资源，或者导出到Illustrator或视频设备中，以满足不同的使用需要。

图2-45

其中，使用"存储为Web所用格式（旧版）"命令可以对图像和图像中的切片进行优化（见422页），以减少文件占用的存储空间，使其便于在网上发布和传输。

使用"颜色查找表"命令可以从Photoshop中导出各种格式的颜色查找表（见214页）。

使用"Zoomify"命令可以将高分辨率图像发布到Web上，利用 Viewpoint Media Player，可以平移或缩放图像。在导出时，Photoshop会创建JPEG和HTML文件，我们可以将这些文件上传到Web服务器。

使用"路径到Illustrator"命令可以将路径导出为AI格式，以便在Illustrator中编辑使用。

其他命令，相关章节会有说明。

◈ 2.4.3
共享文件

执行"文件>共享"命令，或单击工具选项栏右侧的 ⬆ 按钮，可以显示"共享"面板，如图2-46所示。使用该面板可以直接从 Photoshop 内将我们的创作通过电子邮件发送或共享到多个服务，如Cortana（由微软开发的人工智能助理）、OneNote提醒等。在通过电子邮件共享文档时，Photoshop 将发出一个原始文档（.psd 文件）。对于某些特定的服务和社交媒体渠道，在共享之前，Photoshop 会将文档自动转换为 JPEG 格式。

◈ 2.4.4
在 Behance 上共享文件

●平面 ●网店 ●UI ●摄影 ●插画 ●动漫 ●影视

执行"文件>在Behance上共享"命令，可以链接到

Behance网站，将我们在Photoshop中创作的作品直接发布到该网站上。我们还可以创建自己的作品集，与志同道合者分享和交流。

图2-46

> **提示**（Tips）
>
> Behance是一个著名的设计社区，该社区展示了图形设计、时尚、插图、工业设计、建筑、摄影、美术、广告、排版、动画、游戏设计、声效等不同领域的优秀作品。是一个非常好的学习、交流平台。

存储文件

对新建或打开的文件进行编辑时，应及时存盘，以免因断电、操作系统死机、Photoshop意外闪退或其他意外情况而丢失编辑结果。保存时还可以根据文件的用途选择不同的格式，以便其他程序使用。

◈ 2.5.1
文件存储的3个关键阶段

▶必学课

使用"文件>存储"命令（快捷键为Ctrl+S）可以保存文件。文件存储有3个关键阶段，即打开文件后的第一次存储，编辑过程中随时存储，以及关闭文件前的最后一次存储。

如果是在Photoshop中创建的文件，第一次存储时，会弹出"另存为"对话框（见下一节），可以输入文件名、指定文件保存位置、选择文件格式并设置其他选项。

如果是从计算机硬盘上打开的文件，第一次存储时，就要看是否对它进行了添加内容的操作，如添加图层、调整图层、填充图层、智能对象、图层样式、蒙版和通道等。如果添加了以上任意一种，也会弹出"另存为"对话框。如果没有添加，JPEG、GIF、TIFF等格式的文件，将按照原有的格式存储，Photoshop会更新硬盘上的文件，而不弹出"另存为"对话框。

存储文件时，文件格式的选择比较重要。第一次存储应该使用PSD格式（扩展名为 .psd）。在Photoshop中，只有它和PSB格式可以保存文件中的所有内容，其他格式无法做到。

PSB是大型文档格式，主要用于保存2GB以上的超大文件，实际使用的情况不太多。PSD是Photoshop的本机格式，也是一种无损格式，无论存储和打开多少次，都不会损失图像数据。相比之下有损格式，如JPEG，每存储一次，就会进行压缩处理（删除一些图像信息），以减少文件占用的存储空间。因此，JPEG格式虽然也很常用，但以该格式存储的文件的次数多了，图像的画质会越来越差。

将文件存储为PSD格式后也非万事大吉，在编辑过程中还应随时保存文件，并养成习惯，以防断电、计算机系统或Photoshop崩溃而丢失修改结果。操作方法很简单，只需按Ctrl+S快捷键，便可保存文件的最新编辑状态。

当文件的所有编辑都完成以后，保险起见，可以将它存储为两份，一份是PSD格式，便于以后修改；另一份可

以根据使用需要来定，例如，网页图标多使用GIF格式、照片使用JPEG格式等。网页设计方面的图像应该用"文件>存储为Web所用格式（旧版）"命令来保存（见422页）。

💎 2.5.2
另存一份文件

将文件存储为另外一份的方法是执行"文件>存储为"命令，打开"另存为"对话框，如图2-47所示，设置其他名称和其他格式，并存储到其他位置即可。

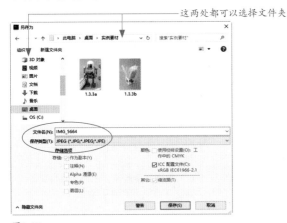

图2-47

● 文件名：可以输入文件名。

● 保存类型：在下拉列表中可以选择文件的保存格式。

● 作为副本：选择该选项，可以另存一个文件副本。副本文件与源文件存储在同一位置。

● 注释/Alpha通道/专色/图层：可以选择是否存储图像中的注释信息、Alpha通道、专色和图层。

● 使用校样设置：将文件的保存格式设置为EPS或PDF时，该选项可用，它可以保存打印用的校样设置。

● ICC配置文件：保存嵌入在文档中的ICC配置文件。

● 缩览图：选择该选项，可以为图像创建缩览图。此后在"打开"对话框中选择一个图像时，对话框底部会显示此图像的缩览图。

💎 2.5.3
🚩 必学课
技巧：文件格式及使用规律

文件格式决定了图像数据的存储方式（作为像素还是矢量）、压缩方法、支持哪些Photoshop功能，以及文件是否与一些应用程序兼容。使用"存储"或"存储为"命令保存文件时，在弹出的"另存为"对话框的"保存类型"下拉列表中可以选择文件格式，如图2-48所示。比较常用的文件格式有PSD、JPEG、TIFF、PDF和GIF等。

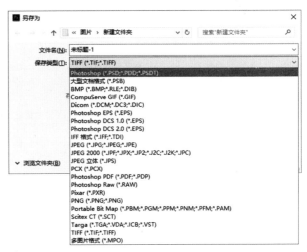

图2-48

从支持Photoshop功能方面看，除图像本身外，JPEG格式还可以保存路径；TIFF格式可以保存图层、通道和路径；PDF格式可保存图层、Alpha通道和注释；GIF格式支持透明背景；PSD格式可以保存文件中的所有内容。

从用途方面看，PSD也是非常重要的格式，因为此格式的文件可以随时修改。尤其文件中使用的非破坏性编辑功能，不仅参数可以调整，编辑效果也可以撤销。此外，矢量软件Illustrator和排版软件InDesign也支持PSD文件，这意味着一个透明背景的PSD文件置入这两个程序之后，背景仍然是透明的。只可惜PSD文件在Photoshop和Bridge之外的程序中无法预览，这会影响工作流程。例如，客户拿到设计稿时因没有相应的软件而无法观看。解决办法是另存一份JPEG文件或PDF文件交给客户确认。JPEG文件的好处是浏览方便，PDF文件的好处是可以添加注释。

JPEG是多数数码相机默认的格式，如果要将照片或图像打印输出，或者通过E-mail传送，可以保存为此格式。如果图像用于Web，可以选择JPEG或GIF格式。

技术看板 03 PDF预设

PDF是Adobe公司开发的电子文件格式。PDF文件可以将文字、字形、格式、颜色、图形和图像等封装在一个文件中，还可以包含超文本链接、声音和动态影像等电子信息。现在，越来越多的电子图书、产品说明、公司文告、网络资料、电子邮件开始使用PDF格式文件。Adobe PDF预设是预先定义好的设置集合，包含颜色转换方法、文件压缩标准和输出方法等。用它创建的PDF文件可以在Adobe Creative Suite组件，即InDesign、Illustrator、Golive和Acrobat之间共享。如果要创建PDF预设，可以执行"编辑>Adobe PDF预设"命令，在打开的对话框中单击"新建"按钮并设置选项。创建完成后，当使用"文件>存储"命令将文件保存为PDF格式时，可以在打开的"存储Adobe PDF"对话框中选择该预设。

文件格式	说明
PSD格式	PSD是Photoshop默认的文件格式，可以保留文件中包含的所有图层、蒙版、通道、路径、未栅格化的文字、图层样式等内容。通常情况下，都是将文件保存为PSD格式，以后可以随时修改。PSD是除大型文档格式（PSB）之外支持所有 Photoshop 功能的格式。其他Adobe程序，如Illustrator、InDesign和Premiere等都可以直接置入PSD文件
PSB格式	PSB格式是Photoshop的大型文档格式，可支持高达300 000像素的超大图像文件。它支持Photoshop所有的功能，可以保持图像中的通道、图层样式和滤镜效果不变，但只能在Photoshop中打开。如果要创建一个2GB以上的PSD文件，可以使用该格式
BMP格式	BMP是一种用于 Windows 操作系统的图像格式，主要用于保存位图文件。该格式可以处理24位颜色的图像，支持RGB、位图、灰度和索引模式，但不支持Alpha通道
GIF格式	GIF是基于在网络上传输图像而创建的文件格式，它支持透明背景和动画，被广泛地应用在网络文档中。GIF格式采用LZW无损压缩方式，压缩效果较好
Dicom格式	Dicom（医学数字成像和通信）格式通常用于传输和存储医学图像，如超声波和扫描图像。Dicom文件包含图像数据和标头，其中存储了有关病人和医学图像的信息
EPS格式	EPS是为在PostScript打印机上输出图像而开发的文件格式，几乎所有的图形、图表和页面排版程序都支持该格式。EPS格式可以同时包含矢量图形和位图图像，支持RGB、CMYK、位图、双色调、灰度、索引和Lab模式，但不支持Alpha通道
IFF格式	IFF（交换文件格式）是一种便携格式，它具有支持静止图片、声音、音乐、视频和文本数据的多种扩展名
JPEG格式	JPEG是由联合图像专家组开发的文件格式。它采用有损压缩方式，即通过有选择地扔掉数据来压缩文件大小。JPEG格式的图像在打开时会自动解压缩。压缩级别越高，得到的图像品质越低；压缩级别越低，得到的图像品质越高。在大多数情况下，"最佳"品质选项产生的结果与原图像几乎无区别。JPEG格式支持RGB、CMYK和灰度模式，不支持Alpha通道
PCX格式	PCX格式采用RLE无损压缩方式，支持24位、256色的图像，适合保存索引和线稿模式的图像。该格式支持RGB、索引、灰度和位图模式，以及一个颜色通道
PDF格式	便携文档格式（PDF）是一种跨平台、跨应用程序的通用文件格式，它支持矢量数据和位图数据，具有电子文档搜索和导航功能，是 Adobe Illustrator 和 Adobe Acrobat 的主要格式。PDF格式支持RGB、CMYK、索引、灰度、位图和Lab模式，不支持Alpha通道
Raw格式	Photoshop Raw（.raw）是一种灵活的文件格式，用于在应用程序与计算机平台之间传递图像。该格式支持具有Alpha通道的CMYK、RGB和灰度模式，以及无Alpha通道的多通道、Lab、索引和双色调模式。以 Photoshop Raw 格式存储的文件可以为任意像素大小，但不能包含图层
Pixar格式	Pixar是专为高端图形应用程序（如用于渲染三维图像和动画的应用程序）设计的文件格式。它支持具有单个 Alpha 通道的 RGB 和灰度图像
PNG格式	PNG是作为GIF的无专利替代产品而开发的，用于无损压缩和在Web上显示图像。与GIF不同，PNG支持244位图像并产生无锯齿状的透明背景，但某些早期的浏览器不支持该格式
PBM格式	便携位图（PBM）文件格式支持单色位图（1位/像素），可用于无损数据传输。许多应用程序都支持该格式，甚至可在简单的文本编辑器中编辑或创建此类文件
Scitex格式	Scitex（CT）格式用于Scitex计算机上的高端图像处理。它支持 CMYK、RGB 和灰度图像，不支持 Alpha 通道
TGA格式	TGA格式专用于使用 Truevision 视频板的系统，它支持一个单独Alpha通道的32位RGB文件，以及无Alpha通道的索引、灰度模式，16位和24位RGB文件
TIFF格式	TIFF是一种通用的文件格式，所有的绘画、图像编辑和排版程序都支持该格式。而且，几乎所有的桌面扫描仪都可以产生 TIFF 图像。该格式支持具有 Alpha 通道的CMYK、RGB、Lab、索引颜色和灰度图像，以及没有 Alpha 通道的位图模式图像。Photoshop 可以在 TIFF 文件中存储图层，但是，如果在另一个应用程序中打开该文件，则只有拼合图像是可见的
MPO格式	MPO是3D图片或3D照片使用的文件格式

2.5.4
关闭文件

完成图像的编辑并保存之后，可以用不同的方法关闭文件。执行"文件>关闭"命令（快捷键为Ctrl+W），或单击文档窗口右上角的 ✖ 按钮，可以关闭当前文件。如果在Photoshop中打开了多个文件，想要将它们一次性关闭，可以执行"文件>关闭全部"命令。如果想要关闭当前文件，并浏览其他素材，可以执行"文件>关闭并转到Bridge"命令，在关闭文件的同时打开Bridge。如果要退出Photoshop程序，可以执行"文件>退出"命令，或单击程序窗口右上角的 ✖ 按钮。有未保存的文件时会出现提示对话框，询问用户是否保存文件。

修改文件

2.6

下面介绍文件的简单修改方法，包括怎样修改和旋转画布、在文件中添加文字注释、查看文件数据和添加版权信息等。

2.6.1
功能练习：为图像添加注释

如果临时中断图像编辑工作，或者想要记录制作说明或是需要提醒的事项，例如，尚未处理完的照片还有哪些地方需要编辑、修饰等，可以使用注释工具 ▤ 在图像上添加文字注释。

扫码看视频

01 按Ctrl+O快捷键，打开素材。选择注释工具 ▤ ，在工具选项栏中输入信息，如图2-49所示。

作者：李老师　　　　　　　　颜色：□

图2-49

02 在画面中单击，弹出"注释"面板，输入注释内容，如图2-50所示。创建注释后，鼠标单击处就会出现一个注释图标 ▤ ，如图2-51所示。

图2-50

图2-51

> **技术看板 04 导入外部注释**
>
> Photoshop可以将PDF文件中包含的注释导入图像中。操作方法为，执行"文件>导入>注释"命令，打开"载入"对话框，选择 PDF文件，单击"载入"按钮即可。

> **提示（Tips）**
>
> 创建注释以后，可以拖曳注释图标，移动它的位置。如果要查看注释内容，可双击注释图标，弹出的"注释"面板中会显示注释内容。如果在文档中添加了多个注释，则可单击 ◀ 或 ▶ 按钮，循环显示各个注释内容。在画面中，当前显示的注释为 ▤ 状。如果要删除注释，可以在注释上单击鼠标右键，打开快捷菜单，选择"删除注释"命令。选择"删除所有注释"命令，或单击工具选项栏中的"清除全部"按钮，则可删除所有注释。

2.6.2
技巧：分清画布和暂存区
进阶课

画布位于文档窗口内部，是图像或其他类型文件的画面范围，也是整个文件的工作区域，如图2-52所示。如果将视图比例缩小（见17页），则画布之外还会出现灰色的暂存区，如图2-53所示。暂存区可用于临时存放图像（此处的图像不会在画布上显示也不能打印出来）。但需要注意，如果将文件存储为不支持图层的格式（如JPEG格式），暂存区的图像会被删除。

图2-52

图2-53

在暂存区单击鼠标右键，打开快捷菜单，在菜单中可以选择几种预设的暂存区颜色。其中的"选择自定颜色"命令可以打开"拾色器"（见112页），自定义暂存区颜色，如图2-54所示。"默认"命令用于恢复为默认颜色，即与Photoshop界面相匹配的颜色。例如，界面颜色是黑色的，暂存区颜色也是黑色。

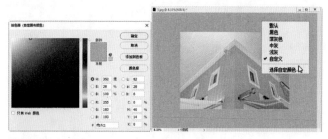

图2-54

图2-55

图2-56

图2-57

💎 2.6.3　🔊进阶课

功能练习：修改画布大小

前面我们介绍过怎样使用"图像>图像大小"命令（见34页）修改照片尺寸。图像尺寸与画布是一个概念，只是叫法不同而已。

我们的分析结果显示，使用"图像大小"命令操作时，会出现两个问题：取消"重新采样"选项的选取，调整图像的"宽度"和"高度"时，分辨率会改变；选取"重新采样"，则分辨率虽然不变，但像素数量会改变，导致画质变差。

如果只是想要改变画布尺寸，不必使用"图像大小"命令，可以通过"画布大小"命令或裁剪工具 （见234页）操作。"画布大小"命令的特点是可以准确定义画布尺寸，并具体到可以指定在哪一边增加或减少画布；裁剪工具适合自由定义画布范围，灵活度更高一些。这两种方法的共同点是都不会改变分辨率。

01 打开素材，如图2-55所示。执行"图像>画布大小"命令，打开"画布大小"对话框。先将单位设置为"厘米"。"当前大小"选项组显示的是"宽度"为15.7厘米，"高度"为17.99厘米。这两个参数记录的是图像的原始尺寸。下面修改画布。在"新建大小"选项组中输入要改变的画布尺寸，如图2-56所示。输入的数值大于原来尺寸时，会增大画布；反之则减小画布（即裁剪图像）。

02 "定位"选项中有一个米字形方格，先不管它。单击"确定"按钮，即可在图像的四周增大画布，如图2-57所示。如果减小画布尺寸，则会裁剪图像四周的画布。

03 按Ctrl+Z快捷键，撤销操作，让画布恢复为原始大小。下面来看一下米字格有什么用处。按Alt+Ctrl+C快捷键，打开"画布大小"对话框。输入画布尺寸，然后在米字格左上角单击，它会变为图2-58所示的状态。米字格中的圆点代表了原始图像的位置，箭头代表的是从图像的哪一边增大或减小画布。箭头向外，表示增大画布；箭头向内，表示减小画布。图2-59所示为在米字格上定位后增大的画布。

图2-58

图2-59

技术看板 05 米字格使用规律

米字格使用有一个简单的规律，在一个方格上单击，会在它的对角线方向增大或减小画布。例如，单击左上角，会改变右下角的画布；单击上面正中间的方格，会改变正下方的画布。其他的依此类推便可。

提示（Tips）

在"画布扩展颜色"下拉列表中可以选择填充新画布的颜色。如果图像的背景是透明的，则该选项不可使用，因为添加的画布也是透明的。选择"相对"选项后，"宽度"和"高度"中的数值将代表实际增加或减少的区域的大小，而不再代表整个文件的大小，此时输入正值表示增大画布，输入负值则减小画布。

💎 2.6.4　🔊进阶课

技巧：显示画布外的图像

在当前文件中置入一幅较大的图像，或使用移动工具

⊹将一幅大图拖入一个稍小的文件时，超出画布的图像就会被隐藏，如图2-60所示。如果要显示全部图像，可以执行"图像>显示全部"命令，Photoshop将判断图像中像素的位置，并自动扩大画布，如图2-61所示。

图2-60　　　　　　图2-61

◈ 2.6.5 　　　　　　　　　　　　🐾 进阶课

旋转画布

　　Photoshop中的旋转视图工具 ⟳（见134页）可以旋转画布，但其实质是在旋转画面，以方便我们观察，图像本身的角度并未改变。真正要旋转图像，可以打开"图像>图像旋转"下拉菜单，使用其中的命令操作，如图2-62~图2-64所示。这些命令可以方便我们以90°或90°的整数倍旋转图像。如果要自定义旋转角度，可以执行"图像>图像旋转>任意角度"命令。

图像旋转命令
图2-62

原图　　　　　　水平翻转画布
图26-3　　　　　　图2-64

提示（Tips）

"图像旋转"命令用于旋转整幅图像。如果要旋转单个图层中的图像，需要使用"编辑>变换"菜单中的命令；如果要旋转选区，则需要使用"选择>变换选区"命令。

◈ 2.6.6

查看和添加版权信息

　　作为20世纪伟大的发明，互联网改变了世界，深刻影响着我们的生产和生活。面对网络上海量的信息和资源，人们习惯于免费分享，这给想要保护作品版权的创作者增添了无数烦恼。尤其是平面设计师、UI设计师和摄影师等从事创意工作的人。

　　Adobe考虑到用户这方面的需求，设计了为文件添加版权信息的功能，可以有效防止作品被盗用。我们可以在Photoshop中打开自己的作品，执行"文件>文件简介"命令，单击对话框左侧的"IPTC"（国际出版电讯委员会缩写）选项，之后可以在右侧的选项中输入版权信息，包括作者、作者个人电子邮件和网站、版权公告、权利使用条款等，如图2-65所示。

　　单击对话框左侧的各个选项，还可以查看和添加图像的原始信息，包括"摄像机数据"（数码照片和视频的拍摄信息，如拍摄照片的日期和时间、快门速度和光圈、具体的相机型号等），如图2-66所示，以及"Photoshop"（历史记录）、"DICOM"（医学扫描图像，包括病人数据、检查数据和设备数据）等。

图2-65　　　　　　　　　图2-66

◈ 2.6.7

复制图像

　　在图像编辑过程中，如果要基于当前状态创建一个文件的副本，可以执行"图像>复制"命令，打开"复制图像"对话框进行设置，如图2-67所示。在"为"选项内可以输入新图像的名称。如果图像包含多个图层，则"仅复制合并的图层"选项可用，选择该选项，复制后的图像将自动合并图层。

图2-67

用Bridge管理文件

Bridge是Adobe Creative Cloud 附带的组件，一个非常好用的文件浏览和管理程序，可用于查看、搜索、排列、筛选、管理和处理图像、页面布局、PDF 和动态媒体文件。我们可以用它重命名、移动和删除文件，编辑元数据，旋转图像及运行批处理命令，还可以查看从数码相机或摄像机中导入的文件。

2.7.1
用 Bridge 打开照片

执行"文件>在Bridge中浏览"命令，可以运行Adobe Bridge，如图2-68所示。在 Bridge 中双击一个文件，即可在其原始应用程序中将其打开。例如，双击一个图像文件，可以在Photoshop中打开它；双击一个AI格式的矢量文件，可以在Illustrator中打开它。如果要使用其他程序打开文件，可先单击文件，然后在"文件>打开方式"下拉菜单中选择应用程序（前提是安装了相应的软件程序）。

图2-68

- 应用程序栏：提供了基本任务的按钮，如文件夹层次结构导航、切换工作区及搜索文件。

- 路径栏：显示了当前文件夹的路径，并允许导航到该目录。

- 收藏夹面板：可以快速访问文件夹，以及 Version Cue 和 Bridge Home。

- 文件夹面板：显示文件夹层次结构，可以浏览文件夹。

- 滤镜面板：可以排序和筛选"内容"面板中显示的文件。

- 收藏集面板：允许创建、查找和打开收藏集和智能收藏集。

- 内容面板：显示由导航菜单按钮、路径栏、"收藏夹"面板或"文件夹"面板指定的文件。

- 预览面板：显示所选的一个或多个文件的预览。预览不同于"内容"面板中显示的缩略图，并且通常大于缩略图。可以通过调整面板大小来缩小或扩大预览。

- 元数据面板：包含所选文件的元数据信息。如果选择了多个文件，则面板中会列出共享数据（如关键字、创建日期和曝光度设置）。

- 关键字面板：帮助用户通过附加关键字来组织图像。

- 发布面板：可以在 Bridge 中创建 Adobe Portfolio 项目，然后将 RAW 图像、JPEG 图像、音频文件和视频文件作为 Portfolio 项目进行上传，向全世界展示我们的创意作品。

◇ 2.7.2
功能练习：浏览照片

Bridge较其他图像浏览程序方便的地方是可以查看各种格式的图像文件，尤其是能够显示PSD和PDF文件的缩略图。

扫码看视频

01 运行Adobe Bridge。窗口右上角的"胶片""原数据""输出"等命令用于切换工作区——在界面中显示不同的面板，以及改变文件的显示方法。例如，整理照片时，可以选择"必要项"命令，以方便查看照片的拍摄信息，如图2-69所示；如果不希望被面板和文件详细信息干扰，可以选择"元数据"命令，让窗口中只显示缩略图和文件名，如图2-70所示。

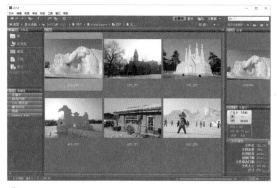

图2-69

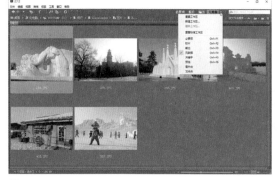

图2-70

02 在任何一种布局下，拖曳窗口底部的三角滑块，都可以调整缩略图的显示比例，如图2-71所示。 ⊞ 按钮代表以缩略图的形式显示图像文件；单击 ▦ 按钮，可以在缩略图之间添加网格；单击 ▤ 按钮，会显示图像的详细信息，如大小、分辨率、照片的光圈、快门等；单击 ▤ 按钮，会以列表的形式显示文件。

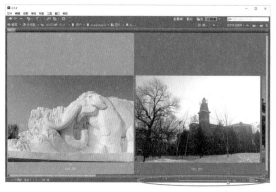

图2-71

03 单击一个图像，然后按空格键，可以让它全屏显示，如图2-72所示。如果这是一张尺寸较大的图像，想要查看它的细节，可以在相应的区域单击鼠标，图像会以100%的比例显示，并且单击处的图像会出现在画面中央，如图2-73所示。此外，按→键和←键可以向前、向后切换图像，按Esc键可以退出全屏。

图2-72　　　　　　　　　　图2-73

04 执行"视图>审阅模式"命令（快捷键为Ctrl+B），可以切换到审阅模式，如图2-74所示。

图2-74

05 在审阅模式下，单击前方的图像，会弹出一个窗口显示图像细节（比例为100%），如图2-75所示。移动该窗口，可以观察图像的各处细节。如果要关闭窗口，可以单击其右下角的"×"按钮。单击后面的图像，它会跳转到前方，如图2-76所示，其动画效果类似于iPhone手机，非常酷。按Esc键或单击屏幕右下角的"×"按钮，可退出审阅模式。

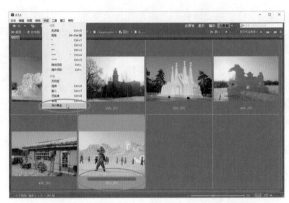

图2-77

02 单击另一张照片，从"标签"菜单中选择评级，例如，优先处理的可以添加★★★★★评级，如图2-78所示。如果要增加或减少一个星级，可以选择"标签>提升评级"或"标签>降低评级"命令。如果要删除所有星级，可以选择"无评级"命令。

图2-75

图2-76

06 执行"视图>幻灯片放映"命令（快捷键为Ctrl+L），可以通过幻灯片的形式自动播放图像。退出幻灯片的方法也是按Esc键。

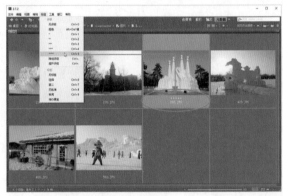

图2-78

03 添加标签和评级之后，可以从"视图>排序"菜单中选择一个选项，按照是否添加了标签或评级的高、低对文件重新排序，让重要的文件排在最前方，如图2-79所示。选择"手动"选项，则可以按上次拖移文件的顺序排序。

2.7.3

功能练习：为照片添加标签、评级

为照片和图像添加颜色标签、进行评级，可以使它们更加易于查找。这种做法非常适合有大量照片需要管理的摄影爱好者。例如，在筛选照片时，需要优先处理的照片，就可以做上标签或评级。这样不仅可以避免以后重新筛选，在需要时也能够快速找到它们。

01 在Bridge中单击一张照片（按住Ctrl键单击其他文件，可以选择多个文件），打开"标签"菜单，选择一个标签选项，即可为文件添加颜色标签，如图2-77所示。选择"标签>无标签"命令，则可以删除标签。

扫码看视频

评级为★★★★★的照片排在最前面

图2-79

04 如果只想显示添加了标签或进行了评级的照片，可以执行"窗口>滤镜"命令，打开该面板。在"标签"或"评级"列表下方单击。例如，单击★★★★★，只显示添加了★★★★★的照片，屏蔽其他文件，如图2-80所示。

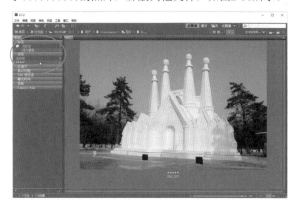

图2-80

2.7.4
功能练习：通过堆栈管理照片

制作HDR照片时，需要使用在固定位置、以不同曝光值拍摄的多张照片来进行合成（见260页）。制作全景照片也需要用多张不同角度的照片来进行拼接（见258页）。类似于这些有特殊用途的成组使用的照片，将它们以堆栈的形式保管更加便于管理和使用。

01 在Bridge中按住Ctrl键单击需要堆栈的照片，将它们同时选取，如图2-81所示。按Ctrl+G快捷键，将它们归组为堆栈，如图2-82所示。

02 在堆栈状态下，只显示一张照片，其左上角显示堆栈中包含的照片数目。单击它，如图2-83所示，或执行"堆栈>打开堆栈"命令，可以展开堆栈，显示其中的所有照片；单击 按钮，可以依次播放堆栈中的照片；执行"堆栈>取消堆栈组"命令，则取消堆栈，释放其中的照片。

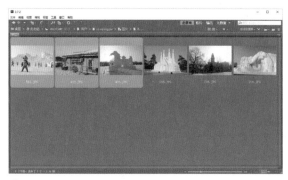

图2-81

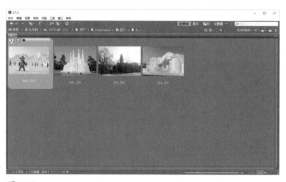

图2-82

图2-83

2.7.5
功能练习：通过关键字搜索文件

使用Bridge可以在照片文件中添加关键字，并支持用关键字搜索图片。这也是一项很实用的功能，尤其是当我们想不起来重要照片放在哪个文件夹时，就可以通过这一功能快速找到它。

01 我们先来为重要的照片添加关键字。在Bridge中导航到照片所在的文件夹（也可以是计算机硬盘中的任意一幅图像）。执行"窗口>关键字面板"命令，打开该面板，单击一张照片，如图2-84所示。

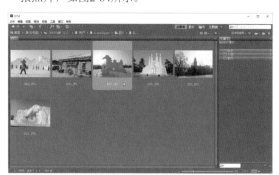

图2-84

02 单击新建关键字按钮，在显示的条目中输入关键字（可以多添加几个关键字），如图2-85所示。勾选关键字条目，如图2-86所示，完成关键字的指定。

图2-85　　　　　　　　　　图2-86

03 以后查找时，在Bridge窗口右上角的文本框中输入关键字，并按Enter键，即可找到它，如图2-87所示。

图2-87

💎 2.7.6

功能练习：查看元数据、添加信息

使用数码相机拍照时，相机会自动将拍摄信息（如光圈、快门、ISO、测光模式、拍摄时间等）记录到照片文件中，这些信息称为元数据。用Bridge可以查看元数据，也可以添加新的信息。

01 在Bridge窗口右上角选择"原数据"，切换到这一布局。单击一张照片，"元数据"面板中会显示它的各种原始数据信息，如图2-88所示。

图2-88

02 我们可以在该面板中为照片添加新的信息，如拍摄者的姓名、拍摄地点、照片的版权说明等。操作时，单击"IPTC Core"选项条右侧的✎图标，在需要编辑的项目中输

入信息，然后按Enter键即可，如图2-89所示。

图2-89

💎 2.7.7

功能练习：对照片进行批量重命名

在Bridge中可以成组或成批地重命名文件和文件夹。对文件进行批重命名时，可以为选中的所有文件选取相同的设置。

扫码看视频

01 在Bridge中导航到需要重命名的文件所在的文件夹。按Ctrl+A快捷键，选取所有文件，如图2-90所示。

02 执行"工具>批重命名"命令，打开"批重命名"对话框，选择"在同一文件夹中重命名"选项，为文件输入新的名称（如"雪景"），并输入序列数字，数字的位数为3位，在对话框底部可以预览文件名称，如图2-91所示。单击"重命名"按钮，即可对文件进行重命名，如图2-92所示。

图2-90　　　　　　　　　　图2-91

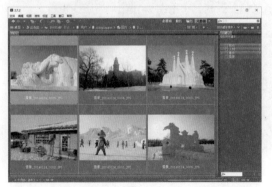

图2-92

2.7.8
功能练习：创建PDF演示稿

PDF格式（见42页）文件是一种广泛使用的电子文件，它以PostScript语言为基础，无论在哪种打印机上都能保证准确的打印效果。越来越多的电子图书、产品说明、公司文告、网络资料、电子邮件开始使用PDF格式文件。

扫码看视频

我们在Bridge的"输出"工作区中可以创建图像的PDF联系表。此外，使用"文件>自动>PDF演示文稿"命令也可以制作类似的PDF演示文稿，但该命令的功能不如Bridge全面。

01 执行"文件>在Bridge中浏览"命令，运行Bridge，导航到配套资源中的素材文件夹。单击窗口右上角的"输出"选项卡，在"模板"下拉列表中选择"美术框"，如图2-93所示。

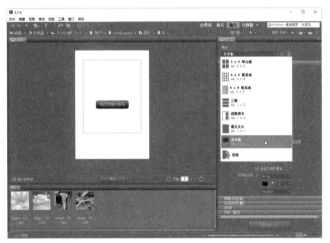

图2-93

02 按Ctrl+A快捷键，选中列表中的4个图像，拖至白色画布中，如图2-94所示。在"文档"面板中可以设置页面大小、分辨率、背景色等参数。

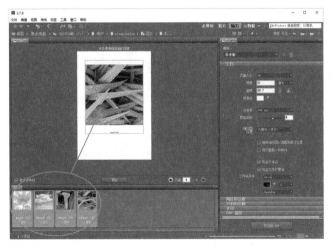

图2-94

03 单击右侧面板中的"PDF属性"，分别勾选"以全屏方式打开""自动换片到下一页"选项，设置"持续时间"为3秒。如果要循环播放演示文稿，可以勾选"在最后一页之后循环"，将过渡效果设置为"遮帘"，速度为"中"，如图2-95所示。如果要为PDF文件加密，可以勾选"打开口令"，并输入密码，或者勾选"权限口令"，设置修改权限。也可以在"水印"选项组中为文件添加数字水印。还可以为文件添加页眉和页脚作为装饰。

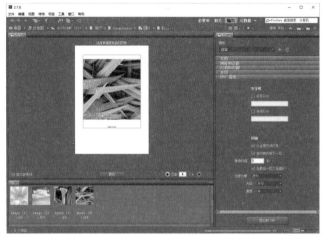

图2-95

04 单击"导出为PDF"按钮，将PDF文件保存到本地硬盘。这样以后我们双击该文件，就会以幻灯片的形式自动播放图像了，如图2-96所示。

图2-96

提 示（Tips）

使用"发布"面板可以将JPEG或RAW图像轻松上传到Adobe Stock，相当于向Adobe Stock投出稿件，经审核通过以后可以在网站上出售并获得作品酬劳。Adobe Stock直接通过Adobe Creative Cloud应用程序和网站向数百万的Stock内容买家授予摄影、视频、插图、模板和矢量图像的许可。在上传作品前应先在Adobe Stock Contributor门户网站上将配置文件设置为Contributor。另外，使用"发布"面板还可以在Adobe Portfolio上轻松上传图像、音频文件和视频。上传资源后，可以在Adobe Portfolio中编辑项目的布局，然后发布网站。

第3章　选区与图层

【本章简介】

选区是 Photoshop 的核心功能之一，与它相关的既有简单的操作，也有复杂的技术。在 Photoshop 中，没有任何功能能够像选区一样，从易到难有那么大的跨度。本章只介绍选区的一小部分功能，剩余的大部分内容在 "抠图" 一章中讲解。之所以这样安排，一方面基于选区用途的考虑，因为很多功能都会与选区有所关联，需要借助它（多数是选区基本功能）完成操作，本章所介绍的正是这些内容；另一方面，选区的高级操作，尤其是抠图技术需要钢笔、蒙版、通道和混合模式的配合，颇有点 "海陆空联合作战" 的意思，因此，选区的大部分内容放在这些功能之后比较合理。

再说说图层。图层是比选区还重要的核心功能。Photoshop 每隔一段时间都会进行一次升级，推出一个新版本。历次升级中，最重要的变革出现在 1995 年，因为这一年的 Photoshop 3.0 中出现了图层。图层的重要性体现在它承载了图像、视频、动画和 3D 模型。此外，图层样式、混合模式、蒙版、智能滤镜、文字和调色命令（调整图层）等也都依托于它而存在。不会图层操作，在 Photoshop 中几乎步步难行。

图层这一优秀的功能也非 Photoshop 所独有，其他设计软件，如 Painter、Illustrator、Flash、InDesign、AutoCAD、ZBrush 等都有图层功能。但 Photoshop 对图层的操作项目、控制能力是最强的。

【学习重点】

3.1　选区的概念和基本操作

选区可以限定操作范围，也可以抠图、分离图像。使用 Photoshop 时，图像编辑效果的好坏，很大程度上取决于选区准确与否。

◈ 3.1.1　▶必学课

如来佛的手掌心

《西游记》里的孙悟空神通广大，一个筋斗能翻十万八千里，但无论怎么翻腾，也跳不出如来佛的手掌心。Photoshop 中也有这么一个可以掌控局面的 "大人物"，它就是选区。再桀骜不驯的功能，只要到它 "手里"，也得规规矩矩行事。

扫码看视频

在图像上，选区是一圈闪烁的边界线，如图3-1所示。这种跳动的边界线看起来犹如蚂蚁在行军，因此，选区也被人们形象地称为 "蚁行线"。选区内部是被选取的图像，当我们下达操作指令后，Photoshop 只处理位于选区内的图像，而将选区外部的图像保护起来，使其不受影响，如图3-2所示（使用 "色彩平衡" 命令调整颜色）。如果没有创建选区，Photoshop 就会认为我们要编辑的是整幅图像，如图3-3所示。因此，在 Photoshop 看来，没有选区也是一种选择，即选取了整幅图像。

图3-1

图3-2

图3-3

选区还有一种用途，即分离图像，也称 "抠图"——使用选区选中图像，将其从背景中 "抠" 出来，放在一个单独的图层中，如图3-4所示。Photoshop 用灰白相间的棋盘格标识了图层的透明区域，抠出的图像与背景分离后就是这样的形态。

图3-4

3.1.2 🏳必学课
普通选区和羽化过的选区

选区分为两种，即普通选区和羽化的选区。没有设置羽化的选区就是普通选区，这种选区的边界范围清晰、明确。在编辑图像时，如调色，选区内、外泾渭分明。抠图时，图像的边缘是清晰的，如图3-5~图3-7所示。

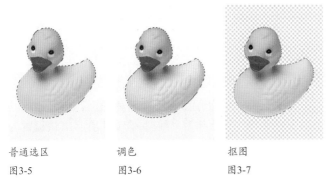

普通选区	调色	抠图
图3-5	图3-6	图3-7

羽化是指柔化普通选区的边界，使其能够部分地选取图像。在这种选区的限定下，当调整颜色时，选区内图像的颜色完全改变，选区边界处的调整效果出现衰减，并影响到选区边界外部，然后逐渐消失。抠图也是这样，图像边缘是柔和的，有半透明区域，如图3-8~图3-10所示。与其他图像合成时，效果更加自然。

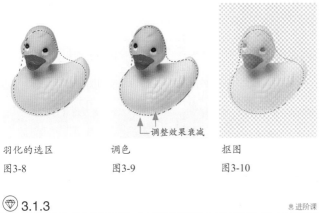

羽化的选区	调色	抠图
图3-8	图3-9	图3-10

3.1.3 🏳进阶课
聚焦羽化

创 建 自 带 羽 化 效 果 的 选 区

选择任意套索或选框类工具时，可以在工具选项栏的"羽化"选项中提前设置"羽化"值（以像素为单位），如图3-11所示。此后使用工具创建出的将是自带羽化的选区。

扫码看视频

○ ∨ | ▢ ▢ ▢ ▢ | 羽化: 10 像素

图3-11

这样操作虽然方便，但可控性并不好，因为羽化设置

为多少才合适全凭借个人经验。如果设置得不合适，就要撤销操作，重新进行。另外，"羽化"选项中的数值一经输入就会保存下来，除非将其设置为0，否则，再次使用该工具时，创建的仍是带有羽化效果的选区。而创建选区后进行羽化，则可以避免上述问题的发生。

对现有的选区进行羽化

创建选区以后，可以通过下面两种方法来对选区进行羽化。第1种方法是执行"选择>修改>羽化"命令，打开"羽化"对话框，通过设置"羽化半径"来定义羽化范围的大小，如图3-12所示。

图3-12

由于羽化之后，选区的形状会发生一些改变，而我们从选区外观的变化中只能大概判断羽化程度的高低，无法观察羽化范围从哪里开始、到哪里结束。因此，"羽化"命令虽然简便，但并不直观，与提前在工具选项栏中设置羽化相比，没有体现出多少进步。

可以解决上述所有弊端的羽化方法是使用"选择>选择并遮住"命令（见316页）操作。执行该命令后，可以在"属性"面板中选择一种视图模式，然后在"羽化"选项中设置羽化值。通过切换视图模式，我们既可以观察羽化的具体范围，也可以预览抠图效果，如图3-13所示，甚至还能让选区以不同的形态呈现在我们眼前（见316页）。

图3-13

技术看板 06 羽化警告

对选区进行羽化时，如果弹出一个警告，就说明当前的选区范围小，而羽化半径过大，选择程度没有超过50%。单击"确定"按钮，表示应用羽化，选区可能会变得非常模糊，以致图像中看不到"蚁行线"，但选区仍然发挥它的限定作用。如果不想出现这种情况，则需要减小羽化半径或扩展选区范围。

3.1.4
全选与反选

执行"选择>全部"命令（快捷键为Ctrl+A），可以选择当前文件边界内的全部图像。全选之后，可以按Ctrl+C快捷键复制选中的图像，然后根据需要将其粘贴（快捷键为Ctrl+V）到图层、通道或选区内，或者其他文件中。

反选，顾名思义，是用于反转选区的命令。如果要选择的某一对象，其本身复杂但背景比较简单，那么就可以运用逆向思维。先选择背景，如图3-14所示，再执行"选择>反选"命令（快捷键为Shift+Ctrl+I），通过反选选中对象，如图3-15所示。这要比直接选择对象简便得多。

图3-14　　　　　　图3-15

3.1.5
取消选择与重新选择

创建选区后，执行"选择>取消选择"命令（快捷键为Ctrl+D），可以取消选择。由于取消选择或操作不当而丢失了选区时，可以使用"选择>重新选择"命令（快捷键为Shift+Ctrl+D）恢复最后一次创建的选区。

3.1.6
显示与隐藏选区

创建选区后，执行"视图>显示>选区边缘"命令（快捷键为Ctrl+H），可以隐藏选区，标识选区范围的蚁行线就会立刻从我们眼前消失。在需要仔细观察选区边缘图像的变化效果时，就可以隐藏选区，然后对图像进行处理。

例如，要用画笔绘制选区边缘的图像，或者对选中的图像应用滤镜，可以将选区隐藏，以便更加清楚地看到选区边缘图像的变化情况。

提示（Tips）

隐藏选区以后，虽然在画面中看不到蚁行线了，但选区依然存在，因此，操作范围仍然被限定在选区内部。如果要对全部图像或选区外的图像进行编辑，一定要记得先取消选择。如果需要重新显示选区，可以按Ctrl+H快捷键。

3.1.7
复制选取的图像

如果要复制一处图像，可以创建选区，将其选取，如图3-16所示，然后使用"编辑>拷贝"命令（快捷键为Ctrl+C）复制到剪贴板中。

当文件中包含多个图层（见57页）时，选区内的图像可能分属于不同的图层，如图3-17所示，使用"编辑>合并拷贝"命令可以将它们同时复制到剪贴板。图3-18所示为采用这种方法复制图像，并粘贴到另一个文件中的效果。

如果想要将选取的图像从画面中剪切掉（存放到剪贴板中），如图3-19所示，可以执行"编辑>剪切"命令。

图3-16　　　　　　图3-17

图3-18　　　　　　图3-19

3.1.8
粘贴选取的图像

采用拷贝、合并拷贝和剪切等方法复制图像后，可以用下面的方法将图像粘贴到单独的图层中。

● **粘贴**：执行"编辑>粘贴"命令（快捷键为Ctrl+V），图像会粘贴到画面的中央，如图3-20所示。

● **原位粘贴**：执行"编辑>选择性粘贴>原位粘贴"命令，可以在图像的复制位置上粘贴，如图3-21所示。

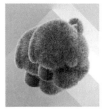 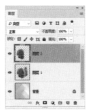

图3-20　　　　　　图3-21

● 用选区控制粘贴：如果创建了选区，如图3-22所示，可以用它控制粘贴时图像的显示范围。执行"编辑>选择性粘贴>贴入"命令，可以在选区内粘贴图像，如图3-23所示，选区会自动变为图层蒙版（见148页），遮盖原选区之外的图像，如图3-24所示。执行"编辑>选择性粘贴>外部粘贴"命令，则蒙版会将选区内部的图像隐藏。

  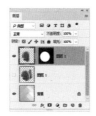

图3-22　　　　　图3-23　　　　　图3-24

3.1.9

清除选区周围的图像杂边

粘贴或移动选取的图像时，选区边界周围的一些像素也容易包含在选区内，使用"图层>修边"子菜单中的命令可以清除这些多余的像素。

● 颜色净化：去除彩色杂边。

● 去边：用包含纯色（不含背景色的颜色）的邻近像素的颜色替换任何边缘像素的颜色。例如，如果在蓝色背景上选择黄色对象，然后移动选区，则一些蓝色背景被选中并随着对象一起移动，"去边"命令可以用黄色像素替换蓝色像素。

● 移去黑色杂边：如果将黑色背景上创建的消除锯齿的选区粘贴到其他颜色的背景上，可通过该命令消除黑色杂边。

● 移去白色杂边：如果将白色背景上创建的消除锯齿的选区粘贴到其他颜色的背景中，可通过该命令消除白色杂边。

> **提示（Tips）**
> 如果要将选取的图像删除，可以执行"编辑>清除"命令。如果清除的是"背景"图层上的图像，则清除区域会用背景色填充。

3.1.10

对选区进行描边

描边选区是指使用颜色描绘选区轮廓。创建选区以后，执行"编辑>描边"命令，打开"描边"对话框，设

置描边"宽度"、"位置"、混合模式和不透明度（选取"保留透明区域"，表示只对包含像素的区域描边）等选项，然后单击"颜色"选项右侧的颜色块，打开"拾色器"设置描边颜色，单击"确定"按钮，即可描边，如图3-25所示。

"描边"对话框　　　　描边位置：内部

描边位置：居中　　　　描边位置：居外

图3-25

3.1.11 　　　　　　　　　　　　　▶必学课

对选区进行运算

先来了解一个概念——布尔运算。它是英国数学家布尔发明的一种逻辑运算方法，简单说就是通过两个或多个对象进行联合、相交或相减运算，生成一个新的对象。选区运算也是一种布尔运算，即在图像中已有选区的情况下，再创建选区或载入选区（见325页）时，新选区与现有选区之间怎样运算，并生成什么样的选区。图3-26所示为选框类、套索类和魔棒类工具选项栏中的选区运算按钮。

图3-26

● 新选区 ■：单击该按钮后，如果画布上没有选区，可以创建一个选区，图3-27所示为创建的矩形选区。如果画布上有选区存在，则新创建的选区会替换原有的选区。

● 添加到选区 □：单击该按钮后，可以在原有选区的基础上添加新的选区。图3-28所示为在现有矩形选区的基础上添加的圆形选区。

● 从选区减去 □：单击该按钮后，可以在原有选区中减去新创建的选区，如图3-29所示。

● **与选区交叉** 🔲：单击该按钮后，画布上只保留原有选区与新创建的选区相交的部分，如图3-30所示。

图3-27

图3-28

图3-29

图3-30

💎 3.1.12
技巧：用快捷键进行选区运算

创建和编辑选区时，会经常用到选区运算，下面的技巧可以帮助我们提高操作速度。例如，使用矩形选框工具 🔲 时，按住Shift键（光标旁边会出现"＋"号）可以进行添加到选区的操作；按住Alt键（光标旁出现"－"号）可以进行从选区减去的操作；按住Shift+Alt键（光标旁出现"×"号）可以进行与选区交叉的操作。

采用单击工具选项栏中选区运算按钮的方式进行选区运算后，会保留所使用的运算方式。例如，选择矩形选框工具 🔲，单击添加到选区按钮 🔲 并创建矩形选区，然后切换为别的工具，此后，当再次使用矩形选框工具 🔲 时，添加到选区按钮 🔲 仍然为按下状态。如果是通过快捷键进行的选区运算，则不会出现这种情况。需要特别注意的是，一定要在创建选区前就按住相应的按键，否则可能会使原来的选区丢失。

💎 3.1.13
抠图实战：通过选区运算抠图

选区运算是比羽化还要重要、还常使用的操作。因为在绝大多数情况下，我们一次操作不能将所需对象完全选中，这时就需要通过

布尔运算来对选区进行增减和完善。下面的练习是选区运算在抠图方面的具体应用。这其中还涉及用快捷键进行选区运算的操作技巧。

01 按Ctrl+O快捷键，打开3个素材，如图3-31所示。选择魔棒工具 🪄，在工具选项栏中设定一些简单的参数，如图3-32所示。通过添加到选区的运算方式选择人物图像。在人物左侧的背景上单击，创建选区，如图3-33所示。

图3-31

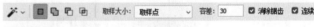
图3-32

图3-33

02 按住Shift键（表示要添加选区），在另一侧背景上单击，将此处背景添加到选区中，此时便可选中全部背景，如图3-34所示。按Delete键删除背景，即可抠出图像，如图3-35所示。

图3-34

图3-35

03 下面通过从选区减去运算处理第2幅图像。切换到砂锅文件中。选择矩形选框工具 🔲，在砂锅上单击并拖曳鼠标，创建一个矩形选区，将砂锅大致选取出来即可，如图3-36所示。

图3-36

04 选择魔棒工具 🪄，按住 Alt 键（表示要从选区减去），在选区内部的背景图像上单击，将背景排除到选区之外，这样便能选取砂锅，如图 3-37 所示。图 3-38 所示为抠出的砂锅。

图3-37

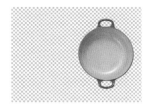

图3-38

05 处理第3幅图像，了解与选区交叉运算的使用方法。切换到柠檬文件中。使用魔棒工具 🪄 在背景上单击，将背景选中，如图 3-39 所示。按 Shift+Ctrl+I 快捷键反选，选取这 3 个柠檬，如图 3-40 所示。

图3-39　　　　图3-40

06 选择矩形选框工具 ⬚，按住 Shift+Alt 键（表示要进行与选区交叉运算）在左侧的柠檬上单击并拖曳出一个矩形选框（按住空格键可以移动选区），将其选中，如图 3-41 所示。放开鼠标后，可进行与选区交叉运算，这样就将左侧的柠檬单独选出来了，如图 3-42 所示。

图3-41　　　　图3-42

Photoshop中的宙斯：图层

图层是Photoshop中的宙斯——众神之王。拥有如此高的地位，是因为它统治着Photoshop中最为庞大的功能群体，而且几乎所有的编辑功能都向它臣服。

💎 3.2.1　　　　　　　　　　　　　　　　　　　进阶课
图层的立体思维与非破坏性编辑

　　图层是Photoshop核心功能中的核心。它出现前，所有图像、文字等都在一个平面上，要做任何的改动，都要通过选区来选取图像或限定操作范围。图像内容越复杂，色彩和色调越是接近，选区就越不好创建。虽然当时的Photoshop工具有限，功能也相对简单，但图像编辑工作的难度其实比现在要大。因此，在图层出现以前，Photoshop使用者经历的是一段像西方中世纪那样的黑暗日子。

　　1995年，Photoshop 3.0版本中加入了图层。图层的出现颠覆了平面空间的概念。当一个文件中包含很多个图层时，每一个图层就是一个独立的平面。而图层又类似于透明的玻璃纸，每张纸上承载一个对象（图像、文字、指令等），它们上下堆叠、井然有序。选择一个图层，就可以在它上面绘画、涂写、进行编辑，这并不会影响其他图层中的对象，如图3-43所示。此刻，图层仿佛成了天然的选区、最可信赖的屏障。从此之后，不必借助选区就能分离图像，图像编辑工作一下子变得简单了。

　　图层与选区产生了交集，并分担了一部分选区的功能，使图像的编辑难度大大降低。不仅如此，伴随着图层的出现，各种以它为载体的功能也以近乎爆发的态势涌现出来，包括调整图层、填充图层、图层蒙版、矢量蒙版、剪贴蒙版、图层样式、图层复合、智能对象、智能滤镜、视频图层、3D图层等。

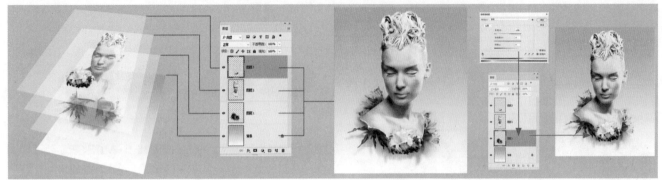

图层原理　　　　　　　　　　　　　"图层"面板状态　　　图像效果　　　　　　可以单独调整一个图层的颜色

图3-43

　　所有这些功能都具备一个共同的特征，就是都能够以图层依托进行非破坏性编辑。非破坏性编辑是指既达到了编辑的目的，又没有破坏图像，用10个字概括就是，编辑可追溯、图像可复原。非破坏性编辑的理念早已在图像编辑领域日臻完善。现在，在Photoshop中进行的变换、变形、抠图、合成、修图、调色、添加效果、使用滤镜等操作，都可以通过非破坏性编辑的方式来完成。

　　Adobe在图层上搭建起伟大的Photoshop帝国。如果没有图层，很多功能无法存在。图层孕育了它们，它们也强大了图层。未来图层又将会创造怎样的奇迹？我们拭目以待。

💎 3.2.2　　　　　　　　　　　　　　　　　　　　　🚩必学课
从"图层"面板看图层的基本属性

　　"图层"面板用于创建、编辑和管理图层。从上往下观察该面板。可以看到，图层是一层一层堆叠排列的，如图3-44所示，这种像表格一样的形式，称为图层列表。在列表中，只有"背景"图层的位置是固定的，其他图层都可以调整顺序，遮挡顺序发生改变，图像的显示效果也会发生变化，如图3-45所示。

扫码看视频

　　列表中有一个图层刷上了灰色底色，特别显眼，这表示它是当前图层——我们当前正在编辑的图层，所有操作将只对它有效，这样不会影响其他图层。单击任意一个图层，可将其选取并刷上底色，使其成为当前图层，如图3-46所示。如果同时选取了多个图层，则所选图层都会刷上底色，并且它们都是当前图层。当前图层之所以可以是多个，是因为有一些操作，如移动、对齐、变换或应用图层样式，可以同时处理多个图层，但更多的操作，如绘画、滤镜、颜色调整等，则只能在一个图层上进行。

图3-44

图3-45

图3-46

　　再从左向右观察图层。最先看到的是眼睛图标 👁，它是图层的开关，可以让图层显示或隐藏。没有该图标，表示图层被隐藏，文档窗口中将看不到它，因而也不能编辑。眼睛图标 👁 右侧是图层的缩览图，它显示了图层中包含的内容。缩览图中的棋盘格代表了图层中的透明区域，如图3-47所示。如果这是一个非图像类图层，如调整图层，则Photoshop将使用相应的图标来代替缩览图。

缩览图通常比较小，这样"图层"面板中才能显示更多的图层。当图层列表很长，以至于面板中不能显示所有图层时，可以拖曳面板右侧的滑块，或者将光标放在面板上，然后滚动鼠标滚轮，逐一显示图层；也可以拖曳面板右下角，如图3-48所示，将面板拉长。缩览图的大小也可调整，操作方法是在缩览图（注意，不是图层名称）上单击鼠标右键，打开快捷菜单，选择其中的命令，如图3-49所示。

图层缩览图右侧是图层名称。特殊类图层的名称与普通图层是有区别的。不过，所有图层的名称都可以修改。

在"图层"面板中，除"背景"图层外，其他图层都可以调整不透明度，让图像内容变得透明，如图3-50所示；还可以修改混合模式，让当前图层与下方的图层产生特殊的混合效果。不透明度和混合模式可以反复调节，不会损坏图像。

图3-47

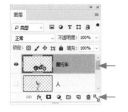

图3-48

图3-49

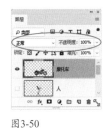

图3-50

◈ 3.2.3
"图层"面板按钮和图层类型

Photoshop中可以创建很多种类型的图层，它们都有各自的功能和用途，在"图层"面板中的显示状态也各不相同，如图3-51所示。使用"图层"面板中的按钮，可以对这些图层进行编辑，如图3-52所示。

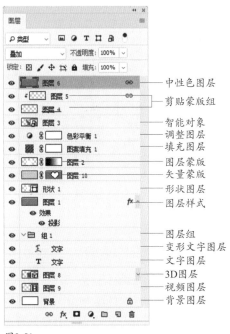

图3-51

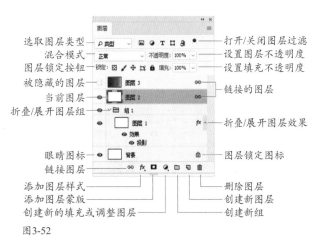

图3-52

● 选取图层类型：当图层数量较多时，可在该选项的下拉列表中选择一种图层类型（包括名称、效果、模式、属性和颜色），让"图层"面板中只显示此类型图层，隐藏其他类型的图层。

● 打开/关闭图层过滤 ●：单击该按钮，可以启用或停用图层过滤功能。

● 混合模式：用来设置当前图层的混合模式，使之与下面的图像混合。

● 设置图层不透明度：用来设置当前图层的不透明度，使之呈现透明状态，让下面图层中的图像内容显示出来。

● 设置填充不透明度：用来设置当前图层的填充不透明度，它与图层不透明度类似，但不会影响图层效果（见145页）。

● 图层锁定按钮 ⊠ ✒ ✛ ⊞ 🔒：用来锁定当前图层的属性，使其不可编辑，包括透明像素 ⊠、图像像素 ✒、位置 ✛、画板 ⊞ 和锁定全部属性 🔒。

● 当前图层：当前选择和正在编辑的图层。

● 眼睛图标 👁：有该图标的图层为可见图层，单击它可以隐藏图层。隐藏的图层不能进行编辑。

● 链接的图层 ⊖：显示该图标的多个图层为彼此链接的图层，它们可以一同移动或进行变换操作。

● 折叠/展开图层组 ⌄🗀：单击该图标可折叠或展开图层组。

● 展开/折叠图层效果：单击该图标可以展开图层效果列表，显示出当前图层添加的所有效果的名称。再次单击可折叠图层效果列表。

● 图层锁定图标 🔒：显示该图标时，表示图层处于锁定状态。

● 链接图层 ⊖：用来链接当前选择的多个图层。

● 添加图层样式 *fx*：单击该按钮，在打开的下拉菜单中选择一个效果，可以为当前图层添加图层样式。

● 添加图层蒙版 🔲：单击该按钮，可以为当前图层添加图层蒙版。蒙版用于遮盖图像，但不会将其破坏。

● 创建新的填充或调整图层 ◑：单击该按钮，在打开的下拉菜单中可以选择创建新的填充图层或调整图层。

● 创建新组 🗀：单击该按钮可以创建一个图层组。

● 创建新图层 🗋：单击该按钮可以创建一个图层。

● 删除图层 🗑：选择图层或图层组，单击该按钮可将其删除。

创建图层

3.3

不同种类的图层创建方法也各不相同。对于特殊的图层，如填充图层、调整图层、视频图层、3D图层等，会在介绍其功能的章节中讲解创建方法。下面介绍的是普通图层的创建方法。

💎 3.3.1 ▶ 必学课

在"图层"面板中创建图层

单击"图层"面板中的 🗋 按钮，即可在当前图层上方创建一个图层，同时它会自动成为当前图层，如图3-53和图3-54所示。如果要在当前图层下方创建图层，可以按住Ctrl键单击 🗋 按钮，如图3-55所示。需要注意的是，"背景"图层下方不能创建图层。

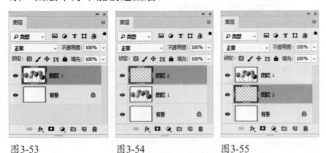

图3-53　　　　图3-54　　　　图3-55

如果想要在创建图层时设置图层名称（见66页）、颜色（见66页）和混合模式（见168页）等属性，可以执行"图层>新建>图层"命令，或按住Alt键单击创建新图层按钮 🗋，打开"新建图层"对话框进行设置，如图3-56和图3-57所示。选择"使用前一图层创建剪贴蒙版"选项，还可以将它与下面的图层创建为一个剪贴蒙版组（见151页）。此外，

使用该命令还可以创建中性色图层（见182页）。

图3-56　　　　　　　　　　　　图3-57

💎 3.3.2

基于选取的图像创建图层

在图像中创建了选区以后，如图3-58所示，执行"图层>新建>通过拷贝的图层"命令（快捷键为Ctrl+J），可以将选中的图像复制到一个新的图层中，原图层内容保持不变，如图3-59所示。如果没有创建选区，则执行该命令可以快速复制当前图层，如图3-60所示。

如果执行"图层>新建>通过剪切的图层"命令（快捷键为Shift+Ctrl+J），则可以将选区内的图像从原图层剪切到一个新的图层中，如图3-61所示。图3-62所示为移开图像后的效果。

图3-58

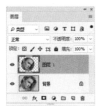

图3-59

图3-60

图3-61

图3-62

技术看板 07 编辑图像时创建图层

创建选区以后，按Ctrl+C快捷键复制选中的图像，粘贴（按Ctrl+V快捷键）图像时（见54页），可以创建一个新的图层；如果打开了多个文件，则使用移动工具 ✛ 将一个图层拖至另外的图像中（见85页），可将其复制到目标图像，同时创建一个图层。在图像间复制图层时，如果两个文件的打印尺寸和分辨率不同，则图像在两个文件中的视觉大小会有变化。例如，在相同打印尺寸的情况下，源图像的分辨率小于目标图像的分辨率，则图像复制到目标图像后，会显得比原来小。

◆ **3.3.3**

创建背景图层

"背景"图层就是文件中的背景图像，只有一个，并且总是位于"图层"面板的最底层，下方不能有任何其他图层。

"背景"可以用绘画工具、滤镜、调色命令等进行编辑，不能调整不透明度和混合模式，也不能添加图层样式。要进行这些操作，需要先将其转换为普通图层。操作方法是单击它右侧的 🔒 按钮，如图3-63和图3-64所示。

图3-63

图3-64

其实对于Photoshop来说，"背景"图层可有可无。当图层的数量多于一个时，就可以将"背景"图层删除。但由于很多软件程序和输出设备不支持分层的图像。为了与这些程序和设备交换文件，需要以不支持图层的格式（如JPEG）保存图像，使所有图层合并到"背景"图层——文档的背景图像中，这样图像才能在这些应用程序和输出设备间传递和使用。"背景"图层的用处就在于此。

如果需要"背景"图层，可以选择一个图层，如图3-65所示，执行"图层>新建>背景图层"命令，将它转换为"背景"图层，如图3-66所示。

图3-65

图3-66

> **提示（Tips）**
> 只有PSD、TIFF、PDF、PSB4种格式可以保存图层。

🖌 **3.4**

编辑图层

下面介绍图层的基本编辑方法，包括如何选择、调整堆叠顺序、复制、链接、显示、隐藏等。

◆ **3.4.1**

▶ 必学课

功能练习：选择图层

编辑图层中的内容之前，首先应单击其所在的图层，将其选择。否则，编辑效果将会应用到其他图层上。

扫码看视频

01 按Ctrl+O快捷键，打开素材。单击"图层"面板中的一个图层，即可选择该图层，它会成为当前图层并刷上底色，如图3-67所示。

02 有些操作则可以同时处理多个图层，如移动、旋转、缩放、打包智能对象、创建剪贴蒙版等。如果所要选择的几个图层正好相邻，可以单击第一个图层，如图3-68所示，然

后按住 Shift 键单击最后一个图层,这样就可以将它们之间的图层同时选取,如图3-69所示。

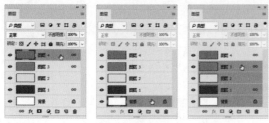

图3-67   图3-68   图3-69

03 如果所要选择的图层并不相邻,可以按住 Ctrl 键分别单击它们,如图3-70所示。

04 在"图层"面板中,有几个图层的右侧有 ⊖ 标志,表示这些图层建立了链接(*见65页*)。单击其中的一个,如图3-71所示,然后执行"图层>选择链接图层"命令,即可选择链接在一起的所有图层,如图3-72所示。如果要选择所有图层,可以使用"选择>所有图层"命令,这样操作比通过单击的方法选择更快、更方便。

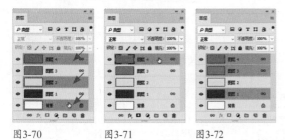

图3-70   图3-71   图3-72

> **提 示**(Tips)
> 如果不想选择任何图层,可以在图层列表下方的空白处单击。如果图层列表很长,没有空白区域,可以使用"选择>取消选择图层"命令来取消选择。

◆ 3.4.2   ◆ 进阶课
技巧:使用移动工具选择图层

移动工具 ✛(*见85页*)是Photoshop中常用的工具,它可以移动对象,进行变形、变换操作。下面介绍的是使用该工具选择图层的技巧,这样就不必通过"图层"面板选择图层了,既省时,又省力。 扫 码 看 视 频

01 打开素材,如图3-73所示。选择移动工具 ✛。首先,取消工具选项栏中"自动选择"的选取,如图3-74所示。将光标移动到图像上,按住Ctrl键单击,即可选择光标下方的图层,如图3-75所示。

图3-73   图3-74

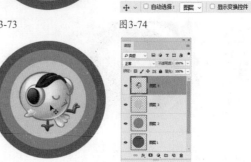

图3-75

02 如果选取"自动选择"选项,则不必按Ctrl键,直接在图像上方单击便可选择图层。但如果图层堆叠、设置了混合模式或不透明度,就非常容易选错图层。遇到这些情况,就不应开启该选项。当光标下方堆叠了多个图层时,按住Ctrl键单击图像,选择的将是位于最上面的图层。如果要选择位于下方的图层,可以在图像上单击鼠标右键,打开快捷菜单,菜单中会列出光标所在位置的所有图层,从中选择即可,如图3-76所示。

图3-76

03 如果要选择多个图层,可以通过两种方法来操作。第1种方法是分别选取,即按住Ctrl+Shift键分别单击各个图像,如图3-77所示。如果想要将位于堆叠位置下方的图像也添加进来,可以按住Ctrl+Shift键单击右键,打开快捷菜单,在其中列出的图层中选取。

图3-77

04 第2种方法是同时进行选取，即按住Ctrl键，然后单击并拖曳出一个选框，进入选框范围内的图像都会被选取。需要注意的是，应该先按住Ctrl键再进行操作，还有就是一定要在图像旁边的空白区域拖出选框，否则将移动图像，如图3-78所示。

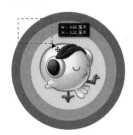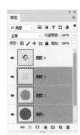

图3-78

💎 3.4.3

技巧：快速切换当前图层

选择一个图层以后，如图3-79所示，按Alt+] 快捷键，可以将它上方的图层切换为当前图层，如图3-80所示；按Alt+[快捷键，则可以将它下方的图层切换为当前图层，如图3-81所示。

图3-79　　　　　图3-80　　　　　图3-81

💎 3.4.4

功能练习：调整图层的堆叠顺序

在"图层"面板中，图层是按照创建的先后顺序堆叠排列的，就像搭积木一样，一层一层地向上搭建。这种堆叠形式有一个专门的术语——堆栈。

扫码看视频

有3种方法可以改变图层的堆叠顺序，即拖曳、使用"图层>排列"菜单中的命令调整，以及使用快捷键操作。

01 拖曳是最灵活的方式。打开素材，如图3-82所示。将光标放在一个图层上方，如图3-83所示，单击并将其拖曳到另外一个图层的下方，当出现突出显示的蓝色横线时，如图3-84所示，放开鼠标，即可调整图层顺序，如图3-85所示。此时后面的小猫会调整到黄色边框的前方，如图3-86所示。由此可知，改变图层顺序，会影响图像的显示效果。

图3-82　　　　　　　　图3-83

图3-84　　　　图3-85　　　　图3-86

02 如果使用命令操作，需要先单击图层，将其选择，然后打开"图层>排列"菜单，如图3-87所示，选择其中的命令即可。

图3-87

03 "排列"菜单中的命令可以将图层调整到特定的位置，即调整到最顶层、最底层（"背景"图层上方）、向上或向下移动一个堆叠顺序。其中的"反向"命令在选取了多个图层时才有效，它可以反转所选图层的堆叠顺序，如图3-88和图3-89所示。除该命令外，其他命令都提供了快捷键。使用这几个命令时，快捷键操作要比其他方式便捷。

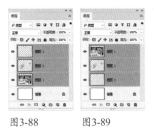

图3-88　　　　图3-89

> **提 示**（Tips）
>
> 如果选择的图层位于图层组中，执行"置为顶层"和"置为底层"命令时，可以将图层调整到当前图层组的顶层或底层。

💎 3.4.5　　　　　　　　　　　　　🚩 必学课

功能练习：复制图层

复制图层是"克隆"对象的最快方法。复制操作多用于图像。复制图像所在的图层，然后编辑副本图层，可以避免原始图像遭到破坏。

扫码看视频

01 打开素材。先单击一个图层，将它设置为当前图层，如图3-90所示。复制当前图层的方法很简单，只需按Ctrl+J快捷键即可，如图3-91所示。

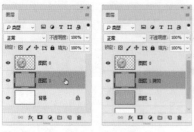

图3-90　　　　图3-91

02 如果想要复制非当前图层，可将其拖曳到"图层"面板底部的 按钮上，如图3-92和图3-93所示。

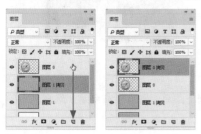

图3-92　　　　图3-93

03 如果想要将一个图层复制到另一个图层的上方（或下方），可以将光标放在需要复制的图层上，如图3-94所示，按住Alt键将其拖曳到目标位置，当出现突出显示的蓝色横线时，如图3-95所示，放开鼠标，如图3-96所示。

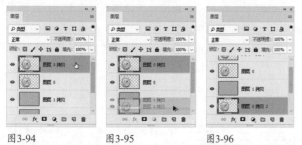

图3-94　　　　图3-95　　　　图3-96

04 如果想要基于当前图层创建一个文件，可以执行"图层>复制图层"命令，打开"复制图层"对话框，在"文件"下拉列表中选择"新建"选项，如图3-97所示。此外，如果同时打开了多个文件，还可以使用该命令将图层复制到其他文件中。只是这样操作没有直接将图像拖曳到其他文件来得方便（见85页）。

图3-97

05 上面介绍的方法可以复制所有类型的图层。如果要复制的是承载图像的图层，还可以使用移动工具来操作。方法是选择移动工具，将光标放在图像上方，如图3-98所示

示。按住Alt键单击并拖曳鼠标，即可复制图像，如图3-99所示。复制的图像将位于一个新的图层中。

图3-98　　　　图3-99

3.4.6
功能练习：显示和隐藏图层

图层缩览图前面的眼睛图标 用来控制图层的可见性。有该图标的图层为显示的图层，无该图标的是隐藏的图层。显示的图层可以编辑，隐藏的图层不能编辑，但可以合并和删除。

01 打开素材。单击一个图层前的眼睛图标 ，即可隐藏该图层，如图3-100所示。如果要重新显示图层，可在原眼睛图标处单击，如图3-101所示。

图3-100

图3-101

提示（Tips）
如果选择了多个图层，执行"图层>隐藏图层"命令，可一次性将它们同时隐藏。

02 如果想要快速隐藏多个相邻的图层，可以将光标放在一个图层的眼睛图标 上，如图3-102所示，单击鼠标并在眼睛图标列向上或向下拖曳，如图3-103所示。恢复图层的显示时也可以采用这种方法，即在原眼睛图标 处操作。

图3-102　　　　图3-103

03 如果只想显示一个图层，而隐藏其他所有图层，可以按住Alt键单击该图层的眼睛图标 ◉ ，如图3-104所示。按住Alt键再次单击这一眼睛图标 ◉ ，可以重新显示其他图层。

图3-104

💎 3.4.7

链接图层

当选择多个图层后，可以同时对它们进行移动、旋转、缩放、倾斜、复制、对齐和分布操作。如果某些图层总是同时进行这些操作，就可以考虑将它们链接在一起。链接的好处在于，选择其中的任何一个图层并进行上述操作时（复制除外），所有与之链接的图层会同时应用这些操作，这样就省去了分别选取各个图层的麻烦。

在"图层"面板中选择两个或多个图层，如图3-105所示，单击链接图层按钮 ⊖ ，或执行"图层>链接图层"命令，即可将它们链接起来，如图3-106所示。

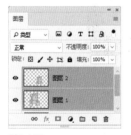 

图3-105　　　　图3-106

如果要取消一个图层与其他图层的链接，可以单击该图层，再单击 ⊖ 按钮。如果要取消所有图层的链接，可以单击其中的一个图层，执行"图层>选择链接图层"，然后单击 ⊖ 按钮。这样不必选取每一个图层。

💎 3.4.8

技巧：用锁定的方法保护图层

编辑图像时，如果想要保护图层的某些属性或区域不受影响。例如，填充颜色时，只想在有图像的区域填色，而透明区域不受影响，就需要预先做出设置。如果基于保护透明区域、像素和画板，以及固定图像位置这4种情况考虑的话，可以通过锁定图层来解决问题。操作方法是首先选择要进行保护的图层，然后单击"图层"面板顶部的按钮。

● 锁定透明像素 ⊠ ：单击该按钮后，可以将编辑范围限定在图层的不透明区域，图层的透明区域受到保护。例如，图3-107所示为锁定透明像素后，使用画笔工具 ✏ 涂抹图像时的效果，可以看到，头像之外的透明区域没有受到影响。

● 锁定图像像素 ✏ ：单击该按钮后，只能对图层进行移动和变换操作，不能在图层上绘画、擦除或应用滤镜。图3-108所示为使用画笔工具 ✏ 涂抹图像时弹出的提示信息。

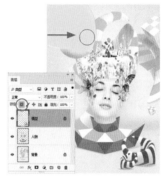 

图3-107　　　　图3-108

● 锁定位置 ✛ ：单击该按钮后，图层不能移动。对于设置了精确位置的图像，锁定位置后就不必担心被意外移动了。

● 锁定画板 ⛶ ：单击该按钮，可以防止在画板*(见75页)*内外自动嵌套。

● 锁定全部 🔒 ：单击该按钮，可以锁定以上全部选项。当图层只有部分属性被锁定时，图层名称右侧会出现一个空心的锁状图标 🔓 ；当所有属性都被锁定时，该图标会变为 🔒 状。

> **技术看板 08** 快速锁定图层组内的图层
>
> 选择图层组以后，执行"图层>锁定组内的所有图层"命令，打开"锁定组内的所有图层"对话框。对话框中显示了各个锁定选项，通过它们可以锁定组内所有图层的一种或多种属性。
>
>

管理图层

图层承载了图像、形状、蒙版、智能对象和智能滤镜等对象，图像效果越丰富，用到的图层就越多，图层的结构也越庞大，这会给查找和选择图层带来麻烦。只有管理好图层，图像编辑工作才能顺利和高效地进行。下面就来介绍这方面的操作技巧。

3.5.1
修改图层名称 ▶必学课

在默认状态下，创建图层时，图层名称是以"图层1""图层2""图层3"的顺序命名的。图层数量少时，名称并不重要，因为通过图层的缩览图就可以识别每个层中包含的内容。但如果图层的数量比较多，这种方法就比较耗费时间了。对于经常选取的或是比较重要的图层，可在其名称上双击，然后在显示的文本框中输入特定名称，并按Enter键确认，为它重新命名，如图3-109和图3-110所示。也可以在选择图层后，使用"图层>重命名图层"命令来操作。

图3-109

图3-110

当图层使用的是非"图层1""图层2"这样的默认名称时，不仅便于查找，还能引起我们的注意——这不是一个普通的图层，在修改、删除和合并时就会慎重操作了。

3.5.2
为图层标记颜色

在一个图层上单击鼠标右键，可以打开快捷菜单，菜单中有几个颜色选项，选择其中的一个，便可为图层标记颜色，如图3-111和图3-112所示。这在Photoshop中称为"颜色编码"。

图3-111

图3-112

为图层标记颜色，作用有点类似于用记号笔在书中画出重点，可以让所标记的图层更加醒目，一下子就能被我们看到。这是比修改图层名称识别度更高的方法。

标记颜色支持多图层操作，也就是说可以选择多个图层，同时为它们标记相同的颜色。而修改名称只能逐个图层操作，不能同时进行。

3.5.3
通过名称查找图层

我们查找计算机中的文件时都有过类似经历，就是想不起文件的具体位置了。不过还好，我们记得文件名，可以通过搜索名称的方式找到它。

Photoshop也支持通过名称查找图层。如果我们为重要的图层设置了特别的名称，在图层数量多的情况下，就可以通过名称来快速找到它。

执行"选择>查找图层"命令，或者单击"图层"面板顶部的✓按钮，在下拉列表中选择"名称"，该选项右侧就会出现一个文本框，输入图层名称，面板中便只显示这一图层，如图3-113所示。此时其他图层被屏蔽，如果要重新显示所有图层，可以单击面板右上角的●按钮，如图3-114所示。

图3-113

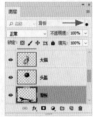
图3-114

3.5.4
技巧：过滤图层 惠 进阶课

通过名称找到图层时，Photoshop会对所有图层过滤一遍，将符合要求的图层留下，其他图层都屏蔽掉。除了通过名称过滤图层外，Photoshop还支持其他几种筛选形式，包括图层样式、图层颜色、混合模式、画板等。

执行"选择>隔离图层"命令，或单击"图层"面板顶部的 ∨ 按钮，打开下拉列表，如图3-115所示，选择一种过滤方法，即可以此为标准过滤图层。在图层数量较多时，这是缩小查找范围的有效方法。例如，选择"效果"选项，并指定一种图层样式，"图层"面板中就只显示添加了该图层样式的图层，如图3-116所示。

如果在下拉列表中选择"类型"，则选项右侧会出现几个按钮 ▣ ◉ T ▢ 。▣ 代表普通图层（包含像素或透明图层），◉ 代表填充图层和调整图层，T 代表文字图层，▢ 代表形状图层，▣ 代表智能对象。单击其中的一个按钮，例如，单击 T 按钮，面板中就只显示文字类图层，如图3-117所示。如果要显示所有图层，可以单击 ● 按钮。

图3-115　　　　　图3-116　　　　　图3-117

💎 3.5.5　　　　　　　　　　　　　　　　　　　　🔹进阶课

对图层分组管理

随着图像编辑的深入，图层的数量会越来越多，图层组可以有效地组织和管理图层，使"图层"面板中的图层列表更加清晰，也便于查找图层。

图层组类似于Windows系统的文件夹，图层就类似于文件夹中的文件。将图层分门别类放在不同的组中以后，如图3-118所示，单击 ⟩ 按钮关闭图层组，"图层"面板的列表中就只显示组的名称，如图3-119所示，这样可以大大简化图层结构，使列表一目了然。

将多个图层放在一个图层组中以后，这些图层便被Photoshop视为一个对象。在图层组的名称右侧单击，选择组，如图3-120所示，此时使用移动工具 ✛，或者执行"编辑>变换"菜单中的命令进行移动、旋转和缩放等操作时，将应用于组中的所有图层。这有点类似于将这些图层链接起来操作。但图层组也不能完全取代链接功能，因为建立链接关系的图层可以来自不同的组。

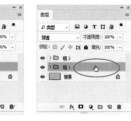

图3-118　　　　　图3-119　　　　　图3-120

此外，图层组还可以复制、链接、对齐和分布，也可以锁定、隐藏、合并和删除，操作方法与普通图层相同。

💎 3.5.6　　　　　　　　　　　　　　　　　　　　🚩必学课

创建图层组

单击"图层"面板底部的 ▢ 按钮，即可创建一个空的图层组，如图3-121所示。创建图层组后，它自动处于选取状态，此时单击面板底部的 ▢ 按钮，会在该组中创建图层，如图3-122所示。

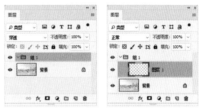

图3-121　　　　　图3-122

如果想要在创建图层组时为它设置名称、颜色、混合模式和不透明度等属性，可以使用"图层>新建>组"命令来操作，如图3-123和图3-124所示。

图3-123　　　　　　　　　　图3-124

创建图层组后，将一个图层拖入组内，可将其添加到组中，如图3-125和图3-126所示；将组中的图层拖到组外，则可将其从组中移出，如图3-127和图3-128所示。

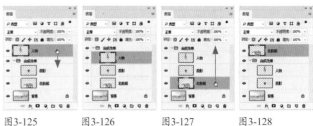

图3-125　　　图3-126　　　图3-127　　　图3-128

如果要将多个图层编入一个组中，通过先创建组，再将图层逐个拖入的方法操作比较麻烦。简单的方法是选择这些图层，如图3-129所示，然后执行"图层>图层编组"命令（快捷键为Ctrl+G），即可将它们编入一个新的组中，如图3-130所示。该组会使用默认的名称、不透明度和混合模式。如果想要在创建组时设置这些属性，可以使用"图层>新建>从图层建立组"命令来操作。

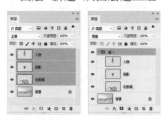

图3-129　　图3-130

组，如图3-131所示，然后执行"图层>取消图层编组"命令（快捷键为Shift+Ctrl+G），如图3-132所示。如果要删除图层组及组中的图层，可以将图层组拖曳到"图层"面板底部的 🗑 按钮上。

图3-131　　　　图3-132

技术看板 ⑩ 嵌套结构的图层组

在图层组中可以继续创建新的图层组。这种多级结构的图层组称为嵌套图层组。也可以通过将一个图层组拖入另一组中的方法来创建嵌套的组。

 3.5.7 ▶必学课

取消图层编组

如果要取消图层编组，但保留图层，可以选择图层

 3.6

对齐和分布图层

对齐图层是指以一个图层中的像素边缘为基准，让其他图层中的像素边缘与之对齐。分布图层则是指让3个或更多图层按照一定的间隔分布。对齐和分布操作不仅限于图像，也可用于矢量图形（即形状图层）和文字。

 3.6.1

对齐图层

在"图层"面板中，按住Ctrl键单击需要对齐的图层，将它们选取，如图3-133所示。打开"图层>对齐"子菜单，如图3-134所示。选择其中的命令，即可进行对齐操作，如图3-135所示。

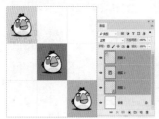

图3-133　　　　图3-134

顶边

垂直居中

底边

左边

水平居中

右边

图3-135

如果将图层链接，如图3-136所示，然后单击其中的一个图层，如图3-137所示，再执行"对齐"菜单中的命令，则会以该图层为基准对齐与之链接的所有图层。图3-138所示为执行"垂直居中"命令的对齐效果。

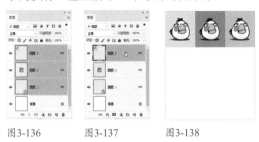

图3-136　　　图3-137　　　　图3-138

3.6.2
分布图层

在"图层"面板中，选择3个或更多的图层，如图3-139所示，打开"图层>分布"菜单，如图3-140所示，使用其中的命令可进行分布操作。

图3-139　　　图3-140

与对齐命令相比，分布命令的效果有时候并不直观。其要点在于："顶边""底边"等是从每个图层的顶端或底端像素开始，间隔均匀地分布；而"垂直居中""水平居中"则是从每个图层的垂直或水平中心像素开始，间隔均匀地分布，如图3-141所示。

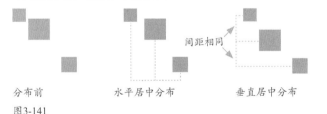

分布前　　　　　水平居中分布　　　　垂直居中分布

图3-141

3.6.3
技巧：使用移动工具对齐和分布图层　　　惠 进阶课

选择需要对齐或分布的图层后，再选择移动工具 ✛，工具选项栏中会显示一排按钮，如图3-142所示，单击其中的按钮，便可进行对齐和分布操作。这要比使用菜单命令方便。

这些按钮与"对齐""分布"菜单命令前方的图形完

全一样，只是没有名称。如果要查看名称，可以将光标移动到按钮上方，停留片刻便会显示。

图3-142

3.6.4
基于选区对齐

在图像上创建选区后，如图3-143所示，选择一个图层，如图3-144所示，执行"图层>将图层与选区对齐"子菜单中的命令，如图3-145所示，可以基于选区来对齐所选图层，如图3-146（顶边对齐）和图3-147所示（右边对齐）。

图3-143　　　　图3-144　　　　图3-145

图3-146　　　　图3-147

3.6.5
功能练习：使用标尺和参考线对齐

标尺可以帮助我们测量（见481页）文件中的图像和其他图层内容。显示标尺后，还可以从中拖曳出参考线，可以基于参考线来对齐图层。

扫码看视频

参考线可通过两种方法创建。第1种方法是手动从标尺上拖出。这种方法的优点是可以灵活、快速地在画布的任意位置创建参考线，缺点是不太容易将参考线定位在特别精确的位置上。例如，放在水平（垂直也可）方向5.23厘米处就很难操作。第2种方法可以解决这个问题，通过使用"视图>新建参考线"命令操作即可。这种方法定位准确，只比手动创建稍微麻烦一点点。

01 按Ctrl+N快捷键，创建一个7厘米×3厘米、分辨率为300像素/英寸的文件，如图3-148所示。执行"视图>标尺"命令，或按Ctrl+R快捷键，窗口顶部和左侧会显示标尺。在标尺上单击鼠标右键，打开快捷菜单，选择"厘米"，如图3-149所示，将标尺的测量单位修改为厘米。

图3-148　　　　　图3-149

02 将光标放在水平标尺上，单击并向下拖曳鼠标，拖出水平参考线，在垂直标尺上拖出3条垂直参考线，操作时按住 Shift 键，以便让参考线与标尺上的刻度对齐，如图3-150所示。这是一个非常好用的技巧。如果参考线没有对齐，可以使用移动工具 ✛ ，将光标放在参考线上，光标会变为 ↔ 状，单击并拖曳鼠标，将其移动到准确位置，如图3-151所示。

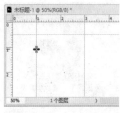

图3-150　　　　　图3-151

提示（Tips）

想要防止创建好的参考线被意外移动，可以执行"视图>锁定参考线"命令，将参考线的位置锁定（解除锁定也使用该命令）。

---

03 打开素材。使用移动工具 ✛ 将图标拖入创建了参考线的文件中，并以参考线为基准进行对齐，如图3-152所示。

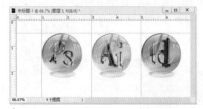

图3-152

◆ 3.6.6

功能练习：紧贴对象边缘创建参考线

Photoshop可以紧贴图层中对象的边缘创建水平和垂直参考线。这些对象不限于图像，还可以是文字和形状图层（见377页）中的矢量图形。

01 打开素材，如图3-153所示。单击图标所在的图层，如图3-154所示。执行"视图>通过形状新建参考线"命令，即可紧贴图标边缘自动生成参考线，如图3-155所示。

图3-153　　　　图3-154　　　　图3-155

02 下面我们来使用标尺的测量功能，看一看图标的尺寸是多少。按Ctrl+R快捷键显示标尺。在标尺上单击鼠标右键，打开快捷菜单，将单位修改为毫米，如图3-156所示。

03 将光标放在窗口左上角，这里是标尺的原点（0，0标记处），单击并向右下方拖曳鼠标，画面中会显示黑色的十字线，将它拖放到图标左上角参考线的交汇处，如图3-157所示，这里便成了原点的新位置。也就是说，图标左上角位置的坐标此时是0，如图3-158所示。

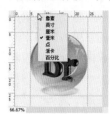

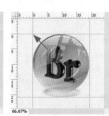

图3-156　　　　图3-157　　　　图3-158

提示（Tips）

需要注意，标尺的原点也是网格（见72页）的原点，因此，调整标尺的原点也就同时调整了网格的原点。如果要将原点恢复到默认的位置，可以在窗口的左上角水平和垂直标尺相交处双击。

---

04 按Ctrl++快捷键，放大视图比例，按住空格键拖曳鼠标，将画面中心移动到图标右上角，观察图标宽度，显示的是19.5毫米，如图3-159所示。将画面中心移动到图标右下角，此处显示的是20.8毫米，如图3-160所示。由此可以得出，图标的尺寸为19.5毫米（宽度）×20.8毫米（高度）。

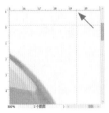 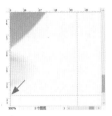

图3-159　　　　　图3-160

05 使用"信息"面板也可以观察图标尺寸。打开该面板，将光标放在图标右下角边界的参考线上，定位准确以后光标会变为 ↔ 状（↕ 状也可），如图3-161所示。此时观察"信息"面板，如图3-162所示，可以看到，X（宽度）为19.5，Y（高度）为20.8，与标尺上显示的一致。

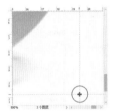 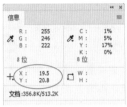

图3-161　　　　　图3-162

技术看板 ⑩ 参考线删除技巧

如果有多余的参考线，在其上方单击并拖曳回标尺，便可将其删除。如果要删除一个画板上所有的参考线，可以在"图层"面板中单击该画板，然后执行"视图>清除所选画板参考线"命令。如果要保留所有画板上创建的参考线，而删除画布上的参考线，可以执行"清除画布参考线"命令。如果要删除所有参考线，包括画布和不同画板上的参考线，可以执行"视图>清除参考线"命令。

3.6.7

创建参考线版面

使用"视图>新建参考线版面"命令，可以一次快速创建多个参考线，我们可以准确设置每一列、每一行的宽度，参考线和文件之间的边距，如图3-163和图3-164所示。如果参数经常使用，还可以打开"预设"下拉列表，选择"存储预设"命令，将参考线保存为预设。

图3-163　　　　　图3-164

💎 3.6.8　　　　　　　　　　　🚩必学课

技巧：使用智能参考线和测量参考线

智能参考线是一种"善解人意"的参考线，它会在需要的时候自动出现，可以帮助我们对齐图像、形状、文字、切片和选区。当使用移动工具 ✛ 进行移动操作时，智能参考线还会变成测量参考线，显示当前对象与其他对象之间的距离，这样我们就可以轻松地让对象以一定的间隔均匀分布。

01 打开素材，如图3-165所示。单击图像所在的图层，如图3-166所示。执行"视图>显示>智能参考线"命令，启用智能参考线（关闭智能参考线也是这个命令）。

图3-165　　　　　图3-166

02 选择移动工具 ✛，单击并拖曳鼠标移动对象，智能参考线会以图层内容的上、下、左、右4条边界线和1个中心点作为对齐点，进行自动捕捉，如图3-167所示。当中心点或任意一条边界线与其他图层内容对齐时，就会出现智能参考线，通过它便可手动对齐图层，而且非常容易操作。图3-168所示为图像底部对齐效果。

← 边界和中心点为对齐点

图3-167　　　　　图3-168

03 单击并按住Alt键拖曳鼠标，复制对象，此时可显示测量参考线，通过它可均匀分布对象，如图3-169所示。

图3-169

04 将光标放在图像上方，按住Ctrl键不放，也会显示测量参考线，在这种状态下，可以查看当前对象与其他对象的距离参数，如图3-170所示。也可以按→、←、↑、↓键，轻移图层。将光标放在对象外边，按住Ctrl键，则会显示对象与画布边缘之间的距离，如图3-171所示。

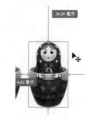

图3-170   图3-171

> **提示（Tips）**
>
> 不仅图层对象，使用路径选择工具 ▶ 移动路径和形状（形状图层中的图形）时，也会显示测量参考线。

3.6.9
基于网格对齐

网格就像是预先设定好的，以一定间隔排列的参考线，对于对称地布置图层中的对象非常有用。

打开一个文件，如图3-172所示，执行"视图>显示>网格"命令，可以显示网格，如图3-173所示。在使用时，还需要执行"视图>对齐>网格"命令，启用对齐功能，此后进行创建选区和移动图像等操作时，对象就会自动对齐到网格上。使用"编辑>首选项>参考线、网格和切片"命令，可以调整网格的间距、样式和颜色，或者将网格设置为点状、线条状。

图3-172   图3-173

3.6.10
启用对齐功能

想要对齐图层或将选区、裁剪选框、切片、形状和路径放置在准确的位置上时，可以使用对齐功能辅助我们操作。启用对齐功能前，先看一下"视图>对齐"命令是否处于选取状态（默认为选取状态），如果没有，执行该命令，然后在"视图>对齐到"菜单中选择一个对齐项目，如图3-174所示。带有"√"标记的命令表示启用了相应的对齐功能。关闭对齐功能也是到该菜单中选择相应的命令，取消其前方的"√"标记即可。

图3-174

3.6.11
显示和隐藏额外内容

参考线、网格、目标路径、选区边缘、切片、文本边界、文本基线和文本选区都是不会打印出来的额外内容，要显示它们，首先需要执行"视图>显示额外内容"命令（使该命令前出现一个"√"），然后在"视图>显示"下拉菜单中选择一个项目，如图3-175所示。如果要隐藏相应的项目，再次选择这一命令即可。

图3-175

其中，"选区边缘"可显示图层内容的边缘，想要查看透明层上的图像边界时，可以启用该功能；"选区边缘"和"目标路径"分别代表选区和路径；"画布参考线"和"画板参考线"代表画布和画板上的参考线；"画板名称"即创建画板时所显示的画板名称（位于画布左上角）；"数量"代表计数数目；"切片"代表切片的定界框；"注释"代表注释信息；"像素网格"代表像素之间的网格，将文档窗口放大至最大的级别后，可以看到像素之间用网格划分，取消该项的选择时，像素之间不显示网格；"3D副视图/3D地面/3D光源/3D选区/UV叠加/3D网格外框"是与3D功能有关的选项；"画笔预览"是与毛刷笔尖有关的选项，当选择毛刷笔尖后，可以在文档窗口中预览笔尖效果和笔尖方向；"网格"表示执行"编辑>操控变形"命令时显示变形网格；"编辑图钉"表示使用"场景模糊""光圈模糊""倾斜偏移"滤镜时，显示图钉等编辑控件；"全部/无"，可以显示或隐藏以上所有选项；如果想要同时显示或隐藏以上多个项目，可以执行"显示额外选项"命令，在打开的"显示额外选项"对话框中进行设置。

合并、删除与栅格化图层

3.7

图像效果越丰富，用到的各种类型的图层就越多，这不仅会导致"图层"面板"臃肿"，也会占用更多的内存，造成计算机的处理速度变慢。基于简化操作、减轻计算机负担的需要，我们应适时地整理图层，将相同属性的图层合并，或者将无用的图层删除，以便减少图层数量，使图层便于管理和查找，同时也能减小文件的大小，释放内存空间。

💎 3.7.1

📕必学课

功能练习：合并图层

01 打开素材。如果要将一个图层与它下面的图层合并，可以单击该图层，如图3-176所示。然后执行"图层>向下合并"命令（快捷键为Ctrl+E），合并后的图层将使用下面图层的名称，如图3-177所示。

扫码看视频

图3-176　　　　　　图3-177

02 如果要将两个或多个图层合并，可以按住Ctrl键单击它们，如图3-178所示，然后按Ctrl+E快捷键，图层将使用合并前位于最上面的图层的名称，如图3-179所示。

图3-178　　　　　　图3-179

💎 3.7.2

合并可见图层

如果要将所有可见的图层合并，可以执行"图层>合并可见图层"命令（快捷键为Shift+Ctrl+E），图层将使用合并前当前图层的名称。如果在合并前"背景"图层为显示状态，则它们会合并到"背景"图层中。

💎 3.7.3

拼合图像

使用"图层>拼合图像"命令，可以将所有图层都拼合到"背景"图层中，原图层中的透明区域会用白色填充。如果"图层"面板中有隐藏的图层，会弹出一个提示，询问是否将其删除。

> **提示**（Tips）
>
> 调整图层（见184页）和填充图层（见141页）比较特殊，它们可以合并到其他图层中，但其他图层不能合并到这两种图层中。

💎 3.7.4

📕进阶课

技巧：盖印图层

盖印是一种特殊的图层合并方法，它可以将多个图层中的图像内容合并到一个新的图层中，同时保持这些图层完好无损。有一点我们必须明确，合并图层可以减少图层的数量，
扫码看视频

而盖印往往会增加图层的数量。如果想要得到某些图层的合并效果，而又要保证原图层完整，盖印便是较为合适的解决办法。

01 打开素材。单击一个图层，如图3-180所示，按Ctrl+Alt+E快捷键，可以将该图层中的图像盖印到下面的图层中，原图层内容保持不变，如图3-181所示。

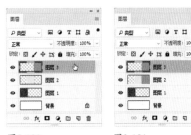

图3-180　　　　　图3-181

02 按Ctrl+Z快捷键撤销操作。我们来看一下，怎样盖印多个图层。按住Ctrl键单击，选择多个图层，如图3-182

所示，按Ctrl+Alt+E快捷键，可以将它们盖印到一个新的图层中，原图层的内容保持不变，如图3-183所示。盖印多个图层时，所选图层可以是不连续的，盖印所生成的图层将位于所有参与盖印的图层的最上面。但是如果所选图层中包含"背景"图层，则图像将盖印到"背景"图层中。

03 按Ctrl+Z快捷键撤销操作。我们来盖印可见图层。按Shift+Ctrl+Alt+E快捷键，可以将所有可见图层中的图像盖印到一个新的图层中，原图层保持不变，如图3-184所示。

图3-182

图3-183

图3-184

技术看板 ⑪ 盖印图层组

单击图层组，按Ctrl+Alt+E快捷键，可以将组中的所有图层内容盖印到一个新的图层中，原图层组保持不变。

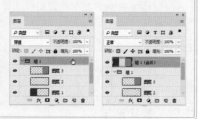

💎 3.7.5

🏴 必学课

功能练习：删除图层

01 打开素材。单击一个图层，如图3-185所示，按Delete键即可将其删除，如图3-186所示。如果选择了多个图层（按住Ctrl键单击它们可将其选取），按Delete键可以将它们全部删除。如果要删除当前图层，直接按Delete键即可。

扫 码 看 视 频

图3-185

图3-186

02 单击一个图层就会将其设置为当前图层。如果不想改变当前图层，可以将需要删除的图层拖曳到"图层"面板底部的 🗑 按钮上，如图3-187和图3-188所示。

03 如果图层列表过长，需要很长距离才能将图层拖曳到 🗑 按钮上，这样操作就不太方便了。我们可以在图层上单击右键，打开快捷菜单，选择"删除图层"命令来进行删除操作，如图3-189所示。此外，执行"图层>删除"子菜单中的命令，也可以删除当前图层或"图层"面板中所有隐藏的图层。

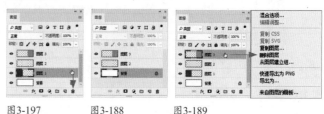
图3-197　　　　图3-188　　　　图3-189

💎 3.7.6

栅格化图层内容

如果要使用绘画工具和滤镜编辑文字图层、形状图层、矢量蒙版或智能对象等包含矢量数据的图层，需要先将其栅格化，将图层中的内容转化为光栅图像，然后才能进行相应的编辑。选择需要栅格化的图层，执行"图层>栅格化"子菜单中的命令，即可栅格化图层中的内容，如图3-190所示。

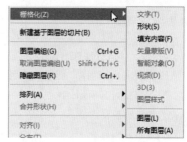
图3-190

● 文字：栅格化文字图层，使文字变为位图图像。栅格化以后，文字内容不能再修改。

● 形状/填充内容/矢量蒙版：执行"形状"命令，可以栅格化形状图层；执行"填充内容"命令，可以栅格化形状图层的填充内容，并基于形状创建矢量蒙版；执行"矢量蒙版"命令，可以栅格化矢量蒙版，将其转换为图层蒙版。

● 智能对象：栅格化智能对象，将其转换为像素。

● 视频：栅格化视频图层。

● 3D：栅格化3D图层。

● 图层样式：栅格化图层样式，并将其应用到图层内容中。

● 图层/所有图层：执行"图层"命令，可以栅格化当前选择的图层；执行"所有图层"命令，可以格化包含矢量数据、智能对象和生成数据的所有图层。

使用画板

Photoshop CC 2018
3.8

Web和UI设计人员需要设计适合多种设备的网站或应用程序。画板可以帮助用户简化设计过程，它提供了一个无限画布，适合不同设备和屏幕的设计。

3.8.1
画板的用途

进行网页设计、UI设计或为移动设备设计用户界面时，往往需要提供多种方案，或者要为不同的显示器或移动设备提供不同尺寸的设计图稿。而在Photoshop的文档窗口中，只有画布（见43页）这一块区域用于显示和编辑图像，如图3-191所示，位于画布之外，即暂存区域上的图像，不仅不能显示和打印，将文件存储为不支持图层的格式时（如JPEG），还会被删除。这就造成一个文件只适合制作和展示一个图稿。而使用画板则可以轻松突破这种限制，如图3-192所示。

扫码看视频

灰色是暂存区
图3-191

画板1

画板2
图3-192

画板就相当于在原有的画布之外，又开辟出新的画布。每一个画板上的对象都位于同一个画板组中，并且互不干扰。在Photoshop中，图层是所有对象（图像、调整图层、3D对象、视频文件等）的载体，因此，画板也位列"图层"面板中，如图3-193所示。我们可将其视为一种"超级"图层组来看待，因为画板可以包含图层和图层组（不能包含其他画板）。要编辑画板，如调整画板大小或移动位置时，需要在画板名称右侧单击鼠标，如图3-194所示。要编辑画板中的图层，则直接单击相应的图层便可，如图3-195所示。

图3-193

图3-194

图3-195

由于每一个画板都相当于一个单独的画布，因此，在甲画板上创建的参考线不会在乙画板上显示。使用画板工具移动画板时，专属于画板的参考线会随其一同移动。

> **提示**（Tips）
>
> 执行"视图>按屏幕大小缩放画板"命令，可以在文档窗口中最大化显示当前所选画板。

3.8.2
功能练习：画板的5种创建方法

在Photoshop中，可以通过5种方法创建画板。

扫码看视频

01 第1种方法是直接创建包含画板的文档。执行"文件>新建"命令，打开"新建文档"对话框，设置文件大小后，选取"画板"选项，单击"创建"按钮即可，如图3-196~图3-198所示。

图3-196　　　　图3-197

图3-198

02 第2种方法是执行"图层>新建>画板"命令，打开"新建画板"对话框，可以输入画板的宽度和高度，自定

义画板大小；也可以单击 ∨ 按钮，打开下拉列表选择预设的尺寸，如图3-199所示。这里的预设非常多，常用的iphone、Android、Web、ipad、Mac图标等几乎都有。

图3-199

03 创建或打开文件以后，可基于其中的图层和图层组创建画板。我们先单击"画板2"前方的 ∨ 按钮，将画板组关闭，如图3-200所示。再单击"图层"面板底部的 按钮，创建两个图层，然后按住Ctrl键单击，将它们选取，如图3-201所示。执行"图层>新建>来自图层的画板"命令，可基于所选图层创建画板，如图3-202所示。

图3-200　　　　　图3-201　　　　　图3-202

提示（Tips）

当画板组展开时，其前方的按钮为 ∨ 状。此时创建的图层和图层组，都将位于画板组中。如果想要在画板组外创建，则需要先将画板组关闭。

04 关闭画板组。单击"图层"面板中的 按钮，创建一个图层组，如图3-203所示，执行"图层>新建>来自图层组的画板"命令，可基于所选图层组创建画板。通过这种方法创建的画板的名称为"组1"，如图3-204所示，不仅识别度不高，也容易与其他图层组混淆。执行"图层>重命名画板"命令，或双击画板名称，在显示的文本框中修改画板名称，如图3-205所示。

图3-203　　　　　图3-204　　　　　图3-205

05 第5种方法，也是最灵活的方法，即使用画板工具 操作。按Ctrl+—快捷键，将文档窗口的比例调小，让暂存区显示出来。使用该工具在画布外的暂存区单击并拖曳鼠标，即可拖出一个画板，如图3-206所示。

06 以任一方法创建画板以后，都可以拖曳画板的定界框自由调整其大小，如图3-207所示。也可以在工具选项栏中输入"宽度"和"高度"值，或者在"大小"下拉列表中选择一个预设的尺寸，修改画板大小，如图3-208所示。

图3-206　　　　　图3-207

大小：| iPad Pro ∨ |　宽度：| 2048 像素 |　高度：| 2732 像素 |

图3-208

提示（Tips）

在画板以及画板工具 处于选取的状态下，单击当前画板旁边显示的 + 图标，可以在图标方向添加新的画板。按住Alt键单击 + 图标，可以复制画板及其内容。如果要删除一个画板，可以在"图层"面板中单击它，然后按Delete键。

◆ **3.8.3**　　　　　　　　　　　　● 平面 ● UI

设计实战：在画板上设计网页和手机图稿

　　下面使用画板设计两个图稿，一个用于网页，另一个用于智能手机。

01 按Ctrl+O快捷键，打开素材，如图3-209和图3-210所示。这是在一个预设的"Web常见尺寸"画板上设计的图稿，可作为网站页面使用。下面我们用其中的素材再创建一个Android系统手机使用的页面。

图3-209　　　　　图3-210

02 先单击画板,如图3-211所示,再选择画板工具 ⛶,按住Alt键单击画板右侧的+状图标,如图3-212所示,在它旁边复制出一个画板,如图3-213所示。

图3-211　　　　　　图3-212

图3-213

03 画板的背景颜色是可以改变的。我们单击"属性"面板底部的颜色块,打开"拾色器",将背景颜色设置为浅灰色,如图3-214和图3-215所示,这样在手机上观看时,可以降低背景的明度,以免引起视觉疲劳。

04 选择画板工具 ⛶,在工具选项栏的"大小"下拉列表中选择"Android 1080P"选项,如图3-216所示,将该画板的尺寸改为Android系统手机屏幕所使用的尺寸。拖曳画板底部定界框上的控制点,将页面范围拉高,或者在工具选项栏中输入"高度"为3407像素,如图3-217所示。按住Ctrl键单击画板组中除"纵3"外的所有图层,将它们选取,如图3-218所示。

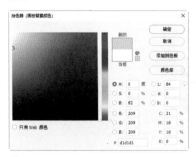

图3-214

图3-215

大小: Android 1080p

图3-216

图3-217　　　　　　图3-218

05 按Ctrl+T快捷键显示定界框,按住Shift拖曳控制点,将它们等比例缩小,如图3-219所示,之后按Enter键确认。

图3-219

77

06 打开"视图>显示"菜单，看一下"智能参考线"命令前方是否有一个"√"，如果没有，就单击该命令，让它前方出现"√"，以启用智能参考线。选择移动工具 ⊕，在工具选项栏中选取"自动选择"选项，单击"纵3"图层，按Ctrl+T快捷键显示定界框，按住Shift键拖曳控制点，调整它的大小，如图3-220所示。使用移动工具 ⊕ 将其放在单独的一行，智能参考线会帮助我们对齐图像，如图3-221所示。

图3-220　　　　图3-221

07 现在最下面一行还有空缺，打开另一个素材，使用移动工具 ⊕ 将其拖曳到当前文件中，放在空缺位置，如图3-222所示。用移动工具 ⊕ 将祥云素材移动到下方，再用画板工具 ⫐ 调整一下画板的高度，如图3-223所示。

图3-222　　　　图3-223

◈ 3.8.4

分解画板

画板也可以像图层组一样解散。单击画板以后，如图3-224所示，只要使用"图层>取消画板编组"命令，或者按与取消编组相同的快捷键——Shift+Ctrl+G，就可以将画板分解，释放其中的图层和图层组，如图3-225所示。

图3-224　　　　图3-225

◈ 3.8.5

将画板导出为单独的文件

单击一个画板，如图3-226所示，使用"文件>导出>画板至文件"命令，可以将其导出为单独的文件，如图3-227和图3-228所示。

图3-226

图3-227

图3-229

图3-228

图3-230

执行该命令会打开"将画板导出到PDF"对话框,其中的"包括重叠区域""仅限画板内容"等与将画板导出为文件所打开的对话框中的选项相同。

"画板至文件"对话框	说明
包括重叠区域/仅限画板内容	只导出画板内容还是要包括重叠区域
导出选定的画板	选取该选项,只导出"图层"面板中当前所选画板。取消选取,则会导出所有画板
在导出中包括背景	可以指定是否要随画板一起导出画板背景
文件类型	可以选择要导出的文件格式。如果要对所选文件格式进行更多的设置,可以选取"导出选项"。例如,JPEG格式,可以设置图像品质;TIFF格式,可以设置文件是否进行压缩等

💎 3.8.6

将画板导出为PDF文档

选择画板以后,可以使用"文件>导出>将画板导出到PDF"命令,将其导出为 PDF 文档,如图3-229和图3-230所示。

"将画板导出到PDF"对话框	说明
多页面文档/依照画板的文档	指定是要为当前文件中的所有画板生成单个 PDF,还是为每个画板生成一个 PDF文件。如果选择生成多个PDF文件,则所有这些文件都将使用之前指定的文件名前缀
编码	可以为导出的PDF文件指定编码方式,即ZIP 或 JPEG。如果选择JPEG,则还要指定"品质"设置(0~12)
包含ICC配置文件	指定是否要在PDF文件中包含国际色彩联盟(ICC)配置文件(见110页)。该文件包含能够区分色彩输入或输出设备的数据
包含画板名称	指定是否要随导出的画板一起导出画板名称。选取该选项后,还可以选择字体,设置字体大小、颜色和画布扩展颜色
反转页面顺序	调转页面的排列顺序

使用图层复合

3.9

图层复合可以记录图层的可见性、位置和外观，通过图层复合可以快速地在文件中切换不同版面的显示状态，因此，非常适合在比较和筛选多种设计方案或多种图像效果时使用。

3.9.1
什么是图层复合

"历史记录"面板有一个可以为图像创建快照的功能 *（见25页）*，用于记录图像的当前编辑效果。图层复合与快照有相似之处，它能够为"图层"面板创建"快照"。

图层复合可以记录当前状态下图层的可见性、位置和外观，即图层是否显示；图层中的图像或其他内容在文档窗口的位置；以及图层内容的外观，包括不透明度、混合模式、蒙版和添加的图层样式。图层复合非常适合比较和筛选多个设计方案或多种图像效果。如图3-231所示。

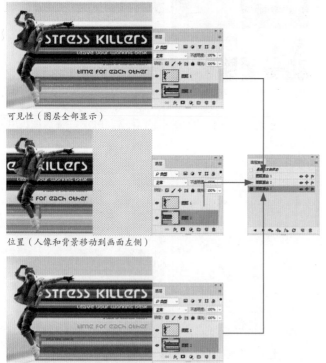

可见性（图层全部显示）

位置（人像和背景移动到画面左侧）

外观（修改背景色彩）

图3-231

显示一个图层复合时，就会将图像恢复到它所记录的状态。从这一点看，图层复合与快照确实很像。但它不能取代历史记录和快照，因为图层复合不能记录在图层中进行的绘制操作、变换操作、文字编辑，以及应用于智能对

象的智能滤镜。历史记录则可以记录除存储和打开之外的所有操作。但历史记录也有缺点，就是不能存储，文件关闭就会被删除，而图层复合可以随文件一同存储，以后打开文件时还可以使用和修改。

3.9.2
更新图层复合

"图层复合"面板用来创建、编辑、显示和删除图层复合，如图3-232所示。

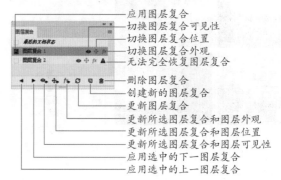

图3-232

如果在"图层"面板中进行了删除图层、合并图层、将图层转换为背景，或者转换颜色模式等操作，有可能会影响到其他图层复合所涉及的图层，甚至不能够完全恢复图层复合，图层复合名称右侧会出现▲状警告图标。此时可以采用以下方法处理。

● 单击警告图标：单击警告图标，会弹出一个提示，如图3-233所示。它说明图层复合无法正常恢复。单击"清除"按钮可清除警告，使其余的图层保持不变。

图3-233

● 忽略警告：如果不对警告进行任何处理，可能会导致丢失一个或多个图层，而其他已存储的参数可能会保留下来。

● 更新图层复合：单击更新图层复合按钮 ↻，对图层复合进行

更新，这可能会导致以前记录的参数丢失，但可以使复合保持最新状态。

● **鼠标右键单击图标**：用鼠标右键单击警告图标，在打开的下拉菜单中可以选择是清除当前图层复合的警告，还是清除所有图层复合的警告。

💎 3.9.3
设计实战：用图层复合展示两套设计方案

●平面 ●网店 ●UI ●插画

使用画板可以在同一文件中制作和保存不同的设计，但设计原稿并不适合作为方案向客户展示。如果将每一个设计方案导出为一个单独的文件又比较麻烦。在这种情况下，可以通过图层复合将每一种方案都记录下来，这样就可以在单个文件中展示所有设计方案。

扫码看视频

01 按Ctrl+O快捷键，弹出"打开"对话框，打开素材，如图3-234和图3-235所示。

图3-234

图3-235

02 单击"图层复合"面板中的 ▣ 按钮，打开"新建图层复合"对话框，设置图层复合的名称为"方案-1"，并选择"可见性"选项，如图3-236所示（"可见性"用来记录图层是显示还是隐藏；"位置"用来记录图层的位置；"外观"则记录是否将图层样式应用于图层和图层的混合模式；"注释"可以添加说明性注释），单击"确定"按钮，创建一个图层复合，如图3-237所示。它记录了"图层"面板中图层的当前显示状态。

图3-236

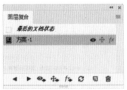
图3-237

03 在"背景2"的眼睛图标 ● 上单击，将该图层隐藏，让"背景1"中的图像显示出来，如图3-238所示。单击"图层复合"面板中的 ▣ 按钮，再创建一个图层复合，设置名称为"方案-2"，如图3-239所示。

图3-238

图3-239

04 至此，我们通过图层复合记录了两套设计方案。向客户展示方案时，可以在"方案1"和"方案2"的名称前单击，显示出应用图层复合图标 ▣，文档窗口中便会显示此图层复合记录的快照，如图3-240和图3-241所示。也可以单击 ◀ 和 ▶ 按钮进行循环切换。

图3-240

图3-241

💎 3.9.4
导出图层复合

创建图层复合后，使用"文件>将图层复合导出到PDF"命令，可以将图层复合导出为PDF文件。导出后，双击该文件，可以自动播放。使用"文件>图层复合导出到文件"命令，则可将其导出为单独的文件。

第4章

图像变换与变形

【本章简介】

Photoshop 是一个"体型"庞大的软件程序，以至于前面用了 3 章介绍它的基本操作方法。本章将正式接触 Photoshop 的图像编辑功能，首先从变换变形和智能对象开始讲起。

变换和变形既是基本操作，也能生成效果，或者用来解决图像中出现的问题，我们将通过移动、旋转和缩放、分形特效、咖啡杯贴图、校正照片透视扭曲等实战学习相关操作方法。

在 Photoshop 中，任何行动都不能无视选区的存在。选区只要出现在图像上，就会对编辑操作产生限定作用，因此，变换和变形也分有选区和无选区两种情况。有选区，可实现局部变换变形；无选区，则应用于图像的整体（准确地说，应该是整个图层）。而选区自身也可进行变换和变形，在本章的抠图实战中，我们可以切身感受一下。

智能对象可以实现非破坏性变换和变形，因为它能保留图像的原始信息，但这并不是唯一方法，我们也可以通过复制图层来实现相同的目的。在变换和变形方面，智能对象的优点是能记忆相关参数，这为我们以后修改带来了极大的便利。不仅如此，Photoshop 还支持将 Camera Raw 以智能滤镜的方式应用在智能对象上，对于摄影师，这可是莫大的福音。这种使用方式完全将 Camera Raw 变得像图层样式一样灵活、简便，在 Photoshop 众多优秀功能中也是一个亮点。

【学习重点】

4.1 操作控件

在 Photoshop 中，移动、旋转和缩放称为变换操作；扭曲和斜切则称为变形操作。单个图层、多个图层、图层蒙版、选区、路径、文字、矢量形状、矢量蒙版和 Alpha 通道等都可以进行变换和变形处理。

"编辑>变换"下拉菜单中包含各种变换命令，如图4-1所示。执行其中的"旋转180度""顺时针旋转90度""逆时针旋转90度""水平翻转""垂直翻转"命令，可以直接对图像进行上述变换。使用其他命令时，当前对象周围会出现定界框，定界框四周是控制点，中央有一个中心点，如图4-2所示。

扫码看视频

图4-1

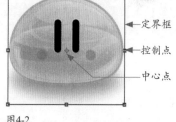

图4-2
←定界框
←控制点
←中心点

中心点用于定义对象的变换中心。在默认状态下，它位于对象的中心。如果将它拖曳到其他位置，则会改变变换操作的基准点。例如，图4-3所示为中心点在不同位置时图像的缩放效果。

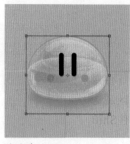

缩放前
图4-3

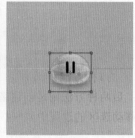

中心点位于中央

中心点位于左下角

在 Photoshop 中，常用功能总是有两种方法。一是基本方法，特点是按部就班，一步一步完成。例如，想要显示定界框，首先要打开"编辑"菜单，然后选取"变换"下拉菜单中的命令。而快捷方法只需一步便可——按Ctrl+T快捷键。

　　Ctrl+T快捷键调用的是"编辑>自由变换"命令，定界框显示以后，可以按住相应的按键并拖曳定界框或控制点来进行旋转、拉伸、缩放、斜切、扭曲和透视扭曲操作，如图4-4和图4-5所示。当然，使用"编辑>变换"下拉菜单中的命令也可以完成同样的操作，只是每一种变换都需要相应的命令，比较麻烦。像变换和变形这样常用的基础性操作，掌握快捷方法是非常必要的，快捷方法总是比常规方法更简便、更迅速、更节省时间，也能减轻手部疲劳。

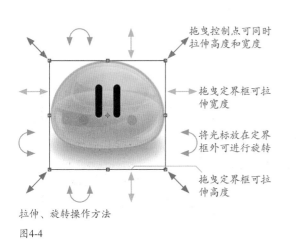

拉伸、旋转操作方法

图4-4

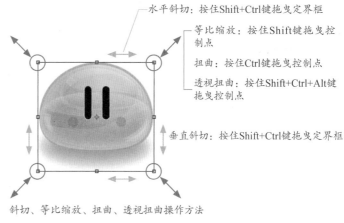

斜切、等比缩放、扭曲、透视扭曲操作方法

图4-5

　　需要注意的是，变换和变形操作会改变像素的位置，Photoshop将通过重新采样（见32页）生成新的像素，这一过程会降低图像的品质。在操作前，可以先将对象创建为智能对象，以便将损害程度降到最小，本章后面部分有详细介绍（见95和97页）。另外，在显示定界框的状态下，最好将旋转、缩放和扭曲等操作全部完成之后，再按Enter键确认，这样只重新采样一次。不要分别完成，例如，旋转操作完成后按Enter键确认，然后显示定界框进行缩放操作，再进行确认。每按一次Enter键确认，都会重新采样一次，这会给图像造成累积性的损害。

对选区应用变换和变形

Photoshop中的选区可单独进行移动、旋转、缩放和扭曲，不会影响选区内的图像。

4.2.1

移动选区

　　移动选区可以通过下面的3种方法来操作。第1种方法是创建选区并同时移动；后两种方法则是创建选区后进行移动。不论哪种方法，移动选区的过程中同时按住Shift键，都可以将方向限定为水平、垂直或45°角的倍数。

创建并同时移动选区

　　使用矩形选框工具▢和椭圆选框工具◯时，在窗口中单击并拖曳鼠标绘制出选区后，不要放开鼠标按键，此时按住空格键并移动鼠标，可以移动选区；放开空格键继续拖曳鼠标，则可以调整选区大小。将这一操作连贯并重复运用，就可以动态调整选区的大小和位置，如图4-6所示。需要注意的是，移动选区的操作应该在创建选区的过程中同时进行，否则按空格键只能切换为抓手工具👋，此时可移动画面，但不能移动选区。

拖曳出选区

按住鼠标按键和空格键移动选区

放开空格键拖曳鼠标调整大小

按住鼠标按键和空格键再次移动

图4-6

使用选择类工具移动选区

如果使用的是矩形选框工具 [] 、椭圆选框工具 ○ 、套索工具 ○ 、磁性套索工具 ⋙ 、多边形套索工具 ⋙ 、魔棒工具 ⋙ 、快速选择工具 ⋙ ，可以单击工具选项栏中的新选区按钮 ■ ，然后将光标放在选区内（光标会变为 ⋈ 状），如图4-7所示，此时单击并拖曳鼠标，即可移动选区，如图4-8所示。按→、←、↑、↓键，则能够以1像素为单位移动选区。

图4-7

图4-8

通过命令移动选区

执行"选择>变换选区"命令，选区周围会出现定界框，如图4-9所示，在定界框内单击并拖曳鼠标可以移动选区，如图4-10所示。移动完成后，需要按Enter键进行确认。

图4-9

图4-10

💎 4.2.2

技巧：通过选区变换与变形抠图

Photoshop提供的矩形选框、椭圆选框等工具非常适合选择方形和圆形对象。然而，生活中很少有哪些对象是标准的矩形、正方形、椭圆形或圆形。要准确地选取对象，还需要对选区的大小、角度、位置等进行一些调整。

01 打开素材，如图4-11所示。画面中的麦田圈是一个有点倾斜的椭圆形。使用椭圆选框工具 ○ 先创建一个选区，基本将它涵盖，如图4-12所示。

图4-11

图4-12

02 执行"选择>变换选区"命令，选区上会显示定界框，拖曳控制点，对选区进行旋转和拉伸，即可得到麦田圈的准确选区，如图4-13所示。按Enter键确认。

03 单击"图层"面板中的 ■ 按钮创建蒙版，将选区外的图层隐藏，即可看到抠图效果，如图4-14所示。

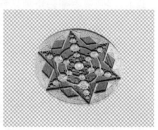

图4-13

图4-14

提示（Tips）

"变换选区"命令是专为选区配备的，操作时，选区内的图像不受影响。如果使用"编辑>变换"命令操作，则会对选区及选中的图像同时应用变换。

用"变换选区"命令扭曲选区

用"变换"命令扭曲选区和图像

对图像应用变换和变形

4.3

在定界框显示的状态下，对图像与选区进行变换和变形操作的方法是一样的。只是选区的定界框要使用"变换选区"调出，而图像的对话框需要用"变换"命令调出。

4.3.1　　　　　　　　　　　　　　　▶必学课

功能练习：移动图像

移动工具 ✛ 是常用的工具，不论是移动文件中的图层、选区内的图像，还是将图像拖曳到其他文件，都会用到该工具。

扫码看视频

使用移动工具 ✛ 时，每按一下键盘中的 →、←、↑、↓ 键，可以将对象移动一像素的距离；如果同时按住Shift键，则可以移动10像素的距离。此外，如果移动图像的同时按住Alt键，可以复制图像并生成一个新的图层。

01 打开素材。进行移动操作前，需要在"图层"面板中单击要移动的对象所在的图层，如图4-15所示。选择移动工具 ✛，在画布上单击并拖曳鼠标，即可移动图像，如图4-16所示。按住Shift键操作，可以沿水平、垂直或45°角方向移动。

图4-15

图4-16

02 使用矩形选框工具 ▢ 创建一个选区，如图4-17所示。将光标放在选区内，按住Ctrl键（切换为移动工具 ✛）单击并拖曳鼠标，可以只移动选中的图像，如图4-18所示。

图4-17

图4-18

移动工具选项栏

图4-19所示为移动工具 ✛ 的选项栏。

□ 自动选择：图层 ▾ □ 显示变换控件 ⊢⊹⊣ ⊢⊹⊣ ⟋⟋⟍ ⟋⟋⟍ ⊧⊦ ⊧⊦ 🗖 3D 模式：
图4-19

● 自动选择：如果文件中包含多个图层或组，可以选择该选项并在下拉列表中选择要移动的内容。选择"图层"，使用移动工具在画面中单击时，可以自动选择工具下面包含像素的最顶层的图层；选择"组"，则在画面中单击时，可以自动选择工具下包含像素的最顶层的图层所在的图层组。

● 显示变换控件：选择该选项后，单击一个图层时，就会在图层内容的周围显示定界框，此时拖曳控制点可以对图像进行变换操作。如果文件中的图层数量较多，并且需要经常进行缩放、旋转等变换操作，该选项就比较有用。

● 对齐图层 ⊢⊹⊣ ⊢⊹⊣ ⟋⟋⟍ ⟋⟋⟍ ⊧⊦：选择两个或多个图层后，可以单击相应的按钮让所选图层对齐（见68页）。

● 分布图层 ⟋⟋⟍ ⟋⟋⟍ ⊧⊦ ⊧⊦：选择了3个或更多图层以后，可以单击相应的按钮，使所选图层按照一定的规则均匀分布（见69页）。

● 3D模式 🗖 🗖 ✛ ✛ 🗖：提供了可以对3D模型和相机进行移动、缩放等操作的工具（见454页）。

4.3.2　　　　　　　　　　　　　　　▶必学课

功能练习：在多个文件之间移动图像

01 打开两个素材，如图4-20和图4-21所示。当前操作的是长颈鹿文件，单击长颈鹿所在的图层，如图4-22所示。

扫码看视频

图4-20

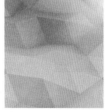
图4-21

图4-22

02 选择移动工具 ✛，将光标放在画面中，单击并拖曳鼠标至另一个文件的标题栏上，如图4-23所示。停留片刻

便会切换到该文件，如图4-24所示。光标移动到画面中，然后放开鼠标，即可将图像拖入该文件，如图4-25所示。

转图像，如图4-29所示。

03 下面来缩放图像。将光标放在定界框四周的控制点上，当光标变为↖状时，按住Shift键单击并拖曳鼠标等比缩放图像。在定界框内部单击并拖曳鼠标，将图像向上移动，如图4-30所示。操作完成后，按Enter键确认（如果对变换结果不满意，可按Esc键取消操作）。按Ctrl+[快捷键，将风车图像移动到公路图像下方，效果如图4-31所示。

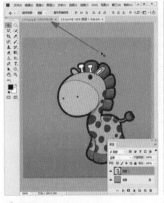
图4-23

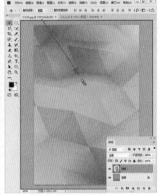
图4-24

图4-28

图4-29

图4-25

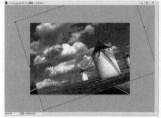
图4-30

图4-31

提示（Tips）

将一个图像拖入另一个文件时，按住Shift键操作，可以使拖入的图像位于当前文件的中心。如果这两个文件的大小相同，则拖入的图像会与原文件的位置相同。

◈ 4.3.4　　　　　　　　　　▶必学课

功能练习：拉伸图像

01 打开素材，如图4-32所示。单击图像所在的图层，如图4-33所示。

扫 码 看 视 频

◈ 4.3.3　　　　　　　　　　▶必学课

功能练习：旋转与缩放

01 打开两个素材。使用矩形选框工具□选取公路，如图4-26所示。按Ctrl+J快捷键将其复制到一个新的图层中，如图4-27所示。

扫 码 看 视 频

图4-32

图4-33

图4-26

图4-27

02 将另一素材拖入公路文件中。按Ctrl+-快捷键，将视图比例调小。执行"编辑>自由变换"命令，或按Ctrl+T快捷键显示定界框，如图4-28所示。将光标放在定界框外靠近中间位置的控制点处，当光标变为↻状时，单击并拖曳鼠标旋

02 按Ctrl+T快捷键显示定界框。拖曳定界框可以沿水平和垂直方向拉伸图像，如图4-34和图4-35所示。如果拖曳到图像另一侧，则可以翻转图像。

图4-34　　　　　　　　　图4-35

03 按Ctrl+Z快捷键撤销操作。将光标放在定界框四个角的控制点上（光标变为 ↙↗ 状），拖曳控制点可以动态拉伸，如图4-36所示。按住Shift键拖曳控制点可以进行等比缩放，如图4-37所示。按住Shift+Alt键，则能够以中心点为基准等比缩放。

图4-36　　　　　　　　　图4-37

技术看板 ⑬ 对选区内的图像进行变换

在图像上创建选区以后，按Ctrl+T快捷键显示定界框，按住相应的按键，然后拖曳定界框和控制点，可以对选区内的图像进行旋转、缩放和斜切等操作，选区外的图像不会受到影响。

◆ 4.3.5 ▶必学课

功能练习：斜切、扭曲与透视

在定界框显示的状态下，将光标放在定界框内（不要放在中心点上），单击并拖曳鼠标可以移动图像。下面介绍斜切、扭曲和透视，加上前面学习的拉伸、翻转、缩放和旋转，我们便掌握了所有变换和变形方法。

扫码看视频

01 显示定界框以后，将光标放在靠近水平定界框的位置，按住Shift+Ctrl键（光标变为 ▷ 状），单击并拖曳鼠标，可沿水平方向斜切，如图4-38所示。在靠近垂直定界框的位置（光标变为 ▷ 状）拖曳，可沿垂直方向斜切，如图4-39所示。

图4-38　　　　　　　　　图4-39

02 按Ctrl+Z快捷键撤销操作。下面来进行扭曲练习。将光标放在定界框四个角的控制点上，按住Ctrl键（光标变为 ▷ 状）单击并拖曳鼠标可以扭曲对象，如图4-40所示。按住Ctrl+Alt键操作可以对称扭曲，如图4-41所示。按住Shift+Ctrl+Alt键（光标会变为 ▷ 状）操作可以进行透视扭曲，如图4-42所示。操作完成后，按Enter键确认，或者按Esc键放弃修改。

图4-40

图4-41

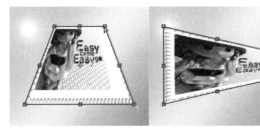

图4-42

技术看板 ⑭ 图像缩放重新采样技巧

变换和变形会涉及重新采样（见32页）。如果操作完成后，图像出现很明显的模糊或锯齿，可能是工具选项栏中"差值"选项不对。放大操作应选择"两次立方（较平滑）"相信；缩小操作选择"两次立方（较锐利）"效果会更好一些。

💎 4.3.6
技巧：通过数值精确变换

Photoshop中有3种工具可以实时显示变换参数，即智能参考线、"信息"面板，如图4-43所示，以及执行"编辑>变换"命令后的工具选项栏。

进行移动操作时"信息"面板和智能参考线显示的参数
图4-43

在进行变换操作前，可以打开"信息"面板和智能参考线。"信息"面板主要是方便我们观察变换参数，没有其他特别的用处。智能参考线还可以帮助我们对齐图像、切片和选区等。工具选项栏则提供了所有变换选项，它不仅可以实时显示变换参数，还允许我们输入参数进行精确变换。

单击一个图层，执行"编辑>变换"命令（快捷键为Ctrl+T），显示定界框后，工具选项栏会变为图4-44所示的状态。

图4-44

第一个图标是参考点定位符，每一个小方块分别对应定界框上的各个控制点，白色的小方块代表参考点。在小方块上单击可以重新定位参考点。例如，单击左上角的方块，可以将中心点定位在定界框的左上角。

X和Y代表了图像的水平和垂直位置。在这两个选项中输入数值可以沿水平或垂直方向移动图像。单击这两个选项中间的使用参考点相对定位按钮△，可以相对于当前参考点位置重新定位新参考点。

W代表了图像的宽度，H代表了图像的高度。W可以水平拉伸图像；H可以垂直拉伸图像。单击这两个选项中间的保持长宽比按钮，再输入数值，可以等比缩放。

△代表了角度，在该选项中输入数值可以旋转图像。

△选项后面的H和V可以对图像进行斜切。H表示水平斜切；V表示垂直斜切。

在一个选项中输入数值后，可以按Tab键切换到下一选项，按Enter键可以确认操作，按Esc键则放弃修改。上面的方法可用于变换图像、选区、路径、切片。

💎 4.3.7 ●平面 ●网店 ●插画 ●动漫
设计实战：通过再次变换制作分形特效

对图像进行了变换操作后，可以使用"编辑>变换>再次"命令（快捷键为Shift+Ctrl+T），再一次对它应用相同的变换。如果使用Alt+Shift+Ctrl+T快捷键操作，则不仅会变换，还能复制出新的图像。下面将通过这种方法制作分形图案。分形艺术（Fractal Art）是纯计算机艺术，它是数学、计算机与艺术的完美结合，可以展现数学世界的瑰丽景象。

扫码看视频

01 打开素材，如图4-45所示。单击小蜘蛛人所在的图层，按Ctrl+J快捷键复制，如图4-46所示。

图4-45 　　　　　图4-46

02 按Ctrl+T快捷键显示定界框，先将中心点拖曳到定界框外，然后在工具选项栏中输入数值，进行精确定位（X700像素，Y460像素），如图4-47所示。在工具选项栏中输入旋转角度（14°）和缩放比例（94.1%），将图像旋转并等比缩小，如图4-48所示。变换参数设置完成后，按Enter键确认。

图4-47 　　　　　图4-48

03 按住Alt+Shift+Ctrl键，然后连续按38次T键，每按一次会旋转出一个新的图像，每一个新图像都会较前一个缩小并位于单独的图层中，如图4-49和图4-50所示。

04 按住Shift键单击第一个小蜘蛛人图层，这样可以选取所有蜘蛛人图层，如图4-51所示。执行"图层>排列>反向"命令，反转图层的堆叠顺序，如图4-52所示。

图4-49

图4-50

图4-51

图4-52

💎 4.3.8

● 平面 ● 网店 ● 插画 ● 动漫

设计实战：通过变形为咖啡杯贴图

变形网格是一种可以对图像的局部进行扭曲的变形功能。启用它时，图像上会显示网格和锚点，拖曳锚点或方向线上的方向点，可以改变网格形状，进而扭曲图像。

变形网格的控件（锚点和方向点等）与路径上的控件非常相似，可以采用相同的方法编辑（见386页）。此外，Photoshop还提供了扇形、上弧、拱形、贝壳、花冠和旗帜等15种预设的变形样式，可以在工具选项栏中进行选取。这些样式的使用方法和具体效果与变形文字功能完全一样（见409页）。

01 按Ctrl+O快捷键，弹出"打开"对话框，打开素材，如图4-53和图4-54所示。

图4-53

图4-54

02 使用移动工具 ✛ 将卡通图像拖入咖啡杯文件中。执行"编辑>变换>变形"命令，或者按Ctrl+T快捷键显示定界框，然后在图像上单击鼠标右键，打开快捷菜单，选择"变形"命令，如图4-55所示，图像上会显示出变形网格，如图4-56所示。

图4-55

图4-56

03 将4个角上的锚点拖曳到杯体边缘，使之与边缘对齐，如图4-57所示。拖曳左右两侧锚点上的方向点，使图片向内收缩，再调整图片上面和底部的控制点，使图片依照杯子的结构扭曲，并覆盖住杯子，如图4-58所示。

图4-57

图4-58

04 按Enter键确认变形操作。打开"图层"面板，将"图层1"的混合模式设置为"柔光"，使贴图效果更加真实，如图4-59和图4-60所示。

图4-59

图4-60

05 单击"图层"面板底部的 ◻ 按钮，为图层添加蒙版。
使用柔角画笔工具 ✎（见120页）在超出杯子边缘的贴图
上涂抹黑色，用蒙版将其遮盖。按Ctrl+J快捷键复制图层，使
贴图更加清晰。按数字键5，将图层的不透明度调整为50%，
如图4-61所示，图像效果如图4-62所示。

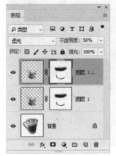

图4-61   图4-62

4.4 基于三角网格的变形功能：操控变形

"变形"命令可以生成8条网格线，它们将图像划分为9块区域，网格线可以带动这9块区域的图像，产生扭曲效果。操控变形可以生成更多的网格线，因而在变形能力上更强大，也更灵活。

💎 4.4.1   💡 进阶课
功能练习：通过操控变形扭曲长颈鹿

  使用操控变形时，Photoshop会为对象添加网格，网格的结构是三角形的，非常细密。想要在哪里创建扭曲，就在其上方放置图钉，用以扭曲对象。还要在其周围可能会受到影响的区域也放置图钉，固定住图像，以减轻扭曲所产生的影响。这样就可以扭曲图像的任意区域，制作出需要的效果。例如，可以轻松地让人的手臂弯曲、身体摆出不同的姿态；也可用于小范围的修饰，如让长发弯曲，让嘴角向上扬起等。

  操控变形可以编辑图像、图层蒙版和矢量蒙版，但不能用于处理"背景"图层。如果要进行处理，可以先按住Alt键双击"背景"图层，将它转换为普通图层。

图4-63   图4-64

01 按Ctrl+O快捷键，打开PSD分层素材，如图4-63所示。单击"长颈鹿"图层，如图4-64所示。

02 执行"编辑>操控变形"命令，长颈鹿图像上会显示变形网格，如图4-65所示。在工具选项栏中将"模式"设置为"正常"，"浓度"设置为"较少点"。在长颈鹿身体的关键点上单击，添加几个图钉，如图4-66所示。

图4-65   图4-66

03 在工具选项栏中取消"显示网格"选项的勾选，以便能够更清楚地观察到图像的变化。单击图钉并拖曳鼠标，可以让长颈鹿低头或抬头，如图4-67和图4-68所示。

（实际内容）

图4-67　　　　　图4-68

04 单击一个图钉后，在工具选项栏中会显示其旋转角度，如图4-69所示，此时可以直接输入数值来进行调整，如图4-70所示。单击工具选项栏中的✔按钮，结束操作。

图4-69　　　　　图4-70

> **提示（Tips）**
>
> 单击一个图钉以后，按Delete键可将其删除。此外，按住Alt键单击图钉也可以将其删除。如果要删除所有图钉，可以在变形网格上单击鼠标右键，打开快捷菜单，选择"移去所有图钉"命令。

4.4.2 操控变形选项

打开一个图像，如图4-71所示。执行"编辑>操控变形"命令，显示变形网格并添加图钉，如图4-72所示。图4-73所示为工具选项栏中出现的选项。

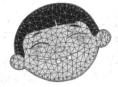

图4-71　　　　　图4-72

图4-73

● **模式**：可设定网格的弹性。选择"刚性"，变形效果精确，但缺少柔和的过渡，如图4-74所示。选择"正常"，变形效果准确，过渡柔和，如图4-75所示。选择"扭曲"，可创

建透视扭曲效果，如图4-76所示。

图4-74　　　　　图4-75　　　　　图4-76

● **浓度**：用来设置网格点的间距。选择"较少点"，网格点较少，如图4-77所示，相应地只能放置少量图钉，并且图钉之间需要保持较大的间距。选择"正常"，网格数量适中，如图4-78所示。选择"较多点"，网格最细密，如图4-79所示，可以添加更多的图钉。

图4-77　　　　　图4-78　　　　　图4-79

● **扩展**：用来设置变形效果的衰减范围。设置较大的像素值以后，变形网格的范围也会相应地向外扩展，变形之后，对象的边缘会更加平滑，图4-80和图4-81所示为扩展前后的效果。反之，数值越小，图像边缘变化效果越生硬，如图4-82所示。

扩展0px　　　　扩展40px　　　　扩展-20px
图4-80　　　　　图4-81　　　　　图4-82

● **显示网格**：显示变形网格。取消选择该选项时，可以只显示调整图钉，从而显示更清晰的变换预览。

● **图钉深度**：选择一个图钉，单击按钮，可以将它向上层/向下层移动一个堆叠顺序。

● **旋转**：选择"自动"选项，在拖曳图钉扭曲图像时，Photoshop会自动对图像内容进行旋转处理。如果要设定准确的旋转角度，可以选择"固定"选项，然后在其右侧的文本框中输入旋转角度值，如图4-83所示。此外，选择一个图钉以后，按住Alt键，会出现如图4-84所示的变换框，此时拖曳鼠标即可旋转图钉，如图4-85所示。

图4-83　　　　　图4-84　　　　　图4-85

● **复位/撤销/应用**：单击按钮，可删除所有图钉，将网格恢复到变形前的状态。单击按钮或按Esc键，可放弃变形操作。单击✔按钮或按Enter键，可以确认变形操作。

可改变透视关系的变形功能：透视变形

透视变形可以改变画面中的透视关系，特别适合处理出现透视扭曲的建筑物和房屋图像。

4.5.1
口字形网格、三角形网格和侧边线网格

在Photoshop中，利用网格变形来带动图像扭曲是非常普遍的。"自由变换"命令的网格较为简单，呈"口"字形，只有4条边界，如图4-86所示。"变形"命令是"口"内套"井"的网格，如图4-87所示，它还提供了15种变形样式，在功能上较之前一个更加灵活。"操控变形"命令的网格结构比较复杂，由一个个三角形网格组成阵列，如图4-88所示，这样的好处显而易见，我们可以将变形限定在很小的区域内。透视变形可基于透视关系在对象的各个侧面生成网格，如图4-89所示，调整网格便可校正透视扭曲，或者改变透视关系。

图4-86

图4-88

图4-89

透视变形的特点是通过调整图像局部来改变透视角度，同时造成的其他部分的变化，则由Photoshop自动修补或拉伸。该功能可以帮助摄影师纠正广角镜头带来的被摄物体的变形问题，也可让长焦镜头照片呈现广角镜头所拍摄的变形效果。

4.5.2
照片实战：校正出现透视扭曲的建筑

01 打开照片素材，如图4-90所示。执行"编辑>透视变形"命令，图像上会出现提示，如图4-91所示，将其关闭。

扫码看视频

图4-90

图4-91

02 在画面中单击并拖曳鼠标，沿建筑的侧立面绘制四边形，如图4-92所示。拖曳四边形各边上的控制点，使其与侧立面平行，如图4-93所示。

图4-92

图4-93

03 在画面右侧的建筑立面上单击并拖曳鼠标，创建四边形，并调整结构线，如图4-94和图4-95所示。

图4-94

图4-95

04 单击工具选项中的"变形"按钮，如图4-96所示，切换到变形模式。单击并拖曳画面底部的控制点，向画面中心移动，让倾斜的建筑立面恢复为水平状态，如图4-97和图4-98所示。按Enter键确认，如图4-99所示。

图4-96

图4-97

05 使用裁剪工具 🔲 将空白图像裁掉。图4-100和图4-101所示分别为原图及调整透视后的效果。

原图
图4-100

调整透视后的效果
图4-101

图4-98

图4-99

会思考的缩放功能：内容识别缩放

采用普通方法缩放图像，即用"缩放"命令操作时，将缩放图像中的所有内容。而内容识别缩放则会观察和思考，它能自动识别图像中的重要内容，包括人物、动物、建筑等，并将其保护起来，只对非重要内容进行缩放。因此，这是一种智能化的高级缩放工具。

💎 4.6.1

功能练习：体验智能缩放的强大力量

  人工智能在Photoshop中的应用从很早就开始了，在Photoshop CC 2018版本之前，就有修补工具 ⬚、内容感知移动工具 ✖、内容识别缩放、"填充"命令（"内容识别"选项）等，以及现在Photoshop CC 2018增强的"图像大小"命令（调整图像大小时自动保留重要的细节和纹理，并且不会产生任何扭曲）和新增的"选择>主体"命令（经学习训练后，可自动识别图像上的多种对象）。人工智能技术的应用使Photoshop越来越智能化，以前需要耗费大量时间的高难度操作，如今Photoshop自己就可以替我们完成，图像编辑工作越来越简单了。

01 打开素材，如图4-102所示。内容识别缩放不能处理"背景"图层，按住Alt键双击它，将其转换为普通图层，如图4-103所示。

扫 码 看 视 频

图4-102

图4-103

02 执行"编辑>内容识别缩放"命令，显示定界框，工具选项栏中会显示变换选项，可以输入缩放值，或者向左侧拖曳控制点来对图像进行手动缩放，如图4-104所示。如果要进行等比缩放，可以按住Shift键拖曳控制点。

03 从缩放结果中可以看到，人物变形非常严重。单击工具选项栏中的保护肤色按钮 👤，Photoshop会自动分析图像，尽量避免包含皮肤颜色的区域变形，如图4-105所示。此时画面虽然变窄了，但人物比例没有明显变化。

图4-104 　　　　　　　　图4-105

04 按Enter键确认操作。如果要取消变形，可以按Esc键。
图4-106和图4-107所示分别为用普通方式和用内容识别
比例缩放的效果，通过比较可以看出，内容识别比例功能非常
强大。

普通缩放 　　　　　　　　内容识别比例缩放
图4-106 　　　　　　　　图4-107

— 提示（Tips）—

内容识别缩放不适用于处理调整图层、图层蒙版、各个通
道、智能对象、3D图层、视频图层、图层组，或者同时处理
多个图层。

内容识别缩放选项

执行"内容识别缩放"命令时，工具选项栏中会显示
图4-108所示的选项。

图4-108

- **参考点定位符** ▦ ：单击参考点定位符▦上的方块，可以指定
  缩放图像时要围绕的参考点。默认情况下，参考点位于图像
  的中心。

- **使用参考点相对定位** △ ：单击该按钮，可以指定相对于当前
  参考点位置的新参考点位置。

- **参考点位置**：可输入 *x* 轴和 *y* 轴像素大小，将参考点放置于
  特定位置。

- **缩放比例**：输入宽度（W）和高度（H）的百分比，可以指
  定图像按原始大小的百分之多少进行缩放。单击保持长宽比按
  钮 ⛓ ，可以等比缩放。

- **数量**：用来指定内容识别缩放与常规缩放的比例。可在文本
  框中输入数值或单击箭头和移动滑块来指定内容识别缩放的百
  分比。

- **保护**：可以选择一个 Alpha 通道。通道中白色对应的图像不
  会变形。

- 保护肤色 ﾟ ：单击该按钮，可以保护包含肤色的图像区域，
  使之避免变形。

◈ **4.6.2** 🚩 进阶课

技巧：用Alpha通道保护重要图像

通过内容识别功能缩放图像时，如果
Photoshop不能识别重要的对象，并且，即使单击
保护肤色按钮 ﾟ 也无法改善变形效果，可以通过
Alpha 通道来指定哪些重要内容需要保护。

扫码看视频

01 打开素材，如图4-109所示。下面先来看一下直接使用
内容识别缩放会产生怎样的结果。按住Alt键双击"背
景"图层，如图4-110所示。

图4-109 　　　　　　　　图4-110

02 执行"编辑>内容识别缩放"命令，显示定界框，向左
侧拖曳控制点，使画面变窄，如图4-111所示。可以看
到，小女孩的胳膊变形比较严重。单击工具选项栏中的保护肤
色按钮 ﾟ ，效果如图4-112所示。这次效果有了一些改善，但
仍存在变形，而且背景严重扭曲。

图4-111 　　　　　　　　图4-112

03 按Esc键取消操作。选择快速选择工具 ✐ ，在女孩身
上单击并拖曳鼠标，将其选中，如图4-113所示。单击
"通道"面板中的 ◙ 按钮，将选区保存到Alpha通道中（见165
页），如图4-114所示。按Ctrl+D快捷键取消选择。

04 执行"编辑>内容识别缩放"命令，向左侧拖曳控制
点，使画面变窄。再单击一下保护肤色按钮 ﾟ ，使该按
钮弹起。在"保护"下拉列表中选择创建的通道，通道中白
色区域所对应的图像（人物）便会受到保护，不会变形，如图
4-115所示。图4-116所示为原图，通过比较可以看到，只有背
景被压缩了，小女孩没有任何改变。

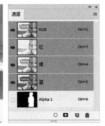

图4-113　　　　　　　　图4-114

图4-115　　　　　　　　图4-116

变换和变形最佳策略

4.7

Photoshop中有一个非破坏性变换和变形方法——将图像转换为智能对象，再进行处理。智能对象是一种可以包含位图图像和矢量图形的特殊图层，它能保留源内容及其所有的原始特性，在Photoshop中编辑时，不会直接应用到对象的原始数据。

4.7.1　进阶课
最大限度降低破坏力

在Photoshop中对图像进行变换操作时，会改变像素的位置和数量，Photoshop将对现有像素进行采样，然后通过差值方法（见32页）生成新的像素，这一过程会降低图像的品质和锐化程度，尤以放大和旋转为甚。

多次变换对图像的破坏力是最大的。例如，旋转一次，之后倾斜一次，之后再放大一次，对于普通图像而言，这意味着对原始图像进行一次旋转（Photoshop采样并通过差值方法生成像素），对旋转结果图进行倾斜（第2次采样并生成像素），对倾斜结果图进行放大（第3次采样并生成像素）。由于采样一次，图像的品质就会降低一些，所以3次操作就相当于进行了3次破坏。

而同样的操作对于智能对象则只有一次破坏，即对原始图像发出旋转指令（一次采样并生成像素，但图像的原始信息未受影响），第2次是对图像的原始信息发出旋转+倾斜指令，仍是一次采样、差值并生成像素，第3次操作是对图像的原始信息发出旋转+倾斜+放大指令，还是一次采样、差值并生成像素。请注意，无论变换多少次，Photoshop都是对图像的原始信息进行的采样，图像都只受到一次破坏，其品质要远远好于受多次破坏的普通图像。

4.7.2　进阶课
功能练习："记忆"变换参数、恢复原始图像

除了可以最大限度地减小变换和变形操作对图像造成的损害外，智能对象还有"记忆"变换参数和恢复原始图像的能力。

01 打开素材，如图4-117所示。选择"图层1"并按Ctrl+J快捷键复制，如图4-118所示。

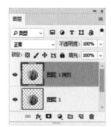

图4-117　　　　　　　　图4-118

02 先来进行普通缩放。按Ctrl+T快捷键显示定界框，在工具选项栏中设置缩放为200%、旋转角度为90°，如图4-119所示。按Enter键确认，如图4-120所示。再次按Ctrl+T快捷键显示定界框，观察工具选项栏中的数值，如图4-121所示，可以看到，宽度和高度百分百为100%，角度为0°。这说明变换操作结束后，Photoshop没有保留变换数据，如果要再次变换，将以图像当前的大小为基准进行。

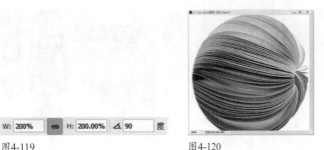

| W: | 200% | | H: | 200.00% | | ⌀ | 90 | 度 |

图4-119　　　　　　　　　　图4-120

| W: | 100.00% | | H: | 100.00% | | ⌀ | 0.00 | 度 |

图4-121

03 按Esc键取消定界框。在"图层1拷贝"的眼睛图标 👁 上单击，将该图层隐藏，然后选择"图层1"，执行"图层>智能对象>转换为智能对象"命令，将它创建为智能对象，如图4-122所示。我们来编辑智能对象。按Ctrl+T快捷键显示定界框，输入同样的参数，缩放为200%、旋转角度为90°，按Enter键确认。当前图像效果如图4-123所示。

图4-122　　　　　　　　图4-123

04 按Ctrl+T快捷键显示定界框，观察工具选项栏中的数值，如图4-124所示。可以看到，图像当前的缩放比例为200%、角度为90°，这说明Photoshop保存了智能对象的变换信息。如果要再次缩放或旋转，仍然将以图像原始大小为基准进行变换。因此，不管进行多少次操作，只要将所有的数值都恢复，就可以将图像复原，普通图层不具备这个功能。其次，从变换结果中可以看到（见图4-123），它与普通图层的操作结果没有区别。但是，如果双击智能对象图层缩览图，就会在一个窗口中打开它的原始文件，如图4-125所示，而原始文件并没有任何改变。

| W: | 200% | | H: | 200.00% | | ⌀ | 90 | 度 |

图4-124　　　　　　　　图4-125

💎 4.7.3
链接和自动更新

　　智能对象采用的是类似于排版程序（如InDesign、Illustrator）链接外部图像的方法处理文件。我们可以这样理解，Photoshop中的智能对象有一个与之链接的原始文件，对智能对象进行的处理不会影响它的原始文件，但如果编辑这个原始文件，Photoshop中的智能对象就会自动更新。

　　智能对象的这种特性有什么好处呢？举例来说，如果在Photoshop中使用了一个矢量文件，如用Illustrator创建的AI文件，我们发现有些地方还要修改，按照一般的方法操作，应该是在Illustrator中修改图形，然后将其重新置入Photoshop文件中。使用智能对象就不用这样麻烦。当需要修改AI文件时，在Photoshop中双击它（智能对象）所在的图层，就会运行Illustrator并打开该文件，当编辑完成并进行保存时，Photoshop中的智能对象会自动更新到与之相同的效果*（见98页）*。

💎 4.7.4
非破坏性的智能滤镜

　　滤镜是Photoshop中用于制作特效的功能，通过修改像素的位置和颜色生成特效，如图4-126和图4-127所示。

原始图像　　　　　　　　用"凸出"滤镜处理后的效果

图4-126　　　　　　　　图4-127

　　将滤镜应用于智能对象时，它会转变为智能滤镜*（见161页）*，如图4-128所示。智能滤镜类似于图层样式*（见332页）*，附加在图层上并对其产生影响，但不会实际修改图像的原始像素，并且具有可修改参数、可隐藏，如图4-129所示，及可删除等非破坏性特点。

图4-128　　　　　　　　图4-129

创建和编辑智能对象

4.8

智能对象可来自Photoshop中的图层，也可来自外部的素材，即将图像或矢量图形以智能对象的形式置入或嵌入当前文件中。

4.8.1
打开文件并转换为智能对象

执行"文件>打开为智能对象"命令，在弹出的对话框中选择一个文件，如图4-130所示。单击"打开"按钮，即可将其打开并自动转换为智能对象（图层缩览图右下角有一个 图 状图标），如图4-131所示。

图4-130   图4-131

该命令适合打开将要进行变形和变换操作，或者使用智能滤镜处理的图像，因为打开图像以后，不必再进行转换操作。

4.8.2
基于图层创建智能对象

基于图层创建智能对象非常简单，只需在"图层"面板中选择图层，然后执行"图层>智能对象>转换为智能对象"命令即可。如果选择了多个图层，如图4-132所示，则可以将它们打包到一个智能对象中，如图4-133所示。

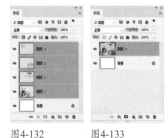

图4-132   图4-133

4.8.3
●平面 ●网店 ●UI ●插画 ●动漫
技巧：将Illustrator中的图形粘贴为智能对象

Illustrator中的矢量图形可以以智能对象或路径的形式，粘贴或拖放进Photoshop文件中。操作方法是，在Illustrator中选择一个对象，如图4-134所示，按Ctrl+C快捷键复制，切换到Photoshop中，新建文件或打开一个文件，按Ctrl+V快捷键粘贴，此时会弹出"粘贴"对话框，如图4-135所示。选取"智能对象"选项，即可将矢量图形粘贴为智能对象，选取"添加到我的当前库"选项，图形会同时添加到"库"面板中，如图4-136所示；选取"路径"选项，则可以将图形转换为路径；其他两个选项是将矢量图形粘贴为普通的图像或转换为形状图层。

图4-134   图4-135   图4-136

此外，将Illustrator中的矢量图形直接拖曳到Photoshop文件中，可将其创建为智能对象。但这种方法有一定的局限，即不能将图形转换为路径、图像和形状图层。

4.8.4
功能练习：置入嵌入的智能对象

01 打开素材，如图4-137所示。执行"文件>置入嵌入对象"命令，在打开的对话框中选择EPS格式文件，如图4-138所示。

扫码看视频

图4-137   图4-138

02 单击"置入"按钮，将它置入手机文件中，如图4-139所示。将光标放在定界框的控制点上，按住Shift键拖曳

进行等比缩放，按Enter键确认，如图4-140所示。在"图层"面板中可以看到，置入的矢量素材被创建为智能对象了，如图4-141所示。置入矢量文件的过程中（即按Enter键以前），对其进行缩放、定位、斜切或旋转操作，不会降低品质。

图4-139　　　　图4-140　　　　图4-141

03 执行"图层>图层样式>外发光"命令，打开"图层样式"对话框。拖曳"扩展"和"大小"滑块，定义光晕范围。单击颜色块，如图4-142所示，在弹出的"拾色器"中将发光颜色设置为绿色，如图4-143所示。单击"确定"按钮关闭对话框，为图标添加发光效果，如图4-144和图4-145所示。

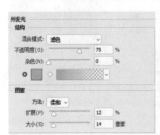 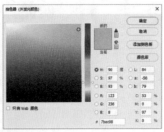

图4-142　　　　　　　　图4-143

图4-144　　　　图4-145

💎 4.8.5
功能练习：置入链接的智能对象

　　前面的几种智能对象创建方法有一个共同特点，即将智能对象嵌入当前文件中。这样的智能对象是不具备自动更新能力的。下面介绍怎样使用链接方法置入智能对象。我们将切身体会，当源文件以其原有的格式、在原有的程序中进行编辑并保存时，Photoshop文件中的智能对象是怎样

自动更新到与之相同的效果的。要完成该实战，需要安装Illustrator才行。

01 打开素材，如图4-146所示。执行"文件>置入链接的智能对象"命令，在打开的对话框中选择AI格式矢量素材，如图4-147所示。单击"置入"按钮，打开"置入PDF"对话框，在"裁剪到"下拉列表中选择"边框"，如图4-148所示。

图4-146

 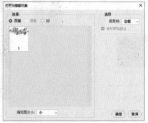

图4-147　　　　　　　　图4-148

02 单击"确定"按钮，将AI文件置入人像文件中，如图4-149所示。按住Shift键拖动定界框上的控制点，对它进行等比缩放，然后按Enter键确认。置入的AI文件会成为一个智能对象，如图4-150和图4-151所示。

图4-149　　　　　　　　图4-150

图4-151

03 在Illustrator中打开该矢量文件，进行修改并保存，Photoshop中的矢量图形会同步更新，如图4-152和图4-153所示。

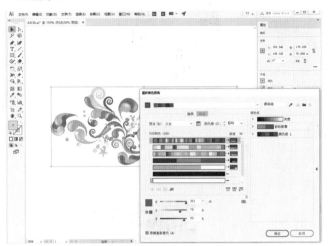

图4-152

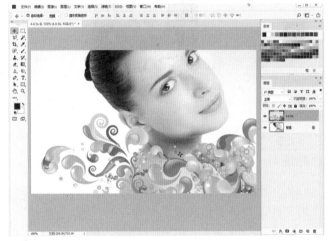

图4-153

提示（Tips）

Adobe Illustrator是常用的矢量软件。AI是Illustrator的矢量文件格式。将AI文件置入Photoshop中，可以保留对象的图层、蒙版、透明度、复合形状、切片等属性。

4.8.6
技巧：在链接与嵌入的智能对象间转换

在"图层"面板中，采用链接方法置入的智能对象，其图标是 状的。在图层上单击右键，打开快捷菜单，选择"嵌入链接的智能对象"命令，如图4-154所示，或者执行"图层>智能对象>嵌入链接的智能对象"命令，可以将智能对象嵌入Photoshop文件中，如图4-155所示（图标变为

状）。这样可以避免因源文件改变存储位置、改变名称或丢失而造成Photoshop文件无法使用。但嵌入以后，智能对象将不会随着源文件的修改而自动更新。

图4-154   图4-155

如果要将所有链接的智能对象都嵌入文件中，可以使用"图层>智能对象>嵌入所有链接的智能对象"命令来操作。

如果要将嵌入的智能对象转换为链接的智能对象，可以使用"图层>智能对象>转换为链接对象"命令操作。转换时，应用于嵌入的智能对象的变换、滤镜和其他效果将得以保留。

4.8.7
复制智能对象

智能对象可以通过4种方法复制。第1种方法是单击智能对象所在的图层，按Ctrl+J快捷键，或者执行"图层>新建>通过拷贝的图层"命令进行复制；第2种方法是将智能对象所在的图层拖曳到"图层"面板底部的 按钮上；第3种方法是使用移动工具 按住Alt键拖曳文件窗口中的智能对象，进行复制，如图4-156和图4-157所示。

扫码看视频

图4-156   图4-157

用这3种方法复制出的智能对象会保持链接关系，即编辑其中的任何一个，例如，修改颜色，其他智能对象也会自动更新颜色，如图4-158所示。如果要复制出非链接的智能对象，可以单击智能对象所在的图层，然后执行"图层>智能对象>通过拷贝新建智能对象"命令，新智能对象与原智能对象各自独立，互不影响，如图4-159所示。

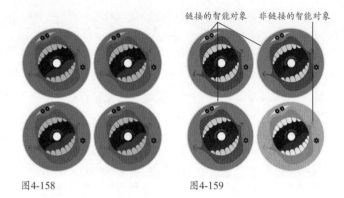

链接的智能对象　　非链接的智能对象

图4-158　　　　　　　　图4-159

图4-165　　　　　　　　图4-166

04 执行"图层>智能对象>替换内容"命令，打开"替换文件入"对话框，选择素材，如图4-167所示。单击"置入"按钮，将其置入文件中，替换原有的智能对象，其他与之链接的智能对象也会被替换，如图4-168所示。

图4-167　　　　　　　　图4-168

⬥ 4.8.8　　　　　　　　　　　　　　　　　　　　　　　💎 进阶课

功能练习：替换智能对象

01 打开素材，如图4-160所示。选择"圆形"图层，如图4-161所示，执行"图层>智能对象>转换为智能对象"命令，将它转换为智能对象，如图4-162所示。

扫码看视频

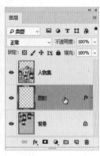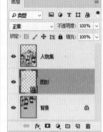

图4-160　　　　图4-161　　　　图4-162

02 将智能对象拖曳到 🔲 按钮上，复制出一个与之链接的智能对象，如图4-163所示。使用移动工具 ✛ 将它移动到右侧，如图4-164所示。

图4-163　　　　　　　图4-164

03 再复制出一个智能对象实例。按Ctrl+]快捷键，将它所在的图层移动到最顶层，如图4-165所示。用移动工具 ✛ 将图像移动到画面左下角。按Ctrl+T快捷键显示定界框，拖曳控制点旋转并放大图像，如图4-166所示。按Enter键确认。

⬥ 4.8.9　　　　　　　　　　　　　　　　　　　　　　　💎 进阶课

功能练习：编辑智能对象的原始文件

双击智能对象缩览图，可以打开它的原始文件。如果原始文件是图像，可以在Photoshop中打开和编辑；如果是EPS或PDF文件，则会在Illustrator中打开它。

扫码看视频

01 打开素材，如图4-169所示。双击一个智能对象的缩览图，如图4-170所示，或选择智能对象图层，执行"图层>智能对象>编辑内容"命令，即可在一个新的文档窗口中打开智能对象的原始文件，如图4-171所示。

图4-169　　　　　　　图4-170　　　　　　图4-171

02 单击"调整"面板中的■按钮，创建"黑白"调整图层，将图像调整为黑白效果，如图4-172和图4-173所示。关闭该文件，在弹出的对话框中单击"是"按钮，确认所做的修改，即可更新智能对象，文件中所有与之链接的智能对象实例显示修改后的效果，如图4-174所示。

图4-172　　　　图4-173　　　　图4-174

◈ 4.8.10
更新智能对象

如果与智能对象链接的外部源文件发生改变（即不同步）或丢失，则在Photoshop中打开这样的文件时，智能对象的图标上会出现提示，如图4-175和图4-176所示。

如果智能对象与源文件不同步，可以使用"图层>智能对象>更新修改的内容"命令更新智能对象，如图4-177所示。执行"图层>智能对象>更新所有修改的内容"命令，可以更新当前文件中所有链接的智能对象。如果要查看源文件保存在什么位置，可以执行"图层>智能对象>在资源管理器中显示"命令，系统会自动打开源文件所在的文件夹并将其选取。

不同步　　　　　源文件丢失　　　　更新智能对象

图4-175　　　　图4-176　　　　图4-177

如果智能对象的源文件丢失，会弹出提示窗口，要求用户重新指定源文件。如果源文件的名称发生改变，可以使用"图层>智能对象>重新链接到文件"命令打开源文件所在的文件夹，再重新指定文件。

如果是使用来自"库"面板中的图形创建的智能对象，会创建一个库链接资源。当该链接资源发生改变时，可以使用"图层>智能对象>重新链接到库图形"命令进行更新。

◈ 4.8.11
按照原始格式导出智能对象

采用置入的方法将JPEG、TIFF、GIF、EPS、PDF、AI等格式的文件创建为智能对象，并进行编辑以后，可以使用"图层>智能对象>导出内容"命令，将它按照其原始的置入格式（JPEG、AI、TIF、PDF或其他格式）导出，以便其他程序使用。如果智能对象是利用图层创建的，则会以PSB格式（见42页）导出。

◈ 4.8.12
打包智能对象

当文件中置入链接的智能对象后，为了防止链接的文件丢失，可以使用"文件>打包"命令，通过打包的方法，将其保存到计算机上的文件夹中（可打包文件中的所有音频或视频链接的智能对象）。需要注意的是，必须先保存文件，之后才能进行打包操作。

◈ 4.8.13
将智能对象转换为图像

在智能对象图层中无法直接执行改变像素数据的操作，如绘画、减淡、加深或仿制，如果要进行这些操作，需要先将其转换成常规图层，即进行栅格化处理。

选择智能对象所在的图层，如图4-178所示，执行"图层>智能对象>栅格化"命令，即可将智能对象栅格化，它会成为图像并存储在当前文件中，原智能对象图标会消失，如图4-179所示。

图4-178　　　　图4-179

第5章

色彩概念、管理与选取方法

【本章简介】

从本章开始，我们进入"高级操作篇"。这一部分内容由"色彩概念、管理与选取方法""数字绘画""不透明度、蒙版与滤镜""通道与混合模式"等组成。"高级操作篇"会出现更多的新名词和新术语。从功能上看，难度也要更高一些。

颜色设置在Photoshop中的使用比较广泛，因为进行绘画、调色、编辑蒙版、添加图层样式，甚至使用部分滤镜时，都会用到颜色。学习颜色设置，首先要了解与数字化颜色相关的概念，如颜色模型、色彩空间、颜色模式、溢色等。这些知识既可以帮助我们理解颜色的来源，也能避免颜色设置过程中出现错误。

虽然颜色的使用会在一定程度上受颜色模式的制约，但选取颜色时可以不受文件颜色模式的限制。例如，如果文件为RGB模式，我们打开"颜色"面板菜单，可以选择灰度、HSB、CMYK、Lab滑块，基于这几种颜色模型来为RGB文件调配颜色，这样操作并不会改变文件的颜色模式。不同的颜色模型定义颜色的方法也各不相同，如RGB用红、绿、蓝光生成颜色，CMYK用油墨生成颜色，这些都为我们选取颜色提供了更多的方法。

颜色管理对于从事设计和印刷工作的人比较有用，可以确保设计图稿在不同的软件程序和输出设备中保持颜色不变。但对普通用户意义不大，如果只是使用Photoshop，并没有涉及其他软件程序或输出设备，这部分内容简单了解便可。

【学习重点】

数字化颜色

5.1

我们眼中的颜色是通过眼、脑和生活经验所产生的一种对光的视觉效应。而对于Photoshop、Illustrator等软件程序，以及计算机显示器、数码相机、电视机和打印机等硬件设备，颜色是数值和数学模型。了解数字化颜色，对于我们更好地使用Photoshop调配颜色、编辑颜色都是非常有帮助的。

5.1.1

功能练习：初识颜色模型

颜色模型是用数值来描述颜色的数学模型，它将自然界中的颜色数字化，这样我们就可以在数码相机、扫描仪、计算机显示器、打印机等设备上获取和呈现颜色。下面通过操作初步了解Photoshop中的颜色模型。

扫码看视频

01 运行Photoshop。按D键，将"工具"面板中的前景色恢复为黑色，然后单击该图标，如图5-1所示，打开"拾色器"。由于前景色是黑色，"拾色器"中也会默认选取黑色。如图5-2所示。可以看到，Photoshop使用的是数字设备中常用的4种颜色模型描述黑色，其中，HSB、Lab和RGB模型的数值都是0，CMYK模型的数值是93%、88%、89%、80%。

02 在对话框左上角单击鼠标，选取白色，再观察这几个颜色模型，如图5-3所示。可以看到，这一次数值变化非常大，HSB模型的数值是0度、0%、100%；Lab模型的数值是100、0、0；RGB模型的数值都是255；CMYK模型的数值都是0%。这说明，同样是白色，每个颜色模型都有其各自定义颜色的方法。

图5-1　图5-2　　　　　　　　　　　　图5-3

03 选取红色，观察数值，如图5-4所示。在下面一节，我们将以黑、白和红这3种颜色为例，对颜色模型进行简单分析。

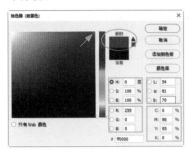

图5-4

◈ 5.1.2 ⬥进阶课

颜色模型简析

HSB模型

色彩是一种光学现象，是光对眼睛的刺激使我们看到了色彩。色彩具有 3 种基本特性，即色相、饱和度和亮度。色相即红、绿、蓝等颜色；饱和度是指色彩的鲜艳程度；亮度则是指色彩的明暗程度。

HSB模型就是以人类对颜色的感觉为基础描述了颜色的 3 种基本特性，如图5-5所示。H代表色相，它的单位是"度"，即角度。这是因为在 0°～360°的标准色轮上，按位置描述色相，如图5-6所示。可以看到，0度对应色相环上的红色，因此，在HSB模型中，红色也以H0度表示。

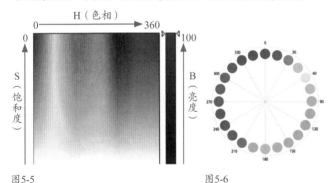

图5-5 图5-6

S代表饱和度，它使用从 0%（灰色）～100%（完全饱和）的百分比来描述。B代表亮度，范围为0%（黑色）～100%（白色）。

色彩分为有彩色和无彩色两大类。有彩色即可见光谱中的所有颜色，它们同时具备色相、饱和度和明度3种属性。而黑色和白色属于无彩色，只有明度属性，无色相和饱和度，因此，明度最低的黑色以H0%、S0%、B0%表示；明度最高的白色则以H0%、S0%、B100%表示。

RGB模型

RGB模型用红（R）、绿（G）和蓝（B）3种色光混合生成颜色，数值代表的是这3种光的强度。当3种光都关闭时，强度最弱（R，G，B值均为0），便生成黑色。3种光最强时（R，G，B值均为255），便生成白色。当其他两种光关闭，而红光最强时，便可生成纯度最高的红色。因此，在图5-4中，红色以R255，G0，B0表示。

CMYK模型

CMYK模型是通过4种油墨混合生成颜色的，数值对于它来说代表的是C（青）、M（洋红）、Y（黄）和K（黑）油墨的含量。它们以百分比为单位，百分比越高，油墨越深。

黑色是最深的颜色，按理说其数值应该全部是100%才对，但现实中无法提供纯度为100%的油墨和真空的理想环境，采用相同比例的青、洋红和黄色油墨调配不出真正的黑色，只能生成纯度很低的浓灰，因此，对于黑色，CMYK模型所显示的数值是C93%、M88%、Y89%、K80%。在印刷环节，黑色是由单独的黑色油墨来完成的。

白色很好理解，油墨的百分比越低，颜色越亮，因此，所有油墨均为0%时便是白色。

红色由洋红色（M）和黄色（Y）油墨混合而成。从图5-4中可以看到，M和Y数值都接近于100%。

Lab模型

在Lab模型中，L代表亮度，范围是 0 （黑）～100（白）；a 分量（绿色～红色轴）和 b 分量（蓝色～黄色轴）的范围是 +127～−128。

Lab模型的使用更多地体现在Lab模式调色上。这是一种用通道影响色彩的高级调色技术，仅了解色彩原理是不够的，还需要熟知补色关系和通道知识才行（见225页）。

◈ 5.1.3 ⬥进阶课

颜色模式简介

在 Photoshop 中，每一个文件使用一种颜色模式。颜色模式是根据用于显示和打印图像的颜色模型制定的。

颜色模式决定了图像的颜色数量、通道数量和文件大小。此外，还会影响操作。例如，RGB模式可以使用所有的Photoshop功能，而在CMYK模式下，有一部分滤镜就不能使用。

使用"文件>新建"命令创建文件时，可以在"颜色模式"下拉列表中选取颜色模式，包括位图、灰度、RGB、

CMYK和 Lab 颜色，如图5-7所示。除此之外，Photoshop还提供了几种基于特殊色彩空间创建的颜色模式，可用于特殊色彩输出，即双色调、索引颜色和多通道。如果需要，可以使用"图像>模式"下拉菜单中的命令，将当前文件转换为这几种特殊的模式，如图5-8所示。

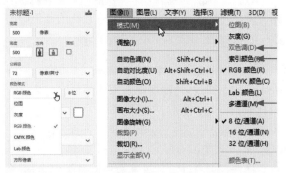

图5-7　　　　图5-8

一般情况下，我们都使用RGB模式操作，因为只有它支持所有的Photoshop功能。有些工作可能会用到其他模式，如印厂会要求使用CMYK模式的图像，遇到这种情况，最好是在RGB模式下编辑图像，完成后复制一份文件，再按印厂要求将其转换为CMYK模式。

5.1.4

♣ 进阶课

位深度与颜色的数量

在Photoshop中，图像的颜色信息保存在通道里（见164页），如图5-9所示（常用的3种颜色模式的通道），而颜色信息的多与少则取决于位深度。

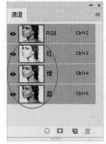 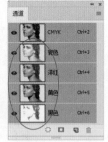 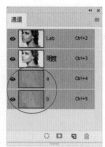

RGB模式3个颜色通道　　CMYK模式4个颜色通道　　Lab模式两个颜色通道

图5-9

位深度是计算机显示器、数码相机和扫描仪等使用的专门术语，也称像素深度或色深度，以多少位/像素来表示。位深度为1的图像只有黑、白两色（见106页位图模式）。位深度为2的图像可以包含4（2^2）种颜色。依此推算，位深度为8的图像有256（2^8）种颜色。其规律是，位深度每增加一位，颜色增加一倍。

8位/通道

8位/通道的RGB图像是我们平常接触较多的图像，数码照片、网上的图片等都属于此类。在8位/通道的RGB图像中，每个通道的位深度为8，3个通道总位深度就是24（8×3），因此，整个图像可以包含约1680万（2^{24}）种颜色。我们还可以用另一种方法来计算，8位/通道的RGB图像由3个颜色通道组成，每个颜色通道包含256种颜色，3个颜色通道就是256×256×256，总计约1680万种颜色。

16位/通道

16位/通道图像包含的颜色数量要用2^{48}来表示，如此多的颜色信息带来的是更细腻的画质、更丰富的色彩，以及更加平滑的色调。

我们可以用数码相机拍摄Raw格式的照片（见280页），进而获取16位/通道的图像。Raw照片可以记录更多的阴影和高光细节，进行更大幅度的调整，而不会对图像造成明显的损害。

色彩信息越多，意味着文件也会相应地变大。16位/通道图像的大小大概相当于8位/通道图像的两倍，编辑时需要更多的内存和其他计算机资源。目前还有一些命令不能用于16位/通道图像。此外，16位/通道的图像不能保存为JPEG格式。

32位/通道

32位/通道的图像也称高动态范围（HDR）图像（见260页），它可以按照比例存储真实场景中的所有明度值，主要用于影片、特殊效果、3D作品及某些高端图片。使用Photoshop中的"合并到HDR"命令可以合成这种图像（见260页）。

改变图像的位深度

8位/通道是Photoshop中打印和屏幕显示的颜色标准，除此之外，Photoshop也可以处理 16 位/ 通道和 32 位/通道的图像。

由于大部分输出设备（电视机、计算机显示器、打印机等）目前还不支持16位和32位图像。当图像在这些设备上使用时，需要转换为8位。在Photoshop中使用"图像>模式"下拉菜单中的"8位/通道""16位/通道""32位/通道"命令，可以改变图像的位深度。需要注意的是，虽然位深度越大，颜色信息越丰富，但图像的原始信息是固定的，只能减少，因此，将8位图像改为16位，图像的原始信息也不会增加。

5.1.5

RGB模式

光是唤起我们色彩感的关键，也是产生色的原因，色则是光被感觉的结果。光与色就如同母与子，密不可分。

在物理学上，光属于一定波长范围内的电磁辐射。由于辐射是以起伏波的形式传递的，所以光又用波长来表示。电磁辐射的范围很广，人的眼睛只能感受到380～780纳米的光波，此范围称为可见光，如图5-10所示。

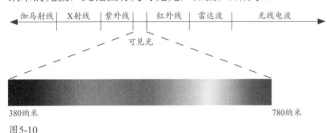

图5-10

1666年，英国物理学家牛顿利用光的折射实验确定了光与色的关系。他将一束白光（阳光）从细缝引入暗室，当太阳光经过三棱镜折射投射到白色屏幕上时，出现了一条像彩虹一样的美丽色带，从红开始，依次为橙、黄、绿、蓝、紫，如图5-11所示。牛顿的实验证明了阳光（白光）是由一组色光混合而成的，在通过三棱镜时，各种色光由于折射率的不同而使白光发生了分解。

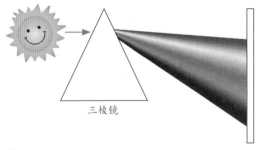

图5-11

从光的分解现象中我们了解到，白光可以分解为单色光。基本的单色光是红光、绿光和蓝光，也称色光三原色。它们按照不同的比例混合，就可以创造出自然界中的任何一种颜色，如图5-12所示。

由于是将不同光源的辐射光投照在一起而产生出新的色光，这种色光混合的方式也称加色混合。电视和计算机显示器中的颜色都是通过这种方式合成的。其原理是电子流不断冲击屏幕上的发光体，使它们发出各种颜色的光。这种屏幕模式即RGB模式。RGB是红（Red）、绿（Green）、蓝（Blue）色光三原色的缩写。幻灯片、网络和多媒体等也都采用RGB模式。

左图为RGB模式（加色混合）原理：红、绿混合生成黄；红、蓝混合生成洋红；蓝绿、混合生成青。右图为舞台灯光混合原理

图5-12

5.1.6

CMYK模式

CMYK模式是一种减色混合模式。它是指本身不能发光，但能吸收一部分光，并将余下的光反射出去的色料混合。印刷用油墨、染料、绘画颜料等都属于此类。

CMYK是用于商业印刷的一种四色印刷模式。所有印刷色都由青、洋红、黄和黑这4种油墨混合而成。青色油墨只吸收红光；洋红色油墨只吸收绿光；黄色油墨只吸收蓝光。那么这4种油墨怎样调配才能生成更多颜色呢？我们就以绿色油墨为例来做介绍。了解绿色的生成原理，就可以推导出其他印刷颜色是怎样产生的。

我们知道，白光由红、绿、蓝三色光混合而成，在印刷时，当白光照在纸上后，如果要让绿色油墨看上去是绿色的，就必须将绿光反射到我们的眼睛。也就是说，绿色油墨需要吸收掉红光和蓝光，只反射绿光才行。观察减色模式混合原理图，如图5-13所示。可以看到，绿色油墨由青色和黄色油墨混合而成，青色油墨将红光吸收掉了，黄色油墨将蓝光吸收掉了，因此，只有绿光反射出来，我们在纸张上看到的绿色就是这样产生的。

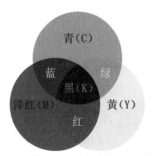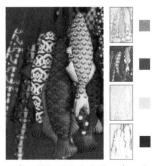

左图为CMYK模式（减色混合）原理：青、洋红混合生成蓝；青、黄混合生成绿；黄、洋红混合生成红。右图为四色印刷使用的分色色板

图5-13

从理论上讲，青、洋红、黄色油墨按照相同的比例混合可以生成黑色，但在实际印刷中，只能产生纯度很低的

一种浓灰，因此，还需要借助黑色油墨才能印刷出黑色。另外，黑色与其他色混合还可以调节颜色的明度和纯度。

CMY是C青（Cyan）、M洋红（Magenta）和Y黄（Yellow）油墨的缩写。黑色油墨则用单词（Black）的末尾字母K来表示，这是为了避免与蓝色（Blue）混淆。

CMYK模式的色域范围（见108页）比RGB模式小，并且有些功能不能使用，因此，最好在RGB模式下编辑图像。但我们可以打开电子校样（见110页）预览CMYK效果，即印刷效果。

💎 5.1.7
灰度模式

灰度模式是双色调和位图模式转换时使用的中间模式。例如，RGB模式的图像需要先转换为灰度模式，之后才能转换为位图模式。

灰度模式不包含颜色，彩色图像转换为该模式后，色彩信息都会被删除。灰度图像中的每个像素都有一个0~255的亮度值，0代表黑色，255代表白色，其他值代表了黑、白中间过渡的灰色。该模式虽然可以获得黑白图像，但效果并不好。制作黑白照片时，最好使用"黑白"命令（见220页）调整，这种方法的可控性更好。

💎 5.1.8
位图模式

位图模式的位深度为1，因此，只有纯黑和纯白两种颜色。彩色图像转换为该模式后，色相和饱和度信息都会被删除，只保留明度信息。

只有灰度和双色调模式的图像才能转换为位图模式。图5-14所示为一个RGB模式的图像，转换为灰度模式后，执行"图像>模式>位图"命令，打开"位图"对话框，如图5-15所示。在"输出"选项中可以设置图像的输出分辨率，在"使用"选项中可以选择一种转换方法。包括以下几种。

图5-14　　　　图5-15

- 50%阈值：将50%色调作为分界点，灰色值高于中间色阶128的像素转换为白色，灰色值低于色阶128的像素转换为黑色，如图5-16所示。
- 图案仿色：用黑白点图案模拟色调，如图5-17所示。

图5-16　　　　　　　　图5-17

- 扩散仿色：通过从图像左上角开始的误差扩散来转换图像，转换过程中的误差，会产生颗粒状纹理，如图5-18所示。
- 半调网屏：模拟平面印刷中使用的半调网点外观，如图5-19所示。

图5-18　　　　　　　　图5-19

- 自定图案：可以选择一种图案来模拟图像中的色调。

技术看板 ⑮ 位图模式的用途

激光打印机、照排机等设备依靠非常微小的点来显现图像（如报纸上的灰度图像），位图模式对这些设备上使用的图像非常有用。在转换为该模式时，可以将菱形、椭圆、直线等形状用作小点，并控制其角度。此外，该模式也非常适合制作丝网印刷效果、艺术样式和单色图形。

圆形　　　　菱形　　　　直线　　　　十字线

5.1.9

双色调模式

使用"图像>模式>双色调"命令，可以将图像转换为双色调模式。由于只有灰度模式的图像才能转换为该模式，所以双色调模式就相当于使用1~4种油墨为黑白图像上色，如图5-20所示。颜色越多，色调层次越丰富，打印时越能表现更多的细节。

1种油墨　　　　两种油墨

3种油墨　　　　4种油墨

图5-20

在"双色调选项"对话框中，"类型"下拉列表包含"单色调""双色调""三色调""四色调"选项，选择之后，单击油墨颜色块，可以打开"拾色器"设置油墨颜色；单击"油墨"选项右侧的曲线图，则可以打开"双色调曲线"对话框，通过调整曲线来改变油墨的百分比，如图5-21所示。

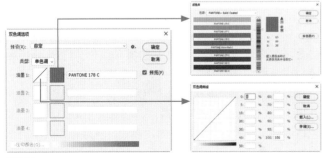

图5-21

提示 (Tips)

单击"压印颜色"按钮，打开"压印颜色"对话框，可以设置压印颜色在屏幕上的外观（压印颜色是指相互打印在对方之上的两种无网屏油墨）。

5.1.10

多通道模式

多通道是一种减色模式，RGB图像转换为该模式后，可以得到青色、洋红和黄色通道，CMYK图像则得到青色、洋红、黄色和黑色4个专色通道。此外，如果删除RGB、CMYK、Lab模式的某个颜色通道，图像会自动转换为多通道模式，如图5-22和图5-23所示（删除蓝通道）。多通道模式的图像中，每个通道包含 256 级灰度。该模式不支持图层，只适合特殊打印。

图5-22　　　　图5-23

5.1.11

索引颜色模式

索引模式是GIF文件默认的颜色模式，只支持单通道的 8 位图像文件，常用于Web和多媒体动画。索引颜色模式生成的颜色都是Web安全色（见418页），可以在网络上准确显示。

使用256种或更少的颜色替代全彩图像中上百万种颜色的过程称作索引。执行"图像>模式>索引颜色"命令，打开"索引颜色"对话框。在"颜色"选项中可以设置颜色数量，如图5-24所示，颜色越少，文件越小，但图像的简化程度会提高，如图5-25所示。该模式最多只能生成 256 种颜色，Photoshop会构建一个颜色查找表（CLUT），用以存放图像中的颜色。原图像中的某种颜色如果没有出现在该表中，Photoshop就会选取最接近的一种或使用仿色的方法，用颜色查找表中现有的颜色来模拟该颜色。

图5-24　　　　　　　　　　　　图5-25

- 调板/颜色：可以选择转换为索引颜色后使用的调板类型，它决定了使用哪些颜色。如果选择"平均分布""可感知""可选择""随样性"，则可以通过输入"颜色"值来指定要显示的颜色数量（最多256种）。

- 强制：可以选择将某些颜色强制包括在颜色表中。选择"黑色和白色"，可以将纯黑色和纯白色添加到颜色表中；选择"原色"，可以添加红色、绿色、蓝色、青色、洋红、黄色、黑色和白色；选择"Web"，可以添加 Web 安全色；选择"自定"，则可自定义要添加的颜色。

- 杂边：可以指定用于填充与图像的透明区域相邻的消除锯齿边缘的背景色。

- 仿色：在该下拉列表中可以选择是否使用仿色。如果要模拟颜色表中没有的颜色，可以采用仿色。仿色会混合现有颜色的像素，以模拟缺少的颜色。要使用仿色，可以在该选项的下拉列表中选择仿色选项，并输入仿色数量的百分比值。该值越高，所仿颜色越多，但可能会增加文件占用的存储空间。

5.1.12
颜色表

将图像转换为索引模式后，可以使用"图像>模式>颜色表"命令修改颜色表。可以单击一个色板，打开"拾色器"修改该色板的颜色，如图5-26和图5-27所示；也可在"颜色表"下拉列表中使用Photoshop提供的预定义的颜色表，包括"黑体""灰度""色谱""系统（Mac OS）""系统（Windows）"。

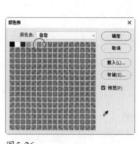

图5-26　　　　　　　　　　　　图5-27

- 黑体：显示基于不同颜色的面板，这些颜色是黑体辐射物被加热时发出的，从黑色到红色、橙色、黄色和白色。

- 灰度：显示基于从黑色到白色的256个灰阶的面板。

- 色谱：显示基于白光穿过棱镜所产生的颜色的调色板，从紫色、蓝色、绿色到黄色、橙色和红色。

- 系统 (Mac OS)：显示标准的 Mac OS 256 色系统面板。

- 系统 (Windows)：显示标准的 Windows 256 色系统面板。

5.2　色彩管理

色彩管理可以解决各种硬件设备由于色彩空间不同而造成的色彩偏差问题。了解相关知识可以预防颜色"跑偏"，让颜色显示其"本来的面目"。

5.2.1
色彩空间和色域
進阶课

色彩空间其实是另一种形式的颜色模型，它具有特定的色域，即色彩范围。例如，RGB颜色模型包含很多色彩空间，Adobe RGB、sRGB、ProPhoto RGB等。这几种色彩空间的色域范围也不同，色域范围越大，所能呈现的颜色就越多。

在现实世界中，自然界可见光谱的颜色组成了最大的色域，它包含了人眼能见到的所有颜色。CIELab国际照明协会根据人眼的视觉特性，把光线波长转换为亮度和色相，创建了一套描述色域的色彩数据，如图5-28所示。其中，Lab模式的色域范围最广，它包含了RGB和CMYK色域中的所有颜色；其次是RGB模式；色域范围较小的是CMYK模式。

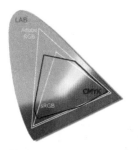

图5-28

图5-30

⬦ 5.2.2

溢色的识别方法

数码相机、显示器、扫描仪和电视机都称为RGB设备，因为它们都通过色光三原色（红光、绿光和蓝光）合成色彩。由于RGB（屏幕模式）比CMYK（印刷模式）的色域范围广，将RGB图像转换为CMYK模式后，颜色信息会有一些损失。那些在CMYK色域范围之外的颜色，即无法打印的颜色称为"溢色"。

我们在Photoshop中选取颜色时，经常会遇到溢色情况。例如，使用"拾色器"和"颜色"面板设置颜色时，出现溢色，Photoshop就会给出警告信息，如图5-29所示。这种情况的解决方法是，单击溢色警告下方的小颜色块。这是Photoshop提供的与当前颜色最为接近的可打印颜色，单击后即可用它来替换溢色。

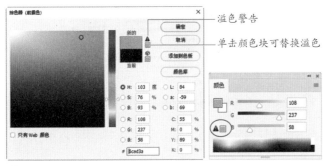

溢色警告
单击颜色块可替换溢色

图5-29

使用"图像>调整"菜单中的命令，或者通过调整图层增加色彩的饱和度时，如果想要在操作过程中了解是否出现溢色，可以先用颜色取样器工具 ✐ 在图像上建立取样点，然后在"信息"面板的吸管图标上单击鼠标右键，打开快捷菜单，选择"CMYK颜色"选项，如图5-30所示。之后再调整图像，如果取样点的颜色超出了CMYK色域，CMYK值旁边会出现惊叹号，以给我们警示，如图5-31所示。

图5-31

⬦ 5.2.3

色域警告

如果想要了解图像中哪些区域存在溢色，可以执行"视图>色域警告"命令，开启色域警告，此时图像中被灰色覆盖的便是溢色区域，如图5-32所示。再次执行该命令，可关闭色域警告。使用"编辑>首选项>透明度与色域"命令，可以将色域警告由灰色改为其他颜色。

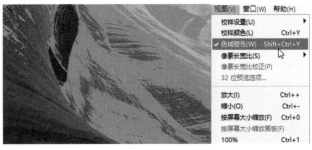

图5-32

技术看板 ⑯ 在"拾色器"中查看溢色

打开"拾色器"以后，执行"色域警告"命令，对话框中的溢色也会显示为灰色。此时上下拖曳颜色滑块，可以观察将RGB图像转换为CMYK后，哪个色系丢失的颜色最多。

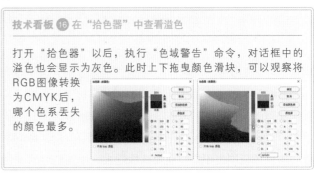

----- RGB
—— CMYK
文件（工作空间）

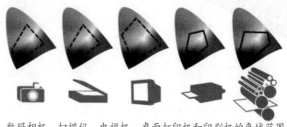

数码相机、扫描仪、电视机、桌面打印机和印刷机的色域范围
图5-35

◆ 5.2.4
●平面 ●摄影 ●插画

技巧：在计算机屏幕上模拟印刷效果

创建用于在商业印刷机上输出的图像，如小册子、海报和杂志封面等时，可以在计算机屏幕上预先查看印刷效果。

扫码看视频

打开一个图像文件，如图5-33所示，执行"视图>校样设置>工作中的CMYK"命令，如图5-34所示，然后执行"视图>校样颜色"命令，启动电子校样，Photoshop会模拟图像在商用印刷机上的效果（由于该图像是印刷在纸张上的，因此无法表现出差异，您可以使用配套资源中提供的素材来观察校样效果）。"校样颜色"只是提供了一个CMYK模式预览，查看颜色信息的丢失情况时，并没有将图像真正转换为CMYK模式。再次执行"校样颜色"命令，就可以关闭电子校样。

图5-33

图5-34

为了确保色彩不出现偏差，需要有一个可以在设备之间准确解释和转换颜色的系统，使不同的设备生成一致的颜色。Photoshop提供了这种色彩管理系统，它借助于ICC颜色配置文件来转换颜色。ICC配置文件是一个用于描述设备怎样产生色彩的小文件，其格式由国际色彩联盟规定。有了这个文件，Photoshop就能在每台设备上产生一致的颜色。

是否需要色彩管理，要看所编辑的图像是否在多种设备上使用。需要的话，可以执行"编辑>颜色设置"命令，打开"颜色设置"对话框进行操作，如图5-36所示。

> **提示**（Tips）
>
> 影楼工作人员、印厂工作人员可以灵活使用前面介绍的方法，调色时可以用颜色取样器工具 ✍ 和"信息"面板来预防溢色出现；调色完成后可以开启溢色警告观察是否存在溢色；或者也可以执行"视图>校样设置>工作中的CMYK"命令，在模拟的印刷环境中调色，这种状态下的调整结果与印刷效果最为接近。

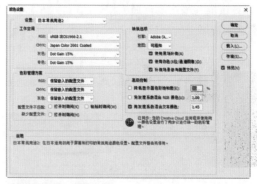
图5-36

"工作空间"选项组用来为颜色模型指定工作空间配置文件。我们可以通过它下方的几个选项定义当打开缺少配置文件的图像、新建的图像和配置文件不匹配的图像时所使用的工作空间。

"色彩管理方案"选项组用来指定怎样管理特定颜色模型中的颜色。它决定了图像缺少配置文件，或包含的配置文件与"工作空间"不匹配的情况下，Photoshop采用什么方法进行处理。如果想要了解这些选项的详细说明，可以将光标放在选项上方，然后到对话框下面的"说明"选项中查看。

◆ 5.2.5
●平面 ●摄影 ●插画

管理色彩

数码相机、扫描仪、显示器、打印机和印刷设备等都使用不同的色彩空间，如图5-35所示。每种色彩空间都在一定的范围（色域）内生成颜色，因此，各种设备的色域范围也是不同的。色彩空间、色域，以及每种设备记录和再现颜色的方法不同，导致在这些设备间传递文件时，颜色发生改变。举个简单的例子，我们拿打印好的照片与计算机屏幕上的照片做比较就会发现，手中照片的色彩没有屏幕上鲜艳，甚至还可能有一点偏色。

5.2.6

●平面 ●摄影 ●插画

功能练习：指定配置文件

如果图像中未嵌入配置文件，或者配置文件与当前系统不匹配，图像就不能按照其创建（或获取）时的颜色显示。我们需要为它指定配置文件，来让颜色正确显示。

扫 码 看 视 频

使用正确的配置文件非常重要。例如，当显示器与打印机没有精确地配置文件时，中性灰（RGB值为128，128，128）会在显示器上呈现为偏蓝的灰色，而在打印机上呈现为偏棕的灰色。

下面使用的图像是由于保存时（"文件>存储为"命令）未选择"ICC配置文件"选项，因而没有嵌入配置文件。我们来为它指定一个。

01 打开素材。单击文件窗口右下角的 ▶ 图标，打开下拉菜单，选择"文档配置文件"命令，状态栏中会出现"未标记的RGB"提示信息，如图5-37所示。它提醒我们，该图像中未嵌入配置文件。观察它的标题栏，会发现"#"标记，这也表示图像中没有嵌入配置文件。

图5-37

02 执行"编辑>指定配置文件"命令，打开"指定配置文件"对话框。可以看到3个选项和一个列表，如图5-38所示。第1个选项"不对此文档应用色彩管理"表示不进行色彩管理。如果不在意图像是否正确显示，可以选择该选项。第2个选项"工作中的RGB"表示用当前工作的颜色空间来转换图像颜色。如果无法确定该用哪个配置文件转换颜色，可以使用该选项，但这也不是最佳选项。最好的办法是打开"配置文件"下拉列表，尝试其中各个配置文件对图像的影响，然后选取一个效果最好的。

03 选择"Adobe RGB"，为图像指定该配置文件，效果如图5-39所示。

图5-38

图5-39

技术看板 17 配置文件选择技巧

配置文件也并非盲目选择，这里面有一些技巧。Adobe RGB适合用于喷墨打印和商业印刷机使用的图像，它的色域包括一些无法使用 sRGB 定义的可打印颜色（特别是青色和蓝色），并且很多专业级数码相机都将 Adobe RGB用作默认色彩空间。ColorMatch RGB也适用于商业印刷图像，但效果没有Adobe RGB好。ProPhoto RGB适合扫描的图片。sRGB适合Web图像，它定义了用于查看 Web 上图像的标准显示器的色彩空间。处理来自家用数码相机的图像时，sRGB 也是一个不错的选择，因为大多数相机都将sRGB 用作默认的色彩空间。

5.2.7

●平面 ●摄影 ●插画

转换为配置文件

指定配置文件解决的是图像由于没有配置文件而导致的色彩无法准确显示的问题。它只是让我们"看到"了准确的色彩，颜色数据并没有改变。如果想要通过配置文件改变色彩数据，则需要执行"编辑>转换为配置文件"命令，打开"转换为配置文件"对话框，如图5-40所示，在"配置文件"下拉列表中选取配置文件，并单击"确定"按钮，进行真正的转换。

图5-40

选取颜色

5.3

颜色选取是非常重要的基础性操作，使用画笔、渐变和文字等工具，以及进行填充、描边选区、修改蒙版、修饰图像等操作时，都需要选取并设置好颜色。

5.3.1 ⚐必学课

前景色和背景色的用途

Photoshop在"工具"面板底部提供了前景色（黑色）和背景色（白色），以及用于切换和恢复这两种颜色的图标，如图5-41所示。

扫码看视频

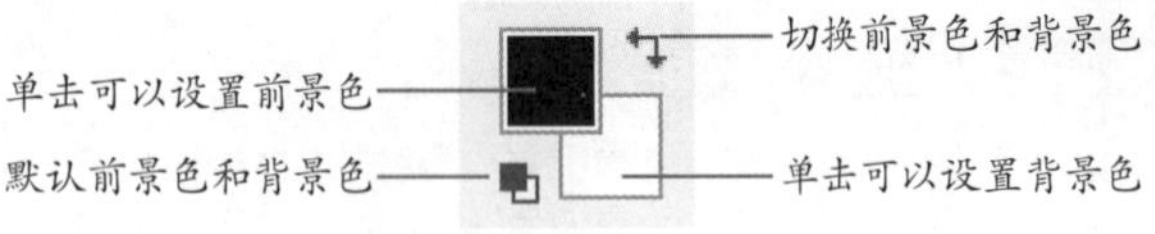

- 切换前景色和背景色
- 单击可以设置前景色
- 默认前景色和背景色
- 单击可以设置背景色

图5-41

使用绘画类工具（画笔和铅笔）绘制线条、使用文字工具创建的文字，以及创建渐变（默认的渐变颜色从前景色开始，到背景色结束）时，会用到前景色。使用橡皮擦工具擦除图像时，被擦除区域会呈现背景色。此外，增加画布时，新增的画布也以背景色填充。

单击设置前景色或背景色图标，如图5-42和图5-43所示，可以打开"拾色器"修改它们的颜色。此外，也可以在"颜色"和"色板"面板中设置，或者使用吸管工具拾取图像中的颜色来作为前景色或背景色。

图5-42 　　图5-43

单击切换前景色和背景色图标 ↰（快捷键为X），可切换这两种颜色，如图5-44所示。当修改了前景色和背景色以后，如图5-45所示，单击默认前景色和背景色图标（快捷键为D），可以将它们恢复为默认的黑、白颜色，如图5-46所示。

图5-44 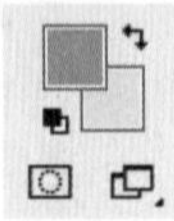　　　　图5-45 　　　　图5-46

按Alt+Delete快捷键，可以在图像中填充前景色；按Ctrl+Delete快捷键可以填充背景色。使用快捷键填充前景色和背景色时，如果同时按住Shift键，可以只填充图层中包含像素的区域，而不会影响透明区域。这就相当于先锁定图层的透明区域（见65页），再填色。

5.3.2

了解"拾色器"

在Photoshop中，凡是需要选取颜色的地方，几乎都会用到"拾色器"。"拾色器"通过单击颜色块的方式打开，如图5-47所示。

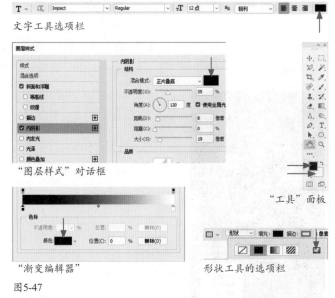

文字工具选项栏

"图层样式"对话框

"工具"面板

"渐变编辑器"

形状工具的选项栏

图5-47

在"拾色器"中，可基于 HSB、RGB、Lab 和CMYK颜色模型选取颜色，如图5-48所示。

当前拾取的颜色　溢色警告　非Web安全色警告

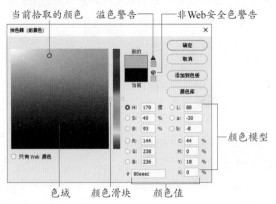

色域　颜色滑块　颜色值

颜色模型

图5-48

- 色域/拾取的颜色：在"色域"中拖曳鼠标可以改变当前拾取的颜色。
- 新的/当前："新的"颜色块中显示的是修改后的最新颜色，"当前"颜色块中显示的是上一次使用的颜色，单击该颜色块，可以将当前颜色恢复回上一次使用的颜色。
- 颜色滑块：拖曳颜色滑块可以调整颜色范围。
- 颜色值：显示了当前设置的颜色的颜色值。输入颜色值可以精确定义颜色。在"CMYK"颜色模型内，可以用青色、洋红、黄色和黑色的百分比来指定每个分量的值；在"RGB"颜色模型内，可以指定0~255的分量值（0是黑色，255是白色）；在"HSB"颜色模型内，可通过百分比来指定饱和度和亮度，以0°~360°的角度（对应于色轮上的位置）指定色相；在"Lab"模型内，可以输入0~100的亮度值(L)以及-128~+127的A值（绿色到洋红色）和B值（蓝色到黄色）；在"#"文本框中，可以输入一个十六进制值，例如，000000是黑色，ffffff是白色，ff0000是红色，该选项主要用于指定网页色彩。
- 溢色警告 ▲：由于RGB、HSB和Lab颜色模型中的一些颜色（如霓虹色）在CMYK模型中没有等同的颜色，即溢色。出现该警告以后，可以单击它下面的小方块，将溢色颜色替换为CMYK色域（打印机颜色）中与其最为接近的颜色。
- 非Web安全色警告 ⬡：表示当前设置的颜色不能在网上准确显示，单击警告下面的小方块，可以将颜色替换为与其最为接近的Web安全颜色。
- 只有Web颜色：表示只在色域中显示Web安全色。
- 添加到色板：单击该按钮，可以将当前设置的颜色添加到"色板"面板。
- 颜色库：单击该按钮，可以切换到"颜色库"中。

💎 5.3.3
功能练习：用"拾色器"选取颜色　　🚩 必学课

在默认状态下，"拾色器"使用的是HSB颜色模型。H代表色相、S代表饱和度、B代表亮度。竖直的颜色条用来选取色相，左侧的色域可调整色彩的饱和度和亮度，如图5-49所示。

扫码看视频

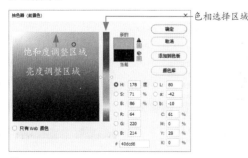

图5-49

01 单击"工具"面板中的前景色图标（如果要设置背景色，则单击背景色图标），打开"拾色器"。

02 在竖直的渐变条上单击，选取一种颜色，如图5-50所示。在色域中单击，定义颜色的饱和度和亮度，如图5-51所示。

图5-50　　　　　　　　图5-51

03 颜色选取好了以后，单击"确定"按钮（或按Enter键）关闭对话框，即可将其设置为前景色（或背景色）。但我们现在先不要关闭对话框，下面来学习怎样单独调整颜色的饱和度和亮度。选中S单选钮，如图5-52所示，此时拖曳滑块，即可调整当前颜色的饱和度，如图5-53所示。

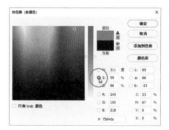 

勾选S单选钮　　　　　　调整颜色的饱和度
图5-52　　　　　　　　图5-53

04 选中B单选钮，如图5-54所示，此时拖曳滑块可以调整当前颜色的亮度，如图5-55所示。如果知道所需颜色的色值，则可以在颜色模型右侧的文本框中输入数值来精确定义颜色。

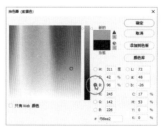 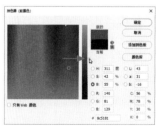

勾选B单选钮　　　　　　调整颜色的亮度
图5-54　　　　　　　　图5-55

05 "拾色器"中有一个"颜色库"按钮，单击它，切换到"颜色库"对话框中，如图5-56所示。

06 在"色库"下拉列表中选择一个颜色系统，如图5-57所示。然后在光谱上选择颜色范围，如图5-58所示。最后在颜色列表中单击需要的颜色，可将其设置为当前颜色，如图

5-59所示。如果要切换回"拾色器"，可以单击"颜色库"对话框中的"拾色器"按钮。

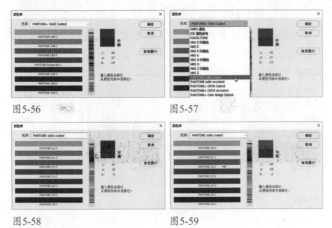

图5-56　　　　图5-57

图5-58　　　　图5-59

技术看板 ⑱ 常用颜色系统简介

Photoshop提供的颜色库分为7类。

● ANPA通常应用于报纸。

● PANTONE用于专色重现。PANTONE 颜色参考和芯片色标簿会印在涂层、无涂层和哑面纸样上，以确保精确显示印刷结果，并更好地进行印刷控制，另外，还可以在 CMYK下印刷 PANTONE 纯色。

● DIC颜色参考通常在日本用于印刷项目。

● FOCOLTONE由763种CMYK 颜色组成，通过显示补偿颜色的压印，可以避免印前陷印和对齐问题。

● HKS在欧洲用于印刷项目。每种颜色都有指定的 CMYK 颜色，可以从 HKS E（适用于连续静物）、HKS K（适用于光面艺术纸）、HKS N（适用于天然纸）和 HKS Z（适用于新闻纸）中选择，有不同缩放比例的颜色样本。

● TOYO Color Finder由基于日本常用的印刷油墨的 1000 多种颜色组成。

● TRUMATCH提供了可预测的 CMYK 颜色，与两千多种可实现的、计算机生成的颜色相匹配。

◇ 5.3.4　　　　🚩必学课

功能练习：用"颜色"面板选取颜色

"颜色"面板比"拾色器"简单，占用的空间也少。

扫码看视频

01 执行"窗口>颜色"命令，打开"颜色"面板。如果要编辑前景色，可以单击前景色块，如图5-60所示；如果要编辑背景色，则单击背景色块，如图5-61所示。也可以通过按X快捷键，将前景色或背景色切换为当前编辑状态。

02 在R、G、B文本框中输入数值，或者拖曳滑块，可设置颜色。"颜色"面板可以像美术调色一样混合颜色。例如，选取红色后，如图5-62所示，拖曳G滑块，可向红色中混入黄色，从而得到橙色，如图5-63所示。

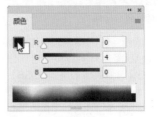
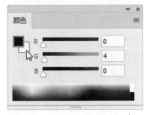

图5-60　　　　图5-61

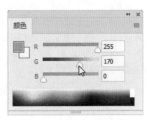

图5-62　　　　图5-63

03 将光标放在面板下方的色谱上，光标会变为 🖋 状，单击鼠标，可以采集光标下方的颜色，如图5-64所示。单击鼠标并在色谱上移动，可以动态调整颜色，如图5-65所示。

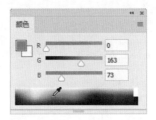
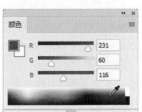

图5-64　　　　图5-65

04 在前面学习"拾色器"时，我们曾采用色相、饱和度和亮度分开调整的方法定义颜色。"颜色"面板也可以这样操作。打开"颜色"面板的菜单，选择"HSB滑块"命令，此时面板中的3个滑块分别对应H→色相、S→饱和度、B→亮度，如图5-66所示。

05 首先定义色相。例如，如果定义黄色，就将H滑块拖曳到黄色区域，如图5-67所示；拖曳S滑块，调整饱和度，如图5-68所示，饱和度越高，色彩越鲜艳；接下来拖曳B滑块，调整亮度，如图5-69所示，亮度越高，色彩越明亮。

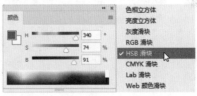
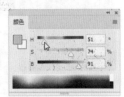

图5-66　　　　图5-67

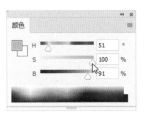
图5-68

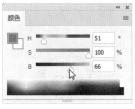
图5-69

💎 5.3.5 ⚡进阶课
"颜色"面板中的颜色模型和色谱

使用"颜色"面板选取颜色时，可以不受文件颜色模式的限制。例如，文件为RGB模式时，也可以在"颜色"面板菜单中选择"灰度滑块""HSB滑块""CMYK滑块""Lab滑块"等，基于这几种颜色模型调配颜色，如图5-70所示。这样操作并不会改变文件的颜色模式（见103页）。这其中，"灰度滑块"和"Web颜色滑块"是"拾色器"没有的。此外，面板底部的色谱也可以进行"混搭"。例如，使用HSB颜色模型，但在面板底部显示CMYK色谱。

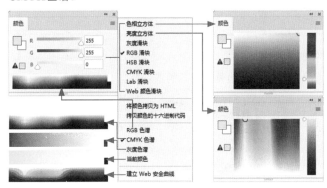
图5-70

💎 5.3.6 🚩必学课
功能练习：从"色板"面板中选取颜色

"色板"面板不能像"拾色器"和"颜色"面板那样设置颜色，它只用来保存颜色。我们可以将常用的颜色保存在该面板中，作为预设的颜色来使用。

在默认状态下，该面板中提供了122种预设颜色，如果其中有需要的颜色，单击它即可将其选取。这是Photoshop中最简便、最快速的颜色选取方法。

01 执行"窗口>色板"命令，打开"色板"面板。面板顶部一行是最近使用过的颜色，下方是预设颜色。单击一个颜色色板，即可将它设置为前景色，如图5-71所示。按住

Ctrl键单击，可以将它设置为背景色，如图5-72所示。

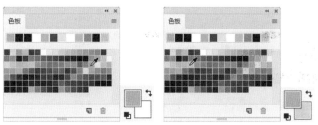
图5-71　　　　　　　　图5-72

02 使用"颜色"面板对前景色做一下调整，如图5-73所示。现在该颜色已经是我们自定义的颜色了，单击"色板"面板底部的 🔲 按钮，可以将它保存到"色板"面板中，如图5-74所示。

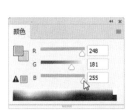
图5-73　　　　　　　　图5-74

03 如果面板中有不需要的颜色，可以将它拖曳到面板底部的 🗑 按钮上，进行删除，如图5-75和图5-76所示。

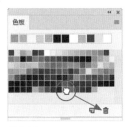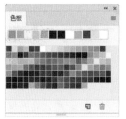
图5-75　　　　　　　　图5-76

04 "色板"面板菜单中提供了很多色板库，选择一个色板库，如图5-77所示。弹出提示信息，如图5-78所示。单击"确定"按钮，载入的色板库会替换面板中原有的颜色，如图5-79所示；单击"追加"按钮，则可以在原有的颜色后面追加载入的颜色。

图5-77　　　　　图5-78　　　　　图5-79

05 将光标放在一个色板上方，会显示它的名称，如图5-80所示。如果想要让所有色板都显示名称，可以从面板菜单中选择"小列表"命令，如图5-81所示。此外，添加、删除或载入色板库后，可以执行面板菜单中的"复位色板"命令，

让"色板"面板恢复为默认的颜色，以减少内存的占用。

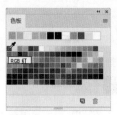
图5-80

图5-81

图5-85

💎 5.3.7
功能练习：用吸管工具拾取颜色

吸管工具 🖋 可以从图像上、Photoshop窗口的任意区域，以及Photoshop窗口以外的计算机桌面或打开的网页页面中拾取颜色。

01 按Ctrl+O快捷键，弹出"打开"对话框，打开素材，如图5-82所示。

扫码看视频

图5-82

02 选择吸管工具 🖋，将光标放在图像上，单击鼠标可以显示一个取样环，此时可拾取单击点的颜色并将其设置为前景色，如图5-83所示。按住鼠标按键移动，取样环中会出现两种颜色，下面的是前一次拾取的颜色，上面的是当前拾取的颜色，如图5-84所示。

图5-83　　　　　　图5-84

03 按住Alt键单击，可以拾取单击点的颜色并将其设置为背景色，如图5-85所示。如果将光标放在图像上，然后按住鼠标左键在屏幕上拖动，则可以拾取窗口、菜单栏和面板的颜色，如图5-86所示。如果要拾取计算机桌面或网页颜色，可以先将Photoshop窗口调小一些，再进行操作。

图5-86

提示（Tips）

使用画笔、铅笔、渐变、油漆桶等绘画类工具时，可以按住Alt键，临时切换为吸管工具 🖋，拾取颜色后，放开Alt键会恢复为之前使用的工具。

吸管工具选项栏

图5-87所示为吸管工具的选项栏。

图5-87

● 取样大小：用来设置吸管工具的取样范围。选择"取样点"，可以拾取光标所在位置像素的精确颜色；选择"3×3平均"，可以拾取光标所在位置3个像素区域内的平均颜色；选择"5×5平均"，可以拾取光标所在位置5个像素区域内的平均颜色，如图5-88所示。其他选项依此类推。需要注意的是，吸管工具的"取样大小"会同时影响魔棒工具的"取样大小"（见307页）。

取样点　　　　　3×3平均　　　　5×5平均
图5-88

● 样本：选择"当前图层"表示只在当前图层上取样；选择"所有图层"可以在所有图层上取样。

● **显示取样环**：选取该选项，拾取颜色时会显示取样环。

5.3.8

用"Adobe Color Themes"面板下载颜色

执行"窗口>扩展>Adobe Color Themes"命令，打开"Adobe Color Themes"面板，如图5-89所示。这是一个以扩展的形式集成在Photoshop中的工具，可以帮助我们创建、存储和访问颜色主题，为设计项目选择协调、生动的颜色组合。

单击面板中的"Explore"（浏览）选项卡，可以显示所有公共颜色主题，如图5-90所示。在下拉列表中选择"Most popular"（最热门）、"Most used"（最常用）、"Random"（随机）等选项，可以筛选颜色主题，如图5-91所示。如果想要按照某一类别和某一时间段筛选颜色主题，可以使用搜索栏。

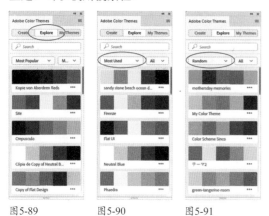

图5-89　　　　图5-90　　　　图5-91

单击"Create"（创建）选项卡，面板中会显示一组颜色主题（共5种颜色，中间的是基色），下方是一个色轮，如图5-92所示，选择一个颜色规则后，基色附近会自动构建颜色主题，如图5-93所示。

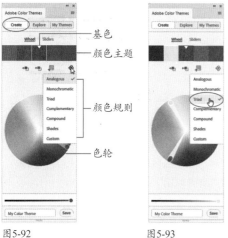

图5-92　　　　　图5-93

拖曳色轮和面板底部的滑块，可以更加灵活地定义基色和调整颜色主题，如图5-94~图5-96所示。

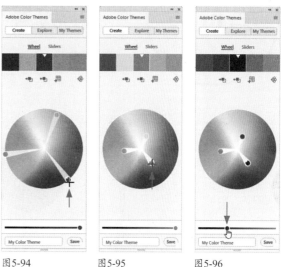

图5-94　　　　图5-95　　　　图5-96

定义好颜色主题后，输入名称并单击"Save"按钮，如图5-97所示，然后选择想要作为主题保存位置的 Creative Cloud库，如图5-98所示，再单击"Save"按钮，即可将颜色主题保存到"Adobe Color Themes"面板中。需要使用时，单击该面板中的"My Themes"（我的主题）选项卡即可找到它。

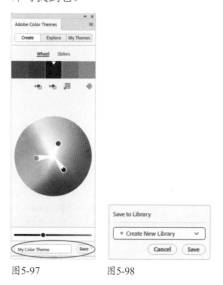

图5-97　　　　　图5-98

提示（Tips）

颜色规则共7种，包括Analogous（相似色）、Monochromatic（单色）、Triad（三色）、Complementary（补色）、Compound（合成色）、Shades（暗色）和Custom（自定义）。

第6章

数字绘画

[本章简介]

1946年2月14日，世界上第一台计算机ENIAC在美国宾夕法尼亚大学诞生。1968年，首届计算机美术作品巡回展览自伦敦开始，遍历欧洲各国，最后在纽约闭幕，从此宣告了计算机美术成为一门富有特色的应用科学和艺术表现形式，开创了艺术领域的新天地。经过不断发展和改进，现在，无论是素描、水彩、水粉，还是油画、丙烯、版画、粉笔，甚至国画效果，都可以在计算机上绘制出来。

在学习数字绘画之前，先来明确概念。在我们的词汇中，图画是一个很常用的名词，泛指一幅绘画作品、画卷等。但在Photoshop 的字典里，"图"与"画"是完全不同的概念，代表了不同的对象和特定的创建方式。"图"是图形——矢量对象；"画"是图像——位图对象。绘图是指用矢量工具（矩形、椭圆、星形、自定形状等工具）创建和编辑矢量图形。绘画则是指绘制和编辑基于像素的位图图像，需要用绘画类工具（画笔、铅笔、加深、减淡、渐变、橡皮擦等）完成。另外，绘画也是通过绘画的方法编辑像素的统称。这种方法的特点是多数工具可以选择笔尖，并通过单击，或单击并拖曳鼠标的方法来使用。当然，也有例外，如渐变工具、填充图层等。

在绘画类工具中，画笔工具尤为重要，它不仅可以绘制线条，还常用来编辑蒙版和通道，在图像合成、选区编辑方面发挥作用。Photoshop中的绘画类工具并不太多，但每一个都可以更换不同样式的笔尖，因而表现效果非常丰富（本书的配套资源中就附赠了大量画笔库）。其次是渐变工具。渐变在Photoshop中的应用也比较多，除去与画笔工具重叠的应用对象外，在图层样式中，渐变特别重要。

[学习重点]

绘画类工具的"弹药库"

6.1

"画笔"面板和"画笔设置"面板是绘画类工具（画笔、铅笔等）及修饰工具（涂抹、加深、减淡、模糊等）的"弹药库"（即专属面板），它们提供了充足的"弹药"（笔尖），可以安装在这些工具上使用，并可调整工具参数，让它们更好地模拟毛笔、铅笔、粉笔、蜡笔等绘画用具，创建逼真的绘画线条。

6.1.1

"画笔"面板

执行"窗口>画笔"命令，打开"画笔"面板，如图6-1所示。面板中提供了大量预设的笔尖，它们被归类到5个画笔组中，单击组前方的 ❯ 按钮，可以展开组选择其中的笔尖，通过"大小"选项可调整笔尖大小，拖曳面板底部的滑块，还可以调整笔尖的预览大小，如图6-2所示。

扫码看视频

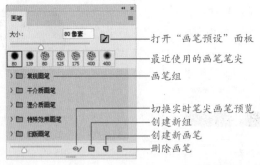

图6-1

打开"画笔预设"面板
最近使用的画笔笔尖
画笔组
切换实时笔尖画笔预览
创建新组
创建新画笔
删除画笔

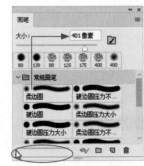

图6-2

单击面板右上角的 ☰ 按钮，打开面板菜单，如图6-3所示。选择"导入画笔"命令，可以导入本书配套资源中附赠的画笔库，如图6-4和图6-5所示。选择"获取更多画笔"命令，则可链接到Adobe网站上，下载来自Kyle T. Webster 的独家画笔。按住Ctrl键单击多个画笔笔尖，将它们选取，如图6-6所示。执行面板菜单中的"导出选中的画笔"命令，可以将所选笔尖导出为一个独立的画笔库。进行导入画笔或删除画笔操作以后，可以通过面板菜单的"恢复默认画笔"命令，将面板恢复为默认状态。

图6-3　　　　　图6-4

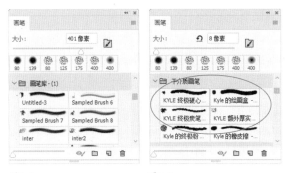

图6-5　　　　　图6-6

项的名称，使其处于勾选状态，面板右侧就会显示具体选项内容，如图6-8所示。需要注意，如果单击选项名称前面的复选框，则只能开启相应的功能，而不会显示选项，如图6-9所示。"画笔笔势"下方的几个选项是单选即可，它们不包含其他选项。

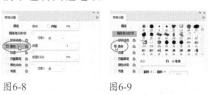

图6-8　　　　　图6-9

- 锁定/未锁定：显示锁定图标🔒时，表示当前画笔的笔尖形状属性（形状动态、散布、纹理等）为锁定状态。单击该图标即可取消锁定（图标会变为🔓状）。
- 选中的笔尖：当前选择的画笔笔尖。
- 画笔参数选项：用来调整所选笔尖的参数。
- 显示画笔样式：使用毛刷笔尖时，在窗口中显示笔尖样式。
- 切换实时笔尖画笔预览 ：使用硬毛刷笔尖时，单击该按钮，文档窗口左上角会出现画笔的预览窗口，并实时显示笔尖的角度和压力情况。
- 创建新画笔 ⬛：如果对一个预设的画笔进行了调整，可单击该按钮，将其保存为一个新的预设画笔。

◆ 6.1.2　　　　　　　　　　　🏳 必学课

"画笔设置"面板

"画笔设置"面板是Photoshop中"体型"最大、选项最多的面板。在"画笔"面板中选择一个笔尖后，单击"画笔设置"面板左侧列表中的"画笔笔尖形状"选项，可在面板右侧显示的选项中调整笔尖的角度、圆度、硬度和距离等基本参数，如图6-7所示。

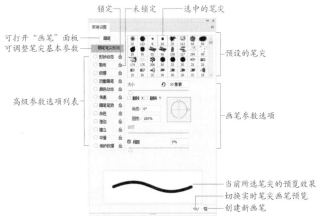

图6-7

该选项下方的各个选项可以对笔尖进行更加复杂的控制。例如，让笔尖发散、在笔迹中添加纹理和杂色、让色相饱和度等发生动态变化等。需要设置时，可单击各个选

◆ 6.1.3　　　　　　　　　　　🏳 必学课

选择和更换笔尖

使用绘画类和修饰类工具时，第一步先选择相应的工具，第二步是为它"安装"一个笔尖，之后修改笔尖参数，使其成为我们"私人定制"的专属画笔。图6-10所示为Photoshop中所有可以选择和更换笔尖的工具。

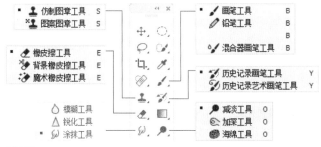

图6-10

除"画笔"和"画笔预设"面板可以选择和更换笔尖外，使用画笔下拉面板也可完成同样的操作。该面板的打开方法是选择画笔工具 ✏（其他绘画和修饰类工具也可），然后单击工具选项栏中的 ⌄ 按钮，或者在文档窗口中单击鼠标右键。如果觉得面板太小，可以拖曳它右下角

的 图标，将面板拉大，如图6-11所示。画笔下拉面板只比"画笔"面板多了硬度、圆度和角度3种调整功能，功能最全的仍然是"画笔设置"面板。

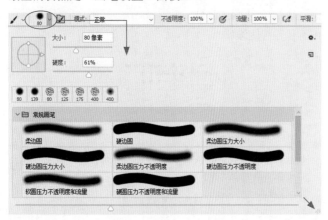

图6-11

💎 6.1.4　　　　　　　　　　　　　　　　　　　🐷 进阶课

笔尖的种类

　　Photoshop提供的笔尖分为标准笔尖（圆形笔尖）、图像样本笔尖、硬毛刷笔尖、侵蚀笔尖和喷枪笔尖5大类，如图6-12所示。圆形笔尖是标准笔尖，图像样本笔尖是使用图像创建的，其他几种可以模拟自然的画笔描边。

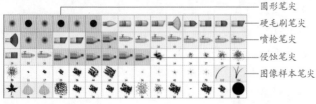

- 圆形笔尖
- 硬毛刷笔尖
- 喷枪笔尖
- 侵蚀笔尖
- 图像样本笔尖

图6-12

　　标准笔尖（圆形）在绘画、修改蒙版和通道时最为常用，基于效果可将其分为尖角、柔角、实边和柔边等类型。使用尖角和实边笔尖绘制的线条具有清晰的边缘；而所谓的柔角和柔边，就是线条的边缘柔和，呈现逐渐淡出的效果，如图6-13所示。

尖角　　　　　　　　　　　柔角

实边　　　　　　　　　　　柔边

图6-13

　　一般情况下，我们使用较多的是尖角和柔角笔尖。将笔尖硬度设置为100%可以得到尖角笔尖，它具有清晰的

边缘，如图6-14所示；笔尖硬度低于100%时可得到柔角笔尖，它的边缘是模糊的，如图6-15所示。

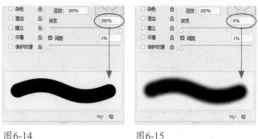

图6-14　　　　　　　　　　图6-15

💎 6.1.5

画笔笔尖形状（标准笔尖选项）

　　如果要对预设的笔尖进行简单修改，如调整画笔的大小、角度、圆度、硬度和间距等笔尖形状特性，可以单击"画笔"面板中的"画笔笔尖形状"选项，然后在显示的选项中进行设置，如图6-16所示。

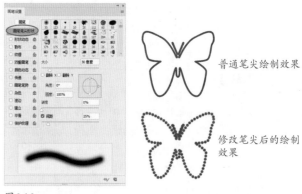

普通笔尖绘制效果

修改笔尖后的绘制效果

图6-16

- ● **大小**：用来设置画笔的大小，范围为1~5000像素。

- ● **翻转X/翻转Y**：可以让笔尖沿x轴（即水平）翻转、沿y轴（即垂直）翻转，如图6-17所示。

原笔尖　　　　　　勾选"翻转X"　　　　勾选"翻转Y"

图6-17

- ● **角度**：用来设置椭圆状笔尖和图像样本笔尖的旋转角度。可以在文本框中输入角度值，也可以拖曳箭头进行调整，如图6-18所示。

图6-18

- ● **圆度**：用来设置画笔长轴和短轴之间的比率。可以在文本框中输入数值，或拖曳控制点来调整。当该值为100%时，笔尖为圆形，设置为其他值时可将画笔压扁，如图6-19所示。

图6-19

● 硬度： 对于圆形笔尖和喷枪笔尖， "硬度" 用来控制画笔硬度中心的大小， 该值越低， 画笔的边缘越柔和、 透明度越高、 色彩越淡； 对于硬毛刷笔尖， "硬度" 用来控制毛刷的灵活度， 该值较低时， 画笔的形状更容易变形。 效果如图6-20所示。 图像样本笔尖不能设置硬度。

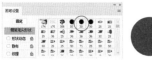 

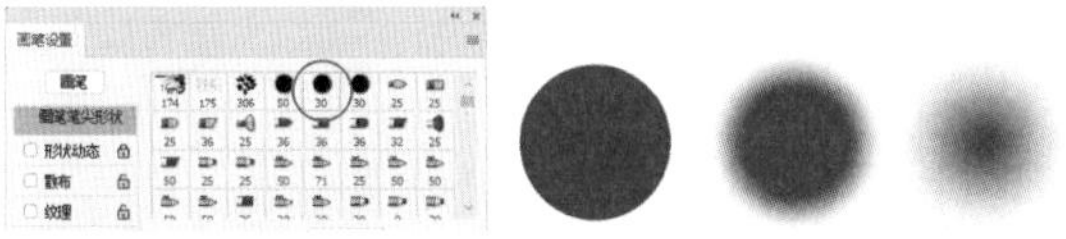

圆形笔尖： 直径30像素， 硬度分别为100%、 50%、 1%

喷枪笔尖： 直径80像素， 硬度分别为100%、 50%、 1%

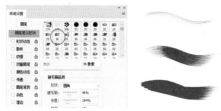

硬毛刷笔尖： 直径36像素， 硬度分别为100%、 50%、 1%

图6-20

● 间距： 控制描边中两个画笔笔迹之间的距离。 以圆形笔尖为例， 它绘制的线条其实是由一连串的圆点连接而成的， 间距就是用来控制各个圆点之间的距离的， 如图6-21所示。 如果取消该选项的勾选， 则间距取决于光标的移动速度， 此时光标的移动速度越快， 间距越大。

间距1%　　　　间距100%　　　　间距200%

图6-21

💎 6.1.6
硬毛刷笔尖选项

选择硬毛刷笔尖并指定毛刷特性， 可以绘制出十分逼真、 自然的描边。 选择这种类型的笔尖后， 单击面板中的 👁 按钮， 文档窗口左上角会出现画笔的预览窗口。 单击预览窗口， 可以从不同的角度观察画笔， 按住Shift键单击， 会显示画笔的3D效果。 最逼真的是， 在使用过程中， 预览窗口会实时显示笔尖的角度和压力情况， 如图6-22所示。

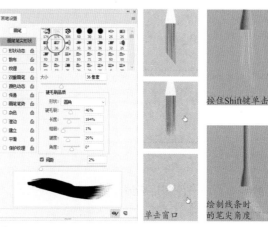

图6-22

● 形状： 在该选项的下拉列表中有10种形状可供选择， 它们与预设的笔尖一一对应。

● 硬毛刷： 可以控制整体的毛刷浓度。

● 长度： 可以修改毛刷的长度。

● 粗细： 控制各个硬毛刷的宽度。

● 硬度： 控制毛刷灵活度。 该值较低时， 画笔的形状容易变形。 如果要在使用鼠标时使描边创建发生变化， 可调整硬度设置。

● 角度： 确定使用鼠标绘画时的画笔笔尖角度。

● 间距： 控制描边中两个画笔笔迹之间的距离。 取消选择此选项时， 光标的速度将确定间距。

💎 6.1.7
侵蚀笔尖选项

侵蚀笔尖的表现效果类似于铅笔和蜡笔， 令人叫绝的是它竟然能随着绘制时间的推移而自然磨损。 我们可以在文件窗口左上角的画笔预览窗口中观察磨损程度， 如图6-23所示。

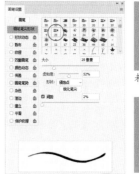

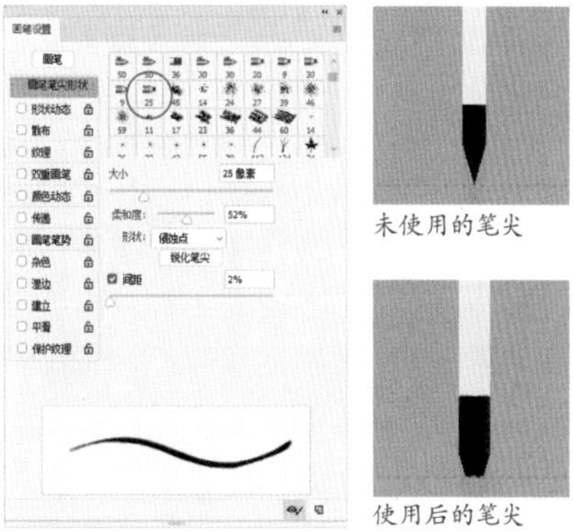

未使用的笔尖

使用后的笔尖

图6-23

● 大小： 控制画笔大小。

● 柔和度： 控制磨损率。 可以输入一个百分比值， 或拖曳滑块来进行调整。

- 形状：从下拉列表中可以选择笔尖形状。
- 锐化笔尖：单击该按钮，可以将笔尖恢复为原始的锐化程度。
- 间距：控制描边中两个画笔笔迹之间的距离。当取消选择此选项时，光标的速度将确定间距。

💎 6.1.8
喷枪笔尖选项

喷枪笔尖通过 3D 锥形喷溅的方式来复制喷罐，如图6-24所示。使用数位板的用户，可以通过修改钢笔压力来改变喷洒的扩散程度。

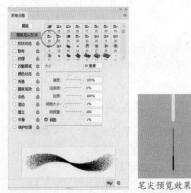

笔尖预览效果

图6-24

- 硬度：控制画笔硬度中心的大小。
- 扭曲度：控制扭曲以应用于油彩的喷溅。
- 粒度：控制油彩液滴的粒状外观。
- 喷溅大小：控制油彩液滴的大小。
- 喷溅量：控制油彩液滴的数量。
- 间距：控制液滴之间的距离。当取消选择此选项时，光标的速度将确定间距。

💎 6.1.9
抖动：让笔迹产生动态变化

在"画笔设置"面板左侧的选项列表中，"形状动态""散布""纹理""颜色动态""传递"选项都包含抖动设置，如图6-25和图6-26所示。虽然名称不同，但用途是一样的，具体效果参见各个选项的描述章节。下面我们来分析它们的共同点。

抖动设置的用途是让画笔的大小、角度、圆度，以及画笔笔迹的散布方式、纹理深度、色彩和不透明度等产生变化。抖动值越高，变化越大。

单击"控制"选项右侧的 ∨ 按钮，可以打开下拉列表，如图6-27所示。这里的"关"选项不是关闭抖动的意思，它表示不对抖动进行控制。如果想要控制抖动，可以选择其他几个选项，这时，抖动的变化范围会被限定在抖动选项所设置的数值到最小选项所设置的数值。

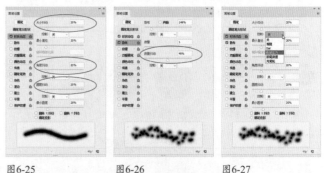

图6-25　　　　　图6-26　　　　　图6-27

以圆形笔尖为例，我们先选择图6-28所示的笔尖，然后调整它的形状动态，让圆点大小产生变化。如果"大小抖动"为50%，我们选择的是30像素的画笔，因此，最大圆点为30像素，最小圆点用30像素×50%计算得出，即15像素，那么画笔大小的变化范围就是15像素~30像素。在此基础上，"最小直径"选项进一步控制最小圆点的大小，例如，如果将其设置为10%，则最小圆点就只有3像素（30像素×10%），如图6-29所示。如果将"最小直径"设置为100%，则最小的圆点是30像素×100%，即30像素，此时最小圆点等于最大圆点，其结果相当于关闭了大小抖动，画笔大小不会产生变化，如图6-30所示。

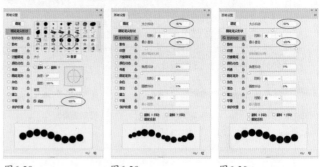

图6-28　　　　　图6-29　　　　　图6-30

如果使用"渐隐"选项来对抖动进行控制，可在其右侧的文本框中输入数值，让笔迹逐渐淡出。例如，将"渐隐"设置为5，"最小直径"设置为0%，则在绘制出第5个圆点之后，最小直径变为0，此时无论笔迹有多长，都会在第5个圆点之后消失，如图6-31所示。如果我们提高"最小直径"，例如将其设置为20%，则第5个圆点之后，最小直径变为画笔大小的20%，即6像素（30像素×20%），如图

6-32所示。

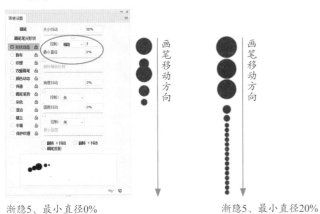

渐隐5、最小直径0%

图6-31

渐隐5、最小直径20%

图6-32

专业设计师和高级用户一般会使用数位板进行绘画。Photoshop为数位板配置了专门的选项，即"控制"下拉列表中的"钢笔压力""钢笔斜度""光笔轮"选项，使用压感笔绘画时，可通过钢笔压力、钢笔斜度或钢笔拇指轮的位置来控制抖动变化。

技术看板 ⑲ 数位板

使用计算机绘画有一个很大的问题，就是鼠标不能像画笔一样听话。对于专业的绘画和数码艺术创作者来说，最好是配备一个数位板，在数位板上作画。数位板由一块画板和一只无线的压感笔组成，就像是画家的画板和画笔。使用压感笔在数位板上作画时，随着笔尖在画板上着力的轻重、速度以及角度的改变，绘制出的线条就会产生粗细和浓淡等变化，与在纸上画画的感觉几乎没有区别。

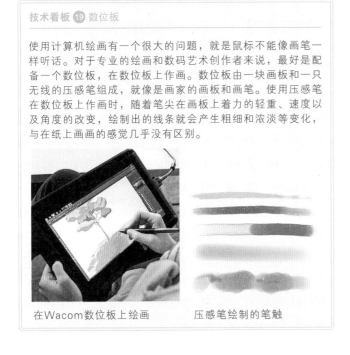

在Wacom数位板上绘画　　压感笔绘制的笔触

◇ 6.1.10

形状动态：让笔尖形状产生变化

"形状动态"可以改变所选笔尖的形状，使画笔的大小、圆度等产生随机变化，如图6-33所示。在它的选项中，"大小抖动"和"最小直径"可参阅前面一节。

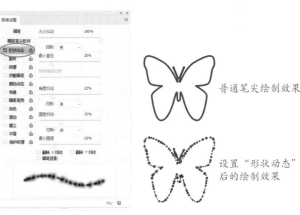

普通笔尖绘制效果

设置"形状动态"后的绘制效果

图6-33

● **大小抖动**：用来设置画笔笔迹大小的改变方式。该值越高，轮廓越不规则，如图6-34所示。在"控制"选项下拉列表中可以选择抖动的改变方式。

大小抖动0%　　　　　大小抖动100%

图6-34

● **最小直径**：启用了"大小抖动"后，可以通过该选项设置画笔笔迹可以缩放的最小百分比。该值越高，笔尖直径的变化越小。

● **角度抖动**：可以让笔尖的角度发生变化，如图6-35所示。

角度抖动0%　　　　　角度抖动30%

图6-35

● **圆度抖动/最小圆度**：可以让笔尖的圆度发生变化。"最小圆度"可以调整圆度变化范围，如图6-36所示。

圆度抖动0%　　　　　圆度抖动50%

图6-36

● **翻转X抖动/翻转Y抖动**：可以让笔尖在水平/垂直方向上产生翻转变化。

● **画笔投影**：使用压感笔绘制时，可通过笔的倾斜和旋转来改变笔尖形状。

◇ 6.1.11

散布：让笔迹产生散布效果

"散布"可以使画笔笔迹沿鼠标运行轨迹周围散布，如图6-37所示。

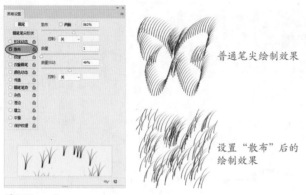

普通笔尖绘制效果

设置"散布"后的
绘制效果

图6-37

● 散布/两轴：用来设置画笔笔迹的分散程度。例如，选择一个圆形笔尖，然后将"散布"设置为100%，它表示散布范围不超过画笔大小的100%。选择"两轴"时，画笔基于鼠标运行轨迹径向分布；取消选择"两轴"时，画笔垂直于鼠标运行轨迹分布。它们之间直观的差别是，选择"两轴"时，画笔会出现重叠，如图6-38所示。

圆形笔尖 　　　散布100%并选择两轴　散布100%

图6-38

● 数量：用来控制在每个间距间隔应用的画笔数量。增加该值可以重复笔迹，如图6-39所示。

散布70%、数量1 　　　散布70%、数量10

图6-39

● 数量抖动/控制：用来指定画笔笔迹的数量如何针对各种间距间隔而变化，如图6-40所示。"控制"选项用来设置画笔笔迹的数量如何变化。

散布0%、数量抖动0% 　　散布0%、数量抖动100%

图6-40

◈ 6.1.12

纹理：让笔迹中出现纹理

　　"纹理"选项可以在画笔笔迹中添加纹理，使画笔绘制出的线条像是在带纹理的画布上绘制的，如图6-41所示。

● 设置纹理/反相：单击图案缩览图右侧的 按钮，可以在打开的下拉面板中选择一个图案，将其设置为纹理。选取"反相"选项，可基于图案中的色调反转纹理中的亮点和暗点。

● 缩放：用来缩放图案，如图6-42和图6-43所示。

● 亮度/对比度：可调整纹理的亮度和对比度。

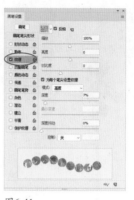 

普通笔尖绘制效果

设置"纹理"后的
绘制效果

图6-41

缩放100% 　　　　　　　缩放200%
图6-42 　　　　　　　　图6-43

● 为每个笔尖设置纹理：选取该选项后，可以让每一个笔迹都出现变化，在一处区域反复涂抹时效果更明显，如图6-44所示。取消选取，则可以绘制出无缝连接的画笔图案，如图6-45所示。

图6-44 　　　　　　　　图6-45

● 模式：在该选项的下拉列表中可以选择纹理图案与前景色之间的混合模式。如果绘制不出纹理效果，可以尝试改变混合模式。

● 深度：用来指定油彩渗入纹理中的深度。该值为0%时，纹理中的所有点都接收相同数量的油彩，进而隐藏图案，如图6-46所示；该值为100%时，纹理中的暗点不接收任何油彩，如图6-47所示。

深度0% 　　　　　　　　深度100%
图6-46 　　　　　　　　图6-47

● 最小深度：用来指定当"控制"设置为"渐隐""钢笔压力""钢笔斜度""光笔轮"，并选中"为每个笔尖设置纹理"时油彩可渗入的最小深度，如图6-48和图6-49所示。

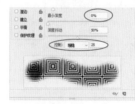 

图6-48 　　　　　　　　图6-49

● 深度抖动：用来设置纹理抖动的最大百分比，如图6-50和图6-51所示。只有勾选"为每个笔尖设置纹理"选项后，该选项才可以使用。如果要指定如何控制画笔笔迹的深度变化，可以在"控制"下拉列表中选择一个选项。

图6-50　　　　　　　　图6-51

◈ 6.1.13

双重画笔：双笔尖描边

"双重画笔"设置相当于为画笔同时安装了两种笔尖，因此，一次可绘制出两种笔尖的笔迹，但画面中只显示两种笔尖相互重叠的部分。操作时首先在"画笔笔尖形状"选项面板中选择一个笔尖，然后从"双重画笔"选项面板中选择另一个笔尖，如图6-52所示。

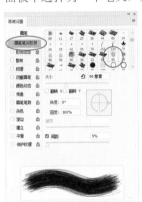 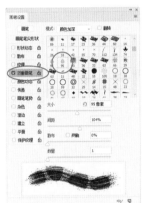

选择第1个笔尖　　　　　选择第2个笔尖

普通笔尖绘制效果　　　双重画笔绘制效果

图6-52

● **模式**：在该选项的下拉列表可以选择两种笔尖在组合时使用的混合模式。

● **大小**：用来设置笔尖的大小。

● **间距**：用来控制描边中双笔尖画笔笔迹之间的距离。

● **散布**：用来指定描边中双笔尖画笔笔迹的分布方式。如果选取"两轴"选项，双笔尖画笔笔迹按径向分布；取消选取，则双笔尖画笔笔迹垂直于描边路径分布。

● **数量**：用来指定在每个间距间隔应用的双笔尖笔迹数量。

◈ 6.1.14

颜色动态：让色彩产生变化

如果要让绘制出的线条的颜色、饱和度和明度等产生变化，可以单击"画笔设置"面板左侧的"颜色动态"选项并进行设置，如图6-53所示。

● **应用每笔尖**：选取该选项后，可以让每一个笔迹都出现变化；取消选取，则每绘制一次出现一次变化（绘制过程中颜色不变），如图6-54所示。

 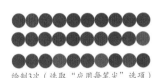

绘制3次（选取"应用每笔尖"选项）

绘制3次（未选取"应用每笔尖"选项）

图6-53　　　　　　　　图6-54

● **前景/背景抖动**：让颜色在前景色和背景色之间变化。该值越小，颜色越接近于前景色，如图6-55所示；该值越大，颜色越接近于背景色，如图6-56所示。

前景/背景抖动0%　　　　前景/背景抖动100%
图6-55　　　　　　　　图6-56

● **色相抖动**：让色相随机变化。该值越小，颜色越接近于前景色；该值越大，颜色变化越强烈、色彩越丰富。

● **饱和度抖动**：让颜色的鲜艳程度产生变化。

● **亮度抖动**：让颜色的明暗产生变化。

● **纯度**：可以改变颜色的饱和度。设置为负值降低饱和度，设置为正值增加饱和度，设置为0%不会改变饱和度。

◈ 6.1.15

传递：让不透明度和流量产生变化

"传递"用来确定油彩在描边路线中的改变方式，如图6-57所示。如果配置了数位板和压感笔，"湿度抖动"和"混合抖动"两个选项可以使用。

普通笔尖绘制
效果

设置"传递"后
的绘制效果

图6-57

● **不透明度抖动**：用来设置画笔笔迹中油彩不透明度的变化程度。

● **流量抖动**：用来设置画笔笔迹中油彩流量的变化程度。

💎 6.1.16
画笔笔势：控制特殊笔尖的角度、旋转和压力

　　使用硬毛刷笔尖、侵蚀笔尖和喷枪笔尖这些特殊的笔尖时，可以通过设置"画笔笔势"控制画笔的倾斜角度、旋转角度和压力，这些设置可以模拟压感笔，使我们获得更真实的手绘效果，如图6-58所示。

普通硬毛刷笔尖
绘制效果

设置"画笔笔势"
后的绘制效果

图6-58

● **倾斜 X/倾斜 Y**：倾斜 x 确定画笔从左向右倾斜的角度，倾斜 y 确定画笔从前向后倾斜的角度，如图6-59所示。

倾斜 x 30%　　　倾斜 y 30%　　　倾斜 x 30%、倾斜 y 30%

图6-59

● **旋转**：控制硬毛刷笔尖的旋转角度，如图6-60所示。

旋转0°　　　　旋转90°　　　　旋转180°

图6-60

● **压力**：控制应用于画布上画笔的压力，效果如图6-61所示。如果使用数位板，启用"覆盖"选项后，将屏蔽数位板压力和光笔角度等方面的感应反馈，依据当前设置的画笔笔势参数产生变化。

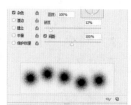

压力30%　　　　　　　　　压力60%

图6-61

💎 6.1.17
其他选项

　　"画笔"面板最下面几个选项是"杂色""湿边""建立""平滑""保护纹理"，如图6-62所示。它们没有可供调整的数值，如果要启用一个选项，将其选取即可。

● **杂色**：在画笔笔迹中添加干扰形成杂点。画笔的硬度值越低，杂点越多，如图6-63所示。

硬度值分别为0%、50%、100%

图6-62　　　　　　　　图6-63

● **湿边**：画笔中心的不透明度变为60%，越靠近边缘颜色越浓，效果类似于水彩笔。画笔的硬度值影响湿边范围，如图6-64所示。

硬度值分别为0%、50%、100%

图6-64

● **建立**：将渐变色调应用于图像，同时模拟传统的喷枪技术。该选项与工具选项栏中的喷枪选项相对应，勾选该选项，或者单击工具选项栏中的喷枪按钮，都能启用喷枪功能。

● **平滑**：在画笔描边中生成更平滑的曲线。当使用压感笔进行快速绘画时，该选项最有效；但是它在描边渲染中可能会发生轻微的滞后。

● **保护纹理**：将相同图案和缩放比例应用于具有纹理的所有画笔预设。选择该选项后，使用多个纹理画笔笔尖绘画时，可以模拟出一致的画布纹理。

6.2 绘画类工具

画笔、铅笔、橡皮擦、颜色替换、涂抹、混合器画笔、历史记录和历史记录艺术画笔工具是Photoshop中用于绘画的工具，它们可以绘制图画和修改像素。

6.2.1
●平面 ●网店 ●摄影 ●插画 ●动漫
设计实战：用画笔工具将照片变为素描画

画笔工具 ✐ 类似于传统的毛笔，使用前景色绘制线条。该工具可以绘制图画，也常用于修改蒙版和通道。下面，我们使用它将一张照片修改为素描画。

扫码看视频

01 打开照片素材，如图6-65所示。按Ctrl+J快捷键复制"背景"图层。执行"图像>调整>通道混合器"命令，打开"通道混合器"对话框，选取"单色"选项，如图6-66所示，将照片转换为黑白效果。

图6-65　　　　　　　　　　　图6-66

02 执行"图像>调整>亮度/对比度"命令，打开"亮度/对比度"对话框，增加对比度参数，强化高光与阴影的对比，如图6-67和图6-68所示。

图6-67　　　　　图6-68

03 单击"图层"面板底部的 ▣ 按钮，新建一个图层。按Alt+Delete快捷键填充白色。单击面板底部的 ▢ 按钮，添加图层蒙版（见145和148页），如图6-69所示。

图6-69

04 选择画笔工具 ✐，打开工具选项栏中的画笔下拉面板菜单，选择"导入画笔"命令，如图6-70所示，在打开的对话框中，选择配套资源素材文件夹中的"素描画笔.abr"文件，如图6-71所示。

图6-70　　　　　　　　　图6-71

05 选择"素描画笔5"，如图6-72所示，设置角度为110°，间距为3%，如图6-73所示。

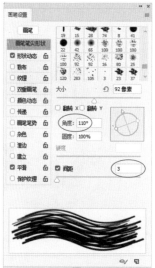
图6-72　　　　　　　　图6-73

06 在工具选项栏中设置画笔工具 ✐ 的不透明度为15%，流量为70%。绘制倾斜的线条，如图6-74所示。像绘制素描画一样，铺上调子表现明暗，直到人像越来越清晰，如图6-75所示。用鼠标直接绘制直线是比较难的，但有一种技巧，就是先在一点单击，然后按住Shift键在另一点单击，即可绘制出直线。

图6-74　　　　　　　　　　图6-75

07 头发、眼睛、鼻子投影和嘴角处应多画线，表现出明暗效果，使人物生动起来，如图6-76和图6-77所示。

图6-76　　　　　　　　　　图6-77

08 选择减淡工具 🔍，在工具选项栏中设置画笔大小为200像素，曝光度为30%。在面部涂抹，提亮亮部，再选择加深工具 ✍️，增加暗部的调子，使画面层次丰富。最后，在右下角加入签名，完成后的效果如图6-78所示。

图6-78

提示（Tips）

使用"编辑>定义画笔预设"命令可以将整幅图像，或选区内的部分图像定义为图像样本笔尖。笔尖是灰度图像，没有色彩属性，在使用时需要设置前景色。

画笔工具选项栏

图6-79所示为画笔工具 ✏️ 的选项栏。其中的"平滑"选项和绘画对称按钮 🎭 介绍参见后面章节（见133和134页）。

图6-79

● **模式**：在下拉列表中可以选择画笔笔迹颜色与下面像素的混合模式。图6-80所示为"正常"模式的绘制效果，图6-81所示为"线性光"模式的绘制效果。

图6-80　　　　　　　　　　图6-81

● **不透明度**：用来设置画笔的不透明度。降低不透明度后，绘制出的内容会呈现透明效果。当笔迹重叠时，还会显示重叠效果，如图6-82所示。使用画笔工具时，每单击一次鼠标，视为绘制一次。如果在绘制过程中始终按住鼠标按键不放开，则无论在一个区域怎样涂抹，都被视为绘制一次，因此，这样操作不会出现笔迹重叠效果。

● **流量**：用来设置颜色的应用速率，"不透明度"选项中的数值决定了颜色透明度的上限，这表示在某个区域上进行绘画时，如果一直按住鼠标按键，颜色量将根据流动速率增大，直至达到不透明度设置。例如，将"不透明度"和"流量"都设置为60%，在某个区域如果一直按住鼠标按键不放，颜色量将以60%的应用速率逐渐增加（其间，画笔的笔迹会出现重叠效果），并最终到达"不透明度"选项所设置的数值，如图6-83所示。除非在绘制过程中放开鼠标，否则无论在一个区域上绘制多少次，颜色的总体不透明度也不会超过60%（即"不透明度"选项所设置的上限）。

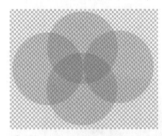
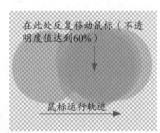

在此处反复移动鼠标（不透明度值达到60%）

鼠标运行轨迹

图6-82　　　　　　　　　　图6-83

● **喷枪** 🖌️：单击该按钮，可以开启喷枪功能，此时在一处位置单击后，按住鼠标按键的时间越长，颜色堆积得越多，如图6-84所示。图6-85所示为没有启用喷枪时的效果。"流量"设置越高，颜色堆积的速度越快，直至达到所设定的"不透明度"值。在"流量"设置较低的情况下，会以缓慢的速度堆积颜色，直至达到"不透明度"值。再次单击该按钮可以关闭喷枪功能。

● **绘图板压力按钮** 🖊️🖊️：单击这两个按钮后，用数位板绘画时，光笔压力可覆盖"画笔"面板中的不透明度和大小设置。

图6-84　　　　　　　　　图6-85

◈ 6.2.2
设计实战：用铅笔工具将照片变为卡通画

铅笔工具 ✎ 与画笔工具 ✐ 一样，也使用前景色绘制线条。二者最大的区别在于，用画笔工具 ✐ 绘制的线条边缘呈现柔和效果，即便使用的是尖角笔尖，用缩放工具 🔍 放大观察，也能看到柔和的边缘；而铅笔工具 ✎ 可以绘制出真正意义上的硬边。

在低分辨率的图像上，用铅笔工具 ✎ 绘制的线条会显现清晰的锯齿，这是像素画的基本特征，因而，我们可以用铅笔工具 ✎ 绘制像素画。此外，快速绘制草图和描边路径时也会用到它。

01 打开素材，如图6-86所示。单击"图层"面板底部的 ⬚ 按钮，创建一个图层，如图6-87所示。

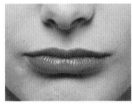

图6-86　　　　　　　　图6-87

02 选择铅笔工具 ✎ ，在工具选项栏的下拉面板中选择一个柔边圆笔尖，大小设置为15像素，如图6-88所示。将前景色设置为黑色，基于底层图像中鼻子和嘴的位置，画出一个小猫轮廓，如图6-89所示。

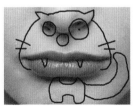

图6-88　　　　　　图6-89

03 按住Ctrl键单击"图层"面板底部的 ⬚ 按钮，在当前图层下方新建一个图层。将前景色设置为白色。按] 键将笔尖调大，将小猫的眼睛和牙齿涂上白色，再用黑色画出小猫的头发，如图6-90所示。

04 在"图层"面板最上方新建一个图层。在"色板"面板中选择一些鲜艳的颜色，画出小猫的花纹，如图6-91所示。设置该图层的混合模式为"正片叠底"，使花纹融合到皮肤中，如图6-92所示。

05 花纹虽与画面色调协调，但还不够鲜艳。按Ctrl+J快捷键复制当前图层，设置混合模式为"叠加"，不透明度为50%，如图6-93所示。最后，在画面左下角输入文字，用铅笔工具 ✎ 给文字描边，画上粉红色的底色。

图6-90　　　　　　　　图6-91

图6-92　　　　　　　　图6-93

技术看板 20 自动抹除

在铅笔工具的选项栏中，除"自动抹除"选项外，其他均与画笔工具相同。选择该项后，开始拖动鼠标时，如果光标的中心在包含前景色的区域上，可将该区域涂抹成背景色；如果光标的中心在不包含前景色的区域上，则可将该区域涂抹成前景色。

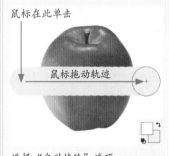

选择"自动抹除"选项　　　未选择"自动抹除"选项

◈ 6.2.3
橡皮擦工具

橡皮擦工具 ✐ 具有"双重身份"，它既可以擦除图像，也可以像画笔或铅笔工具那样"绘制线条"，具体扮演哪个角色取决于用它处理哪种图层。

在普通图层上使用该工具时，可擦除图像，如图6-94所示；如果处理"背景"图层或锁定了透明区域（即单击了"图层"面板中的 ⊠ 按钮）的图层，则橡皮擦工具 ◢ 会像画笔或铅笔工具那样绘制线条，如图6-95所示。但与这两种工具又有所区别，用橡皮擦工具 ◢ 绘制的线条以背景色填充，而不是前景色。由于该工具会破坏图像，因而实际应用得并不多。想要消除图像，常用的办法是通过图层蒙版（见145和148页）将其遮盖。

图6-94　　　　　　　　图6-95

图6-96所示为该工具的选项栏。

图6-96

- **模式**：选择"画笔"，可以像操作画笔工具一样使用橡皮擦工具，此时可创建柔边效果，如图6-97所示；选择"铅笔"，可以像操作铅笔工具一样使用橡皮擦工具，此时可创建硬边效果，如图6-98所示；选择"块"，橡皮擦会变为一个固定大小的硬边方块，如图6-99所示。

图6-97　　　　　　图6-98　　　　　　图6-99

- **不透明度**：用来设置工具的擦除强度，100% 的不透明度可以完全擦除像素，较低的不透明度将部分擦除像素。将"模式"设置为"块"时，不能使用该选项。

- **流量**：用来控制工具的涂抹速度。

- **抹到历史记录**：与历史记录画笔工具的作用相同。选取该选项后，在"历史记录"面板中选择一个状态或快照，在擦除时，可以将图像恢复为指定状态。

◈ 6.2.4

功能练习：用颜色替换工具为头发换色

顾名思义，颜色替换工具 ◢ 是用来替换颜色的。使用该工具在图像上单击（或单击并拖曳鼠标）时，可以获取光标下方的颜色样本，并用前景色将其替换。该工具不能用于位

扫码看视频

图、索引或多通道颜色模式的图像。

01 打开素材，如图6-100所示。在"颜色"面板中调整前景色，如图6-101所示。

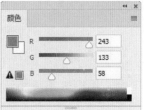

图6-100　　　　　　　　图6-101

02 选择颜色替换工具 ◢，在工具选项栏中选择一个柔角笔尖并单击连续按钮 ◢，将"限制"设置为"连续"，"容差"设置为30%，如图6-102所示。在模特头发上涂抹，替换头发颜色，如图6-103所示。在操作时应注意，光标中心的十字线不要碰到模特的面部和衣服，否则，也会替换其颜色。

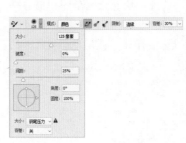

图6-102　　　　　　　　图6-103

03 按 [键，将笔尖调小，在头发边缘涂抹，进行细致加工，如图6-104所示。图6-105所示为使用其他前景色进行涂抹创建的效果。

图6-104　　　　　　　　图6-105

颜色替换工具选项栏

图6-106所示为颜色替换工具 ◢ 的选项栏。

图6-106

- 模式：用来设置可以替换的颜色属性，包括"色相""饱和度""颜色""明度"。默认为"颜色"，它表示可以同时替换色相、饱和度和明度。

- 取样：用来设置颜色的取样方式。单击连续按钮🖊后，在拖动鼠标时可连续对颜色取样；单击一次按钮🖊，只替换包含第一次单击的颜色区域中的目标颜色；单击背景色板按钮🖊，只替换包含当前背景色的区域。

- 限制：选择"不连续"，只替换出现在光标下的样本颜色；选择"连续"，可替换与光标指针（即圆形画笔中心的十字线）挨着的且与光标指针下方颜色相近的其他颜色；选择"查找边缘"，可替换包含样本颜色的连接区域，同时保留形状边缘的锐化程度。

- 容差：用来设置工具的容差。颜色替换工具只替换鼠标单击点颜色容差范围内的颜色，该值越高，对颜色相似性的要求程度就越低，也就是说可替换的颜色范围更广。

- 消除锯齿：勾选该项，可以为校正的区域定义平滑的边缘，从而消除锯齿。

💎 6.2.5
涂抹工具

涂抹工具🖐通过单击并拖曳鼠标的方法使用。在操作时，Photoshop会拾取单击点的颜色，并沿着鼠标的移动方向扩展，效果与我们用手指去混合调色板上的颜料类似。在画面中，颜料的融合、手指在图像中留下的划痕，以及一点点的迟滞，都带给我们非常真实的体验。图6-107所示为涂抹工具🖐的选项栏。

图6-107

- 强度："强度"值越高，可以将鼠标单击点下方的颜色拉得越长；"强度"值越低，相应颜色的涂抹痕迹也会越短。

- 对所有图层取样：如果文件中包含多个图层，选取该选项，可以从所有可见图层中取样；取消选取，只从当前图层取样。

- 手指绘画：选取该选项后，将使用前景色进行涂抹，效果类似于我们先用手指蘸一点颜料，再去混合其他颜色，如图6-108和图6-109所示；取消选取，则从鼠标单击点处图像的颜色展开涂抹，如图6-110所示。

原图
图6-108

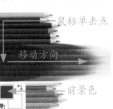
选取"手指绘画"
图6-109

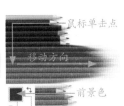
未选取"手指绘画"
图6-110

💎 6.2.6
混合器画笔工具

混合器画笔工具🖌是增强版的涂抹工具，它更进一步地模拟真实的绘画技术，不仅可以混合画布上的颜色，还能混合画笔上的颜料（颜色），甚至能在鼠标拖曳过程中模拟不同湿度的颜料所产生的绘画痕迹。图6-111所示为该工具的选项栏。

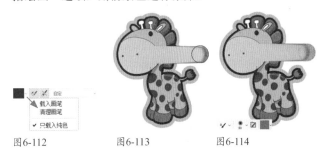
图6-111

颜色取样方式

混合器画笔工具🖌有3种颜色取样方法，如图6-112所示。第1种是选择"载入画笔"。此时在图像上单击并拖曳鼠标，Photoshop会拾取单击点的颜色，并沿着鼠标的拖曳方向扩展，如图6-113所示。这与涂抹工具🖐的基本使用效果完全相同。

第2种是选择"只载入纯色"，然后单击·按钮左侧的颜色块（该颜色块也称为"储槽"，用于储存颜色），打开"拾色器"设置一种颜色，用这种颜色进行涂抹，如图6-114所示。这种方式相当于使用涂抹工具🖐时，选取"手指绘画"选项，用前景色进行涂抹。

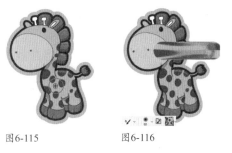
图6-112　　　　图6-113　　　　图6-114

第3种是用采集的图像进行涂抹。操作方法是先选择菜单中的"清理画笔"命令，清空储槽，然后按住Alt键单击一处图像，如图6-115所示，将其载入储槽中，再用它来涂抹，如图6-116所示。

图6-115　　　　　图6-116

其他选项

- 每次描边后载入画笔🖌：如果想要每一笔（即单击并拖曳鼠

标一次）都使用储槽里的颜色（或拾取的图像）涂抹，可以单击该按钮。

- 每次描边后清理画笔 ✖️：如果想要在每一笔后都自动清空储槽，可以单击该按钮。
- 预设：可以选择一种预设，在鼠标拖曳过程中可模拟不同湿度的颜料所产生的绘画痕迹，如图6-117所示。

湿润，浅混合
图6-117

非常潮湿，深混合

- 潮湿：控制画笔从图像中拾取的颜料量。较高的设置会产生较长的绘画条痕，如图6-118所示。

潮湿30%
图6-118

潮湿100%

- 载入：用来指定储槽中载入的油彩量。载入速率较低时，绘画描边干燥的速度会更快，如图6-119所示。

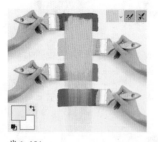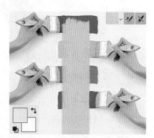

载入1%
图6-119

载入100%

- 混合：控制图像颜料量同储槽颜料量的比例。当比例为100%时，所有颜料都将从图像中拾取；比例为0%时，所有颜料都来自储槽。（不过，"潮湿"设置仍然会决定颜料在图像上的混合方式。）
- 流量：用来设置当将光标移动到某个区域上方时应用颜色的速率。
- 喷枪 ✎：单击该按钮后，按住鼠标按键（不拖动）可增大颜色量。

- 设置描边平滑度 ⭕：较高的设置可以减少描边的抖动。
- 对所有图层取样：拾取所有可见图层中的画布颜色。

💎 6.2.7

历史记录和历史记录艺术画笔工具

历史记录画笔工具 ✎ 与"历史记录"面板（见24页）相似，都可以将图像恢复到编辑过程中的某一步骤状态。它们的区别在于："历史记录"面板只能进行整体恢复，主要用在撤销操作上；历史记录画笔工具 ✎ 可局部恢复图像，类似于图层蒙版。历史记录艺术画笔工具 ✎ 在恢复图像的同时还会进行艺术化处理，创建独特的艺术效果。这两个工具都需要配合"历史记录"面板一同使用。

打开一幅图像，如图6-120所示。用"镜头模糊"滤镜对画面进行模糊处理，如图6-121所示。在"历史记录"面板中的步骤前面单击鼠标，所选步骤前面会显示历史记录画笔的源 ✎ 图标，如图6-122所示。用历史记录画笔工具 ✎ 在前方的荷花和荷叶上涂抹，将其恢复到所选历史步骤阶段，即可创建背景模糊、主要对象清晰的大光圈镜头拍摄效果，如图6-123所示。

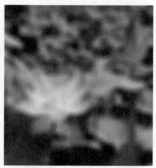

图6-120

图6-121

图6-122

图6-123

历史记录艺术画笔工具选项栏

图6-124所示为历史记录艺术画笔工具 ✎ 的选项栏。其中的"模式""不透明度"等都与画笔工具相同。其他选项介绍如下。

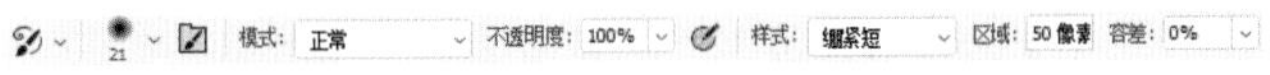

图6-124

● **样式**：可在下拉列表中选择一个选项来控制绘画描边的形状，包括 "绷紧短" "绷紧中" "绷紧长" 等。

● **区域**：用来设置绘画描边所覆盖的区域。该值越高，覆盖的区域越广，描边的数量也越多。

● **容差**：用来限定可应用绘画描边的区域。低 "容差" 可用于在图像中的任何地方绘制无数条描边，高 "容差" 会将绘画描边限定在与源状态或快照中的颜色明显不同的区域。

6.3 绘画妙招

绘画操作需要不断地重复鼠标单击动作，最好是使用数位板，以便减轻操作强度。此外，掌握下面的技巧也会对绘画有一定的帮助。

6.3.1
妙招一：用快捷键操作绘画和修饰类工具

在绘画类和修饰类工具中，凡是以画笔形式使用的，都可以参照下面的技巧操作。

● **画笔大小调节技巧**：按] 键，可以将画笔调大；按 [键，可以将画笔调小。

● **画笔硬度调节技巧**：如果当前使用的是实边圆、柔边圆和书法笔尖，按 Shift+[键，可以减小画笔硬度；按 Shift+] 键，可以提高画笔硬度。

● **不透明度更改技巧**：对于绘画类和修饰类工具，如果其工具选项栏中包含 "不透明度" 选项，则按键盘中的数字键可以修改不透明度值。例如，按 1 键，工具的不透明度变为 10%；按 75 键，不透明度变为 75%；按 0 键，不透明度恢复为 100%。

● **笔尖更换技巧**：在使用可更换笔尖的绘画类和修饰类工具时，可以通过快捷键更换笔尖，而不必在 "画笔" 或 "画笔预设" 等面板中指定。例如，按 > 键，可以切换为与之相邻的下一个笔尖；按 < 键，可以切换为与之相邻的上一个笔尖。

● **直线绘制技巧**：使用画笔工具 ✎、铅笔工具 ✐、混合器画笔工具 ✒、橡皮擦工具 ✐、背景橡皮擦工具 ✐ 时，在画面中单击，然后按住 Shift 键单击画面中任意一点，两点之间会以直线连接。按住 Shift 键还可以绘制水平、垂直或以 45° 角为增量的直线。

6.3.2
妙招二：对画笔描边进行智能平滑

对于画笔、铅笔、混合器画笔和橡皮擦等通过绘画形式使用的工具，Photoshop 可以对画笔描边进行智能平滑。以画笔工具 ✎ 为例，将 "平滑" 值调高以后，单击 ✿ 按

钮，打开下拉面板，如图6-125所示，可选择平滑模式。

● **拉绳模式**：在该模式下，单击并拖曳鼠标时，会显示一个紫色的圆圈和一条紫色的线，圆圈代表的是平滑半径，那条线则是拉绳（也称笔带），按住鼠标按键移动时，绳线会拉紧，此时便可描绘出线条，如图 6-126 所示。在绳线的引导下，线条更加流畅，绘画的可控性大大增强，尤其绘制折线变得非常容易。在这种模式下，在平滑半径之内移动光标不会留下任何标记。

图6-125　　　　　图6-126

● **描边补齐**：它的作用是，当快速拖曳鼠标至某一点时，如图 6-127 所示，只要按住鼠标不放，线条就会沿着拉绳慢慢地追随过来，直至到达光标所在处，如图 6-128 所示。如果这中间放开了鼠标，则线条会停止追随。禁用此模式时，光标停止移动时会马上停止绘画。

图6-127　　　　　图6-128

● **补齐描边末端**：在线条沿着拉绳追随的过程中放开鼠标按键时，线条不会停止，而是迅速到达光标所在的位置。

● **调整缩放**：通过调整平滑，防止抖动描边。在放大文件时减小平滑；在缩小文件时增加平滑。

◆ 6.3.3 ☒ 进阶课

妙招三：对称绘画

对称绘画是一项针对画笔工具 🖌️、铅笔工具 ✏️ 和橡皮擦工具 🧽 的功能。选择其中的一个工具以后，单击工具选项栏中的 🦋 按钮，并从下拉菜单中选择对称类型（即选择对称路径），如图6-129所示，此后在画面中描绘时，对称路径的另一侧会自动生成对称效果，如图6-130所示。有了这项功能作为辅助，我们可以轻松地描绘人脸、汽车、动物及其他对称的图像。

图6-129　　　图6-130

◆ 6.3.4 ☒ 进阶课

妙招四：任意旋转画面

绘画或修饰图像时，如果想要从不同的角度观察和处理图像，可以使用旋转视图工具 🖐️ 在画布上单击并拖曳鼠标，使画布旋转，就像在纸上画画时旋转纸张一样，如图6-131和图6-132所示。与"图像旋转"命令（见45页）不同的是，该工具只是临时改变画布角度，图像内容并没有被真正旋转。

图6-131　　　　　　　图6-132

操作时，画布上会出现一个罗盘，红色的指针指向北方。如果要精确旋转，可以在工具选项栏的"旋转角度"文本框中输入角度值。如果打开了多幅图像，选取"旋转所有窗口"选项，可以同时旋转所有窗口。如果要将画布恢复到原始角度，可以单击工具选项栏中的"复位视图"按钮或按Esc键。

6.4　填充颜色和图案

填充是指在图像或选区内部的图像，以及图层蒙版和通道内填充颜色、渐变和图案。油漆桶工具 🪣、图案图章工具 🖼️、渐变工具 🟦、"填充"命令和填充图层都属于填充工具。此外，创建形状图层（见377页）时，形状图形内部也可填充，"图层样式"对话框中也包含填充效果（见339页）。

◆ 6.4.1

功能练习：用油漆桶工具为黑白卡通画填色

油漆桶工具 🪣 是一个增加了填充功能的魔棒，因为它可以像魔棒工具 ✨（见306页）那样自动选择"容差"范围内的图像，然后用颜色或图案填充选中的区域。由于选择与填充是同步进行的，因此，这一过程看不到选区。使用时，在图像中单击便可，Photoshop会填充与鼠标单击点颜色相似的

扫码看视频

区域。对于颜色相似程度的判定取决于"容差"的大小。

01 打开素材，如图6-133所示。选择油漆桶工具 🪣，在工具选项栏中将"填充"设置为"前景"，"容差"设置为32，在"颜色"面板中调整前景色，如图6-134所示。在卡通狗的眼睛、鼻子和衣服上填充前景色，如图6-135所示。

02 调整前景色，如图6-136所示，为裤子填色，如图6-137所示。采用同样的方法，调整前景色后，为耳朵、衣服上的星星和背景填色，如图6-138所示。

图6-133　　　　　图6-134　　　　　图6-135

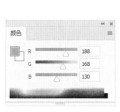

图6-136　　　　　图6-137　　　　　图6-138

03 在工具选项栏中将"填充"设置为"图案",打开图案下拉面板,单击 ✿. 按钮,打开面板菜单,选择"图案"命令,加载该图案库,然后选择"箭尾"图案,填充背景,如图6-139和图6-140所示。

04 执行"编辑>渐隐油漆桶"命令,打开"渐隐"对话框,将所填充的图案的混合模式设置为"叠加",如图6-141所示,让背景颜色透过图案显示出来,如图6-142所示。我们还可以将卡通贴图贴在手机外壳上,如图6-143和图6-144所示。

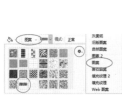

图6-139　　　　　图6-140　　　　　图6-141

图6-142　　　图6-143　　　图6-144

技术看板 ㉑ 用"渐隐"命令修改结果

使用画笔、滤镜编辑图像,或进行了填充、颜色调整、添加图层效果等操作以后,可以用"编辑>渐隐"命令修改操作结果的不透明度和混合模式。

油漆桶工具选项栏

图6-145所示为油漆桶工具 ◇ 的选项栏。

图6-145

- 填充内容：单击油漆桶图标右侧的 · 按钮,可以在下拉列表中选择填充内容,包括"前景"和"图案"。

- 模式/不透明度：用来设置填充内容的混合模式和不透明度。如果将"模式"设置为"颜色",则填充颜色时不会破坏图像中原有的阴影和细节。

- 容差：决定了取样的颜色范围。低"容差"值,只填充与鼠标单击点颜色非常相似的颜色；"容差"值越高,对颜色相似程度的要求越低,填充的颜色范围越大。

- 消除锯齿：可以平滑填充选区的边缘。

- 连续的：只填充与鼠标单击点相邻的像素,取消选取时可填充图像中的所有相似像素。

- 所有图层：选取该选项,表示基于所有可见图层中的合并颜色数据填充像素；取消选取,则仅填充当前图层。

💎 6.4.2　　　　　　🚩 必学课

设计实战：定义并填充图案制作足球海报

图案即图像。来源方式有两种,一种是Photoshop预设的图案,另外一种是用户自定义的图案。图案的定义方法非常简单,使用"编辑>定义图案"命令操作便可。如果要将局部图像定义为图案,可以先用矩形选框工具 □ 将其选取,再执行"定义图案"命令。

将图像定义为图案后,它便成为预设图案。预设图案会同时出现在油漆桶工具 ◇、图案图章工具 ✻▲、修复画笔工具 ✐ 和修补工具 ⬚ 选项栏的下拉面板,以及"填充"命令和"图层样式"对话框中。

下面我们来自定义一组图案,再使用"填充"命令,将其填充到图像中。"填充"命令主要用于填充选区,在没有选区的状态下会填充整个图像。该命令除提供了前景色、背景色、自定义颜色和图案外,还包含历史记录和内容识别等特别选项。如果只是想要填充前景色,可以按Alt+Delete快捷键操作(按Ctrl+Delete快捷键可直接填充背景色),不必使用该命令。

01 打开素材，如图6-146所示。单击"图层1"，选取该图层，然后在"背景"图层前面的眼睛图标 👁 上单击，将其隐藏，如图6-147。使用矩形选框工具 □ 选中球星图案，如图6-148所示。

图6-146

图6-147

图6-148

02 执行"编辑>定义图案"命令，在打开的对话框中输入图案名称，如图6-149所示，单击"确定"按钮，将选中的球星图案创建为自定义的图案。

图6-149

03 按Delete键删除图像，使"图层1"成为透明图层，如图6-150所示。按Ctrl+D快捷键取消选择。在"背景"图层前面的原眼睛图标处单击，重新显示该图层，如图6-151所示。

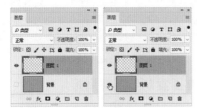
图6-150　　图6-151

04 执行"编辑>填充"命令，打开"填充"对话框，在"使用"选项下拉列表中选择"图案"，在"自定图案"下拉列表中选择新建的图案，如图6-152所示，单击"确定"按钮填充图案，如图6-153所示。

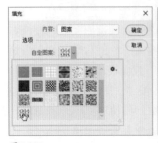
图6-152

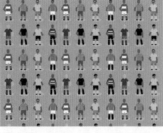
图6-153

05 打开素材，使用移动工具 ⊹ 将足球和文字拖入图案文件，效果如图6-154所示。该图案还可以应用到其他地方，如可以作为外包装贴图，如图6-155所示。

图6-154

图6-155

"填充"对话框	说明
内容	可以在"使用"选项下拉列表中选择"前景色""背景色""图案"等作为填充内容
模式/不透明度	用来设置填充内容的混合模式和不透明度
保留透明区域	选择该选项后，只对图层中包含像素的区域进行填充，不会影响透明区域

技术看板 ㉒ 内容识别填充

如果在"内容"下拉列表中选取"内容识别"选项，将自动启用"颜色适应"选项，此时可通过某种算法将填充颜色与周围颜色混合。例如，用矩形选框工具选取蜜蜂及其周围的向日葵，使用"填充"命令填充（选择"内容识别"选项），Photoshop会用选区附近的向日葵填充选区，并对光影、色调等进行融和，该处就像是原本不存在蜜蜂一样。

用矩形选框工具选取蜜蜂　　使用"填充"命令填充

◈ 6.4.3

功能练习：用图案图章工具为汽车绘制图案

图案图章工具 ❋▲ 是专门用于绘制图案的工具，它可以用Photoshop提供的图案或用户自定义的图案进行绘画。

扫码看视频

01 打开素材。按Ctrl+J快捷键复制"背景"图层。打开"路径"面板，按住Ctrl键单击"路径1"，载入车身选区，如图6-156和图6-157所示。

图6-156　　图6-157

02 选择图案图章工具 ×💪，在工具选项栏中设置模式为"线性加深"。打开图案下拉面板，单击 ✿.按钮，打开面板菜单，选择"图案"命令，加载该图库，然后选择"木质"图案，如图6-158所示。

03 在选区内单击并拖曳鼠标涂抹，绘制图案，如图6-159所示。将工具的不透明度调整为50%，选择"生锈金属"图案，如图6-160所示，在汽车前部绘制该图案，按Ctrl+D快捷键，取消选择，效果如图6-161所示。

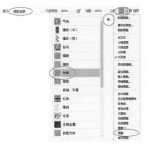 

图6-158　　　　　　　　图6-159

图6-160　　　　图6-161

图案图章工具选项栏

在图案图章工具 ×💪 的选项栏中，"模式""不透明度""流量""喷枪"等与画笔工具相同，其他选项用途如下。

● 对齐：选取该选项以后，可以保持图案与原始起点的连续性，即使多次单击鼠标也不例外，如图6-162所示；取消选择时，则每次单击鼠标都重新应用图案，如图6-163所示。

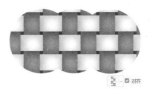 

图6-162　　　　　　　　　　图6-163

● 印象派效果：选取该选项后，可以模拟出印象派效果的图案，如图6-164和图6-165所示。

柔角笔尖绘制的印象派效果　　　尖角笔尖绘制的印象派效果
图6-164　　　　　　　　　　图6-165

Photoshop CC 2018
6.5

填充渐变

渐变是两种或多种颜色逐渐过渡的填色效果，在Photoshop中的应用非常广泛，可用于填充图像、图层蒙版、快速蒙版和通道。此外，调整图层和填充图层也可用渐变编辑。

💎 6.5.1　　　　　　　　　🚩 必学课

渐变的5种样式

渐变可以通过渐变工具 ▦、渐变填充图层、渐变映射调整图层和图层样式（描边、内发光、渐变叠加和外发光效果）来应用。渐变工具 ▦ 可以填充图像、图层蒙版、快速蒙版

扫码看视频

和通道，后几种只用于特定的图层。

渐变有5种基本样式，图6-166所示为使用渐变工具 ▦ 填充的渐变（线段起点代表渐变的起点，线段终点即箭头代表渐变的终点，箭头方向代表鼠标的移动方向）。其中，线性渐变从光标起点开始到终点结束，如果未横跨整个图像区域，则其外部范围会以渐变的起始颜色和终止颜色填充，其他几种渐变以光标起始点为中心展开。

中文版 Photoshop CC 2018 完全自学教程

线性渐变 ■：以直线从起点渐变到终点

径向渐变 ■：以圆形图案从起点渐变到终点

角度渐变 ■：围绕起点以逆时针扫描方式渐变

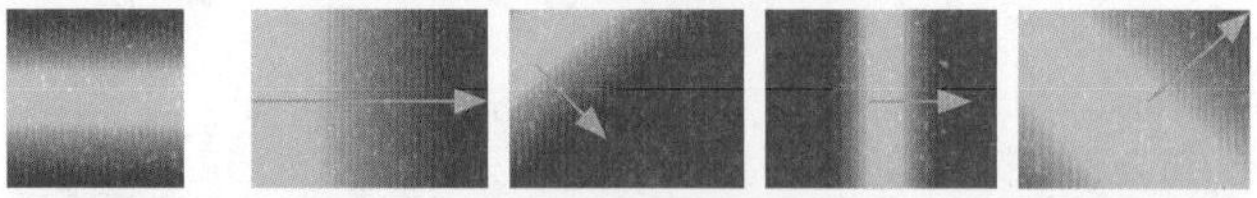

对称渐变 ■：在起点的两侧镜像相同的线性渐变

菱形渐变 ■：遮蔽菱形图案从中间到外边角的部分

图6-166

6.5.2
设计实战：用渐变工具制作水晶按钮

01 选择渐变工具 ■，单击工具选项栏中的线性渐变按钮 ■，选择该样式，再单击渐变颜色条，如图6-167所示，打开"渐变编辑器"。

扫码看视频

图6-167

02 在"预设"选项中选择一个预设的渐变，它会出现在下面的渐变条上，如图6-168所示。渐变条中最左侧的色标代表了渐变的起点颜色，最右侧的色标代表了渐变的终点颜色。渐变条下面的■图标是色标，单击一个色标，可以将它选取，如图6-169所示。

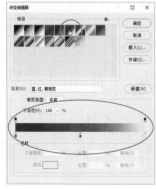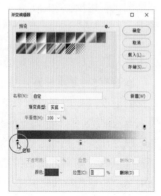

图6-168　　　　图6-169

03 单击"颜色"选项右侧的颜色块，或双击该色标都可以打开"拾色器"，在"拾色器"中调整该色标的颜色即可修改渐变的颜色，如图6-170和图6-171所示。

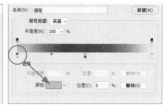

图6-170　　　　图6-171

04 选择一个色标并拖曳，或在"位置"文本框中输入数值，可以改变渐变色的混合位置，如图6-172所示。拖曳两个渐变色标之间的菱形图标（中点），则可以调整该点两侧颜色的混合位置，如图6-173所示。

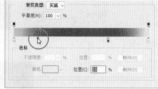

图6-172　　　　图6-173

05 在渐变条下方单击可以添加新色标，如图6-174所示。选择一个色标后，单击"删除"按钮，或直接将它拖到渐变颜色条外，可将其删除，如图6-175所示。

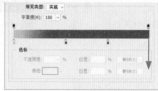

图6-174　　　　图6-175

06 调出白-蓝渐变，然后单击"确定"按钮关闭对话框。打开素材，如图6-176所示。选择"图层1"，在画布上按住Shift键单击并拖曳鼠标拉出一条直线，放开鼠标后，创建渐变，如图6-177所示。起点（按鼠标处）和终点（松开鼠标处）的位置不同，渐变的外观也会随之变化。

图6-176　　　　图6-177

提示（Tips）

填充渐变时，按住Shift键拖动鼠标，可以创建水平、垂直或以45°角为增量的渐变。

138

07 选择"图层2"。打开"渐变编辑器"修改渐变颜色，按住Shift键填充渐变，制作出水晶质感的Web按钮，如图6-178所示。设置不同的渐变颜色，可以制作出其他效果的按钮，如图6-179所示。

图6-178

图6-179

渐变工具选项栏

图6-180所示为渐变工具 ▣ 的选项栏。

图6-180

- **渐变颜色条**：渐变色条 ▰ 中显示了当前的渐变颜色，单击它右侧的 按钮，可以在打开的下拉面板中选择一个预设的渐变，如图6-181所示。如果直接单击渐变颜色条，则会弹出"渐变编辑器"，在"渐变编辑器"中可以编辑渐变颜色，或保存渐变。

- **渐变样式**：单击相应的按钮可以选择渐变样式，包括线性渐变 ▣、径向渐变 ▣、角度渐变 ▣、对称渐变 ▣ 和菱形渐变 ▣。

- **模式/不透明度**：用来设置渐变颜色的混合模式和不透明度。

- **反向**：可转换渐变中的颜色顺序，得到反方向的渐变。

- **仿色**：勾选该项，可以使渐变效果更加平滑。主要用于防止打印时出现条带化现象，在屏幕上不能明显地体现出作用。

- **透明区域**：可以创建包含透明像素的渐变，如图6-182所示；取消该选项的选取可创建实色渐变，如图6-183所示。

图6-181

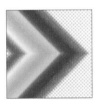
图6-182

图6-183

◆ 6.5.3　　　　●平面 ●网店 ●UI ●摄影 ●插画 ●动漫 ●影视

设计实战：用透明渐变制作玻璃质感图标

01 打开素材。单击"图层"面板底部的 ▣ 按钮，新建一个图层。选择多边形套索工具 ▽（见303页），在画板上单击鼠标，创建一个类似于扇形的选区，如图6-184所示。将前景色设置为白色，选择渐变工具 ▣，在工具选项栏中打开渐变下拉面板，选择前景到透明渐变，在选区内填充线性渐变，如图6-185所示。按Ctrl+D快捷键取消选择。

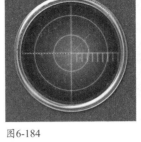
图6-184

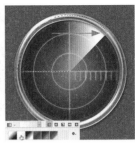
图6-185

02 新建一个图层。选择椭圆选框工具 ◯（见301页），按住Shift键拖曳鼠标，创建圆形选区，如图6-186所示。按住Alt键在雷达下半部创建一个椭圆选区，如图6-187所示。放开鼠标后可进行选区运算（见55页），得到一个月牙形选区，如图6-188所示。

图6-186

图6-187

图6-188

03 用渐变工具 ▣ 填充透明渐变，如图6-189所示。按Ctrl+D快捷键取消选择。将该图层的不透明度设置为64%，效果如图6-190所示。

图6-189

图6-190

04 在"背景"图层上方新建一个图层，设置混合模式为"线性减淡（添加）"，如图6-191所示。将前景色设置为棕色，选择柔角画笔工具 ✎，如图6-192所示。

图6-191

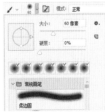
图6-192

05 在雷达图标上点几处亮点，如图6-193所示。将前景色设置为黄色，再点几处亮点，然后按 [键，将笔尖调小，在黄点中央点上小一些的白点，效果如图6-194所示。

图6-193　　　　图6-194

编辑透明渐变

打开"渐变编辑器",选择一个预设的实色渐变。选择渐变条上方的不透明度色标,如图6-195所示,调整它的"不透明度"值,即可使色标所在位置的渐变颜色呈现透明效果,如图6-196所示。

图6-195　　　　图6-196

拖曳不透明度色标,或在"位置"文本框中输入数值,可以调整色标的位置,如图6-197所示。拖曳中点(菱形图标),则可以调整该图标一侧颜色与另一侧透明色的混合位置,如图6-198所示。在渐变条上方单击,可以添加不透明度色标,将色标拖出对话框外,可删除色标。

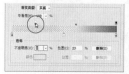

图6-197　　　　图6-198

6.5.4

杂色渐变

杂色渐变包含在指定范围内随机分布的颜色,变化效果更加丰富。在"渐变编辑器"的"渐变类型"下拉列表中选择"杂色",对话框中即可显示杂色渐变选项,如图6-199所示。

● 粗糙度: 用来设置渐变的粗糙度,该值越高,颜色的层次越丰富,但颜色间的过渡越粗糙,如图6-200所示。

图6-199

图6-200

● 颜色模型: 在下拉列表中可以选择一种颜色模型来设置渐变,包括RGB、 HSB和LAB。 每种颜色模型都有对应的颜色滑块,如图6-201所示。

● 限制颜色: 将颜色限制在可以打印的范围内, 防止颜色过于饱和。

● 增加透明度: 可以向渐变中添加透明像素, 如图6-202所示。

图6-201　　　　　　图6-202

● 随机化: 每单击一次该按钮,就会随机生成一个新的渐变颜色。

6.5.5　　　　　　　　　　　　　　　　▶ 必学课

功能练习:管理渐变

01 在"渐变编辑器"中调整好一个渐变后,可在"名称"选项中输入渐变名称,如图6-203所示,然后单击"新建"按钮,将其保存到渐变列表中,如图6-204所示。单击"存储"按钮,则可在打开的"存储"对话框中将列表内所有的渐变保存为一个渐变库。

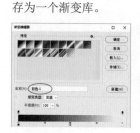

图6-203　　　　图6-204

02 在一个渐变上单击鼠标右键,打开下拉菜单,如图6-205所示。选择"重命名渐变"命令,可以打开"渐变名称"对话框,修改渐变的名称,如图6-206所示。选择"删除渐变"命令,则可删除渐变。

图6-205　　　　图6-206

03 单击渐变列表右上角的 ✿. 按钮,打开菜单,如图6-207所示,菜单底部是Photoshop提供的渐变库。选择一个渐变库,会弹出提示,单击"确定"按钮,可以载入渐变并替换列表中原有的渐变,如图6-208所示;单击"追加"按钮,可在原有渐变的基础上添加载入的渐变;单击"取消"按钮,则取消操作。

图6-207

图6-208

图6-209

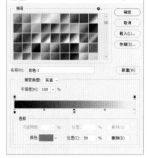
图6-210

04 单击"渐变编辑器"对话框中的"载入"按钮，打开"载入"对话框，选择配套资源中的渐变库，如图6-209所示，单击"载入"按钮，可将其载入"渐变编辑器"中，如图6-210所示。

提示（Tips）

载入或删除渐变后，如果想要恢复为默认的渐变，可以使用菜单中的"复位渐变"命令操作。

使用填充图层填充颜色、渐变和图案

填充图层是一种只承载纯色、渐变和图案的特殊图层，其特点是填充内容可以修改。另外，设置不同的混合模式和不透明度后，可用于修改其他填充的颜色或生成图像混合效果。

6.6.1

填充图层都有哪些特点

填充图层是一种非破坏性功能。与在普通图层上填充颜色、渐变和图案相比，填充图层有很多好处。首先，它既是一种具备填充内容的特殊图层，同时又兼具普通图层所有的属性，因此，可以单独调整不透明度、混合模式，也可以添加图层样式，还可以进行复制和删除等操作。

其次，创建填充图层后，可以非常方便地修改填充内容。普通图层没有办法修改，只能重新填充。

另外，在默认状态下，填充图层的填充内容也像普通图层一样覆盖整个画面。但它自带一个图层蒙版（*见145和148页*），可用于控制填充范围。普通图层则需要使用选区，或再添加蒙版来进行控制。

打开"图层>新建填充图层"菜单，如图6-211所示，或单击"图层"面板底部的 按钮，打开下拉菜单，选择"纯色"、"渐变"或"图案"命令，即可创建这3种填充图层。

图6-211

6.6.2

进阶课

设计实战：用纯色填充图层制作发黄旧照片

01 打开素材，如图6-212所示。执行"滤镜>镜头校正"命令，打开"镜头校正"对话框。单击"自定"选项卡，设置"晕影"参数，使画面的四周变暗，如图6-213所示。

扫码看视频

图6-212

图6-213

02 执行"滤镜>杂色>添加杂色"命令，在图像中加入杂点，如图6-214和图6-215所示。

图6-214

图6-215

03 单击"图层"面板底部的 🌓 按钮,打开菜单,选择 "纯色"命令,打开"拾色器",设置颜色为浅酱色 (R138,G123,B92),单击"确定"按钮关闭对话框,创建 填充图层。将它的混合模式设置为"颜色",使其对下方的图 层产生影响(相当于为下方图层着色),如图6-216和图6-217 所示。

图6-216

图6-217

04 打开素材,如图6-218所示。使用移动工具 ✛ 将其拖 入照片文件,设置混合模式为"柔光",不透明度为 70%,让它在照片上生成划痕,效果如图6-219所示。

图6-218

图6-219

💎 6.6.3   惠 进阶课

功能练习:用渐变填充图层制作蔚蓝天空

创建渐变填充图层时,会弹出"渐变填 充"对话框,单击·按钮,可以打开下拉面板 选择预设的渐变。如果要自定义渐变颜色,可 以单击渐变颜色条,打开"渐变编辑器"进行 编辑。选取"与图层对齐"选项,可以使用图层的定界框 来计算渐变填充。

扫码看视频

01 打开素材,如图6-220所示。使用快速选择工具 🖌 在建 筑物上单击并拖曳鼠标,将其选取,如图6-221所示。 按Shift+Ctrl+I快捷键反选,选中天空。

图6-220

图6-221

02 单击"图层"面板中的 🌓 按钮,打开下拉菜单,选择 "渐变"命令,打开"渐变填充"对话框,设置角度为

150度。单击"渐变"选项右侧的渐变色条,如图6-222所示。 打开"渐变编辑器"调整渐变颜色,如图6-223所示。单击 "确定"按钮,返回到"渐变填充"对话框,再单击"确定" 按钮关闭对话框,创建渐变填充图层,如图6-224所示。选区 会转换到填充图层的蒙版中,使填充图层只影响选中的天空。 效果如图6-225所示。

图6-222

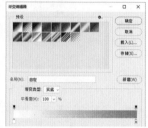
图6-223

图6-224

图6-225

03 按住Alt键单击"图层"面板底部的 🔲 按钮,弹出"新 建图层"对话框,在"模式"下拉列表中选择"滤 色",选取"填充屏幕中性色"选项,如图6-226所示,创建 一个中性色图层(见182页),如图6-227所示。

图6-226

图6-227

04 执行"滤镜>渲染>镜头光晕"命令,打开"镜头光晕" 对话框,在缩览图的右上角单击,定位光晕中心,设置 参数如图6-228所示,滤镜会添加到中性色图层上,不会破坏 其他层上的图像,效果如图6-229所示。

图6-228

图6-229

6.6.4

功能练习：用图案填充图层为衣服贴花

创建图案填充图层时，会弹出"图案填充"对话框，单击·按钮可以打开下拉面板选择图案。调整"缩放"值还可以对图案进行缩放。单击"贴紧原点"按钮，可以使图案的原点与文件的原点相同。在进行移动图层操作时，如果希望图案随图层一起移动，可以选取"与图层链接"选项。

01 打开素材，如图6-230和图6-231所示。将花朵设置为当前文件。执行"编辑>定义图案"命令，打开"图案名称"对话框，如图6-232所示，单击"确定"按钮，将花朵定义为图案。

图6-230　　　　　图6-231　　　　　图6-232

02 按Ctrl+Tab快捷键，切换到人物文件中。使用快速选择工具 ✍ 选中上衣，如图6-233所示。单击"图层"面板底部的 ◔ 按钮，打开菜单，选择"图案"命令，打开"图案填充"对话框，选择花朵图案，如图6-234所示，创建图案填充图层，将花朵贴在衣服上。

图6-233　　　　　图6-234

03 设置图案填充图层的混合模式为"颜色加深"。按Ctrl+J快捷键复制图层，设置图层的不透明度为25%，如图6-235和图6-236所示。

图6-235　　　　　图6-236

技术看板 23 创建调整图层时同步调整对象

创建渐变填充图层和图案填充图层时，在相应对话框打开的状态下，可以在文件窗口中拖曳图案和渐变，移动其位置。

创建渐变填充图层后，在对话框打开的状态下移动渐变

6.6.5

技巧：修改填充图层

01 打开前一个实例的效果文件，如图6-237所示。将上面的填充图层隐藏，双击下面的填充图层的缩览图，如图6-238所示，或执行"图层>图层内容选项"命令，弹出"图案填充"对话框。

图6-237　　　　　图6-238

02 打开图案下拉面板，单击右上角的 ❖·按钮，在打开的面板菜单中选择"岩石图案"命令，加载该图案库，选择图6-239所示的图案，用它替换衣服图案，如图6-240所示。

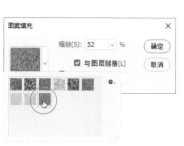 

图6-239　　　　　图6-240

第7章 不透明度、蒙版与滤镜

【本章简介】

本章介绍不透明度、蒙版和滤镜。不透明度与蒙版其实是一回事，都可以让图像呈现透明效果，只不过蒙版的可控性更强，编辑方法也更多。这两个功能在图像合成方面的应用比较多。

不透明度比较简单，只有两种，理解它们的不同之处，在使用时就不会出错。

蒙版的种类比较多，在 Photoshop 中属于比较大的功能集合。本章介绍用于遮挡图像的蒙版，包括图层蒙版、剪贴蒙版和矢量蒙版。其他的快速蒙版、通道中的蒙版图像、混合颜色带等都与选区相关，被放在了"抠图"一章。

滤镜对于 Photoshop 初学者的吸引力比较大，因为不需要复杂的操作，简单地设置几个参数，就能生成特效。而且 Photoshop 提供了开放的平台，允许我们将第三方厂商开发的滤镜以插件的形式安装在 Photoshop 中使用，这种"外挂滤镜"要比 Photoshop 滤镜效果更好。本书的配套资源中提供了《Photoshop 外挂滤镜使用手册》电子书，包含 KPT7、Eye Candy 4000、Xenofex 等经典外挂滤镜的使用方法和效果展示。如果您对外挂滤镜感兴趣，可以看看这本电子书。

除制作特效外，滤镜也可以校正照片，编辑图层蒙版、快速蒙版和通道。本章主要介绍滤镜的使用方法、滤镜库和智能滤镜。与照片处理有关的滤镜在"图像修饰与打印"一章中介绍，其他滤镜则被制作成电子文档，可下载观看（在配套资源中）。

不透明度

7.1

不透明度是指色彩和图层内容的透明程度，是一种可以让像素或图层内容产生混合的功能。

7.1.1 不透明度的原理和应用方向

晶 进阶课

从原理上讲，不透明度是一种调节像素显示程度的功能，可以让图层内容呈现一定的透明效果，这样位于其下方的像素便显现出来，并与之叠加，如图7-1所示。这是一种简单的像素混合方法。

扫码看视频

不透明度为100%时，图层内容完全显现（左图）；不透明度低于100%时，图层内容的显现程度被削弱（中图）；如果下方图层包含图像，图像会与下方图像混合（右图）

图7-1

从应用角度归纳，不透明度主要用在3个方向。一是与填色有关，即使用"填充"命令、"描边"命令和渐变工具 ■ 时，不透明度（"不透明度"选项）可以控制所填充的颜色和渐变的透明程度。

二是与绘画操作有关。在上一章介绍的绘画类工具中，画笔工具 ✏、铅笔工具 ✐、历史记录画笔工具 ✐、历史记录艺术画笔工具 ✐ 和橡皮擦工具 ✐ 都有"不透明度"选项。在这里，不透明度决定了所绘制的颜色和抹除的像素的透明程度。此外，使用形状工具（见379页）时，在工具选项栏中选择"像素"选项后，也可设置不透明度，其作用与绘画类工具相同。

三是用于图层，这也是与不透明度关系非常紧密的对象。除"背景"图层外，其他任何类型的图层（见59页）均可调整不透明度。不透明度决定了图层内容、调整指令（即调整图层和填充图层），以及附加在图层上的效果（即图层样式）和智能滤镜的透明程度。

不透明度以百分比为单位，100%代表了完全不透明；0%为完全透明；中间的数值代表了半透明，且数值越低，透明度越高。

> **提示（Tips）**
>
> 在进行填色和绘画操作时，需要预先设置不透明度。而图层的不透明度可随时调节。

7.1.2 进阶课

不透明度与填充不透明度的区别

应用于图层的不透明度有两种，即不透明度和填充不透明度。使用时，可通过"不透明度"选项和"填充"（"填充不透明度"）选项来进行区分。只有"图层"面板和"图层样式"对话框的"混合选项"中包含这两种选项，如图7-2和图7-3所示，其他工具和命令只有"不透明度"选项。

图7-2　　　　　　图7-3

二者的区别在于："不透明度"对所有图层内容一视同仁；而"填充"（"填充不透明度"）则有所限制，它对图层样式，以及形状图层的描边不起作用（我们也可认为它是对这两种对象的保护）。

例如，图7-4所示为一个形状图层，形状的内部填充

了颜色，形状轮廓设置了描边，整个图层添加了图层样式（"外发光"效果）。当调整"不透明度"时，会对当前图层中的所有内容产生影响，包括填色、描边和"外发光"效果，如图7-5所示。而调整"填充"值时，只有填色变得透明，描边和"外发光"效果都保持原样，如图7-6所示。也就是说，填充不透明度对这两种对象无效。

图7-4

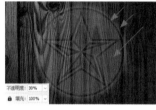

图7-5　　　　　　　　　图7-6

> **技术看板 24 快速修改不透明度**
>
> 使用包含"不透明度"选项的绘画类工具，如画笔工具、铅笔工具和渐变工具时，按键盘中的数字键可以快速修改工具的不透明度。例如，按"5"，工具的不透明度会变为50%；按"55"，不透明度会变为55%；按"0"，不透明度会恢复为100%。如果使用的不是以上这些工具，则按数字键可以调整当前图层的不透明度。

7.2 蒙版概述

蒙版是一种非破坏性编辑工具，用于遮挡图层内容，使其隐藏或透明，但不会删除对象。下面介绍与遮挡图像相关的3种蒙版，即图层蒙版、剪贴蒙版和矢量蒙版，并分析它们的特点和区别。

7.2.1 进阶课

可分区调整透明度的工具：图层蒙版

图层蒙版是一个256级色阶（黑~白）的灰度图像。它附加在图层上，遮挡图层内容，使其隐藏或部分透明，但蒙版本身并不可见。

对于初次接触蒙版的人，这种间接作用于图层的功能比较抽象，并不容易理解。可将它视为一种能够对不透明度进行分区调节的高级工具，这样便可抓住图层蒙版的本质特征。

在蒙版图像中，黑、白、灰控制图层内容显示还是隐

藏。其中，纯白色区域所对应的图层内容是完全显示的，也就是说，图层蒙版将这一区域的不透明度设定为100%。而纯黑色区域会完全遮挡图层内容，这就相当于将图层内容的不透明度设定为0%。蒙版中的灰色区域的遮挡程度没有黑色强，因此，可以使图层内容呈现一定的透明效果（灰色越深、透明度越高），即这一区域的不透明度被蒙版设定在1%~99%。

图7-7展示了上面所说的几种情况。可以看到，只需一个图层蒙版，便在图像中创建了那么多种不透明度，这是用"不透明度"选项调整永远也实现不了的，因为它只能控制整个图层，无法分区调整。

在黑白渐变区域，图像从完全透明到完全显示　白色处对应的图像完全显示　灰色使图像呈现透明效果　黑色完全遮挡图像　被蒙版遮挡的图像　图层蒙版

图7-7

在默认状态下，添加图层蒙版时会自动填充白色，因此，蒙版不会对图层内容产生任何影响。如果想要隐藏某些内容，可以将蒙版中相应的区域涂黑；想让其重新显示，涂白色即可；想让图层内容呈现半透明效果，可以将蒙版涂灰。以上就是图层蒙版的使用原理和编辑思路。下面再来看一看图层蒙版的编辑工具。

图层蒙版是位图图像，因此，除矢量工具外，几乎所有的绘画类、修饰类、选区类工具和滤镜都可以编辑它。这其中常用的有两个，即画笔工具✐和渐变工具▣。画笔工具✐灵活度高，可以控制任意区域的透明度，相当于用"步枪点射"，指向精确、各个击破，如图7-8所示；渐变工具▣可以快速创建平滑的图像融合效果，相当于"机枪扫射"，覆盖面大、快速有效，如图7-9所示。

图7-8

图7-9

在所有的蒙版中，图层蒙版的使用频率非常高，用处也大，就连创建调整图层、填充图层，以及应用智能滤镜时，Photoshop也会自动为其添加图层蒙版。在普通图层上，图层蒙版可以隐藏图像，创建图像合成效果。例如，下面几个惊掉我们下巴的广告创意，如图7-10~图7-12所示，它们的"秘密武器"就是图层蒙版；在调整图层上，图层蒙版可以控制颜色的调整范围和强度（见186页）；用在智能滤镜上，则可控制滤镜的有效范围（见163页）。

图7-10　　　　图7-11　　　　图7-12

如果将图层蒙版、矢量蒙版和剪贴蒙版进行比较，在定义图层内容的显示范围方面它们不分伯仲，各有优势。但在透明度的控制上，图层蒙版更方便，而且，图层蒙版的编辑工具也远远多于其他两种蒙版。

💎 7.2.2　　　　　　　　　　　　　　惠 进阶课

纪律性最强的团队：剪贴蒙版

剪贴蒙版的特征比较明显，如果在一个图形轮廓内显示了很多图像，基本上是用剪贴蒙版制作的。例如，图7-13和图7-14所示的电影海报。这是因为，剪贴蒙版可以用一个图层内容控制其他多个图层的显示范围。因此，剪贴蒙版不是"一个人在战斗"，而是成组出现的。

扫码看视频

图7-13　　　　图7-14

在剪贴蒙版组中，最下面的图层叫作基底图层（名称带下画线），它上方的图层叫作内容图层（有 ↴ 状图标并指向基底图层），如图7-15所示。

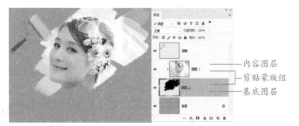

图7-15

基底图层是剪贴蒙版组的"灵魂人物"，所有成员皆听从它的安排。基底图层的透明区域就是一个蒙版（相当于图层蒙版中的黑色），可以将内容层中的图像隐藏。反过来说，剪贴蒙版是依靠基底图层中图像或图形的形状来控制蒙版的，内容图层只能在形状范围内得以显示。不信的话我们可以移动基底图层，会看到，内容图层的显示区域会随之改变，如图7-16所示。

图7-16

基底图层中的像素区域决定了内容图层的显示范围，而像素的不透明度则控制内容图层的显示程度。例如，当基底图层像素的不透明度为100%时，内容图层与之对应的区域就会完全显示；当基底图层像素的不透明度为0%时（等同于透明区域），内容图层与之对应的区域就会被完全遮挡而不可见；当基底图层像素的不透明度介于0%～100%时，内容图层与之对应的区域也会呈现出相同程度的透明效果，如图7-17所示。

图7-17

图层蒙版和矢量蒙版都是"单兵作战"（只能用于一个图层），最多是一个"二人小组"（同时添加图层蒙版和矢量蒙版）。剪贴蒙版则是一个"行动小队"，因为它

可以控制一组图层。这是它的最大优点，也是它与另两种蒙版最大的不同之处。但小队的所有成员必须符合一个要求，即图层上下相邻，如图7-18所示，被分隔开的图层不可以，如图7-19所示。

图7-18　　　　　　　　图7-19

7.2.3

金刚不坏之身：矢量蒙版

图层蒙版和剪贴蒙版都是基于像素的蒙版，矢量蒙版则是用矢量图形控制图像显示范围的蒙版。由于图形与分辨率无关（见376页），所以，矢量蒙版有着金刚不坏之身—— 无论怎样旋转和缩放都能保持光滑的轮廓（仅指蒙版图形，不包括图像）。矢量蒙版将矢量图形引入蒙版中，丰富了蒙版的多样性，也为我们提供了一种可以在矢量状态下编辑蒙版的特殊方式。

在矢量蒙版中，蒙版图形可以用钢笔工具 ✐（见383页）和各种形状工具（见379页）创建，如图7-20所示。蒙版范围的扩大与缩小也是用矢量工具配合路径运算来完成的，如图7-21所示。

图7-20

图7-21

一个图层可同时拥有一个图层蒙版和一个矢量蒙版，在这种"一半是火焰、一半是海水"的状态下，图像只能在两个蒙版相交的区域显示。另外，这两个蒙版不能使用相同的工具编辑，因为图层蒙版不能用矢量工具编辑，而

矢量蒙版只能用矢量工具编辑。添加矢量蒙版后，还可用"属性"面板控制蒙版的遮挡程度，如图7-22所示。"浓度"选项可以调整蒙版的整体遮挡强度，降低"浓度"，就相当于降低了矢量蒙版的不透明度。"羽化"选项可以控制蒙版边缘的柔化程度，使蒙版的轮廓变得模糊，进而生成柔和的过渡效果，如图7-23所示。

图7-23

"属性"面板也可以编辑图层蒙版，但用处不大，因为图层蒙版的编辑工具实在太多了，而且更加好用。但对于矢量蒙版却意义非凡，除它之外，没有任何一种工具能单独调整矢量蒙版的透明度（遮挡程度），羽化更不可能完成。

图7-22

7.3 图层蒙版

Photoshop中的每种蒙版都有其独特的属性，因此，创建和编辑方法也各不相同。图层蒙版是与图像编辑方法最为接近的一种蒙版。下面介绍它的基本操作方法。

7.3.1 图层蒙版操作注意事项

必学课

由于在同一个图层中，既有图像、又有蒙版，在进行编辑操作时，怎样才能知道Photoshop处理的是哪种对象呢？

我们可以观察缩览图，哪一个四角有边框，就表示哪一个被选取。例如，图7-24所示的边框在图像上，这表示当前进行的操作将应用于图像。如果要编辑蒙版，可以单击蒙版缩览图，将边框转移到过去，如图7-25所示，然后进行操作。否则编辑的将是图像。

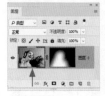
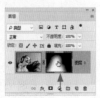

图7-24 图7-25

创建图层蒙版后，可直接对其进行编辑。但是切换图层以后，再想编辑蒙版，就要先单击蒙版缩览图。

在这两个缩览图中间还有一个链接图标⑧，它表示蒙版与图像处于链接状态，此时进行变换操作，如旋转、缩放时，蒙版会与图像一同变换，就像链接的图层一样（见

65页）。执行"图层>图层蒙版>取消链接"命令，或单击⑧图标，可以取消链接。取消后可以单独变换图像（单击图像，再操作），也可以单独变换蒙版（单击蒙版，再操作）。要重新建立链接，只需在原图标处单击即可。

7.3.2 设计实战：用图层蒙版制作练瑜伽的汪星人

必学课

图层蒙版可以通过命令和"图层"面板来创建。选择一个图层后，单击"图层"面板底部的 ◻ 按钮，或执行"图层>图层蒙版>显示全部"命令，可以为其添加一个完全显示图层内容的白色蒙版；按住Alt键单击 ◻ 按钮，或执行"图层>图层蒙版>隐藏全部"命令，则会添加一个完全隐藏图层内容的黑色蒙版。如果图层中包含透明区域，执行"图层>图层蒙版>从透明区域"命令，可以创建一个隐藏透明区域的蒙版。

扫码看视频

下面我们来使用图层蒙版合成一幅图像。

01 打开素材，如图7-26所示。小狗位于一个单独的图层中，如图7-27所示。单击"图层"面板中的 ◻ 按钮，为它添加图层蒙版。

图7-26　　　　　　　　　　图7-27

02 使用画笔工具 ✎ 将小狗的后腿和尾巴涂成黑色，将其隐藏，如图7-28和图7-29所示。

图7-28　　　　　　　　　　图7-29

03 按住Alt键向下拖曳"小狗"图层进行复制，单击蒙版缩览图，进入蒙版编辑状态，将蒙版填充为白色，如图7-30所示，让小狗全部显示在画面中。按Ctrl+T快捷显示定界框，拖曳定界框将小狗旋转，再适当缩小图像，如图7-31所示，按Enter键确认操作。

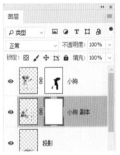

图7-30　　　　　　　　　　图7-31

04 在蒙版中涂抹黑色，只保留一条后腿，其余部分全部隐藏，如图7-32和图7-33所示。

图7-32　　　　　　　　　　图7-33

05 再次复制当前图层，编辑蒙版并调整一下腿的位置，如图7-34和图7-35所示。通过"曲线"命令（*见196页*）将两条后腿调得暗一些，练瑜伽的小狗就制作好了。

图7-34　　　　　　　　　　图7-35

 7.3.3

抠图实战：用从选区中生成蒙版的方法抠图

选区和图层蒙版可以互相转换。例如，创建选区后，单击"图层"面板底部的 ▢ 按钮，或执行"图层>图层蒙版>显示选区"命令，可基于选区生成图层蒙版，原选区之外的图像会被蒙版隐藏；如果执行"图层>图层蒙版>隐藏选区"命令，则会将原选区内的图像隐藏。而按住Ctrl键单击图层蒙版缩览图，则可将其中的选区载入画布上。使用这种方法也可以从通道和图层中转换出选区。

01 打开素材，如图7-36所示。使用快速选择工具 ✑，在海雕上单击并拖曳鼠标，将其选取，如图7-37所示。

图7-36　　　　　　　　　　图7-37

02 单击工具选项栏中的"选择并遮住"按钮，在"属性"面板的"视图"下拉列表中选择黑底，选取"智能半径"选项，设置参数，如图7-38所示。使用调整边缘画笔工具 ✍ 在海雕的毛发处涂抹，如图7-39所示。

图7-38　　　　　图7-39

03 在"输出到"下拉列表中选择"图层蒙版",如图7-40所示。单击"确定"按钮,关闭对话框,选区外的图像会被蒙版隐藏,如图7-41和图7-42所示。

图7-40　　　　图7-41　　　　图7-42

04 打开素材,使用移动工具 ✛ 将抠出的海雕拖入该文件中,效果如图7-43所示。

图7-43

💎 7.3.4

技巧:用从通道中生成蒙版的方法合成图像

　　图层蒙版的灰度图像与Alpha通道中的图像具有相同的特点,它们都没有色彩,只有256级的灰度信息,而且编辑方法也基本相同。例如,都可以用选框、滤镜、绘画工具编辑。它们的区别在于,修改Alpha通道只影响选区,不会影响图像的外观;而修改图层蒙版则会改变图像的外观,并影响蒙版中所包含的选区。

扫码看视频

　　图层蒙版和Alpha通道图像还可以互相转换。下面我们就通过实战来学习转换方法。

01 打开素材,如图7-44所示。打开"通道"面板,将"绿"通道拖曳到面板底部的 按钮上复制,得到"绿 副本"通道(这是一个Alpha通道),如图7-45所示。

图7-44　　　　　图7-45

02 按Ctrl+L快捷键,打开"色阶"对话框(见192页),将阴影滑块和高光滑块向中间移动,增加对比度,如图7-46和图7-47所示。

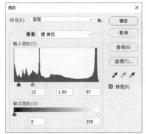

图7-46　　　　　　　图7-47

03 将前景色设置为白色,使用画笔工具 ✎ 将水晶饰物以外的区域涂成白色,如图7-48所示。通道中的白色可以转换为选区,而现在在背景是白色的,只需按Ctrl+I快捷键将通道反相即可,如图7-49所示。按Ctrl+A快捷键全选,再按Ctrl+C快捷键将通道复制到剪贴板中。按Ctrl+2快捷键,返回到RGB复合通道,重新显示彩色图像。

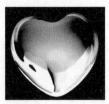

图7-48　　　　　图7-49

04 打开素材,使用移动工具 ✛ 将花朵拖入水晶石文件中,如图7-50所示。单击 按钮添加图层蒙版,如图7-51所示。按住Alt键,单击蒙版缩览图,如图7-52所示,文档窗口中会显示蒙版图像。

图7-50　　　　图7-51　　　　图7-52

05 按Ctrl+V快捷键,将复制的通道粘贴到蒙版中,如图7-53所示。按Ctrl+D快捷键取消选择。单击图像缩览图，重新显示图像，如图7-54和图7-55所示。

图7-53　　　　　图7-54　　　　　图7-55

> **提示（Tips）**
>
> 在文档窗口中显示蒙版图像时，既便于观察蒙版细节，也可以编辑它。如果想要观察原图，即被蒙版遮挡前的图像，可以按住Shift键单击蒙版缩览图（相当于执行"图层>图层蒙版>停用"命令），暂时停用蒙版，它上方会出现一个红色的"×"。单击蒙版缩览图，可恢复蒙版。

06 单击"调整"面板中的 按钮，创建"曲线"调整图层，在"预设"下拉列表中选择"强对比度（RGB）"选项，增加对比度，如图7-56和图7-57所示。

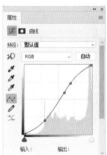 

图7-56　　　　　图7-57

💎 7.3.5
复制与转移蒙版

按住Alt键，将一个图层的蒙版拖至另外的图层，可以将蒙版复制给目标图层，如图7-58和图7-59所示。如果没有按住Alt键，则会将该蒙版转过去，源图层将不再有蒙版，如图7-60所示。

图7-58　　　　　图7-59　　　　　图7-60

💎 7.3.6
应用与删除蒙版

执行"图层>图层蒙版>应用"命令，可以将蒙版及原先被蒙版遮盖的图像删除，如图7-61所示。执行"图层>图层蒙版>删除"命令，可以单独删除图层蒙版，如图7-62所示。如果觉得通过命令操作麻烦，可以将蒙版缩览图拖曳到"图层"面板底部的 按钮上，这时会弹出一个对话框，如图7-63所示，根据需要单击其中的按钮来决定应用蒙版或将其删除。

图7-61　　　　　图7-62　　　　　图7-63

剪贴蒙版

7.4

创建和编辑剪贴蒙版主要在"图层"面板中操作。剪贴蒙版组具有连续性特点，调整图层的堆叠顺序时应加以注意，否则会释放剪贴蒙版组。

💎 7.4.1
▶必学课

设计实战：用剪贴蒙版和图层蒙版合成图像

01 打开素材，如图7-64所示。单击"调整"面板中的色相/饱和度按钮 ，分别调整"绿色"和"全图"参数，如图7-65~图7-67所示。

扫码看视频

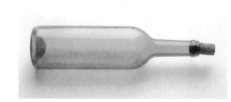

图7-64　　　　　　　　　　　　　　　　　　图7-65

图7-66 图7-67

02 使用画笔工具 ✐（柔角，不透明度为30%）在瓶子的暗部区域和瓶塞上涂抹黑色，通过修改调整图层的蒙版，使涂抹过的图像区域恢复为原来的颜色，如图7-68和图7-69所示。

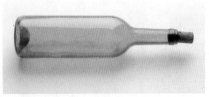

图7-68 图7-69

03 选择魔棒工具 ✐（容差为32），按住Shift键在背景上单击，将背景全部选取，如图7-70所示。按Shift+Ctrl+I快捷键反选，将瓶子选中。按Shift+Ctrl+C快捷键合并复制选区内的图像，再按Ctrl+V快捷键，粘贴到一个新的图层中，如图7-71所示。

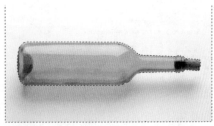

图7-70 图7-71

04 打开素材，将它拖入瓶子文件中，如图7-72所示。执行"图层>创建剪贴蒙版"命令，或按Alt+Ctrl+G快捷键，将它与瓶子图像创建为一个剪贴蒙版，将瓶子之外的风景隐藏，如图7-73所示。

图7-72 图7-73

05 单击添加图层蒙版按钮 ◻，为风景图层添加图层蒙版。使用画笔工具 ✐（柔角，不透明度为30%）在瓶子的两边和风景图片的左右两边涂抹，将这些图像隐藏，使

风景与瓶子的融合效果更加自然、真实，如图7-74和图7-75所示。

图7-74 图7-75

06 按住Ctrl键单击"瓶子"和"风景"图层，将它们选取，如图7-76所示，按Alt+Ctrl+E快捷键，将图像盖印到一个新的图层中。按Ctrl+T快捷键显示定界框，单击鼠标右键，打开快捷菜单，选择"垂直翻转"命令，将盖印图像翻转，并移动到瓶子的下面成为瓶子的倒影，如图7-77所示。

图7-76 图7-77

07 设置该图层的不透明度为30%。单击面板中的 ◻ 按钮，添加蒙版。选择渐变工具 ▥，填充默认的"前景色到背景色"线性渐变，将图像的下半部分隐藏，使制作出来的倒影更加真实，如图7-78和图7-79所示。

图7-78 图7-79

◆ 7.4.2

设计实战：用剪贴蒙版制作神奇放大镜

01 打开光素材。选择魔棒工具 ✐，在放大镜的镜片处单击，创建选区，如图7-80所示。新建一个图层。按Ctrl+Delete快捷键，在选区内填充背景色（白色），按Ctrl+D快捷键取消选择，如图7-81和图7-82所示。

扫码看视频

02 按住Ctrl键单击"图层0"和"图层1",将它们选取,单击链接图层按钮 ⊖ ,将两个图层链接在一起,如图7-83所示。

图7-80　　　　　　　　图7-81

图7-82　　　　　　　　图7-83

03 打开素材。该图像包含两个图层,上面层是一个写真照片,下面层是女孩的素描画像,如图7-84所示。使用移动工具 ⊕ 将放大镜拖入该文件中,如图7-85所示。

图7-84　　　　　　　　图7-85

04 在"图层"面板中,将白色圆形所在图层拖曳到人像图层下方,如图7-86和图7-87所示。

图7-86　　　　图7-87

05 下面我们通过另一种方法创建剪贴蒙版。将光标放在分隔两个图层的线上,按住Alt键(光标为 ↓□ 状),单击鼠标,创建剪贴蒙版,如图7-88所示。现在放大镜外面显示的是"背景"层中的素描画,如图7-89所示。

06 选择移动工具 ⊕ ,在画面中单击并拖动鼠标(移动"图层3"),可以看到,放大镜移动到哪里,哪里就会显示人物写真,非常神奇,如图7-90和图7-91所示。

图7-88　　　　　　　图7-89

图7-90　　　　　　　　　　图7-91

◈ 7.4.3
将图层移入、移出剪贴蒙版组

将一个图层拖曳到基底图层上方,可将其加入剪贴蒙版组中,如图7-92和图7-93所示。将内容图层拖出剪贴蒙版组,则可释放该图层,如图7-94和图7-95所示。

图7-92　　　　　图7-93　　　　　图7-94　　　　　图7-95

◈ 7.4.4
释放剪贴蒙版

选择基底图层正上方的内容图层,如图7-96所示,执行"图层>释放剪贴蒙版"命令(快捷键为Alt+Ctrl+G),可以解散剪贴蒙版组,释放所有图层,如图7-97所示。

图7-96　　　　图7-97

如果要释放单个内容图层,可以采用拖曳的方法将其拖出剪贴蒙版组。如果要释放多个内容图层,并且它们位于整个剪贴蒙版组的最顶层,可以单击其中最下面的一个图层,然后按Alt+Ctrl+G快捷键,将它们一同释放。

矢量蒙版

7.5

矢量蒙版通过矢量图形控制图层内容的显示范围，因此，在创建和编辑时需要用到矢量工具。只有熟练掌握了矢量工具，才能用好矢量蒙版（见386页）。

7.5.1

▶必学课

功能练习：创建矢量蒙版

矢量蒙版可以通过3种方法创建。第1种方法是执行"图层>矢量蒙版>显示全部"命令，或按住Ctrl键单击"图层"面板底部的 按钮，创建一个显示全部图像的矢量蒙版，如果当前图层中已经添加了一个图层蒙版，则单击 ◘ 按钮，可以直接创建矢量蒙版。第2种方法是执行"图层>矢量蒙版>隐藏全部"命令，创建隐藏全部图像的矢量蒙版。第3种方法是从路径中创建，具体操作方法参见下面的实战。

01 打开素材，如图7-98所示。在"图层"面板中单击"图层1"，如图7-99所示。

图7-98　　　　　　图7-99

02 选择自定形状工具 ✿，在工具选项栏中选择"路径"选项，打开形状下拉面板及菜单，选择"全部"命令，加载所有形状，选择心形图形，如图7-100所示，在画布上单击并拖曳鼠标绘制该图形，如图7-101所示。

图7-100　　　　　　图7-101

03 执行"图层>矢量蒙版>当前路径"命令，或按住Ctrl键单击"图层"面板中的 ◘ 按钮，基于路径创建矢量蒙版，路径外的图像会被蒙版遮挡，如图7-102和图7-103所示。如果要查看原始图像，可以执行"图层>矢量蒙版>停用"命令，或按住Shift键单击蒙版，暂时停用蒙版。

图7-102　　　　　　图7-103

7.5.2

▶必学课

功能练习：在矢量蒙版中添加形状

01 单击矢量蒙版缩览图，进入蒙版编辑状态，此时缩览图外面会出现一个白色的外框，画布上会显示矢量图形，如图7-104和图7-105所示。

扫码看视频

图7-104　　　　　　图7-105

02 选择自定形状工具 ✿，在工具选项栏中选择合并形状选项 ▣，在形状下拉面板中选择月亮图形，绘制该图形，将它添加到矢量蒙版中，如图7-106和图7-107所示。

图7-106　　　　　　图7-107

03 在形状下拉面板中选择星状图形，在画面中继续绘制图形，将这些星形也添加到矢量蒙版中，如图7-108和图7-109所示。

图7-108　　　　图7-109

图7-114　　　　　　　　图7-115

提示（Tips）

显示定界框后，可按住相应的按键并拖曳控制点进行旋转、缩放和扭曲，具体方法与图像的变换相同（见82页）。矢量蒙版与图像缩览图之间有一个链接图标 🔗，如果想要单独变换图像或蒙版，可单击该图标，或执行"图层>矢量蒙版>取消链接"命令，取消链接，再进行相应的操作。

7.5.3
功能练习：移动、变换矢量蒙版中的形状

01 单击矢量蒙版缩览图，如图7-110所示，画布上会显示矢量图形，如图7-111所示。

扫码看视频

图7-110　　　　图7-111

02 使用路径选择工具 ▶ 单击画面左下角的星形，将它选取，如图7-112所示，按住Alt键拖曳鼠标复制图形，如图7-113所示。如果要删除图形，可在选取之后按Delete键。

图7-112　　　　　　图7-113

03 按Ctrl+T快捷键显示定界框，拖曳控制点将图形旋转并适当缩小，如图7-114所示，按Enter键确认。用路径选择工具 ▶ 单击并拖曳矢量图形可将其移动，蒙版的遮挡区域也随之改变，如图7-115所示。

7.5.4
技巧：将矢量蒙版转换为图层蒙版

　　选择矢量蒙版所在的图层，执行"图层>栅格化>矢量蒙版"命令，可以将其栅格化，使之转换为图层蒙版。

　　在"图层"面板中，矢量蒙版的缩览图是灰色的，图层蒙版则可包含黑、白和深浅不一的灰色。将矢量蒙版转换为图层蒙版后，它的缩览图就会由灰变黑。另外，如果图层中同时包含图层蒙版和矢量蒙版，则会从两个蒙版的交集中生成最终的图层蒙版，以确保图像的遮挡范围不会发生改变。

7.5.5
删除矢量蒙版

　　如果要删除矢量蒙版，可以选择矢量蒙版，如图7-116所示，然后执行"图层>矢量蒙版>删除"命令，如图7-117所示。也可将矢量蒙版直接拖曳到删除图层按钮 🗑 上进行删除，如图7-118所示。

图7-116　　　　图7-117　　　　图7-118

7.6 高级混合选项

在"图层样式"对话框（见332页）中，有个很不起眼，但难度却很高的选项面板——"混合选项"，它集成了混合模式、不透明度、通道、混合颜色带，以及各种蒙版属性的控制选项，并可创建挖空效果。

7.6.1
限制参与混合的颜色通道

选择一个图层，执行"图层>图层样式>混合选项"命令，或双击该图层，都可以打开"图层样式"对话框并显示"混合选项"设置内容。其中包含3个选项组。"常规混合"选项组中的"混合模式"和"不透明度"，以及"高级混合"选项组中的"填充不透明度"与"图层"面板中的选项——对应，且用途完全相同，如图7-119所示。

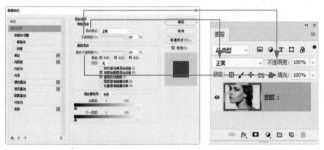

图7-119

"通道"选项则与"通道"面板中的各个颜色通道相对应（见164页）。以RGB图像为例，它包含红（R）、绿（G）和蓝（B）3个颜色通道，这3个通道混合之后生成RGB复合通道，也就是我们在文档窗口中看到的彩色图像，如图7-120所示。

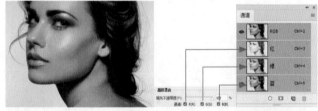

图7-120

如果取消一个通道的选取，那么它就不会参与混合，此时图像将由另外两个颜色通道混合而成。由于颜色通道会影响色彩合成，因此，减少参与混合的通道，会令图像改变颜色，如图7-121所示。当文件中只有一个图层时，这种操作与关闭"通道"面板中某一颜色通道的显示完全一样。如果图像下方还有其他图层，则取消一个或两个通道的选取，既会改变图像颜色，也会混合上下图层，如图7-122所示。

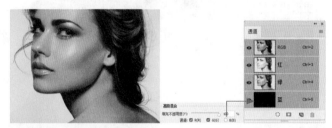

图7-121

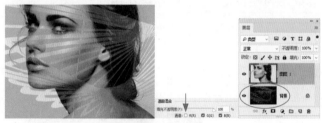

图7-122

> **提示（Tips）**
>
> "混合颜色带"（见326页）是一种高级蒙版，它能根据像素的亮度值来决定其显示或隐藏，是Photoshop中元老级的图像合成工具。

7.6.2
制作挖空效果

挖空是指下层图像穿透上面图层显示出来。这与图层蒙版中的黑色完全隐藏图像类似。但其操作更加复杂，效果却比较单一。

创建挖空时，首先要将被挖空的图层放到要被穿透的图层之上，然后将需要显示出来的图层设置为"背景"图层。图7-123所示为正确的图层结构。

双击要挖空的图层，打开"图层样式"对话框，降低"填充不透明度"值，然后在"挖空"下拉列表中选择一个选项，选择"无"表示不创建挖空，选择"浅"或"深"，都可以挖空到"背景"图层，如图7-124所示。如果文件中没有"背景"图层，则无论选择"浅"还是"深"，都会挖空到透明区域，如图7-125所示。

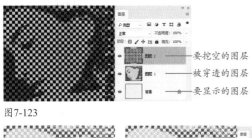

图7-123

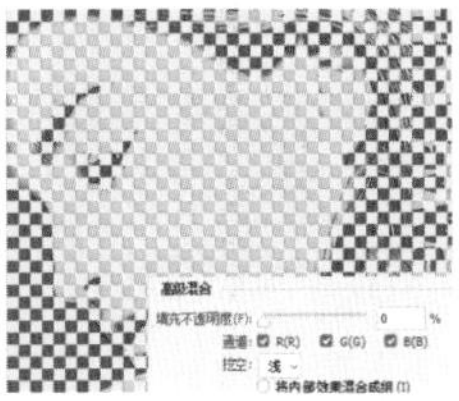

要挖空的图层
被穿透的图层
要显示的图层

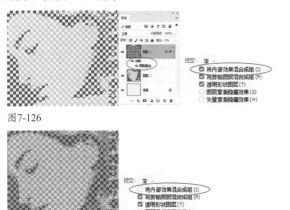

图7-124 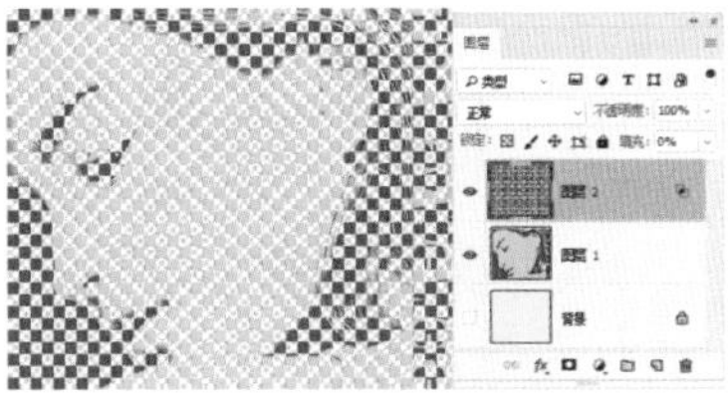 图7-125

如果图层添加了"内发光""颜色叠加""渐变叠加""图案叠加"效果，则选取"将内部效果混合成组"，效果不会显示，如图7-126所示。取消选取，会显示效果，如图7-127所示。

图7-126

图7-127

另外，"透明形状图层"选项还可以限制图层样式和挖空范围。默认情况下，该选项为选取状态，此时图层样式或挖空被限定在图层的不透明区域（见图7-127）；取消选取，则会在整个图层范围内应用效果，如图7-128所示。

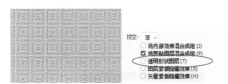

图7-128

7.6.3 惠 进阶课

控制剪贴蒙版组的混合属性

剪贴蒙版组使用基底图层的混合属性（见146页）。当基底图层为"正常"模式时，所有的图层都使用其自身的混

合模式，如图7-129所示。如果基底图层为其他模式时，则所有内容图层都会使用这种模式与下面的图层混合，如图7-130所示。调整内容图层的混合模式时，仅对其自身产生作用，不会影响其他图层。

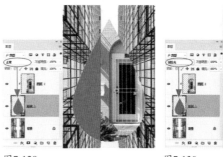

图7-129 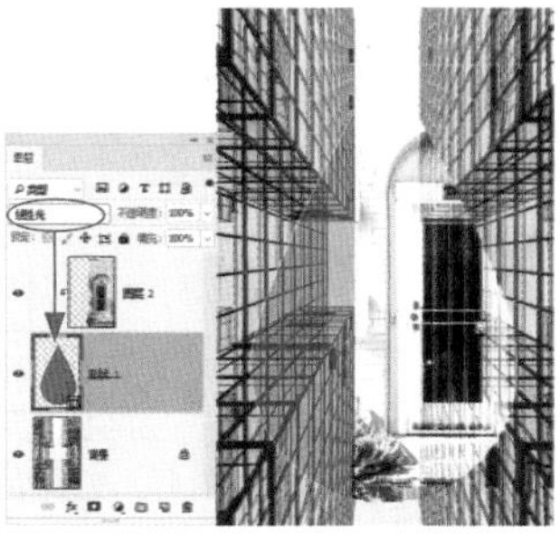 图7-130

如果要改变这种控制方法，可以取消"将剪贴图层混合成组"选项的勾选，如图7-131所示。此时基层图层的混合模式仅影响自身，不会影响内容图层，如图7-132所示。

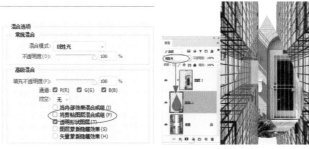

图7-131 图7-132

> **提 示（Tips）**
>
> 剪贴蒙版组中，基底图层中像素不透明度也控制内容图层的显示程度，因此，降低基底图层的不透明度，就会使内容图层呈现透明效果。而内容图层的不透明度只对其自身有效。

7.6.4 惠 进阶课

控制图层蒙版和矢量蒙版中的效果

在"高级混合"选项组中，还有控制图层蒙版和矢量蒙版的选项，当为这两种蒙版所在的图层添加了图层样式以后，可控制效果是否在蒙版区域显示。

对于图层蒙版，选取"图层蒙版隐藏效果"选项，会隐藏蒙版中的效果，如图7-133所示；取消选取，则效果会在图层蒙版区域内显示，如图7-134所示。

图7-133 图7-134

对于矢量蒙版，选取"矢量蒙版隐藏效果"选项，可以隐藏效果，如图7-135所示；取消选取，则效果也会在矢量蒙版区域内显示，如图7-136所示。

图7-135　　　　　　　　图7-136

💎 7.6.5

● 平面 ● 网店 ● UI ● 插画

设计实战：利用高级混合选项制作文字嵌套效果

01 按Ctrl+N快捷键，创建一个10厘米×10厘米、300像素/英寸的文件。选择横排文字工具 **T**，在工具选项栏中选择字体并设置文字大小，在画布上输入文字"P"，如图7-137所示。打开"样式"面板菜单，选择"Web样式"命令，加载该样式库，单击图7-138所示的样式，为文字添加该效果，如图7-139所示。

02 按Ctrl+J快捷键，复制文字图层，双击它的缩览图，如图7-140所示，选取文字，如图7-141所示。

图7-137　　　　　　　　图7-138

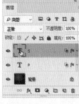

图7-139　　　　图7-140　　　　图7-141

03 输入大写的"S"，如图7-142所示。按Ctrl+A快捷键全选，在工具选项栏中将文字大小设置为150点，如图7-143所示。按Ctrl+Enter键结束文字的编辑。

图7-142　　　　　　　　图7-143

04 执行"图层>图层样式>缩放效果"命令，将效果按比例缩小，如图7-144所示，使之与文字"S"的大小相匹配，如图7-145所示。

图7-144　　　　　　　　图7-145

05 按Ctrl+T快捷键显示定界框，在定界框外拖曳鼠标，旋转文字。再将光标放在定界框内，单击并拖曳鼠标，移动文字位置，如图7-146所示，按Enter键确认。

06 单击 ▢ 按钮，添加图层蒙版，按住Ctrl键单击文字"P"的缩览图，载入它的选区，如图7-147和图7-148所示。

图7-146　　　　图7-147　　　　图7-148

07 使用画笔工具 ✎ 在两个文字的相交处涂抹黑色，如图7-149所示。按Ctrl+D快捷键取消选择。可以看到，相交处有很深的压痕，这种嵌套效果显然不真实，我们用前面学习的控制蒙版效果的知识来进行处理。双击文字"S"所在的图层，打开"图层样式"对话框，选取"图层蒙版隐藏效果"选项，如图7-150所示，将此处效果隐藏，如图7-151所示。

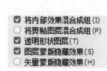

图7-149　　　　图7-150　　　　图7-151

08 使用渐变工具 ▢ 为"背景"图层添加一个深颜色的渐变，如图7-152所示。金属字在深色衬托下质感更加强烈，如图7-153所示。

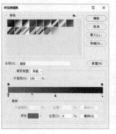

图7-152　　　　　　　　图7-153

滤镜

7.7

滤镜是Photoshop 中的"魔法师"，它只要随手一变，就能让普通的图像呈现令人惊奇的视觉效果。滤镜的用途非常广，不仅可以制作特效、模拟绘画效果、校正镜头缺陷或模拟镜头特效，还常用来编辑图层蒙版、快速蒙版和通道。

7.7.1

什么是滤镜

滤镜原本是一种摄影器材，安装在镜头前，可以改变拍摄方式，影响色彩或产生特殊的拍摄效果。Photoshop中的滤镜是一种插件模块，可以改变像素的位置和颜色，从而生成特效。例如，图7-154所示为原图像，图7-155所示为"染色玻璃"滤镜处理后的图像，从放大镜中可以看到像素的变化情况。

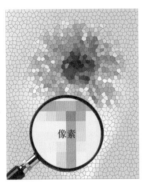

图7-154　　　　图7-155

Photoshop的滤镜家族中有一百多个"成员"，都在"滤镜"菜单中，如图7-156所示。其中"滤镜库""镜头校正""液化""消失点"等是大型滤镜，被单独列出，其他滤镜按照用途分类，放置在了各个滤镜组中。如果安装了外挂滤镜，则它们会出现在"滤镜"菜单的底部。

图7-156

由于数量过多，Adobe对滤镜进行过优化，将"画笔描边""素描""纹理""艺术效果"滤镜组整合到"滤镜库"中。因此，在默认状态下，"滤镜"菜单中没有这些滤镜，要使用它们，需要打开"滤镜库"才行。这样菜单才能更加简洁、清晰。如果不在乎数量问题，可以执行"编辑>首选项>增效工具"命令，打开"首选项"对话框，选取"显示滤镜库的所有组和名称"选项，让所有滤镜都出现在"滤镜"菜单中。

本书与照片处理有关的滤镜都在"照片处理"篇，其他滤镜则被制作成电子文档放在配套资源中。此外，配套资源还提供了"Photoshop外挂滤镜使用手册"电子文档，包含KPT7、Eye Candy 4000、Xenofex等经典外挂滤镜的使用方法和效果展示。

> **提示**（Tips）
>
> 执行"滤镜"菜单中的"浏览联机滤镜"命令，可以链接到Adobe网站，查找滤镜和增效工具。

7.7.2　　　　进阶课

滤镜的使用规则

● 使用滤镜处理图像时，需要选择其所在的图层，并使图层可见（缩览图前面有眼睛图标 ◉）。滤镜只能处理一个图层，不能同时处理多个图层。

● 滤镜的处理效果是以像素为单位进行计算的，因此，相同的参数处理不同分辨率的图像，效果会出现差异，如图**7-157**所示。

滤镜参数　　　分辨率为72像素/英寸　　　分辨率为300像素/英寸

图7-157

● 如果创建了选区，如图7-158所示，滤镜只处理选中的图像，如图7-159所示；未创建选区，则处理当前图层中的全部图像，如图7-160所示。

图7-158　　　　　图7-159　　　　　图7-160

● 只有"云彩"滤镜可以应用在没有像素的区域，其他滤镜都必须应用在包含像素的区域，否则不能使用。

⬦ 7.7.3 嘉 进阶课

滤镜的使用技巧

● 使用滤镜时通常会打开滤镜库或相应的对话框，在预览框中可以预览滤镜效果，单击 ➕ 和 ➖ 按钮，可以放大和缩小显示比例；单击并拖曳预览框内的图像，可以移动图像，如图7-161所示；如果想要查看某一区域，可以在文件中单击，滤镜预览框中就会显示单击处的图像，如图7-162所示。按住Alt键，"取消"按钮会变成"复位"按钮，单击该按钮，可以将参数恢复为初始状态。

图7-161　　　　　图7-162

● 使用一个滤镜后，"滤镜"菜单的第一行便会出现该滤镜的名称，单击它或按Alt+Ctrl+F快捷键，可再次应用这一滤镜。

● 在"滤镜"菜单中，显示为灰色的滤镜不能使用。这通常是图像模式造成的。RGB模式的图像可以使用全部滤镜，少量滤镜不能用于CMYK图像，索引和位图模式的图像则不能使用任何滤镜。如果颜色模式限制了滤镜的使用，可以执行"图像>模式>RGB颜色"命令，将图像转换为RGB模式，再用滤镜处理。

● "光照效果""木刻""染色玻璃"等滤镜在使用时会占用大量的内存，特别是编辑高分辨率的图像时，Photoshop的处理速度会变慢。如果遇到这种情况，可以先在一小部分图像上试验滤镜，找到合适的设置后，再将滤镜应用于整个图像。或通过特殊方法为 Photoshop 提供更多的可用内存(见22页)。

● 应用滤镜的过程中如果要终止处理，可以按Esc键。

技术看板 ㉕ 通过效果图层应用多个滤镜

在"滤镜库"中选择一个滤镜后，它就会出现在对话框右下角的已应用滤镜列表中。单击新建效果图层按钮 🔲，可以添加一个效果图层，此时可以选择其他滤镜，通过这种方法，可同时为图像添加两个或更多滤镜。上下拖曳效果图层可以调整它们的堆叠顺序，图像效果也会发生改变。单击 🗑 按钮，可以删除效果图层。单击眼睛图标 👁，可以隐藏或显示滤镜。

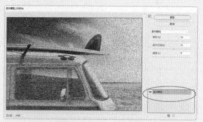

应用"胶片颗粒"滤镜

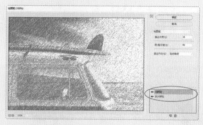

添加效果图层后，增加一个"绘图笔"滤镜

⬦ 7.7.4

设计实战：用"滤镜库"制作抽丝效果照片

01 打开素材，如图7-163所示。将前景色设置为蓝色，背景色设置为白色，如图7-164所示。

扫码看视频

图7-163　　　　　图7-164

02 执行"滤镜>滤镜库"命令，打开"滤镜库"，单击"素描"滤镜组前方的 ▶ 按钮，展开滤镜组，单击其中的"半调图案"滤镜，然后在对话框右侧选项中将"图像类型"设置为"直线"，"大小"设置为3，"对比度"设置为8，如图7-165所示。单击"确定"按钮关闭"滤镜库"。

--- **提示**(Tips) ---

如果想要使用某个滤镜，但不知道它在哪个滤镜组，可单击 ▶ 按钮，在打开的下拉菜单中查找。在该菜单中，滤镜是按照滤镜名称拼音的先后顺序排列的。

图7-165

图7-166　　　图7-167

03 执行"滤镜>镜头校正"命令，打开"镜头校正"对话框，单击"自定"选项卡，将"晕影"选项组中的"数量"滑块拖曳到最左侧，为照片添加暗角效果，如图7-166和图7-167所示。

04 执行"编辑>渐隐镜头校正"命令，在打开的对话框中将滤镜的混合模式设置为"叠加"，如图7-168和图7-169所示。

图7-168　　　图7-169

智能滤镜

7.8

智能滤镜是应用于智能对象的非破坏性滤镜。除"液化"和"消失点"等少数滤镜外，其他滤镜均可作为智能滤镜使用，甚至"图像>调整"菜单中的"阴影/高光"命令也可以。

7.8.1
智能滤镜与普通滤镜的区别

我们知道，滤镜是通过改变像素的位置和颜色来实现特效的，因此，在使用时会修改像素，如图7-170和图7-171所示。如果将滤镜应用于智能对象，情况就不一样了。在这种状态下，滤镜会像图层样式一样附加在智能对象所在的图层上。也就是说，滤镜效果与图像是分离的，如图7-172和图7-173所示。这种特殊构成，使滤镜变为可编辑的对象，它具有4个显著特点。

（1）原始图像可恢复；（2）同一图层可添加多个滤镜；（3）滤镜参数可修改；（4）滤镜效果可以调整混合模式和不透明度，也可调整堆叠顺序、添加图层样式，或用蒙版控制滤镜范围，如图7-174所示。

虽然智能滤镜的优点非常突出，但与普通滤镜相比，需要更多的内存，以及占用更大的存储空间。另外需要注意的是，智能滤镜绝非完全"智能"。这体现在，当缩放

扫码看视频

添加了智能滤镜的对象时，滤镜效果不会做出相应的改变。例如，在应用了"模糊"智能滤镜后，将对象缩小，但模糊范围并不会自动减少，我们需要手动修改滤镜参数，才能使滤镜效果与缩小后的对象相匹配。

原图
图7-170

用"位移"滤镜处理后，图像位置改变了
图7-171

添加智能滤镜
图7-172

隐藏滤镜即可恢复原始图像
图7-173

可以设置智能对象的不透明度和混合模式

隐藏/显示滤镜

图层蒙版可控制滤镜范围

双击 ⚏ 图标，可以设置滤镜效果的不透明度和混合模式

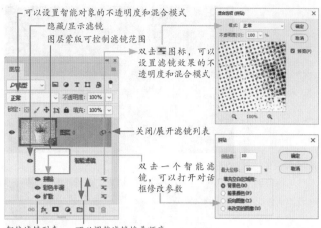

关闭/展开滤镜列表

双击一个智能滤镜，可以打开对话框修改参数

智能滤镜列表　　可以调整滤镜堆叠顺序

图7-174

图7-179　　　　　　图7-180

04 将"图层0拷贝"的混合模式设置为"正片叠底"，选择"图层0"。将前景色调整为洋红色（R173，G95，B198）。执行"滤镜>素描>半调图案"命令，打开"滤镜库"，使用默认的参数，将图像处理为网点效果，如图7-181所示。执行"滤镜>锐化>USM锐化"命令，锐化网点。选择移动工具 ✛，按←和↓键微移图层，使上下两个图层中的网点错开。使用裁剪工具 ⛶ 将照片的边缘裁齐，效果如图7-182所示。

图7-181　　　　　　图7-182

7.8.2

设计实战：用智能滤镜制作网点照片

01 打开照片素材，如图7-175所示。执行"滤镜>转换为智能滤镜"命令，弹出一个提示，单击"确定"按钮，将"背景"图层转换为智能对象，如图7-176所示。如果当前图层为智能对象，可以直接对其应用滤镜，而不必将其转换为智能滤镜。

图7-175　　　　　　　　图7-176

02 按Ctrl+J快捷键复制图层。将前景色调整为普蓝色。执行"滤镜>滤镜库"命令，打开"滤镜库"，展开"素描"滤镜组，单击"半调图案"滤镜，将"图像类型"设置为"网点"，其他参数如图7-177所示，单击"确定"按钮，应用智能滤镜，效果如图7-178所示。

图7-177　　　　　　图7-178

03 执行"滤镜>锐化>USM锐化"命令，对图像进行锐化，使网点变得清晰，如图7-179和图7-180所示。

7.8.3

技巧：修改智能滤镜

01 下面使用前面的实例效果学习怎样修改智能滤镜。双击"图层0拷贝"的"滤镜库"智能滤镜，如图7-183所示。重新打开"滤镜库"，此时可修改滤镜参数，将"图案类型"设置为"圆形"，单击"确定"按钮关闭对话框，即可更新滤镜效果，如图7-184所示。

图7-183　　　　　　图7-184

02 双击智能滤镜旁边的编辑混合选项图标 ⚏，弹出"混合选项"对话框，设置该滤镜的不透明度和混合模式，如图7-185和图7-186所示。虽然对普通图层应用滤镜时，也可使用"编辑>渐隐"命令修改滤镜效果的不透明度和混合模式，但这得在滤镜应用完以后马上操作，否则不能使用"渐隐"命令。

图7-185　　　　　图7-186

7.8.4

鼎 进阶课

技巧：遮盖智能滤镜

　　智能滤镜包含一个图层蒙版，编辑蒙版可以有选择性地遮盖智能滤镜，使滤镜只影响图像的一部分。遮盖智能滤镜时，蒙版会应用于当前图层中所有的智能滤镜，因此，单个智能滤镜无法遮盖。执行"图层>智能滤镜>停用滤镜蒙版"命令，或按住Shift键单击蒙版，可以暂时停用蒙版，蒙版上会出现一个红色的"×"。执行"图层>智能滤镜>删除滤镜蒙版"命令，或将蒙版拖曳到 🗑 按钮上，可以删除蒙版。

01 单击智能滤镜的蒙版，将其选择，如果要遮盖某一处滤镜效果，可以用黑色绘制；如果要显示某一处滤镜效果，则用白色绘制，如图7-187所示。

02 如果要减弱滤镜效果的强度，可以用灰色绘制，滤镜将呈现不同级别的透明度。也可以使用渐变工具 ▣ 在图像中填充黑白渐变，渐变会应用到蒙版中，对滤镜效果进行遮盖，如图7-188所示。

图7-187　　　　　图7-188

7.8.5

功能练习：显示、隐藏和重排滤镜

01 打开素材，如图7-189所示。单击一个智能滤镜旁边的眼睛图标 👁 ，可以隐藏该滤镜，如图7-190所示。单击智能滤镜行旁边的眼睛图标 👁 ，或执行"图层>智能滤镜>停用智能滤镜"命令，可以隐藏智能对象的所有智能滤镜，如图7-191所示。在原眼睛图标 👁 处单击，可以重新显示滤镜。

02 上下拖曳滤镜，可以重新排列它们的顺序。由于Photoshop是按照由下而上的顺序应用滤镜的，因此，图像效果会发生改变，如图7-192所示。

图7-189　　　　　图7-190

图7-191　　　　　图7-192

7.8.6

功能练习：复制与删除滤镜

01 打开素材，如图7-193所示。在"图层"面板中，按住 Alt 键，将智能滤镜从一个智能对象拖曳到另一个智能对象上，或拖曳到智能滤镜列表中的新位置，放开鼠标以后，可以复制智能滤镜，如图7-194和图7-195所示。

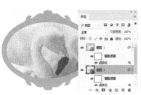

图7-193　　　　图7-194　　　　图7-195

02 按住Alt键拖曳智能对象图层旁边的智能滤镜图标 ◎ ，可以将所有智能滤镜复制给目标对象，如图7-196~图7-198所示。

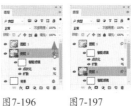

图7-196　　　　图7-197　　　　图7-198

03 如果要删除单个智能滤镜，可以将它拖曳到"图层"面板中的删除图层按钮 🗑 上。如果要删除应用于智能对象的所有智能滤镜，可以选择该图层，执行"图层>智能滤镜>清除智能滤镜"命令，或将 ◎ 图标拖曳到 🗑 按钮上。

第8章 通道与混合模式

通道

Photoshop中有3种通道,即颜色通道、Alpha通道和专色通道,它们分别与图像内容、色彩、选区,以及专色印版有关。下面介绍这3种通道的基本操作方法。

◇ 8.1.1

⚐ 必学课

"通道"面板

打开一幅图像,如图8-1所示。Photoshop会自动在"通道"面板中创建它的颜色信息通道,如图8-2所示。该面板可以创建、保存和管理通道。

图8-1

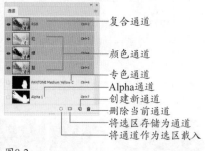

图8-2

- 复合通道
- 颜色通道
- 专色通道
- Alpha通道
- 创建新通道
- 删除当前通道
- 将选区存储为通道
- 将通道作为选区载入

"通道"面板	说明
将通道作为选区载入 ⬚	单击一个通道,再单击该按钮,可以将通道中的选区加载到画布上
将选区存储为通道 ▣	创建选区后,单击该按钮,可以将选区保存在Alpha通道中
创建新通道 ⊡	单击该按钮,可以创建Alpha通道
删除当前通道 🗑	选择一个通道,单击该按钮,可将其删除。但复合通道不能删除

◇ 8.1.2

颜色通道

颜色通道就像是摄影胶片,记录了图像内容和颜色信息。修改图像内容时,颜色通道中的灰度图像会发生相应的改变；用调色命令调整颜色通道的明暗，则会对图像的颜色产生影响（见224页）。通道名称的左侧显示了通道内容的缩览图，编辑通道时，缩览图会自动更新。

不同颜色模式的图像，颜色通道也不相同。例如，RGB图像包含红、绿、蓝和一个用于编辑图像内容的复合通道，如图8-3所示；CMYK图像包含青色、洋红、黄色、黑色和一个复合通道，如图8-4所示；Lab图像包含明度、a、b和一个复合通道，如图8-5所示；位图、灰度、双色调和索引颜色的图像只有一个通道。

图8-3

图8-4

图8-5

8.1.3

Alpha 通道

Alpha通道有3种用途，一是用于保存选区，以防止选区丢失；二是可以将选区转换为灰度图像，这样就能用画笔、加深、减淡等绘画工具以及各种滤镜编辑，从而达到修改选区的目的；三是可以从Alpha通道中将选区载入画布上。

在Alpha通道中，白色代表了可以被选择的区域，黑色代表了不能被选择的区域，灰色代表了可以被部分选择的区域（即羽化区域）。例如，图8-6所示为原图像，在Alpha通道制作一个灰度阶梯选区，如图8-7所示，用它可以选取图8-8所示的图像。

图8-6
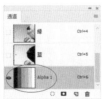
图8-7
图8-8

8.1.4

专色通道

专色通道用来存储印刷用的专色。专色是特殊的预混油墨，如金属金银色油墨、荧光油墨等，它们用于替代或补充普通的印刷色

扫码看视频

（CMYK）油墨。通常情况下，专色通道都是以专色的名称来命名的。

8.1.5

选择通道

与图层类似，通道在编辑前也需要选择。单击一个通道，可将其选择，此时文档窗口中会显示所选通道中的灰度图像。颜色通道虽然保存了图像的色彩，但在默认状态下，也显示为灰色，如图8-9所示。修改"首选项"可以让通道显示其保存的色彩。按住 Shift 键单击多个颜色通道，可以将它们同时选取，此时窗口中会显示这些通道的复合信息，这样的图像是彩色的，如图8-10所示。

图8-9
图8-10

单击面板顶部的复合通道，可以重新显示其他颜色通道，如图8-11所示，此时可同时预览和编辑所有颜色通道。

图8-11

技术看板 26 通过快捷键选择通道

按Ctrl+数字键可以快速选择通道。例如，如果图像为RGB模式，按Ctrl+3、Ctrl+4和Ctrl+5快捷键，可以分别选择红、绿、蓝通道；按Ctrl+6快捷键，可以选择蓝通道下面的Alpha通道；按Ctrl+2快捷键可回到RGB复合通道。

8.1.6

功能练习：通道与图像、蒙版互相转换

图像、通道中的灰度图像，以及图层蒙版中的灰度图像，其本质都是图像，只不过后两种是灰度的，前一个可以包含色彩。在Photoshop中，这3种图像可以互相转换。

扫码看视频

01 打开素材，如图8-12所示。按Ctrl+A快捷键全选，按Ctrl+C快捷键复制，单击"通道"面板中的 按钮，新建一个Alpha通道，如图8-13所示，单击该通道，按Ctrl+V快捷键，可将复制的图像粘贴到该通道中，如图8-14所示。

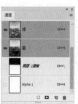

图8-12　　　　　图8-13　　　　　图8-14

02 单击"蓝"通道，如图8-15所示，按Ctrl+V快捷键，用图像替换原有的颜色通道，如图8-16所示。由于颜色通道被修改，图像的色彩也相应地发生了改变。按Ctrl+2快捷键返回RGB复合通道，图像效果如图8-17所示。

图8-15　　　　　图8-16　　　　　图8-17

03 单击"绿"通道，按Ctrl+A快捷键全选，按Ctrl+C快捷键复制，按Ctrl+2快捷键返回RGB复合通道，按Ctrl+V快捷键，可以将复制的通道粘贴为图像，如图8-18所示。

04 按住Alt键单击图层蒙版，如图8-19所示，文档窗口中会显示蒙版图像，按Ctrl+V快捷键，可以将通道粘贴到蒙版中，如图8-20所示。单击图像缩览图，结束蒙版的编辑。

图8-18　　　　　图8-19　　　　　图8-20

💎 8.1.7　　　　　　　　　　　　●平面 ●网店 ●插画 ●动漫

设计实战：通过删除通道制作专色印刷图像

专色印刷是指采用黄、洋红、青、黑四色墨以外的其他色油墨来复制原稿颜色的印刷工艺。如果要印刷带有专色的图像，需要用专色通道来存储专色。

扫 码 看 视 频

01 打开素材，如图8-21所示。单击"绿"通道，如图8-22所示，选取该通道。单击"通道"面板底部的 按钮，弹出一个对话框，单击"是"按钮，将该通道删除。图像会自动转换为多通道模式（见107页），如图8-23所示。通道数量减少以后，颜色也会发生改变。

02 选择移动工具 ，此时"青色"通道处于当前选取状态，在窗口中单击并向右下方拖曳，使它与后方的黄色通道图像形成错位效果，如图8-24所示。

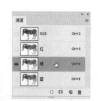

图8-21　　　　　　　　　　图8-22

图8-23　　　　　　　　　　图8-24

03 执行"滤镜>锐化>USM锐化"命令，对通道图像进行锐化处理，使细节更加清晰，如图8-25和图8-26所示。

图8-25　　　　　　　　　　图8-26

💎 8.1.8　　　　　　　　　　●平面 ●网店 ●插画 ●动漫

设计实战：定义和修改专色

01 打开素材。按住Ctrl键单击"图层1"的缩览图，将图层的非透明区域作为选区加载到画板上，如图8-27和图8-28所示。

扫 码 看 视 频

图8-27　　　　　　　　　　图8-28

02 按Shift+Ctrl+I快捷键反选。在"通道"面板菜单中选择"新建专色通道"命令，如图8-29所示。打开"新建专色通道"对话框，将"密度"设置为100%，单击"颜色"选项右侧的颜色块，如图8-30所示，打开"拾色器"，再单击"颜色库"按钮，切换到"颜色库"中，选择一种专色，如图8-31所示。

图8-29

图8-30

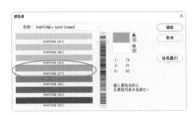
图8-31

03 单击"确定"按钮，返回"新建专色通道"对话框（不要修改专色的"名称"，否则以后可能无法打印文件），单击"确定"按钮，创建专色通道，即可用专色填充选中的区域，如图8-32和图8-33所示。

图8-32

图8-33

04 专色通道可以编辑。例如，按住Ctrl键单击它的缩览图，载入该通道中的选区，使用渐变工具  在画面中填充黑白径向渐变，让专色的浓度发生改变，如图8-34所示。按Ctrl+D快捷键，取消选择，如图8-35所示。如果要修改专色颜色，可以双击专色通道的缩览图，打开"专色通道选项"对话框进行设置。

图8-34

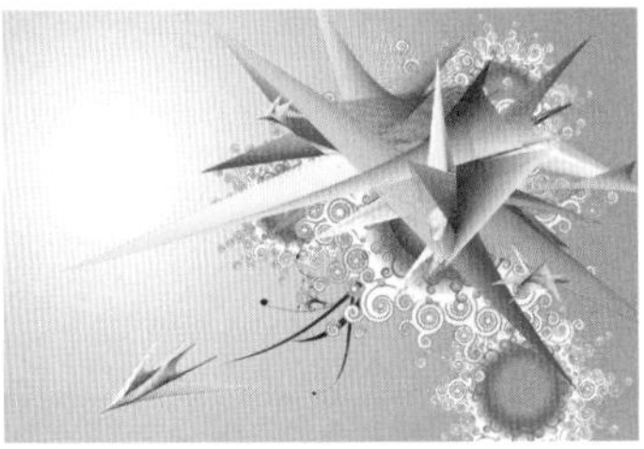

图8-35

8.1.9

重命名与复制通道

在抠图（见296页）时，我们会用Alpha通道保存选区，以防止选区丢失，或方便进行选区运算（见55页）。如果选区较多，可以修改Alpha通道的名称，使它们易于识别。操作方法是，在Alpha通道的名称上双击，显示文本框以后，输入新的名称并按Enter键即可，如图8-36所示。

如果要复制通道，可将其拖曳到"通道"面板底部的 按钮上，如图8-37和图8-38所示。拖曳到 🗑 按钮上，则可将其删除。复合通道不能进行重命名、复制和删除操作。颜色通道不能重命名但可以复制和删除。

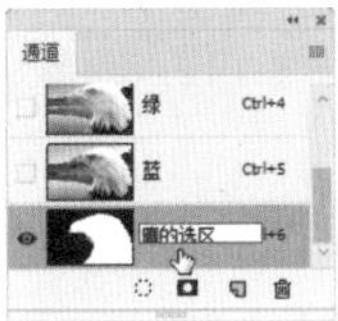

图8-36

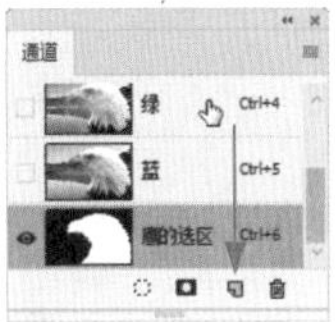

图8-37

图8-38

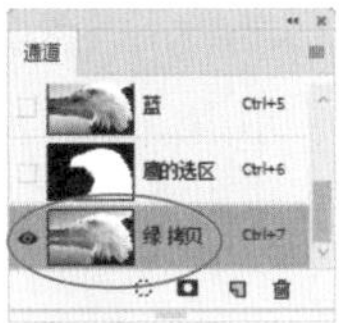

8.1.10

分离与合并通道

打开一幅图像，如图8-39所示，使用"通道"面板菜单中的"分离通道"命令，可以将各个颜色通道分离成单独的灰度图像，如图8-40~图8-42所示。其文件名为原文件的名称加上当前通道名称的缩写，原文件被关闭。当图像以不能保留通道的文件格式存储时，可以通过这种方法保留每一个通道的信息。但需要注意的是，PSD格式的分层文件不能进行分离操作。

图8-39

图8-40

图8-41

图8-42

如果有多个灰度模式的图像，它们全部打开且具有相同的尺寸，使用"通道"面板菜单中的"合并通道"命令，可以将它们合并为一个彩色图像。

8.2 混合模式

混合模式是一种混合像素的功能，可以让当前图层与下方图层混合，常用于合成图像、制作选区和创建图层样式。混合模式是非破坏性编辑工具，可随时添加、修改和删除，不会对图像造成任何损坏。

8.2.1 混合模式影响哪些功能

愚 进阶课

Photoshop中的许多工具和命令都可以设置混合模式，包括"图层"面板、绘画和修饰工具的工具选项栏、"图层样式"对话框，以及"填充""描边""计算""应用图像"等命令。如此多的功能都与混合模式有关，足见它的重要性。

扫 码 看 视 频

混合模式主要用于图层。除"背景"图层外，其他图层都支持混合模式。混合模式可以让当前图层中的像素与它下方所有图层中的像素混合，即无论下方有多少个图层，只要与当前图层中的像素发生重叠，就会与其混合。

混合模式还可以混合通道。使用"应用图像"和"计算"命令时，可以通过混合模式混合通道，创建特殊的图像合成效果或制作选区。例如，图8-43所示为通过混合模式在通道中制作的选区（"计算"命令），图8-44所示是使用该选区抠出的人像。

图8-43　　　　　图8-44

绘画和修饰类工具的选项栏，以及"渐隐""填充""描边"命令中，混合模式只让混合发生在当前图层的现有像素中，不会影响其他图层。例如，图8-45所示为"正常"模式下的选区描边效果，图8-46所示是"饱和度"模式下的描边效果（只影响"图层1"）。

图8-45

图8-46

"图层样式"对话框中的混合模式是个例外，它影响当前图层和下方第一个与其像素发生重叠的图层。

8.2.2 图层混合模式的设置方法

⚑ 必学课

单击"图层"面板中的一个图层，将其选取，单击面板顶部的 ⌄ 按钮，可以在打开的下拉列表中选择混合模式。混合模式分为6组，共27种，如图8-47所示。图8-48所示为一个PSD格式的分层文件，接下来我们将调整"图层1"的混合模式，演示它与下面图层中像素（"背景"图层）的混合效果。

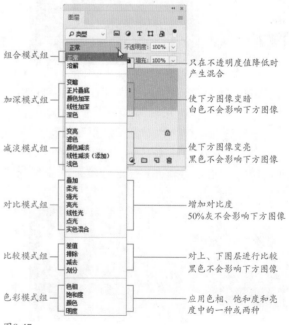

图8-47

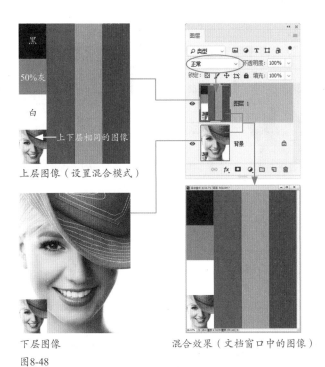

上层图像（设置混合模式）

下层图像

混合效果（文档窗口中的图像）

图8-48

中性色（黑、白和50%灰）（见182页）是需要特别注意的，因为有一些混合模式会隐藏中性色，导致中性色不会对下方图像产生任何影响。还有就是要关注上、下层完全相同的图像，有几种模式对这样的图像不起作用，它们是"点光""变亮""色相""饱和度""颜色""明度"模式。

8.2.3

组合模式组

组合模式组中的混合模式需要降低图层的不透明度才能产生作用。

● 正常：默认的混合模式，图层的不透明度为100%时，完全遮盖下面的图像，如图8-49所示。降低不透明度可以使其与下面的图层混合。

● 溶解：设置为该模式并降低图层的不透明度时，可以使半透明区域上的像素离散，产生点状颗粒，如图8-50所示。

图8-49

图8-50

8.2.4

加深模式组

加深模式组可以使图像变暗。当前图层中的白色不会对下方图层产生影响，比白色暗的像素会加深下方像素。

● 变暗：比较两个图层，当前图层中较亮的像素会被底层较暗的像素替换，亮度值比底层像素低的像素保持不变，如图8-51所示。

● 正片叠底：当前图层中的像素与底层的白色混合时保持不变，与底层的黑色混合时则被其替换，混合结果通常会使图像变暗，如图8-52所示。

图8-51　　　　　　　　图8-52

● 颜色加深：通过增加对比度来加强深色区域，底层图像的白色保持不变，如图8-53所示。

● 线性加深：通过减小亮度使像素变暗，它与"正片叠底"模式的效果相似，但可以保留下面图像更多的颜色信息，如图8-54所示。

● 深色：比较两个图层的所有通道值的总和并显示值较小的颜色，不会生成第3种颜色，如图8-55所示。

图8-53　　　　　图8-54　　　　　图8-55

8.2.5

减淡模式组

减淡模式组与加深模式组产生的效果截然相反，这些混合模式可以使下方的图像变亮。当前图层中的黑色不会影响下方图层，比黑色亮的像素会加亮下方像素。

● 变亮：与"变暗"模式的效果相反，当前图层中较亮的像素会替换底层较暗的像素，而较暗的像素则被底层较亮的像素替换，如图8-56所示。

● 滤色：与"正片叠底"模式的效果相反，它可以使图像产生漂白的效果，类似于多个摄影幻灯片在彼此之上投影，如图8-57所示。

图8-56　　　　　　　　　图8-57

● 颜色减淡：与"颜色加深"模式的效果相反，它通过减小对比度来提亮底层的图像，并使颜色变得更加饱和，如图8-58所示。

● 线性减淡（添加）：与"线性加深"模式的效果相反。通过增加亮度来减淡颜色，提亮效果比"滤色"和"颜色减淡"模式都强烈，如图8-59所示。

● 浅色：比较两个图层的所有通道值的总和并显示值较大的颜色，不会生成第3种颜色，如图8-60所示。

图8-58　　　　图8-59　　　　图8-60

◈ 8.2.6

对比模式组

对比模式组可以增加下方图像的对比度。在混合时，50%灰色不会对下方图层产生影响，亮度值高于50%灰色的像素会使下方像素变亮，亮度值低于50%灰色的像素会使下方像素变暗。

● 叠加：可增强图像的颜色，并保持底层图像的高光和暗调，如图8-61所示。

● 柔光：当前图层中的颜色决定了图像变亮或是变暗。如果当前图层中的像素比 50% 灰色亮，则图像变亮；如果像素比 50% 灰色暗，则图像变暗。产生的效果与发散的聚光灯照在图像上相似，如图8-62所示。

● 强光：当前图层中比50%灰色亮的像素会使图像变亮；比50%灰色暗的像素会使图像变暗。产生的效果与耀眼的聚光

灯照在图像上相似，如图8-63所示。

图8-61　　　　　图8-62　　　　　图8-63

● 亮光：如果当前图层中的像素比 50% 灰色亮，可通过减小对比度的方式使图像变亮；如果当前图层中的像素比 50% 灰色暗，则通过增加对比度的方式使图像变暗。该模式可以使混合后的颜色更加饱和，如图8-64所示。

● 线性光：如果当前图层中的像素比 50% 灰色亮，可通过增加亮度使图像变亮；如果当前图层中的像素比 50% 灰色暗，则通过减小亮度使图像变暗。与"强光"模式相比，"线性光"可以使图像产生更高的对比度，如图8-65所示。

图8-64　　　　　　　　图8-65

● 点光：如果当前图层中的像素比 50% 灰色亮，可以替换暗的像素；如果当前图层中的像素比 50% 灰色暗，则替换亮的像素，这在向图像中添加特殊效果时非常有用，如图8-66所示。

● 实色混合：如果当前图层中的像素比50%灰色亮，会使底层图像变亮；如果当前图层中的像素比50%灰色暗，则会使底层图像变暗。该模式通常会使图像产生色调分离效果，如图8-67所示。

图8-66　　　　　　　　图8-67

✦ 8.2.7

比较模式组

比较模式组会比较当前图层与下方图像，然后将相同的区域改变为黑色，不同的区域显示为灰色或彩色。如果当前图层中包含白色，那么白色会使下方像素反相，黑色不会对下方像素产生影响。

● 差值：当前图层的白色区域会使底层图像产生反相效果，黑色不会对底层图像产生影响，如图8-68所示。

● 排除：与"差值"模式的原理基本相似，但该模式可以创建对比度更低的混合效果，如图8-69所示。

图8-68　　　　　　　　图8-69

● 减去：可以从目标通道中相应的像素上减去源通道中的像素值，如图8-70所示。

● 划分：查看每个通道中的颜色信息，从基色中划分混合色，如图8-71所示。

图8-70　　　　　　　　图8-71

提 示（Tips）

基色是图像中的原稿颜色。混合色是通过绘画或编辑工具应用的颜色。结果色是混合后得到的颜色。

✦ 8.2.8

色彩模式组

使用色彩模式组时，Photoshop会将色彩分为3种成分（色相、饱和度和亮度），将其中的一种或两种应用在混合后的图像中。但上、下层相同的图像不会改变。

● 色相：将当前图层的色相应用到底层图像的亮度和饱和度中。该模式可以改变底层图像的色相，但不会影响其亮度和饱和度。对于黑色、白色和灰色区域，该模式不起作用，如图8-72所示。

● 饱和度：将当前图层的饱和度应用到底层图像的亮度和色相中，可以改变底层图像的饱和度，但不会影响其亮度和色相，如图8-73所示。

图8-72　　　　　　　　图8-73

● 颜色：将当前图层的色相与饱和度应用到底层图像中，但保持底层图像的亮度不变，如图8-74所示。

● 明度：将当前图层的亮度应用于底层图像的颜色中，可以改变底层图像的亮度，但不会对其色相与饱和度产生影响，如图8-75所示。

图8-74　　　　　　　　图8-75

✦ 8.2.9

背后模式和清除模式

"背后"模式和"清除"模式是绘画工具、"填充"和"描边"命令特有的混合模式，如图8-76和图8-77所示。使用形状工具时，在工具选项栏中选择"像素"选项，则"模式"下拉列表中也包含这两种模式。

图8-76　　　　　　　　图8-77

● 背后： 仅在图层的透明部分编辑或绘画，不会影响图层中原有的图像，就像在当前图层下面的图层上绘画一样。例如，图8-78所示为"正常"模式下使用画笔工具涂抹的效果，图8-79所示为"背后"模式下的涂抹效果。

图8-78

图8-79

● 清除： 与橡皮擦工具的作用类似。在该模式下，工具或命令的不透明度决定了像素是否被完全清除，当不透明度为100%时，可以完全清除像素，图8-80所示是画笔工具的涂抹效果；不透明度小于100%时，则部分地清除像素。

图8-80

> **提 示** (Tips)
>
> "背后"模式和"清除"模式只能用在未锁定透明区域的图层中（即未单击"图层"面板中的 🔲 按钮），如果锁定了透明区域（见65页），这两种混合模式将不能使用。

8.2.10
图层组的混合模式

图层组的默认模式为"穿透"，它表示组本身不具备混合属性，相当于普通图层的"正常"模式，如图8-81所示。如果为组设置了其他混合模式，则组中的所有图层都将采用这种混合模式与下面的图层混合，如图8-82所示。

图8-81

图8-82

技术看板 27 快速切换混合模式

在混合模式选项（工具选项栏也可以）上双击，然后滚动鼠标中间的滚轮，或按↓、↑键，即可按顺序依次切换混合模式。

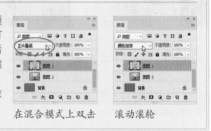

在混合模式上双击　　滚动滚轮

8.2.11
●平面 ●网店 ●摄影 ●插画 ●动漫
设计实战：用混合模式制作隐身效果

01 打开两个素材，如图8-83和图8-84所示。选择移动工具 ✛，将图案素材拖入人物文件中，设置混合模式为"颜色加深"，如图8-85所示。

扫码看视频

图8-83

图8-84

图8-85

02 按住Alt键，将"颜色填充1"的蒙版缩览图拖曳到"图层1"，将蒙版给该图层，让人物完全显示出来，如图8-86所示。使用画笔工具在人物的身上涂抹白色，这样就形成了视觉反差，人物面部和头发都是真实的，而身体却被隐藏在图案中，如图8-87所示。只是这种隐藏效果太过明显，似有似无才是这幅作品真正要表达的意境。

图8-86　　　　　　　　图8-87

03 在工具选项栏中设置画笔的不透明度为60%，如图8-88所示。单击"颜色填充1"的蒙版缩览图，用画笔工具在人物的手臂和衣服（这部分在蒙版中显示为黑色）上涂抹白色，由于设置了不透明度，此时涂抹所生成的颜色为浅灰色，它弱化了这部分图像的显示，同时又能若隐若现地看出身体的轮廓，如图8-89所示。

图8-88

图8-89

04 按住Ctrl键单击该图层的缩览图，将蒙版中的白色区域作为选区载入，如图8-90所示。新建一个图层，设置不透明度为40%，将前景色设置为深棕色，用画笔工具在头部两侧绘制投影，使头部与图案产生距离感，如图8-91所示。

图8-90

图8-91

05 将素材中的"颜色调整"图层组拖入人物文件，这里包含一整套调色命令，可以使画面颜色变成浪漫的粉橘色，如图8-92所示。

图8-92

通道混合工具

8.3

混合模式是一种非常重要的像素混合工具。图层之间的混合非常容易操作，只需在"图层"面板中设置便可。很多人不知道，其实通道也可以混合，只是方法比较特殊，要用"应用图像""计算""通道混合器"*（见225页）*命令操作，"通道"面板不提供混合选项。

8.3.1

用"应用图像"命令修改颜色

图层混合，可用于创建图像合成效果。而通道混合，则主要用于调色和编辑选区（即抠图）。

扫码看视频

使用"应用图像"命令前，需要先选择被混合的目标对象。这里有一个操作技巧，单击一个颜色通道，如图8-93所示，然后在RGB复合通道前面单击鼠标，显示出眼睛图标 ◉，如图8-94所示。在这种状态下，当前选择的仍然是颜色通道，但文档窗口中显示的是彩色图像，这样操作时便可看到颜色变化。

图8-93

图8-94

选择好作为被混合的目标对象（颜色通道）后，执行"图像>应用图像"命令，打开"应用图像"对话框，如图8-95所示。可以看到3个选项组。"源"是指参与混合的对象；"目标"是指被混合的对象（即执行该命令前选择的通道）；"混合"选项组用来控制两者如何混合。

图8-95

由于被混合的通道在打开对话框时已经选择好了，

接下来可以选择参与混合的对象，然后设置一种混合模式即可。在混合模式的作用下，被混合的通道的明度发生改变，进而改变图像颜色，如图8-96所示。

蓝通道采用"划分"模式混入红通道

图8-96

降低混合强度

如果要降低混合强度，可以调整"不透明度"值，该值越小，混合强度越弱，如图8-97和图8-98所示。

图8-97

图8-98

控制混合范围

混合范围可以通过两种方法控制。如果图层中包含透明区域，可以选取"保留透明区域"选项，将混合效果限定在图层的不透明区域内。

另一种方法是选取"蒙版"选项，显示出隐藏的选项，然后选择包含蒙版的图像和图层。对于"通道"，可以选择任何颜色通道或 Alpha 通道以用作蒙版。也可使用基于现用选区或选中图层（透明区域）边界的蒙版。选择"反相"反转通道的蒙版区域和未蒙版区域。

8.3.2

用"应用图像"命令修改图像

使用"应用图像"命令时，如果被混合的目标对象是图层，则会改变所选图层中的图像，其效果类似于图层之间的混合。区别在于图层混合可修改和撤销，但这种方法会改变像素，而且不能逆转。如图8-99和图8-100所示。

"应用图像"参数设置

图8-99

蓝通道混入"背景"图层

图8-100

8.3.3

用"应用图像"命令修改选区

使用"应用图像"命令时，如果被混合的目标对象是Alpha通道，则会修改Alpha通道中的灰度图像，进而改变选区范围。

有两种混合模式对于修改选区比较有用，即"相加"和"减去"（"相加"模式是"图层"面板中没有的）。这两种模式与选区的加、减运算类似（见55页），只是作用对象是通道，但其结果会影响选区，如图8-101~图8-103所示。

扫码看视频

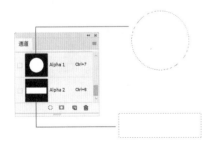

Alpha1和Alpha2通道及选区

图8-101

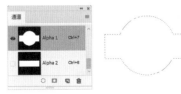

用"相加"模式混合

图8-102

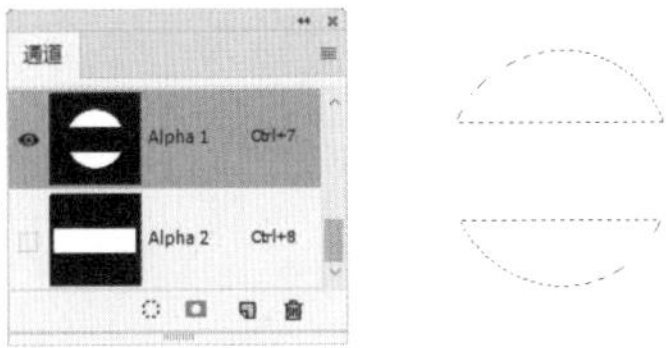

用"减去"模式混合

图8-103

8.3.4

"计算"命令

执行"图像>计算"命令，打开"计算"对话框，如图8-104所示。"图层""通道""混合""不透明度""蒙版"等选项均与"应用图像"命令相同。

图8-104

"计算"命令既可以混合一个图像中的通道，也可以混合多个图像中的通道。混合结果可以生成一个新的通道、选区或黑白图像。

"计算"命令包含的混合模式，以及控制混合强度的方法（调整不透明度值）都与"应用图像"命令相同。它也可以混合颜色通道，但只能将混合结果应用到一个新创建的通道（Alpha通道）中，而不能修改颜色通道，因此，"计算"命令不能修改图像的颜色。它的主要用途是编辑Alpha通道中的选区。

此外，使用"应用图像"命令前，需要先选择将要被混合的目标对象，之后再打开"应用图像"对话框指定参与混合的对象。"计算"命令不受这种限制，我们可以打开"计算"对话框后任意指定目标对象，从这方面看，"计算"命令的灵活度更高一些。但如果要对同一个通道进行多次混合，使用"应用图像"命令操作就会更加方便，因为该命令不会生成新通道，而"计算"命令每一次操作都会生成一个通道，因此必须来回切换通道才能进行多次混合。

- 源1：用来选择第一个源图像、图层和通道。
- 源2：用来选择与"源1"混合的第二个源图像、图层和通道。该文件必须是打开的，并且与"源1"的图像具有相同尺寸和分辨率。
- 结果：可以选择计算之后生成的对象。选择"通道"，可以从计算结果中创建一个新的通道，参与混合的两个通道不会受到影响；选择"文档"，可以创建一个黑白图像；选择"选区"，可以创建一个选区。

第9章 图像影调调整

从本章开始，我们进入"照片处理篇"。这一部分由"图像影调调整""图像色彩调整""图像修饰与打印""Camera Raw"4章组成。照片处理即图像处理，实例多与照片有关，技术方面则涵盖调色、修图、抠图等。

Photoshop中有近30个调整命令，可以分别对影调、曝光、色彩做出调整，其全面性和专业度令其他任何一种图像编辑软件都难以望其项背。本章介绍影调调整方面的知识。在开始部分，先要了解色调范围，以及怎样使用"直方图"面板分析曝光；然后学习中性色图层和调整图层的使用方法及操作技巧；之后由易到难，对各个调整命令展开讲解。

在所有调整（包括色彩调整）命令中，"色阶"和"曲线"最重要。色调变化、色彩改变，都可以通过这两个命令完成。尤其是"曲线"，可作为Photoshop调整命令的终极撒手锏使用。

本章及下一章内容对于学习Camera Raw也有帮助，因为Camera Raw中很多参数选项与我们所介绍的调整工具重叠。

需要注意的是，任何调整都具有破坏性，虽然调整后的图像看上去比之前的效果更好，但实际上，它的色彩没有原始图像丰富，色调层次也减少了（严重的还会出现色调分离），即便使用调整图层也是如此。调整图层虽然不会破坏原始图像，但这不意味着图像的调整效果没有损坏。

【学习重点】

9.1 色彩和色调的专业识别方法

色彩是一门科学，色相变化、明度深浅、饱和度高低都可以用数字描述出来。Photoshop中就包含这样的工具。

◆ 9.1.1 你还相信自己的眼睛吗

进阶课

当两种或两种以上色彩并置时，由于互相影响，色相、明度、饱和度会出现差别，这种现象称为色彩对比。色彩对比会造成错视，也就是说，我们看到的与客观事物不一致。不信吗？我们来做一个简单的测试，绝对让你心服口服。观察图9-1，这是麻省理工学院视觉科学家泰德·艾德森设计的亮度幻觉图形，请你判断，A点和B点的方格哪一个颜色更深？

扫码看视频

看起来A点明显要深一些。实际上，它们的色调深浅不存在任何差别。我们可以用Photoshop中的色彩识别工具——"信息"面板来观察。执行"窗口>信息"命令，打开该面板，将光标放在需要查看的颜色上方，面板中就会显示它的颜色值，如图9-2和图9-3所示。可以看到，这两点的颜色值完全一样。由此可见，我们的眼睛并不可靠。浅色方格之所以不显得黑，是因为我们的视觉系统认为"黑"是阴影造成的，而不是方格本身就有的，我们的眼睛被经验欺骗了。

图9-1

图9-2

图9-3

9.1.2

在观察区域建立取样点

前面的小测试说明了只有借助专业的工具才能准确识别颜色信息，从中我们也学到一个方法，将光标放在图像上方，就可以通过"信息"面板了解颜色值。那么在调整图像的过程中，应该怎样让颜色变化了然于胸，进而避免颜色鲜艳区域出现溢色、阴影区域丢失细节或高光区域出现过曝等情况的发生呢？

我们可以使用颜色取样器工具 ，用它在需要观察的位置单击鼠标，建立取样点，弹出的"信息"面板中会显示取样位置的颜色值，如图9-4所示。调整图像时，面板中会出现两组数字，斜杠前面的是调整前的颜色值，斜杠后面的是调整后的颜色值，如图9-5所示。

图9-4

图9-5

颜色取样器工具 的选项栏中有一个"取样大小"选项，它可以定义取样范围。例如，想要查看颜色取样点下方单个像素的颜色值，可以选择"取样点"（图9-5即是）；选择"3×3平均"，显示的则是取样点3个像素区域内的平均颜色，如图9-6所示（注意，取样处的颜色值已发生改变）。其他选项依此类推。一个图像中最多可以放置10个取样点。单击并拖曳取样点，可以移动它的位置，"信息"面板中的颜色值也会随之改变；按住 Alt 键单击颜色取样点，可将其删除；如果要在调整对话框处于打开的状态下删除颜色取样点，可以按住 Alt+Shift键单击取样点；如果要删除所有颜色取样点，可单击工具选项栏中的"清除"按钮。

在"信息"面板的吸管上单击，可以打开一个下拉菜单，在此可以选择使用哪种模式描述颜色、颜色的位深度等，如图9-7所示。

图9-6

图9-7

9.1.3

"信息"面板反馈的信息

"信息"面板是个多面手，没有进行任何操作时，它显示光标下方的颜色值，以及文档状态、当前工具的提示等信息；在进行编辑操作时，如进行换或创建选区、调整颜色时，则显示与当前操作有关的信息。

● 显示颜色信息：将光标放在图像上，面板中会显示光标的精确坐标和它下方的颜色值。如果颜色超出了 CMYK 色域（见108页），CMYK 值旁边会出现一个惊叹号，如图9-8所示。

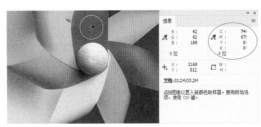

图9-8

● 显示选区大小：使用选框工具（矩形选框、椭圆选框等）创建选区时，随着鼠标的移动，面板中会实时显示选框的宽度（W）和高度（H）。

● 显示定界框的大小：使用裁剪工具 和缩放工具 时，会显示定界框的宽度（W）和高度（H）。如果旋转裁剪框，还会显示旋转角度值。

● 显示开始位置、变化角度和距离：当移动选区或使用直线工具 、钢笔工具 、渐变工具 时，会随着鼠标的移动显示开始位置的 x 和 y 坐标，X 的变化（△X）、Y 的变化（△Y），以及角度（A）和距离（L）。图9-9所示为使用直线工具 绘制路径时显示的信息。

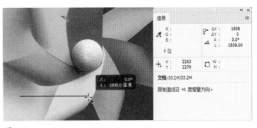

图9-9

● 显示变换参数：执行二维变换命令（如"缩放"和"旋转"）时，会显示宽度（W）和高度（H）的百分比变化、旋转角度（A），以及水平切线（H）或垂直切线（V）的角度。图9-10所示为缩放选区内的图像时显示的信息。

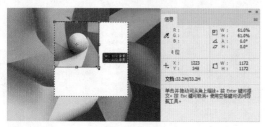

图9-10

● 显示状态信息：显示文件大小、文档配置文件、文件尺寸、暂存盘大小、效率、计时及当前工具等信息。具体显示内容可以在"面板选项"对话框中进行设置。

● 显示工具提示：显示与当前使用工具有关的提示信息。

"信息"面板选项

　　打开"信息"面板菜单，选择"面板选项"命令，打开"信息面板选项"对话框，如图9-11所示。在该对话框中可以选择面板中吸管显示的颜色信息。

● 第一颜色信息：在该选项的下拉列表中可以选择面板中第一个吸管显示的颜色信息。选择"实际颜色"，可以显示图像当前颜色模式下的值；选择"校样颜色"，可以显示图像的输出颜色空间的值；选择"灰度""RGB""CMYK"等颜

色模式，可以显示相应颜色模式下的颜色值；选择"油墨总量"，可以显示光标当前位置所有 CMYK 油墨的总百分比；选择"不透明度"，可以显示当前图层的不透明度（该选项不适用于背景）。

● 第二颜色信息：设置面板中第二个吸管显示的颜色信息。

● 鼠标坐标：设置鼠标光标位置的测量单位。

● 状态信息：设置面板中显示的其他信息。

● 显示工具提示：显示当前使用工具的各种提示信息。

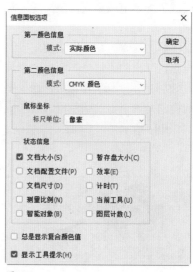

图9-11

9.2 直方图与曝光的联系

直方图是一种统计图形，是用于判断照片影调和曝光的重要工具。我们拍摄完照片以后，可以在相机的液晶屏上回放照片，通过观察它的直方图来分析曝光参数是否正确，再根据情况修改参数重新拍摄。在Photoshop中处理照片时，则可以打开"直方图"面板，根据直方图形态和照片的实际情况，采取具有针对性的方法对影调和曝光做出调整。

9.2.1 　　　　　　　　　　　　　　　　　　　　　　▲ 进阶课
色调范围：清晰度的决定性要素

　　Photoshop将图像的色调范围定义为0（黑）~255（白），一共256级色阶，如图9-12所示。当图像拥有全部色阶（0~255级）时，基本上就具有了足够高的对比度、清

晰的色调和清楚的细节（当然，细节还取决于图像获取时的情况）。如果色调范围小于0~255级色阶，就会缺少纯黑和纯白或接近于纯黑、纯白的色调，这将使色彩的对比度偏低，导致色彩不够鲜亮，色调灰暗，没有层次。我们同时用黑白和彩色照片展示更容易理解，如图9-13所示。

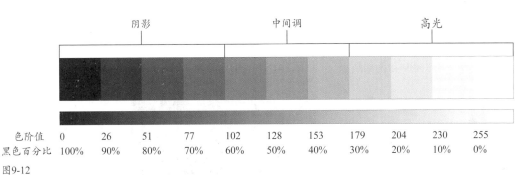

色阶值	0	26	51	77	102	128	153	179	204	230	255
黑色百分比	100%	90%	80%	70%	60%	50%	40%	30%	20%	10%	0%

图9-12

对比度弱的黑白照片

对比度强的黑白照片

对比度弱的彩色照片

对比度强的彩色照片

图9-13

在0（黑）~255（白）色调范围内，可以划分出阴影、中间调和高光3个区域。对于这3个区域，"图像>调整"菜单中的命令各有侧重。其中，"色阶"和"曲线"命令可以分别调整阴影、中间调和高光区域的色调明暗。而色彩调整工具——"色彩平衡"命令，可以分别调整这3个区域的色彩比例。

Photoshop提供了很多色调调整工具，从简单到复杂，可以这样排序"自动色调"→"自动对比度"→"自动颜色"→"亮度/对比度"→"曝光度"→"阴影/高光"→"色阶"→"曲线"。这其中，"曲线"最强大，除"曝光度"和"阴影/高光"这两个外，它可以替代其他所有命令。

9.2.2

鼎 进阶课

技巧：掌握从直方图中判断曝光的方法

执行"窗口>直方图"命令，打开"直方图"面板，如图9-14所示。直方图从左至右共256级色阶，左侧代表纯黑色（色阶为0）；右侧代表纯白色（色阶为255）。整个色调范围分为阴影、中间调和高光3个区域。图像中某一色阶的像素越多，该点的直方图就会越高，形成类似"山峰"状的凸起；像素少的区域，则会形成较低的"山峰"或"峡谷"状的凹陷。

扫码看视频

直方图用图形表示了图像的每个亮度级别的像素数量，展现了像素在图像中的分布情况。学会观察直方图，我们就可以准确判断照片的阴影、中间调和高光中包含的细节是否足，在进行调整时能够有的放矢。

曝光准确

曝光准确的照片色调均匀，明暗层次丰富，亮部分不会丢失细节，暗部分也不会漆黑一片，如图9-15所示。从直方图中可以看到，从左（色阶0）到右（色阶255）每个色阶都有像素分布。

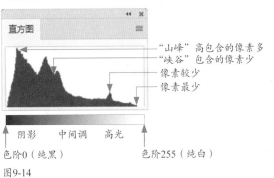

"山峰"高包含的像素多
"峡谷"包含的像素少
像素较少
像素最少

阴影　中间调　高光

色阶0（纯黑）　　色阶255（纯白）

图9-14

图9-15

曝光不足

曝光不足的照片色调比较暗,如图9-16所示。它的直方图呈L形,山峰分布在直方图左侧,中间调和高光都缺少像素。

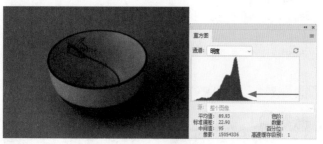

图9-16

曝光过度

曝光过度的照片画面色调较亮,如图9-17所示。它的直方图呈J形,山峰整体都向右偏移,阴影区域缺少像素。

图9-17

反差过小

反差过小的照片灰蒙蒙的,色彩不鲜亮,色调也不清晰,如图9-18所示。它的直方图呈⊥形,没有横跨整个色调范围(0~255级),这说明阴影和高光区域缺少必要的像素,图像中最暗的色调不是黑色,最亮的色调不是白色,该暗的地方没有暗下去,该亮的地方也没有亮起来。

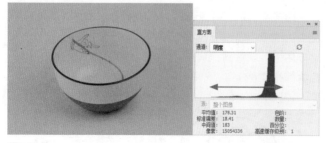

图9-18

暗部缺失

暗部缺失的照片阴影区域漆黑一片,没有层次,也看

不到细节,如图9-19所示。在它的直方图中,一部分山峰紧贴直方图左端,这就是全黑的部分(色阶为0)。

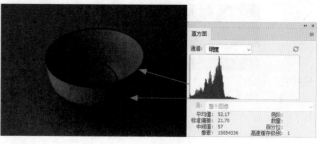

图9-19

高光溢出

高光溢出的照片高光区域完全是白色,没有层次和细节,如图9-20所示。在它的直方图中,一部分山峰紧贴直方图右端,它们就是全白的部分(色阶为255)。

图9-20

需要注意,上面的这些直方图不能用于判断复杂的影调关系。例如,拍摄白色沙滩上的白色冲浪板时,直方图极端偏右也是正常的。直方图的最大用处是可以帮助我们确认照片中有没有暗部缺失、高光溢出、反差过小等问题,以便做出针对性的调整。光影的复杂关系造成直方图的形态千差万别,完美的直方图不能代表曝光完美。

9.2.3 进阶课

从统计数据中能了解什么

"直方图"面板菜单中包含可以切换直方图显示方式的命令。其中,"紧凑视图"是默认的显示方式,它只提供直方图;"扩展视图"包含统计数据和控件;"全部通道视图"包含统计数据和控件,以及每一个通道的单个直方图(不包括 Alpha 通道、专色通道和蒙版),如图9-21所示。如果选择面板菜单中的"用原色显示直方图"命令,红、绿、蓝通道直方图会以彩色方式显示,如图9-22所示。另外,"扩展视图"和"全部通道视图"还提供了通道选项,选择一个通道以后,面板中会显示所选通道的直方图。如果选择"明度",则可以显示复合通道的亮度或强度值;选择"颜色",可以显示颜色中单个颜色通道的复合直方图,如图9-23所示。

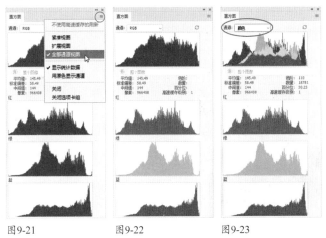

图9-21　　　图9-22　　　图9-23

将"直方图"面板设置为"扩展视图"状态,此时面板会显示图像全部的统计数据,如图9-24所示。如果在直方图上单击并拖动鼠标,则可以显示所选范围内的数据信息,如图9-25所示。

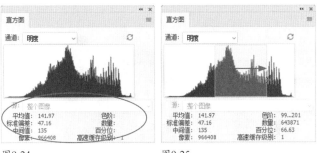

图9-24　　　　　　图9-25

● 平均值: 显示了像素的平均亮度值（0~255 的平均亮度）。通过观察该值, 可以判断出图像的色调类型。 例如, 在图9-26所示的图像中, "平均值"为141.97, 且直方图中的山峰位于直方图的中间偏右处, 这说明该图像属于平均色调且偏亮。

图9-26

● 标准偏差: 显示了亮度值的变化范围, 该值越高, 说明图像的亮度变化越剧烈。 图9-27所示为调高图像亮度后的状态,"标准偏差"由调整前的47.16变为43.84, 说明图像的亮度变化在减弱。

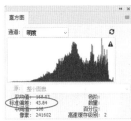

图9-27

● 中间值: 显示了亮度值范围内的中间值。 图像的色调越亮, 中间值越高, 如图9-28和图9-29所示。

图9-28　　　　　图9-29

● 像素: 显示了用于计算直方图时的像素总数。

● 色阶/数量: "色阶"显示了光标下面区域的亮度级别; "数量"显示了光标下面亮度级别的像素总数, 如图9-30所示。

● 百分位: 显示了光标所指的级别或该级别以下的像素累计数。如果对全部色阶范围取样, 该值为100; 对部分色阶取样, 显示的则是取样部分占总量的百分比, 如图9-31所示。

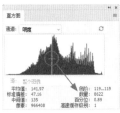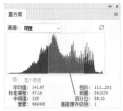

图9-30　　　　　图9-31

● 高速缓存级别: 显示了当前用于创建直方图的图像高速缓存。当高速缓存级别大于1时, 会更加快速地显示直方图。

● 高速缓存数据警告: 从高速缓存（而非文件的当前状态）中读取直方图时, 面板会显示▲图标, 如图9-32所示。 这表示当前直方图是Photoshop通过对图像中的像素进行典型性取样而生成的, 此时的直方图显示速度较快, 但并不是最准确的统计结果。 单击▲图标或不使用高速缓存的刷新 ↻ 图标, 可以刷新直方图, 显示当前状态下的最新统计结果, 如图9-33所示。

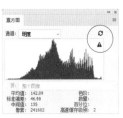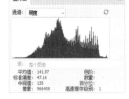

图9-32　　　　　图9-33

神奇的中性色图层

9.3

中性色图层是一种填充了中性色的图层，它通过混合模式对其下方图层产生影响。这种图层可用于修饰图像及添加滤镜，而且所有操作都不会破坏其他图层上的像素。

9.3.1 进阶课
什么是中性色

在Photoshop中，黑、白和50％灰色是中性色，如图9-34所示。创建中性色图层时，Photoshop会用这3种中性色中的一种来填充图层，并为其设置特定的混合模式（见168页），在混合模式的作用下，图层中的中性色不可见，就像新建的透明图层一样，如果不改变中性色，中性色图层不会影响其他图层，如图9-35所示。

黑（R0，G0，B0）　　50%灰（R128，G128，B128）　白（R255，G255，B255）

图9-34

图9-35

使用画笔、加深、减淡等工具在中性色图层上涂抹黑、白、灰色，可以修改中性色，从而影响下面图像的色调。使用"色阶"或"曲线"校正偏色的照片时，可以通过定义灰点（即中性色）来校正色偏（见195页）。中性色图层也可以添加图层样式或应用滤镜。

9.3.2
照片实战：用中性色图层校正曝光

01 打开照片素材，如图9-36所示。执行"图层>新建>图层"命令，打开"新建图层"对话框。在"模式"下拉列表中选择"柔光"，选取"填充柔光中性色"选项，创建一个柔光模式的中性色图层，如图9-37和图9-38所示。

扫码看视频

02 按D键，将前景色设置为黑色。选择画笔工具 ✏ 及柔角笔尖，在工具选项栏中将不透明度设置为30%，在人物后面的背景上涂抹黑色，进行加深处理，如图9-39所示。

图9-36　　　　　　图9-37

图9-38　　　　　　图9-39

03 按X键，将前景色切换为白色，在人物身体上涂抹，进行减淡处理，如图9-40和图9-41所示。

图9-40　　　　　　图9-41

04 单击"调整"面板中的 按钮，创建"曲线"调整图层（见184页）。在曲线上单击，添加两个控制点，拖曳控制点调整曲线，如图9-42和图9-43所示。可以看到，校正曝光后，色调更加清晰，色彩也变得鲜艳了。

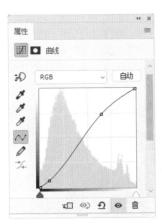
图9-42

图9-43

9.3.3
功能练习：用中性色图层制作舞台灯光

01 打开素材，如图9-44所示。下面将"光照效果"滤镜应用到中性色图层上，创建舞台灯光效果。

02 这次通过快捷方法创建中性色图层。按住Alt键单击创建新图层按钮 ，打开"新建图层"对话框，在"模式"下拉列表中选择"叠加"，选取"填充叠加中性色"选项，如图9-45所示，创建中性色图层。

图9-44

图9-45

03 执行"滤镜>渲染>光照效果"命令，打开"光照效果"对话框。在"预设"下拉列表中选择"RGB光"，如图9-46所示。单击红色光源图标，显示出光源控件，外侧的灰色圆圈用来控制灯光的照射范围；内侧的白色圆圈可以调整聚光范围，即光照效果最强烈的地方；中心点可以移动，类似于移动灯光位置。通过控件，调整红色光源的照射范围。采样同样的方法，调整绿光和蓝光，如图9-47所示。

选取红色光源　　调整红色光源

调整绿光源　　调整蓝光源

图9-46　　图9-47

04 单击工具选项栏中的"确定"按钮，即可在中性色图层上应用滤镜，如图9-48和图9-49所示。

图9-48　　图9-49

提 示 (Tips)
"光照效果""镜头光晕""胶片颗粒"等滤镜不能应用于没有像素的图层，但可以应用于中性色图层。

9.3.4
功能练习：用中性色图层制作金属按钮

01 打开素材，如图9-50所示。下面来为中性色图层添加图层样式，制作金属按钮。按住Alt键单击"图层"面板中的 按钮，打开"新建图层"对话框，创建"减去"模式的中性色图层，如图9-51所示。

图9-50

图9-51

02 双击中性色图层，打开"图层样式"对话框，添加"斜面和浮雕"效果，如图9-52所示。在左侧列表中单击"内发光"效果并调整参数，添加该效果，如图9-53所示。

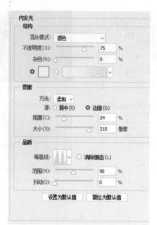

图9-52　　　　　　　　图9-53

图9-56　　　　　　　　图9-57

$\textit{05}$ 单击"调整"面板中的 按钮，创建"曲线"调整图层，将曲线调整为图9-58所示的形状，增强边缘的金属质感，如图9-59所示。

$\textit{03}$ 单击"确定"按钮关闭对话框，效果会应用到中性色图层上，如图9-54和图9-55所示。

图9-54　　　　　　　　图9-55

$\textit{04}$ 选择矩形选框工具 ，在工具选项栏中设置羽化为60像素，选中按钮中心的图像，如图9-56所示。按Shift+Ctrl+I快捷键反选，如图9-57所示。

图9-58　　　　　　　　图9-59

技术看板 28 为中性色图层添加效果的好处

应用在中性色图层上的滤镜、图层样式等可以进行编辑和修改。例如，可以移动滤镜或效果的位置，也可以通过不透明度来控制效果的强度，或用蒙版遮挡部分效果。普通图层无法进行这样的操作。

非破坏性的调整图层

9.4

调整图层是一种常用的非破坏性编辑功能，可用来调整图像的影调、色彩和曝光。它通过"调整"面板来创建，存储于"图层"面板中，参数则要在"属性"面板中设置。

9.4.1

调整命令的3种使用方法 ▶必学课

"图像"菜单中包含用于调整图像色调和颜色的各种命令，如图9-60所示。它们可以通过3种方法使用。

第1种方法是直接执行其中的命令，Photoshop会修改像素，从而改变图像的颜色。

扫码看视频

第2种方法是通过调整图层来应用调整命令。例如，图9-61所示为原图像，假设需要用"色相/饱和度"命令调整它的颜色。如果使用"图像>调整>色相/饱和度"命令操作（即第1种方法），"背景"图层中的像素就会被修改，如图9-62所示。使用调整图层操作时，调整指令存储于调整图层中，并对其下方的图层产生影响，可以得到完全相同的效果，但不会真正修改像素，如图9-63所示。可以看到，画面中图像的颜色虽然改变了，但"背景"图层仍保持原样，说明图像的颜色并没有被破坏。

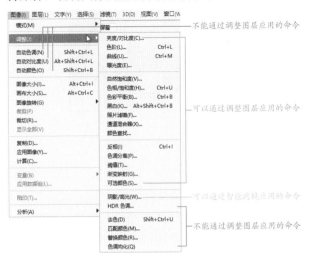

图9-60

图9-61

图9-62

图9-63

第3种方法属于特例，即通过智能滤镜的形式应用调整命令，只有"阴影/高光"命令可以。操作时，选择需要调整的图层，执行"图层>智能对象>转换为智能对象"命令，将其创建为智能对象，如图9-64所示。之后再使用"阴影/高光"命令调整，它会以类似于图层样式的列表形式出现在图层下方，如图9-65所示。当需要对命令参数做出修改时，双击智能滤镜列表中的命令，如图9-66所示，即可打开相应的对话框。

图9-64

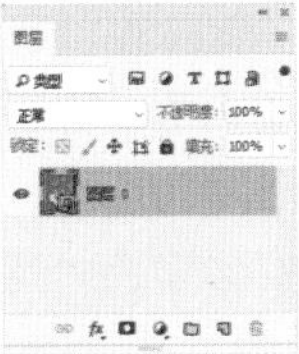

图9-65

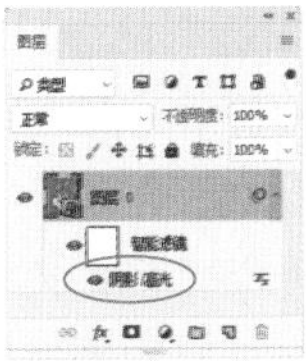

图9-66

9.4.2

创建调整图层　　　　　必学课

执行"图层>新建调整图层"下拉菜单中的命令，或单击"调整"面板中的按钮，如图9-67所示，即可在当前图层上方创建调整图层，同时"属性"面板中会显示相应的参数选项，如图9-68所示。

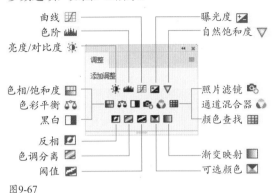

图9-67

图9-68

● 创建剪贴蒙版 ▼□：单击该按钮，可以将当前的调整图层与它下面的图层创建为一个剪贴蒙版组，使调整图层仅影响它下面的一个图层；再次单击该按钮时，调整图层会影响下面的所有图层。

● 切换图层可见性 ◉：单击该按钮，可以隐藏或重新显示调整图层。隐藏调整图层后，图像便会恢复为原状。

● 查看上一状态 ◉⟩：调整参数以后，可以单击该按钮，在窗口中查看图像的上一个调整状态，以便比较两种效果。

● 复位到调整默认值 ⟲：单击该按钮，可以将调整参数恢复为默认值。

● 删除调整图层 🗑：选择一个调整图层后，单击该按钮，可将其删除。

9.4.3

编辑调整图层

调整图层的操作方法与普通图层没有太大区别，我们可以在"图层"面板中向上或向下拖曳调整图层，改变它的堆叠顺序，如图9-69所示，调整图层会影响它下方的所有图层，如图9-70所示。

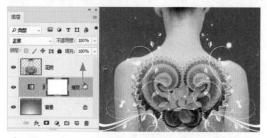

图9-69

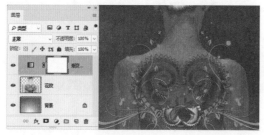

图9-70

也可以修改调整图层的不透明度和混合模式，改善或创建特殊的调整效果，如图9-71所示。

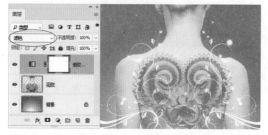

图9-71

将调整图层拖曳到"图层"面板中的 ⬛ 按钮上，可将其复制。如果打开了多个文件，可以像拖曳图像一样（见85页），将调整图层拖入其他文件中。

调整图层可以与其他图层合并。当它与下方的图层合并时，调整效果会永久应用于合并的图层中；当它与上方的图层合并时，与之合并的图层不会有任何改变，因为调整图层不能对它上方的图层产生影响。调整图层不能作为合并的目标图层，也就是说，我们不能将调整图层上方的图层合并到调整图层中。

调整图层也可以隐藏和删除。单击调整图层前面的眼睛图标 👁，即可隐藏调整效果、恢复图像，如图9-72所示。单击调整图层，然后按Delete键，则可将其删除。此外，将调整图层直接拖曳到"图层"面板底部的 🗑 按钮上，也可以将其删除。

图9-72

9.4.4 修改调整参数

不论什么时间，只要单击一个调整图层，如图9-73所示，"属性"面板中就会显示相应的选项，如图9-74所示，此时便可修改参数。

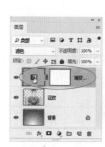

图9-73

图9-74

修改"色阶"和"曲线"调整图层时需要注意，如果调整过单个通道（如红通道）并且想要进行修改，那么就应先选取相应的通道，然后进行操作，因为在"属性"面板中默认选取的是复合通道（RGB）。其他调整图层，如"色相/饱和度"和"可选颜色"等也有类似情况，只不过它们可设置的是单独的颜色，而不是通道，但在修改参数时也应注意。

提示（Tips）

创建填充图层和调整图层后，执行"图层>图层内容选项"命令，可重新打开填充或调整对话框，修改选项和参数。

9.4.5 技巧：控制调整范围和强度

调整图层有两个特点，横向看，它的有效范围覆盖整个画面区域；纵向看，它会影响位于其下方的所有图层，如图9-75所示。调整图层的这两个特点要求我们必须学会"驾驭"它，否则它将成为破坏图像的工具。控制调整图层可以从

扫码看视频

以下几个方面着手。

图9-75

　　第1是控制调整强度。整体调整强度可以通过"不透明度"参数来控制，该值越低，调整强度越弱，如图9-76所示。局部区域的控制是使用画笔工具 ✎ 进行涂灰，利用蒙版的遮挡功能来实现。灰色越深、调整强度越弱，如图9-77所示。

图9-76

图9-77

　　第2是控制调整范围。这个比较简单，用画笔或其他工具将不想被影响的区域涂黑即可，如图9-78所示。

图9-78

　　第3是限定受调整图层影响的图层范围。如果只想一个图层受影响，可以在它上方创建调整图层，然后单击"属性"面板中的 ↴□ 按钮，将这两个图层创建为一个剪贴蒙版组，用剪贴蒙版限定调整范围，如图9-79所示。

　　如果想要让多个图层受影响，可以在它们上方创建调整图层，然后将它与这些图层一同选取，按Ctrl+G快捷键，将它们编入一个图层组中，再将组的混合模式设置为"正常"。

图9-79

⬥ 9.4.6　●平面 ●网店 ●摄影 ●插画

设计实战：用调整图层制作头发漂染效果

扫码看视频

01 打开素材，如图9-80所示。单击"调整"面板中的 ▦ 按钮，创建"色相/饱和度"调整图层。单击面板底部的 ↴□ 按钮，创建剪贴蒙版，如图9-81所示，然后调整颜色，如图9-82和图9-83所示。

图9-80

图9-81

图9-82　　　　图9-83

02 按Ctrl+I快捷键，将调整图层的蒙版反相，使之成为黑色，如图9-84所示。此时图像会恢复为调整前的状态，如图9-85所示。

图9-84

图9-85

03 使用快速选择工具 ✐ 选中头发（在工具选项栏中选取"对所有图层取样"选项），如图9-86所示。按Ctrl+Delete快捷键，在选区内填充白色，恢复调整效果。按Ctrl+D快捷键取消选择，如图9-87所示。

图9-86　　　　　　　　图9-87

04 将前景色设置为白色，用画笔工具 ✐ 在嘴唇和眼睛上涂抹出唇彩和眼影，如图9-88和图9-89所示。

图9-88　　　　　　　　图9-89

05 单击"调整"面板中的 ▦ 按钮，再创建一个"色相/饱和度"调整图层，调整参数，如图9-90所示。按Ctrl+I快捷键，将蒙版反相，如图9-91所示。用画笔工具 ✐ 在头发中间涂抹，让头发呈现多色漂染效果，如图9-92和图9-93所示。

图9-90　　　　　图9-91　　　　　图9-92

图9-93

06 选择第一个调整图层，降低它的不透明度值，设置为50%后，调整效果会减弱为原先的一半，如图9-94所示。

图9-94

07 下面我们来修改调整参数。在"图层"面板中单击调整图层，将它选择，将"不透明度"值恢复为100%，如图9-95所示。

图9-95

08 此时"属性"面板中会显示出调整参数选项，拖曳滑块即可修改颜色，如图9-96和图9-97所示。

图9-96

图9-97

9.5 调整色调和对比度

色调影响的是图像的亮度和对比度，而亮度、对比度又决定了图像的清晰度，因此，色调调整是图像调整任务中非常重要的一个环节。

9.5.1 自动调整

在“图像”菜单中，“自动色调”“自动对比度”“自动颜色”命令可以自动对图像的颜色和色调进行校正，适合初学者使用，如图9-98所示。

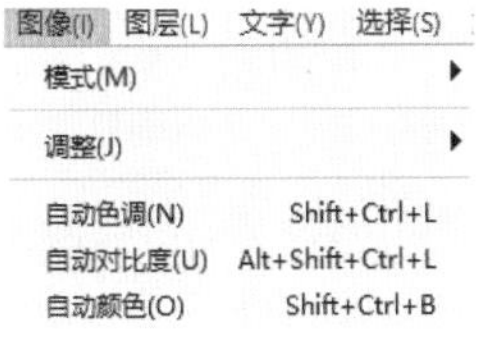

图像(I) 图层(L) 文字(Y) 选择(S)
模式(M)
调整(J)
自动色调(N) Shift+Ctrl+L
自动对比度(U) Alt+Shift+Ctrl+L
自动颜色(O) Shift+Ctrl+B

图9-98

执行“自动色调”命令时，Photoshop会检查各个颜色通道，将每一个颜色通道中最暗的像素映射为黑色（色阶0），最亮的像素映射为白色（色阶255），中间像素按比例重新分布，图像色调呈现完整的亮度级别0~255，从而增强色调的对比度。例如，图9-99所示为一张颜色有些发黄、色调发灰的照片，图9-100所示为使用“自动色调”命令处理后的效果，可以看到色调的清晰度非常好。

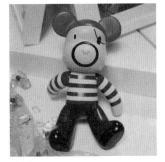

原图

图9-99

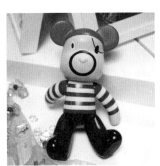

“自动色调”命令调整效果

图9-100

图像色彩信息保存在各个颜色通道中*（见164和224页）*，“自动色调”命令会对每一个颜色通道做出调整，容易破坏色彩的平衡关系，造成色偏*（见195页）*。想要避免这种情况，可以使用“自动对比度”命令处理。该命令针对整个图像的色调进行调整，不会单独调整颜色通道，因此不会改变色彩平衡。只是色调的对比度和清晰度没有“自动色调”命令效果好，如图9-101所示。

“自动颜色”命令会分析图像并查找深色和浅色，然后将它们用作阴影和高光颜色，比较适合校正出现色偏的照片，如图9-102所示。

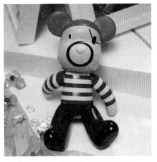

“自动对比度”命令调整效果

图9-101

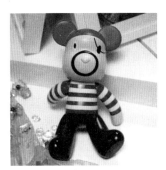

“自动颜色”命令调整效果

图9-102

9.5.2 “亮度/对比度”命令

“色阶”和“曲线”是专业的色调调整工具，但操作方法比较复杂，掌握起来有一定的难度。在尚未熟悉这两个命令以前，我们可以使用“亮度/对比度”命令来替代它们做一些简单的调整。但如果图像用于高端输出，最好还是用“色阶”和“曲线”调整，因为用“亮度/对比度”命令处理时，图像细节的损失相对要多一些。

打开一张照片，如图9-103所示，执行“图像>调整>亮度/对比度”命令，打开“亮度/对比度”对话框，如图9-104所示，向左拖曳滑块可降低亮度和对比度；向右拖曳滑块可增加亮度和对比度，如图9-105所示。选取“使用旧版”选项后，可进行线性调整，这是Photoshop CS3以前的版本的调整方法。它的特点是可以获得更高的亮度和更强的对比度，但图像细节也会丢失得更多，如图9-106所示。

图9-103

亮度/对比度
亮度: 0
确定
对比度: 0
取消
自动(A)
使用旧版(L)
预览(P)

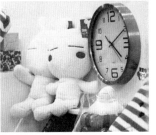

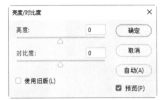

图9-104

图9-105 图9-106

数量50/色调100/半径30 数量50/色调50/半径0 数量50/色调50/半径2500
图9-112 图9-113 图9-114

9.5.3

"阴影/高光"命令

　　"亮度/对比度"命令处理的是图像的整体色调，"阴影/高光"命令则可分别处理阴影区域和高光区域的色调。打开一张照片，如图9-107所示。执行"图像>调整>阴影/高光"命令，打开"阴影/高光"对话框，如图9-108所示。

●　"高光"选项组：可以将高光区域调暗。"数量"可以控制调整强度，该值越高，高光区域越暗，如图9-115和图9-116所示；"色调"可以控制色调的修改范围，较小的值只对较亮的区域进行校正，如图9-117所示，较大的值会影响更多的色调，如图9-118所示；"半径"可以控制每个像素周围的局部相邻像素的大小，如图9-119和图9-120所示。

图9-107 图9-108

数量0/色调50/半径30 数量100/色调50/半径30 数量50/色调30/半径30
图9-115 图9-116 图9-117

●　"阴影"选项组：可以将阴影区域调亮。拖曳"数量"滑块可以控制调整强度，该值越高，阴影区域越亮，如图9-109和图9-110所示；"色调"选项用来控制色调的修改范围，较小的值会限制只对较暗的区域进行校正，如图9-111所示，较大的值会影响更多的色调，如图9-112所示；"半径"选项控制每个像素周围的局部相邻像素的大小，相邻像素决定了像素是在阴影中还是在高光中，如图9-113和图9-114所示。

数量50/色调100/半径30 数量50/色调50/半径0 数量50/色调50/半径2500
图9-118 图9-119 图9-120

●　颜色：可以调整已修改区域的色彩。例如，增加"阴影"选项组中的"数量"值，使图像中较暗的颜色显示出来以后，如图9-121所示，再增加"颜色校正"值，就可以使这些颜色更加鲜艳，如图9-122所示。

数量10/色调50/半径30 数量50/色调50/半径30 数量50/色调10/半径30
图9-109 图9-110 图9-111

图9-121 图9-122

● 中间调：用来调整中间调的对比度。向左侧拖曳滑块会降低对比度，向右侧拖曳滑块则增加对比度。

● 修剪黑色/修剪白色：可以指定在图像中将多少阴影和高光剪切到新的极端阴影（色阶为0，黑色）和高光（色阶为255，白色）颜色。该值越高，色调的对比度越强。

● 存储默认值：单击该按钮，可以将当前的参数设置存储为预设，再次打开"暗部/高光"对话框时，会显示该参数。如果要恢复为默认的数值，可按住Shift键，该按钮就会变为"复位默认值"按钮，单击它便可以进行恢复。

● 显示更多选项：选取该选项，可以显示其余隐藏的选项。

◆ 9.5.4

照片实战：调整逆光高反差照片

逆光拍摄时，场景中亮的区域特别亮，暗的区域又特别暗。拍摄时如果考虑亮调不能过曝，就会导致暗调区域过暗，看不清内容，形成高反差。处理这种照片的方法是使用"阴影/高光"命令来单独调整阴影区域。它能够基于阴影或高光中的局部相邻像素来校正每个像素，调整阴影区域时，对高光的影响很小，而调整高光区域时，对阴影的影响很小，因此非常适合校正由强逆光而形成剪影的照片，也可用于校正由于太接近相机闪光灯而有些发白的焦点。

01 打开素材，如图9-123所示。这张逆光照片的色调反差非常大，人物几乎变成了剪影。如果使用"亮度/对比度"或"色阶"命令将图像调亮，整个图像都会变亮，人物的细节虽然可以显示出来，但背景却没有什么信息了，如图9-124和图9-125所示。我们需要的是将阴影区域（人物）调亮，但又不影响高光区域（人物背后的窗户）的亮度，而这正是"阴影/高光"命令的强项。

图9-123　　　图9-124　　　图9-125

02 执行"图像>调整>阴影/高光"命令，打开"阴影/高光"对话框，Photoshop会给出一个默认的参数来提高阴影区域的亮度，如图9-126和图9-127所示。可以看到，现在人物的细节已经显示出来了。

图9-126　　　　　　　　　　　图9-127

03 将"数量"滑块拖曳到最右侧，提高调整强度，使画面更亮，如图9-128和图9-129所示。

图9-128　　　　　　　　　　　图9-129

04 再向右拖曳"半径"滑块，将更多的像素定义为阴影，以便Photoshop对其应用调整，从而使色调变得平滑，消除不自然感，如图9-130和图9-131所示。

图9-130　　　　　　　　　　　图9-131

05 画面中的颜色还是有些发灰，向右拖曳"颜色"滑块，增加颜色的饱和度，如图9-132和图9-133所示。

图9-132　　　　　　　　　　　图9-133

⬧ 9.5.5

"色调均化" 命令

打开一张照片，如图9-134所示，使用"图像>调整>色调均化"命令编辑图像时，Photoshop会将图像中最暗的像素映射为黑色，最亮的像素映射为白色，其他像素在整个亮度色阶范围内均匀地分布，因此，图像会呈现完整的色调范围（亮度级别0~255），色调会更加清晰，颜色相近的像素之间的对比度也会得到增强，如图9-135所示。

图9-134　　　　　　　图9-135

如果创建了选区，则在执行"色调均化"命令时会弹

出一个对话框，如图9-136所示。选择"仅色调均化所选区域"，表示仅均匀分布选区内的像素，如图9-137所示；选择"基于所选区域色调均化整个图像"，可以根据选区内的像素均匀分布所有图像像素，包括选区外的像素，如图9-138所示。

图9-136

图9-137　　　　　　　图9-138

调整色阶

9.6

"色阶"是Photoshop非常重要的调整工具，它可以调整图像的阴影、中间调和高光的强度级别，校正色调范围和色彩平衡。也就是说，"色阶"不仅可以调整色调，还能调整色彩。

⬧ 9.6.1　　　　　　　　　　　🏴 必学课

"色阶" 对话框

执行"图像>调整>色阶"命令，打开"色阶"对话框，如图9-139所示。"色阶"适合调整图像的整体色调、亮度和对比度，也可以扩展色调范围。对话框中的直方图可作为调整的参考依据。但它不能实时更新，因此，调整照片时，最好打开"直方图"面板观察直方图的变化情况。

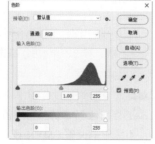

图9-139

● 预设：在该选项的下拉列表中可以选择预设的调整参数。单击选项右侧的 ⚙. 按钮，在打开的菜单中选择"存储"命令，可以将当前的调整参数保存为一个预设文件。在使用相同的方式处理其他图像时，可以用该文件自动完成调整。

● 通道：可以选择一个颜色通道来进行调整。调整通道会改变图像的颜色（见224页）。如果要同时调整多个颜色通道，可以在执行"色阶"命令之前，先按住 Shift 键在"通道"面板中选择这些通道，这样"色阶"的"通道"菜单会显示目标通道的缩写，例如，RG 表示红、绿通道。

● 输入色阶：用来调整图像的阴影（左侧滑块）、中间调（中间滑块）和高光区域（右侧滑块）。可以拖曳滑块或在滑块下面的文本框中输入数值来进行调整。

● 输出色阶：可以限制图像的亮度范围，降低对比度，使图像呈现褪色效果。

● 设置黑场 🖉：使用该工具在图像中单击，可以将单击点的像素调整为黑色，原图中比该点暗的像素也变为黑色。

● 设置灰场 🖉：使用该工具在图像中单击，可根据单击点像素的亮度调整其他中间色调的平均亮度。它可以用来校正色偏。

● 设置白场 🖉：使用该工具在图像中单击，可以将单击点的像素调整为白色，比该点亮度值高的像素也都会变为白色。

● 自动/选项：单击"自动"按钮，可以使用当前的默认设置应用自动颜色校正。如果要修改默认设置，可以，单击"选项"按钮，在打开的"自动颜色校正选项"对话框中操作。

提 示〔Tips〕

使用"色阶"和"曲线"调整图像时，"直方图"面板中会出现两个直方图，黑色的是当前调整状态下的直方图（最新的直方图），灰色的则是调整前的直方图。应用调整之后，原始直方图会被新直方图取代。

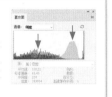

⬦ **9.6.2**   ● 进阶课

色调映射的秘密

"色阶"采用这样的方式调整图像——将现有色调映射为更亮或更暗的色调。我们看"输入色阶"选项组，阴影滑块位于色阶0处，它所对应的像素是纯黑的，如图9-140所示。如果向右拖曳阴影滑块，Photoshop 就会将滑块当前位置的像素值映射为色阶0。也就是说，滑块所在位置左侧的所有像素都会变为黑色，如图9-141所示。

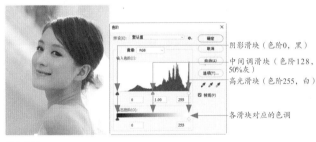

图9-140

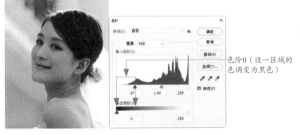

图9-141

高光滑块位于色阶255处，它所对应的像素是纯白的。如果向左拖曳高光滑块，滑块当前位置的像素值就会映射为色阶255，因此，滑块所在位置右侧的所有像素都会变为白色，如图9-142所示。

"输出色阶"选项组中的两个滑块用来限定图像的亮度范围。向右拖曳暗部滑块时，它左侧的色调都会映射为滑块当前位置的灰色，图像中最暗的色调也就不再是黑色了，色调就会变灰；如果向左拖曳白色滑块，它右侧的色

调都会映射为滑块当前位置的灰色，图像中最亮的色调就不再是白色了，色调就会变暗。如图9-143所示。

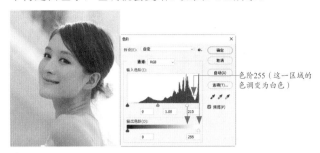

图9-142

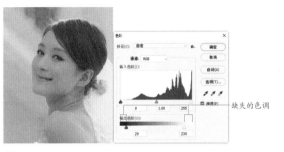

图9-143

⬦ **9.6.3**   ●平面 ●网店 ●摄影 ●插画 ●影视

照片实战：调整对比度

对比度低的照片的特点是色调不清晰，颜色也不鲜艳。从色调范围来看，由于缺少黑、接近于黑色的深灰、白，以及接近于白色的浅灰，而没有涵盖0~255级色阶。

我们将"色阶"对话框中的阴影和高光滑块向中间移动，就可以将深灰映射为黑，浅灰映射为白，从而增加对比度，也能扩展色调范围，使其涵盖0~255级色阶。

但是图像的调整是很精细的操作，调整幅度稍微大一点，就会给图像造成不必要的破坏。例如，阴影和高光滑块越靠近中间位置，图像的对比度越强，但也越容易丢失细节。如果能将滑块精确地定位在直方图的起点和终点上，就可以在保持图像细节不会丢失的基础上获得最佳的对比度。下面就来学习这种调整方法。这个实例采用的技术是将图像临时切换为阈值状态，然后进行调整。这种方法不能用于调整 CMYK 模式的图像。

01 打开素材，如图9-144所示。按Ctrl+L快捷键，打开"色阶"对话框，观察直方图，如图9-145所示。可以看到，直方图呈⊥形，山脉的两端没有延伸到直方图的两个端点上，这说明图像中最暗的点不是黑色，最亮的点也不是白色，导致的结果是图像缺乏对比度，调子比较灰。

图9-144　　　　　　　图9-145

02 按住 Alt 键向右拖曳阴影滑块，临时切换为阈值模式，可以看到一个高对比度的预览图像，如图9-146和图9-147所示；往回拖曳滑块（不要放开Alt键），当画面中出现少量高对比度图像时放开滑块，如图9-148和图9-149所示，这样可以比较准确地将滑块定位在直方图左侧的端点上。

图9-146　　　　　　　图9-147

图9-148　　　　　　　图9-149

03 高光滑块的调整方法与阴影滑块相同，首先按住 Alt 键向左拖曳高光滑块，然后往回拖曳滑块，将它定位在出现少量高对比度图像处，如图9-150所示，这样就将滑块比较准确地定位在直方图最右侧的端点上。放开Alt键，再将中间调滑块向左拖曳（大概定位在1.42处），将画面适当调亮就可以了，效果如图9-151所示。

图9-150　　　　　　　图9-151

◆ 9.6.4　　　　　　　　　　　　　　　　　影 进阶课

中间调怎样映射

在默认状态下，"色阶"对话框中的中间调滑块位于直方图正中间，它对应的色阶是128，即50%灰，如图9-152所示。

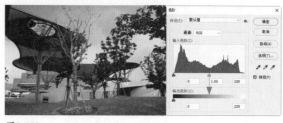

图9-152

中间调滑块的用途是将所在位置的色调映射为色阶128，具体说就是将深灰或浅灰映射为50%灰。当我们向左拖曳该滑块时，就会将原先低于50%灰的深灰色映射为50%灰，因此，图像的中间色调会变亮，如图9-153所示；如果向右拖曳，则会将原先高于50%灰的浅灰色映射为50%灰，中间色调因此而变暗，如图9-154所示。由于阴影滑块和高光滑块没有移动，阴影和高光不会有明显的改变。

图9-153　　　　　　　图9-154

◆ 9.6.5　　　　　　　●平面 ●网店 ●摄影 ●插画 ●影视

照片实战：调整亮度

01 打开素材，如图9-155所示。这张照片曝光不足，色调较暗，色彩不鲜艳且偏黄。按Ctrl+L快捷键，打开"色阶"对话框，如图9-156所示。

扫码看视频

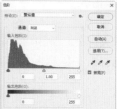

图9-155　　　　　　　图9-156

02 可以看到，直方图呈L形，山脉都在左侧，说明阴影区域包含很多信息。向左侧拖曳中间调滑块，将色调调

亮，就可以显示出更多的细节，如图9-157和图9-158所示。按Enter键关闭对话框。

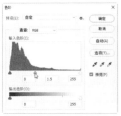

图9-157　　　　　图9-158

03 按Ctrl+U快捷键，打开"色相/饱和度"对话框，提高色彩的整体饱和度，如图9-159所示。再分别调整红色、黄色、绿色的饱和度，如图9-160~图9-162所示。

图9-159　　　　　图9-160

图9-161　　　　　图9-162

04 现在色彩已经比较鲜艳了，如图9-163所示，但有些偏色。执行"图像>自动色调"命令校正色偏，如图9-164所示。

图9-163　　　　　图9-164

⬥ 9.6.6　　　　　●平面 ●网店 ●摄影 ●插画 ●影视

照片实战：校正色偏

使用数码相机拍摄时，需要设置正确的白平衡才能让照片准确还原色彩，否则颜色会出现偏差。此外，室内人工照明会对拍摄对象产生影响，照片由于年代久远而褪色，扫描或冲印过程中也会产生色偏。使用"色阶"对话框中的设置

扫码看视频

灰场工具 🖊 可以校正此类照片。

它的工作原理是这样的。由于出现色偏，图像中原本应该是灰色的区域也会包含颜色，用设置灰场工具 🖊 在其上方单击，Photoshop就会将光标下方像素的红、绿和蓝通道设置成相同的数值，这样颜色就变成了中性灰（见182页），并以此为依据平衡其他颜色，从而消除色偏。

01 打开照片素材，如图9-165所示。浅色或中性图像区域比较容易确定色偏，例如，白色的衬衫、灰色的道路等都是查找色偏的理想位置。使用颜色取样器工具 🖊 在白色的耳环上单击，建立取样点，弹出的"信息"面板中会显示取样的颜色值，如图9-166所示。

图9-165　　　　　图9-166

02 可以看到，取样点的颜色值是R181，G187，B202。在Photoshop中，R、G、B值相同时，即等量的红、绿、蓝才能生成灰色。如果照片中原本应该是灰色的区域的RGB数值不一样，说明它不是真正的灰色，它一定包含了其他的颜色。如果R值高于其他值，说明颜色偏红色；如果G值高于其他值，说明颜色偏绿色；如果B值高于其他两个颜色值，说明偏蓝色。我们的取样点B（蓝色）值最高，其他两个颜色值相差不大，由此可以判定照片的颜色偏蓝。

03 单击"调整"面板中的 ⬛ 按钮，创建"色阶"调整图层。单击对话框中的设置灰场工具 🖊，将光标放在取样点上，如图9-167所示，单击鼠标，即可校正色偏，如图9-168所示。校正色偏时，如果单击的区域不是灰色区域，可能导致更严重或新的色偏。此外，即使是在灰色区域单击，单击点不同，校正结果也会有所差异。

图9-167　　　　　图9-168

> **提示**（Tips）
>
> 有些色偏是有益的。例如，夕阳下的金黄色调，室内温馨的暖色调，摄影师使用镜头滤镜拍摄的特殊色调等可以增强图像的视觉效果，这样的色偏不需要校正。

9.6.7

惠 进阶课

警惕！色调分离

对图像进行较大幅度的调整，或者进行多次调整时，直方图中会出现梳齿状空隙，它表示出现了色调分离，即原本平滑的色调之间产生了断裂，图像细节受到了一定程度的破坏（丢失细节）。图9-169所示为调整前的图像，图9-170所示为调整后出现的色调分离。

扫码看视频

图9-170

图9-169

色调分离的出现，给我们发出了警告，即调整幅度过大，需要注意了。在调整图像时，要想完全没有损失也是很难实现的，但我们还是应该控制并尽量减少色调分离的强度，将它对图像质量的影响降到最低；其次是尽量使用调整图层操作。

9.7 调整曲线

"曲线"是Photoshop中非常强大的调整工具，它整合"色阶""阈值""亮度/对比度"等多个命令的功能。曲线上可以添加14个控制点，移动这些控制点可以对色调和色彩进行精确的调整。

9.7.1

🚩 必学课

"曲线"对话框选项

执行"图像>调整>曲线"命令（快捷键为Ctrl+M），打开"曲线"对话框，如图9-171所示。

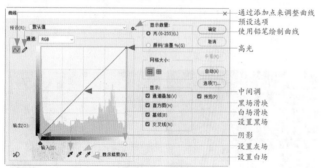

图9-171

基本选项

在"曲线"对话框中，设置黑场 ✔、设置灰场 ✔、设置白场 ✔、"自动"和"选项"与"色阶"对话框中的相应工具和选项的用途相同。

● 预设：包含了 Photoshop 提供的各种预设调整文件，可用于调整图像。单击"预设"选项右侧的 ✿. 按钮打开下拉列表，选择"存储预设"命令，可以将当前的调整状态保存为预设文件，在对其他图像应用相同的调整时，可以选择"载入预设"命令，载入预设文件自动调整；选择"删除当前预设"命令，则删除所存储的预设文件。

● 通道：在下拉列表中可以选择要调整的颜色通道。

● 通过添加点来调整曲线 ∿：默认的调整状态，在曲线上单击可以添加控制点，拖曳控制点改变曲线形状可以调整图像。

● 使用铅笔绘制曲线 ✏：使用该工具可以绘制曲线。

● 调整工具 👉：在曲线上单击并拖曳鼠标，可以调整曲线。

● 输入/输出："输入"显示了调整前的像素值，"输出"显示了调整后的像素值。

● 显示修剪：调整阴影和高光控制点时，可以选取该选项，临时切换为阈值模式，显示高对比度的预览图像。这与我们前面介绍的在阈值模式下调整"色阶"是一样的（*见194页*）。

曲线显示选项

● 显示数量：可以反转强度值和百分比的显示。默认选择"光（0-255）"选项，如图 9-172 所示。图 9-173 为选择"颜料

/油墨（%）"选项时的曲线。

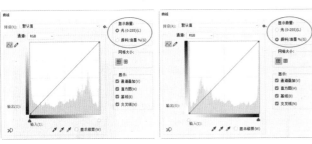

图9-172   图9-173

● 网格大小：单击田按钮，以 25% 的增量显示曲线背后的网格，这也是默认的显示状态（见图9-172）；单击田按钮，则以 10% 的增量显示网格，如图9-174所示。在这种状态下，可以更加准确地将控制点对齐到直方图上。按住 Alt 键单击网格，也可以在这两种网格间切换。

● 通道叠加：在"通道"下拉列表中选择颜色通道并进行调整以后，可以在复合曲线上方叠加各个颜色通道的曲线，如图9-175所示。

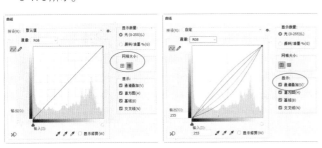

图9-174   图9-175

● 直方图：在曲线上叠加直方图。

● 基线：显示以 45° 角绘制的基线，如图9-176所示。

● 交叉线：调整曲线时，显示水平线和垂直线，以帮助用户在相对于直方图或网格进行拖曳时将点对齐，如图9-177所示。

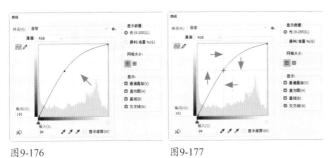

图9-176   图9-177

💎 9.7.2
曲线的3种使用方法

曲线可以用3种方法调整。第1种方法是在曲线上单击，添加控制点，然后拖曳控制点改变曲线的形状，从而调整图像，如图9-178和图9-179所示。

扫码看视频

单击控制点可将其选择，按住Shift键单击可以选择多个控制点。选择控制点后，按Delete键可将其删除。

原图
图9-178

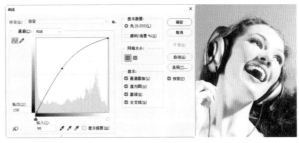

图9-179

第2种方法是使用调整工具 操作。选择该工具后，将光标放在图像上，曲线上会出现一个空的圆形图形，它代表了光标处的色调在曲线上的位置，如图9-180所示。在画面中单击并拖曳鼠标可添加控制点并调整相应的色调，如图9-181所示。

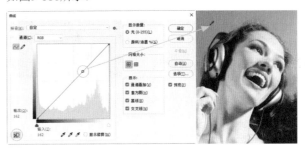

图9-180

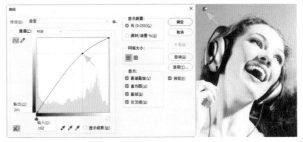

图9-181

第3种方法是使用铅笔 ✐ 绘制曲线。选择该工具后，在曲线上单击并拖曳鼠标，可以徒手绘制曲线，如图9-182所示。绘制完成后，单击 ～ 按钮，曲线上会显示控制点。如果觉得曲线不够平滑，可单击"平滑"按钮，对曲线进行平滑处理，如图9-183所示。

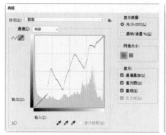

图9-182

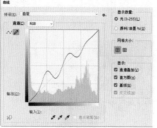

图9-183

 9.7.3 惠 进阶课

曲线的色调映射方法与14种形态

　　打开一张照片，按Ctrl+M快捷键，打开"曲线"对话框，如图9-184所示。下面介绍曲线的色调映射原理。这其中有几种曲线与"亮度/对比度""色调分离""反相"命令效果相同，也就是说可以用曲线替代这些命令。由于曲线功能强大，导致它的操作比较复杂，需要兼顾和平衡的关系也多。而"亮度/对比度""阈值"等命令功能虽然简单，但目标单一，操作方法很简便。

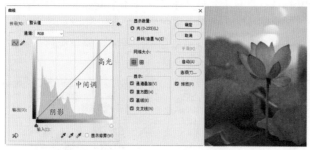

图9-184

　　"曲线"对话框中的水平渐变颜色条为输入色阶，代表了像素的原始强度值，垂直的渐变颜色条为输出色阶，代表了调整曲线后像素的强度值。调整曲线以前，这两个数值是相同的。在曲线上添加一个控制点，向上拖曳该点时，在输入色阶中可以看到图像中正在被调整的色调（色阶103），在输出色阶中可以看到它被映射为更浅的色调（色阶151），图像就会因此而变亮，如图9-185所示。

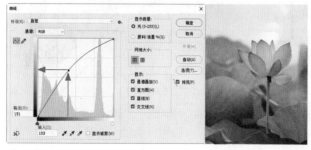

图9-185

　　如果向下拖曳控制点，则Photoshop会将所调整的色调

映射为更深的色调（将色阶152映射为色阶103），图像也会因此而变暗，如图9-186所示。

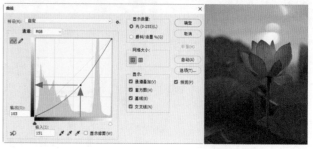

图9-186

　　将曲线调整为"S"形，可以使高光区域变亮、阴影区域变暗，从而增强色调的对比度，如图9-187所示。这种曲线可以替代"亮度/对比度"命令（见189页）。反"S"形曲线会降低对比度，如图9-188所示。

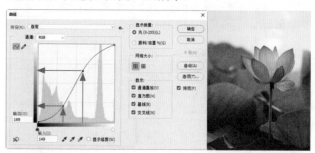

图9-187

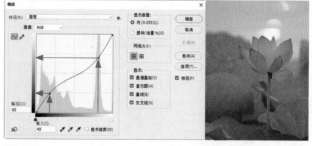

图9-188

　　底部的控制点垂直上移，可以把黑映射为灰，阴影因此而变亮，如图9-189所示；顶部的控制点垂直下移，可以将白映射为灰，高光区域因此而变暗，如图9-190所示。

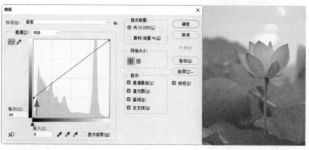

图9-189

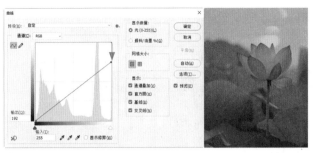

图9-190

将曲线的两个端点向中间移动，色调反差会变小，色彩会变得灰暗，如图9-191所示；将曲线调整为水平直线，可以将所有像素都映射为灰色（R＝G＝B），如图9-192所示。水平线越高，灰色色调越亮。

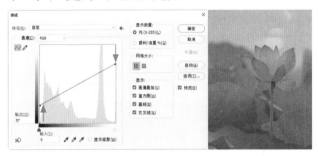

图9-191

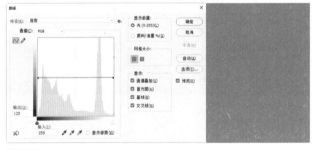

图9-192

将曲线顶部的控制点向左移动，可以将高光滑块（白色三角滑块）所在位置的灰色映射为白色，因此，高光区域会丢失细节（即高光溢出），如图9-193所示。将曲线底部的控制点向右移动，可以将阴影滑块（黑色三角滑块）所在位置的灰色映射为黑色，因此，阴影区域会丢失细节（即阴影溢出），如图9-194所示。

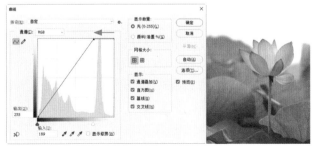

图9-193

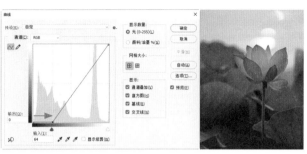

图9-194

将曲线顶部和底部的控制点同时向中间移动，可以增加色调反差（效果类似于"S"形曲线），但会压缩中间调，因此，中间调会丢失细节，如图9-195所示。将顶部和底部的控制点移动到中间，可以创建与"色调分离"命令相同的效果（见219页），如图9-196所示。

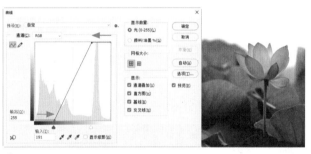

图9-195

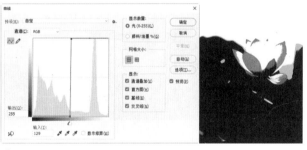

图9-196

将曲线顶部和底部的控制点调换位置，可以将图像反相成为负片，效果与"反相"命令相同（见220页），如图9-197所示。将曲线调整为"N"形，可以使部分图像反相，如图9-198所示。

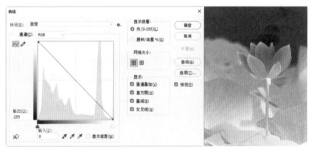

图9-197

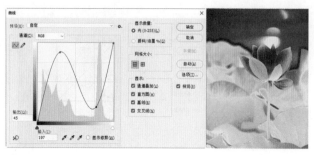

图9-198

◇ 9.7.4   晶 进阶课

为什么说曲线可以替代色阶

　　"曲线"是比"色阶"还要强大的工具，"色阶"能完成的操作，用"曲线"一样可以完成，而且效果更好。

扫码看视频

　　"色阶"有5个滑块，"曲线"有3个控制点，如果我们在"曲线"的正中间（1/2处，输入和输出的色阶值均为128）添加一个控制点，那么它就与"色阶"产生了对应关系，如图9-199所示。

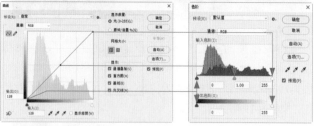

图9-199

　　"曲线"中的阴影控制点对应"色阶"的阴影滑块，以及"输出色阶"中的黑色滑块。具体是哪一个取决于它的移动方向。当它沿水平方向移动时，其作用相当于阴影滑块，可以将深灰色映射为黑色，如图9-200所示。沿垂直方向移动，则相当于"输出色阶"中的黑色滑块，可以将黑色映射为深灰色、深灰映射为浅灰，如图9-201所示。

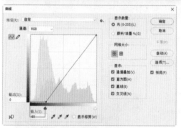 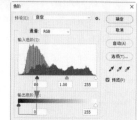

将这段（从黑到深灰）全部映射为黑

图9-200

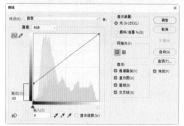 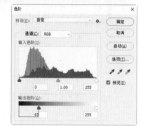

将这段（从黑到深灰）映射为箭头处的浅灰

图9-201

　　"曲线"中的高光控制点对应的是"色阶"的高光滑块和"输出色阶"中的白色滑块，具体是哪一个也取决于它的移动方向。当它沿水平方向移动时，作用相当于"色阶"的高光滑块，可以将浅灰色映射为白色，如图9-202所示。沿垂直方向移动时，则可以完成"输出色阶"中的白色滑块的任务，即将白色映射为浅灰色、浅灰映射为深灰，如图9-203所示。

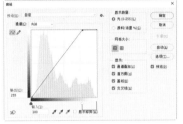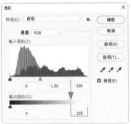

将这段（从白到浅灰）全部映射为白

图9-202

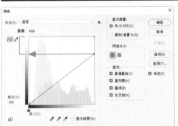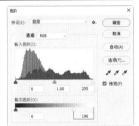

将这一段（从白到浅灰）映射为箭头处的灰色

图9-203

"曲线"正中间的控制点的作用与"色阶"的中间调滑块相同，如图9-204所示，可以将中间调调亮或调暗。

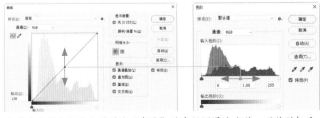

曲线中间的控制点上移对应"色阶"的中间调滑块右移，下移则相反

图9-204

9.7.5

色阶为什么不能替代曲线

色阶远没有曲线强大，也无法替代后者。我们可以从色调范围的划分和调整区域的划分两个方面给出理由。

首先，曲线上可以添加14个控制点，加上原有的两个，一共可以有16个控制点。这16个控制点可以将曲线，即整个色调范围（0～255级色阶）划分为15段，如图9-205所示。而色阶只有3个滑块，它只能将色调范围分成3段（阴影、中间调、高光），如图9-206所示。

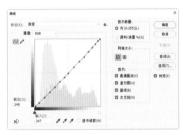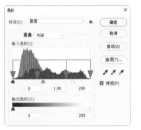

图9-205　　　　　　　　　　　图9-206

其次，由于色阶滑块少，所以它对色调的影响就被限定在了阴影、中间调和高光3个区域。而曲线的任意位置都可以添加控制点，这意味着它可以对任何色调进行调整，色阶无法做到。例如，我们可以在阴影范围内相对较亮的区域添加两个控制点，然后在它们中间添加一个控制点并向上（或向下）移动，最后通过控制点将曲线修正，这样色调的明暗变化就被限定在了一小块区域，而阴影、中间调和高光都不会受到影响，如图9-207所示。这样指向明确、细致入微的调整是无法用色阶或其他命令完成的。下面一个实战中有具体操作方法。

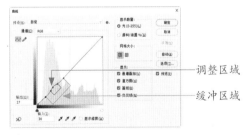

调整区域

缓冲区域

图9-207

9.7.6

技巧：色调定位和微调技术

01 打开一张照片，如图9-208所示。下面通过曲线调整，让阴影区域多显示一些细节。按Ctrl+M快捷键，打开"曲线"对话框。向左拖曳高光滑块，将它对齐到直方图的边缘，如

扫码看视频

图9-209所示。

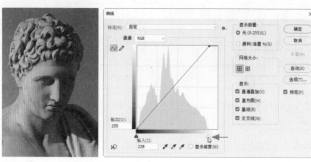

图9-208　　　　　　图9-209

02 将光标移动到图像上，光标会变成一个吸管 🔨，如图9-210所示。单击鼠标，曲线上会出现一个小圆圈，如图9-211所示，它代表了光标下方像素的色调在曲线上的位置。我们单击并在想要调整的色调范围内移动鼠标，小圆圈会同步移动，如图9-212和图9-213所示。通过这种方法可以了解需要调整的色调对应的是曲线中的哪一段位置，然后便可针对这一段曲线进行调整。

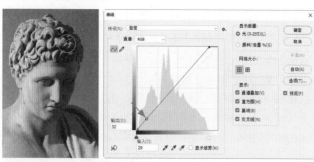

图9-210　　　　　　图9-211

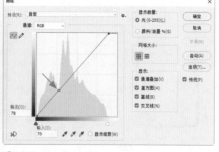

图9-212　　　　　　图9-213

03 将光标重新放到想要调整的色调上方，如图9-214所示，按住Ctrl键单击鼠标，曲线上会添加一个控制点，按↑键和←键，向左上方微移控制点（在"输出"选项中，以1为单位变动），如图9-215和图9-216所示。

04 该控制点的移动，带动了整条曲线上扬，因而影响到了全部色调，我们来修正曲线，降低它对其他色调的影响。在第2步的操作中，我们已经知道了需要调整的色调对应曲线中的哪一段位置，那么就在这一区域的两端添加两个控制

点，将曲线往回拉一拉，如图9-217所示。现在阴影区域没什么问题，但高光区域曲线还是弯曲的，因此，高光还是受到了影响，再添加一个控制点，用它将高光区域的曲线修直，如图9-218所示。这样就达到了微调特定色调的目的，图9-219和图9-220所示分别为原图及调整后的效果（局部）。

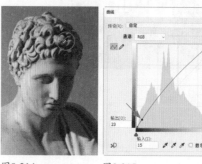

图9-214　　　　　图9-215　　　　　图9-216

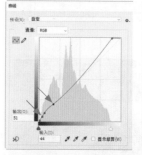

图9-217　　　　　　　图9-218

调整前（局部）　　　　　调整后（局部）
图9-219　　　　　　　　　图9-220

💎 9.7.7　　　　　　　　　　　　　　　　　晶进阶课

技巧：玩转曲线

通过上面的实战，我们学习了曲线中色调定位和微调方法。色调定位比较简单，只要找准区域就行。微调稍微难一点，因为控制点的移动幅度不太好把握。下面的技巧可以对我们微调曲线提供很大的帮助。

在曲线上添加了多个控制点后，可以使用键盘来操作它们，这样既可以让控制点以更小的幅度移动，也能避免由于单击控制点而造成的意外移动。选取控制点的快捷键是+键和－键。按+键，可以由低向高选择（即从左下角向右上角切换）；按－键，则由高向低切换。选中的控制点为实心方块，未选中的为空心方块。控制点比较小，我们需要仔细观察才行。如果不想选取任何控制点，可以按Ctrl+D快捷键。

移动控制点也可以通过按键来操作，按↑键和↓键，可以向上、向下微移控制点（在"输出"选项中，以1为单位变动）。如果觉得控制点的移动范围过小，可以按住Shift键，再按↑键和↓键，这样控制点将以10为单位大幅度地移动。

如果要同时选择多个控制点，可以按住Shift键单击它们。选取之后，拖动其中的一个，或按↑键和↓键可以将它们同时移动。

如果要删除控制点，可以采用3种方法操作。第1种，将其拖出曲线外；第2种，按住Ctrl键单击控制点；第3种，单击控制点，然后按Delete键。

9.7.8

●平面 ●网店 ●摄影 ●插画 ●影视

照片实战：调整严重曝光不足的照片

既然曲线是非常强大的调整工具，那么我们就把困难的任务交给它。下面我们要处理的是一张严重曝光不足的照片，这几乎就是一张废片，我们来看看，曲线是怎样轻而易举地将其挽救回来的。

扫码看视频

01 打开素材，如图9-221所示。可以看到，画面很暗，阴影区域的细节非常少。

02 按Ctrl+J快捷键，复制"背景"图层，得到"图层1"，将它的混合模式改为"滤色"，提升图像的整体亮度，如图9-222和图9-223所示。再按Ctrl+J快捷键，复制这个"滤色"模式的图层，效果如图9-224所示。

图9-221

图9-222

图9-223

图9-224

03 单击"调整"面板中的 ▦ 按钮，创建"曲线"调整图层。在曲线偏下的位置单击，添加一个控制点，然后向上拖曳曲线，将暗部区域调亮，如图9-225和图9-226所示。

图9-225

图9-226

04 严重曝光不足的照片或多或少都存在一些偏色。从当前的调整结果中可以看到，图像的颜色有些偏红。下面来校正色偏。单击"调整"面板中的 ▦ 按钮，创建"色相/饱和度"调整图层，选择"红色"，拖曳"明度"滑块，将红色调亮，这样可以降低红色的饱和度，将人物肤色调白，如图9-227和图9-228所示。

图9-227

图9-228

技术看板 ㉙ 调整色调时避免出现色偏

使用"曲线"和"色阶"提高对比度时，通常还会增加色彩的饱和度，有可能出现色偏。要避免色偏，可以通过"曲线"或"色阶"调整图层来进行调整，再将调整图层的混合模式设置为"明度"。

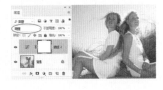

第10章 图像色彩调整

【本章简介】

Photoshop是色彩处理大师，它的调色工具不仅可以对色彩的组成要素——色相、饱和度、明度做出有针对性的调整，还能对色彩进行创造性的改变，包括将色彩映射为渐变、匹配颜色、减少色阶、将彩色处理为黑白效果等。本章介绍这些内容。

本章大致分为3个部分。开始部分先了解色彩的3要素，即色相、明度和饱和度，然后针对其中的色相和饱和度展开讲解（明度在上一章中已经涉及了）。将逐一介绍与此有关的各种调色命令，通过实战学习色彩调整的实用技术和各种流行风格的表现方法。

中间部分是匹配颜色、替换颜色，以及怎样进行特殊的色彩处理。这其中将介绍很多命令，每一个都很独特，精彩纷呈。

本章的结尾部分，也是重点和难点——通道调色。将分析3种颜色模式（RGB、CMYK和Lab）的通道调色方法，介绍怎样通过改变通道中光线的明暗调色、利用颜色互补关系调色，剖析CMYK模式的色彩变化规律，以及利用Lab模式颜色信息与明度信息是分开的独特优势调色等。

通道调色具有很高的技术含量，对操作者的要求也较高，只有了解补色关系、掌握色彩变化规律、熟练使用通道编辑工具，才能做出准确的预判，找到正确的方法。这些问题，均可在本章找到满意答案。

【学习重点】

10.1 色彩的组成要素

现代色彩学按照全面、系统的观点，将色彩分为有彩色和无彩色两大类。有彩色是指红、橙、黄、绿、蓝、紫这6个基本的色相，以及由它们混合所得到的所有色彩。无彩色是指黑色、白色和各种纯度的灰色。无彩色虽然只有明度变化，但在色彩学中，无彩色也是一种色彩。

10.1.1 色相

色相是指色彩的相貌，即我们对色彩的称谓，如红、橙、黄、绿、蓝、紫等。在Photoshop的调色工具中，色相的处理方法有3种，第1种方法是为黑白图像着色，如图10-1所示。

用"渐变映射"命令为黑白图像着色

图10-1

第2种方法是改变图像中原有的颜色，如图10-2所示。

用"色相/饱和度"命令改变树叶颜色

图10-2

第3种方法是增加或减少某种颜色，如图10-3~图10-5所示。Photoshop将基于补色关系完成色彩的转换。其基本原理是：在图像中增加一种颜色的同时，减少它的补色；反之，减少一种颜色时，其补色会增加。在本书中，会使用色轮查找互补色，如图10-6所示，位于对角线两端的颜色是互补色，如红与青、黄与蓝、绿与洋红。

原图
图10-3

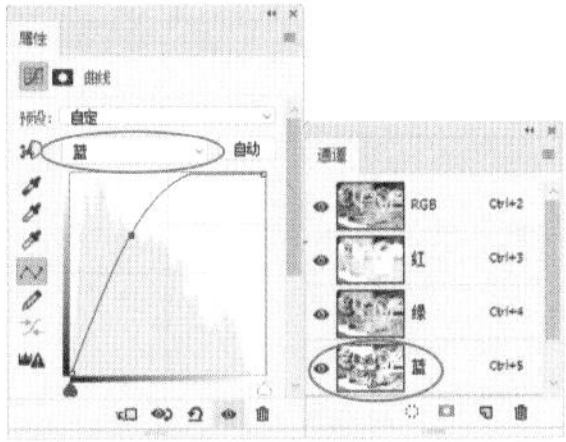

用"曲线"命令调整蓝通道
图10-4

增加蓝色、减少其补色黄色
图10-5

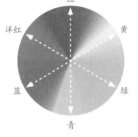

色轮
图10-6

了解互补色对于学好Photoshop色彩功能非常有用。因为RGB模式中的色光三原色与CMYK模式的印刷三原色是互补色，而通过颜色通道调色（见224页），以及通过本章所要介绍的"色彩平衡"命令调色，都基于互补色转换色彩。

◈ 10.1.2
明度

明度是指色彩的明暗程度，也可称作色彩的亮度或深浅。有彩色中黄色明度最高，处于光谱中心；紫色明度最低，处于光谱边缘。同一种色彩，其明度也会有变化，当加入白色时明度会提高，如图10-7所示；加入黑色会降低明度和饱和度。无彩色中明度最高的是白色，明度最低的是黑色。

色彩的明度（高到低）变化
图10-7

◈ 10.1.3
饱和度

饱和度是指色彩的鲜艳程度，也称色彩的纯度。当一种颜色中混入灰色或其他颜色时，纯度就会降低，即饱和度会下降，如图10-8所示。无彩色没有色相，因此，饱和度为0。

色彩的饱和度（高到低）变化
图10-8

调整色彩要素：色相和饱和度

"色彩平衡""可选颜色""照片滤镜""颜色查找"命令可以修改色相；"自然饱和度"命令可以调整饱和度；"色相/饱和度"命令可以同时对色相和饱和度做出调整。

◈ 10.2.1
"色相/饱和度"命令

■ 必学课

"色相/饱和度"命令有3种用途，即单独调整色彩的色相、饱和度和明度，去除图像的颜色，以及为黑白图像上色。

通过滑块调整色相、饱和度和明度

打开一幅图像，如图10-9所示，执行"图像>调整>色相/饱和度"命令，打开"色相/饱和度"对话框，如图10-10所示。其中包含两个基本选项和3组滑块。"预设"下拉列表中是预设的调整选项，选择其中的一个，可自动对图像进行调整。

图10-9　　　　　　图10-10

"预设"下方的选项中显示的是"全图",这是默认的选项,表示调整将影响整幅图像的色彩。"色相"选项可以改变颜色;"饱和度"选项可以使颜色变得鲜艳或暗淡;"明度"选项可以使色调变亮或变暗。我们可以在文档窗口中实时观察图像的变化结果,也可以在"色相/饱和度"对话框底部的渐变颜色条上观察颜色发生的改变。这两个颜色条中,上面的是图像原色,下面的是修改后的颜色,如图10-11所示。

图10-11

除了全图调整外,也可以对一种颜色进行单独调整。单击✓按钮,打开下拉列表,其中包含色光三原色红、绿和蓝,以及印刷三原色青、洋红和黄。选择其中的一种颜色,可单独调整它的色相、饱和度和明度。例如,可以选择"绿色",然后将它转换为其他颜色;也可增加或降低绿色的饱和度,或者让绿色变亮或变暗。图10-12所示为将绿色的饱和度设置为-100时的效果。

图10-12

隔离颜色

当选择了一种颜色进行调整时,两个渐变颜色条中会出现小滑块,如图10-13所示。其中,两个内部的垂直滑块定义了将要修改的颜色范围,调整所影响的区域会由此逐渐向两个外部的三角形滑块处衰减,三角形滑块以外的颜

色不会受到影响。图10-14所示为调整绿色色相时的效果。

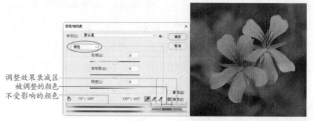

图10-13

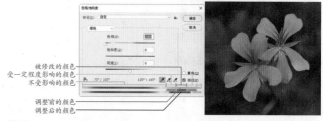

图10-14

拖曳垂直的隔离滑块,可以扩展和收缩所影响的颜色范围,如图10-15所示;拖曳三角形衰减滑块,可以扩展和收缩衰减范围,如图10-16所示。

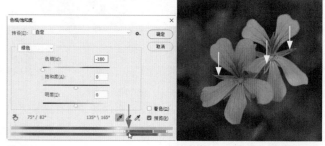

图10-15

图10-16

颜色条上面的4组数字分别代表红色(当前选择的颜色)和其外围颜色的范围。在色轮中,绿色的色相为135°及左右各30°的范围(即105°～165°),如图10-17所示。观察"色相/饱和度"对话框中的数值,如图10-18所示,其中,105°～135°的颜色是被调整的颜色,12°～105°的颜色,以及135°～165°的颜色的调整强度会逐渐衰减,这样就保证了在调整与未调整的颜色之间可以创建平滑的过渡效果。

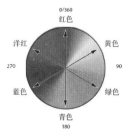

图10-17

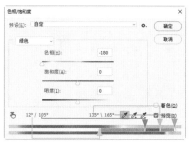

图10-18

用吸管工具隔离颜色

在隔离颜色的情况下操作时，既可以采用前面的方法，通过拖动滑块来扩展和收缩颜色范围，也可以使用对话框中的3个吸管工具从图像上直接选取颜色，这样更加直观。用🖊️工具单击图像，可以选取要调整的颜色，同时渐变颜色条上的滑块会移动到这一颜色区域。图10-19所示为单击绿色并调整颜色后的效果。

图10-19

用🖊️工具单击，可以将颜色添加到选取范围中，如图10-20所示；用🖊️工具单击，可以将颜色排除，如图10-21所示。

图10-20

图10-21

使用图像调整工具

单击图像调整工具👆，在画面中想要修改的颜色上方

单击，按住鼠标按键向左移动，可以降低颜色的饱和度，如图10-22所示；向右移动，可以增加颜色的饱和度，如图10-23所示。如果要修改色相，可以按住Ctrl键操作。

图10-22 图10-23

去色与上色

将"饱和度"滑块拖曳到最左侧，可将彩色图像转换为黑白效果。在这种状态下，"色相"滑块将不起作用。拖曳"明度"滑块可以调整图像的亮度。

选取"着色"选项后，图像会变为单一颜色。如果前景色是黑色或白色，图像会使用暗红色着色，如图10-24所示；前景色为其他颜色，则使用低饱和度的前景色进行着色。在着色状态下，可以拖曳"色相"滑块，使用其他颜色为图像着色，如图10-25所示，拖曳"饱和度"滑块可以调整颜色的饱和度。

图10-24 图10-25

💎 **10.2.2** ●平面 ●网店 ●摄影 ●插画 ●影视

设计实战：制作趣味照片

01 打开素材，如图10-26和图10-27所示。选择移动工具➕，将手图像拖入狗狗图像文件中。

图10-26 图10-27

02 按住Ctrl键单击"卡片"图层的缩览图，载入选区，如图10-28和图10-29所示。

图10-28   图10-29

03 执行"选择>变换选区"命令,显示定界框,拖曳控制点调整选区大小,如图10-30所示。按Enter键确认。

04 将"背景"图层拖曳到 按钮上复制,如图10-31所示。单击 按钮添加蒙版,按Ctrl+] 快捷键,将该图层向上移动一个堆叠顺序,如图10-32和图10-33所示。

图10-30   图10-31

图10-32   图10-33

05 单击"调整"面板中的 按钮,创建"色相/饱和度"调整图层,将"饱和度"滑块拖曳到最左侧,如图10-34和图10-35所示。

图10-34   图10-35

06 按Alt+Ctrl+G快捷键创建剪贴蒙版,使调整图层只影响它下面的一个图层,不会影响其他图层,如图10-36和图10-37所示。

图10-36   图10-37

07 单击"调整"面板中的 按钮,创建"曲线"调整图层,拖曳控制点增强色调的对比度,如图10-38所示。按Alt+Ctrl+G快捷键,将它加入剪贴蒙版组中,效果如图10-39所示。

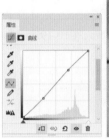

图10-38   图10-39

08 单击"调整"面板中的 按钮,创建"色阶"调整图层,将色调稍微调亮一些,如图10-40所示。按Ctrl+Shift+]快捷键,将调整图层移动到面板顶部,图像效果如图10-41所示。

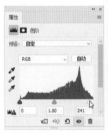

图10-40   图10-41

◇ 10.2.3

"自然饱和度"命令

"色相/饱和度"命令是非常强大的色彩调整工具,但在增加饱和度时,具有一定的破坏性,调整幅度过大,色彩会增强到极其夸张的程度,如图10-42和图10-43所示。要想将饱和度控制在合理区间,需要一定的经验和技巧,如使用"信息"面板观察颜色值*(见177页)*,或者开启溢色警告等*(见109页)*。

图10-42　　　　　　　　图10-43

　　在这方面，"自然饱和度"命令就比较容易控制。它包含两个选项，其中的"饱和度"与"色相/饱和度"命令中的选项相同；"自然饱和度"选项会给饱和度设置上限——将饱和度的最高值控制在出现溢色之前。因此，使用该选项调整不会出现溢色，如图10-44和图10-45所示。这对于处理印刷用途的图像非常有用。

图10-44　　　　　　　　图10-45

　　此外，这两个命令在饱和度控制方面还有一点点区别。将"饱和度"值降到最低，即-100，色彩信息会被完全删除，得到的是黑白图像，如图10-46所示。而将"自然饱和度"值降低到-100，画面中鲜艳的色彩通常会保留下来，只是饱和度有所降低，如图10-47所示。这是"自然饱和度"命令另一个比较特殊的地方。

图10-46　　　　　　　　图10-47

⬥ 10.2.4　　　　　　　　●平面 ●网店 ●摄影 ●插画 ●影视

照片实战：调整人像照片的色彩饱和度

　　"自然饱和度"命令特别适合处理人像照片，可以让人物皮肤颜色红润、健康、自然，并且可以避免出现难看的溢色。

扫码看视频

01 打开素材，如图10-48所示。由于拍摄这张照片时天气状况不太好，所以模特的肤色不够红润，色彩也有些苍白。

02 执行"图像>调整>自然饱和度"命令，打开"自然饱和度"对话框。首先尝试用"饱和度"滑块调整，图10-49和图10-50所示为增加饱和度时的效果，可以看到，色彩过于鲜艳，人物皮肤的颜色显得非常不自然。不仅如此，画面中还出现了溢色，我们可以执行"视图>色域警告"命令查看溢色，如图10-51所示。再次执行该命令，关闭警告。

图10-48　　　　　　　　图10-49

图10-50　　　　　　　　图10-51

03 下面拖曳"自然饱和度"滑块调整，将饱和度调整到最高值，皮肤颜色变得红润以后，仍能保持自然、真实的效果，如图10-52和图10-53所示。

图10-52　　　　　　　　图10-53

⬥ 10.2.5　　　　　　　　⚑ 必学课

"色彩平衡"命令

　　"色彩平衡"命令可以对阴影区域、中间调和高光区域中的颜色分别做出调整。颜色基于互补关系相互转换，其规律是，增加一种颜色的同时，其补色会自动减少；反之，减少一种颜色的同时，会自动增加其补色。

　　打开一张照片，如图10-54所示。执行"图像>调整>色彩平衡"命令，打开"色彩平衡"对话框，如图10-55所示。

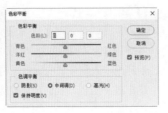

图10-54　　　　　　　　　图10-55

　　首先选择要调整的色调（"阴影""中间调""高光"），然后拖曳滑块进行调整。左侧的3个滑块是印刷三原色，右侧的3个滑块是色光三原色，每一个滑块两侧的颜色都互为补色。当增加一种颜色时，位于另一侧的补色就会相应地减少。这种色彩平衡方法也在"可选颜色"命令中使用。图10-56~图10-61所示为分别调整阴影、中间调和高光中青色含量的效果。如果不想让图像的色调发生改变，可以选取"保持明度"选项。

阴影区域增加青色（减少红色）　　阴影区域减少青色（增加红色）

图10-56　　　　　　　　　图10-57

中间调增加青色（减少红色）　　中间调减少青色（增加红色）

图10-58　　　　　　　　　图10-59

高光区域增加青色（减少红色）　　高光区域减少青色（增加红色）

图10-60　　　　　　　　　图10-61

设计实战：粉红色的回忆

扫码看视频

　　粉红色是一种浪漫的颜色，可以提升照片的亮度和时尚度，营造甜蜜温馨的色彩氛围。下面使用"可选颜色"和"色彩平衡"命令将照片的整体颜色风格调为粉红色。

01 打开素材，如图10-62所示。执行"图像>调整>可选颜色"命令，打开"可选颜色"对话框，在"颜色"下拉列表中分别选择"红色"和"黄色"进行调整，使人物的皮肤变白，如图10-63~图10-65所示。

图10-62　　　　　　　　　图10-63

图10-64　　　　　　　　　图10-65

02 选择"蓝色"进行调整，如图10-66所示，使背景中的蓝色变浅。接下来调整"中性色"，让整体颜色呈现泛白效果，如图10-67和图10-68所示。单击"确定"按钮，关闭对话框。

图10-66　　　图10-67　　　图10-68

03 执行"图像>调整>色彩平衡"命令，打开"色彩平衡"对话框，选择"中间调"，减少中间调中的蓝色成分，如图10-69和图10-70所示。

图10-69

图10-70

04 再选择"高光"，在高光中适当增加蓝色，以减少皮肤中的黄色（蓝色的补色），使皮肤显得白皙，如图10-71和图10-72所示。关闭对话框。

图10-71

图10-72

05 按Ctrl+U快捷键，打开"色相/饱和度"对话框，提高饱和度，如图10-73和图10-74所示。

图10-73

图10-74

06 打开一个背景素材，使用移动工具 ✛ 将照片拖入该文件中。单击"图层"面板中的 ▢ 按钮添加蒙版，使用画笔工具 ✎ 在照片边缘涂抹黑色，将图像边缘隐藏，效果如图10-75所示。

图10-75

"可选颜色"命令

　　"可选颜色"校正是高端扫描仪和分色程序使用的一种技术，用于在图像中每个主要原色成分中修改印刷色的含量。

　　印刷色的原色是青、洋红、黄和黑4种油墨。打开"可选颜色"对话框，可以看到这4种油墨选项，如图10-76所示。如果要调整某种颜色中的油墨含量，可以在"颜色"下拉列表中选择这种颜色，之后拖曳下方的滑块进行调整。"青色""洋红"和"黄色"滑块向右移动时，可以增加相应的油墨含量；向左移动，则油墨含量会减少，与此同时其补色（红、绿和蓝）会增加。

图10-76

　　例如，上图中的风车有7个不同颜色的风轮，并且这些风轮都不是纯色的，每种颜色里都混有其他颜色，用"可选颜色"命令可以减少绿色风轮中的黄色，不影响其他风轮中的黄色，如图10-77所示。图10-78~图10-80所示为其他效果。

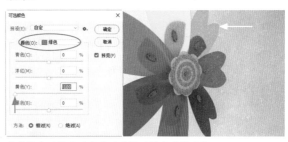

减少绿色风轮中的黄色（其他风轮未受影响）

图10-77

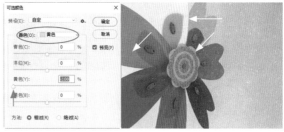

减少黄色风轮中的黄色（橙色风轮受少量影响）

图10-78

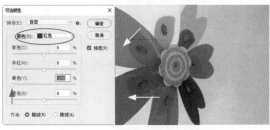

减少红色风轮中的黄色（橙色风轮受少量影响）
图10-79

减少中性色中的黄色（黄色的补色——蓝色得到增强）
图10-80

提示（Tips）

在"方法"选项组中，选择"相对"，可以按照总量的百分比修改现有的青色、洋红、黄色和黑色的含量。例如，如果从 50％ 的洋红像素开始添加 10％，结果为 55％ 的洋红（50％＋50％×10％＝55％）；选择"绝对"，则采用绝对值调整颜色。例如，如果从 50％ 的洋红像素开始添加 10％，则结果为60％洋红。

10.2.8

●平面 ●网店 ●摄影 ●插画 ●影视

设计实战：后现代风格调色

01 打开素材，如图10-81所示。按Ctrl+J快捷键复制"背景"图层，得到"图层1"，设置混合模式为"滤色"，不透明度为45%，如图10-82和图10-83所示。

扫 码 看 视 频

图10-81 　图10-82 　图10-83

02 单击"调整"面板中的 ▧ 按钮，创建"可选颜色"调整图层，在"颜色"下拉列表中分别选择"白色"和"中性色"进行调整，如图10-84~图10-86所示。在"可选颜色"对话框中，即使只设置一种颜色，也可以改变图像效果，

但颜色的设置如果不合适，会打乱暗部和亮部的结构。

图10-84 　图10-85 　图10-86

03 单击"调整"面板中的 ▦ 按钮，创建"曲线"调整图层，将色调调暗，如图10-87所示。选择渐变工具 ▦ 并单击径向渐变按钮 ▣，填充黑白渐变，渐变色会应用到蒙版中，遮挡渐变图层，使人物面部颜色变亮，如图10-88和图10-89所示。

图10-87 　图10-88 　图10-89

04 打开纹理素材，如图10-90所示，使用移动工具 ✛ 将其拖入人物文件中，放在画面底部，如图10-91所示。最后用横排文字工具 T 输入一些文字，字体以手写效果为宜，如图10-92所示。

图10-90 　图10-91 　图10-92

10.2.9

"照片滤镜"命令

滤镜是相机的一种配件，安装在镜头前面既可以保护镜头，也能降低或消除水面和非金属表面的反光。有些彩色滤镜可以调整通过镜头传输的光的色彩平衡和色温，生成特殊的色彩效果。Photoshop中的"照片滤镜"命令可以

模拟这种彩色滤镜，对于调整数码照片特别有用。

打开一张照片，如图10-93所示，执行"图像>调整>照片滤镜"命令，打开"照片滤镜"对话框，如图10-94所示。在"滤镜"下拉列表中，上面是6个可以改变色温的专用滤镜，下面的颜色选项可以模拟与真实滤镜类似的照片效果。如果要自定义滤镜颜色，可以单击"颜色"选项右侧的颜色块，打开"拾色器"进行设置。

图10-93　　　　　　　图10-94

选取预设或设置好颜色后，可以拖曳"浓度"滑块调整颜色的强度，如图10-95所示。为防止色调的亮度随颜色而改变，可以选取"保留明度"选项。否则，添加滤镜后会使图像的色调变暗，如图10-96所示。

图10-95　　　　　　　图10-96

技术看板 30 校正出现色偏的照片

"照片滤镜"可用于校正照片的颜色。例如，日落时拍摄的人脸会显得偏红。可以针对想减弱的颜色选用其补色的滤光镜－青色滤光镜（红色的补色是青色）来校正颜色，恢复正常的肤色。

出现色偏的照片　　　　用"照片滤镜"校正

10.2.10

设计实战：制作版画风格艺术海报

扫码看视频

01 打开素材，如图10-97所示。执行"滤镜>艺术效果>木刻"命令，打开"滤镜库"，将照片处理为木刻效果，如图10-98和图10-99所示。

图10-97　　　　　图10-98　　　　　图10-99

02 执行"图像>调整>照片滤镜"命令，打开"照片滤镜"对话框，在"滤镜"下拉列表中选择"加温滤镜（81）"，将"浓度"设置为91%，选取"保留明度"选项，如图10-100和图10-101所示。

图10-100　　　　　　　图10-101

03 在"文字"图层前面原眼睛图标处单击，将该图层显示出来，如图10-102和图10-103所示。

图10-102　　　　　图10-103

10.2.11

照片实战：用"颜色查找"命令调整婚纱

扫码看视频

01 打开素材，如图10-104所示。选择裁剪工具 ，图像四周会显示剪裁框，将光标放在剪裁框左侧，按鼠标左键并向左拖曳，扩展画布，如图10-105所示。

图10-104　　　图10-105

02 再打开一幅照片和文字素材，使用移动工具 将它们拖入人物文件中，放在画面左侧的空白区域，如图10-106所示。

图10-106

03 单击"调整"面板中的 按钮，创建"颜色查找"调整图层，在3DLUT文件下拉列表中选择"2Strip.look"选项，以两种颜色表现画面的色彩关系，营造低调、浪漫的风格，如图10-107和图10-108所示。

图10-107　　　　图10-108

04 单击"调整"面板中的 按钮，创建"色阶"调整图层，向右拖曳黑色滑块，将图像适当调暗，如图10-109和图10-110所示。

图10-109　　　　图10-110

10.2.12

技巧：导出和载入颜色查找表

扫码看视频

上一个实战使用了颜色查找表修改婚纱图像的颜色。Photoshop还提供很多3DLUT文件和摘要配置文件，可以轻松地创建不同的色彩风格，营造浪漫、清新、怀旧等气氛。

查找表（Look Up Table，缩写LUT）在数字图像处理领域的应用非常广泛。例如，在电影数字后期制作中，调色师需要利用查找表来查找有关颜色的数据，它可以确定特定图像所要显示的颜色和强度，将索引号与输出值建立对应关系。

Photoshop可以导出各种格式的颜色查找表。导出的文件可以在Photoshop、After Effects、SpeedGrade 及其他图像或视频编辑应用程序中进行颜色修改时使用。下面介绍操作方法。

01 打开素材，如图10-111所示。首先调整图像颜色。单击"调整"面板中的 按钮，创建"曲线"调整图层，分别调整RGB、红、绿和蓝通道曲线，如图10-112~图10-116所示。

图10-111　　　图10-112　　　图10-113

图10-114　　　图10-115　　　图10-116

02 单击"调整"面板中的 按钮，创建"可选颜色"调整图层，分别调整"青色"和"中性色"，如图10-117~图10-119所示。

图10-117　　　图10-118　　　图10-119

03 执行"文件>导出>颜色查找表"命令，打开"导出颜色查找表"对话框。如果需要保护版权，可在"说明"和"版权"选项中输入信息，Photoshop 会自动将©版权<current year>添加为我们所输入文本的前缀。在"网格点"选项中输入数值（0-256），数值高，可以创建更高质量的文件。选择颜色查找表格式，如图10-120所示，单击"确定"按钮，并选取存储位置。

04 打开素材，如图10-121所示。单击"调整"面板中的 ▦ 按钮，创建"颜色查找"调整图层。

图10-120

图10-121

05 单击"属性"面板中的"3DLUT文件"单选钮，如图10-122所示，在弹出的对话框中选择存储的颜色查找表

文件，如图10-123所示，单击"载入"按钮，加载该文件并用它自动调整图像颜色，如图10-124和图10-125所示。

图10-122

图10-123

图10-124

图10-125

间接改变色彩要素：匹配和替换颜色

"匹配颜色"命令可以使两个图像的颜色相匹配，"替换颜色"命令可以选取颜色并将其替换。这两个命令都属于间接调色工具。

💎 10.3.1

"匹配颜色"命令

"匹配颜色"命令可以将一个图像的颜色与另一个图像的颜色相匹配。

打开两个素材，如图10-126和图10-127所示。将山路图像设置为当前操作的文件，执行"图像>调整>匹配颜色"命令，打开"匹配颜色"对话框。"目标"选项中显示的是被修改的图像（山路）的名称和颜色模式。在"源"下拉列表中选择另一幅图像，如图10-128所示，即可用该图像的颜色修改山路图像，如图10-129所示。

图10-126

图10-127

图10-128

图10-129

将颜色匹配到图像以后，可以通过"明亮度"选项调整亮度，如图10-130所示；通过"颜色强度"选项调整色彩的饱和度，如图10-131所示。该值为1时生成灰度图像。

明亮度100，颜色强度100
图10-130

明亮度50，颜色强度200
图10-131

"渐隐"选项可以减弱颜色的应用强度，该值越高，颜色效果越弱，如图10-132所示。如果出现色偏，可以选取"中和"选项，将色偏消除，如图10-133所示。

明亮度50，颜色强度200，渐隐50
图10-132

选取"中和"选项
图10-133

用选区计算调整

在被匹配颜色的目标图像上创建选区以后，选取"应用调整时忽略选区"选项，可以忽略选区，将调整应用于整个图像，如图10-134所示；取消选取，则仅影响选中的图像，如图10-135所示。此外，选取"使用目标选区计算调整"选项，将使用选区内的图像来计算调整；取消选取，则使用整个图像中的颜色来计算调整。

图10-134

图10-135

如果源图像上有选区，选取"使用源选区计算颜色"选项，将会使用选区中的图像匹配当前图像的颜色；取消选取，则会使用整幅图像进行匹配。

其他选项

- **图层**：用来选择需要匹配颜色的图层。如果要将"匹配颜色"命令应用于目标图像中的特定图层，应确保在执行"匹配颜色"命令时该图层处于当前选择状态。
- **存储统计数据/载入统计数据**：单击"存储统计数据"按钮，

将当前的设置保存；单击"载入统计数据"按钮，可以载入已存储的设置。使用载入的统计数据时，无须在 Photoshop 中打开源图像，就可以完成匹配当前目标图像的操作。

扫码看视频

10.3.2

●平面 ●网店 ●摄影 ●插画 ●影视

照片实战：获得一致的色调风格

"匹配颜色"命令非常适合处理那些同时拍摄的、色彩和色调出现差异的照片。例如，在室外拍摄时，由于云层遮挡太阳、拍摄角度不同或相机参数设置不同，导致照片的影调、色彩和曝光出现差异，用"匹配颜色"命令处理，可以获得一致的曝光和色彩效果。

01 打开两张照片，如图10-136和图10-137所示。第一张照片在拍摄时，用于没有阳光照射，色调偏冷；第二张是在阳光充足的条件下拍摄的，效果比较好。我们用它来匹配第一张照片。首先将色调偏冷的荷花设置为当前操作的文件。

图10-136

图10-137

02 执行"图像>调整>匹配颜色"命令，打开"匹配颜色"对话框。在"源"选项下拉列表中选择另一张照片，将"渐隐"设置为50，控制好调整强度，避免色调过亮，将"明亮度"设置为140，"颜色强度"设置为120，提高色彩的饱和度，如图10-138所示。单击"确定"按钮关闭对话框，即可将这张照片的色调转换过来，效果如图10-139所示。

图10-138

图10-139

10.3.3

▶必学课

"替换颜色"命令

"替换颜色"命令可以选取图像中的某种颜色，然后修改其色相、饱和度和明度。该命令包含颜色选取和颜色调整两种选项，其颜色选取方式与"色彩范围"命令相同（见313页），颜色调整方式则与"色相/饱和度"命令基本一致（见205页）。

打开一幅图像，执行"图像>调整>替换颜色"命令，打开"替换颜色"对话框。用吸管工具 ✐ 在图像上单击，即可选取光标下方的颜色，如图10-140所示。在"颜色容差"选项下面的缩览图中，黑色代表了未选择的区域，白色代表了选中的区域，灰色代表了被部分选择的区域。如果选取"图像"选项，则此区域会显示图像内容，不显示选区。

图10-140

用添加到取样工具 ✐ 在图像中单击，可以添加新的颜色，如图10-141所示；用从取样中减去工具 ✐ 在图像中单击，可以减少颜色，如图10-142所示。

图10-141

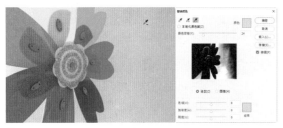

图10-142

拖曳"颜色容差"滑块，可以控制颜色的选取范围，该值越高，包含的色彩范围越广。如果在图像中选择相似且连续的颜色，可以选取"本地化颜色簇"选项，使选择范围更加精确。

颜色选取好之后，拖曳"替换"选项中的各个滑块，即可进行替换，如图10-143所示。我们可以通过两种方法观察颜色的改变效果，第1种方法是看窗口中的图像；第2种方法是看"替换颜色"对话框中的颜色块，"颜色"代表的是选取的

颜色（调整前），"结果"代表的是修改后的颜色。

图10-143

10.3.4

设计实战：制作风光明信片

●平面 ●网店 ●摄影 ●插画 ●影视

01 打开素材。执行"图像>调整>替换颜色"命令，打开"替换颜色"对话框，将光标放在黄色枫叶上，如图10-144所示，单击鼠标，对颜色进行取样，如图10-145所示。

扫码看视频

图10-144

图10-145

02 拖曳"颜色容差"滑块，选中所有黄色的枫叶，然后拖曳"色相"滑块，调整所选枫叶的颜色，如图10-146和图10-147所示。关闭对话框。

03 打开文字素材，使用移动工具 ✛ 将其拖曳到枫叶文件中，如图10-148所示。

图10-146

图10-147

图10-148

色彩迷踪拳：应用特殊颜色

10.4

Photoshop可以对色彩进行创造性的调节，如将彩色图像调整为黑白效果、简化色彩、简化图像细节，或者用渐变颜色或其他颜色替换图像中原有的颜色。

10.4.1 ▶必学课

"渐变映射"命令

　　"渐变映射"命令可以使用渐变颜色替换图像中的原有颜色。打开一幅图像，如图10-149所示。执行"图像>调整>渐变映射"命令，打开"渐变映射"对话框。在默认状态下，Photoshop会使用当前的前景色和背景色作为渐变颜色，如图10-150所示。渐变的起始（左端）颜色替换阴影，渐变的结束（右端）颜色替换高光，这两个端点之间的颜色替换中间调。

图10-149

图10-150

　　单击渐变颜色条右侧的·按钮，可以打开下拉列表选择预设渐变，如图10-151和图10-152所示。单击渐变颜色条，则可打开"渐变编辑器"（见138页）修改颜色。

图10-151

图10-152

　　渐变映射包含两个选项，"仿色"选项可以在渐变中添加随机的杂色来减少带宽效应，图像用于打印时，可以使渐变效果更加平滑。"反相"选项可以反转渐变颜色的填充方向，如图10-153和图10-154所示。

图10-153

图10-154

技术看板 31 恢复色调的对比度

渐变映射会改变图像中色调的对比度。要避免出现这种情况，可以使用"渐变映射"调整图层操作，然后将调整图层的混合模式设置为"颜色"，使它只改变图像的颜色，不影响亮度。

色调发生改变　　　　　使用"颜色"模式恢复色调

10.4.2　　　●平面 ●网店 ●摄影 ●插画 ●影视

设计实战：可爱小猪明信片

01 打开两个素材。使用快速选择工具 ✐ 选中小猪和鞋子，如图10-155所示。使用移动工具 ✛，将选中的图像拖入另一个文件中，放在"云彩1"图层上方，如图10-156和图10-157所示。

图10-155　　　　图10-156　　　　图10-157

02 选择"云彩1"图层，单击"调整"面板中的 按钮，在它上方创建"色相/饱和度"调整图层，调整云朵颜色，如图10-158所示。按Alt+Ctrl+G快捷键，创建剪贴蒙版，如图10-159和图10-160所示。

图10-158　　　　图10-159　　　　图10-160

03 按住Alt键，将调整图层拖曳到"云朵2"图层的上方，复制调整图层，如图10-161所示。按Alt+Ctrl+G快捷键创建剪贴蒙版，使该图层只影响"云朵2"图层，如图10-162和图10-163所示。

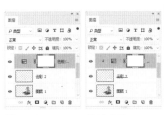 

图10-161　　图10-162　　图10-163

04 选择"云朵3"图层，单击"调整"面板中的 按钮，在"图层"面板顶部创建"渐变映射"调整图层，单击渐变颜色条右侧的·按钮，打开下拉面板，选择一个预设的渐变，如图10-164和图10-165所示。

图10-164　　　　　图10-165

05 将该调整图层的混合模式设置为"叠加"，不透明度设置为60%，如图10-166和图10-167所示。

图10-166　　　　图10-167

10.4.3
"色调分离"命令

普通图像的色调级别是256级色阶（0~255）。使用"色调分离"命令可以减少色阶数目，从而减少颜色数量、简化图像内容。

"色调分离"命令只有一个"色阶"选项，当定义了一个色阶值以后，Photoshop会调整每一个颜色通道中的色调级数（或亮度值），然后将像素映射到最接近的匹配级别，色阶值越低，图像的色彩越少、简化程度越高，如图

10-168所示。如果使用"高斯模糊"或"去斑"滤镜对图像进行轻微的模糊，再进行色调分离，就可以得到更少、更大的色块。如果要显示更多的细节，可以提高色阶值。

原图　　　　　　　　"色调分离"对话框

色阶2　　　　　　　色阶4

图10-168

10.4.4
设计实战：制作摇滚风格插画

●平面 ●网店 ●摄影 ●插画 ●影视

01 打开素材，如图10-169所示。单击"调整"面板中的 按钮，创建"色调分离"调整图层。拖曳"属性"面板中的滑块，将色阶调整为4，如图10-170和图10-171所示。

扫码看视频

图10-169　　　　　图10-170　　　　　图10-171

02 单击"调整"面板中的 按钮，创建"渐变映射"调整图层，使用洋红到白色渐变，效果如图10-172所示。

03 打开素材，如图10-173所示。用移动工具 将其拖入人像文件，设置混合模式为"滤色"，让它叠加在人像上，在图像的边缘产生喷溅效果，如图10-174所示。

图10-172　　　　　图10-173　　　　　图10-174

10.4.5

"反相"命令

打开一张照片，如图10-175所示，执行"图像>调整>反相"命令（快捷键为Ctrl+I），图像中每一种颜色都会转换为其相反的颜色。其中黑、白互相转换，其他颜色会转换为补色，即红、绿互相转换，黄、蓝互相转换等。补色关系如图10-176所示（相反位置的颜色互为补色）。

图10-175　　　　　　　　图10-176

一个正常颜色的图像经过反相后，可以获得彩色负片效果，如图10-177所示。如果再进行去色处理（使用"黑白"命令或"去色"命令），便可以得到黑白负片，如图10-178所示。反相之后再次执行该命令，还可以恢复图像的原有颜色。

图10-177　　　　　　图10-178

10.4.6 ⚑ 进阶课

"黑白"命令

"黑白"命令是非常强大的黑白图像制作工具，它可以控制色光三原色（红、绿、蓝）和印刷三原色（青、洋红、黄）在转换为黑白时，每一种颜色的色调深浅。例如，红、绿两种颜色在转换为黑白时，灰度非常相似，很难区分，色调的层次感就会被削弱。"黑白"命令可以分

别调整这两种颜色的灰度，将它们有效地区分开来，使色调的层次丰富而鲜明。这是其他可以转换黑白效果的命令——"去色""色相/饱和度"（色相值为0）无法做到的。此外，"黑白"命令还可以为灰度着色。

打开一张照片，如图10-179所示，单击"调整"面板中的 ▣ 按钮，创建"黑白"调整图层，"属性"面板中会显示图10-180所示的选项（之所以用调整图层操作，是因为"黑白"命令的对话框中没有 ✋ 工具）。

图10-179　　　　　　　　图10-180

拖曳各个原色滑块，即可调整图像中特定颜色的灰色调。例如，向左拖曳绿色滑块时，可以使图像中由绿色转换而来的灰色调变暗，如图10-181所示；向右拖曳，则会使色调变亮，如图10-182所示。

图10-181　　　　　　　　图10-182

如果要对某种颜色进行手动调整，可以单击"属性"面板中的 ✋ 工具，然后将光标放在这种颜色上方，如图10-183所示。单击并向右拖曳鼠标可以使该颜色调亮，如图10-184所示；向左拖曳可以将颜色调暗，如图10-185所示。与此同时，"黑白"对话框中相应的颜色滑块也会自动移动位置。

图10-183　　　　　　　　图10-184

图10-185

使用预设调整

使用"黑白"命令时，可以先单击"自动"按钮，让灰度值的分布最大化，这样做通常会产生极佳的效果，如图10-186所示，然后在此基础上调整某种颜色的灰度。如果对调整结果很满意，还可以单击 ≡ 按钮，打开面板菜单，选择"存储预设"命令，将调整参数存储为一个预设，对其他图像进行相同处理时，可在"预设"下拉列表中选取，而不必重新设置参数。此外，Photoshop也提供了一些预设的调整文件，如图10-187所示，效果也不错。

图10-186　　　　　　　图10-187

为灰度着色

将图像转换为黑白效果后，选取"色调"选项，然后单击颜色块，打开"拾色器"设置颜色，可创建单色调图像，如图10-188和图10-189所示。如果是使用"图像>调整>黑白"命令来操作，则在"黑白"对话框中还有"色相"滑块和"饱和度"滑块，它们与"色相/饱和度"命令完全相同。

图10-188　　　　　图10-189

10.4.7

设计实战：制作CD包装封面

01 打开素材，如图10-190所示。单击"图层1"，如图10-191所示。执行"图像>调整>黑白"命令，打开"黑白"对话框，使用默认的参数，将"图层1"中的人像调整为黑白效果，如图10-192所示。

图10-190　　　　图10-191　　　　图10-192

02 执行"图像>调整>色阶"命令，打开"色阶"对话框，拖曳滑块，增加色调的对比度，如图10-193和图10-194所示。

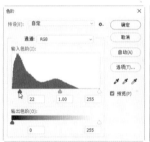

图10-193　　　　　　　　图10-194

03 按Ctrl+J快捷键复制"图层1"。按Ctrl+T快捷键显示定界框，按住Shift键拖曳控制点，将图像等比缩小，然后移动到画面下方，如图10-195所示，按Enter键确认。新建一个图层。按住Ctrl键单击"图层1"的缩览图，载入选区，如图10-196和图10-197所示。

图10-195　　　　　图10-196　　　　　图10-197

04 将前景色调整为天蓝色（R0，G187，B255），按Alt+Delete快捷键，在选区内填充前景色，按Ctrl+D快捷键取消选择。将该图层的混合模式设置为"叠加"，效果如图10-198所示。

05 用横排文字工具 **T** 在光盘封套上输入一些文字。也可以用自定形状工具 绘制一些图形，作为装饰物，如图10-199所示。

图10-198　　　　图10-199

10.4.8

●平面●网店●摄影●插画●影视

照片实战：用"去色"命令制作柔光照

"去色"命令是较为简单的黑白效果转换工具，彩色图像经它去色后，仍然是原有的模式（RGB、CMYK等）而非灰度模式，因此，不影响工具使用。下面使用该命令和滤镜制作一幅柔光效果的黑白照。

扫码看视频

01 打开素材，如图10-200所示。在人像、风光和纪实摄影领域，黑白照片是具有特殊魅力的一种艺术表现形式。高调是由灰色级谱的上半部分构成的，主要包含白、极浅灰、浅灰、深浅灰和中灰，如图10-201所示。即表现轻盈明快、单纯、清秀、优美等艺术氛围的照片，称为高调照片。

 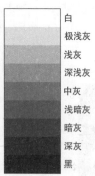

白
极浅灰
浅灰
深浅灰
中灰
浅暗灰
暗灰
深灰
黑

图10-200　　　　图10-201

02 执行"图像>调整>去色"命令，删除颜色，如图10-202所示。按Ctrl+J快捷键复制"背景"图层，得到"图层1"，设置它的混合模式为"滤色"，不透明度为70%，提高亮度，效果如图10-203所示。

03 执行"滤镜>模糊>高斯模糊"命令，对图像进行模糊处理，使色调变得柔美，如图10-204和图10-205所示。

图10-202　　　　图10-203

图10-204　　　　图10-205

10.4.9

"阈值"命令

"阈值"命令可以将彩色图像转换为高对比度的黑白图像。比较适合制作单色照片，或者模拟类似于手绘效果的线稿。

打开一幅图像，如图10-206所示，执行"图像>调整>阈值"命令，打开"阈值"对话框。在"阈值色阶"选项中输入数值，或拖曳滑块，将一个亮度值定义为阈值后，所有比阈值亮的像素会转换为白色；比阈值暗的像素则转换为黑色，如图10-207和图10-208所示。

 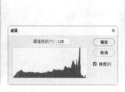 

图10-206　　　　图10-207　　　　图10-208

如果分别选取每一个颜色通道并用"阈值"命令处理，则可以生成彩色效果，如图10-209和图10-210所示。

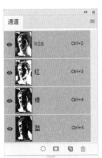

图10-209　　　　　图10-210

"阈值"对话框中的直方图显示了像素的亮度级别和分布情况（亮度级别为0~255），可作为调整的参照物。

10.4.10

●平面 ●网店 ●摄影 ●插画 ●影视

设计实战：制作涂鸦效果卡片

01 打开素材，如图10-211所示。单击"调整"面板中的 按钮，创建"阈值"调整图层。将色阶114指定为阈值，如图10-212和图10-213所示。

扫码看视频

图10-211

图10-212　　　　　图10-213

02 将"背景"图层拖曳到"图层"面板底部的 按钮上进行复制，按Shift+Ctrl+]快捷键，将该图层调整到面板最顶层，如图10-214所示。执行"滤镜>风格化>查找边缘"命令，效果如图10-215所示。

图10-214　　　　　图10-215

03 按Shift+Ctrl+U快捷键去色。将该图层的混合模式设置为"正片叠底"，如图10-216和图10-217所示。

图10-216　　　　　图10-217

04 按Shift+Ctrl+E快捷键合并所有图层。用多边形套索工具 选取人物，打开背景素材，用移动工具 将其拖入背景素材文件中，设置混合模式为"正片叠底"，以便隐藏人物图像中的白色背景，将人物合成到新的背景中，制作成一幅时尚的海报，如图10-218所示。

图10-218

RGB通道调色技术

RGB是较为常用的颜色模式。RGB模式的颜色通道中存储着图像的色彩信息，因此，编辑颜色通道就可以改变图像的颜色，这是一种高级调色技术。

10.5.1

谁在操纵色彩

我们知道，图像的色彩信息保存在颜色通道中，因此，使用"图像>调整"菜单中的命令或调整图层调色时，颜色通道是会发生改变的。

例如，用"可选颜色"命令调色时，如图10-219所示，观察"通道"面板可以看到，在图像颜色改变的同时，颜色通道的明暗也产生了变化。虽然我们没有编辑通道，但Photoshop收到我们的调色指令后，便会在内部处理颜色通道，使之变亮或变暗，从而实现了色彩的变化。因此，从原理上看，任何一种颜色或色调调整操作，其实质都是在调整颜色通道。

调整前的图像及通道

用"可选颜色"命令调色时发生的改变

图10-219

RGB模式的图像包含3个颜色通道，分别保存了色光三原色中的红光（红通道）、绿光（绿通道）和蓝光（蓝通道）。这3个颜色通道组合在一起成为RGB主通道，也就是我们看到的彩色图像，如图10-220所示。

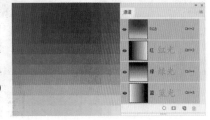

图10-220

光线越是充足，颜色通道越明亮，其中所蕴含的颜色也越多；光线不足，则颜色通道会变暗，相应颜色的含量也不高。既然光线充足与否影响着颜色的含量，那么我们将颜色通道调亮或调暗，人为改变光线，便可增加或减少相应的颜色含量。这就是RGB调色的秘诀。

"色阶"和"曲线"对话框中都提供了通道选项，可选取并调整通道亮度，进而影响颜色。例如，将红通道调亮，增加光线，即可增加红色，如图10-221所示；将红通道调暗，减少光线，则可减少红色，如图10-222所示。将绿通道调亮，可以增加绿色；调暗则减少绿色。将蓝通道调亮，可以增加蓝色；调暗则减少蓝色。

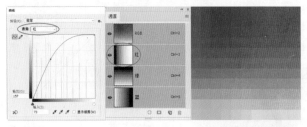

图10-221

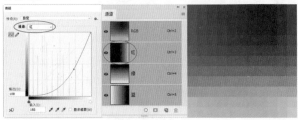

图10-222

RGB模式是一种加色混合模式（*见105页*），红光和绿光混合生成黄色光；红光和蓝光混合生成洋红色光；蓝光和绿光混合生成青色光，如图10-223所示。由此可知，如果我们将红、绿通道调亮，就可以增加黄色；将红、蓝通道调亮，可以增加洋红色；将蓝、绿通道调亮，则可增加青色。由于要同时调整两个通道，操作前，需要先在"通道"面板中按住Shift键分别单击它们，将它们同时选取，如图10-224所示，然后打开"色阶"或"曲线"对话框，此时"通道"菜单中会显示所选通道的缩写，如图10-225所示，在这种状态下便可同时调整两个通道。

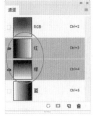

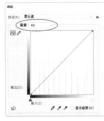

图10-223　　　图10-224　　　图10-225

💎 **10.5.2** 🎦 进阶课

互补色与跷跷板效应

使用颜色通道调色时，会出现这样一种情况：当增加一种颜色的含量时，就会在同一时间减少它的补色，如图10-226所示；反之，减少一种颜色的含量，则会增加它的补色，如图10-227所示。补色的这种关系，就像是压跷跷板，一边下去了，另一边（补色）一定升上来。

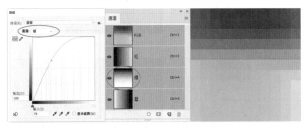

增加绿色的同时，其补色洋红色会自动减少
图10-226

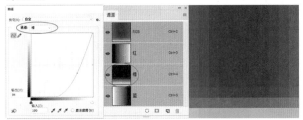

减少绿色的同时，其补色洋红色会自动增加
图10-227

颜色的互补关系为我们使用通道调色提供了另外一种思路，即红、绿和蓝通道不仅可以控制红色、绿色和蓝色，也间接影响它们的补色——青、洋红和黄色。在图10-228所示的色轮中，处于相对位置的颜色为互补色。

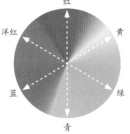

图10-228

了解了颜色互补关系，或者在调色前观察色轮，我们就可以预知调整某一颜色通道时，会对这种颜色及它的补色产生怎样的影响。反过来，也可以预先推算出想要调整某种颜色时，应该处理哪些通道。这样通道调色规律便了然于胸了。

💎 **10.5.3** 🎦 进阶课

光线加、减法

Photoshop的众多调色命令中，"通道混合器"是唯一可以直接调整通道的功能，它能让两个通道采用"相加"或"减去"模式混合。"相加"模式可以增加两个通道中的像素值，使通道中的图像变亮，从而增加光线；"减去"模式则会从目标通道中相应的像素上减去源通道中的像素值，使通道中的图像变暗，从而减少光线。

打开一幅RGB模式的图像。执行"图像>调整>通道混合器"命令，打开"通道混合器"对话框，需要调整哪个通道，可在"输出通道"选项中选择这一通道，我们选择的是蓝通道，如图10-229所示。

图10-229

拖曳红色滑块时，Photoshop会用该滑块所代表的红通道与所选的输出通道，即蓝通道混合，进而改变蓝通道的明度。向右拖曳滑块，红通道会采用"相加"模式与蓝通道混合，如图10-230所示；向左拖曳，则它们采用"减去"模式混合，如图10-231所示。这种混合方法还有一个妙处——可以控制混合强度，滑块越靠近两端（-200%/+200%），混合强度就越高。

图10-230

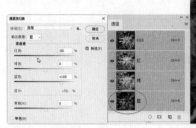

图10-231

如果不移动颜色通道滑块，只拖曳"常数"滑块，则可以直接调整输出通道（蓝通道）的灰度值，该通道不会与其他通道混合，如图10-232所示。这种调整方式与使用"色阶"和"曲线"调整某一个颜色通道时的效果是一样的，如图10-233所示。"常数"为正值时，会在通道中增加更多的白色；为负值时增加更多的黑色；为+200%时会使通道成为全白，为-200%时会使通道成为全黑。

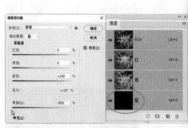

图10-232

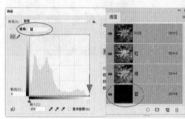

图10-233

"通道混合器"命令选项

● 预设：该选项的下拉列表中包含了 Photoshop 提供的预设调整设置文件，如图 10-234 所示，可创建各种黑白效果。

图10-234

● 输出通道：可以选择要调整的通道。

● 源通道：用来设置输出通道中源通道所占的百分比。将一个源通道的滑块向左拖曳时，可以减小该通道在输出通道中所占的百分比；向右拖曳则增加百分比，负值可以使源通道在被添加到输出通道之前反相。图 10-235 所示是分别选择"红""绿""蓝"作为输出通道时的调整结果。

红通道+200%　　　　　　红通道-200%

绿通道+200%　　　　　　绿通道-200%

蓝通道+200%　　　　　　蓝通道-200%

图10-235

● 总计：显示了源通道的总计值。如果合并的通道值高于100%，会在总计旁边显示一个警告 ▲。并且，该值超过100%，有可能会损失阴影和高光细节。

● 常数：用来调整输出通道的灰度值。负值可以在通道中增加黑色；正值则在通道中增加白色。-200% 会使输出通道成为全黑，+200% 则会使输出通道成为全白。

● 单色：选取该选项，可以将彩色图像转换为黑白效果。

💎 10.5.4　　　　　　●平面 ●网店 ●摄影 ●插画 ●影视

照片实战：用通道混合法制作反转负冲照片

"通道混合器"只包含"相加"和"减去"两种混合模式。"应用图像"命令（见174页）更加强大，它提供了多达23种混合模式，可用来混合颜色通道，进而改变颜色。当选择"相加"和"减去"模式时，与使用"通道混合器"处理

扫码看视频

后的效果完全相同。另外，我们还可以修改"不透明度"值来调整混合强度（该值越低，混合强度越弱）。

01 打开素材，如图10-236所示。单击蓝通道，如图10-237所示，然后在RGB复合通道前单击，显示该通道，如图10-238所示。现在窗口中显示的还是彩色的图像，而当前选择的仍然是蓝色通道。

图10-236　　　　　图10-237　　　　　图10-238

02 执行"图像>应用图像"命令，打开"应用图像"对话框，设置混合模式为"正片叠底"，不透明度为50%，再选取"反相"选项，使高光区域完全变为黄色，如图10-239和图10-240所示。单击"确定"按钮关闭对话框。

图10-239　　　　　　　　　　图10-240

03 单击绿通道，如图10-241所示。执行"图像>应用图像"命令，设置相同的参数。将绿色通道调暗后，图像中的绿色会减少，而绿色的补色洋红色则得到增强，如图10-242和图10-243所示。

图10-241　　　　图10-242　　　　　图10-243

04 单击红通道，如图10-244所示。用"应用图像"命令处理该通道，设置不透明度为100%，混合模式为"颜色

加深"，如图10-245和图10-246所示。单击"确定"按钮关闭对话框，按Ctrl+2快捷键，返回到RGB复合通道。

图10-244　　　图10-245　　　　　图10-246

05 按Ctrl+L快捷键，打开"色阶"对话框。在"通道"下拉列表中分别选择"蓝""绿""红"通道进行调整，如图10-247~图10-249所示，效果如图10-250所示。

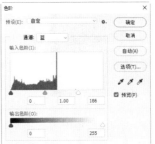
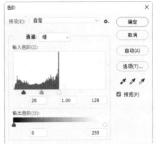

图10-247　　　　　　　图10-248

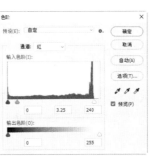

图10-249　　　　　　　图10-250

💎 10.5.5　　　　　　　●平面 ●网店 ●摄影 ●插画 ●影视

技巧：用通道调出暖暖夕阳

01 打开素材，如图10-251所示。这是一张冬日的照片。从画面中可以看到，即便是夕阳西下，色调还是很清冷，这是冬天的特点。下面使用通道将它调整为暖色调，使白雪变成金色的沙粒。

扫码看视频

图10-251

02 单击"调整"面板中的 ⊞ 按钮,创建"曲线"调整图层。选择红通道,在曲线上单击,添加一个控制点并向上拖曳曲线,将该通道调亮,增加红色,如图10-252所示。

图10-252

03 选择蓝通道,向下拖曳曲线,将该通道调暗,减少蓝色,同时可增加它的补色黄色。当红色和黄色增强以

后,画面中就会呈现出暖暖的金黄色,如图10-253所示。

图10-253

04 选择RGB复合通道,将曲线调整为"S"形,增加对比度,如图10-254所示。调整时注意观察太阳,不要出现过曝情况,尽量保留更多的细节。

图10-254

10.6 CMYK通道调色技术

将图像转换为CMYK模式后,会有很多黑色和深灰细节转换到黑通道中。调整黑通道可以使阴影的细节更加清晰,还不会改变色相。处理黑色和深灰色时,CMYK模式的优势非常明显。

◆ 10.6.1

CMYK 模式的色彩变化规律

♛ 进阶课

RGB模式用光来记录色彩,CMYK模式则用青色、洋红、黄色和黑色4种油墨再现图像,如图10-255所示。因此,该模式的通道中保存的不是光线,而是油墨。

扫码看视频

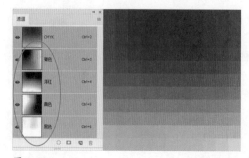

图10-255

CMYK模式的4个颜色通道分别保存了青色、洋红、黄色和黑色4种油墨。油墨含量越多，通道越暗（这一点与RGB模式正好相反，RGB是通道越亮，颜色含量越高）。因此，CMYK模式的调色方法应该是：要增加哪种颜色，就将相应的通道调暗，如图10-256所示；要减少哪种颜色，则将相应的通道调亮，如图10-257所示。

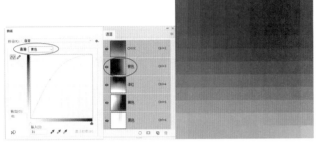

将青色通道调暗，增加青色（红色减少）

图10-256

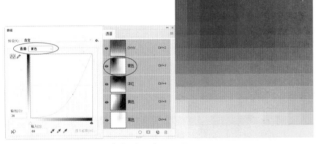

将青色通道调亮，减少青色（红色增加）

图10-257

虽然颜色模式与RGB不同，但色彩原理是相通的，因此，互补色之间的影响也同样适用于CMYK模式，即增加一种油墨含量的同时，就会减少其补色油墨的含量。

10.6.2 进阶课
色彩变动的预测方法

我们来做一个脑力训练。有这样一幅RGB模式的图像，它的颜色有些偏向青色，如图10-258所示，如果通过减少青色来校正色偏，有几种方法可以实现？

扫码看视频

答案是两种。观察RGB加色混合原理图，如图10-259所示，可以看到，青是由绿和蓝混合而成的，因此，将绿、蓝通道调暗，减少绿色和蓝色便可以减少青色，这是第一种方法。再观察色轮，如图10-260所示，青色的补色是红色，由此可知，将红通道调亮，增加红色也可以减少青色，这是第二种方法。

 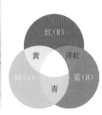 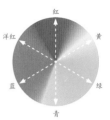

图10-258　　　　图10-259　　　　图10-260

如果这是CMYK模式的图像，又该怎样处理呢？

也有两种方法。CMYK模式有青通道，因此，只要将该通道调亮，减少青色油墨就可以了，这是第一种方法，如图10-261所示。在色轮中，青色的补色是红色，而红色是由洋红和黄色油墨混合而成的，如图10-262所示，因此，将洋红和黄色通道调暗，增加洋红和黄色也可以减少青色，这是第二种方法，如图10-263所示。

图10-261

 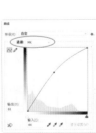 

图10-262　　　　图10-263

需要注意一点，使用"曲线"调整RGB图像时，曲线向上扬起，会增加光线使通道变亮；曲线向下，会减少光线使通道变暗。CMYK模式恰恰相反，曲线向上，增加的是油墨，这会使通道变暗；曲线向下，油墨减少，通道会变亮。此外，在是否使用CMYK模式调色的问题上也要慎重，因为CMYK没有RGB模式的色域广，有些颜色（尤其是饱和度较高的绿、洋红等）转换后就会丢失，这种丢失是指颜色没有原来鲜艳，并且，即使转换回RGB模式也不能自动恢复回来。

Lab通道调色技术

Lab是色域最广的一种颜色模式，RGB和CMYK模式都在它的色域范围内。Lab也是Photoshop进行颜色模式转换时使用的中间模式。例如，将RGB图像转换为CMYK模式时，Photoshop会先将其转换为Lab模式，再由Lab转换为CMYK模式。

◈ 10.7.1   进阶课

Lab模式的独特通道

Lab是与设备（如显示器、打印机或数码相机）无关的颜色模型。它基于人对颜色的感觉，描述了正常视力的人能够看到的所有颜色。

打开一张照片，执行"图像>模式>Lab颜色"命令，将它转换为Lab模式，如图10-264所示。

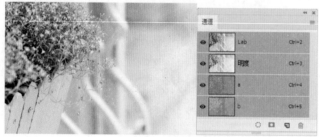

图10-264

Lab模式的通道比较特别。明度通道（L）没有色彩，它保存的图像的明度信息，如图10-265所示，范围为0~100，0代表纯黑色，100代表纯白色。

图10-265

a通道包含的颜色介于绿与洋红之间（互补色），如图10-266所示；b通道包含的颜色介于蓝与黄之间（互补色），如图10-267所示。它们的取值范围均为+127 ～ -128。

图10-266

图10-267

执行"编辑>首选项>界面"命令，打开"首选项"对

话框，选取"用彩色显示通道"选项，如图10-268所示，这样就可以看到a、b通道中保存的色彩信息，如图10-269和图10-270所示。

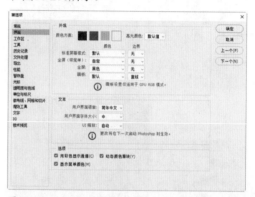

图10-268

图10-269

图10-270

在这两个通道中，50％的灰度对应的是中性灰。当通道的亮度高于50％灰时，颜色会向暖色转换；亮度低于50％灰，则向冷色转换。因此，如果将a通道（包含绿到洋红）调亮，就会增加洋红色（暖色）；将a通道调暗，则会增加绿色（冷色）。将b通道（包含黄到蓝）调亮，会增加黄色；将b通道调暗，则增加蓝色。如图10-271~图10-274所示。

a通道变亮增加洋红色
图10-271

a通道变暗增加绿色
图10-272

b通道变亮增加黄色

图10-273

b通道变暗增加蓝色

图10-274

10.7.2 ◆ 进阶课
通道的独特优势

对于RGB和CMYK模式的图像，每一个颜色通道既保存了色彩信息，也保存了明度信息。这会造成一个很棘手的问题，即当我们调整颜色时，颜色的亮度也会跟着发生改变，如图10-275~图10-277所示。

Lab模式不会出现这种情况。因为在这种模式下，颜色信息与明度信息是分开的，它们之间既无关联，也不会互相影响。当处理a和b通道时，可以在不影响亮度的状态下修改颜色，如图10-278所示；处理明度通道时，又可以在不影响色彩和饱和度的状态下修改亮度，如图10-279和图10-280所示。这种独特的优势使Lab在高级调色方法中占有极其重要的位置。

使用颜色取样器工具建立取样点

图10-275

选择"灰度"可以观察明度信息

图10-276

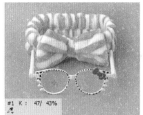

RGB模式：调整颜色时K值由原来的47%变为43%，说明明度发生了改变

图10-277

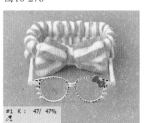

Lab模式：调整颜色时K值还是47%，说明明度没有变化

图10-278

RGB模式：提高亮度时（L值由68变成78），颜色的明度也发生改变，a由42变为29，b由11变为6，导致色彩饱和度降低

图10-279

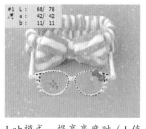

Lab模式：提高亮度时（L值由68变成78），没有影响色彩（a、b值没有改变）

图10-280

在颜色数量上，Lab也是最多的。RGB和CMYK模式（黑色通道暂且不算颜色）都有3个颜色通道，每个颜色通道中包含一种颜色；Lab虽然只有a和b两个颜色通道，但每个通道包含两种颜色，加起来一共就是4种颜色；加之Lab模式的色域范围远远超过RGB和CMYK模式，以上这些因素，促成了Lab可以在色彩表现上不同凡响。实际应用中也是如此。

Lab调色也属于通道调色，因此，我们前面介绍的所有通道调色方法都可以用来处理Lab模式的图像。但Lab模式色彩的"宽容度"非常高，我们甚至可以采用破坏性方法编辑通道，例如，用一个通道替换另一个通道，或者将通道反相。对于RGB和CMYK图像，这样操作会打乱色彩关系和明度关系，但Lab模式可以带给我们意外的惊喜，如图10-281所示。

原图　　　　　　RGB：红通道反相　　　Lab：a通道反相

RGB：绿通道反相　　Lab：b通道反相　　Lab：a、b通道反相

图10-281

在照片降噪方面，Lab图像也具备特别的优势。使用滤镜对a和b通道进行轻微的模糊，可以在不影响图像细节的情况下降低噪点。

照片实战：用Lab调出唯美蓝橙调

01 打开素材，如图10-282所示。执行"图像>模式>Lab颜色"命令，转换为Lab模式。执行"图像>复制"命令，复制一份图像备用。

扫码看视频

图10-282

02 单击a通道，如图10-283所示，按Ctrl+A快捷键全选，如图10-284所示，按Ctrl+C快捷键复制。

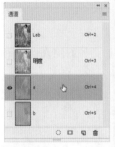 

图10-283　　　　图10-284

03 单击b通道，如图10-285所示，窗口中会显示b通道图像，如图10-286所示。按Ctrl+V快捷键，将复制的图像粘贴到通道中，按Ctrl+D快捷键取消选择，按Ctrl+2快捷键显示彩色图像，蓝调效果做完了，根据画面的构图添加文字，形成一幅完整的平面作品，如图10-287所示。

图10-285　　　图10-286　　　图10-287

04 橙调与蓝调的制作方法正好相反。按Ctrl+F6键切换到另一文档中，按Ctrl+J快捷键复制背景图层。按Ctrl+A快捷键全选，选择b通道，如图10-288所示。按Ctrl+C快捷键复制，选择a通道，如图10-289所示，按Ctrl+V快捷键粘贴，效果如图10-290所示。

 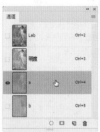 

图10-288　　　图10-289　　　图10-290

05 橙调对人物的肤色会有影响，还要再做一下还原肤色的处理。单击"图层"面板底部的 ▢ 按钮添加蒙版。用画笔工具 ✎ 在人物的脸和衣服上涂抹黑色，恢复皮肤和衣服的色彩，如图10-291和图10-292所示。

图10-291　　　　图10-292

照片实战：用Lab调出明快色彩

01 打开素材，如图10-293所示。这张照片的曝光和调子都不错，只要增加色彩的饱和度，并将画面稍微调亮，就可以使色调更加明快。执行"图像>模式>Lab颜色"命令，转换为Lab模式。按Ctrl+M快捷键打开"曲线"对话框，按住Alt键在网格上单击，以25%的增量显示网格线，如图10-294所示，以便于将控制点对齐到网格上。

扫码看视频

图10-293

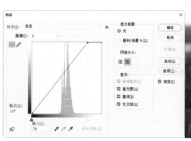

图10-294

移动两格，如图10-298所示。

图10-297

02 在"通道"下拉列表中选择a通道，将上面的控制点向左侧水平移动两个网格线，下面的控制点向右侧水平移动两个网格线，调整之后可以使色调更加清晰，如图10-295和图10-296所示。

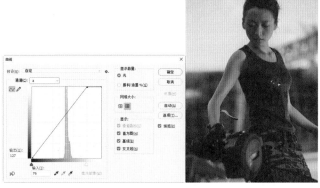

图10-295

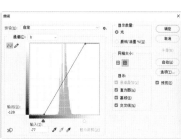

图10-298

04 选择"明度"通道，向左侧拖曳白场滑块，将它定位到直方图右侧的端点上，使照片中最亮的点成为白色，以增加对比度，再添加控制点，向上调整曲线，将画面调亮，如图10-299所示。

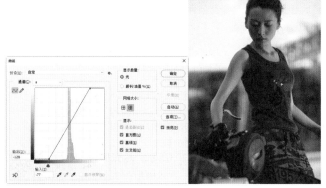

图10-296

03 选择b通道，采用同样的方法，将顶部的控制点向左侧移动两格，如图10-297所示。再将底部的控制点向右侧

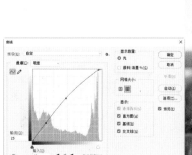

图10-299

第11章 图像修饰与打印

近些年来，随着数码相机的日渐普及和手机拍照功能的出现，越来越多的人爱上了摄影。摄影是蕴含了创意和灵感的艺术，而数码相机和手机由于自身原理和构造的特殊性，加之摄影者技术方面的影响，拍摄出来的照片往往存在曝光不准、画面黯淡、偏色等缺憾。这一切都可以通过Photoshop后期处理来解决。不仅如此，Photoshop还能惟妙惟肖地模拟昂贵镜头所拍摄的特殊效果，轻松地完成传统摄影需要花费大量人力和物力才能够实现的后期工作，将摄影从暗房中解放出来。

用Photoshop编辑数码照片大致分为6个流程：①用Photoshop或Camera Raw调整曝光、影调和色彩；②校正镜头缺陷（如镜头畸变和晕影）；③修图（如去除多余内容和人像磨皮）；④裁剪照片调整构图；⑤轻微的锐化（夜景照片需降噪）；⑥存储修改结果。

这6个流程中的调整影调和色彩，以及存储图像，在前面已经介绍过了。本章将针对剩下的几个流程进行讲解。

Photoshop是非常强大的图像编辑软件，在图像处理方面有着得天独厚的优势。Photoshop也是非常棒的"美容师"，它提供了大量专用工具用于去斑、去皱、去红眼、瘦脸、瘦腰、收腹、丰胸，也有可以把照片中多余的人和景物瞬间"P"没的工具。本章将通过大量实战让读者感受Photoshop的神奇魅力。

裁剪图像

处理数码照片或扫描的图像时，经常需要裁剪图像，以便删除多余的内容，使画面的构图更加完美。使用裁剪工具、"裁剪"命令和"裁切"命令都可以裁剪图像。

11.1.1
裁剪工具

裁剪工具 ⊡ 可以对图像进行裁剪，重新定义画布大小。选择该工具后，在画板中单击并拖出一个矩形定界框，按Enter键，就可以将定界框之外的图像裁掉。图11-1所示为裁剪工具 ⊡ 的选项栏。

图11-1

使用预设的选项裁剪

单击 ﹀ 按钮，可以在打开的下拉菜单中选择预设的裁剪选项，如图11-2所示。

- **比例**：选择该选项后，会出现两个文本框，在文本框中可以输入裁剪框的长宽比。如果要交换两个文本框中的数值，可单击 ⇄ 按钮。如果要清除文本框中的数值，可单击"清除"按钮。

- **宽×高×分辨率**：选择该选项后，可在出现的文本框中输入裁剪框的宽度、高度和分辨率，并且可以选择分辨率单位（如像素/厘米）。Photoshop会按照设定的尺寸裁剪图像。例如，输入宽度95厘米、高度110厘米、分辨率50像素/英寸后，在进行裁剪时会始终锁定长宽比，并且裁剪后图像的尺寸和分辨率会与设定的数值一致。

- **原始比例**：无论怎样拖曳裁剪框，始终保持图像原始的长宽比，非常适合用于裁剪照片。

- **预设的长宽比/预设的裁剪尺寸**：1：1（方形）、5：7等选项是预设的长宽比；4×5英寸300ppi、1024×768像素92ppi等是预设的裁剪尺寸。如果要自定义长宽比和裁剪尺寸，可以在该选项右侧的文本框中输入数值。

- **前面的图像**：可基于一个图像的尺寸和分辨率裁剪另一个图像。操作方法是，打开两个图像，使参考图像处于当前编辑状态，选择裁剪工具

图11-2

🔲，在选项栏中选择"前面的图像"选项，然后使需要裁剪的图像处于当前编辑状态即可（可以按Ctrl+Tab快捷键切换文件）。

● 新建裁剪预设/删除裁剪预设：拖出裁剪框后，选择"新建裁剪预设"命令，可以将当前创建的长宽比保存为一个预设文件。如果要删除自定义的预设文件，可将其选择，再执行"删除裁剪预设"命令。

设置叠加选项

单击工具选项栏中的 🀫 按钮，可以打开下拉菜单选择一种参考线，将其叠加在图像上，以帮助我们合理构图，如图11-3所示。例如，"三等分"基于摄影三分法则，是摄影师构图时使用的一种技巧。简单来说，就是把画面按水平方向在1/3、2/3位置画两条水平线，按垂直方向在1/3、2/3位置画两条垂直线，然后把景物尽量放在交点上。图11-4所示为这些参考线的具体效果。

图11-3

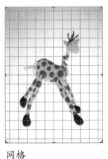

三等分　　　网格　　　对角

三角形　　　黄金比例　　　金色螺线

图11-4

● 自动显示叠加：自动显示裁剪参考线。
● 总是显示叠加：始终显示裁剪参考线。
● 从不显示叠加：从不显示裁剪参考线。
● 循环切换叠加：选择该项或按O键，可以循环切换各种裁剪参考线。
● 循环切换叠加取向：显示三角形和金色螺线时，选择该项或按Shift+O快捷键，可以旋转参考线。

设置裁剪选项

单击工具选项栏中的 ⚙ 按钮，可以打开一个下拉面板，如图11-5所示。

● 使用经典模式：选取该选项后，可以使用Photoshop CS6以前版本的裁剪工具来操作。例如，将光标放在裁剪框外，单击并拖曳鼠标进行旋转时，可以旋转裁剪框，如图11-6所示。当前版本则旋转的是图像内容，如图11-7所示。

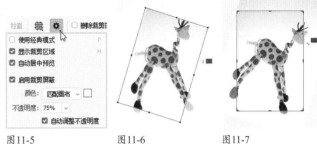

图11-5　　　图11-6　　　图11-7

● 显示裁剪区域：选取该选项可以显示裁剪的区域，取消选取则仅显示裁剪后的图像。
● 自动居中预览：勾选该选项后，裁剪框内的图像会自动位于画面中心。
● 启用裁剪屏蔽：选取该选项后，裁剪框外的区域会被颜色选项中设置的颜色屏蔽（默认颜色为白色，不透明度为75%）。如果要修改屏蔽颜色，可以在"颜色"下拉列表中选择"自定义"命令，打开"拾色器"调整，效果如图11-8和图11-9所示。还可以在"不透明度"选项中调整颜色的不透明度，效果如图11-10所示。此外，选取"自动调整不透明度"选项，Photoshop会自动调整屏蔽颜色的不透明度。

屏蔽颜色为绿色　　　屏蔽颜色为红色　　　红色不透明度为100%
图11-8　　　图11-9　　　图11-10

设置其他选项

● 内容识别：就是将内容识别填充并入裁剪工具。通常在旋转裁剪框时，画面中会出现空白区域，勾选该选项以后，可以自动填充空白区域。如果选择"使用经典模式"，则无法使用内容识别填充。
● 拉直 🔲：如果画面角度出现倾斜（如拍摄照片时，由于相机没有端平而导致画面内容倾斜），可单击 🔲 按钮，然后在画布上单击并拖出一条直线，让它与地平线、建筑物墙面或其他关键元素对齐，如图11-11所示，Photoshop便会将倾斜的画面校正过来，如图11-12所示。

图11-11 　　　　　　　　图11-12

- 删除裁剪的像素：在默认情况下，Photoshop 会将裁掉的图像保留在暂存区（见43页）（使用移动工具 ✛ 拖曳图像，可以将隐藏的图像内容显示出来）。如果要彻底删除被裁剪的图像，可选取该选项，再进行裁剪操作。

- 复位 ↺：单击该按钮，可以将裁剪框、图像旋转及长宽比恢复为最初状态。

- 提交 ✓：单击该按钮或按 Enter 键，可以确认裁剪操作。

- 取消 ⊘：单击该按钮或按 Esc 键，可以放弃裁剪。

◈ 11.1.2　　　　　　　　　　⚑ 必学课

照片实战：用裁剪工具裁剪图像

01 打开素材，如图11-13所示。选择裁剪工具 ⚡，在画布上单击并拖曳鼠标，创建矩形裁剪框，如图11-14所示。此外，在图像上单击，也可以显示裁剪框。

扫码看视频

图11-13 　　　　　　　　图11-14

02 将光标放在裁剪框的边界上，单击并拖曳鼠标可以调整裁剪框的大小，如图11-15所示。拖曳裁剪框上的控制点也可以缩放裁剪框，按住Shift键拖曳，可进行等比缩放，如图11-16所示。将光标放在裁剪框外，单击并拖曳鼠标，可以旋转图像。

图11-15 　　　　　　　　图11-16

03 将光标放在裁剪框内，单击并拖曳鼠标可以移动图像，如图11-17所示。按Enter键确认，即可裁剪图像，如图11-18所示。

图11-17 　　　　　　　　图11-18

◈ 11.1.3

照片实战：用透视裁剪工具校正透视畸变

　　拍摄高大的建筑时，由于视角较低，竖直的线条会向消失点集中，产生透视畸变。透视裁剪工具 ⬚ 能很好地解决这个问题。

扫码看视频

01 打开素材，如图11-19所示。可以看到，两侧的建筑向中间倾斜，这是透视畸变的典型特征。选择透视裁剪工具 ⬚，在画面中单击并拖曳鼠标，创建矩形裁剪框，如图11-20所示。

图11-19 　　　　　　　　图11-20

02 将光标放在裁剪框左上角的控制点上，按住Shift键（可以锁定水平方向）单击并向右侧拖曳；右上角的控制点向左侧拖曳，让顶部的两个边角与建筑的边缘保持平行，如图11-21所示。

03 按Enter键，即可裁剪图像，同时校正透视畸变，如图11-22所示。

图11-21 　　　　　　　　图11-22

透视裁剪工具选项

　　图11-23所示为透视裁剪工具 ⬚ 的选项栏。

图11-23

- W/H：输入图像的宽度（W）和高度值（H），可以按照设定的尺寸裁剪图像。单击 ⇄ 按钮可对调这两个数值。

- 分辨率：可以输入图像的分辨率，裁剪图像后，Photoshop 会自动将图像的分辨率调整为设定的大小。
- 前面的图像：单击该按钮，可以在"W""H""分辨率"文本框中显示当前文件的尺寸和分辨率。如果同时打开了两个文件，则会显示另外一个文件的尺寸和分辨率。
- 清除：清空"W""H""分辨率"文本框中的数值。
- 显示网格：选取该选项，可以显示网格线。

💎 11.1.4
照片实战：用"裁剪"命令裁剪图像

💎 进阶课

使用裁剪工具 ⌖ 时，如果裁剪框太靠近文档窗口的边缘，便会自动吸附到画布边界上，此时无法对裁剪框进行细微的调整。遇到这种情况时，可以考虑使用"裁剪"命令来进行操作。

扫码看视频

01 打开素材。使用矩形选框工具 ⬚ 创建一个矩形选区，选中要保留的图像，如图11-24所示。

02 执行"图像>裁剪"命令，可以将选区以外的图像裁剪掉，只保留选区内的图像。按Ctrl+D快捷键取消选择，图像效果如图11-25所示。

图11-24

图11-25

💎 11.1.5
照片实战：用"裁切"命令裁切图像

💎 进阶课

01 打开素材，如图11-26所示。下面通过"裁切"命令将兵马俑周围多余的橙色背景裁掉。

扫码看视频

02 执行"图像>裁切"命令，打开"裁切"对话框，选择"左上角像素颜色"及"裁切"选项组内的全部选项，如图11-27所示，单击"确定"按钮，效果如图11-28所示。

图11-26

图11-27

图11-28

"裁切"对话框	说明
透明像素	可以删除图像边缘的透明区域，留下包含非透明像素的最小图像
左上角像素颜色	从图像中删除左上角像素颜色的区域
右下角像素颜色	从图像中删除右下角像素颜色的区域
裁切	用来设置要修整的图像区域

💎 11.1.6
裁剪并拉直照片

每个人家里都有一些老照片，要用Photoshop处理这些照片，需要先用扫描仪将它们扫描到计算机中。如果将多张照片扫描在一个文件中，如图11-29所示，可以用"文件>自动>裁剪并拉直照片"命令，自动将各个图像裁剪为单独的文件，如图11-30和图11-31所示。

图11-29

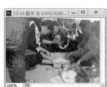
图11-30

图11-31

💎 11.1.7
限制图像大小

使用"文件>自动>限制图像"命令可以改变照片的像素数量，将其限制为指定的宽度和高度，但不会改变分辨率。图11-32所示为"限制图像"对话框，在其中可以指定图像的"宽度"和"高度"的像素值。

图11-32

校正镜头缺陷

11.2

Photoshop中的"镜头校正"滤镜和"文件>自动>镜头校正"命令，可以修复由数码相机镜头缺陷而导致的照片桶形失真、枕形失真、色差及晕影等问题，还可以用来校正倾斜的照片，或修复由于相机垂直或水平倾斜而导致的图像透视现象。"自适应广角"滤镜则可以拉直使用鱼眼或广角镜头拍摄的照片中的弯曲对象。

11.2.1

●平面 ●网店 ●摄影

照片实战：自动校正镜头缺陷

01 打开素材。这张照片的问题出现在天花板上，如图11-33所示，这是由于用广角端拍摄而导致的膨胀变形。

扫码看视频

图11-33

02 执行"滤镜>镜头校正"命令，打开"镜头校正"对话框，Photoshop会根据照片元数据中的信息提供相应的配置文件。选取"校正"选项组中的选项，Photoshop就会自动校正照片中出现的桶形失真或枕形失真（选取"几何扭曲"）、色差和晕影，如图11-34所示。

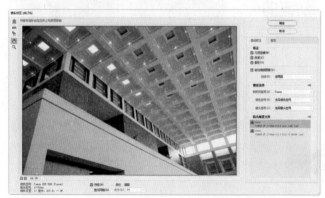

图11-34

"镜头校正"对话框选项

● **校正**：可以选择要校正的缺陷，包括几何扭曲、色差和晕影。如果校正后导致图像超出了原始尺寸，可选取"自动缩放图像"选项，或者在"边缘"下拉菜单中指定如何处理出现的

空白区域。选择"边缘扩展"，可扩展图像的边缘像素来填充空白区域；选择"透明度"，空白区域保持透明；选择"黑色"或"白色"，则使用黑色或白色填充空白区域。

● **搜索条件**：可以手动设置相机的制造商、相机型号和镜头类型，这些选项指定之后，Photoshop就会给出与之匹配的镜头配置文件。

● **镜头配置文件**：可以选择与相机和镜头匹配的配置文件。

● **显示网格**：校正扭曲和画面倾斜时，可以选取"显示网格"选项，在网格线的辅助下，很容易校准水平线、垂直线和地平线。网格间距可在"大小"选项中设置，单击颜色块，则可修改网格颜色。

11.2.2

●平面 ●网店 ●摄影

照片实战：校正桶形失真和枕形失真

桶形失真是由镜头引起的成像画面呈桶形膨胀状的失真现象。使用广角镜头或变焦镜头的最大广角时，容易出现这种情况。枕形失真与之相反，它会导致画面向中间收缩。使用长焦镜头或变焦镜头的长焦端时，容易出现枕形失真。

扫码看视频

01 打开素材，如图11-35所示。执行"滤镜>镜头校正"命令，打开"镜头校正"对话框，选取"自动缩放图像"选项。

图11-35

02 单击"自定"选项卡，显示手动设置面板。拖曳"移去扭曲"滑块可以拉直从图像中心向外弯曲或朝图像中心弯曲的水平和垂直线条，如图11-36和图11-37所示。通过变形可以抵消镜头桶形失真和枕形失真造成的扭曲。

图 11-36

图 11-37

11.2.3
● 平面 ● 网店 ● 摄影

照片实战：校正色差

　　色差是由于光的分解（见105页）造成的。就像白光透过棱镜时分解为红色、橙色、黄色、绿色、青色、蓝色和紫色一样，拍摄照片时，如果背景的亮度高于前景，就比较容易出现色差，具体表现为背景与前景对象相接的边缘会出现红色、蓝色或绿色的异常杂边。

扫码看视频

01 打开素材。执行"滤镜>镜头校正"命令，打开"镜头校正"对话框，单击"自定"选项卡。按Ctrl++快捷键，放大视图比例，以便准确观察效果，如图11-38所示。可以看到，花茎边缘色差非常明显。

02 向左侧拖曳"修复红/青边"滑块，针对红/青色边进行补偿，再向右侧拖曳"修复绿/洋红边"滑块进行校正，即可消除花朵和花茎边缘的色差，如图11-39所示。单击

"确定"按钮关闭对话框。

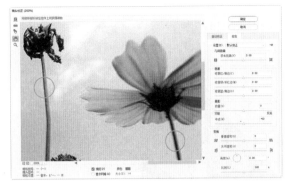

图 11-38

图 11-39

11.2.4
● 平面 ● 网店 ● 摄影

照片实战：校正晕影

　　晕影非常容易识别，它的表现特点是画面四周尤其是边角的颜色比较暗。晕影其实是一个比较中性的镜头缺陷，它不像色差和扭曲都是有害的，在一些情况下，刻意地营造晕影，会让画面的视觉焦点集中到重要的对象上。这种技巧在古典油画中的运用非常多。

扫码看视频

01 打开素材。打开"镜头校正"对话框，单击"自定"选项卡，如图11-40所示。

图 11-40

02 向右拖曳"晕影"选项组的"数量"滑块，可将边角调亮（向左拖曳则会调暗），从而消除晕影，再向右拖曳"中点"滑块，如图11-41所示。"中心点"用来控制"数量"参数的影响范围，"中心点"的数值越高，受影响的区域越是靠近画面边缘。单击"确定"按钮关闭对话框。

图11-41

💎 11.2.5　　　　　　　　　　● 平面 ● 网店 ● 摄影

照片实战：校正角度倾斜的照片

01 打开素材。这张照片中的画面内容左高右低。执行"滤镜>镜头校正"命令，打开"镜头校正"对话框，单击"自定"选项卡。

02 选择拉直工具 📐，在画面中单击并拖出一条直线，如图11-42所示，放开鼠标后，图像会以该直线为基准进行角度校正，如图11-43所示。此外，也可在"角度"右侧的文本框中输入数值进行细微的调整。

图11-42　　　　　　　　图11-43

应用透视变换

在"镜头校正"对话框中，"变换"选项组中包含扭曲图像的选项，如图11-44所示，可用于修复由于相机垂直或水平倾斜而导致的图像透视现象。

图11-44

● 垂直透视/水平透视：用于校正由于相机向上或向下倾斜而导致的图像透视。"垂直透视"可以使图像中的垂直线平行，如图11-45和图11-46所示；"水平透视"可以使水平线平行，如图11-47和图11-48所示。

图11-45　　　　　　　　　　　　图11-46

图11-47　　　　　　　　　　　　图11-48

● 角度：与拉直工具的作用相同，可以旋转图像以针对相机歪斜加以校正，或者在校正透视后进行调整。

● 比例：可以向上或向下调整图像缩放比例，图像的像素尺寸不会改变。它的主要用途是填充由于枕形失真、旋转或透视校正而产生的图像空白区域。放大实际上是裁剪图像，并使插值增大到原始像素尺寸，因此，放大比例过高会导致图像变虚。

💎 11.2.6　　　　　　　　　　● 平面 ● 网店 ● 摄影

照片实战：校正超广角镜头弯曲缺陷

"自适应广角"滤镜可以轻松拉直全景图像或使用鱼眼（或广角）镜头拍摄的照片中的弯曲对象。该滤镜可以检测相机和镜头型号，并基于镜头特性拉直图像。

01 打开素材。执行"滤镜>自适应广角"命令，打开"自适应广角"对话框，如图11-49所示。对话框左下角会显示拍摄此照片所使用的相机和镜头型号。可以看到，这是用佳能EF8-15mm/F4L鱼眼镜头拍摄的照片。

图11-49

02 Photoshop会自动对照片进行简单的校正，不过效果还不完美，还需手动调整。在"校正"下拉列表中选择"透视"选项。选择约束工具 ，将光标放在出现弯曲的对象上，单击并拖曳鼠标，拖出一条绿色的约束线，即可将弯曲的图像拉直。采用这种方法，在玻璃展柜、顶棚和墙的侧立面创建约束线，如图11-50所示。

图11-50

03 单击"确定"按钮关闭对话框。用裁剪工具 将空白部分裁掉，如图11-51所示。

图11-51

"自适应广角"滤镜工具

● 约束工具 ：单击图像或拖曳端点，可以添加或编辑约束线。按住Shift键单击可添加水平/垂直约束线，按住Alt键单击可删除约束线。

● 多边形约束工具 ：单击图像或拖曳端点，可以添加或编辑多边形约束线。按住Alt键单击可删除约束线。

● 移动工具 /抓手工具 /缩放工具 ：可以移动对话框中的图像位置、移动画面，以及调整视图比例。

"自适应广角"滤镜选项

● 校正：在该选项的下拉列表中可以选择校正类型。"鱼眼"可以校正由鱼眼镜头所引起的极度弯度；"透视"可以校正由视角和相机倾斜角所引起的汇聚线；"自动"可自动地检测合适的校正；"完整球面"可以校正360°全景图。

● 缩放：校正图像后，可通过该选项缩放图像，以填满空缺。

● 焦距：用来指定镜头的焦距。如果在照片中检测到镜头信息，会自动填写此值。

● 裁剪因子：用来确定如何裁剪最终图像。此值与"缩放"配合使用可以补偿应用滤镜时出现的空白区域。

● 原照设置：选取该选项，可以使用镜头配置文件中定义的值。如果没有找到镜头信息，则禁用此选项。

● 细节：该选项中会实时显示光标下方图像的细节（比例为100%）。使用约束工具 和多边形约束工具 时，可通过观察该图像来准确定位约束点。

● 显示约束/显示网格：显示约束线和网格。

11.2.7 ●平面 ●网店 ●摄影

照片实战：制作夸张大头照

01 打开素材，如图11-52所示。打开"自适应广角"滤镜对话框。在"校正"下拉列表中选择"透视"选项；拖曳"焦距"滑块扭曲图像，创建膨胀效果；拖曳"缩放"滑块，缩小图像的比例，如图11-53所示。

扫码看视频

图11-52

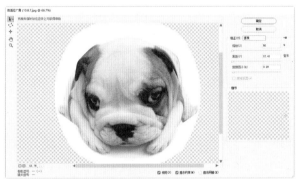

图11-53

02 单击"确定"按钮关闭对话框。图11-54和图11-55所示分别为原图及模拟鱼眼镜头所创建的大头照效果。

图11-54   图11-55

图像细节润饰

11.3

模糊、锐化、减淡、加深和海绵等工具可以对图像进行润饰，改善图像细节、色调、曝光，以及色彩的饱和度。这些工具适合处理小范围、局部的图像。

11.3.1
局部图像的模糊和锐化

模糊工具 ◌ 可以柔化图像，减少细节；锐化工具 △ 可以增强相邻像素之间的对比，提高图像的清晰度。例如，图11-56所示的一张照片，使用模糊工具 ◌ 处理背景使其变虚，可以创建景深效果，如图11-57所示；使用锐化工具 △ 涂抹前景，可以锐化前景，使图像细节更加清晰，如图11-58所示。

原图　　　　模糊背景　　　　锐化前景
图11-56　　　图11-57　　　　图11-58

使用这两个工具时，在图像中单击并拖曳鼠标即可。但如果在同一区域反复涂抹，则会使其变得更加模糊（模糊工具 ◌），或者造成图像失真（锐化工具 △）。修改局部细节时，它们比较灵活。但如果要对整幅图像进行处理，则使用"模糊"和"锐化"滤镜操作更加方便。这两个工具的选项基本相同，如图11-59所示。

图11-59

- 画笔：可以选择一个笔尖，模糊或锐化区域的大小取决于画笔的大小。单击 ▣ 按钮，可以打开"画笔设置"面板。
- 模式：用来设置涂抹效果的混合模式。
- 强度：用来设置工具的修改强度。
- 对所有图层取样：如果文件中包含多个图层，选取该选项，表示使用所有可见图层中的数据进行处理；取消选取，则只处理当前图层中的数据。
- 保护细节：选取该选项，可以增强细节，弱化不自然感。如果要产生更夸张的锐化效果，应取消选择该选项。

11.3.2
局部曝光的减淡和加深

在调节照片特定区域曝光度的传统摄影技术中，摄影师通过遮挡光线使照片中的某个区域变亮（减淡），或增加曝光度使照片中的区域变暗（加深）。Photoshop中的减淡工具 🔍 和加深工具 ✋ 正是基于这种技术，可用于处理照片的曝光。这两个工具都通过单击并拖曳鼠标的方法使用，并且它们的工具选项栏也是相同的，如图11-60所示。

图11-60

- 范围：可以选择要修改的色调。选择"阴影"，可以处理图像中的暗色调；选择"中间调"，可以处理图像的中间调（灰色的中间范围色调）；选择"高光"，则处理图像的亮部色调。图11-61所示为原图及使用减淡工具 🔍 和加深工具 ✋ 处理后的效果。

原图像

减淡阴影　　　减淡中间调　　　减淡高光

加深阴影　　　加深中间调　　　加深高光

图11-61

- 曝光度：可以为减淡工具或加深工具指定曝光。该值越高，效果越明显。

● 喷枪 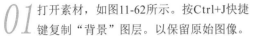：单击该按钮，可为画笔开启喷枪功能（见128页）。

● 保护色调 ：可以减小对图像色调的影响，同时防止色偏。

⬦ 11.3.3 ⬝平面 ⬝网店 ⬝摄影 ⬝插画

设计实战：用海绵工具制作色彩抽离效果

海绵工具  可以修改色彩的饱和度。下面使用它制作一幅色彩抽离效果的照片。

01 打开素材，如图11-62所示。按Ctrl+J快捷键复制"背景"图层。以保留原始图像。选择海绵工具 ，设置工具大小为50像素。首先进行降低色彩饱和度的操作，在"模式"下拉列表中选择"去色"，在背景上单击并拖曳鼠标涂抹，直至其变为黑白效果，如图11-63所示。

02 下面进行增加色彩饱和度的操作。选取"自然饱和度"选项，在"模式"下拉列表中选择"加色"，"流量"设置为50%，在衣服上涂抹，如图11-64所示。

图11-62

图11-63

图11-64

03 单击"调整"面板中的 按钮，创建"曲线"调整图层，在曲线上添加控制点，适当增加图像中间调的亮度，如图11-65和图11-66所示。

图11-65

图11-66

海绵工具选项栏

在海绵工具的选项栏中，"画笔"和"喷枪"选项与加深和减淡工具相同，如图11-67所示。其他选项的介绍如下。

图11-67

● 模式：如果要增加色彩的饱和度，可以选择"加色"选项；如果要降低饱和度，则选择"去色"选项。

● 流量：该值越高，修改强度越大。

● 自然饱和度：选择该选项后，在进行增加饱和度的操作时，可以避免出现溢色（见109页）。

图像仿制与修复

11.4

在Photoshop的修饰类工具中，除红眼工具 专门用于去除红眼外，其他工具均可复制图像。这其中，仿制图章工具 会忠实于图像原样复制；修复画笔工具 、污点修复画笔工具 、修补工具 和内容感知移动工具 在应用复制的内容时会进行特殊的融合和混合处理。

⬦ 11.4.1

"仿制源"面板

使用仿制图章工具 或修复画笔工具 时，可以通过"仿制源"面板设置不同的样本源、显示样本源的叠加，以帮助我们在特定位

扫码看视频

置复制。此外，它还可以缩放或旋转样本源，以便我们更好地匹配目标的大小和方向。

打开一幅图像，如图11-68所示。执行"窗口>仿制源"命令，打开"仿制源"面板，如图11-69所示。

图11-68　　　　　　　　　　　　图11-69

● **仿制源**：单击仿制源按钮 后，使用仿制图章工具或修复画笔工具时，按住Alt键在画面中单击，可以设置取样点；再单击下一个 按钮，还可以继续取样，采用同样的方法最多可以设置5个不同的取样源。"仿制源"面板会存储样本源，直到关闭文件。

● **位移**：如果想要在相对于取样点的特定位置进行绘制，可以指定X和Y像素位移值。

● **缩放**：输入W（宽度）和H（高度）值，可以缩放所仿制的图像，如图11-70所示。默认情况下，缩放时会约束比例。如果要单独调整尺寸或恢复约束选项，可以单击保持长宽比按钮 。

● **旋转**：在 文本框中输入旋转角度，可以旋转仿制的源图像，如图11-71所示。

图11-70　　　　　　　　　　　　图11-71

● **翻转**：单击 按钮，可水平翻转图像，如图11-72所示；单击 按钮，可垂直翻转图像，如图11-73所示。

图11-72　　　　　　　　　　　　图11-73

● **重置转换** ：单击该按钮，可以将样本源复位到其初始的大小和方向。

● **帧位移/锁定帧**：在"帧位移"中输入帧数，可以使用与初始取样的帧相关的特定帧进行绘制。输入正值时，要使用的

帧在初始取样的帧之后；输入负值时，要使用的帧在初始取样的帧之前；如果选择"锁定帧"，则总是使用与初始取样的帧相同帧进行绘制。

● **显示叠加**：选择"显示叠加"并指定叠加选项，可以在使用仿制图章或修复画笔时更好地查看叠加及下面的图像，如图11-74和图11-75所示。其中，"不透明度"用来设置叠加图像的不透明度；选择"自动隐藏"，可以在应用绘画描边时隐藏叠加；选择"已剪切"，可以将叠加剪切到画笔大小；如果要设置叠加的外观，可以从"仿制源"面板底部的弹出菜单中选择一种混合模式；选取"反相"，可以反相叠加中的颜色。

图11-74　　　　　　　　　　　　图11-75

11.4.2 　　　　　　　　　　　　▶ 必学课
设计实战：用仿制图章工具克隆小狗

扫码看视频

01 打开素材，如图11-76所示。选择仿制图章工具 ，选择柔角笔尖，设置画笔大小为80像素，硬度为50%，如图11-77所示。

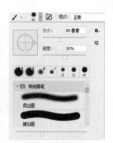

图11-76　　　　　　　　　　　　图11-77

02 将光标放在图11-78所示处，按住Alt键单击鼠标进行取样，在另一只小狗的面部单击并拖曳鼠标，用复制的小狗替换它，如图11-79所示。

图11-78　　　　　　　　　　　　图11-79

03 按 [键将笔尖调小，再降低画笔的硬度和不透明度，在小狗的耳朵上涂抹，仔细处理耳朵，如图11-80所示。增加工具的硬度和不透明度，仔细处理小狗的爪子和琴键，如图11-81所示。如果琴键的衔接不够完美，可以对琴键单独取样，再仔细调整。

图11-80 图11-81

04 采用同样的方法对最右侧的小狗进行取样，然后将复制的内容应用到它身边的小狗上，进而将其替换，如图11-82所示。

图11-82

技术看板 32 光标中心的十字线的用处

使用仿制图章时，按住Alt键在图像中单击，定义要复制的内容（称为"取样"），然后将光标放在其他位置，松开Alt键拖曳鼠标涂抹，即可将复制的图像应用到当前位置。与此同时，画面中会出现一个圆形光标和一个十字形光标，圆形光标是我们正在涂抹的区域，该区域的内容则是从十字形光标所在位置的图像上复制的。在操作时，两个光标始终保持相同的距离，我们只要观察十字形光标位置的图像，便知道将要涂抹出哪些图像了。

 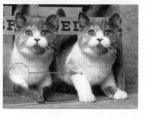

仿制图章工具选项栏

图11-83所示为仿制图章工具👤的选项栏，除"对齐"和"样本"外，其他选项均与画笔工具相同（见128页）。

图11-83

● **对齐**：选取该选项，可以连续对像素进行取样；取消选择，则每单击一次鼠标，都使用初始取样点中的样本像素，因此，每次单击都被视为是另一次复制。

● **样本**：用来选择从哪些图层中取样。如果要从当前图层及其下方的可见图层中取样，应选择"当前和下方图层"；如果仅从当前图层中取样，应选择"当前图层"；如果要从所有可见图层中取样，应选择"所有图层"；如果要从调整图层以外的所有可见图层中取样，应选择"所有图层"，然后单击选项右侧的忽略调整图层按钮◈。

● **切换画笔设置/仿制源面板** 🗔 📑：单击按钮，可分别打开"画笔设置"和"仿制源"面板。

11.4.3 📕必学课

照片实战：用修复画笔去除鱼尾纹

修复画笔工具✎与仿制工具类似，它也利用图像或图案中的样本像素来绘画，但该工具可以从被修饰区域的周围取样，并将样本的纹理、光照、透明度和阴影等与所修复的像素匹配，从而去除照片中的污点和划痕，修复结果人工痕迹不明显。

01 打开素材。选择修复画笔工具✎，在工具选项栏中选择一个柔角笔尖，在"模式"下拉列表中选择"替换"，单击"源"右侧的"取样"按钮。将光标放在眼角附近没有皱纹的皮肤上，按住Alt键单击进行取样，如图11-84所示。松开Alt键，在眼角的皱纹处单击并拖曳鼠标进行修复，如图11-85所示。

图11-84 图11-85

02 继续按住Alt键，在眼角周围没有皱纹的皮肤上单击取样，然后修复鱼尾纹，如图11-86所示。在修复的过程中可适当调整工具的大小。采用同样方法在眼白上取样，修复眼中的血丝，如图11-87所示。

图11-86 图11-87

修复画笔工具选项栏

图11-88所示为修复画笔工具 ✎ 的选项栏。

图11-88

● 模式：在下拉列表中可以设置修复图像的混合模式。其中的"替换"模式可以保留画笔描边边缘处的杂色、胶片颗粒和纹理，使修复效果更加真实。

● 源：设置用于修复的像素的来源。单击"取样"按钮，可以从图像上取样，如图11-89和图11-90所示；单击"图案"按钮，可在图案下拉面板中选择一种图案，用图案绘画，效果类似于使用图案图章工具 ✿ 绘制的图案(见136页)。

图11-89 图11-90

● 对齐：选取该选项，可以对像素进行连续取样，在修复过程中，取样点随修复位置的移动而变化；取消选取，则在修复过程中始终以一个取样点为起始点。

● 样本：与仿制图章工具的选项相同(见245页)，可以选择从哪些图层中取样。

11.4.4

照片实战：用污点修复画笔去除色斑

污点修复画笔工具 ✎ 与修复画笔工具 ✎ 的工作原理相似，但使用时不必像修复画笔工具 ✎ 那样在图像上取样。该工具可以从所修饰区域的周围自动取样，使用起来更加简便，可以快速去除照片中的污点、划痕和其他不理想的部分。

扫码看视频

01 打开素材，如图11-91所示。选择污点修复画笔工具 ✎ ，在工具选项栏中选择一个柔角笔尖，单击"内容

识别"按钮，如图11-92所示。

图11-91 图11-92

02 将光标放在鼻子上的斑点处，如图11-93所示，单击鼠标，即可将斑点清除，如图11-94所示。采用相同的方法修复下巴和眼角的皱纹，如图11-95所示。

图11-93 图11-94 图11-95

污点修复画笔工具选项栏

图11-96所示为污点修复画笔工具 ✎ 的选项栏。

图11-96

● 模式：用来设置修复图像时使用的混合模式。除"正常""正片叠底"等常用模式外，该工具还包含一个"替换"模式。选择该模式时，可以保留画笔描边边缘处的杂色、胶片颗粒和纹理。

● 类型：用来设置修复方法。选择"内容识别"选项后，Photoshop会比较光标附近的图像内容，不留痕迹地填充选区，同时保留让图像栩栩如生的关键细节，如阴影和对象边缘；选择"创建纹理"选项，可以使用选区中的所有像素创建一个用于修复该区域的纹理，如果纹理不起作用，可尝试再次拖过该区域；选择"近似匹配"选项，可以使用选区边缘周围的像素来查找要用作选定区域修补的图像区域，如果该选项的修复效果不能令人满意，可以还原修复并尝试"创建纹理"选项。图11-97所示为这3种修复效果之间的差别。

● 对所有图层取样：与仿制图章工具的选项相同(见245页)，可以选择从哪些图层中取样。

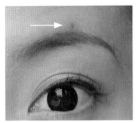
原图（眼眉上方有痦子）

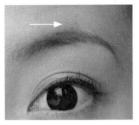
内容识别（效果最好）

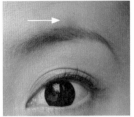
创建纹理

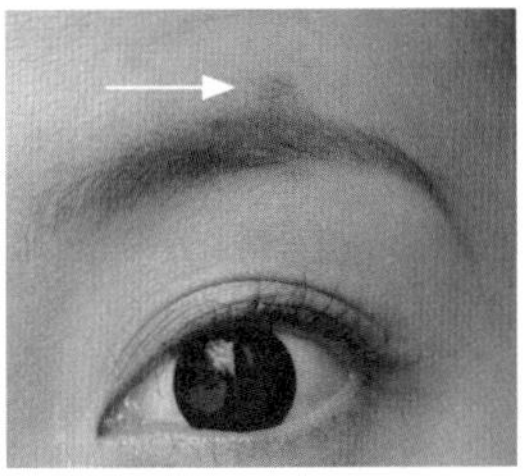

近似匹配

图11-97

11.4.5

●平面 ●网店 ●摄影

照片实战：用修补工具清除照片多余内容

修补工具 与污点修复画笔工具 、修复画笔工具 的工作原理类似，它与后两种工具的区别在于需要用选区限定修补范围。此外，用矩形选框工具 、魔棒工具 或其他选择类工具创建选区后，也可以用修补工具 拖曳选中的图像，进行修补或复制。

扫码看视频

01 打开素材。这张照片中有4处多余内容需要处理掉，如图11-98所示。先来处理游船。

02 按Ctrl+J快捷键复制图层。使用多边形套索工具 选取游船，如图11-99所示。创建选区时，游船顶部的选区可适当向上扩展一些，但与牌楼及地面的衔接处一定要准确。

图11-98

图11-99

03 选择仿制图章工具 ，选择一个圆形笔尖并调整参数。按住Alt键，在图11-100所示的水面上单击鼠标进行取样，松开Alt键，在游船上涂抹，如图11-101所示。按 [键，将笔尖调小。对于游船顶部，可在其附近取样，进行修复，如图11-102和图11-103所示。

图11-100

图11-101

图11-102

图11-103

04 按Ctrl+D快捷键取消选择。使用多边形套索工具 将石柱右侧的船帮选取，如图11-104所示。选择修补工具 ，在"修补"下拉列表中选择"内容识别"，将光标放在选区内，单击并向右侧拖曳鼠标，光标下方的水面图像会复制到选区内，如图11-105所示，松开鼠标，如图11-106所示。按Ctrl+D快捷键取消选择。

图11-104

图11-105

图11-106

05 在左下角自行车轮周围单击并拖曳鼠标创建选区，将其选中，如图11-107所示。将光标放在选区内，单击并向右侧拖曳鼠标，用地面图像覆盖车轮，如图11-108所示。

图11-107

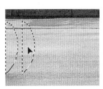
图11-108

06 右下角的车轮也采用相同的方法处理，如图11-109和图11-110所示。由于该处位于水井盖附近，地面有椭圆形印记，所以还得用仿制图章工具 修复一下，如图11-111所示。图11-112所示为最终修复效果。

图11-109

图11-110

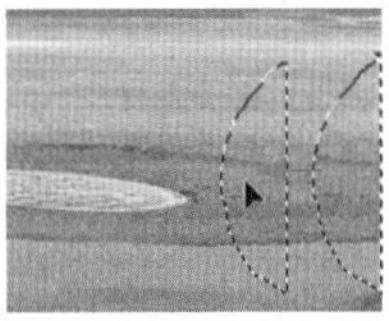

图11-111

图11-112

修补工具选项栏

图11-113所示为修补工具 ⬡ 的选项栏。

图11-113

● 选区运算按钮 ▢▢▢▢ ：可进行选区运算（见55页）。

● 修补：用来设置修补方式。选择"源"选项，将选区拖至要修补的区域后，会用当前光标下方的图像修补选中的图像，如图11-114和图11-115所示；选择"目标"，则会将选中的图像复制到目标区域，如图11-116所示。

图11-114

图11-115　　　　图11-116

● 透明：使修补的图像与原图像产生透明的叠加效果。

● 使用图案：单击它右侧的 ▣ 按钮，打开下拉面板选择一个图案后，单击该按钮，可以使用图案修补选区内的图像。

● 扩散：可以控制修复的区域能够以多快的速度适应周围的图像。一般来说，较低的滑块值适合具有颗粒或良好细节的图像，而较高的值适合平滑的图像。效果如图11-117所示。

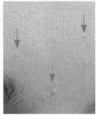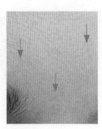

原图（额头）　　扩散2　　　　扩散5

图11-117

技术看板 ㉝ 修复类工具的区别

仿制图章工具 ▲ 会将复制的源图像百分之百地应用于绘制区域，不做任何处理，在保持细节清晰方面效果非常好。修复画笔工具 ✐ 、污点修复画笔工具 ✐ 和修补工具 ⬡ 则在复制图像之后，会将样本像素的纹理、亮度和颜色与源像素进行匹配，图像的融合效果非常好，特别适合修复污点、划痕、裂缝、破损、皱纹等图像内容。

污点修复画笔工具 ✐ 与修复画笔工具 ✐ 的工作原理相同，但不需要取样，因而更加简单易用。如果需要控制取样位置，或者从另一个打开的图像中取样，就得使用修复画笔工具 ✐ ，不能用污点修复画笔工具 ✐ 。如果对取样图像的形状有所要求，例如，想复制矩形或三角形状内的图像，则应该使用修补工具 ⬡ ，如有必要还要配合选区工具。

修复画笔工具 ✐ 、污点修复画笔工具 ✐ 和仿制图章工具 ▲ 的选项栏中都有"对所有图层取样"选项，利用这一选项，可以将复制的图像绘制在空白图层上，即进行非破坏性编辑。修补工具 ⬡ 只支持当前图层，会真正修改图像。

11.4.6　　　　　●平面 ●网店 ●摄影
照片实战：用内容感知移动工具修复图像

内容感知移动工具 ✄ 是更加强大的修复工具，它可以选择和移动局部图像。当图像重新组合后，出现的空洞会自动填充相匹配的图像内容。不需要进行复杂的选择，便可产生出色的视觉效果。

01 打开素材，如图11-118所示。按Ctrl+J快捷键，复制"背景"图层。选择内容感知移动工具 ✄ ，将"模式"设置为"移动"，单击并拖曳鼠标，将小鸭子和投影选中，如图11-119所示。

图11-118　　　　图11-119

02 将光标放在选区内，单击并向画面左侧拖曳鼠标，如图11-120所示，放开鼠标后，Photoshop便会将小鸭子移动到新的位置上，并填充空缺的部分，如图11-121所示。

图11-120　　　　　　　　图11-121

03 按Ctrl+D快捷键，取消选择。用修补工具 ⊕ 或仿制图章工具 ♣ 将水面和水边石阶处理一下，如图11-122所示。隐藏"图层1"，选择"背景"图层。下面来看一下内容感知移动工具 ✕ 的复制功能。

04 用内容感知移动工具 ✕ 重新选中小鸭子。在工具选项栏中选择"扩展"选项，将光标放在选区内，单击并向画面右侧拖曳鼠标，之后再向左侧拖曳，复制出两只小鸭子，如图11-123和图11-124所示。用仿制图章工具 ♣ 对复制后的图像边缘进行加工，如图11-125所示。

图11-122　　　　　　　　图11-123

图11-124　　　　　　　　图11-125

内容感知移动工具选项栏

图11-126所示为内容感知移动工具 ✕ 的选项栏。

✕ ▾ ▫ ▫ ▫ ▫ 模式: 扩展 ▾ 结构: 4 ▾ 颜色: 0 ▾ □对所有图层取样 ☑投影时变换

图11-126

● 模式：用来选择图像移动方式，包括"移动"和"扩展"。

● 结构：可以输入1~5的值，以指定修补结果与现有图像图案的近似程度。如果输入5，修补内容将严格遵循现有图像的图案；如果将该值指定为1，则修补结果会最低限度地符合现有的图像图案。

● 颜色：可以输入0~10的值，以指定我们希望Photoshop在多大限度上对修补内容应用算法颜色混合。如果输入0，将禁

用颜色混合；如果输入10，则将应用最大颜色混合。

● 对所有图层取样：如果文件中包含多个图层，选取该选项，可以从所有图层的图像中取样。

● 投影时变换：可以先应用变换，再混合图像。具体说就是选取该选项，并拖曳选区内的图像后，选区上方会出现定界框，此时可对图像进行变换（缩放、旋转和翻转），完成变换之后，按Enter键才正式混合图像。

💎 11.4.7　　　　　　　●平面 ●网店 ●摄影

照片实战：用红眼工具去除红眼

01 打开素材，如图11-127所示。下面使用红眼工具 ✛⊙ 去除用闪光灯拍摄的人物照片中的红眼。该工具还可去除动物照片中的白色和绿色反光。

扫 码 看 视 频

02 选择红眼工具 ✛⊙，然后将光标放在红眼区域上，如图11-128所示，单击即可校正红眼，如图11-129所示。另一只眼睛也采用相同的方法校正，如图11-130所示。如果对结果不满意，可以执行"编辑>还原"命令还原，然后设置不同的"瞳孔大小"和"变暗量"再次尝试。

图11-127　　　　　　　　图11-128

图11-129　　　　　　　　图11-130

红眼工具选项栏

图11-131所示为红眼工具 ✛⊙ 的选项栏。

✛⊙ ▾ | 瞳孔大小: 50% ▾ | 变暗量: 50% ▾

图11-131

● 瞳孔大小：可设置瞳孔（眼睛暗色的中心）的大小。

● 变暗量：用来设置瞳孔的暗度。

图像液化扭曲

11.5

"液化"滤镜是一个"高温烤箱"，图像进入这个"烤箱"以后，就像融化的凝胶一样变得柔软、可塑。使用"液化"滤镜提供的工具，可以对图像进行推拉、扭曲、旋转和收缩等变形操作，我们还可以冻结部分图像，以防止其被修改。

11.5.1 ●平面 ●网店 ●摄影 ●插画

照片实战：修饰脸型和面部表情

"液化"滤镜具有高级人脸识别能力，能自动识别眼睛、鼻子、嘴唇和其他面部特征，我们可以对五官中的任何一项进行细致调整。该滤镜可用于修饰肖像照片、制作漫画。它比较适合处理正面朝向相机的面部，半侧脸也可以，但完全侧脸的话，Photoshop有可能检测不出来。

扫码看视频

01 打开素材。执行"滤镜>转换为智能滤镜"命令，将文件转换为智能对象。执行"滤镜>液化"命令，打开"液化"对话框，选择脸部工具 ，将光标移动到人物面部，系统会自动识别照片中的人脸，并显示相应的调整控件，如图11-132所示。

图11-132

02 拖曳下颌控件，将下颌调窄一些，如图11-133所示。向上拖曳前额控件，让额头看上去更长一些，如图11-134所示。

图11-133

图11-134

提示（Tips）

如果照片中有多个人物，可以在"选择脸部"右侧的下拉菜单中选择要编辑的人，或者将光标直接放在其面部，通过拖曳显示的控件来进行调整。

03 向上拖曳嘴角控件，让嘴角向上扬起，展现出微笑，如图11-135所示。拖曳上嘴唇控件，增加嘴唇的厚度，如图11-136所示。面颊收缩，使嘴比之前小了，有些不自然，将嘴唇拉宽一些，如图11-137所示。

图11-135

图11-136

图11-137

04 单击"眼睛大小"和"眼睛斜度"选项右侧的 ，将左眼和右眼链接起来，然后拖曳滑块，调整这两个参数，让眼睛变大，并适当旋转一点。链接之后，可以让眼睛产生对称的效果，如图11-138所示。

图11-138

05 五官的修饰基本完成了，但下颌骨还是有点突出，脸型显得不够圆润，我们来手动调整一下。选择向前变形工具 ，调整参数，在脸颊下部单击并拖曳鼠标，将脸部向内推，如图11-139和图11-140所示。该工具的变形能力非常强，

操作时，如果脸部轮廓被扭曲了，或者左右脸颊不对称，可以按Alt+Ctrl+Z快捷键依次向前撤销，再重新调整。图11-141和图11-142所示分别为原图及修饰后的效果。

图11-139　　　　　　图11-140

图11-141　　　　　　图11-142

◈ 11.5.2
工具和选项

执行"滤镜>液化"命令，打开"液化"对话框，如图11-143所示。"液化"滤镜中的变形工具有3种用法，即单击一下鼠标、单击并按住鼠标按键不放，以及单击并拖曳鼠标。操作时，变形集中在画笔区域中心，并会随着鼠标在某个区域中的重复拖动而增强。

图11-143

● 向前变形工具 ✍：可以推动像素，如图11-144所示。

● 重建工具 ✍：在变形区域单击或拖曳涂抹，可以将其恢复为原状。

● 平滑工具 ✍：可以对扭曲效果进行平滑处理。

● 顺时针旋转扭曲工具 ◯：可顺时针旋转像素，如图11-145所示。按住Alt键操作可逆时针旋转。

图11-144　　　　　　图11-145

● 褶皱工具 ◈/膨胀工具 ◈：褶皱工具 ◈可以使像素向画笔区域的中心移动，产生收缩效果，如图11-146所示。膨胀工具 ◈可以使像素向画笔区域中心以外的方向移动，产生膨胀效果，如图11-147所示。使用其中的一个工具时，按住Alt键可以切换为另一个工具。此外，按住鼠标按键不放，可以持续地应用扭曲。

图11-146　　　　　　图11-147

● 左推工具 ◈：将画笔下方的像素向光标移动方向的左侧推动。例如，当光标向上移动时，像素向左移动，如图11-148所示；将光标向下方移动，像素向右移动，如图11-149所示。按住Alt键操作，可以反转图像的移动方向。

图11-148　　　　　　图11-149

● 脸部工具 ⚇：可以对人像的五官做出调整。

● 抓手工具 ✋/缩放工具 ◯：抓手工具 ✋可以移动画面。缩放工具 ◯可以放大和缩小（按住Alt键单击）窗口的显示比例。

● 大小：可以设置各种变形工具，以及重建工具、冻结蒙版工具和解冻蒙版工具的画笔大小。使用 [和] 快捷键也可以进行调整。

● 浓度：使用"液化"滤镜的工具时，画笔中心的效果较强，并向画笔边缘逐渐衰减。"画笔密度"值越小，画笔边缘的效果越弱。

● 压力/光笔压力："画笔压力"用来设置工具的压力强度。如果计算机配置有数位板和压感笔，可以选取"光笔压力"选项，用压感笔的压力控制"画笔压力"。

● 速率：使用重建工具、顺时针旋转扭曲工具、褶皱工具、膨胀工具时，在画面中单击并按住鼠标不放时，"画笔速率"决定了这些工具的应用速度。例如，使用顺时针旋转扭曲工具时，"画笔速率"值越高，图像的旋转速度越快。

● 固定边缘：可以锁定图像边缘。

💎 11.5.3 _{惠 进阶课}
冻结图像

使用"液化"滤镜时，如果想要保护某处图像不被修改，可以使用冻结蒙版工具 ☑ 在其上方单击并拖曳鼠标涂抹，将图像冻结，如图11-150所示。在默认状态下，涂抹区域会覆盖一层半透明的宝石红色。如果蒙版的颜色与图像颜色接近，不易识别，可以在"蒙版颜色"下拉列表中选择其他颜色。取消对"显示蒙版"选项的选取，还可以隐藏蒙版。但此时蒙版仍然存在，对图像的冻结仍然生效。

创建冻结区域后，进行变形处理时，蒙版会像选区限定操作范围一样将图像保护起来，如图11-151所示。

图11-150

图11-151

如果想要解除冻结，使图像可以被编辑，可以用解冻蒙版工具 ☑ 将宝石红色擦掉。对冻结蒙版的操作与使用画笔工具编辑快速蒙版非常相似，而且快速蒙版也是半透明的宝石红色。

"蒙版选项"选项组中有3个大按钮和5个小按钮，如图11-152所示。单击"全部蒙住"按钮，可以将图像全部冻结。它的作用类似于"选择"菜单中的"全部"命令。如果要冻结大部分图像，只编辑很小的区域，就可以单击该按钮，然后用解冻蒙版工具 ☑ 将需要编辑的区域解冻，再进行处理。单击"全部反相"按钮，可以反转蒙版，将未冻结区域冻结、冻结区域解冻。它的作用类似于"选择>反选"命令。单击"无"按钮，可一次性解冻所有区域。

它的作用类似于"选择>取消选择"命令。"蒙版选项"中的5个小按钮在图像中有选区、图层蒙版或包含透明区域时，可以发挥作用。

图11-152

● 替换选区 ◖：显示原图像中的选区、蒙版或透明度。

● 添加到选区 ◖◗：显示原图像中的蒙版，此时可以使用冻结工具添加到选区。

● 从选区中减去 ◖：从冻结区域中减去通道中的像素。

● 与选区交叉 ◖：只使用处于冻结状态的选定像素。

● 反相选区 ◖：使当前的冻结区域反相。

💎 11.5.4 _{惠 进阶课}
降低扭曲强度

进行扭曲操作时，如果图像的变形幅度过大，可以使用重建工具 ☑ 在其上方单击并拖曳鼠标，进行恢复。反复拖曳，图像会逐渐恢复到扭曲前的正常状态。

重建工具 ☑ 的好处是可以根据需要对任何区域进行不同程度的恢复，非常适合处理局部图像。但如果想要调整所有扭曲，用该工具一处一处编辑就比较麻烦了，可以单击"重建"按钮，打开"恢复重建"对话框，拖曳"数量"滑块来进行调整，如图11-153~图11-155所示。该值越低，图像的扭曲程度越弱、越接近于扭曲前的效果。单击"液化"对话框中的"恢复全部"按钮，则可取消所有扭曲效果，即使当前图像中有被冻结的区域也不例外。

扭曲效果 　　　重建扭曲 　　　　　　　　恢复效果
图11-153 　　　图11-154 　　　　　　　　图11-155

💎 11.5.5 _{惠 进阶课}
技巧：在网格上观察变形效果

使用"液化"滤镜时，如果画面中改动区域较多，势必会有一些地方变动较大；另一些地方变动较小。变动较小的区域因不太容易察觉而被忽视。那么怎样了解图像中有哪些区域进行了变形，以及变形程度有多大呢？这里我们介绍一个技巧——取消"显示图像"选项的选取，然后选取"显示网格"选项，即隐藏图像，只显示网格，如图11-156所示。在这种状态下，图像上任何一处微小的扭曲都会在网格上反映出来。我们还可以调整"网格大小"和"网格颜色"，让网格更加清晰，易于识别。

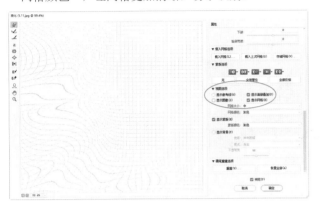

图11-156

如果同时选取"显示网格"和"显示图像"两个选项，则可让网格出现在图像上方，如图11-157所示，用它作为参考，可进行小幅度的、精准的扭曲。

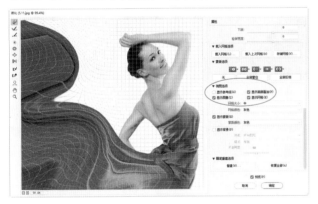

图11-157

另外，进行扭曲操作时，可以单击"存储网格"按钮，将网格保存为单独的文件（扩展名为.msh）。这有两个好处，一是可以随时单击"载入网格"按钮，加载网格并用它来扭曲图像，就相当于为图像的扭曲状态创建了一个"快照"*（见25页）*。我们可以为每一个重要的扭曲结果都创建一个"快照"，如果当前效果明显不如之前的效果，就可以通过"快照"（加载网格）来进行恢复。

第二个好处是存储的网格可用于其他图像，也就是说，使用"液化"滤镜编辑其他图像时，可以单击"载入网格"按钮，加载网格文件，用它来扭曲图像。如果网格尺寸与当前图像不同，Photoshop还会自动缩放网格，以适应当前图像。

11.5.6 ◈ 进阶课

在背景上观察变形效果

如果图像中包含多个图层，可以通过"显示背景"选项组，让其他图层作为背景来显示，这样可以观察扭曲后的图像与其他图层的合成效果，如图11-158所示。

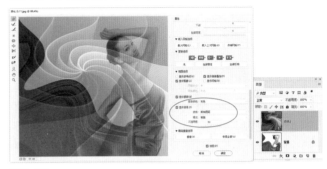

图11-158

在"使用"下拉列表中可以选择作为背景的图层；在"模式"下拉列表中可以选择将背景放在当前图层的前方或后面，以便于观察效果；"不透明度"选项用来设置背景图层的不透明度。

11.5.7 ◈ 进阶课

技巧：撤销、导航和工具应用

使用"液化"滤镜时，如果操作出现了失误，可以按Ctrl+Z快捷键撤销一步操作，或者连续按Alt+Ctrl+Z快捷键依次向前撤销。如果要恢复被撤销的操作，可以按Shift+Ctrl+Z快捷键（可连续按）。

如果要撤销所有扭曲操作，可单击"恢复全部"按钮，将图像恢复到最初状态。这样操作不会复位工具参数，并且也不会破坏画面中的冻结区域。如果要进行彻底复位，包括恢复图像、复位工具参数、清除冻结区域，可以按住Alt键单击窗口右上角的"复位"按钮。

另外，当需要编辑图像细节时，可以按Ctrl++快捷键放大窗口的显示比例；需要移动画面，可以按住空格键拖曳鼠标；需要缩小图像的显示比例时，可以按Ctrl+—快捷键；按Ctrl+0快捷键，可以让图像完整地显示在窗口中。这些操作与Photoshop文档导航*（见17页）*的方法完全一样，可以替代缩放工具 🔍 和抓手工具 ✋。

使用"液化"滤镜的各种变形工具时，可通过快捷键调整画笔大小，包括按] 键将画笔调大；按 [键将画笔调小。使用向前变形工具 🖐 时，在图像上单击一下鼠标，然后按住Shift键在另一处单击，两个单击点之间可以形成直线轨迹。

用"消失点"滤镜编辑照片

11.6

"消失点"滤镜具有特殊的功能，它可以在包含透视平面（如建筑物侧面或任何矩形对象）的图像中进行透视校正。在应用如绘画、仿制、复制或粘贴，以及变换等编辑操作时，Photoshop可以正确确定这些编辑操作的方向，并将它们缩放到透视平面，使结果更加逼真。

11.6.1

创建透视平面

打开"消失点"对话框。使用创建平面工具 在图像上单击，定义平面的4个角点，进而得到一个矩形网格图形，它就是透视平面，如图11-159所示。

扫码看视频

图11-159

在图像上，凡有直线的区域，尤其是矩形容易体现透视关系，如门、窗、建筑立面、向远处延伸的道路等，以它们为基准放置角点是比较好的选择。放置角点的过程中，按Backspace键，可以删除最后一个角点。创建好透视平面后按Backspace键，则可以删除平面。

要想让"消失点"滤镜发挥正确作用，关键的是创建准确的透视平面，这样，之后的复制、修复等操作才能按照正确的透视方式发生扭曲。Photoshop会给我们创建的透视平面（网格）赋予蓝色、黄色和红色，以示提醒。蓝色是有效透视平面；黄色是无效透视平面，如图11-160所示，虽然可以操作，但不能确保产生准确的透视效果；红色则是完全无效透视平面，如图11-161所示，在这种状态下，Photoshop无法计算平面的长宽比。当网格颜色变为黄色或红色时，就说明透视平面出现问题了，此时应该使用编辑平面工具 移动角点，使网格变为蓝色，再进行后续的操作。

图11-160　　　　　图11-161

编辑平面工具 可用于移动角点、选择和移动平面，操作方法与自由变换类似。网格边缘的4个角点可通过单击并拖曳的方式来移动，如图11-162所示；网格线中间的控制点用于拉伸网格平面，如图11-163所示。

图11-162　　　　　图11-163

按住Ctrl键拖曳鼠标，则可以拉出新的网格平面，如图11-164所示。新的透视平面可以调整角度，操作方法是按住Alt键，拖曳网格线中间的控制点，如图11-165所示，或者在"角度"选项中输入数值。

图11-164

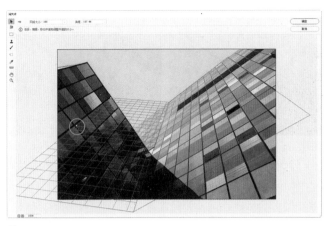

图11-165

将光标放在网格内，单击并拖曳鼠标，可以移动整个网格平面。此外，网格的间距也可以通过"网格大小"选项来进行调整。

关于透视平面的操作基本上就是上述内容。另外需要注意的是，有些时候蓝色网格也不能保证会产生适当的透视结果，应确保外框和网格与图像中的几何元素或平面区域精确对齐才行。有一个小技巧比较有用，即移动角点时按住X键，这时Photoshop会临时放大窗口的显示比例，我们就可以看清图像细节，进行准确的对齐。复制图像时也可以使用这种方法来观察细节效果。

一般情况下，透视平面最好将所要编辑的图像涵盖。但有些时候只有将网格拉到画面外才能使其完全覆盖图像，这就需要将窗口的比例调小、画布外的区域得到扩展后才能操作。方法是按Ctrl+－快捷键（将视图比例调小），再使用编辑网格工具 ▶ 拖曳网格上的控制点，进行移动或拉伸。

"消失点"滤镜工具

- 编辑平面工具 ▶：用来选择、编辑、移动平面，调整平面的大小。此外，选择该工具后，可以在对话框顶部输入"网格大小"值，调整透视平面网格的间距。

- 创建平面工具 ⊞：使用该工具可以定义透视平面的 4 个角节点，调整平面的大小和形状并拖出新的平面。在定义透视平面的节点时，如果节点的位置不正确，可按 Backspace 键将该节点删除。

- 选框工具 ⣏⣏：可建立方形或矩形选区，同时移动或复制选区内的图像。

- 图章工具 ▲：使用该工具时，按住 Alt 键在图像中单击可以为仿制设置取样点，在其他区域拖曳鼠标可复制图像；在某一点单击，然后按住 Shift 键在另一点单击，可以在透视中绘制出一条直线。

- 画笔工具 ✐：可以在图像上绘制选定的颜色。

- 变换工具 ⟠：使用该工具时，可以通过移动定界框的控制点来缩放、旋转和移动浮动选区，就类似于在矩形选区上使用"自由变换"命令。

- 吸管工具 ✐：可以拾取图像中的颜色作为画笔工具 ✐ 的绘画颜色。

- 测量工具 ▭：可以在透视平面中测量项目的距离和角度。

- 缩放工具 Q/抓手工具 🖑：用于缩放窗口的显示比例，以及移动画面。

💎 **11.6.2** 进阶课

照片实战：在消失点中修复图像

01 打开素材。下面使用"消失点"滤镜将地板上的绳子、刷子等杂物清除。执行"滤镜>消失点"命令，打开"消失点"对话框，如图11-166所示。

扫码看视频

图11-166

02 选择创建平面工具 ⊞，在图像上单击，创建透视平面，如图11-167所示。按Ctrl+－快捷键，缩小窗口的显示比例，拖动右上角的控制点，将网格的透视调整正确，如图11-168所示。

图11-167

图11-168

03 按Ctrl++快捷键，放大窗口的显示比例。选择图章工具 ▲，将光标放在地板上，按住Alt键单击进行取样，如图11-169所示。在绳子上单击并拖曳鼠标进行修复，Photoshop会自动匹配图像，使地板衔接自然、真实，如图11-170所示。在修复时，需要注意地板缝应尽量对齐。

图11-169

图11-170

04 在刷子附近取样，然后将刷子也覆盖住，如图11-171和图11-172所示。单击"确定"按钮关闭对话框。

图11-171

图11-172

◆ 11.6.3
鼎 进阶课

照片实战：在消失点中使用选区

消失点中的选区可用于选取图像、限定图章工具🖌和画笔工具✏️的操作范围，这与它在Photoshop中的用途是一样的，并没有特别之处。但在消失点这种特殊的空间里，选区会呈现与消失点所定义的透视相一致的变形，并且如果跨越多个透视平面，选区也会在每一个平面上发生扭曲。

扫码看视频

01 打开素材。选择创建平面工具▦，创建透视平面，如图11-173所示。

图11-173

02 使用选框工具⬚创建选区，如图11-174所示。按住Alt键单击并拖曳选区内的图像，可以将其复制（这与Photoshop中用移动工具✛复制选区内的图像方法一样），但由于是消失点中的操作，图像会呈现透视扭曲。采样这种方法

向上复制几组图像，如图11-175所示。

图11-174

图11-175

03 按几下Alt+Ctrl+Z快捷键，依次向前撤销，回到选区状态，如图11-176所示。将光标放在选区内，按住Ctrl键单击并向上拖曳鼠标，可以将光标下方的图像复制到选区内，如图11-177所示。

图11-176

图11-177

┌─ 提 示（Tips）─────────────────────┐

"消失点"滤镜支持撤销和恢复，即按Ctrl+Z快捷键可以撤销一步操作，连续按Alt+Ctrl+Z快捷键可依次向前撤销。按Shift+Ctrl+Z快捷键可恢复被撤销的操作（可连续按）。另外，按Ctrl++、Ctrl+-快捷键可以放大和缩小窗口的显示比例；按住空格键拖曳鼠标可以移动画面。这些快捷键可以用来替代缩放工具🔍和抓手工具✋。

└────────────────────────────────┘

选框工具选项栏

使用选框工具⬚时，"消失点"对话框顶部的选项栏中会显示图11-178所示的选项。

羽化：1 ▾   不透明度：100 ▾   修复：关 ▾   移动模式：目标 ▾

图11-178

● 羽化：可设置选区边缘的模糊程度。

● 不透明度：可设置所选图像的透明度，它只在选取图像并进行移动时有效。例如，"不透明度"为100%时所选图像会完全遮盖下方图像，低于100%，所选图像会呈现透明效果。按Ctrl+D快捷键或在选区外部单击，可以取消选区。

● 修复：使用选区来移动图像内容时，可在该选项的下拉菜单中选取一种混合模式，来定义移动的像素与周围图像的混合方式。选择"关"选项，选区将不会与周围像素的颜色、阴影和纹理混合；选择"明亮度"选项，可将选区与周围像素的光照混合；选择"开"选项，可将选区与周围像素的颜色、光照和阴影混合。

● 移动模式：下拉列表中包含"目标"和"源"两个选项，它们与修补工具⬚选项的作用相同。因此，在消失点中，选框工具⬚可以像修补工具⬚一样复制图像。选择"目标"

选项，将光标放在选区内，单击并拖曳鼠标，即可复制图像；选择"源"，则用光标下方的图像填充选区。

11.6.4

设计实战：在消失点中粘贴和变换海报

01 打开素材，如图11-179和图11-180所示。将鞋子海报设置为当前文件，按Ctrl+A快捷键全选，按Ctrl+C快捷键复制图像。

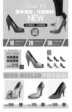

图11-179　　　　图11-180

02 切换到另一个文件中。单击"图层"面板中的 按钮，新建一个图层。打开"消失点"对话框，用创建平面工具 创建透视平面，之后按住Ctrl键拖曳左侧的角点，在侧面拉出网格平面，如图11-181所示。

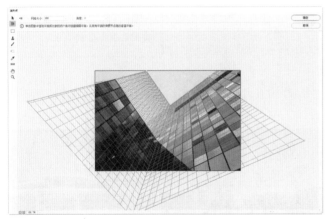

图11-181

03 按Ctrl+V快捷键粘贴，图像会位于一个浮动的选区之中。按Ctrl+—快捷键，将视图比例调小，如图11-182所示，选择变换工具 ，按住Shift键拖曳定界框上的控制点，将图像等比缩小，按Ctrl++快捷键，将窗口的视图比例调大，如图11-183所示。

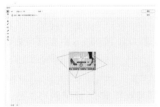

图11-182　　　　图11-183

04 使用变换工具 拖曳图像，可以在透视状态下对浮动选区及其中的图像进行移动，如图11-184所示。按住Alt键拖曳图像，将其复制到另一侧的透视网格上，按住Shift键拖曳控制点，调整图像大小，如图11-185所示。

图11-184　　　　图11-185

05 单击"确定"按钮关闭对话框，图像会粘贴到新建的图层上，设置它的混合模式为"柔光"。按Ctrl+J快捷键复制，让图像效果更加清晰，如图11-186和图11-187所示。

图11-186　　　　图11-187

11.6.5

在消失点中绘画

使用"消失点"滤镜中的画笔工具 时，只要将"修复"设置为"关"，就可以像使用Photoshop中的画笔工具 一样在图像上绘制色彩，如图11-188所示。

图11-188

色彩需要预先设置，可以单击"画笔颜色"右侧的颜色块，打开"拾色器"设置；也可用吸管工具 拾取图像中的颜色作为绘画颜色。画笔大小可以通过] 和 [快捷键调节；画笔硬度可以通过Shift+] 和Shift+[快捷键调整。

自动拼接和混合图像

11.7

拍摄风光时，如果广角镜头也无法拍摄到整体画面，不妨拍几张不同角度的照片，再用Photoshop将它们拼接成全景图。

照片实战：拼接全景照片

用于合成全景图的各张照片要有一定的重叠内容，Photoshop需要识别这些重叠的地方才能拼接照片。一般来说，重叠处应该占照片的10%～15%。

扫码看视频

01 执行"文件>自动>Photomerge"命令，打开"Photomerge"对话框。选择"自动""混合图像""内容识别填充透明区域"选项，单击"浏览"按钮，如图11-189所示，在弹出的对话框中选择配套资源中的照片素材，如图11-190所示，单击"确定"按钮，将它们添加到"源文件"列表中，如图11-191所示。

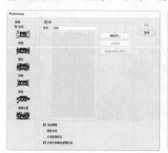

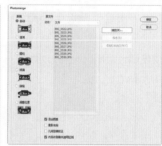

图11-189	图11-190

图11-191

> **提示**（Tips）
>
> 选择"混合图像"选项后，可以让Photoshop自动修改照片的曝光，使它们自然衔接。选择"内容识别填充透明区域"选项，Photoshop会自动填充拼接照片时出现的空缺。

02 单击"确定"按钮，Photoshop会自动拼合照片，并添加图层蒙版，使照片之间无缝衔接，如图11-192所示。用裁剪工具 将空白区域和多余的图像内容裁掉，如图11-193所示。

图11-192	图11-193

"Photomerge"对话框选项

● 自动：Photoshop会分析源图像并应用"透视"或"圆柱"版面（取决于哪一种版面能够生成更好的复合图像）。

● 透视：通过将源图像中的一个图像（默认情况下为中间的图像）指定为参考图像来创建一致的复合图像。然后将变换其他图像（必要时进行位置调整、伸展或斜切），以便匹配图层的重叠内容。

● 圆柱：通过在展开的圆柱上显示各个图像来减少在"透视"版面中出现的"领结"扭曲。图层的重叠内容仍匹配，将参考图像居中放置。该方式适合创建宽全景图。

● 球面：将图像与宽视角对齐（垂直和水平）。指定某个源图像（默认情况下是中间图像）作为参考图像，并对其他图像执行球面变换，以便匹配重叠的内容。如果是360°全景拍摄的照片，可选择该选项，拼合并变换图像，以模拟观看360°全景图的感受。

● 拼贴：对齐图层并匹配重叠内容，不修改图像中对象的形状（例如，圆形将保持为圆形）。

● 调整位置：对齐图层并匹配重叠内容，但不会变换（伸展或斜切）任何源图层。

11.7.2

● 平面 ● 网店 ● 摄影

技巧：通过自动对齐和混合图层增加景深

除"Photomerge"命令外，"自动对齐图层"命令和"自动混合图层"命令也可用于制作全景照片。

扫码看视频

"自动对齐图层"命令可根据不同图层中的相似内容（如角和边）自动对齐图层。我们可以指定一个图层作为参考图层，也可以让 Photoshop 自动选择参考图层，其他图层将与参考图层对齐，以便匹配的内容能够自行叠加。

用"自动混合图层"命令制作全景照片时，Photoshop会根据需要对每个图层应用图层蒙版，以遮盖过度曝光或曝光不足的区域或内容之间的差异，从而创建无缝拼贴和平滑的过渡效果。

01 图11-194~图11-196所示为3张照片素材。由于拍摄时分别对焦于茶碗、水滴壶和笔架，所以照片的曝光和清晰范围都有所差异。下面合成一张全景深，即茶碗、水滴壶和笔架都清晰的照片。

图11-194

图11-195

图11-196

02 执行"文件>脚本>将文件载入堆栈"命令，弹出"载入图层"对话框，单击"浏览"按钮，在弹出的对话框中选择照片素材，如图11-197所示，将这3张照片添加到"使用"列表中，如图11-198所示。单击"确定"按钮，所有照片会加载到新建的文件中，如图11-199所示。

图11-197　　　　图11-198　　　　图11-199

03 拍摄时没有使用三脚架，在根据每个器物的位置调整对焦点时，相机免不了会有轻微的移动，哪怕是极小的，照片中器物的位置都会改变。所以，在进行图层混合前要先对齐图层，使3件器物能有一个统一的位置。选取这3个图层，执行"编辑>自动对齐图层"命令，打开"自动对齐图层"对话框，默认选项为"自动"，如图11-200所示，Photoshop会自动分析图像内容的位置，然后进行对齐，单击"确定"按钮，将图层中的主体对象对齐，边缘部分可以在最后整理图像时进行裁切，如图11-201所示。

图11-200　　　　　　　　　　图11-201

04 执行"编辑>自动混合图层"命令，将"混合方法"设置为"堆叠图像"，它能很好地将已对齐的图层细节呈现出来；选择"无缝色调和颜色"选项，调整颜色和色调以便进行混合；选择"内容识别填充透明区域"选项，可将透明区域以自动识别的内容进行填充，如图11-202所示。单击"确定"按钮，在3张照片上会自动创建蒙版，以遮盖内容有差异的区域，并将混合结果合并在一个新的图层中，如图11-203所示。混合后的照片扩展了景深效果，每件器物的细节都清晰可见，如图11-204所示。

图11-202　　　　图11-203　　　　图11-204

05 按Ctrl+D快捷键取消选择。用裁剪工具 口 将多余的图像裁切掉，如图11-205和图11-206所示。

图11-205　　　　图11-206

06 将颜色稍加调整，就可以作为设计素材使用了。单击"调整"面板中的 ◠◠ 按钮，添加一个"色彩平衡"调整图层，将色调调暖，体现瓷器古典、温润的质感，与其所呈现的文人气息相合，如图11-207～图11-210所示。再添加一些有书法特点的文字，以流动的线条来装饰，就构成一幅完整的作品了，如图11-211所示。

图11-207

图11-208

图11-209

图11-210

图11-211

11.8 制作和编辑HDR照片

HDR是High Dynamic Range（高动态范围）的缩写。HDR图像可以按照比例存储真实场景中的所有明度值，展现现实世界的全部可视动态范围。这是通过合成多幅以不同曝光度拍摄的同一场景，或同一人物的照片制作出来的高动态范围图像，主要用于影片、特殊效果、3D作品及某些高端图片。

11.8.1
动态范围（HDR）

动态范围表示了图像中包含的从最暗到最亮的色调范围。动态范围越大，所能表现的色调层次越丰富；动态范围小，则会导致高光和阴影区域缺失信息，使画面的细节受到损失。普通的图像每像素只有0～255级灰度，这实际上是远远不够的。真实世界中的动态范围远远超过了人类视觉可及的范围以及计算机显示器上显示的图像或打印的图像的范围。

人眼可以适应差异很大的亮度差别，但大多数相机和计算机显示器只能还原有限的动态范围。

例如，在明暗对比差异较大的场景中拍摄时，针对高亮对象测光，就会使较暗的对象曝光不足；针对较暗的对象测光，则又会使高亮的对象曝光过度。因此，想要在一张照片中通过完美曝光获得所有高光、阴影细节是无法办到的。而通过合成HDR图像，可以解决这个难题。

我们可以拍摄3~7张不同曝光值的照片，每张照片只针对一个色调曝光准确，其他区域过曝或欠曝都不重要，重要的是所有照片放在一起时，要兼顾高光、中间调和阴影细节。然后导入Photoshop中，使用"合并到HDR Pro"命令将它们合并成一张HDR高动态范围照片。

11.8.2　●平面 ●网店 ●摄影 ●插画 ●动漫 ●影视
照片实战：合成HDR图像

拍摄用于制作HDR图像的照片时，首先数量要足够多，以便能够覆盖场景的整个动态范围。一般情况下应拍摄5~7张照片，最少需要3张。照片的曝光度差异应在一两个EV（曝光度值）级（相当于差一两级光圈左右）。另外，不要使用相机的自动包围曝光功能，因为曝光度的变化太小。其次，拍摄时要改变快门速度以获得不同的曝光度。不要调光圈和ISO，否则会使每次曝光的景深发生变化，导致图像品质降低。另外，调整ISO或光圈还可能导致图像中出现杂色和晕影。

最后一点提醒就是由于要拍摄多张照片，所以应将相机固定在三脚架上，并确保场景中没有移动的物体。

01 打开素材，如图11-212~图11-214所示。这是以不同曝光值拍摄的3张照片。执行"文件>自动>合并到HDR Pro"命令，在打开的对话框中单击"添加打开的文件"按钮，如图11-215所示，再单击"确定"按钮，将它们添加到"合并到HDR Pro"对话框中，Photoshop会对图像进行合成。

图11-212

图11-213

图11-214

图11-215

02 调整"灰度系数""曝光度""细节"值，如图11-216所示，以降低高光区域的亮度，并将暗部区域提亮。选取"边缘平滑度"选项，调整"半径"和"强度"值，如图11-217所示，提高色调的清晰度。

图11-216

图11-217

03 调整"阴影"和"高光"值，争取细节最大化显示。调整"自然饱和度"，增加色彩的饱和度，可避免出现溢色，如图11-218所示。

图11-218

04 在"模式"下拉列表中可以选择将合并后的图像输出为32位/通道、16位/通道或8位/通道的文件。我们使用默认的选项即可。但如果想要存储全部HDR图像数据，则需要选择32位/通道。单击"确定"按钮关闭对话框，创建HDR图像。合成为HDR图像以后，阴影、中间调和高光区域都有充足的细节，并且暗调区域没有漆黑一片，高光区域也没有丢失细节。只是颜色有点偏黄、偏绿。单击"调整"面板中的 按钮，创建"可选颜色"调整图层，在"属性"面板的"颜色"下拉列表中选择红色，在红色中增加洋红的比例，如图11-219所示，将红色恢复为原貌，如图11-220所示。

图11-219

图11-220

"合并到HDR Pro"命令选项

● 预设：包含了Photoshop预设的调整选项。如果要将当前的调整设置存储，以便以后使用，可以单击该选项右侧的按钮，打开下拉菜单选择"预设>存储预设"命令。如果以后要重新应用这些设置，可以选择"载入预设"命令。

● 移去重影：如果画面中因为移动的对象（如汽车、人物或树叶）而具有不同的内容，可选取该选项，Photoshop会在具有最佳色调平衡的缩览图周围显示一个绿色轮廓，以标识基本图像。其他图像中找到的移动对象将被移去。

● 模式：单击该选项右侧的第1个按钮，可以打开下拉列表为合并后的图像选择位深度（只有32位/通道的文件可以存储全部 HDR 图像数据）。单击该选项右侧的第 2 个按钮，打开下拉列表，选择"局部适应"，可以通过调整图像中的局部亮度区域来调整 HDR 色调；选择"色调均化直方图"，可在压缩 HDR 图像动态范围的同时，尝试保留一部分对比度；选择"曝光度和灰度系数"，可以手动调整 HDR 图像的亮度和对比度，移动"曝光度"滑块可以调整增益，移动"灰度系数"滑块可以调整对比度；选择"高光压缩"，可以压缩 HDR 图像中的高光值，使其位于 8 位/通道或 16 位/通道图像文件的亮度值范围内。

● "边缘光"选项组："半径"选项用来指定局部亮度区域的大小；"强度"选项用来指定两个像素的色调值相差多大时，它们属于不同的亮度区域。

● "色调和细节"选项组："灰度系数"设置为 1.0 时动态范围最大；较低的设置会加重中间调，而较高的设置会加重高光和阴影。"曝光度"值反映光圈大小。拖曳"细节"滑块可以调整锐化程度。

● "高级"选项组：拖曳"阴影"和"高光"滑块可以使这些区域变亮或变暗。"自然饱和度""饱和度"选项可以调整色彩的饱和度。其中"自然饱和度"可以调整细微颜色强度，并避免出现溢色。

● 曲线：可通过曲线调整 HDR 图像。如果要对曲线进行更大幅度的调整，可选取"边角"选项。直方图中显示了原始的 32 位 HDR 图像中的明亮度值。横轴的红色刻度线则以一个 EV（约为一级光圈）为增量。

⬦ 11.8.3
调整 HDR 图像的色调和曝光

要调整 HDR 图像的色调，可以使用"图像>调整>HDR 色调"命令操作，如图11-221所示。在该对话框中，可以将全范围的 HDR 对比度和曝光度设置应用于图像。

要调整 HDR 图像的曝光，可以使用"图像>调整>曝光度"命令操作，如图11-222所示。由于可以在 HDR 图像中按比例表示和存储真实场景中的所有明亮度值，因此，调整 HDR 图像曝光度的方式与在真实环境中拍摄场景时调整曝光度的方式类似。

图11-221　　　　图11-222

● "边缘光"选项组：用来控制调整范围和调整的应用强度。

● "色调和细节"选项组：用来调整照片的曝光度，以及阴影、高光中的细节的显示程度。其中，"灰度系数"可以使用简单的乘方函数调整图像灰度系数。

● "高级"选项组：用来增加或降低色彩的饱和度。其中，拖曳"自然饱和度"滑块增加饱和度时，不会出现溢色。

● "色调曲线和直方图"选项组：显示了照片的直方图，并提供了曲线可用于调整图像的色调。

● 曝光度：可以调整色调范围的高光端，对极限阴影的影响很轻微。

● 位移：使阴影和中间调变暗，对高光的影响很轻微。

● 灰度系数校正：使用简单的乘方函数调整图像灰度系数。负值会被视为它们的相应正值（这些数值保持为负数，但仍然会被调整，就像它们是正值一样）。

● 吸管工具 ✏ ✏ ✏：与"色阶"的吸管用途相同（见 192 页）。

⬦ 11.8.4
调整 HDR 图像的动态范围视图

HDR 图像的动态范围超出了计算机显示器的显示范围，在 Photoshop 中打开时，可能会非常暗或出现褪色现象。使用"视图>32位预览选项"命令可对 HDR 图像的预览进行调整，如图11-223所示。操作时，可以在"方法"下拉列表中选择"曝光度和灰度系数"选项，然后拖曳"曝光度"和"灰度系数"滑块调整图像的亮度和对比度；也可以选择"高光压缩"选项，让 Photoshop 自动压缩 HDR 图像中的高光值，使其位于 8 位/通道或 16 位/通道图像文件的亮度值范围内。

图11-223

技术看板 ③④ 制作联系表

使用"文件>自动>联系表 II"命令，可以为指定的文件夹中的图像创建缩览图。通过缩览图可以轻松地预览一组图像或对其进行编目。

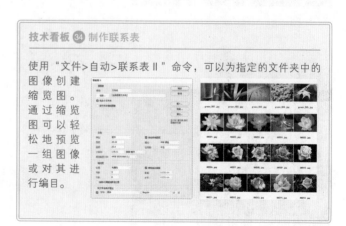

模拟镜头特效

11.9

Photoshop被称为"数码暗房"，它提供了大量用于处理照片的滤镜，这其中的"镜头模糊""场景模糊""光圈模糊""移轴模糊"滤镜可以模拟镜头特效，如大光圈景深效果、移轴摄影效果、锐化单个焦点，以及改变多个焦点间的模糊效果等。

11.9.1

●平面 ●网店 ●UI ●摄影 ●插画 ●动漫

照片实战：用"镜头模糊"滤镜制作景深效果

扫码看视频

拍摄照片时，调节相机镜头，使离相机有一定距离的景物清晰成像的过程叫作对焦，那个景物所在的点，称为对焦点。因为"清晰"并不是一种绝对的概念，所以，对焦点前（靠近相机）、后一定距离内景物的成像都可以是清晰的，这个前后范围的总和，就叫作景深。意思是只要是这个范围之内的景物，都能清楚地被拍摄到。

"镜头模糊"滤镜可以用Alpha通道或图层蒙版的深度值映射像素的位置，使图像中的一些区域在焦点内，另一些区域变模糊，从而模拟景深效果。在操作时，也可以对图像的所有区域应用相同程度的模糊，创建与"USM锐化"滤镜相同的效果。

01 打开素材。使用快速选择工具 ✎，在娃娃上单击并拖曳鼠标，将其选取，如图11-224所示。

02 执行"选择>修改>羽化"命令，对选区进行羽化，如图11-225所示。单击"通道"面板中的 ■ 按钮，将选区保存到通道中，如图11-226所示。按Ctrl+D快捷键取消选择。

图11-224

图11-225

图11-226

03 执行"滤镜>模糊>镜头模糊"命令，打开"镜头模糊"对话框。在"源"下拉列表中选择"Alpha1"通道，用该通道限定模糊范围，使背景变得模糊。在"光圈"选项组的"形状"下拉列表中选择"八边形（8）"，然后调整"亮度"和"阈值"，生成漂亮的八边形光斑，如图11-227所示。

图11-227

04 关闭对话框。用仿制图章工具 ▲ 将右上角过于明亮的光斑涂抹掉。图11-228和图11-229所示分别为原图及处理后的效果。

图11-228

图11-229

"镜头模糊"滤镜选项

● **更快**：可提高预览速度。

● **更加准确**：可查看图像的最终效果，但会增加预览时间。

● **"深度映射"选项组**：在"源"选项下拉列表中可以选择使用 Alpha 通道和图层蒙版来创建深度映射。如果图像包含 Alpha 通道并选择了该项，则 Alpha通道中的黑色区域被视为位于照片的前面，白色区域被视为位于远处的位置。"模糊焦距"选项用来设置位于焦点内像素的深度。选取"反相"选项，可以反转蒙版和通道，然后将其应用。

- "光圈"选项组：用来设置模糊的显示方式。在"形状"选项下拉列表中可以设置光圈的形状，效果如图11-230所示。通过"半径"值可以调整模糊的数量，拖曳"叶片弯度"滑块可对光圈边缘进行平滑处理，拖曳"旋转"滑块则可旋转光圈。

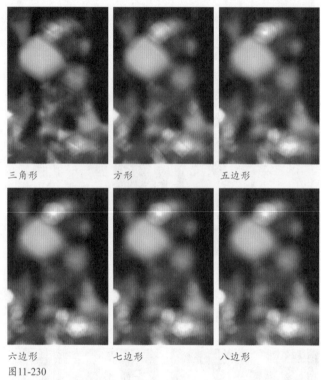

三角形　　方形　　五边形
六边形　　七边形　　八边形
图11-230

- "镜面高光"选项组：可设置镜面高光的范围，如图11-231所示。"亮度"选项用来设置高光的亮度；"阈值"选项用来设置亮度截止点，比该截止点值亮的所有像素都被视为镜面高光。

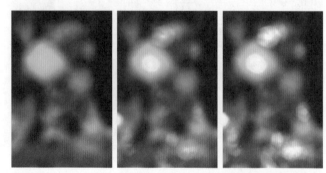

亮度0、阈值200　　亮度50、阈值200　　亮度100、阈值200
图11-231

- "杂色"选项组：拖曳"数量"滑块可以在图像中添加或减少杂色。选取"单色"选项，可以在不影响颜色的情况下为图像添加杂色。添加杂色后，还可设置杂色的分布方式，包括"平均分布"和"高斯分布"。

11.9.2

照片实战：用"场景模糊"滤镜分区模糊

平面 网店 UI 摄影 插画 动漫

扫码看视频

"场景模糊"滤镜可以通过图钉定位照片中的模糊区域，并应用不同的模糊量。

01 打开照片素材，如图11-232所示。执行"滤镜>模糊画廊>场景模糊"命令，图像中央会出现一个图钉，如图11-233所示。

图11-232　　　　　　图11-233

02 将光标放在图钉上，单击并将它移动到花蕊上，然后在窗口右侧的"模糊工具"面板中将"模糊"参数设置为0像素，如图11-234所示。在花蕊上单击鼠标，添加一个图钉，将它的"模糊"参数也设置为0像素，如图11-235所示。

图11-234　　　　　　图11-235

03 在工具选项栏中取消"预览"选项的选取，以便加快刷新速度。在画面中添加几个图钉，分别单击它们并调整参数，如图11-236所示。按Delete键可将其删除。

图11-236

04 在"模糊效果"面板中调整参数，如图11-237所示。选取"预览"选项，即可看到模糊效果，如图11-238所示。单击"确定"按钮应用滤镜。

图11-237　　　　　图11-238

"场景模糊"滤镜选项

- 模糊：用来设置模糊强度。
- 光源散景：用来调亮照片中焦点以外的区域或模糊区域。
- 散景颜色：将更鲜亮的颜色添加到尚未到白色的加亮区域。该值越高，散景色彩的饱和度越高。
- 光照范围：用来确定当前设置影响的色调范围。

11.9.3 ●平面 ●网店 ●UI ●摄影 ●插画 ●动漫

照片实战：用"光圈模糊"滤镜制作柔光照

　　"光圈模糊"滤镜可以对照片应用模糊，并创建一个椭圆形的焦点范围。它能够模拟柔焦镜头拍出的梦幻、朦胧的画面效果。

01 打开照片素材，如图11-239所示。执行"滤镜>模糊画廊>光圈模糊"命令，显示控件，如图11-240所示。

图11-239　　　　　图11-240

02 取消选取"预览"选项。先来定位焦点，将光标放在图钉上，单击并将其拖曳到鼻子上，如图11-241所示。将光标放在光圈外侧靠近图钉处，单击并拖动鼠标旋转光圈，如图11-242所示。拖曳外侧的光圈，调整羽化范围，如图11-243所示。拖曳内侧的光圈，调整清晰范围，如图11-244所示。

图11-241　　　　　图11-242

图11-243　　　　　图11-244

03 在工具选项栏中重新选取"预览"选项。在"模糊工具"面板中调整参数，如图11-245所示，单击"确定"按钮。执行"滤镜>渲染>镜头光晕"命令，打开"镜头光晕"对话框，在左侧手指上单击，定位光晕中心并调整参数，如图11-246所示。

图11-245　　　　　图11-246

04 单击"调整"面板中的 ⚙ 按钮，创建"色彩平衡"调整图层，调整参数，如图11-247所示。设置该图层的混合模式为"滤色"，不透明度为40%，效果如图11-248所示。

图11-247　　　　　图11-248

11.9.4 ●平面 ●网店 ●UI ●摄影 ●插画 ●动漫

照片实战：模拟移轴摄影

　　移轴摄影是一种利用移轴镜头拍摄的作品，照片效果就像是缩微模型一样，非常特别。"移轴模糊"滤镜可以模拟这种特效。

01 打开照片素材，如图11-249所示。执行"滤镜>模糊画廊>移轴模糊"命令，显示控件，如图11-250所示。

265

图11-249　　　　　　　　图11-250

02 单击并向上拖曳图钉，定位图像中最清晰的点，如图11-251所示。直线范围内是清晰区域，直线到虚线间是由清晰到模糊的过渡区域，虚线外是模糊区域。拖曳直线和虚线，如图11-252~图11-254所示。

图11-251　　　　　　　　图11-252

图11-253　　　　　　　　图11-254

03 调整模糊参数，如图11-255所示。按Enter键确认，图像效果如图11-256所示。单击"调整"面板中的 ▦ 按

钮，创建"颜色查找"调整图层，选择一个预设的调整文件，如图11-257所示，效果如图11-258所示。

图11-255　　　　　　　　图11-256

图11-257　　　　　　　　图11-258

"移轴模糊"滤镜选项

● 模糊：用来设置模糊强度。

● 扭曲度：用来控制模糊扭曲的形状。

● 对称扭曲：勾选该选项后，可以从两个方向应用扭曲。

磨皮、降噪与锐化

11.10

磨皮、降噪和锐化是在图像细节修饰完成之后要进行的处理工作。磨皮是美化人像照片的重要技术；降噪多用于处理高ISO、光照不足和夜景环境拍摄的照片；锐化则适用于所有细节不够清楚的照片。

11.10.1

●平面 ●网店 ●摄影 ●插画

照片实战：用通道磨皮

在人像照片处理中，磨皮是非常重要的环节，它是指对人物的皮肤进行美化处理，去除色斑、痘痘、皱纹，让皮肤白皙、细腻、光滑，使人物显得更加年轻、漂亮。用

扫码看视频

Photoshop磨皮有很多方法，通道磨皮是比较成熟的一种。这种方法是在通道中对皮肤进行模糊，消除色斑、痘痘等，再用曲线将色调调亮。还有就是用滤镜+蒙版磨皮，高级一些的还能够用滤镜重塑皮肤的纹理。此外，有些软件公司开发出专门用于磨皮的插件，如kodak、NeatImage等，操作简便，效果也不错。

01 打开素材，如图11-259所示。将"绿"通道拖曳到面板底部的 🔲 按钮上复制，如图11-260所示。现在文档窗口中显示的是"绿 副本"通道中的图像，如图11-261所示。

图11-259　　　　图11-260　　　图11-261

02 执行"滤镜>其它>高反差保留"命令，设置半径为20像素，如图11-262所示。执行"图像>计算"命令，打开"计算"对话框，选择"强光"模式，将"结果"设置为"新建通道"，如图11-263所示。单击"确定"按钮关闭对话框，新建通道自动命名为Alpha 1通道，如图11-264和图11-265所示。

图11-262　　　　　　图11-263

图11-264　　　　　图11-265

03 再执行两次"计算"命令，使色点更加强化，得到Alpha 3通道，如图11-266所示。单击"通道"面板底部的 ❖ 按钮，载入选区，如图11-267所示。按Ctrl+2快捷键，返回彩色图像编辑状态。

图11-266　　　　　图11-267

04 按Shift+Ctrl+I快捷键反选，按Ctrl+H快捷键隐藏选区，以便更好地观察图像的变化。单击"调整"面板中的 按钮，创建"曲线"调整图层，将曲线略向上调整，如图

11-268所示。经过磨皮处理，人物的皮肤变得光滑细腻了，如图11-269所示。

图11-268　　　　　图11-269

05 下面再来提亮一下肤色，对面部的小的瑕疵进行修复。按Alt+Shift+Ctrl+E快捷键，将图像效果盖印到一个新的图层中，设置混合模式为"滤色"，不透明度为33%。单击"图层"面板底部的 🔲 按钮，添加图层蒙版。使用渐变工具 在蒙版中填充线性渐变，将背景区域隐藏，如图11-270和图11-271所示。

图11-270　　　　　图11-271

06 用污点修复画笔工具 将面部瑕疵清除，如图11-272所示。执行"滤镜>锐化>USM锐化"命令，设置参数如图11-273所示，单击"确定"按钮，关闭对话框。再次应用该滤镜，加强锐化效果，如图11-274所示。

图11-272　　　　图11-273　　　　图11-274

07 创建一个"色阶"调整图层，向左拖曳中间调滑块，如图11-275所示，使皮肤色调变亮。双击该调整图层，打开"图层样式"对话框，按住Alt键拖曳下一图层的黑色滑块，将滑块分离直至数值显示为164，如图11-276所示，让底层图像的黑色像素显示出来。图11-277和图11-278所示分别为原图及磨皮后的效果。

图11-275   图11-276

图11-277   图11-278

◇ 11.10.2

噪点的成因及表现形式

噪点是数码照片中的杂色、杂点，是影响图像细节、破坏画质的有害对象。降噪就是使用滤镜模糊图像，使噪点不再明显或完全融入图像的细节之中。

数码照片中的噪点分为两种，即明度噪点和颜色噪点，如图11-279所示。明度噪点会让图像看起来有颗粒感；颜色噪点则是彩色的颗粒。

图11-279

数码照片中噪点的形成原因比较复杂。有照相设备的因素。数码相机内部的影像传感器在工作时受到电路的电磁干扰，就会生成噪点。尽管数码相机的控噪能力越来越强，但噪点仍是目前无法攻克的难题。

拍摄环境也会导致噪点的形成。尤其是在夜里或光源较暗的环境中拍摄，需要提高ISO感光度，以便传感器增加CCD所接收的进光量，单元之间受光量的差异是产生噪点的原因。

在Photoshop中进行后期处理时，将黄昏、夜景等低光照环境下拍摄的照片的曝光调亮，或者颜色的调整幅度大一些，以及进行锐化时，都会增强图像中所有的细节，噪点颗粒和杂色也会被强化。

◇ 11.10.3   ●平面 ●网店 ●摄影 ●插画

照片实战：用"减少杂色"滤镜降噪

降噪是通过模糊图像的方法使噪点看上去不明显的。在Photoshop中，图像内容和色彩信息保存在颜色通道（见164页），因此，噪点在颜色通道中也会有反应。有的颜色通道噪点多一些，有的可能少一些。如果对噪点多的通道进行较大幅度的模糊，对噪点少的通道进行轻微模糊或者不做处理，就可以在确保图像清晰度的情况下，最大限度地消除噪点。

扫码看视频

01 打开素材，如图11-280所示。双击缩放工具🔍，让图像以100%的比例显示，以便看清细节。可以看到，颜色噪点还是比较多的，如图11-281所示。

图11-280   图11-281

02 按Ctrl+3、Ctrl+4、Ctrl+5快捷键，分别显示红、绿、蓝通道，如图11-282所示。可以看到，噪点在各个颜色通道中的分布并不均匀，蓝通道噪点最多，绿通道最少。

红通道   绿通道   蓝通道

图11-282

03 按Ctrl+2快捷键，恢复彩色图像的显示。执行"滤镜>杂色>减少杂色"命令，打开"减少杂色"对话框。选择"高级"单选项，然后单击"每通道"选项卡，在"通道"下拉列表中选择"蓝"选项，拖曳滑块，减少蓝通道中的杂色，如图11-283所示。之后减少红通道中的杂色，如图11-284所示。

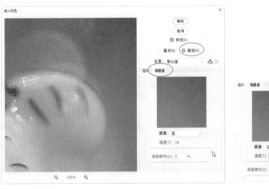

图11-283   图11-284

04 单击"整体"选项卡，将"强度"设置为3，其他参数如图11-285所示。单击"确定"按钮关闭对话框。图11-286和图11-287所示分别为原图及降噪后的效果（局部）。

 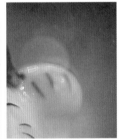

调整参数   原图   降噪后
图11-285   图11-286   图11-287

"减少杂色"滤镜选项

● 设置：单击 按钮，可以将当前设置的调整参数保存为一个预设，以后需要使用该参数调整图像时，可在"设置"下拉列表中将它选择，从而对图像自动调整。如果要删除创建的自定义预设，可以单击 按钮。

● 强度：用来控制应用于所有图像通道的亮度杂色的减少量。

● 保留细节：用来设置图像边缘和图像细节的保留程度。当该值为100%时，可保留大多数图像细节，但亮度杂色减少不明显。

● 减少杂色：用来消除随机的颜色像素，该值越高，减少的杂色越多。

● 锐化细节：可以对图像进行锐化。

● 移去 JPEG 不自然感：可以去除由于使用低 JPEG 品质设置存储图像而导致的斑驳的图像伪像和光晕。

◆ **11.10.4**

锐化原理

如果拍摄照片时持机不稳，或者没有准确对焦，图像的细节就会出现模糊。Photoshop的"滤镜>锐化"菜单中提供了可以锐化图像的各种滤镜，它们通过提高相邻像素

之间的对比度，使图像看起来更加清晰，如图11-288和图11-289所示。

原图   锐化后
图11-288   图11-289

锐化可提高图像边缘（如树叶边缘、脸部轮廓、眉毛、头发等细节，非画面四周的边框）的对比度，使其更易识别，给人造成清晰的错觉。这并不能使模糊的细节真正恢复为清晰效果，并且如果控制不好锐化程度，反而会破坏图像，影响画质，如图11-290所示。

原图   锐化不足

适度的锐化   过度的锐化
图11-290

锐化的时机很重要。一般都安排在最后环节，即裁剪、调整曝光和色彩、修饰、调整大小和分辨率等之后进行。如果在最开始阶段进行锐化，调整曝光和色彩时，会使边缘更加强化，致使后面的锐化操作空间受到限制，导致后续操作无法进行下去。另外，调整图像大小和分辨率时，也可能会使清晰度发生改变，将锐化放在最后，是比较合理的安排。

◆ **11.10.5**   ●平面 ●网店 ●UI ●摄影 ●插画 ●动漫

照片实战：用"防抖"滤镜锐化图像

"防抖"滤镜可以减少由某些相机运动类型产生的模糊，包括线性运动、弧形运动、旋转运动和 Z 形运动，挽救因相机抖动而失败的照片，效果令人惊叹。

扫码看视频

该滤镜适合处理曝光适度且杂色较低的静态相机图像，包括使用长焦镜头拍摄的室内或室外图像，在不开闪光灯的

情况下使用较慢的快门速度拍摄的室内静态场景图像。该滤镜还可以锐化图像中因为相机运动而产生的模糊文本。

01 打开素材，如图11-291所示。执行"滤镜>转换为智能滤镜"命令，将图像转换为智能对象。执行"滤镜>锐化>防抖"命令，打开"防抖"对话框。Photoshop 会自动分析图像中适合使用防抖功能的区域，确定模糊的性质，并推算出整个图像适合的修正建议。经过修正的图像会在防抖对话框中显示，如图11-292所示。

图11-291

图11-292

02 拖曳评估区域中心的图钉，移动评估区域，如图11-293所示。拖曳边界的控制点，调整其边界大小，让评估区域覆盖住画面中央这颗多肉植物，如图11-294所示。评估区域每调整一下，就会自动刷新一次效果。如果刷新的速度比较慢，可以取消"预览"选项的选取，等到调整参数时，再选取该选项。

图11-293

图11-294

03 按Ctrl++快捷键，将窗口的视图比例调整到100%。设置"模糊描摹边界"为65像素、"平滑"为30%、"伪像抑制"为30%。通过切换"预览"选项，观察原图及锐化后的

效果，如图11-295和图11-296所示。通过对比可以看到，锐化以后，画面细节已经非常清楚了，甚至连叶片边缘的绒毛都清晰可见。单击"确定"按钮，关闭对话框。

原图　　　　　　　　　　　锐化效果

图11-295　　　　　　　　　图11-296

04 对图像进行锐化时，锐化强度应适度，不可过高，否则会使噪点也变得更加清晰。尤其是在暗光环境下拍摄的照片，噪点会更加明显。图11-297和图11-298所示分别为原图及锐化效果（图像右上角的画面细节）。可以看到，画面中背景的噪点也被强化了。我们来进行修正。单击智能滤镜的蒙版，如图11-299所示，使用渐变工具 填充黑白线性渐变，如图11-300所示。通过蒙版遮挡滤镜，让背景图像恢复到锐化前的状态，即控制"防抖"滤镜，让它只锐化前景和中景，不影响背景。

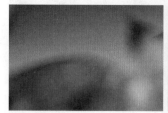

背景锐化后　　　　　　　　　锐化前

图11-297　　　　　　　　　图11-298

图11-299　　　　　　　　　图11-300

"防抖"滤镜工具和基本选项

● 模糊评估工具 ：使用该工具在对话框中的画面上单击，窗口右下角的"细节"预览区会显示单击点图像的细节。在画面上单击并拖曳鼠标，则可以自由定义模糊评估区域。

● 模糊方向工具 ：使用该工具可以在画面中手动绘制表示模糊方向的直线，这种方法适合处理相机线性运动产生的模糊。如果要准确调整描摹长度和方向，可以在"模糊描摹设置"选项组中进行调整。按[或]键可微调长度，按Ctrl+[快捷键或Ctrl+]快捷键可微调角度。

● 缩放工具 🔍/抓手工具 ✋ ：用来缩放窗口，移动画面。

● 预览：可以在窗口中预览滤镜效果。

● 模糊描摹边界：模糊描摹边界是 Photoshop 估计的模糊大小（以像素为单位），如图 11-301 和图 11-302 所示。我们也可以拖曳该选项中的滑块，自己调整。

模糊描摹边界10像素
图11-301

模糊描摹边界199像素
图11-302

● 源杂色：默认状态下，Photoshop 会自动估计图像中的杂色量。我们也可以根据需要选择不同的值（自动/低/中/高）。

● 平滑：可以减少由于高频锐化而出现的杂色，如图 11-303 和图 11-304 所示。Adobe 的建议是将"平滑"保持为较低的值。

平滑50%
图11-303

平滑100%
图11-304

● 伪像抑制：在锐化图像的过程中，如果图像中出现了明显的杂色伪像，如图 11-305 所示，可以将该值设置得较高，以便抑制这些伪像，如图 11-306 所示。100% 伪像抑制会产生原始图像，而 0% 伪像抑制不会抑制任何杂色伪像。

伪像抑制0%
图11-305

伪像抑制100%
图11-306

高级选项

图像的不同区域可能具有不同形状的模糊。在默认状态下，"防抖"滤镜只将模糊描摹（模糊描摹表示影响图像中选定区域的模糊形状）应用于图像的默认区域，即 Photoshop 所确定的适于模糊评估的区域，如图11-307所示。单击"高级"选项组中的 ➕ 按钮，Photoshop 会突出显示图像中适于模糊评估的区域，并为它创建模糊描摹，如图11-308所示。也可使用模糊评估工具 ▫️，在具有一定边缘对比的图像区域中手动创建模糊评估区域。

图11-307 图11-308

创建多个模糊评估区域后，按住Ctrl键单击它们，如图11-309所示，这时Photoshop 会显示它们的预览窗口，如图11-310所示，此时可调整窗口上方的"平滑"和"伪像抑制"选项，并查看对图像有何影响。

图11-309 图11-310

如果要删除一个模糊评估区域，可以在"高级"选项组中单击它，然后单击 🗑 按钮。如果要隐藏画面中的模糊评估区域组件，可以取消对"显示模糊评估区域"选项的选取。

查看细节

单击"细节"选项组左下角的 ⚙ 图标，模糊评估区会自动移动到"细节"窗口中所显示的图像位置上。

单击 ⤢ 按钮或按Q键，"细节"窗口会移动到画面上。在该窗口中单击并拖曳鼠标，可以移动它的位置。如果想要观察哪里的细节，就可以将窗口拖放到其上方。再次按Q键，可将其停放回原先的位置上。

图像处理自动化

11.11

动作、批处理、脚本和数据驱动图形都是**Photoshop**的自动化功能。与工业上的自动化类似，**Photoshop**自动化功能也能解放用户的双手、减少工作量，让图像处理变得轻松、简单和高效。

11.11.1

— ▶ 必学课

照片实战：录制用于处理照片的动作

在Photoshop中，动作是用于处理单个文件或一批文件的一系列命令，可以将图像的处理过程记录下来，以后对其他图像进行相同的处理时，可以使用动作自动完成操作任务。下面来录制一个将照片处理为反冲效果的动作，再用它处理其他照片。

01 打开素材，如图11-311所示。单击"动作"面板中的创建新组按钮 □，打开"新建组"对话框，输入动作组的名称，如图11-312所示，单击"确定"按钮，新建一个动作组，如图11-313所示。

图11-311

> **提示**（Tips）
>
> 录制动作前应先创建一个动作组，以便将动作保存在该组中。否则录制的动作会保存在当前选择的动作组中。

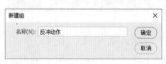

图11-312

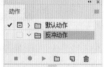

图11-313

02 单击创建新动作按钮 □，打开"新建动作"对话框，输入动作名称，将颜色设置为蓝色，如图11-314所示。单击"记录"按钮，开始录制动作，此时，面板中的开始记录按钮会变为红色 ●，如图11-315所示。

图11-314

图11-315

03 按Ctrl+M快捷键，打开"曲线"对话框，在"预设"下拉列表中选择"反冲（RGB）"选项，如图11-316所

示，单击"确定"按钮关闭对话框，将该命令记录为动作，如图11-317所示，图像效果如图11-318所示。

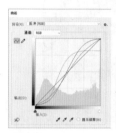

图11-316

图11-317

图11-318

04 按Shift+Ctrl+S快捷键另存文件，然后关闭。单击"动作"面板中的 ■ 按钮，完成动作的录制，如图11-319所示。由于在"新建动作"对话框中将动作设置为了蓝色，打开面板菜单，选择"按钮模式"命令，所有动作会变为按钮状，新建的动作则突出显示为蓝色，如图11-320所示。在"动作"面板为按钮模式时，单击一个按钮，即可播放相应的动作，操作起来比较方便，而为动作设置颜色便于在按钮模式下区分动作。再次选择"按钮模式"命令，切换为正常模式。

图11-319

图11-320

05 下面使用录制的动作处理其他图像。打开素材，如图11-321所示。选择"曲线调整"动作，如图11-322所示，单击 ▶ 按钮播放该动作，经过动作处理的图像效果如图11-323所示。

图11-321

图11-322

图11-323

"动作"面板

"动作"面板用于创建、播放、修改和删除动作，如图11-324所示。

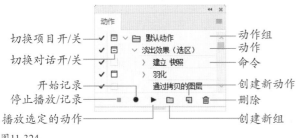

图11-324

- 切换项目开/关 ✔：如果动作组、动作和命令前有该图标，表示这个动作组、动作和命令可以执行；如果动作组或动作前没有该图标，表示该动作组或动作不能被执行；如果某一命令前没有该图标，则表示该命令不能被执行。

- 切换对话开/关 ▣：如果命令前有该图标，表示动作执行到该命令时会暂停，并打开相应命令的对话框，此时可修改命令的参数，单击"确定"按钮可继续执行后面的动作；如果动作组和动作前有该图标，则表示该动作中有部分命令设置了暂停。

- 动作组/动作/命令：动作组是一系列动作的集合，动作是一系列操作命令的集合。单击命令前的 ▶ 按钮可以展开命令列表，显示命令的具体参数。

- 停止播放/记录 ■：用来停止播放动作和停止记录动作。

- 开始记录 ●：单击该按钮，可录制动作。

- 播放选定的动作 ▶：选择一个动作后，单击该按钮，可播放该动作。

- 创建新组 ▢：可创建一个新的动作组，以保存新建的动作。

- 创建新动作 ▢：单击该按钮，可以创建一个新的动作。

- 删除 🗑：选择动作组、动作和命令后，单击该按钮，可将其删除。

技术看板 35 动作播放技巧

● 按照顺序播放全部动作：选择一个动作，单击播放选定的动作按钮 ▶，可按照顺序播放该动作中的所有命令。

● 从指定的命令开始播放动作：在动作中选择一个命令，单击播放选定的动作按钮 ▶，可以播放该命令及后面的命令，它之前的命令不会播放。

● 播放单个命令：按住Ctrl键双击面板中的一个命令，可单独播放该命令。

● 播放部分命令：在动作前面的按钮 ✔ 上单击（可隐藏 ✔ 图标），这些命令便不能够播放；如果在某一动作前的 ✔ 按钮上单击，则该动作中的所有命令都不能够播放；如果在一个动作组前的 ✔ 按钮上单击，则该组中的所有动作和命令都不能够播放。

● 调整播放速度：执行"动作"面板菜单中的"回放选项"命令，可以在打开的对话框中设置动作的播放速度，或者将其暂停，以便对动作进行调试。

 11.11.2

功能练习：在动作中插入命令

01 打开任意一幅图像。单击"动作"面板中的"曲线"命令，将该命令选择，如图11-325所示。下面在它后面添加新的命令。

02 单击开始记录按钮 ● 录制动作，执行"滤镜>锐化>USM锐化"命令，对图像进行锐化处理，如图11-326所示，然后关闭对话框。

03 单击停止播放/记录按钮 ■ 停止录制，即可将锐化图像的操作插入"曲线"命令后面，如图11-327所示。

图11-325　　　　　图11-326　　　　　图11-327

提示（Tips）

在"动作"面板中，将动作或命令拖曳至同一动作或另一个动作中的新位置，即可重新排列动作和命令。按住Alt键移动动作和命令，或者将动作和命令拖曳至"动作"面板中的 ▢ 按钮上，可以将其复制。将动作或命令拖曳至 🗑 按钮上，可将其删除。执行面板菜单中的"清除全部动作"命令，则会删除所有动作。如果需要将面板恢复为默认的动作，可以执行面板菜单中的"复位动作"命令。

 11.11.3

功能练习：在动作中插入停止

在Photoshop中，使用选框、移动、多边形、套索、魔棒、裁剪、切片、魔术橡皮擦、渐变、油漆桶、文字、形状、注释、吸管和颜色取样器等工具进行的操作，都可以录制为动作。另外，在"色板""颜色""图层""样式""路径""通道""历史记录""动作"面板中进行的操作也可以录制为动作。对于不能被记录的操作，可以插入停止命令，让动作播放到某一步时自动停止，这样就可以手动执行无法录制为动作的任务，如使用绘画工具进行绘制等。

01 选择"动作"面板中的"曲线"命令，如图11-328所示，下面在它后面插入停止。

02 执行面板菜单中的"插入停止"命令，打开"记录停止"对话框，输入提示信息，并选取"允许继续"选项，如图11-329所示。单击"确定"按钮关闭对话框，可将停止插入动作中，如图11-330所示。

图11-328

图11-329

图11-330

03 播放动作时，执行完"曲线"命令后，动作就会停止，并弹出我们在"记录停止"对话框中输入的提示信息，如图11-331所示。单击"停止"按钮停止播放，就可以使用绘画工具等编辑图像，编辑完成后，可以单击播放选定的动作按钮 ▶，继续播放后续命令；如果单击对话框中的"继续"按钮，则不会停止，而是继续播放后面的动作。

图11-331

⬦ 11.11.4
功能练习：在动作中插入菜单项目

不能录制动作的命令，如绘画和色调工具，"视图"和"窗口"菜单中的命令等，可以通过菜单项目的形式将其插入动作中。

扫码看视频

01 选择"动作"面板中的"USM锐化"命令，如图11-332所示，下面在它后面插入菜单项目。

02 执行面板菜单中的"插入菜单项目"命令，如图11-333所示，打开"插入菜单项目"对话框，如图11-334所示。执行"视图>显示>网格"命令，"插入菜单项目"对话框中的菜单项会出现"显示网格"字样，如图11-335所示，然后单击"插入菜单项目"对话框中的"确定"按钮，关闭对话框，显示网格的命令便会插入动作中，如图11-336所示。

图11-332

图11-333

图11-334

图11-335

图11-336

⬦ 11.11.5
在动作中插入路径

路径是矢量对象，不能用动作记录，但可以插入动作中。绘制或选取路径后，单击"动作"面板中的一个命令，打开面板菜单，选择"插入路径"命令，即可在该命令后插入路径。播放动作时，会自动创建该路径。如果要在一个动作中记录多个"插入路径"命令，则应在记录每个"插入路径"命令后，都执行"存储路径"命令。否则每记录的一个路径都会替换掉前一个路径。

⬦ 11.11.6
修改动作的名称和参数

如果要修改动作组或动作的名称，可以将它选择，如图11-337所示，然后执行面板菜单中的"组选项"或"动作选项"命令，打开选项对话框进行设置，如图11-338所示。如果要修改命令的参数，可以双击命令，如图11-339所示，在弹出的对话框中修改即可。

图11-337

图11-338

图11-339

⬦ 11.11.7
条件模式更改

使用动作处理图像时，如果在某个动作中，有一个步骤是将源模式为RGB的图像转换为CMYK模式，而当前处理的图像非RGB模式（如灰度模式），就会导致出现错误。为了避免这种情况，可以在记录动作时，执行"文件>自动>条件模式更改"命令，为源模式指定一个或多个模式，并为目标模式指定一个模式，如图11-340所示，以便在动作执行过程中进行转换。

图11-340

⬦ 11.11.8
照片实战：载入外部动作制作拼贴照片 进阶课

01 打开素材，如图11-341所示。打开"动作"面板菜单，选择"载入动作"命令，选择配套资源中的拼贴动作，如图11-342所示，单击"载入"按钮，将它载入"动作"面板中。

扫码看视频

图11-341　　　　　　　　　　图11-342

$\mathcal{O}2$ 单击"拼贴"动作，如图11-343所示，单击 ▶ 按钮播放动作，该操作比较复杂，处理过程需要一定时间。图11-344所示为创建的拼贴效果。

图11-343　　　　　　　　图11-344

⬦ 11.11.9　　　　　　　●平面 ●网店 ●UI ●摄影 ●插画

设计实战：通过批处理为一组照片贴Logo

批处理是指将动作应用于目标文件，可以帮助用户完成大量的、重复性的操作，以节省时间，提高工作效率，实现图像处理自动化。批处理对于网站美工和需要处理大量照片的影楼工作人员非常有用。普通用户也能受益。例如，现在很多人喜欢将照片上传到网上，为避免被盗用，可以用Photoshop制作一个个性化的Logo，贴在照片上以标明版权。一张、两张照片倒还好办，要是几十甚至上百张照片，那处理起来就相当麻烦了。如果遇到这种情况，就可以用Photoshop的动作功能，将Logo贴在照片上的操作过程录制下来，再通过批处理对其他照片播放这个动作，Photoshop就会为每一张照片添加相同的Logo。

$\mathcal{O}1$ 打开素材，如图11-345所示。单击"背景"图层，如图11-346所示，按Delete键将其删除，让Logo位于透明背景上，如图11-347和图11-348所示。

图11-345　　　　　　　　图11-346

图11-347　　　　　　　　图11-348

提示〔Tips〕

制作好Logo后，将其放在要加入水印的图像中，并调整好位置，然后删除图像，只保留Logo，再将这个文件保存。加水印的时候用这个文件，这样它与所要贴Logo的文件的大小相同，水印就会贴在指定的位置上。

$\mathcal{O}2$ 在进行批处理前，首先应该将需要批处理的文件保存到一个文件夹中，然后将动作录制好。执行"文件>存储为"命令，将文件保存为PSD格式，然后关闭。打开"动作"面板，单击该面板底部的 ⬚ 按钮和 ⬚ 按钮，创建动作组和动作。打开一张照片。执行"文件>置入嵌入对象"命令，选择刚刚保存的Logo文件，将它置入当前文件中，如图11-349所示。执行"图层>拼合图像"命令，将图层合并。单击"动作"面板底部的 ■ 按钮，结束录制，如图11-350所示。

图11-349　　　　　　　　图11-350

$\mathcal{O}3$ 执行"文件>自动>批处理"命令，打开"批处理"对话框，在"播放"选项组中选择刚刚录制的动作；单击"源"选项组中的"选择"按钮，在打开的对话框中选择要添加Logo的文件夹；在"目标"下拉列表中选择"文件夹"，单击"选择"按钮，在打开的对话框中为处理后的照片指定保存位置，这样不会破坏原始照片，如图11-351所示。

图11-351

$\mathcal{O}4$ 单击"确定"按钮，开始批处理，Photoshop会为目标文件夹中的每一张照片添加一个Logo，并将处理后的照片保存到指定的文件夹中，如图11-352所示。

图11-352

"批处理"对话框主要选项

- 源：可以指定要处理的文件。选择"文件夹"并单击下面的"选择"按钮，可在打开的对话框中选择一个文件夹，批处理该文件夹中的所有文件；选择"导入"，可以处理来自数码相机、扫描仪或PDF文档的图像；选择"打开的文件"，可以处理当前所有打开的文件；选择"Bridge"，可以处理Adobe Bridge中选定的文件。

- 覆盖动作中的"打开"命令：在批处理时忽略动作中记录的"打开"命令。

- 包含所有子文件夹：将批处理应用到所选文件夹中包含的子文件夹。

- 禁止显示文件打开选项对话框：批处理时不会打开文件选项对话框。

- 禁止颜色配置文件警告：关闭颜色方案信息的显示。

- 目标：可以选择完成批处理后文件的保存位置。选择"无"，表示不保存文件，文件仍为打开状态；选择"存储并关闭"，可以将文件保存在原文件夹中，并覆盖原始文件。选择"文件夹"并单击选项下面的"选择"按钮，可以指定用于保存文件的文件夹。

- 覆盖动作中的"存储为"命令：如果动作中包含"存储为"命令，选取该选项后，在批处理时，动作中的"存储为"命令将引用批处理的文件，而不是动作中指定的文件名和位置。

- 文件命名：将"目标"选项中选择"文件夹"后，可以在该选项组的6个选项中设置文件的命名规范，指定文件的兼容性，包括Windows、Mac OS和Unix。

11.11.10

功能练习：创建一个快捷批处理程序

快捷批处理是一个可以快速完成批处理的小应用程序，能够简化批处理操作的过程。在桌面上，它显示为 🔻 状。将图像或文件夹拖曳到该图标上，便可以直接对图像进

扫 码 看 视 频

行批处理，即使没有运行Photoshop，也能完成批处理任务。创建快捷批处理之前，也需要在"动作"面板中创建所需的动作。

01 执行"文件>自动>创建快捷批处理"命令，打开"创建快捷批处理"对话框，它与"批处理"对话框相似。选择一个动作，然后在"将快捷批处理存储为"选项组中单击"选择"按钮，如图11-353所示，打开"存储"对话框，为即将创建的快捷批处理设置名称和保存位置。

02 单击"保存"按钮关闭对话框，返回"创建快捷批处理"对话框中，此时"选择"按钮的右侧会显示快捷批处理程序的保存位置，如图11-354所示。单击"确定"按钮，即可创建快捷批处理程序并保存到指定位置。

图11-353　　　　　图11-354

11.11.11

脚本

"文件>脚本"下拉菜单中包含各种脚本命令，如图11-355所示。Photoshop 通过脚本支持外部自动化。在 Windows 中，可以使用支持 COM 自动化的脚本语言（如 VB Script）控制多个应用程序，如Adobe Photoshop、Adobe Illustrator 和 Microsoft Office。与动作相比，脚本提供了更多的可能性。它可以执行逻辑判断，重命名文档等操作，同时脚本文件更便于携带和重用。

图11-355

- 图像处理器：可以使用图像处理器转换和处理多个文件。图像处理器与"批处理"命令不同，不必先创建动作就可以用它处理文件。

- 删除所有空图层：可以删除不需要的空图层。

- 拼合所有蒙版：将各种类型的蒙版与其所在的图层拼合。

- 拼合所有图层效果：将图层样式与其所在的图层拼合。

- 脚本事件管理器：可以将脚本和动作设置为自动运行，用

事件（如在 Photoshop 中打开、存储或导出文件）来触发 Photoshop 动作或脚本。

● 将文件载入堆栈：可以使用脚本将多幅图像载入同一文件的各个图层中。

● 统计：执行"文件>脚本>统计"命令，可以使用统计脚本自动创建和渲染图形堆栈。

● 载入多个 DICOM 文件：可以载入多个 DICOM（医学数字成像和通信）文件。

● 浏览：可浏览并运行存储在其他位置的脚本。

◈ 11.11.12

扫 码 看 视 频

功能练习：通过数据驱动图形创建多版本图像

　　数据驱动图形是一种可以快速准确地生成图像的多个版本，以用于印刷项目或 Web 项目的功能。例如，以模板设计为基础，使用不同的文本和图像可以制作出100种不同的 Web 横幅。

　　创建图形时，首先要创建用作模板的基本图形，还要将图像中需要改变的部分分离为单独的图层。之后在图形中定义变量，通过变量指定在图像中更改的部分。接下来创建或导入数据组，用数据组替换模板中相应的图像；最后将图形与数据一起导出，生成图形（PSD文件）。

01 打开素材，如图11-356和图11-357所示。执行"图像>变量>定义"命令，打开"变量"对话框。

图11-356

图11-357

02 在"图层"下拉列表中选择"图层0"，并选取"像素替换"选项，"名称""方法""限制"都使用默认的设置，如图11-358所示。在对话框左上角的下拉列表中选择"数据组"，切换到"数据组"选项设置面板。单击基于当前数据组创建新数据组按钮，创建新的数据组，当前的设置内容为"像素变量1"，如图11-359所示。

图11-358

图11-359

03 单击"选择文件"按钮，在打开的对话框中选择素材，如图11-360所示，单击"打开"按钮，返回"变量"对话框，如图11-361所示，关闭对话框。

图11-360

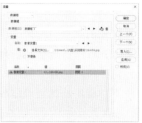
图11-361

04 执行"图像>应用数据组"命令，打开"应用数据组"对话框，如图11-362所示。选择"预览"选项，可以看到，文件中背景（"图层0"）图像被替换为指定的另一个背景，如图11-363所示。单击"应用"按钮，将数据组的内容应用于基本图像，同时所有变量和数据组保持不变。

图11-362

图11-363

提示（Tips）

数据组是变量及其相关数据的集合。执行"图像>变量>数据组"命令，可以打开"变量"对话框，设置数据组选项。

● 数据组：单击 按钮可以创建数据组。如果创建了多个数据组，可单击 ◀ ▶ 按钮切换数据组。选择一个数据组后，单击 按钮可将其删除。

● 变量：可以编辑变量数据。对于"可见性"变量 ◉ ，选择"可见"，可以显示图层的内容，选择"不可见"，则隐藏图层的内容；对于"像素替换"变量 ，单击选择文件，然后选择替换图像文件，如果在应用数据组前选择"不替换"，将使图层保持其当前状态；对于"文本替换"变量 **T** ，可以在"值"文本框中输入一个文本字符串。

◈ 11.11.13

变量的种类

　　变量用来定义模板中的哪些元素将发生变化。在 Photoshop中可以定义3种类型的变量：可见性变量、像素替换变量和文本替换变量。

可见性变量

　　可见性变量用来显示或隐藏图层中的图像内容。

像素替换变量

像素替换变量可以使用其他图像文件中的像素替换图层中的像素。选取"像素替换"选项后，可在下面的"名称"选项中输入变量的名称，然后在"方法"选项中选择缩放替换图像的方法。选择"限制"，可以缩放图像以将其限制在定界框内；选择"填充"，可以缩放图像以使其完全填充定界框；选择"保持原样"，不会缩放图像；选择"一致"，将不成比例地缩放图像以将其限制在定界框内。图11-364所示为不同方法的效果展示。

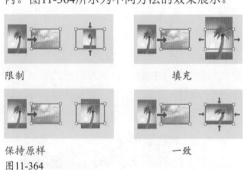

限制　　　　　　　　　　　　填充

保持原样
图11-364　　　　　　　　　　一致

单击对齐方式图标上的手柄，可以选取在定界框内放置的图像的对齐方式。选择"剪切到定界框"则可以剪切未在定界框内的图像区域。

文本替换变量

可以替换文字图层中的文本字符串，在操作时首先要在"图层"选项中选择文本图层。

11.11.14
导入与导出数据组

除了可以在Photoshop中创建数据组外，如果在其他程序，如文本编辑器或电子表格程序（Microsoft Excel）中创建了数据组，可以执行"文件>导入>变量数据组"命令，将其导入Photoshop。

定义变量及一个或多个数据组后，可以执行"文件>导出>数据组作为文件"命令，按批处理模式使用数据组值将图像输出为 PSD 文件。

打印输出
11.12

照片或图像编辑工作完成以后，可以从Photoshop中将图像发送到与计算机连接的输出设备，如桌面打印机，将图像打印出来。如果图像是RGB模式的，打印设备会使用内部软件将其转换为CMYK模式。

11.12.1
进行色彩管理

执行"文件>打印"命令，打开"打印"对话框，如图11-365所示。在对话框中可以预览打印作业并选择打印机、打印份数和文档方向。在"打印"对话框右侧的色彩管理选项组中，可以设置色彩管理选项，从而获得尽可能好的打印效果，如图11-366所示。如果要使用当前的打印选项打印一份文件，可以使用"文件>打印一份"命令来操作，该命令无对话框。

- 颜色处理：用来确定是否使用色彩管理，如果使用，则需要确定将其用在应用程序中，还是打印设备中。

- 打印机配置文件：可以选择适用于打印机和将要使用的纸张类型的配置文件。

- 正常打印 / 印刷校样：选择"正常打印"，可进行普通打印；选择"印刷校样"，可以打印印刷校样，即模拟文件在印刷机上的输出效果。

- 渲染方法：指定 Photoshop 如何将颜色转换为打印机颜色空间。

- 黑场补偿：通过模拟输出设备的全部动态范围来保留图像中的阴影细节。

图11-365　　　　　　　　　　　　　　　　　图11-366

💎 11.12.2

指定图像位置和大小

在"打印"对话框中，"位置和大小"选项组用来设置图像在画布上的位置，如图11-367所示。

● 位置：选取"居中"选项，可以将图像定位于可打印区域的中心；取消选取，则可在"顶"和"左"选项中输入数值定位图像，从而只打印部分图像。

● 缩放后的打印尺寸：选取"缩放以适合介质"选项，可自动缩放图像至适合纸张的可打印区域；取消选取，则可在"缩放"选项中输入图像的缩放比例，或者在"高度"和"宽度"选项中设置图像的尺寸。

● 打印选定区域：选取该选项，可以启用对话框中的裁剪控制功能，此时可通过调整定界框来移动或缩放图像，如图11-368所示。

图11-367   图11-368

💎 11.12.3

设置打印标记

如果要将图像直接从 Photoshop 中进行商业印刷，可在"打印标记"选项组中指定在页面中显示哪些标记，如图11-369和图11-370所示。

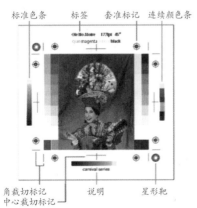

图11-369   图11-370

💎 11.12.4

设置函数

"函数"选项组中包含"背景""边界""出血"等按钮，如图11-371所示，单击一个按钮，即可打开相应的选项设置对话框。

图11-371

● 背景：用于设置图像区域外的背景色。

● 边界：用于在图像边缘打印出黑色边框。

● 出血：用于将裁剪标志移动到图像中，以便裁切图像时不会丢失重要内容。

● 药膜朝下：可以水平翻转图像。

● 负片：可以反转图像颜色。

💎 11.12.5

陷印

在叠印套色版时，如果套印不准、相邻的纯色之间没有对齐，便会出现小的缝隙，如图11-372所示。这种情况通常采用一种叠印技术（即陷印）来进行纠正。

图11-372

执行"图像>陷印"命令，打开"陷印"对话框，如图11-373所示。在该对话框中，"宽度"代表了印刷时颜色向外扩张的距离。该命令仅用于CMYK模式的图像。图像是否需要陷印一般由印刷商确定，如果需要陷印，印刷商会告知用户要在"陷印"对话框中输入的数值。

图11-373

第12章

Camera Raw

Camera Raw 概述

12.1

Camera Raw 虽然只是 Photoshop 中的一个增效工具，但在照片编辑方面更加专业，尤其在色温、曝光、高光色调、阴影色调和锐化等处理上，Camera Raw 要远胜于 Photoshop。

12.1.1
Camera Raw 组件和工具

Camera Raw 可以解释相机原始数据文件，使用相机的信息及图像元数据来构建和处理图像。在 Photoshop 中打开 Raw 照片时，会自动弹出"Camera Raw"对话框，如图 12-1 所示。

图 12-1

组件

● **相机名称或文件格式：** 打开 Raw 文件时，显示相机的名称；打开其他格式的文件时，显示图像的文件格式。

● **视图切换按钮：** 单击 ⦿ 按钮，可以打开下拉菜单，选择视图的预览模式，如图 12-2~图 12-4 所示；单击 ⦿ 按钮，可在原图和调整效果之间切换；单击 ⦿ 按钮，可将当前设置存储为图像的"原图"状态；单击 ⦿ 按钮，仅为显示的面板切换当前设置和默认值。

打开菜单　　　　原图/效果图 左/右　　　原图/效果图 左/右分离
图12-2　　　　　图12-3　　　　　　图12-4

- 切换全屏模式 ⬚ : 可以让对话框全屏显示。

- 拍摄信息 : 显示光圈和快门速度等原始拍摄信息。

- 阴影/高光 : 显示阴影和高光修剪。阴影缺失 *(见180页)* 以蓝色显示，高光溢出 *(见180页)* 以红色显示。

- R/G/B : 将光标放在图像上，可显示光标下面像素的（RGB）颜色值。

- 直方图 : 显示了图像的直方图。

- "Camera Raw 设置" 菜单 : 单击 ≡ 按钮，可以打开下拉菜单，设置 Camera Raw 默认值及存储和载入预设等。

- 窗口缩放级别 : 可以调整窗口的视图比例。

- 单击显示 "工作流程选项" 对话框 : 单击文字，可以打开 "工作流程选项" 对话框，为从 Camera Raw 输出的所有文件指定设置，包括色彩深度、色彩空间和像素尺寸等。

工具

- 缩放工具 🔍 : 单击可放大图像的显示比例，按住 Alt 键单击则缩小显示比例。双击该工具，可以让图像以 100% 的比例显示。

- 抓手工具 ✋ : 放大窗口以后，可以使用该工具移动图像。使用其他工具时，按住空格键可以切换为抓手工具 ✋。如果想要让照片在窗口中完整显示，可双击该工具。

- 白平衡工具 ✏ : 使用该工具在白色或灰色的图像上单击，可以校正照片的白平衡。双击该工具，可以将白平衡恢复为照片初始状态。

- 颜色取样器工具 ✐ : 用该工具在图像中单击，可以建立取样点，对话框顶部会显示取样像素的颜色值，以便于调整时观察颜色的变化情况。

- 目标调整工具 ✐ : 单击该工具，在打开的下拉列表中选择一个选项，包括 "参数曲线" "色相" "饱和度" "明亮度"，在图像中单击并拖曳鼠标即可应用相应的调整。

- 裁剪工具 ⟊ : 与 Photoshop 的裁剪工具 ⟊ *(见234页)* 用法相同。如果要按照一定的长宽比裁剪照片，可单击该工具，打开下拉菜单选择选项。

- 拉直工具 ⟟ : 与 "镜头校正" 滤镜的拉直工具 ⟟ *(见240页)* 相同，可以校正倾斜的照片。

- 变换工具 ⟊ : 可以对图像进行扭曲、旋转和透视校正，类似于 "镜头校正" 滤镜的 "变换" 选项组 *(见240页)*。

- 污点去除 ✗ : 与 Photoshop 的修补工具 ⬭ 类似 *(见247页)*，可以复制图像并用于修复选中的区域。

- 红眼去除 ⁺◉ : 与 Photoshop 的红眼工具 ⁺◉ *(见249页)* 用途相同，可去除红眼。

- 调整画笔 ✦ /渐变滤镜 ▦ : 可以采用与 Photoshop 画笔和渐变工具相同的方法，处理局部图像的曝光度、亮度、对比度、饱和度和清晰度等。

- 径向滤镜 ⟠ : 可以调整照片中特定区域的色温、色调、清晰度、曝光度和饱和度，突出照片中想要展示的主体。

- 打开首选项对话框 ≣ : 单击该按钮，可以打开 "Camera Raw 首选项" 对话框。

- 旋转工具 ↺ ↻ : 可以将照片逆时针或顺时针旋转90°。

💎 12.1.2

基本选项卡：调整白平衡、曝光和清晰度

打开 "Camera Raw" 对话框时，显示的是基本选项卡 ⚙，如图12-5和图12-6所示。它可以对白平衡、曝光、清晰度和饱和度等基本参数做出调整。

- 白平衡 : 默认情况下显示相机拍摄此照片时所使用的原始白平衡设置（原照设置）。在下拉列表中选择 "自动" 选项，可以自动校正白平衡。如果是 Raw 格式照片，还可以选择日光、阴天、阴影、白炽灯、荧光灯和闪光灯等模式。

图12-5　　　　　图12-6

- 色温 : 如果拍摄照片时的光线色温较低，可通过降低 "色温" 来校正照片，Camera Raw 可以使图像颜色变得更蓝以补偿周围光线的低色温（发黄），如图12-7所示。如果拍摄照片时的光线色温较高，则提高 "色温" 可以校正照片，图像颜色会变得更暖（发黄）以补偿周围光线的高色温（发蓝），如图12-8所示。

- 色调 : 通过设置白平衡来补偿绿色或洋红色色调。该值为负值，可在图像中添加绿色，如图12-9所示；为正值，则在图像中添加洋红色，如图12-10所示。

降低色温颜色变蓝　提高色温颜色变黄　降低色调颜色变绿　提高色调颜色变洋红色
图12-7　　　　图12-8　　　　图12-9　　　　图12-10

- 曝光 : 可以调整照片的曝光。减少 "曝光" 值会使图像变

暗，增加"曝光"值则使图像变亮。曝光值相当于相机的光圈大小。调整为 +1.00 类似于将光圈打开 1，调整为 -1.00 则类似于将光圈关闭 1。

● 对比度：可以调整对比度，主要影响中间色调。增加对比度时，中到暗图像区域会变得更暗，中到亮图像区域会变得更亮；降低对比度对图像色调的影响相反。

● 高光：可调整图像的明亮区域，如图 12-11 和图 12-12 所示。向左拖曳滑块可使高光变暗并恢复高光细节，向右拖曳可在最小化修剪的同时使高光变亮。

● 阴影：可调整图像的黑暗区域，如图 12-13 和图 12-14 所示。向左拖曳滑块可在最小化修剪的同时使阴影变暗，向右拖曳可使阴影变亮并恢复阴影细节。

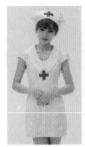 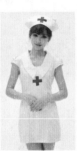 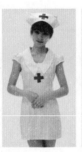 

高光-100　　　高光+100　　　阴影-100　　　阴影+100
图12-11　　　图12-12　　　图12-13　　　图12-14

● 白色：可指定将哪些像素映射为白色。向右拖曳滑块可增加变为白色的区域，如图 12-15 和图 12-16 所示。

● 黑色：可指定将哪些像素映射为黑色。向左拖曳滑块可增加变为黑色的区域，如图 12-17 和图 12-18 所示。它主要影响阴影区域，对中间调和高光的影响较小。

白色-100　　　白色+100　　　黑色-100　　　黑色+100
图12-15　　　图12-16　　　图12-17　　　图12-18

● 清晰度：通过提高局部对比度来增加图像的清晰度，对中色调的影响最大。增加清晰度类似于大半径 USM 锐化，降低清晰度则类似于模糊滤镜效果，如图 12-19 所示。

● 去除薄雾：可减少照片中的雾气，使画面变得清晰、通透。

● 自然饱和度：与 Photoshop 的"自然饱和度"命令相同，可增加所有低饱和度颜色的饱和度，对高饱和度颜色的影响较小，因此可以避免出现溢色，如图 12-20 所示。

● 饱和度：与 Photoshop 的"色相/饱和度"命令相同，可均匀地调整所有颜色的饱和度，如图 12-21 所示。

降低清晰度　　　增加自然饱和度　　　增加饱和度
图12-19　　　图12-20　　　图12-21

◈ 12.1.3

色调曲线选项卡：调整色调和对比度

　　色调曲线选项卡▦中的选项可以对色调进行微调。它提供了两种调整方式。单击"点"选项，面板中会显示与 Photoshop "曲线"对话框相同的曲线，调整方法也相同，如图12-22和图12-23所示。

图12-22　　　图12-23

　　单击"参数"选项卡，则显示"高光""亮调""暗调""阴影"选项，拖曳这几个滑块，可针对相关色调进行微调，如图12-24所示。这种调整方式还可以避免直接拖曳曲线调整由于强度过大而损坏图像。

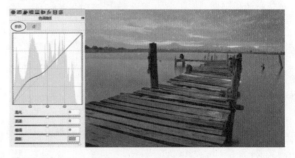

图12-24

◈ 12.1.4

细节选项卡：锐化和降噪

　　细节选项卡▲中的选项可以对图像进行锐化和降噪，如图12-25~图12-27所示。在操作时，建议将窗口的显示比例调整到100%，以便准确观察细节。

原图
图12-25

锐化参数及效果
图12-26

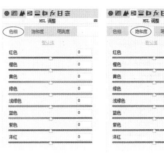

降噪参数及效果
图12-27

锐化

- **数量**：可调整边缘的清晰度。该值为0时关闭锐化。

- **半径**：可调整应用锐化时的细节的大小。具有微小细节的照片较低的设置即可，因为该值过大会导致图像内容不自然。

- **细节**：可调整在图像中锐化多少高频信息和锐化过程强调边缘的程度。较低的值将主要锐化边缘，以便消除模糊；较高的值会使图像中的纹理更加清楚。

- **蒙版**：Camera Raw是通过强调图像边缘的细节来实现锐化效果的，将"蒙版"设置为0时，图像中的所有部分均接受等量的锐化；设置为100时，则可将锐化限制在饱和度最高的边缘附近，避免非边缘区域锐化。

减少杂色

- **明亮度**：可减少明亮度杂色，即明度噪点（见268页）。

- **明亮度细节**：可控制明亮度杂色的阈值，适用于杂色照片。该值越高，保留的细节就越多，但杂色也会增多；值越低，产生的结果就越干净，但也会消除某些细节。

- **明亮度对比**：可控制明亮度的对比。该值越高，保留的对比度就越高，但可能会产生杂色（花纹或色斑）；该值越低，产生的结果就越平滑，但也可能使对比度较低。

- **颜色**：可减少彩色杂色，即颜色噪点（见268页）。

- **颜色细节**：可控制彩色杂色的阈值。该值越高，边缘保持得越细、色彩细节越多，但可能会产生彩色颗粒；该值越低，越能消除色斑，但可能会出现溢色。

- **颜色平滑度**：可控制颜色的平滑效果。

💎 12.1.5

HSL/灰度选项卡：调整色相、饱和度和明度

HSL/灰度选项卡包含色相、饱和度、明亮度等嵌套选项卡，如图12-28~图12-30所示，可单独调整个别颜色的色相、饱和度和明度。要改变哪种颜色就拖曳相应的滑块，滑块向哪个方向拖曳就会发生相应的改变。例如，如果红色对象看起来太鲜明并且分散注意力，可以在嵌套的"饱和度"选项卡中减少"红色"值。

图12-28　　　　图12-29　　　　图12-30

💎 12.1.6

分离色调选项卡：重新着色

分离色调选项卡可以为单色图像着色，也可为彩色图像创建特效，如反冲效果，如图12-31~图12-33所示。

原图　　　　　　参数　　　　　　调整效果
图12-31　　　　图12-32　　　　图12-33

- **"高光" / "阴影"选项组**：可以对高光和阴影区域做出调整。"色相"用于设置色调颜色，"饱和度"用于设置效果

幅度。

● 平衡：可以平衡"高光"和"阴影"控件之间的影响。正值增加"阴影"的影响，负值增加"高光"的影响。

12.1.7
镜头校正选项卡：校正镜头缺陷

镜头校正选项卡可以校正镜头缺陷，补偿相机镜头造成的色差、几何扭曲和晕影。它包含两个嵌套选项卡，如图12-34和图12-35所示。在"配置文件"选项卡中，选取"启用配置文件校正"选项，并制定相机、镜头型号，Camera Raw会启用相应的镜头配置文件来自动校正图像。如果要手动调整参数，可单击"手动"选项卡。这两种调整方式与"镜头校正"滤镜（见238页）基本相同。

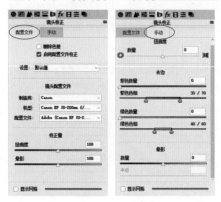

图12-34　　　　　图12-35

12.1.8
效果选项卡：添加颗粒和晕影

效果选项卡 fx 中的选项可以为照片添加胶片颗粒和晕影等艺术效果，如图12-36~图12-38所示。

原图　　　　参数　　　　调整效果
图12-36　　　图12-37　　　图12-38

● "颗粒"选项组：可以在图像中添加颗粒。"数量"控制应用于图像的颗粒数量；"大小"用于控制颗粒大小，如果大

于或等于 25，图像可能会有一点模糊；"粗糙度"控制颗粒的匀称性，向左拖曳可使颗粒更匀称，向右拖曳可使颗粒更不匀称。

● "裁剪后晕影"选项组：可以为裁剪后的图像添加晕影以获得艺术效果。

12.1.9
校准选项卡：调整相机的颜色显示

有些型号的数码相机拍摄的照片总是存在色偏，Camera Raw可以将此类照片的调整参数创建为一个预设文件，以后在Camera Raw中打开该相机拍摄的照片时，就会自动对颜色进行补偿。

打开一张问题相机拍摄的典型照片，单击"Camera Raw"对话框中的校准按钮，显示选项，如图12-39所示。如果阴影区域出现色偏，可以拖曳"阴影"选项中的色调滑块进行校正；如果是各种原色出现问题，则可拖曳红、绿、蓝原色滑块。这些滑块也可以用来模拟不同类型的胶卷。校正完成后，单击右上角的按钮，在打开的菜单中选择"存储新的Camera Raw 默认值"命令将设置保存。以后打开该相机拍摄的照片时，Camera Raw就会自动对照片进行校正。

图12-39

12.1.10
预设选项卡：存储调整预设

在 Camera Raw 中编辑图像时，单击预设选项卡中的按钮，可以将所做的调整（如白平衡、曝光和饱和度等）存储为预设。此后使用Camera Raw编辑其他图像时，单击存储的预设项目，即可将其应用到图像上。

12.1.11
快照选项卡：存储图像调整状态

快照选项卡类似于Photoshop"历史记录"面板中的快照（见25页）功能。单击按钮，可以将图像的当前调整效果创建为快照，如图12-40所示，在后面的处理过程中如果要将图像恢复到此快照状态，可通过单击快照来进行恢复。如果要删除快照，可单击它，然后单击按钮。

图12-40

12.2 打开和存储Raw照片

Camera Raw不仅可以处理Raw照片，也可以打开和处理JPEG和TIFF格式的文件，但打开方法有所不同。处理完Raw文件后，可以根据需要将其另存为PSD、TIFF、JPEG 或 DNG格式。

◈ 12.2.1
在 Photoshop 中打开 Raw 照片

▶必学课

在Photoshop中执行"文件>打开"命令，弹出"打开"对话框，选择一张Raw照片，单击"打开"按钮或按Enter键，即可运行Camera Raw并将其打开。

如果想一次打开多张Raw照片，可以在"打开"对话框中按住Ctrl键单击它们，如图12-41所示，然后按Enter键，这些照片会以"连环缩览幻灯胶片视图"的形式排列在Camera Raw对话框左侧，如图12-42所示。

图12-41　　　图12-42

如果想要对两张或多张照片应用相同的处理，可以按住Ctrl键单击这些照片，将它们同时选择，再进行调整。

◈ 12.2.2
在 Bridge 中打开 Raw 照片

在Adobe Bridge中选择Raw照片，执行"文件>在Camera Raw中打开"命令，或按Ctrl+R快捷键，可以在Camera Raw 中将其打开。

◈ 12.2.3
在 Camera Raw 中打开其他格式照片

▶进阶课

如果想用Camera Raw处理普通的JPEG或TIFF照片，可以在Photoshop中执行"滤镜>Camera Raw滤镜"命令，以滤镜的形式使用Camera Raw。

◈ 12.2.4
存储 Raw 照片

▶进阶课

Camera Raw 可以打开和编辑相机原始图像文件，但不能以相机原始格式存储图像。调整内容或存储在 Camera Raw 数据库中，作为元数据嵌入在图像文件中，或存储在附属 XMP 文件（相机原始数据文件附带的元数据文件）中。在Camera Raw中完成对Raw照片的编辑以后，可单击对话框底部的按钮，选择一种方式存储照片或放弃修改结果，如图12-43所示。

存储图像　　Adobe RGB (1998): 8 位; 3168 x 4752 (15.1 百万像素); 300 ppi　　打开图像　取消　完成

图12-43

● 存储图像：如果要将 Raw 照片存储为 PSD、TIFF、JPEG 和 DNG 格式，可单击该按钮，打开"存储选项"对话框，设置文件名称和存储位置，在"格式"下拉列表中选择保存格式。

● 打开图像：单击该按钮，可将调整应用到 Raw 图像上，然后在 Photoshop 中打开调整后的图像副本。

● 取消：放弃所有调整并关闭 Camera Raw。

● 完成：单击该按钮，可以将调整应用到 Raw 图像上，并更新其在 Bridge 中的缩览图。

技术看板 ③⑥ Raw 照片保存技巧

用Camera Raw编辑完Raw照片后，建议以DNG格式存储。DNG格式（数字负片）是Adobe开发的一种专门用于保存Raw图像副本的文件格式。选择该格式并选取"嵌入JPEG预览"选项，其他应用程序不必解析相机原始数据便可查看DNG文件内容，否则Raw照片不使用专用的软件进行成像处理是无法浏览的。另外，保存为DNG格式后，Photoshop会存储所有调整参数，以后任何时候打开文件，都可以修改参数，也可以将照片复原到修改前的最初状态。

Raw文件是对记录原始数据的文件格式的通称，并没有统一的标准，不同的相机设备制造商使用各自专有的格式，这些图片格式一般称为Raw文件。例如，佳能相机的Raw文件是以CRW或CR2为后缀；尼康相机则以NEF为后缀；奥林巴斯相机以ORF为后缀。

IMG_7798.CR2

佳能的Raw文件

用Camera Raw调整图像

12.3

Camera Raw可以调整照片的白平衡、色调、色彩和饱和度，校正镜头的各种缺陷。在Adobe Bridge中，使用Camera Raw编辑后的照片，其缩览图上会出现🔳状标记。

12.3.1

Camera Raw 中的直方图

"Camera Raw"对话框右上角显示了当前图像的直方图，如图12-44所示。它的3种颜色分别代表了红、绿和蓝通道。直方图中的白色是这3个通道重叠的地方。当两个RGB 通道重叠时，会显示黄色（红＋绿通道）、洋红色（红＋蓝通道）和青色（绿＋蓝通道）。

调整图像时，直方图会更新。如果直方图的两个端点出现竖线，表示图像中发生了修剪，即高光溢出和阴影缺失（见180页），导致图像的细节丢失。单击直方图上面的阴影图标（或按U键），会以蓝色标识阴影修剪区域，如图12-45所示；单击高光图标（或按O键），则以红色标识高光修剪区域，如图12-46所示。再次单击相应的图标可取消剪切显示。

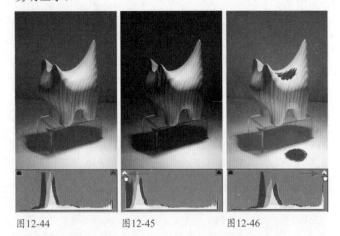

图12-44　　　图12-45　　　图12-46

12.3.2

●平面 ●网店 ●摄影 ●插画 ●影视

照片实战：调整曝光

01 打开JPEG格式的照片素材，如图12-47所示。画面中色调非常暗，说明曝光不足。

02 执行"滤镜>转换为智能滤镜"命令，将图像转换为智能对象。执行"滤镜>Camera Raw滤镜"命令，打开"Camera Raw"对话框。提高"曝光"值（设置为2.7），将照片的整体色调提亮，如图12-48所示。

扫码看视频

图12-47　　　　　　　图12-48

03 现在欠曝区域（背景、头发）显示出细节了，但高光区域（白色的衣领、衣纹）明显过曝了，需要进行恢复。操作方法非常简单，只需将"高光"滑块拖曳到最左侧即可。然后适当提高"清晰度"（设置为+13），如图12-49所示。单击"确定"按钮关闭对话框。以后无论何时想要修改调整参数，可双击"图层"面板中的Camera Raw滤镜，如图12-50所示，运行Camera Raw进行操作。

图12-49　　　　　　　图12-50

12.3.3

照片实战：调整色温和饱和度

●平面 ●网店 ●摄影 ●插画 ●影视

01 打开照片素材，如图12-51所示。执行"滤镜>Camera Raw滤镜"命令，打开"Camera Raw"对话框。将"色温"值调整为-63，让照片的整体颜色向蓝色转换，将"自然饱和度"调整为-100，如图12-52所示。

扫码看视频

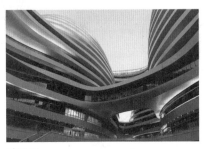

图12-51　　　　　　　　　　　图12-52

02 将"阴影"调整为+54，"黑色"调整为+32，让阴影区域变亮，设置"曝光"为+0.6，将画面提亮一些，将"清晰度"调整为-66，让图像变得柔和，再适当提高"对比度"（设置为+7），如图12-53所示。

图12-53

◈ 12.3.4

照片实战：调整色相和色调曲线 ●平面 ●网店 ●摄影 ●插画 ●影视

01 按Ctrl+O快捷键，弹出"打开"对话框，选择一张CR2格式的照片，按Enter键，运行Camera Raw，如图12-54所示。这张照片色彩较灰暗，色调层次也不丰富，需要分别对影调和色彩做出调整。

扫码看视频

图12-54

02 修改"色温"和"曝光"值，让高光区域变暗一点。提高"阴影"和"黑色"值，将画面的阴影区域调亮。提高"对比度"和"清晰度"值，让细节更加清晰。提高"自然饱和度"值，让色彩更加鲜艳，如图12-55所示。

图12-55

03 单击▦按钮，切换到色调曲线选项卡，调整色调曲线（+22，-14，+59，-38），如图12-56所示。单击▲按钮，切换到细节选项卡，进行锐化，如图12-57和图12-58所示。

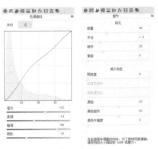

图12-56　　　　　图12-57　　　　　图12-58

04 单击▤按钮，切换到HSL/灰度选项卡，调整红色、橙色、黄色的色相，如图12-59所示。单击"存储图像"按钮，将照片保存为"数字负片"（DNG）格式。

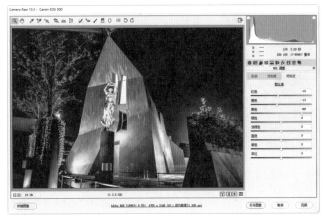

图12-59

💎 **12.3.5** ●平面 ●网店 ●摄影 ●插画 ●影视

技巧：去除雾霾

01 打开照片素材。如图12-60所示。执行"滤镜>Camera Raw滤镜"命令，打开"Camera Raw"对话框。

扫码看视频

图12-60

02 设置"去除薄雾"为+88，画面的清晰度得到了提升，色彩和图像细节有了初步改善，如图12-61所示。

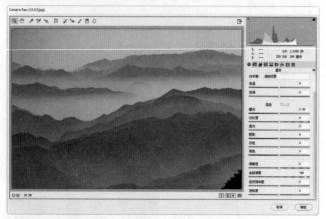

图12-61

03 单击田按钮，切换到色调曲线选项卡，拖曳曲线的两个端点，与直方图的两侧边缘对齐，如图12-62所示。

图12-62

04 单击▲按钮，切换到细节选项卡，调整"减少杂色"选项组中的参数，进行降噪处理，如图12-63所示。

图12-63

05 选择污点去除工具 ✎，在画面上方的黑点上单击并拖曳鼠标，将污点清除，如图12-64所示。

图12-64

06 选择渐变滤镜工具 ▤，按住Shift键单击并拖曳鼠标，添加渐变滤镜，然后调整"高光""阴影""黑色"参数，将天空调亮，如图12-65所示。

图12-65

07 使用渐变滤镜工具 ▤在画面左上角再添加一个渐变滤镜，提高"高光"值（+50），如图12-66所示。

图12-66

12.3.6

调整 Raw 照片的大小和分辨率

Camera Raw可以调整Raw格式照片的大小和分辨率。操作方法是打开Raw照片，单击对话框底部的文字，如图12-67所示，在弹出的"工作流程选项"对话框中即可进行修改，如图12-68所示。

图12-67

图12-68

设置完成以后，单击"确定"按钮，关闭该对话框，再单击Camera Raw中的"打开"按钮，即可在Photoshop中打开修改后的照片。

- 色彩空间：指定目标颜色的配置文件。通常设置为用于 Photoshop RGB 工作空间的颜色配置文件。

- 色彩深度：可设置位深度，包括8位/通道和16位/通道，位深度决定了 Photoshop 在黑白之间使用多少级灰度。

- 调整图像大小：可设置导入Photoshop 时图像的像素尺寸。默认像素尺寸是拍摄图像时所用的像素尺寸。要重定图像像素，可以在W（宽度）、H（高度）和分辨率选项中进行设置。

- 输出锐化：可以对"滤色""光面纸""粗面纸"应用输出锐化。

- 在 Photoshop 中打开为智能对象：单击 Camera Raw 对话框中的 "打开图像"按钮时，Camera Raw 图像在 Photoshop 中打开为智能对象而不是"背景"图层。

12.4

用Camera Raw修饰图像

Camera Raw中的目标调整、污点去除、调整画笔和渐变滤镜等工具可以修饰照片，编辑图像的特定区域。我们不必通过Photoshop就可以在Camera Raw中对Raw照片进行美化和艺术处理。

12.4.1

照片实战：用污点去除工具清除色斑

●平面 ●网店 ●摄影

01 打开素材，打开"Camera Raw"对话框。选择污点去除工具 ，如图12-69所示。

扫码看视频

图12-69

02 按Ctrl++快捷键，将视图比例放大。将光标放在需要修饰的斑点上，单击并拖动鼠标用红白相间的圆将斑点选

中，放开鼠标，在它旁边会出现一个绿白相间的圆，Camera Raw就会自动在斑点附近选择一处图像来修复选中的斑点，如图12-70所示。如果斑点较小的话，可以将选框调小，也可以移动它们的位置。图12-71所示为去斑后的效果。

图12-70　　　　图12-71

污点去除工具选项

- 类型：选择"修复"，可以使样本区域的纹理、光照和阴影与所选区域相匹配；选择"仿制"，则将图像的样本区域应用于所选区域。

- **大小**：用来指定点去除工具影响的区域的大小。
- **羽化**：可以为仿制或修复设置羽化范围。
- **不透明度**：可以调整取样图像的不透明度。
- **使位置可见**：可以开启可视化污点功能，同时图像会反相，使轮廓清晰可见。在这种状态下，更容易找到污点，处理时也更加准确，如图12-72~图12-75所示。拖曳该选项右侧的滑块可以调整阈值，以方便查看传感器灰尘、斑点等瑕疵。

原图上有高压线塔
图12-72

开启可视化污点功能
图12-73

清除高压线塔
图12-74

修复结果
图12-75

- **显示叠加**：显示或隐藏选框。
- **清除全部**：单击该按钮，可以撤销所有的修复。

💎 12.4.2
●平面 ●网店 ●摄影

照片实战：用调整画笔修改局部曝光

调整画笔 ✎ 的使用方法是先在图像上绘制需要调整的区域，通过蒙版将这些区域覆盖，然后隐藏蒙版，再调整所选区域的色调、色彩饱和度和锐化。

扫码看视频

01 在Camera Raw中打开一张逆光照片。选择调整画笔工具 ✎ ，对话框右侧会显示"调整画笔"选项卡，先选取"显示蒙版"选项，如图12-76所示。

图12-76

02 将光标放在人物面部，光标中的十字线代表了画笔中心，实圆代表了画笔的大小，黑白虚圆代表了羽化范围。单击并拖曳鼠标绘制调整区域，如图12-77所示。如果涂抹到了其他区域，可按住Alt键在这些区域上绘制，将其清除掉。可以看到，涂抹区域覆盖了一层灰色，在单击处显示出一个图钉图标 。取消"显示蒙版"选项的选取或按Y键，隐藏蒙版。

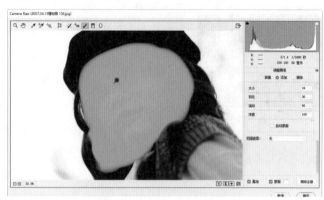
图12-77

03 现在可以对人物进行调整了。向右拖曳"曝光"滑块，即可将调整画笔工具涂抹的区域调亮（即蒙版覆盖的区域），其他图像不会受到影响，如图12-78所示。

图12-78

调整画笔工具选项

- **新建**：选择调整画笔后，该选项处于选取状态，此时在图像中涂抹可以绘制蒙版。
- **添加**：绘制一个蒙版区域后，选取该选项，可在其他区域添加新的蒙版。
- **清除**：要删除部分蒙版或撤销部分调整，可选取该选项，并在原蒙版区域上涂抹。创建多个调整区域以后，如果要删除其中的一个调整区域，则可单击该区域的图钉图标 📍 ，然后按 Delete 键。
- **锐化程度**：可增强边缘清晰度以显示照片中的细节。负值会使细节变模糊。

- 减少杂色：可减少阴影区域明显的明亮度杂色。
- 波纹去除：可消除莫尔失真或颜色失真。
- 去边：可消除边缘色边。
- 颜色：可以在选中的区域中叠加颜色。单击右侧的颜色块，可以修改颜色。
- 大小/羽化：用来指定画笔笔尖的直径（以像素为单位）和硬度。
- 流动：用来控制调整的应用速率。
- 浓度：用来控制笔触的透明度。
- 自动蒙版：将画笔描边限制到颜色相似的区域。

12.4.3
照片实战：磨皮与美白

01 打开素材，如图12-79所示。打开"Camera Raw"对话框，先调整曝光，设置参数为+0.35，提亮照片色调。再设置对比度为+9，高光为+20，阴影为+46，黑色为-50，使照片色调明快，不再灰暗，如图12-80所示。

图12-79

图12-80

02 单击▲按钮，切换到细节选项卡进行细节调整。通过减少杂色对照片进行磨皮处理。设置明亮度为77，明亮细节为77，明亮度对比为5，如图12-81所示，人物的皮肤会变

得非常细腻。

图12-81

03 对照片进行锐化，设置数量为70，半径为1.5，细节30，如图12-82所示，使照片细节丰富清晰。

图12-82

04 单击⑤按钮，切换到基本设置选项卡，设置色调为+3，清晰度为+4，自然饱和度为+56，如图12-83所示。

图12-83

05 单击对话框右下角的"确定"按钮，在Photoshop中打
开图像。选择污点修复画笔工具 ✍，对脸上的微小斑
点进行修复，使脸颊更加完美，如图12-84所示。

图12-84

06 使用快速选择工具 ✍ 选中脖子，如图12-85所示。按
Shift+F6快捷键打开"羽化"对话框，设置参数为10，
关闭对话框。执行"图像>调整>可选颜色"命令，分别对黄
色和中性色进行调整，设置参数，如图12-86和图12-87所示，
使脖子的颜色与面部统一，如图12-88所示。

图12-85

图12-86

图12-87

图12-88

07 按Ctrl+D快捷键取消选择。图12-89和图12-90所示分别
为原图及磨皮效果。用Camera Raw处理照片就像一站式
服务一样，曝光、磨皮、锐化和色彩调整都可以轻松完成。

图12-89

图12-90

⬦ 12.4.4

●平面 ●网店 ●摄影

照片实战：用目标调整工具修改色彩

01 打开素材及"Camera Raw"对话框。单击
目标调整工具 ✍ 并按住鼠标按键，打开下
拉菜单，选择"色相"命令，如图12-91所示。
下面的调整操作将修改色相。

扫码看视频

图12-91

02 将光标放天空上，单击并向左侧拖曳鼠标，修改天空颜
色，同时观察"蓝色"参数，当它变为-66时，停止移

动，如图12-92所示。

图12-92

03 将"红色""橙色""黄色""绿色"滑块拖曳到最左侧，将"浅绿色"滑块向右移动，如图12-93所示。单击"饱和度"选项卡，将"黄色"和"绿色"饱和度都设置为+100，如图12-94所示。

图12-93　　　　　图12-94

04 选择渐变滤镜工具▤，按住Shift键从右下向上拖动鼠标，定义滤镜范围（滤镜从红点和红虚线开始，在超过绿点和绿虚线外结束），然后设置参数，如图12-95所示。

图12-95

扫码看视频

12.4.5

照片实战：用径向滤镜工具制作Lomo照片

Lomo照片是指用Lomo相机拍摄的照片，这种相机对红、蓝、黄感光特别敏锐，冲出的照片色泽异常鲜艳，但成像质量不高，照片暗角比较大，不过这些早已成为Lomo照片的特色，受到广大青年的喜爱和追捧。

01 打开素材。打开"Camera Raw"对话框。选择径向滤镜工具○，在画面中单击并拖出一个绿白相间的椭圆范围框，降低"曝光"和其他参数，Camera Raw会降低范围框以外图像的曝光，突出图像中的主体，如图12-96所示。

图12-96

02 单击抓手工具✋，切换到基本选项卡。单击▤按钮，切换到分离色调选项卡。拖曳滑块，在高光和阴影中添加颜色，如图12-97所示。

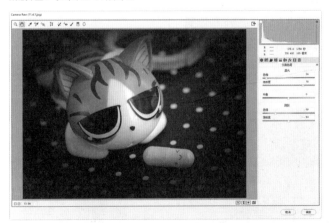

图12-97

03 单击 𝑓𝑥 按钮，切换到效果选项卡，在画面中添加颗粒，如图12-98所示。

图12-98

提示（Tips）

如果要修改径向滤镜的参数，可单击其灰色手柄。选中后，手柄变为红色（按Delete键可删除滤镜）。单击并拖曳滤镜的中心可以移动滤镜。拖曳滤镜的4个手柄可以调整滤镜大小，在滤镜边缘拖曳则可旋转滤镜。

12.4.6

●平面 ●网店 ●摄影 ●影视

照片实战：用渐变滤镜工具营造梦幻色彩

01 打开素材，如图12-99所示。打开"Camera Raw"对话框。调整"曝光""清晰度""自然饱和度"等参数，如图12-100所示。

扫码看视频

图12-99

图12-100

02 选择渐变滤镜工具，将"色温"设置为-100，"饱和度"设置为100，按住Shift键（可锁定垂直方向）在画面底部单击并向上拖动鼠标，添加蓝色渐变颜色，如图12-101所示。

图12-101

提示（Tips）

在画面中，绿点及绿白相间的虚线是滤镜的起点，红点及红白相间的虚线是滤镜的终点，黑白相间的虚线是中线；拖曳绿白、红白虚线可以调整滤镜范围或旋转滤镜；拖曳中线可以移动滤镜。单击一个渐变滤镜将其选择后，可以调整参数，也可按Delete键将其删除。按Alt+Ctrl+Z快捷键可逐步撤销操作。使用目标调整工具、污点去除工具、调整画笔工具时也可使用该快捷键撤销操作。

03 继续使用渐变滤镜工具添加不同颜色的渐变，如图12-102所示。

图12-102

多照片处理

12.5

Camera Raw可同时调整多张照片，也可将一张照片的调整参数应用于其他照片。这种类似于动作和批处理的功能非常实用。例如，如果我们的相机镜头上有灰尘，拍摄的所有照片在相同的位置都会出现灰尘所留下的痕迹，就可以利用Camera Raw的这项功能，一次性地将多张照片中的灰尘痕迹清除。

12.5.1 ◆ 进阶课
技巧：将调整应用于多张照片

执行"文件>在Bridge中浏览"命令，运行Bridge并导航到照片文件夹，在照片上单击鼠标右键，打开快捷菜单，选择"在Camera Raw中打开"命令，如图12-103所示。在Camera Raw中打开照片并进行调整，如图12-104所示，单击"完成"按钮，关闭照片和Camera Raw，返回到Bridge。在Bridge中，经Camera Raw处理后的照片右上角有一个●状图标。按住Ctrl键单击需要处理的其他照片，单击鼠标右键，选择"开发设置>上一次转换"命令，即可将所选照片都处理为相同效果，如图12-105和图12-106所示。

图12-103

图12-104

图12-105

图12-106

如果要将照片恢复为原状，可以在Bridge中选择照片，打开"开发设置"菜单，选择"清除设置"命令。

12.5.2 ◆ 进阶课
技巧：同时调整多张 Raw 照片

01 按Ctrl+O快捷键，弹出"打开"对话框，按住Ctrl键单击需要打开的3张Raw照片，将它们选择，如图12-107所示。按Enter键打开，照片会以"连环缩览幻灯胶片视图"的形式排列在"Camera Raw"对话框左侧。按住Ctrl键单击这些照片，将它们选择，如图12-108所示。

扫码看视频

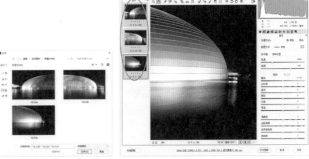

图12-107   图12-108

02 单击▦按钮，切换到分离色调选项卡，分别向阴影和高光中添加颜色，当前操作会同时应用于所选的3张照片，如图12-109所示。

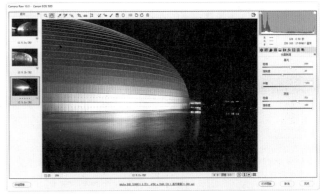

图12-109

第13章 | 抠图

选择是图像处理的首要工作，而抠图则是选择的一种具体应用形式，也是 Photoshop 中非常重要的技法。本章就来深入剖析抠图，通过大量具有代表性的抠图实战，学习 Photoshop 中的各种抠图方法和操作技巧。

抠图的核心在于准确选取对象，而与之相关的技术几乎可以调动所有 Photoshop 重要工具和命令，这就相当于对 Photoshop 发出"总动员令"。要想驾驭好如此众多的工具绝非易事，这要求操作者具备"全局"把控能力，既要掌握全面的技术和技巧，还要具备丰富的经验及融会贯通的能力，能够综合运用各种工具并充分发挥它们的特点，为准确地选取对象服务（我写过一本专门探讨各种选择技法的书——《Photoshop 专业抠图技法》。想要更加系统学习抠图技术的读者可以看一看）。

抠图的难度还体现在方法的多样性上。因为将各种工具、命令组合之后可以演变出几十种不同的方法，从简单的选择工具，到智能工具，再到复杂的蒙版、钢笔、通道等，每种方法只适合处理特定类型的图像，因此，只有根据图像的特点，采用正确的选择方法抠图才能有的放矢，取得事半功倍的效果。也就是说，要想学好抠图，不仅要能熟练运用工具，还应了解图像的特点，学会分析图像，本章的开始部分将对此进行介绍。本章内容的安排是根据抠图工具特点、技术特点而逐渐深入展开的，难度也是逐渐增加的。

重新认识选区

13.1

第3章介绍的选区概念和基本操作，使读者对选区有了初步的认识。然而，仅仅这些对于抠图是远远不够的，抠图所涉及的功能和方法非常多，要求读者对选区有更深入的理解。

💎 13.1.1
什么是抠图

通过选区将图像选取以后，如图13-1所示，可以使用图层蒙版将选区之外的内容遮挡，也可将所选图像从原有的图层中分离出来，放在一个单独的图层上，如图13-2和图13-3所示。分离图像的操作就像是用手将图像从背景中"抠"出来一样，因此也称"抠图"。

图13-1 　　　　　　图13-2 　　　　　　图13-3

抠图的应用非常广泛，不仅平面设计、照片处理、图像合成等需要抠素材，就连调整颜色和影调有时也要用选区来限定操作范围。虽然只是创建选区，并没有将图像与背景分离，但选区要用抠图技术创建，因此，也可看作是抠图的间接应用。

💎 13.1.2
选区的"无间道"

学习抠图技术，其实就是学习选区的创建和编辑技术。而要想编辑好选区，则要对它有充分的了解才行，尤其是要认得选区。就像川剧里的变脸一样，选区也能以不同的面貌示人，这使它可以游走于"黑白两道"，在哪个功能"部落"都混得开，颇有点"无间道"的意思。如果不知道这其中的奥妙，就会错过与它打交道的好机会。

在图像上，选区是一圈闪烁的"蚁形线"，如图13-4所示，这是常见的选区的"面孔"。Photoshop中的很多工具都可以编辑这种选区。如选框类工具、套索类工具和魔棒类工具，以及"选择"菜单中的各种命令。而用于编辑图像的绘画和修饰类工具，包括画笔工具 ✏、渐变工具 ▦、模糊工具 ◌、锐化工具 △、减淡工具 ◍、加深工具 ◉ 等，以及种类繁多的滤镜都不认得蚁行线。要想使用这些工具，就得让选区换上它们能够识别的"面孔"——图像才行。快速蒙版和通道可以完成这种转换。

快速蒙版（见322页）——选区的第2张"面孔"。它能将选区转换成为一种可编辑的临时的蒙版图像，如图13-5所示。在这种状态下，便可使用绘画类、修饰类工具和滤镜编辑图像，进而修改选区了。要让选区重新出现在图像上，只需按一下Q键即可。

通道（见165和324页）——选区的第3张"面孔"。单击"通道"面板中的 ▣ 按钮，选区会转换到Alpha通道中，成为可永久保存的灰度图像，如图13-6所示。要知道，Photoshop是图像编辑软件，其全部功能中，图像处理所占的比重最大，可想而知，选区变为图像以后，编辑方法也实现了最大化。

单击"路径"面板中的 ◈ 按钮，选区又会转换为路径，如13-7所示。这是选区的第4张"面孔"。这张"面孔"意义非凡，它将选区从位图世界一下子带到矢量世界，转瞬间完成了"跨界"之旅。有了这张"面孔"，就可以用Photoshop中的矢量工具编辑选区了。如果把选区转换为图像看作是一场量变的话，那么将选区转变为矢量图形（见374页），则是让它实现了质的变化。

图13-4　　　　　　　　　　　　　　图13-5

图13-6　　　　　　　　　　　　　　图13-7

分析图像从4点切入

13.2

如果说创建选区是图像编辑的第一步，那么分析图像便是创建选区的第一步。因为只有经过正确的分析，才能抓住图像的特点，找到适合的方法。

◇ **13.2.1**　　　　　　　　　　　　🔹进阶课

切入点一：形状特征

选区就像是一个古怪的精灵，有时在画面上闪烁、跳跃，有时又隐身到通道和蒙版中。当选区转换形态之后，Photoshop中的画笔、渐变、滤镜和矢量工具等都能派上用场了，选区的编辑空间也变得无限广阔。但这也同时意味着编辑方法种类繁多，难度也在相应地提高。

与选区和抠图相关的技术几乎可以调动Photoshop所有

重要的工具和命令，我们是否具备这样的"全局"把控能力？将这些工具和命令组合之后可以演变出几十种方法，面对不同的图像，该使用哪种方法？下面就从对象的形状特征入手展开分析。

边界清晰、内部也没有透明区域的图像比较容易选取。如果这样的对象外形为基本的几何形，可以用选框类工具（矩形选框工具▭、椭圆选框工具◯）和多边形套索工具 ⊭ 选取，如图13-8和图13-9所示。如果对象呈现不规则形状，且边缘比较光滑，则更适合用钢笔工具 ⌀ 选取。

用椭圆选框工具选择篮球
图13-8

用多边形套索工具选择纸箱
图13-9

钢笔工具 🖊 可以绘制出光滑流畅的曲线，准确描绘对象的轮廓，如图13-10所示，将轮廓（矢量）转换为选区即可选取对象，如图13-11所示。但是，如果对象边缘的细节过多（如树叶），则不适合用它选取。因为描绘过于复杂的边缘是一项非常繁重的工作，也是没有必要的。

图13-10

图13-11

切入点二：边缘特征

人像、人和动物的毛发，树木的枝叶等边缘复杂的对象，被风吹动的旗帜、高速行驶的汽车、飞行的鸟类等边缘模糊的对象都是难于选择的对象。简单的选择工具无法"降服"它们。

"选择并遮住"命令和通道是抠毛发等复杂对象主要的工具。

快速蒙版、"色彩范围"命令、"选择并遮住"命令、通道等都可以抠边缘模糊的对象。其中，快速蒙版适合处理边缘简单的对象；"色彩范围"命令适合处理边缘复杂的对象；"选择并遮住"命令要比前两种工具强大，它对对象的要求就简单得多，只要对象的边缘与背景色之间存在一定的差异，即使对象内部的颜色与背景颜色接近，也可以获得比较满意的结果；通道是抠边缘模糊的对象非常有效的工具，它可以控制选择程度。图13-12所示为不同类型的图像及适合采用的选择方法。

适合用快速蒙版选取

适合用"色彩范围"命令选取

适合用"选择并遮住"命令选取

适合用通道选取

图13-12

切入点三：透明度

图像是由像素（见30页）构成的，因此，选区选择的是像素，抠图抠出的也是像素。

使用未经羽化的选区选择图像后，可以将其完全抠出，如图13-13所示。因此，未经羽化的选区对像素的选择程度是100%。如果选择程度低于100%，则抠出的图像会呈现透明效果，如图13-14所示。

图13-13

图13-14

羽化、"选择并遮住"命令和通道都能够以低于100%的选择程度抠图，适合抠具有一定透明度的对象，如玻璃杯、冰块、烟雾、水珠、气泡等，如图13-15所示。

图13-15

尤其是通道，在处理像素的选择程度上具有非常强的可控性。可以将代表选区的通道图像调整为灰色，来改变选区的选择程度，灰色越浅、选择程度越高。

💎 13.2.4　　　　　　　　　　　🔹进阶课

切入点四：色调差异

在Photoshop内部（即通道中），不管多么绚丽的彩色图像，都被其视为黑白"素描"，所谓的红、橙、黄、绿、蓝、紫等颜色，只是不同明度的灰度而已（见165页）。

Photoshop将灰度色调分为256级（0~255），如图13-16所示。如果我们面对的是彩色图像，但没有适合的工具能够将其选取时，就去向通道求助。观察通道，这里蕴藏着无限机会。可以利用对象与背景之间存在的色调差异选取图像，如图13-17所示。

0（黑）　　　　　　　　　　　255（白）
图13-16

彩色图像　　通道中的黑白图像　利用色调差异选取
图13-17

磁性套索工具🔗、魔棒工具🖌、快速选择工具🖌、背景橡皮擦工具🧹、魔术橡皮擦工具🧹、通道、混合颜色带、混合模式，以及"色彩范围"命令（部分功能）、"选择并遮住"命令，都能基于色调差别生成选区。

当背景比较简单，并且对象与背景之间存在着足够的色调差异时，可以用魔棒工具🖌或快速选择工具🖌先选取背景，如图13-18所示，再通过反选选中对象，如图13-19所示。

图13-18　　　　　　　图13-19

如果对象内部的颜色与背景的颜色比较接近，如图13-20所示，则魔棒工具🖌就不太听话了，它往往只选择"容差"设定范围内的图像，而不去关心所选对象是不是我们需要的。在这种情况下，可以使用磁性套索工具🔗选取对象，如图13-21所示。

图13-20　　　　　　　图13-21

通道是基于色调差异选择对象较为理想的场所。例如，在抠图13-22所示的人像时，利用通道中图像的色调差异制作草帽和矿泉水瓶选区，大致经历4个操作过程：第1步用钢笔工具✒描摹人物外部轮廓；第2步用"应用图像"命令在通道中制作草帽选区；第3步在通道中制作矿泉水瓶选区；最后将这3个选区进行运算，制作为一个最终的选区，这样才将人像抠出来。

素材　　　　　　　用钢笔工具描摹外轮廓

制作草帽选区　制作矿泉水瓶选区　将3个选区合为一个

抠像　　　　　　　添加新背景
图13-22

分析图像的技巧在于，如果无法使用选择类工具直接选取对象，就要找出它与背景之间存在哪些差异，再动用Photoshop的各种工具和命令让差异更明显，使对象与背景更加容易区分，进而将其选取。

例如，图13-23~图13-29所示是具有一定难度的通道抠图案例。其难点在于：在通道中，棕褐色毛发呈深灰色；白色毛发则为白色和浅灰色，这给选区制作造成了很大麻烦。需要分别为棕褐色毛发和白色毛发制作选区，再将它们合二为一，并利用"通道混合器"的这一功能创建灰度图像，再将图像粘贴到通道内，才能得到完美的选区。

选区1
图13-25

选区2
图13-26

两个选区合并
图13-27

素材（毛发有棕褐色、有白色）
图13-23

通道中的图像
图13-24

抠出的图像
图13-28

将图像合成到新背景中
图13-29

13.3 创建几何形状选区

矩形选框工具□、椭圆选框工具○、单行选框工具一和单列选框工具可以创建规则的几何状选区，它们的使用方法比较简单。更多情况下是作为抠图的辅助工具使用。

13.3.1

必学课

设计实战：用矩形选框工具制作拼贴画

矩形选框工具□是Photoshop第一个版本就存在的元老级工具，它能创建矩形和正方形选区，可用于选取矩形和正方形的图像，如门、窗、画框、屏幕、标牌等，以及创建网页中使用的矩形按钮。

扫码看视频

使用该工具时，单击并拖曳鼠标可以创建矩形选区，在此过程中，选区的宽度和高度可以灵活调整；按住Alt键拖曳鼠标，能以单击点为中心向外创建矩形选区，宽度和高度也可灵活调节；按住Shift键拖曳鼠标，可以创建正方形选区；按住Shift+Alt键拖曳鼠标，则以单击点为中心向外创建正方形选区。另外，使用该工具及椭圆选框工具○时，可配合空格键来移动选区，动态调整选区大小和位置。

01 打开素材，如图13-30和图13-31所示。使用矩形选框工具□创建选区，如图13-32所示。

02 按Ctrl+C快捷键复制选区内的图像。切换到另一个文件，按Ctrl+V快捷键粘贴。使用移动工具✛调整图像位置，如图13-33所示。

图13-30　　　　图13-31

图13-32　　　　图13-33

03 打开蜡笔画素材。使用矩形选框工具 [□] 选取一处图像，如图13-34所示，复制并粘贴到人物文件中，如图13-35所示。

图13-34　　　　　　图13-35

04 采用同样的方法，通过选区选取图像，然后在不同的位置复制和粘贴，创造趣味合成效果，如图13-36和图13-37所示。

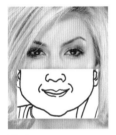 

图13-36　　　　　　图13-37

矩形选框工具选项栏

图13-38所示为矩形选框工具 [□] 的选项栏。前面的4个按钮 □ □ □ □ 可进行选区运算（见55页）。"羽化"选项可设置羽化值（见53和318页）。后面的选项同样适用于椭圆选框工具 [○]。

`[ 选项栏图 ] 羽化：0像素　消除锯齿　样式：正常　宽度：　高度：　选择并遮住...`

图13-38

- 样式：用来设置选区的创建方法。选择"正常"，可以通过拖曳鼠标创建任意大小的选区；选择"固定比例"，可以在右侧的"宽度"和"高度"文本框中输入数值，创建固定比例的选区。例如，如果要创建一个宽度是高度两倍的选区，可以输入宽度2、高度1；选择"固定大小"，可以在"宽度"和"高度"文本框中输入选区的宽度与高度值，此后只需在画板上单击鼠标，便可创建预设大小的选区。单击 ⇄ 按钮，可以切换"宽度"与"高度"值。

- 选择并遮住：单击该按钮，可以打开"选择并遮住"对话框（见316页），对选区进行平滑、羽化等处理。

> **提示**（Tips）
> 采用固定大小或固定长宽比的方式创建选区后，设置的数值会一直保留在选项内，并影响以后采用这两种方式创建的选区。因此，在采用这两种方式创建选区前，应注意选项内设置的参数是否正确，以免制作的选区不符合要求。

◆ **13.3.2** ▶必学课

抠图实战：用椭圆选框工具抠唱片

椭圆选框工具 [○] 也是Photoshop元老级工具，它可以创建椭圆形和圆形选区，适合选取篮球、乒乓球、盘子等圆形对象。

椭圆选框工具 [○] 也可以像矩形选框工具 [□] 那样通过4种方法使用：单击并拖曳鼠标创建椭圆选区；按住Alt键拖曳鼠标，以单击点为中心向外创建椭圆形选区；按住Shift键拖曳鼠标，创建圆形选区；按住Shift+Alt键拖曳鼠标，以单击点为中心向外创建圆形选区。

01 打开素材。选择椭圆选框工具 [○]，按住Shift键单击并拖曳鼠标创建圆形选区，选中唱片（可同时按住空格键移动选区，使选区与唱片对齐），如图13-39所示。

02 按住Alt键（进行减去运算）选取唱片中心的白色背景。这里还要用到一个技巧，就是按住Alt键拖曳出选区后，再同时按住Shift键，这样就可以创建出圆形选区。放开鼠标按键，完成选区运算，如图13-40所示。

图13-39　　　　　　图13-40

03 按Ctrl+J快捷键，抠出图像。单击"背景"图层前面的眼睛图标 ⊙，隐藏该图层，如图13-41和图13-42所示。

图13-41　　　　　　图13-42

◆ **13.3.3** ▶进阶课

消除锯齿

在椭圆选框工具 [○] 的选项栏中，特殊选项只有一个，即"消除锯齿"，如图13-43所示。该选项在剪切、复制和粘贴选取的图像时非常有用。不止该工具，套索工具 [○]、多边形套索工具 [○]、磁性套索工具 [○] 和魔棒工具 [○] 都包含这一选项。

图13-43

由于位图图像的最小元素是像素，最小的选择单位也就只能达到一像素，我们无法选择和处理1/2或更少的像素。因此，在Photoshop中，圆形选区选择的对象是数量不等的方形像素（像素呈方块状）。如果将图像放大至像素级别进行观察时，则圆形选区的边缘就会显现为锯齿状。

例如，创建一个分辨率为72像素/英寸、宽度和高度均为10像素的文件，然后用椭圆选框工具◯创建圆形选区，如图13-44所示，放开鼠标后，选区就会变为图13-45所示的形状。从中可以看出，在像素级别下，由于圆形选区选取的是方形像素，因而其形状也呈现锯齿状。

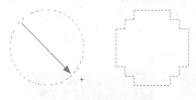

图13-44   图13-45

按Alt+Delete快捷键，用黑色填充选区，可以观察"消除锯齿"选项的用途。如果创建这个选区前，没有选取"消除锯齿"选项，填色效果如图13-46所示；如果选取了该选项，则填色效果如图13-47所示。

图13-46   图13-47

对比两图可以发现，启用"消除锯齿"所创建的选区，其边缘产生了许多灰色的像素，由此可知，"消除锯齿"功能影响的是选区周围的像素而非选区。不要小看了这些凭空多出来的像素，正是它们使图像边缘颜色的过渡变得柔和，我们的眼睛也就感觉不到锯齿的存在了。

在该示例中，我们将文件的尺寸设置得非常小，是为了能够观察到像素的变化。因此，即使是启用了"消除锯齿"功能，我们仍能看到锯齿的存在。但正常情况下，使用的选区要比这大得多，这时那些选区边缘新生成的像素将发挥它们的作用，有了它们的过渡，锯齿就不再明显，甚至都观察不到。

13.3.4
莫把消除锯齿当作羽化

"羽化"命令与消除锯齿功能都可以平滑硬边。但它们的原理和用途完全不同。

首先，从工作原理上来看，羽化是通过建立选区和选区周围像素之间的转换边界来模糊边缘的。而消除锯齿则是通过软化边缘像素与背景像素之间的颜色转换，进而使选区的锯齿状边缘得到平滑的。

其次，羽化可以设置从0.2～250像素之间的范围。羽化范围越大，选区边缘像素的模糊区域就越广，选区周围图像细节的损失也就越多。而消除锯齿是不能设置范围的，它是通过在选区边缘1个像素宽的边框中添加与周围图像相近的颜色，使得颜色的过渡变得柔和。由于只有边缘像素发生了改变，因而这种变化对图像细节的影响是微乎其微的。图13-48所示为这二者的区别。

消除锯齿的范围只有1像素（左图），而羽化的范围更广（右图）
图13-48

13.3.5
单行和单列选框工具

单行选框工具═和单列选框工具▮比较特殊，它们只能创建高度为1像素的矩形选区，如图13-49所示，以及宽度为1像素的矩形选区，如图13-50所示。通常只适合制作网格时使用，不能用于选取图像。

图13-49   图13-50

使用这两个工具时，在画板上单击鼠标即可。放开按键前移动鼠标，则可以移动选区。由于选区的宽度或高度只有1像素大小，当文件的尺寸较大和分辨率较高时，很有可能看不到选区。在此情况下，需要按Ctrl++快捷键，放大窗口的显示比例才能观察到选区。

创建不规则形状选区

13.4

Photoshop中有3种套索类工具，即套索工具 🔗、多边形套索工具 🔗 和磁性套索工具 🔗，它们可以像绳索捆绑对象一样，围绕图像创建不规则选区。

13.4.1 ▶必学课

功能练习：用套索工具徒手绘制选区

套索工具 🔗 是徒手绘制选区的工具。它的优点是可以快速创建不规则形状选区；缺点是不能十分准确地选取对象。也就是说，它能以非常快的速度"捆绑"对象，但"绳索"非常松散。

扫码看视频

01 打开素材，如图13-51所示。使用套索工具 🔗 单击并拖曳鼠标绘制选区（在此过程中要一直按住鼠标按键），将光标移至起点处放开鼠标，可以封闭选区，如图13-52和图13-53所示。如果在拖曳鼠标的过程中放开鼠标，则会在该点与起点间创建一条直线来封闭选区。

图13-51

图13-52

图13-53

02 按Ctrl+D快捷键取消选择。再来看一下，怎样将直线边界加入选区中。重新绘制一个选区，在绘制的过程中，按住Alt键，然后放开鼠标左键（切换为多边形套索工具 🔗），此时在画面中单击鼠标，即可绘制出直线边界，如图13-54所示。松开Alt键可以恢复为套索工具 🔗，此时拖曳鼠标，可以继续徒手绘制选区，如图13-55所示。

图13-54

图13-55

提示 (Tips)

用套索工具 🔗 创建的选区具有极强的随意性，如果对需要选取的对象的边界没有严格要求，可以用它快速选择对象，再对选区进行适当的羽化，使对象的边缘自然，没有刻意的雕琢感。

套索工具非常适合处理零星的选区。例如，选区范围内的漏选区域，用该工具按住Shift键在其上方画一个圈，即可快速添加到选区范围内；主要选区范围以外多选的零星选区，用该工具也可快速将其排除（按住Alt键操作）。如果快捷键容易搞混，也可以先单击选项栏中的选区运算按钮，再进行处理。另外，在通道或快速蒙版中编辑选区时，零星区域也可以用该工具处理。

13.4.2 ▶必学课

多边形套索工具

如果将套索工具 🔗 比作绳索，那么多边形套索工具 🔗 则是双节棍，当然，节数要更多一些。它可以创建一段段的，由直线相互连接而成的选区，适合"捆绑"边缘为直线的对象。

选择该工具后，在对象边缘的各个拐角处单击鼠标，即可创建选区，如图13-56和图13-57所示。

图13-56

图13-57

由于多边形套索工具 🔗 是通过在不同区域单击来定位直线的，因此，即使是放开鼠标，也不会像套索工具 🔗 那样自动封闭选区。如果要封闭选区，可以将光标移至起点处单击，如图13-58和图13-59所示，或者在任意位置双击，Photoshop会在双击点与起点之间创建直线来封闭选区。

图13-58   图13-59

    在创建选区的过程中，按住Shift键操作，则能以水平、垂直或以45°角为增量创建选区。如果在操作时绘制的直线不够准确，可以按Delete键删除，如图13-60和图13-61所示；连续按Delete键可依次向前删除；按住Delete键不放，则可删除所有直线段。

图13-60   图13-61

    使用多边形套索工具 时，还可改为创建徒手绘制选区，操作方法是，按住Alt键，然后单击并拖曳鼠标（切换为套索工具 ）即可，如图13-62所示。放开Alt键，在其他区域单击，可以恢复为多边形套索工具 ，此时可继续创建直线选区，如图13-63所示。

图13-62   图13-63

◈ **13.4.3**   ●平面 ●网店 ●摄影 ●抠图 ●影视

设计实战：用多边形套索工具合成风景

01 打开素材，如图13-64所示。选择多边形套索工具 ，单击工具选项栏中的 按钮，在左侧窗口内的一个边角上单击，然后沿着它边缘的转折处继续单击鼠标，定义选区范围。将光标移至起点处，光标会变为 状，单击鼠标封闭选区，

扫码看视频

如图13-65所示。

图13-64   图13-65

02 采用同样的方法，将中间窗口和右侧窗口内的图像都选取，如图13-66和图13-67所示。

图13-66   图13-67

03 按Ctrl+J快捷键，将选中的图像复制到一个新的图层中。打开素材，使用移动工具 将它拖入窗口文件中，如图13-68和图13-69所示。

图13-68   图13-69

04 按Alt+Ctrl+G快捷键，创建剪贴蒙版，窗口内会显示另外一番风景，如图13-70和图13-71所示。

图13-70   图13-71

用智能工具抠图

智能工具可自动识别色彩和色调，并基于色彩或色调差异快速创建选区。它包括"主体"命令、磁性套索工具 ⚲、魔棒工具 🪄、快速选择工具 ◿、背景橡皮擦工具 ⬙ 和魔术橡皮擦工具 ⬙。

13.5.1
▶ 必学课

功能练习：用磁性套索工具制作选区

磁性套索工具 ⚲ 可以自动检测和跟踪对象的边缘并创建选区。它就像是哪吒手中的混天绫，扔出去便能将敌人捆绑结实。如果对象边缘较为清晰，并且与背景色调对比明显，可以使用该工具快速选取对象。

01 打开素材。选择磁性套索工具 ⚲，在木瓜的边缘单击，如图13-72所示，放开鼠标按键后，沿着它的边缘移动，Photoshop会在光标经过处放置一定数量的锚点来连接选区，如图13-73所示。如果想要在某一位置放置一个锚点，可以在该处单击；如果锚点的位置不准确，可按Delete键将其删除，连续按Delete键可依次删除前面的锚点，如图13-74所示。如果在创建选区的过程中对选区不满意，但又觉得逐个删除锚点很麻烦，可以按Esc键，一次性清除选区。

> #### 提示（Tips）
> 使用磁性套索工具 ⚲ 时，按住Alt键在其他区域单击，可以切换为多边形套索工具 ⚲ 创建直线选区；按住Alt键单击并拖曳鼠标，则可切换为套索工具 ⚲ 徒手绘制选区。

图13-72

图13-73　　　　　　图13-74

02 将光标移至起点处，如图13-75所示，单击可以封闭选区，如图13-76所示。如果在绘制选区的过程中双击，则会在双击点与起点之间连接一条直线来封闭选区。

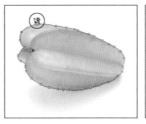 

图13-75　　　　　　图13-76

13.5.2
▣ 进阶课

宽度、对比度和频率

在磁性套索工具 ⚲ 的选项栏中，有3个影响该工具性能的重要选项，即"宽度""对比度""频率"，如图13-77所示。

| 羽化: 0 像素 | ☑ 消除锯齿 | 宽度: 10 像素 | 对比度: 10% | 频率: 57 | ⚲ | 选择并遮住… |

图13-77

● 宽度："宽度"指的是检测宽度，以像素为单位，范围为1p像素 ~ 256像素。该值决定了以光标中心为基准，其周围有多少像素能够被工具检测到。输入"宽度"值后，磁性套索工具只检测光标中心指定距离以内的图像边缘。如果对象的边界清晰，该值可以大一些，以加快检测速度；如果边界不是特别清晰，则需要设置较小的宽度值，以便Photoshop能够准确地识别边界。图13-78和图13-79所示是分别设置该值为5像素和50像素检测到的边缘。

图13-78　　　　　　图13-79

● 对比度：决定了选择图像时，对象与背景之间的对比度有多大才能被工具检测到。该值的范围为1% ~ 100%。较高的数值只能检测到与背景对比鲜明的边缘，较低的数值则可以检测对比不是特别鲜明的边缘。选择边缘比较清晰的图像时，可以使用更大的"宽度"和更高的"边对比度"，然后大致地跟踪边缘即可，这样操作速度较快。而对于边缘较柔和的图像，则要尝试使用较小的"宽度"和较低的"对比度"，这样才能更加精确地跟踪边界。图13-80所示是设置该值为1%时绘制的部分选区，图13-81所示是设置该值为100%时绘制的部分选区。

图13-80　　　　　　　图13-81

● 频率：决定了磁性套索工具以什么样的频率放置锚点。它的设置范围为0～100，该值越高，锚点的放置速度就越快，数量也越多，如图13-82和图13-83所示。

图13-82　　　　　　　图13-83

● 钢笔压力　：如果计算机配置有数位板和压感笔，可以单击该按钮，Photoshop会根据压感笔的压力自动调整工具的检测范围。例如，增大压力会导致边缘宽度减小。

技术看板 37 磁性套索工具使用技巧

在默认状态下，选择磁性套索工具后，光标在画面中显示为　状。按Caps Lock键，可以将光标切换为一个中心带有十字的圆形⊕。此时，圆形的范围代表了工具能够检测到的宽度。这对于"宽度"设置较小的状态下绘制选区是非常有帮助的。

在创建选区时，可以通过按中括号键来调整工具的检测宽度。例如，按右中括号键"]"，可以将磁性套索边缘宽度增大1像素；按左中括号键"["，则可将宽度减小1像素；按Shift+]键，可以将检测宽度设置为最大值，即256像素；按Shift+[键，可以将检测宽度设置为最小值，即1像素。

◆ **13.5.3**　　　　　　　　　　　　　　▶必学课

抠图实战：用魔棒工具抠图

魔棒工具　的使用方法非常简单，只需在图像上单击，就会选择与单击点色调相似的像素。当背景颜色变化不大，需要选取的对象

扫码看视频

轮廓清楚、与背景色之间也有一定的差异时，使用该工具可以快速选取对象。

01 打开素材，如图13-84所示。选择魔棒工具　，在工具选项栏中将"容差"设置为10，在人体左侧的背景上单击，选中背景，如图13-85所示。

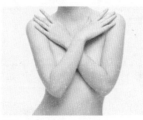
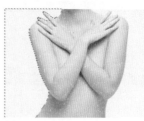

图13-84　　　　　　　图13-85

02 按住Shift键在右侧背景上单击，将这部分背景内容添加到选区中，如图13-86所示。执行"选择>反选"命令，反转选区，选中人体，如图13-87所示。

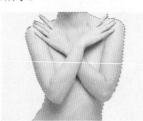

图13-86　　　　　　　图13-87

03 打开一个素材。使用移动工具　将人体拖入画轴文件中，生成"图层1"，设置混合模式为"正片叠底"，如图13-88和图13-89所示。

图13-88　　　　　　　图13-89

◆ **13.5.4**　　　　　　　　　　　　　　畵进阶课

容差对魔棒选择范围的影响

图13-90所示为魔棒工具　的选项栏。

图13-90

"容差"是影响魔棒工具 ✐ 性能非常重要的选项，它决定了什么样的像素能够与选定的色调（即单击点）相似。当该值较低时，只选择与鼠标单击点像素非常相似的少数颜色；该值越高，对像素相似程度的要求就越低，因此，可以选择的颜色范围就更广。在图像的同一位置单击，设置不同的"容差"值所选择的区域也不一样。此外，在"容差"值不变的情况下，鼠标单击点的位置不同，选择的区域也会不同。

"容差"的取值范围为0～255。0表示只能选择一个色调；默认值为32，它表示可以选择32级色调；255表示可以选择所有色调。例如，设置"容差"为30，然后使用魔棒工具 ✐ 在一个灰度图像上单击，如果单击点的灰度为90，则可以选择60～120的所有灰度像素，即从低于单击点30级灰度（90－30）到高于单击点30级灰度（90＋30）之间的所有灰度，如图13-91所示。

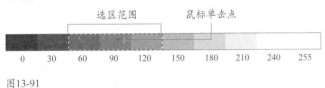

图13-91

彩色图像的"容差"要复杂一些。使用魔棒工具 ✐ 在彩色图像上单击时，Photoshop需要分析图像的各个颜色通道，然后才能决定选择哪些像素。以RGB模式的图像为例，它包含红（R）、绿（G）和蓝（B）3个颜色通道，假设将"容差"设置为10，然后在图像上单击。如果单击点的颜色值为R50、G100、B150，那么Photoshop就会在红通道中选择40～60的颜色；在绿色通道中选择90～110的颜色；在蓝通道中选择140～160的颜色。

我们再来看一个具体的图像示例。将魔棒的"容差"值设置为50，然后在一处R100、G0、B0的色块上单击，即可将该色块与"容差"范围内的另外两处色块同时选中，如图13-92所示。

鼠标在此色块上单击

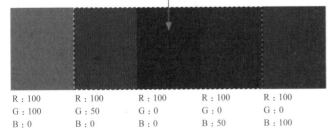

R : 100	R : 100	R : 100	R : 100	R : 100
G : 100	G : 50	G : 0	G : 0	G : 0
B : 0	B : 0	B : 0	B : 50	B : 100

图13-92

图13-93所示为该图像各个颜色通道中的颜色值，可以帮助我们更好地理解容差原理。

图13-93

魔棒工具的其他选项

● 连续：在默认状态下，"连续"选项被选取，它表示魔棒工具只选择与鼠标单击点相连接，且符合"容差"要求的像素，如图13-94所示；取消该选项的选取时，则会选择整个图像范围内所有符合要求的像素，包括没有与单击点连接的区域内的像素，如图13-95所示。

图13-94　　　　　图13-95

● 取样大小：用来设置取样范围。选择"取样点"，可以对光标所在位置的像素进行取样；选择"3×3平均"，可以对光标所在位置3个像素区域内的平均颜色进行取样，其他选项依此类推。

● 对所有图层取样：如果文件中包含多个图层，选取该选项，可以选择所有可见图层上颜色相近的区域，如图13-96所示；取消选取，则仅选择当前图层上颜色相近的区域，如图13-97所示。

图13-96　　　　　图13-97

● 选择主体/选择并遮住：可以打开"选择主体"和"选择并遮住"对话框。

💎 13.5.5　　　　　　　　　　　　　　　▶ 必学课

抠图实战：用快速选择工具抠图并合成奇景

在Photoshop中，工具的图标都是特别设计过的。快速选择工具 ✐，图标是一支画笔＋选区轮廓，这说明它是选择类工具，而使用方

扫码看视频

法又与画笔工具 ✐ 相似。

　　该工具能够利用可调整大小的、类似于画笔工具 ✐ 的圆形笔尖快速"绘制"选区，也就是说，可以像画笔绘画一样涂抹操作。

　　使用该工具时，应将光标中心的十字线定位在要选取的对象上，并确定圆形的笔触范围完全位于要选择的区域内，然后单击并拖曳绘制选区，选区会向外扩展并自动查找和跟随图像中定义的边缘。

01 打开素材，如图13-98所示。使用快速选择工具 ✐ 在鲨鱼身上拖曳鼠标，将鲨鱼选取，如图13-99所示。

图13-98　　　　　　　　图13-99

02 使用该工具可以轻松地检索到鱼身的大面积区域，然后创建选区，但细小的鱼鳍容易被忽略，如图13-100所示。单击工具选项栏中的 ✐ 按钮，按 [键，将笔尖宽度调到与鱼鳍相近，如图13-101所示，沿鱼鳍拖曳鼠标，将其选取，如图13-102所示。

图13-100　　　　图13-101　　　　图13-102

03 单击"选择并遮住"按钮，在"属性"面板中将视图模式设置为"黑白"，选取"智能半径"选项，设置"半径"为8像素，如图13-103所示。设置"平滑"为2，以减少选区边缘的锯齿。设置"对比度"为23%，使选区更加清晰明确，如图13-104所示。鲨鱼内部靠近轮廓处还有些许灰色，如图13-105所示，表示没有完全选取，用快速选择工具 ✐ 在这些位置单击，将它们添加到选区中，如图13-106所示。

图13-103　　　　　图13-104

图13-105　　　　　　　　图13-106

04 选择"图层蒙版"选项，如图13-107所示，按Enter键抠图，如图13-108和13-109所示。

图13-107　　　　图13-108　　　　图13-109

05 打开素材，如图13-110和图13-111所示。使用移动工具 ✛ 将鲨鱼拖入该文件中，如图13-112所示。

图13-110　　　　图13-111　　　　图13-112

06 为增加鲨鱼的气势和画面的张力，可对图像进行适当变换。按Ctrl+T快捷键显示定界框，单击并拖曳右上角的控制点，将图像朝顺时针方向旋转，如图13-113所示。按住Ctrl键拖曳定界框的左上角，进行透视扭曲，以增加鲨鱼的头部比例，如图13-114所示，按Enter键确认，如图13-115所示。

图13-113　　　　图13-114　　　　图13-115

07 单击"调整"面板中的 ▦ 按钮，创建"颜色查找"调整图层，在"3DLUT文件"下拉列表中选择"Crisp_Warm.look"，如图13-116所示，使画面呈现暖色。为使人物不产生色偏，可用渐变工具 ▦ 在画面左下方填充一个灰色的线性渐变。在"鱼"图层组前面单击，显示出另外两只鲨鱼，如图13-117和图13-118所示。

图13-116

图13-117

图13-118

快速选择工具的选项栏

图13-119所示为快速选择工具 的选项栏。

图13-119

- **选区运算按钮**：可以进行选区运算，这3个按钮虽然与选框和套索类工具的选区运算按钮不同，但用途是一样的。单击新选区按钮 ，表示创建新选区；单击添加到选区按钮 ，可以在原选区的基础上添加绘制的选区；单击从选区减去按钮 ，可以在原选区的基础上减去当前绘制的选区。

- **下拉面板**：单击 按钮，可以打开与画笔工具类似的下拉面板（见119页），在面板中可以选择笔尖，设置大小、硬度和间距。在绘制选区的过程中，也可以按] 键将笔尖调大；按 [键，将笔尖调小。

- **自动增强**：可以使选区边缘更加平滑。作用类似于"选择并遮住"对话框中的"平滑"选项（见317页）。

13.5.6

●平面 ●网店 ●摄影 ●抠图 ●影视

设计实战：用"主体"命令抠图制作时尚封面

"选择>主体"命令是Photoshop CC 2018新增功能，它可以选取图像中突出的主体。更厉害的是，凭借先进的机器学习技术，该功能经过学习训练后，能够识别图像上的多种对象，包括人物、动物、车辆、玩具等。

扫码看视频

01 打开素材。执行"选择>主体"命令，会在人物身上自动创建一个选区，如图13-120所示。仔细查看一下选区效果，可以发现由于拍摄时清晰范围的限制，使距离焦点较远的右肘部有些模糊，同时其颜色又与背景色接近，所以没有完全被选取。头发的发梢部分也要进一步细化。选择快速选择工具 ，在工具选项栏中单击添加到选区按钮 ，在人物的肘部拖曳鼠标，将漏选的部分添加到选区内；单击从选区减去按钮 ，在腰部拖曳鼠标，将其从选区中排除，如图13-121所示。

图13-120

图13-121

02 单击"选择并遮住"按钮，打开对话框，将视图模式设置为"叠加"，以便能更好地观察选区细节。选取"智能半径"选项，设置"半径"参数为92像素，使发丝部分能尽量多地被选取到。选取"净化颜色"选项，设置"数量"为100%，如图13-122~图13-124所示。头顶及胳膊上有少许漏选的区域（呈现红色的部分），可使用快速选择工具 涂抹，将其添加到选区内。

图13-122　　图13-123　　图13-124

03 选择画笔工具 ，在工具选项栏中单击从选区减去按钮 ，在背心底边上拖曳鼠标，将这部分区域排除到选区外，如图13-125所示。在"输出到"下拉列表中选择"新建带有图层蒙版的图层"，如图13-126所示。按Enter键确认，抠出人物图像，如图13-127和图13-128所示。

图13-125

图13-126

图13-127　　　　图13-128

04 打开素材，将人物拖入这一文件。在"图层"面板中，将"图层0"拖至"组2"下方，完成一幅插画的制作，如图13-129和图13-130所示。

图13-129　　　　图13-130

💎 **13.5.7**　　　　●平面 ●网店 ●摄影 ●抠图 ●影视

抠图实战：用魔术橡皮擦工具抠像

　　我们来看魔术橡皮擦工具 的图标，是不是魔棒工具 +橡皮擦工具 的组合？这说明该工具具备这两个工具的某些特性。在操作时，它会先像魔棒工具 那样选取对象，再像橡皮擦工具 那样将其擦除，由于这一过程是同步进行的，因此，不会显示选区。我们也可以这样理解，魔术橡皮擦工具 是一个添加了擦除功能的魔棒工具 ，它的用途是擦除所选对象。

　　魔术橡皮擦工具 的使用方法很简单，只需在图像中单击便可，不必拖曳鼠标。Photoshop会将所有与单击点相似的像素都删除，使之成为透明区域。但如果是在"背景"图层或锁定了透明度的图层（单击"图层"面板中的 按钮锁定透明度）上使用该工具，则这些像素会被更改为背景色。而"背景"图层还会自动转换为普通图层。

01 打开素材，如图13-131所示。按Ctrl+J快捷键，复制"背景"图层，得到"图层1"，单击"背景"图层前面的眼睛图标 ，将该图层隐藏，如图13-132所示。

图13-131　　　　　　　　　　图13-132

02 选择魔术橡皮擦工具 ，将"容差"设置为32，在背景上单击鼠标，删除背景，如图13-133所示。

03 可以看到，人物的额头、面颊和下巴的部分图像也被删除了。单击"背景"图层，在它前面原眼睛图标处单击，重新显示该图层，如图13-134所示。使用套索工具 选取缺失的图像，如图13-135所示，按Ctrl+J快捷键，复制到一个新的图层中，如图13-136所示。

图13-133　　　　　　　　　　图13-134

图13-135　　　　　　　　　　图13-136

04 按住Ctrl键单击"图层1"，将它与"图层2"一同选择，如图13-137所示，使用移动工具 将人物拖入该文件，如图13-138所示。

图13-137　　　　图13-138

魔术橡皮擦工具的选项栏

在魔术橡皮擦工具 的选项栏中，除"不透明度"外，其他选项均与魔棒工具 相同。"不透明度"用来设置擦除强度，100%的不透明度将完全擦除像素，较低的不透明度可擦除部分像素。其效果类似于将所擦除区域的图层的不透明度设置为低于100%的数值。

13.5.8
●平面 ●网店 ●摄影 ●抠图 ●影视

抠图实战：用背景橡皮擦工具抠动物毛发

背景橡皮擦工具 是一种智能橡皮擦，它具有自动识别对象边缘的能力，可以将指定范围内的图像擦除成为透明区域，适合处理边界清晰的图像。对象的边缘与背景的对比度越高，擦除效果越好。

扫 码 看 视 频

选择该工具后，在画板上，光标是一个圆形图标，这个圆形代表了工具的大小。圆形中心有一个十字线，擦除图像时，Photoshop会自动采集十字线位置的颜色，并将工具范围内（即圆形区域内）出现的类似颜色擦除。在进行操作时，只需沿对象的边缘拖动鼠标涂抹即可，非常轻松便捷。

01 打开素材，如图13-139所示。选择背景橡皮擦工具 并单击连续按钮 ，设置"容差"值，如图13-140所示。

图13-139　　　　图13-140

02 将光标放在背景图像上，如图13-141所示，单击并拖曳鼠标，将背景擦除，如图13-142所示。背景的灰色调呈现上深下浅的变化，在擦除时，可以多次单击鼠标进行取样。需要注意的是光标中心的十字线不能碰触狗的毛发，否则会将其擦除。

图13-141　　　　图13-142

03 按住Ctrl键单击"图层"面板底部的 按钮，在当前图层下方新建一个图层。将前景色设置为绿色，按Alt+Delete快捷键填色，如图13-143和图13-144所示。

图13-143　　　　图13-144

04 执行"滤镜>渲染>光照效果"命令，打开"光照效果"对话框，拖曳控制点将光源入射方向调整到画面右上角，如图13-145所示。单击"确定"按钮关闭对话框，为当前图层添加光照效果，如图13-146所示。

图13-145　　　　图13-146

05 在新背景上，很容易就能够发现狗的抠图效果并不完美，还残留一层淡淡的背景色。下面就来仔细处理这些多余的图像内容。单击"图层 0"，如图13-147所示。重新调整工具参数，包括单击背景色板按钮 ，选择"不连续"选项，以及选取"保护前景色"选项，如图13-148所示。

图13-147　　　　图13-148

06 处理之前还得做一些设定。选择吸管工具 ，在狗的浅色毛发上单击，拾取颜色作为前景色，如图13-149所示。由于启用了"保护前景色"功能，因此，在擦除时就可以避免伤害到狗的毛发。按住Alt键在残留的背景上单击，如图13-150所示，拾取颜色作为背景色，这样操作的目的是配合背景色板 ，单击了该按钮，就可以只擦除与拾取的背景色相似的颜色，这样就做到了双重保险，最大限度地减少狗毛发的损失，保证留有足够多的细节。

图13-149　　　　图13-150

07 用背景橡皮擦工具 处理狗身体边缘的毛发，将残留的背景擦除，如图13-151所示。毛发之外如果还有残留的背景图像，可以用橡皮擦工具 擦掉。图13-152所示为抠出的图像在透明背景上的效果。

图13-151　　　　　　　图13-152

💎 13.5.9
背景橡皮擦的取样方法

背景橡皮擦工具 比魔术橡皮擦工具 功能强大，因而其选项也复杂一些，如图13-153所示。

图13-153

取样是指对采用什么方式对图像的色彩进行取样。背景橡皮擦工具 以光标中的十字线作为取样点，以圆形光标为工具范围。

单击连续按钮 ，在拖曳鼠标时可以连续对颜色取样，此时凡是出现在光标中心十字线内，并且符合"容差"要求的图像都会被擦除，如图13-154所示。当需要擦除多种颜色时，适合使用这种方式。但在操作时，需要特别留意，不要让光标中的十字线碰触到需要保留的图像。

单击一次按钮 ，只对鼠标单击处十字线下方的颜色取样一次，如图13-155所示，之后只擦除与之类似的颜色。在这种状态下，光标是可以在图像上任意移动的，如图13-156所示。

图13-154　　　　图13-155　　　　图13-156

单击背景色板按钮 ，只擦除与背景色类似的颜色。在具体操作时，需要进行一些设定。首先单击"工具"面板中的背景色块，打开"拾色器"，将光标放在需要擦除的颜色上，单击鼠标，将这种颜色设置为背景色，然后关闭"拾色器"，再使用背景橡皮擦工具 进行擦除操作。

除此之外，还可以自定义取样颜色，这在处理多色

背景时非常方便。例如，当需要擦除的图像中有白、蓝两种颜色时，由于它们的色调差异较大，一次不容易清除干净，最好分开处理。可以单击背景色板按钮 ，再用吸管工具 按住Alt键在白色背景上单击，拾取颜色作为背景色，如图13-157所示，之后在背景上拖动鼠标，先将白色擦除，如图13-158所示。

图13-157　　　　　　图13-158

处理蓝色时，也是先用吸管工具 按住Alt键拾取蓝色作为背景色，再擦除，如图13-159和图13-160所示。

图13-159　　　　　　图13-160

💎 13.5.10
通过限制方法保护前景色

在背景橡皮擦工具 的选项栏中，"限制"下拉列表中包含"不连续""连续""查找边缘"3个选项。可以控制擦除的限制模式，它们决定了拖曳鼠标时，是擦除连接的像素还是擦除工具范围内的所有相似的像素。

选择"不连续"选项，可以擦除出现在光标下任何位置的样本颜色；选择"连续"，则只擦除包含样本颜色并且互相连接的区域；"查找边缘"与"连续"选项的作用有些相似，可以擦除包含取样颜色的连接区域，但同时能更好地保留形状边缘的锐化程度。

如果想要某种颜色不被破坏，可以选取"保护前景色"选项，然后用吸管工具 拾取这种颜色作为前景色，再进行擦除操作。

13.5.11
魔术橡皮擦与背景橡皮擦的利弊探讨

在所有的抠图工具中，只有魔术橡皮擦工具 ✥ 和背景橡皮擦工具 ✥ 可以直接将图像从背景中抠出，因为背景被它们擦掉了。用它们抠图有利也有弊。

先从有利的方面看，这两个工具的操作方法非常简单，要比前面介绍的任何一个智能抠图工具都容易上手，而且可以快速清除背景图像。然而，其弊端也十分明显。

首先，这两个工具会直接擦掉背景，对图像造成实质性的破坏；其次，它们对图像也有一定的要求，即背景不能太过复杂，以单色为宜；再有就是其抠图精度不高，并且由于会删除图像，所以后期调整起来也是一件很麻烦的事。那么既然它们有这么多缺点，为什么还要介绍这两个工具呢？这是因为，抠图的目的是对图像进一步加工，如进行蒙太奇合成、制作为书刊封面、作为网页素材等。用背景橡皮擦和魔术橡皮擦快速抠图，可以为制作图像小样提供方便，即我们可以先看一下图像合成的大致效果如何，再决定是否花些工夫仔细抠图。这对于从事摄影后期处理、平面设计、网页设计等的人员是非常有利的。

用"色彩范围"命令抠图

"色彩范围"命令可以根据图像的颜色范围创建选区，在这一点上它与魔棒工具 ✎ 有着很大的相似之处，但该命令提供了更多的控制选项，因此，选择精度更高。

13.6.1
对颜色取样

执行"选择>色彩范围"命令，打开"色彩范围"对话框。选择"选择范围"选项，可以看到选区的预览效果，此时预览图中的白色代表了选区范围；黑色代表了选区之外的区域；灰色代表了被部分选择的区域，即羽化区域，如图13-161所示。如果选择"图像"选项，则预览区内会显示彩色图像。

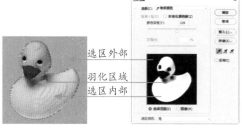

选区外部
羽化区域
选区内部

图13-161

通常情况下，选区的创建主要依靠对话框中的吸管和"颜色容差"来设置。将鼠标移动到图像上，光标会变为一个吸管 ✎，单击鼠标即可拾取颜色，并将所有与之相似的色彩都选取，如图13-162所示。至于色彩涵盖范围有多广，则需要在"颜色容差"选项中调整。如果习惯在黑白效果的图像上操作，也可以在对话框的预览图上单击，

对选择的颜色范围进行设置。如果要将其他颜色添加到选区中，可以单击添加到取样按钮 ✎，然后在需要添加的颜色上单击，如图13-163所示；如果要在选区中排除某些颜色，可以单击从取样中减去按钮 ✎，然后在颜色上单击，如图13-164所示。

图13-162   图13-163   图13-164

除了使用吸管工具进行颜色取样外，"选择"下拉列表中还提供了几个预设选项。其中，预设颜色包括"红色""黄色""绿色""青色""蓝色""洋红"。通过这些选项，可以选择图像中的以上特定颜色。

预设色调包括"高光""中间调""阴影"。通过这3个选项，可以选择图像中的高光、中间调和阴影区域。这些选项对于校正数码照片的影调非常有用。

此外，选择"溢色"选项，则可以选取图像中出现的溢色（见109页）；选择"肤色"选项，可以选取皮肤颜色。图13-165~图13-167所示为部分选项选取效果。

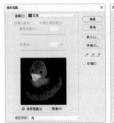

选择红色

图13-165

选择黄色

图13-166

选择高光

图13-167

提示（Tips）

如果在图像中创建了选区，则"色彩范围"命令只分析位于选区内部的图像。如果要细调选区，可以重复使用该命令。

💎 13.6.2

熹 进阶课

颜色容差与容差的区别

魔棒工具🖋和"色彩范围"命令都基于"容差"值定义颜色选取范围，该值越高，所包含的颜色范围越广。在"色彩范围"命令中，"容差"换了一个名字，叫作"颜色容差"。它除了可以增加和减少选取的颜色范围外，还能控制相关颜色（其实是像素）的选择程度。我们从对话框的预览图中就可以看出来。当颜色的选择程度为100%时（即完全选择），在预览图上显示为白色；选择程度为0%时（即没有被选择到），则会显示为黑色；如果选择程度介于0%～100%，就能够部分地选择这些颜色（像素），它们在预览图上显示为灰色。

魔棒工具🖋无法部分地选择颜色，也就是说，该工具不具备选取带有一定透明度的像素的能力，这是它与"色彩范围"命令显著的区别。将"色彩范围"命令的"颜色容差"与魔棒工具🖋的"容差"都设置为相同的数值，再分别用它们创建选区（取样点相同），便可看出二者的区别，如图13-168和图13-169所示。

左图为使用"色彩范围"对话框中的吸管在图像上取样（"颜色容差"为120）。右图为抠出的图像，可以清楚地看到半透明的像素

图13-168

左图为使用魔棒工具单击（取样位置相同，"容差"为120）。右图为抠出的图像（没有半透明像素）

图13-169

💎 13.6.3

设置其他选项

● **选区预览：** 用来设置文档窗口中的选区的预览方式，如图13-170所示。"无"表示不在窗口显示选区；"灰度"可以按照选区在灰度通道中的外观来显示选区；"黑色杂边"可以在未选择的区域上覆盖一层黑色；"白色杂边"可以在未选择的区域上覆盖一层白色；"快速蒙版"可以显示选区在快速蒙版状态下的效果，此时，未选择的区域会覆盖一层宝石红色。

无　　　　灰度　　　黑色杂边　　白色杂边　　快速蒙版

图13-170

● **检测人脸：** 选择人像或因需要调整肤色而选择皮肤时，选取该选项，可以更加准确地选择肤色，如图13-171所示。

图13-171

● **本地化颜色簇/范围：** 可以控制要包含在蒙版中的颜色与取样点的最大和最小距离，距离的大小通过"范围"选项设定。通俗一点说就是，我们选择"本地化颜色簇"选项后，Photoshop会以取样点（鼠标单击处）为基准，只查找位于"范围"值之内的图像。例如，图13-172所示的画面中有两朵荷花，如果只想选择其中的一朵，可在它上方单击鼠标进行颜色取样，如图13-173所示，然后调整"范围"值来缩小范围，这样就能够避免选中另一朵花，如图13-174所示。

图13-172

图13-173

图13-174

● 存储/载入：单击"存储"按钮，可以将当前的设置状态保存为选区预设；单击"载入"按钮，可以载入存储的选区预设文件。

● 反相：可以反转选区，这就相当于创建选区之后，执行"选择>反选"命令。

◆ 13.6.4

抠图实战：用"色彩范围"命令抠像

01 打开素材。执行"选择>色彩范围"命令，打开"色彩范围"对话框。在文档窗口中的人物背景上单击，对颜色进行取样，如图13-175和图13-176所示。

扫 码 看 视 频

图13-175

图13-176

02 单击添加到取样按钮 🖋，在右上角的背景区域内单击并向下移动鼠标，如图13-177所示，将该区域的背景全部添加到选区中，如图13-178所示。从"色彩范围"对话框的预览区域中可以看，该处全部变成了白色。

图13-177

图13-178

03 向左拖曳"颜色容差"滑块，这样可以让羽毛翅膀的边缘保留一些半透明的像素，如图13-179所示。单击"确定"按钮关闭对话框，选中背景，如图13-180所示。

图13-179

图13-180

04 执行"选择>反选"命令，即可选中小女孩。图13-181所示为抠图效果。可以看到，图像边缘有一圈蓝边，并呈现半透明效果，这是原背景的颜色。虽然是我们刻意保留的，但仍然不美观，似乎抠图不彻底。其实不然，因为这一圈蓝色是羽毛、小女孩头发的边缘部分，是应该体现出柔和效果的。我们只要将蓝色去除，效果就会完美了。打开素材，如图13-182所示。

图13-181

图13-182

05 使用移动工具 ✛ 将小女孩拖入该文件中，如图13-183所示。执行"图层>图层样式>内发光"命令，打开"图层样式"对话框，为小女孩添加内发光效果，让发光颜色盖住图像边界的蓝色，如图13-184和图13-185所示。

图13-183

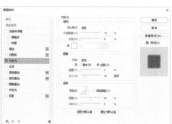
图13-184

图13-185

用"选择并遮住"命令编辑选区

13.7

"选择并遮住"集选区编辑和抠图功能于一身,可以对选区进行羽化、扩展、收缩和平滑处理;还能有效识别透明区域、毛发等细微对象。抠此类对象时,可先用魔棒、快速选择或"色彩范围"等工具创建一个大致的选区,再使用"选择并遮住"命令进行细化,从而准确选取对象。

💎 13.7.1

视图模式

Photoshop中的选区能够以多种面孔出现,在画板上,它是闪烁的蚁行线;在通道中它又变为一张定格的黑白图像。选区的各种形态不仅有利于对其进行编辑,也为我们更好地观察它们的范围提供了帮助。"选择并遮住"命令能够将选区的绝大多数面貌展现在我们面前。

在图像上创建选区,如图13-186所示,执行"选择>选择并遮住"命令,会切换为"选择并遮住"命令专属的工作区,它包括"工具"面板和"属性"面板。

"属性"面板的"视图"下拉列表中包含几种视图模式,可用于观察选区,如图13-187所示。也可以按F键,循环显示各个视图。按X键,则暂时停用所有视图。

图13-186 　　　　　　　图13-187

● 洋葱皮: 将选区显示为动画样式的洋葱皮结构。图13-188所示为在该状态下,并设置"透明度"为25%时的选区。

● 闪烁虚线: 显示标准的选区,即"蚁行线"。

● 叠加: 显示快速蒙版状态下的选区,如图13-189所示。

图13-188

图13-189

● 黑底: 将选区置于深色背景上,如图13-190所示。

● 白底: 将选区置于白色背景上,如图13-191所示。

图13-190

图13-191

● 黑白: 显示通道状态下的选区,如图13-192所示。

● 图层: 如果当前图层不是"背景"图层,选择该选项后,可以将选取的对象放在"背景"图层上观察。创建图像合成效果时,该选项比较有用,它能让我们看到图像与背景的融合是否完美。如果发现选区缺陷,在"选择并遮住"对话框中就可以修正。如果当前图层是"背景"图层,则可将选取的对象放在透明背景上,如图13-193所示。

图13-192

图13-193

● 显示边缘: 显示调整区域。

● 显示原始选区: 显示原始选区。

● 高品质预览: 选择该选项后,在处理图像时,按住鼠标左键(向下滑动)可以查看更高分辨率的预览。取消选择该选项后,即使向下滑动鼠标时,也会显示更低分辨率的预览。

💎 13.7.2

工具和选项栏

"选择并遮住"工作区中提供了与Photoshop正常操作界面类似的"工具"面板和工具选项栏,如图13-194~图

13-197所示。

图13-194   图13-195

图13-196   图13-197

从工具上看，它集合了Photoshop的快速选择工具✅、套索工具○、边形套索工具✎，以及文档导航工具（抓手工具✋/缩放工具🔍），并且用法完全相同。但工具的选项有所精简，只提供了工具大小调整选项、"对所有图层取样"选项和选区运算按钮。

● 快速选择工具✅：与 Photoshop 快速选择工具✅类似，单击或单击并拖曳要选择的区域时，会根据颜色和纹理相似性进行快速选择。

● 调整边缘画笔工具✅：可以精确调整发生边缘调整的边框区域。例如，轻刷柔化区域（如头发或毛皮）以向选区中加入精妙的细节。要调整画笔的大小，可以按] 键和 [键。

● 画笔工具✅：使用快速选择工具✅（或其他选择工具）先进行粗略选择后，使用调整边缘画笔工具✅对其进行调整，之后便可用画笔工具✅来完成或清理细节。它可以按照以下两种简便的方式微调选区：在添加模式下，绘制想要选择的区域；在减去模式下，绘制不想选择的区域。

● 套索工具○：可徒手绘制选区。

● 多边形套索工具✎：可创建多边形选区。

● 抓手工具✋/缩放工具🔍：可移动画面位置、缩放窗口的视图比例。

提 示（Tips）

使用快速选择工具✅、使用调整边缘画笔工具✅和画笔工具✅时，由于是描绘细节，建议将窗口放大，再进行处理。虽然抓手工具✋和缩放工具🔍负责此项工作，但用快捷键操作更方便（Ctrl++放大、Ctrl+-缩小、按住空格键移动画面）。

13.7.3
边缘检测

在"选择并遮住"工作区的"属性"面板中，"半径"选项可确定发生边缘调整的选区边界的大小。如果选区边缘较锐利，可以使用较小的半径；如果选区边缘较柔和，则可使用较大的半径。

"智能半径"选项允许选区边缘出现宽度可变的调整

区域。在处理人物肖像，如头发和肩膀时，该选项十分有用，它可以根据需要为头发设置比肩膀更大的调整区域。

13.7.4
扩展和收缩选区

在"选择并遮住"工作区的"属性"面板中，"移动边缘"选项可用来扩展和收缩选区范围。该值为负值时，选区向内移动（这有助于从选区边缘移去不想要的背景颜色）；为正值时，向外移动。由于该选项以百分比为单位，选区的变化范围非常小，只适合进行轻微移动。如果要进行大范围移动，建议使用"选择>修改"菜单中的"扩展"和"收缩"命令操作，如图13-198~图13-200所示。

原选区

图13-198

图13-199 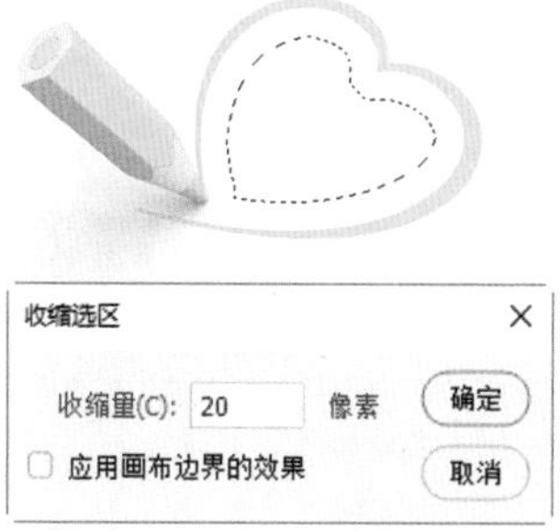   图13-200

13.7.5
平滑选区

在"选择并遮住"工作区的"属性"面板中，通过"平滑"选项，可以减少选区中的不规则区域（凹凸不平），创建较平滑的轮廓。对于矩形选区，则可使其边角变得圆滑。

此外，使用"选择>修改>平滑"命令，也可以让选区变得平滑，如图13-201和图13-202所示。与使用"选择并遮住"命令操作相比，"平滑"命令是以像素为单位处理的，因此处理范围更大。需要注意的是，如果"取样半径"参数过高，会加重选区的变形程度。

图13-201　　　　　　　　图13-202

提 示（ Tips ）

用魔棒工具 ✦ 或 "色彩范围" 命令选择图像时，选区边缘往往较为生硬，可以通过平滑选区的方法对这样的选区边缘进行平滑处理。

💎 13.7.6
设置羽化

在 "选择并遮住" 工作区的 "属性" 面板中，通过 "羽化" 选项可以为选区设置羽化（范围为0像素～1000像素），让选区边缘的图像呈现透明效果。

通过 "对比度" 选项可以锐化选区边缘并去除模糊的不自然感。对于添加了羽化效果的选区，增加 "对比度" 可以减少或消除羽化。

提 示（ Tips ）

"平滑" "羽化" "移动边缘" 等选项都是以像素为单位进行处理的。而实际的物理距离和像素距离之间的关系取决于图像的分辨率。例如，300像素/英寸图像中的5像素的距离要比72像素/英寸图像中的5像素短。这是由于分辨率高的图像包含的像素多，因此，像素点更小（见31页）。

💎 13.7.7
输出选区

在 "选择并遮住" 工作区的 "属性" 面板中，"输出" 选项组用于设置选区的输出方式，以及消除选区边缘的杂色，如图13-203和图13-204所示。

图13-203　　　　　　图13-204

● 净化颜色： 选择该选项后，拖曳 "数量" 滑块可以将彩色边替换为附近完全选中的像素的颜色。例如，图13-205所示是未选择该项的抠图效果，可以看到，轮廓处有一圈黑边。图13-206所示为净化颜色后的效果，此时黑边被清除掉了。

图13-205　　　　　　　　图13-206

● 输出到： 在该选项的下拉列表中可以选择选区的输出方式，它们决定了调整后的选区是变为当前图层上的选区或蒙版，还是生成一个新图层或新的文件。

💎 13.7.8
设计实战：抠像并制作牛奶裙

平面 ● 网店 ● 摄影 ● 抠图 ● 影视

01 打开素材，如图13-207所示。先来抠图，再用牛奶装饰裙边，制作出一个独特的牛奶装。选择快速选择工具 ✦，单击工具选项栏中的 "选择主体" 按钮，Photoshop会自动将人物选取，虽然这个选区在细节上推敲还不够精细，但已经是很智能化了，如图13-208所示。

扫码看视频

图13-207　　　　　　　图13-208

02 先来检查一下选区是否有需要完善的地方。可以按Ctrl+J快捷键将选中的图像复制到一个图层中，在它下面创建图层并填充黑色，在黑色背景上观察就可以发现，人物手臂处还残留背景图像，如图13-209和图13-210所示。

03 下面来对选区进行深入加工。单击工具选项栏中的 "选择并遮住" 按钮，切换到该工作区。先在 "视图" 下拉列表中选择 "黑底" 视图模式，将不透明度设置为100%，以便更好地观察选区的调整结果。将 "平滑" 值设置为5，将

"对比度"设置为20，选区边界的黑线、模糊不清的地方就会得到修正。选取"净化颜色"选项，将"数量"设置为100%，如图13-211和图13-212所示。

图13-217和图13-218所示。

图13-209　　　　图13-210

图13-217　　　　图13-218

06 按住Ctrl键单击"图层"面板底部的 按钮，在当前图层下方创建图层。选择渐变工具 并单击 按钮，调整渐变颜色，然后填充渐变，如图13-219和图13-220所示。

图13-211　　　　图13-212

图13-219　　　　图13-220

04 对于手臂周围多余的背景，使用选择并遮住画笔工具 将其涂抹掉，如图13-213和图13-214所示，如果有缺失的图像，使用画笔工具 将其恢复过来，如图13-215和图13-216所示。

07 新建一个图层，设置混合模式为"柔光"，不透明度为80%。按D键，将前景色设置为黑色。在渐变下拉面板中选择前景-透明渐变，如图13-221所示。在画面底部填充线性渐变，让这里的色调变暗，如图13-222和图13-223所示。

图13-221

图13-213　　图13-214　　图13-215　　图13-216

05 选区修改完成以后，在"输出到"下拉列表中选择"新建带有图层蒙版的图层"选项，单击"确定"按钮，将选中的图像复制到一个带有蒙版的图层中，完成抠图操作，如

图13-222　　　　图13-223

319

08 单击"图层"面板底部的 按钮，新建一个图层，设置混合模式为"正片叠底"，不透明度为65%。选择画笔工具 ，打开"画笔设置"面板，将笔尖调整为椭圆形，绘制出人物的投影，如图13-224和图13-225所示。

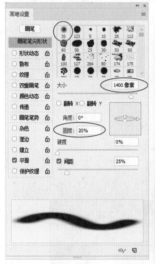

图13-224   图13-225

09 在"图层"面板顶部创建"曲线"调整图层，将图像调亮，如图13-226所示。

10 单击"属性"面板底部的 按钮，创建剪贴蒙版，使调整只对人像有效。用画笔工具 在人物的裙子上涂抹黑色，让裙子色调暗一些，如图13-227所示。

图13-226   图13-227

11 打开牛奶素材。使用移动工具 将"牛奶"图层组拖入人像文件中，将素材镶嵌在裙边，人物手臂外侧也放一些，整体形态突出动态感，如图13-228所示。

12 牛奶与裙边的衔接处还得处理一下，可以选中相应的牛奶图层，为其添加蒙版，再用柔角画笔工具 将衔接处涂黑就行了，如图13-229~图13-231所示。

图13-228   图13-229

图13-230   图13-231

💎 13.7.9

其他编辑命令：创建边界选区

创建选区后，如图13-232所示，执行"选择>修改>边界"命令，可以将选区的边界同时向内部和外部扩展，进而形成新的选区。在"边界选区"对话框中，"宽度"用于设置选区扩展的像素值，例如，将该设置为30像素时，原选区会分别向外和向内扩展15像素，如图13-233所示。

图13-232   图13-233

13.7.10

其他编辑命令：扩大选取与选取相似

　　"扩大选取"与"选取相似"都是用来扩展选择区域的命令，执行这两个命令时，Photoshop会基于魔棒工具 ✦ 选项栏中的"容差"值（见306页）的设定来决定选区的扩展范围，"容差"值越高，选区扩展的范围越大。如果想要使选区的范围扩展得更大，可以多次执行这两个命令，或者将魔棒工具的"容差"值设置得高一些。

　　执行"选择>扩大选取"命令时，Photoshop会查找并选择那些与当前选区中的像素色调相近的像素，从而扩大选择区域。但该命令只扩大到与原选区相连接的区域。

　　执行"选择>选取相似"命令时，Photoshop同样会查找并选择那些与当前选区中的像素色调相近的像素，从而扩大选择区域。但该命令可以查找整个文档，包括与原选区没有相邻的像素。

　　例如，图13-234所示为创建的选区，图13-235所示为执行"扩大选取"命令的扩展结果，图13-236所示为执行"选取相似"命令的扩展结果。

图13-234　　　　图13-235　　　　图13-236

用"焦点区域"命令抠图

使用"焦点区域"命令可以轻松选取位于焦点区域的图像，即主体清晰、背景虚化的图像。

13.8.1

抠图实战：抠宠物狗

01 打开素材，如图13-237所示。执行"选择>焦点区域"命令，自动选取焦点区域即小狗，如图13-238所示。单击对话框左下角的"选择并遮住"按钮，下面进一步细化选区。

图13-237　　　　　　图13-238

02 使用快速选择工具 ✦ 在鼻尖上漏选的区域涂抹，如图13-239所示，将其添加到选区内，如图13-240所示。同样，将下巴区域也选取完整，如图13-241和图13-242所示。

图13-239　　图13-240　　图13-241　　图13-242

03 单击工具选项栏中的 ⊖ 按钮，在耳朵后面的背景上涂抹，将背景排除到选区外，如图13-243和图13-244所示。选择调整边缘画笔工具 ✦，在嘴角的毛发上涂抹，排除背景以使选区更加精确，如图13-245和图13-246所示。头顶的选区还不够精细，毛发边缘显得不自然，如图13-247所示，可用鼠标涂抹，呈现更多细节，如图13-248所示。

图13-243　　图13-244　　图13-245　　图13-246

图13-247　　　　　　图13-248

04 在"输出到"下拉列表中选择"图层蒙版"选项，如图13-249所示，按Enter键确认，抠出小狗，如图13-250和13-251所示。

图13-249

图13-250

图13-251

05 打开素材，使用移动工具 ✛ 将小狗拖入该文件中，如图13-252和13-253所示。

图13-252

图13-253

💎 13.8.2

"焦点区域"对话框选项

在"焦点区域"对话框中，如图13-254所示，"视图""输出到"选项与"选择并遮住"命令相同。

图13-254

- 焦点对准范围：可以扩大或缩小选区。如果将滑块移动到0，会选择整个图像；将滑块移动到最右侧，则只会选择图像中位于最清晰焦点内的部分。

- 焦点区域添加工具 / 焦点区域减去工具：与快速选择工具选项栏中的添加到选区和从选区减去按钮类似，使用它们，可以手动扩展和收缩选区范围。修改选区时，还可以通过"预览"选项切换原始图像和当前选取效果，更简便的方法是按F键来进行切换。

- 图像杂色级别：如果选择区域中存在杂色，可以拖曳该滑块来进行控制。

- 自动："焦点对准范围"和"图像杂色级别"选项右侧都有"自动"选项。选取该选项，Photoshop将自动为这些参数选择适当的值。

- 柔化边缘：可以对选区边缘进行轻微的羽化。

用快速蒙版抠图

13.9

快速蒙版既是一种选区转换工具，也是一种选区编辑工具。它与通道抠图有些类似，但使用起来更加简单，可作为学习通道抠图的过渡型工具。

💎 13.9.1

用快速蒙版编辑选区

按Q键即可进入快速蒙版模式，选区轮廓会消失，原选区内的图像正常显示，选区之外覆盖一层半透明的宝石红色，如图13-255和图13-256所示。同时，"通道"面板中会出现

扫码看视频

一个临时的蒙版图像，如图13-257所示。

图13-255

图13-256

图13-257

在这种状态下，可以使用画笔、渐变、滤镜、"曲线"等工具在文档窗口中编辑蒙版图像，就像修改图层蒙版一样，之后，再将蒙版图像转换为选区，从而实现用以上工具编辑选区的目的。而前景色和背景色也会自动变为黑色和白色（这也与添加图层蒙版时一样），以配合编辑工作。

如果在蒙版图像上涂抹黑色，就会为其覆盖一层半透明的宝石红色，这说明黑色会减少选区范围；如果在覆盖宝石红色的区域涂抹白色，则图像会显现出来，这说明白色可以扩展选区范围；如果涂抹灰色，则宝石红色会变淡，它们代表了羽化区域。图13-258所示为用黑、白和灰色编辑快速蒙版时的选区和抠图效果。

在蒙版上涂抹黑色　　　转换的选区　　　抠图效果

在蒙版上涂抹白色　　　转换的选区　　　抠图效果

在蒙版上涂抹灰色　　　转换的选区　　　抠图效果

图13-258

快速蒙版选项

创建选区以后，如图13-259所示，双击"工具"面板中的以快速蒙版模式编辑按钮，可以打开"快速蒙版选项"对话框，如图13-260所示。

图13-259　　　　　　　　图13-260

● 被蒙版区域：被蒙版区域是指选区之外的图像区域。将"色

彩指示"设置为"被蒙版区域"后，选区之外的图像将被蒙版颜色覆盖，如图13-261所示。

● 所选区域：所选区域是指选中的区域。如果将"色彩指示"设置为"所选区域"，则选中的区域将被蒙版颜色覆盖，未被选择的区域显示为图像本身的效果，如图13-262所示。该选项比较适合在没有选区的状态下直接进入快速蒙版，然后在快速蒙版的状态下制作选区。

图13-261　　　　　　　　图13-262

● 颜色/不透明度：单击颜色块，可以打开"拾色器"设置蒙版颜色。如果对象与蒙版的颜色非常接近，可以对蒙版颜色做出调整。"不透明度"用来设置蒙版颜色的不透明度。"颜色"和"不透明度"都只是影响蒙版的外观，不会对选区产生任何影响。修改它们的目的是让蒙版与图像中的颜色对比更加鲜明，以便我们准确操作。

◆ 13.9.2

抠图实战：用快速蒙版抠像

01 打开素材。先用快速选择工具选取小孩，如图13-263所示。

02 下面制作投影选区。投影不能完全选中，而应该使其呈现透明效果，否则为图像添加新背景时，投影效果太过生硬，不真实。执行"选择>在快速蒙版模式下编辑"命令（也可以通过单击"工具"面板底部的按钮或按Q键来操作），进入快速蒙版编辑状态，未选中的区域会覆盖一层半透明的颜色，被选择的区域还是显示为原状，如图13-264所示。

扫码看视频

图13-263　　　　　　　　图13-264

03 现在"工具"面板中的前景色会自动变为白色。选择画笔工具，在工具选项栏中将不透明度设置为30%，

如图13-265所示，在投影上涂抹，将投影添加到选区中，如图13-266所示。如果涂抹到背景区域，则可按X键，将前景色切换为黑色，用黑色涂抹就可以将多余内容排除到选区之外。

04 单击"工具"面板底部的 ▣ 按钮，退出快速蒙版，返回正常模式，图13-267所示为修改后的选区。打开素材，使用移动工具 ✥ 将小孩拖入该文件，如图13-268所示。

图13-265

图13-266

图13-267

图13-268

用通道抠图

13.10

通道往往是最后才考虑的抠图工具，能用其他工具解决的问题，一般情况下是不会动用通道的，因为它较难使用。通道与"色彩范围"命令、"选择并遮住"命令、快速蒙版等功能一样，适合抠边缘模糊，或内部有透明区域的对象。通道的可控性强，是这几种工具中"本领"最大的一个。

13.10.1

用通道存储选区

选区越复杂，制作时需要花费的时间就越多。为避免因操作不当而丢失选区，或者为了方便以后使用和修改，就应该适时地存储选区。

单击"通道"面板底部的 ▣ 按钮，即可将选区保存到Alpha通道中，如图13-269所示。Photoshop会使用默认的Alpha 1、Alpha 2等命名通道。如果要修改名称，可以双击通道名，在显示的文本框中为其重新命名。

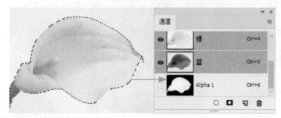

图13-269

此外，使用"选择>存储选区"命令也可以保存选区，如图13-270所示。

图13-270

● 文档：用来选择保存选区的目标文件。默认状态下，选区保存在当前文档中。如果在该选项下拉列表中选择"新建"选项，则可以将选区保存在一个新建的文件中。如果同时在Photoshop中打开了多个图像文件，并且打开的文件中有与当前文件大小相同的图像，则可以将选区保存至这些图像的通道中。

● 通道：用来选择保存选区的目标通道。默认为"新建"选项，即将选区保存为一个新的Alpha通道。如果文件中还有其他Alpha通道，则可在下拉列表中选择该通道，使当前的选区与通道内现有的选区进行运算，运算方式需要在"操作"选项中设置。另外，如果当前选择的图层不是"背景"图层，或者文档中没有"背景"图层，在下拉列表中还可以选择将选区创建为图层蒙版。

● 名称：可以为保存选区的 Alpha 通道设置名称。

● 操作：如果保存选区的目标文件中包含选区，可以选择一种选区运算方法（见55页）。选择"新建通道"，可以将当前选区存储在新的通道中；选择"添加到通道"，可以将选区添加到目标通道的现有选区中；选择"从通道中减去"，可以从目标通道内的现有选区中减去当前的选区；选择"与通道交叉"，可以从与当前选区和目标通道中的现有选区交叉的区域中存储一个选区。

提示（Tips）

将选区保存到通道 Alpha 后，使用"文件>存储为"命令保存文件时，选择 PSB、PSD、PDF 和 TIFF 等格式可以保存 Alpha 通道。

图13-273

图13-274

图13-275

技术看板 ③⑧ 从其他载体中载入选区

Photoshop 中的颜色通道、包含透明像素的图层、图层蒙版、矢量蒙版、路径层中也都包含选区，因此，从这些载体中也可以载入选区。操作方法非常简单，只要按住 Ctrl 键单击图层、蒙版或路径的缩览图即可。在操作时，可以使用上面介绍的按键来进行选区运算。

按住 Ctrl 键单击路径层缩览图

◆ 13.10.2

功能练习：载入选区并进行运算

01 打开素材。使用矩形选框工具 ⬚ 创建选区，如图13-271所示。单击"通道"面板中的 ▣ 按钮，将选区保存到 Alpha 通道中，如图13-272所示。

图13-271

图13-272

02 按 Ctrl+D 快捷键取消选择。在"通道"面板中单击一个 Alpha 通道，单击 ⬚ 按钮，可以将通道中的选区载入画布上。这是基本的选区载入方法。但实际操作时比较麻烦，因为单击一个通道，就会选择这一通道，载入选区之后，还要切换回复合通道，比较麻烦。我们可以使用按住 Ctrl 键单击 Alpha 通道的方法来载入选区，如图13-273所示，这样就不必来回切换通道。

03 现在图像上已有选区了，载入通道中的其他选区，让它与画布上的选区进行运算。按住 Ctrl+Shift 键（光标变为 🖱状）单击蓝通道，如图13-274所示，可以将该选区添加到现有选区中，如图13-275所示；按住 Ctrl+Alt 键（光标变为 🖱状）单击，可以从画布上的选区中减去载入的选区；按住 Ctrl+Shift+Alt 键（光标变为 🖱状）单击，得到的是它与画布上选区相交的结果。此外，使用"选择>载入选区"命令载入选区，也可进行选区运算，但不如通过快捷按键操作方便。

◆ 13.10.3

技巧：同时显示 Alpha 通道和图像

编辑 Alpha 通道时，文档窗口中显示的是通道中的灰度图像，如图13-276所示，这使某些操作，如描绘图像边缘时会因看不到彩色图像而不够准确。遇到这种情况，可以在复合通道前单击，显示眼睛图标 👁 ，这样，Photoshop 就会显示图像并以宝石红色颜色替代 Alpha 通道的灰度图像，这种效果类似于快速蒙版状态下的选区，如图13-277所示。

图13-276

图13-277

◆ 13.10.4

抠图实战：用通道抠婚纱

01 打开素材，如图13-278所示。选择钢笔工具 ✎ ，在工具选项栏中选择"路径"选项。单击"路径"面板底部的 ▣ 按钮，新建一个路径层。沿人物的轮廓绘制路径，描绘时要避

开半透明的婚纱，如图13-279和图13-280所示。

图13-278　　　　　图13-279　　　　　图13-280

02 按Ctrl+Enter键将路径转换为选区，如图13-281所示。单击"通道"面板中的 ▣ 按钮，将选区保存到通道中，如图13-282所示。将蓝通道拖曳到 ▣ 按钮上进行复制，如图13-283所示。

图13-281　　　　　图13-282　　　　　图13-283

03 使用快速选择工具 ▨ 选取女孩（包括半透明的头纱），按Shift+Ctrl+I快捷键反选，如图13-284所示。在选区中填充黑色，如图13-285和图13-286所示。取消选择。

图13-284　　　　　图13-285　　　　　图13-286

04 执行"图像>计算"命令，让"蓝副本"通道与"Alpha 1"通道采用"相加"模式混合，如图13-287所示。单击"确定"按钮，得到一个新的通道，如图13-288所示。

图13-287　　　　　　　　　图13-288

05 由于现在显示的是通道图像，可单击"通道"面板底部的 ▣ 按钮，直接载入婚纱选区。按Ctrl+2快捷键显示彩色图像，如图13-289所示。打开素材，将抠出的婚纱图像拖入该文件中，如图13-290所示。

图13-289　　　　　　　　　图13-290

06 头纱还有些暗，添加"曲线"调整图层，调亮图像，如图13-291所示。按Ctrl+I快捷键将蒙版反相，使用画笔工具 ▨ 在头纱上涂抹白色，使头纱变亮，按Alt+Ctrl+G快捷键，创建剪贴蒙版，如图13-292和图13-293所示。

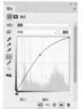

图13-291　　　图13-292　　　图13-293

13.11

用混合颜色带抠图

混合颜色带是一种高级蒙版，它能根据像素的亮度值来决定其显示还是隐藏，非常适合抠火焰、烟花、云彩、闪电等处于深色背景中的对象。

◈ **13.11.1**　　　　　　　　　🔹 进阶课

让数字做我们的向导

在"图层样式"对话框中，藏着一个高级蒙版——混合颜色带，它可以隐藏当前图层中的像素，也能让下一层中的像素穿透当前

扫码看视频

层显示出来，或者同时隐藏当前图层和下一图层的部分像素，这是其他任何一种蒙版无法做到的。

打开一个文件，双击"图层1"，如图13-294所示，打开"图层样式"对话框。"混合颜色带"就在对话框底部，如图13-295所示。它没有参数选项，操作时通过拖曳滑块来定义亮度范围。

图13-294　　　　　　　　图13-295

在"混合颜色带"选项组中，"本图层"是指当前正在处理的图层（即我们双击的图层），"下一图层"是指它下方的第一个图层。在这两个选项下方有两个完全相同的黑白渐变条，渐变条上还有数字。

黑白渐变条代表了图像的色调范围，从0（黑）到255（白），共256级色阶。黑色滑块位于渐变条的最左侧（数字为0），它定义了亮度范围的最低值；白色滑块位于渐变条的最右侧（数字为255），它定义了亮度范围的最高值，如图13-296所示。

拖曳"本图层"滑块，可以隐藏当前图层中的像素，下一图层中的像素就会显示出来。当我们向右拖曳黑色滑块时，它就从黑色色阶下方移动到了灰色色阶下方，此时所有亮度值低于滑块

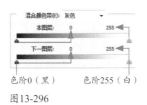

图13-296

当前位置的像素都会被隐藏。移动滑块时，它所对应的数字也在改变，观察数字，我们就能知道图像中有哪些像素被隐藏。从当前结果看，数字是100，如图13-297所示，它告诉我们，亮度值在0~100的像素被隐藏了。

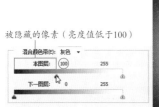 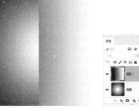

图13-297

拖曳白色滑块，可以将亮度值高于滑块所在位置的像素隐藏，如图13-298所示。可以看到，滑块所对应的数字是200，说明亮度值在200~255的像素被隐藏了。

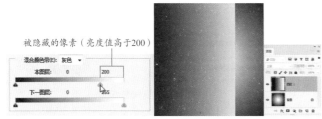

图13-298

13.11.2　进阶课
让下方图层中的像素显现

"下一图层"是指位于当前图层下方的第一个图层，拖曳下一图层滑块，可以让该图层中的像素穿透当前图层显示出来。

例如，将黑色滑块拖曳到100处，亮度值在0~100的像素就会穿透当前图层显示出来，如图13-299所示；将白色滑块拖曳到200处，则亮度值在200~255的像素会穿透当前图层显示出来，如图13-300所示。

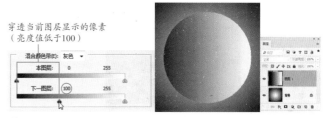

图13-299

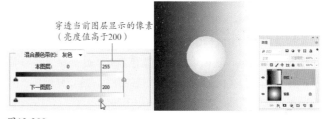

图13-300

13.11.3　进阶课
技巧：创建像蒙版一样的半透明区域

在图层蒙版中，灰色不会完全遮挡图像，而是可以让其呈现一定程度的透明效果。混合颜色带也能创建类似的半透明区域，我们只要按住Alt键拖曳一个滑块，将它拆分为两个三角滑块，然后将这两个滑块拉开一定距离，它们中间的像素就会呈现半透明效果。

例如，图13-301所示的滑块位置在120和200处，它表示亮度值在120~255的像素会穿透当前图层显示出来，而这其中200~255一段的像素完全显示，120~200一段会呈现透明效果，色调值越低，像素越透明。

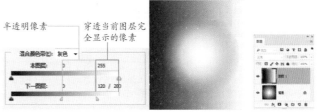

图13-301

327

13.11.4

抠图实战：1分钟快速抠闪电

混合颜色带的优点是抠图速度快；缺点是可控性比较弱，抠图精度不高。它对图像也有一定要求。当背景简单，且对象与背景间的色调差异较大时，混合颜色带才能发挥很好的作用。

01 打开素材，如图 13-302 所示。使用移动工具 ✛ 将闪电图像拖入另一个文件中，如图 13-303 所示。

图13-302　　　图13-303

02 双击闪电所在的图层，打开"图层样式"对话框。按住 Alt 键拖曳"本图层"中的黑色滑块，将它分开后，将右半边滑块向右侧拖至靠近白色滑块处，这样可以创建一个较大的半透明区域，使闪电周围的蓝色能够较好地融合到背景中，并且半透明区域还可以增加背景的亮度，这正好体现出闪电照亮夜空的效果，如图13-304和图13-305所示。

图13-304　　　　　　图13-305

03 按两下 Ctrl+J 快捷键，复制闪电图层，让电光更加强烈，如图 13-306 和图 13-307 所示。

图13-306　　　图13-307

> **提示**（Tips）
>
> 与图层蒙版类似，混合颜色带也只是隐藏像素，并不会将其删除。在任何时候，只要打开"图层样式"对话框，将滑块拖回起始位置，便可让隐藏的像素重新显示出来。

13.11.5

抠图实战：用选定的通道抠花瓶

在"混合颜色带"下拉列表中可以选择一个颜色通道来控制混合效果。"灰色"表示使用全部颜色通道控制混合效果。

01 打开素材，如图 13-308 所示。按住 Alt 键双击"背景"图层，将它转换为普通图层，如图 13-309 所示。

图13-308　　　　　图13-309

02 打开"通道"面板，单击红、绿、蓝通道，观察窗口中的图像，如图 13-310 所示。可以看到，蓝通道中的花瓶与背景的色调对比最清晰。

红通道　　　　　绿通道　　　　　蓝通道
图13-310

03 双击"图层0"，打开"图层样式"对话框。在"混合颜色带"下拉列表中选择"蓝"通道，向左侧拖曳本图层下方的白色滑块，即可将蓝色背景隐藏，如图13-311和图13-312所示。

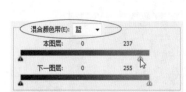

图13-311　　　　　　　图13-312

04 在"图层"面板中，图像缩览图中仍然有背景，如图 13-313 所示，这说明背景只是被隐藏了。下面我们创建

一个真正删除背景的透明图像。单击"图层"面板底部的按钮，新建一个图层，如图13-314所示，按Alt+Shift+Ctrl+E快捷键盖印，这样既能将混合结果盖印到新建的图层中，又能让原图层（"图层0"）毫发无损，如图13-315所示。需要注意的是如果同时调整了本图层和下一图层的滑块，则图层的盖印结果只能是删除本图层滑块所隐藏的区域中的图像。

图13-313　　　　图13-314　　　　图13-315

用钢笔工具抠图

13.12

钢笔工具 ✐ 是一种常用的抠图工具，非常适合抠边缘清晰、光滑、复杂程度低的对象，如汽车、电器、建筑等，同时它也常与蒙版、通道等配合使用——钢笔负责外轮廓，蒙版和通道负责图像内部的透明区域。钢笔工具 ✐ 的使用方法较其他工具复杂一些，需要一定的练习才能上手，第15章有相关实战。

13.12.1
自由钢笔工具

自由钢笔工具 ✐ 的使用方法与套索工具 ✐ 非常相似。选择该工具后，在画面中单击并拖曳鼠标即可绘制路径，Photoshop会自动为路径添加锚点，如图13-316和图13-317所示。在使用时，如果要封闭路径，将光标移动到路径的起点处，按住Alt键，光标变为 状后放开鼠标按键即可。在绘制路径的速度方面，自由钢笔工具 ✐ 的速度快，但可控性也差，它只适合绘制比较随意的图形。

图13-316　　　　　　　　图13-317

13.12.2
●平面　●网店　●摄影　●抠图　●影视

抠图实战：用磁性钢笔工具抠苹果

自由钢笔工具 ✐ 可以转换为磁性钢笔工具 。磁性钢笔工具 与磁性套索工具 非常相似，在使用时，只需在对象边缘单击，然后放开鼠标左键沿边缘移动，Photoshop便会

扫码看视频

紧贴对象轮廓生成路径。如果锚点的位置不正确，可以按Delete键删除锚点，双击则闭合路径。

01 打开素材。选择自由钢笔工具 ✐，在工具选项栏中选择"路径"和"磁性的"选项。单击 ✿. 按钮打开下拉面板，设置参数，如图13-318所示。

02 将光标放在苹果边缘，如图13-319所示，单击鼠标创建锚点，然后放开鼠标按键，沿着苹果边缘移动，创建路径，如图13-320和图13-321所示。

图13-318　　　　图13-319

图13-320　　　　　　图13-321

03 移动到路径的起点时，光标会变为 状，如图13-322所示，此时单击鼠标，即可封闭路径，完成轮廓的描绘。

04 按Ctrl+Enter键，将路径转换为选区。按Ctrl+J快捷键复制选中的苹果，在"背景"图层前面的眼睛图标 👁 上单击，隐藏该图层，即可观察抠出的苹果在透明背景上的效果，如图13-323所示。

图13-322　　　　　　　　图13-323

磁性钢笔工具选项

在磁性钢笔工具 的下拉面板中，"曲线拟合"和"钢笔压力"是自由钢笔工具 和磁性钢笔工具 的共同选项，"磁性的"是控制磁性钢笔工具 的选项。

● 曲线拟合：控制最终路径对鼠标或压感笔移动的灵敏度，该值越高，生成的锚点越少，路径也越简单。

● 磁性的选项组："宽度"选项用于设置磁性钢笔工具的检测范围，该值越高，工具的检测范围就越广；"对比"选项用于设置工具对于图像边缘的敏感度，如果图像的边缘与背景的色调比较接近，可将该值设置得大一些；"频率"选项用于确定锚点的密度，该值越高，锚点的密度越大。

● 钢笔压力：如果计算机配置有数位板，可以选择"钢笔压力"选项，然后通过钢笔压力控制检测宽度，钢笔压力的增加将导致工具的检测宽度减小。

💎 **13.12.3**　　　　　　　●平面 ●网店 ●摄影 ●抠图 ●影视

抠图实战：用钢笔工具抠陶瓷工艺品

钢笔工具 非常适合描摹对象的轮廓。与其他抠图工具相比，由钢笔工具 绘制的路径所转换出来的是最明确、最光滑的选区，用这样的选区抠出的图像也是最准确、最经得起挑剔的眼光检验的作品，可以满足大画幅、高品质印刷，以及任何苛刻的要求。

扫码看视频

01 打开素材，如图13-324所示。选择钢笔工具 ，在工具选项栏中选择"路径"选项。按Ctrl++快捷键，放大窗口的显示比例。在脸部与脖子的转折处单击并向上拖曳鼠标，创建一个平滑点，如图13-325所示。向上移动光标，单击并拖曳鼠标，生成第2个平滑点，如图13-326所示。

02 在发髻底部创建第3个平滑点，如图13-327所示。由于此处的轮廓出现了转折，得按住Alt键在该锚点上单击一下，将其转换为只有一个方向线的角点，如图13-328所示，这样绘制下一段路径时就可以发生转折了。继续在发髻顶部创

建路径，如图13-329所示。

图13-324　　　　图13-325　　　　图13-326

图13-327　　　　图13-328　　　　图13-329

03 外轮廓绘制完成后，在路径的起点上单击，将路径封闭，如图13-330所示。下面来进行路径运算。在工具选项栏中单击从路径区域减去按钮 ，在两个胳膊的空隙处绘制路径，如图13-331和图13-332所示。

图13-330　　　　图13-331　　　　图13-332

> **提 示**（Tips）
>
> 如果锚点偏离了轮廓，可以按住Ctrl键切换为直接选择工具 ，将它拖回到轮廓线上。用钢笔工具抠图时，最好通过快捷键来切换直接选择工具 （按住Ctrl键）和转换点工具 （按住Alt键），在绘制路径的同时便对路径进行调整。此外，还可以适时按Ctrl++和Ctrl+-快捷键放大、缩小窗口，并按住空格键移动画面，以便观察图像细节。

04 按Ctrl+Enter键，将路径转换为选区，如图13-333所示。按Ctrl+J快捷键将对象抠出，如图13-334所示。隐藏"背景"图层，图13-335所示为将抠出的图像放在新背景上的效果。

图13-333　　　　　　图13-334

图13-335

13.12.4

●平面 ●网店 ●摄影 ●抠图 ●影视

抠图实战：钢笔+"色彩范围"命令抠图

01 按Ctrl+N快捷键，打开"新建文档"对话框，创建一个21厘米×29.7厘米、72像素/英寸的文件。使用渐变工具 ▣ 填充径向渐变，如图13-336所示。

扫码看视频

02 打开素材。使用钢笔工具 ✍ 描绘人物的上半身轮廓，如图13-337所示。按Ctrl+Enter键，将轮廓转换为选区，使用移动工具 ✛，将选中的图像拖入渐变背景文件中，如图13-338所示。

图13-336　　　　图13-337　　　　图13-338

03 单击"背景"图层。选择钢笔工具 ✍，在工具选项栏中选择"形状"选项，在人物衣服的缺口处绘制图形，如

图13-339所示。新建一个图层。用画笔工具 ✍ 绘制出内部的衣服。按Alt+Ctrl+G快捷键，创建剪贴蒙版，用形状图层限定当前图层的显示范围，如图13-340所示。

图13-339　　　　　　图13-340

04 打开水珠素材，如图13-341所示。执行"选择>色彩范围"命令，打开"色彩范围"对话框。取消"本地化颜色簇"选项的选取，在背景上单击鼠标，拖曳"颜色容差"滑块，将背景选中，如图13-342所示。单击"确定"按钮关闭对话框。

图13-341　　　　　　图13-342

05 按住Alt键单击 ▣ 按钮，基于选区创建图层蒙版，将背景隐藏。使用移动工具 ✛ 将图像拖入人物文件，放到人像图层的下方，效果如图13-343所示。按Ctrl+J快捷键复制水珠图层。按Ctrl+T快捷键显示定界框，将图像水平翻转，再用移动工具 ✛ 向上适当移动。单击该图层的蒙版缩览图，用画笔工具 ✍ 修改蒙版，使上下两个图层的水珠自然衔接，如图13-344所示。

图13-343　　　　　　图13-344

第14章 图层样式与UI设计

【本章简介】

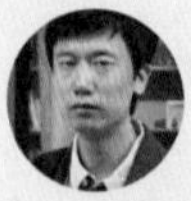

从本章开始，我们进入“设计应用篇”。这一部分包括“图层样式与UI设计”“路径与VI设计”“文字使用与设计”“Web图形与网店装修”“视频与动画”“3D与技术成像”“综合实例”。这7章内容旨在将Photoshop功能学习与设计应用结合起来，因而更加侧重于设计实战。

作为该篇的第1章，我们来学习图层样式与UI设计。UI是User Interface 的缩写，译为用户界面或人机界面，这一概念是20世纪70年代由施乐公司帕洛阿尔托研究中心（Xerox PARC）施乐研究机构工作小组提出的，并率先在施乐一台实验性的计算机上使用。

UI设计是一门结合了计算机科学、美学、心理学、行为学等学科的综合性艺术，它为了满足软件标准化的需求而产生，并伴随着计算机、网络和智能化电子产品的普及而迅猛发展。UI的应用领域主要包括手机通讯移动产品、计算机操作平台、软件产品、数码产品、车载系统产品、智能家电产品、游戏产品、产品的在线推广等。

Photoshop的图层样式在UI设计上的用处非常大。即便不使用其他功能，仅靠图层样式的10种预设效果就能模拟金属、玻璃、木材、大理石等材质；表现纹理、浮雕、光滑、褶皱等质感；以及创建发光、反射、反光和投影等效果。在实际工作中，UI设计中的图形多以矢量工具绘制，某些情况下，用矢量软件（Illustrator）可能更方便。

【学习重点】

Photoshop CC 2018

14.1 图层样式

图层样式也叫图层效果。当我们说为图层添加某一效果时，如“阴影”效果，指的就是添加“阴影”图层样式。图层样式可以创建真实质感的水晶、玻璃、金属和各种纹理特效，在Photoshop中表现任何质感几乎都离不开它。

14.1.1 图层样式的原理

进阶课

图层样式可创建斜面和浮雕（有5种浮雕，以及等高线和纹理附加效果）、描边、光泽、2种阴影、2种发光和3种叠加效果，如图14-1所示。

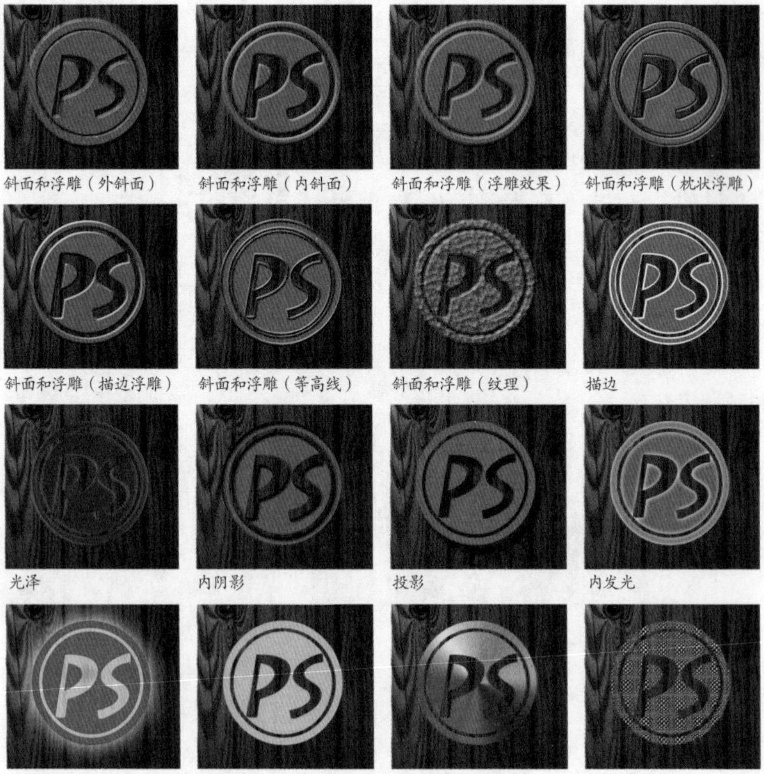

斜面和浮雕（外斜面） 斜面和浮雕（内斜面） 斜面和浮雕（浮雕效果） 斜面和浮雕（枕状浮雕）

斜面和浮雕（描边浮雕） 斜面和浮雕（等高线） 斜面和浮雕（纹理） 描边

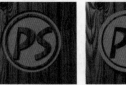

光泽 内阴影 投影 内发光

外发光 颜色叠加 渐变叠加 图案叠加

图14-1

从原理上看，图层样式是基于对图层内容的副本进行位移、缩放、模糊、填色、修改不透明度和混合模式，或者这几种方式组合起来产生效果的。

例如"投影"效果，它将图层副本进行模糊处理，改变混合模式和填充不透明度后，再进行位移。"斜面和浮雕"效果则将图层内容的轮廓进行位移和模糊处理后，取一部分轮廓作为浮雕的亮面，再取其余的轮廓作为浮雕的暗面。"描边"效果将图层副本向外扩展或向内收缩，之后填充颜色，从而形成外轮廓或内轮廓。图14-2所示为以上3种效果的原理展示图。

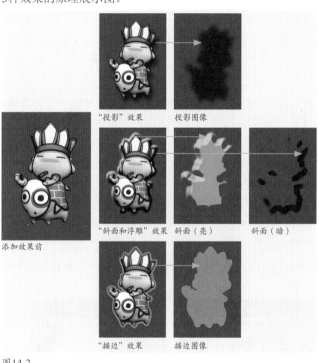

图14-2

其他效果也大致如此。只是在默认状态下，我们看不到图层内容的副本。如果要想见识它们的"真身"，可以使用"创建图层"命令将其剥离出来（见344页）。

14.1.2 进阶课

图层样式有哪些特点

图层样式附加在图层上，不会破坏图层内容，属于非破坏性编辑功能，并具有以下特点。

● 图层样式可以复制，并且一个图层中的图层样式可以全部，也可部分复制给其他图层使用。

● 图层样式可以独立于图层缩放，不影响图层内容，也可以从图层中剥离出来，成为图像。

● 除了"背景"图层外，其他任何类型的图层，只要没有锁定全部属性，即没有单击"图层"面板中的 🔒 按钮，便可以

添加图层样式。甚至包括调整图层这样只有指令没有内容的图层，如图14-3所示。锁定了部分属性的图层也可以添加样式，如图14-4所示。

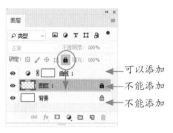 

→ 可以添加
→ 不能添加
→ 不能添加

图14-3　　　　　　　　图14-4

● 我们可以将自己编辑的图层样式创建为样式预设，保存到"样式"面板中或存储为样式库。

14.1.3 必学课

图层样式添加方法

如果要为图层添加样式，可以先单击该图层，然后采用下面任意一种方法打开"图层样式"对话框，再进行效果的设定。

● 打开"图层>图层样式"下拉菜单，选择一个效果命令，可以打开"图层样式"对话框，并进入相应效果的设置面板。

● 双击需要添加效果的图层，打开"图层样式"对话框，在对话框左侧选择要添加的效果，即可切换到该效果的设置面板。

● 在"图层"面板中单击添加图层样式按钮 *fx*，打开下拉菜单，选择一个效果命令，如图14-5所示，可以打开"图层样式"对话框并进入相应效果的设置面板，如图14-6所示。

 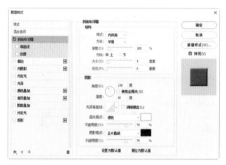

图14-5　　　　　　图14-6

14.1.4

"图层样式"对话框概览

"图层样式"对话框的左侧列出了10种效果，如图14-7所示。单击一个效果的名称，即可添加这一效果（显示"√"标记），并在对话框的右侧显示与之对应的选项，如图14-8所示。如果单击效果名称前的复选框，则会应用该效果，

扫码看视频

但不显示选项，如图14-9所示。这与"画笔设置"面板操作完全相同。单击一个效果前面的"√"标记，可停用该效果，但保留效果参数。

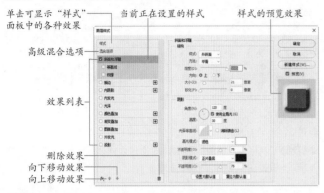

图14-7

图14-8　　　　　　　图14-9

"图层样式"对话框中还包含类似于"滤镜库"可添加效果图层（见160页）的功能，即相同的效果可多次应用。例如，添加一个"描边"效果后，如图14-10所示。单击其右侧的 ⊞ 按钮，可以再添加一个"描边"效果，修改描边颜色和宽度，如图14-11所示。单击 ⬇ 按钮，将其调整到另一个效果的下方，即可创建双重描边，如图14-12所示。

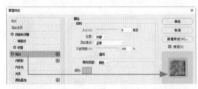

图14-10

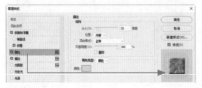

图14-11

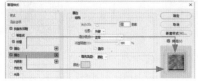

图14-12

设置效果参数并关闭对话框后，图层右侧会显示 fx 状图标和效果列表，如图14-13所示。单击 按钮可折叠（或展开）效果列表，如图14-14所示。

图14-13　　　　　图14-14

14.1.5　光照与全局光

进阶课

扫码看视频

我们生活的世界离不开光。光不仅照亮万物，也是塑造形体、表现立体感和空间感的要素。在Photoshop 中，"斜面和浮雕""内阴影""投影"等都是基于光照及其所产生的投影而创建效果的。Photoshop内置的光照系统可以模拟太阳，在一定的高度和角度进行照射。

对于"斜面和浮雕"效果，"太阳"在一个半球状的立体空间中运动。"角度"范围为-180°~180°，"高度"范围为0°~90°。"角度"决定了浮雕亮面和暗面的位置，如图14-15所示；"高度"影响浮雕的立体感，如图14-16所示。

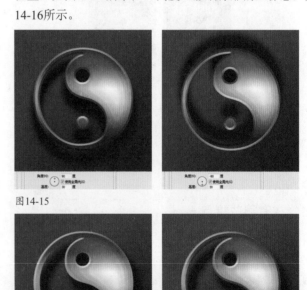

图14-15

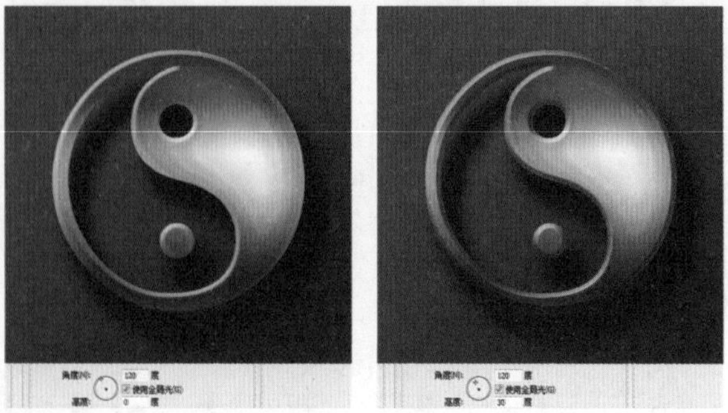

图14-16

而对于"内阴影"和"投影"效果，"太阳"只在地平线做圆周运动，因此，光照只影响阴影的角度，图层内容与阴影的远、近距离则在单独的选项中调节（"距离"选项）。

Photoshop内置的光照系统受"全局光"选项的调节。"斜面和浮雕""内阴影""投影"这些基于光照的效果都包含这一选项。选择该选项后，可以使这几种效果的光照角度保持一致。当修改其中一个效果的"角度"参数时，也会影响其他效果的光照角度。此外，使用"图层>图层样式>全局光"命令，也可以修改全局光。

全局光可以让文档使用同一个光照角度，这有助于效果更加真实、合理，如图14-17所示。但我们也可根据需要为效果设置单独的光照，使之脱离全局光的束缚，如图14-18所示。操作方法也很简单，只需取消"全局光"选项的选择，再调整它的参数即可。

图14-17

图14-18

◈ 14.1.6 ● 进阶课

等高线

等高线是一个地理名词，指的是地形图上高程相等的各个点连成的闭合曲线。在Photoshop中用来控制效果在指定范围内的形状，以模拟不同的材质。

"投影""内阴影""内发光""外发光""斜面和浮雕""光泽"效果都可设置等高线。在使用时，可以单击"等高线"选项右侧的按钮，打开下拉面板选择预设的等高线样式，如图14-19所示。也可以单击等高线缩览图，打开"等高线编辑器"，创建自定义的等高线，如图14-20所示。等高线编辑器与"曲线"（见196页）基本相同，添加控制点并改变等高线形状后，Photoshop会将当前色阶映射为新的色阶，使相应效果的形状发生改变。

图14-19

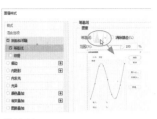
图14-20

创建投影和内阴影效果时，可以通过"等高线"来指定投影的渐隐样式，如图14-21和图14-22所示。

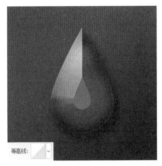
图14-21

图14-22

创建发光效果时，如果使用纯色作为发光颜色，可以通过等高线创建透明光环，如图14-23所示（内发光）；使用渐变填充发光时，等高线允许创建渐变颜色和不透明度的重复变化，如图14-24所示（内发光）。

图14-23

图14-24

在斜面和浮雕效果中，可以使用"等高线"勾画在浮雕处理中被遮住的起伏、凹陷和凸起，如图14-25和图14-26所示。

图14-25

图14-26

◈ 14.1.7

斜面和浮雕

　　"斜面和浮雕"效果可以将图层内容划分为高光和阴影块面，对高光块面进行提亮、阴影块面进行压暗，使图层内容呈现出立体的浮雕效果。图14-27所示为"斜面和浮雕"效果的参数选项。

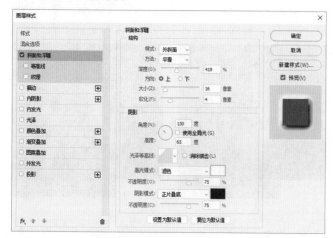

图14-27

设置斜面和浮雕

● **样式**：在该选项的下拉列表中可以选择浮雕样式。"外斜面"从图层内容的外侧边缘开始创建斜面，下方图层成为斜面，使浮雕范围显得很宽大；"内斜面"在图层内容的内侧边缘创建斜面，即从图层内容自身"削"出斜面，因此，会显得比"外斜面"纤细；"浮雕效果"介于二者之间，它从图层内容的边缘创建斜面，斜面范围一半在边缘内侧，一半在边缘外侧；"枕状浮雕"的斜面范围与"浮雕效果"相同，也是一半在外、一半在内，但图层内容的边缘是向内凹陷的，可以模拟图层内容的边缘压入下层图层中所产生的效果；"描边浮雕"是在描边上创建浮雕，斜面与描边的宽度相同，要使用这种样式，需要先为图层添加"描边"效果才行。图14-28所示为各种浮雕样式。

● **方法**：用来设置浮雕边缘，效果如图14-29所示。"平滑"可以创建平滑柔和的浮雕边缘；"雕刻清晰"可以创建清晰的浮雕边缘，适合表面坚硬的物体，也可用于消除锯齿形状（如文字）的硬边杂边；"雕刻柔和"可以创建清晰的浮雕边缘，但其效果要较"雕刻清晰"柔和。

● **深度**：增加"深度"值可以增强浮雕亮面和暗面的对比度，使浮雕的立体感更强。

● **方向**：当设置好光照的"角度"和"高度"参数后，可以通过该选项定位高光和阴影的位置。例如，将光源角度设置为90°后，选择"上"，高光位于上方，如图14-30所示；选择"下"，高光位于下方，如图14-31所示。

外斜面

内斜面

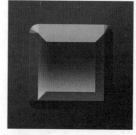
浮雕效果

枕状浮雕

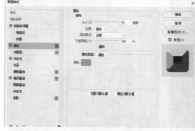
描边浮雕
图14-28

平滑
图14-29

雕刻清晰

雕刻柔和

方向上
图14-30

方向下
图14-31

● **大小**：用来设置浮雕斜面的宽度，效果如图14-32所示。

● **软化**：可以使浮雕斜面变得柔和。

● **消除锯齿**：可以消除由于设置了光泽等高线而产生的锯齿。

● 高光模式/阴影模式/不透明度：用来设置浮雕斜面中高光和阴影的混合模式和不透明度。单击这两个选项右侧的颜色块，可以打开"拾色器"设置高光斜面和阴影斜面的颜色。

10像素　　　　100像素　　　　250像素

图14-32

等高线和光泽等高线

"斜面和浮雕"效果有两个等高线，这是特别容易令人困惑和混淆的，也是该效果的复杂之所在。这两种等高线影响的对象是完全不同的，我尽量用简单的语言说清楚它们的区别。

基本选项面板中的"光泽等高线"可以改变浮雕表面的光泽形状，对浮雕的结构没有影响。而等高线则用来修改浮雕的斜面结构，还可以生成新的斜面。

例如，图14-33所示的浮雕效果有5个面，无论使用哪种光泽等高线，都只改变光泽形状，浮雕仍然为5个面，如图14-34和图14-35所示。

图14-33　　　　图14-34　　　　图14-35

而等高线会改变浮雕的结构，如图14-36所示，还会生成新的浮雕斜面，如图14-37和图14-38所示。

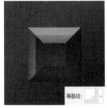

图14-36　　　　图14-37　　　　图14-38

纹理

在默认状态下，使用"斜面和浮雕"效果时，所生成的浮雕的表面光滑而平整，这非常适合表现水、凝胶、玻璃、不锈钢等光滑物体。然而，世界上的物体绝大多数是表面不平整的，如拉丝金属、毛玻璃、表面粗糙的大理石、生锈的铁块等。即使是光滑的对象，其表面也并非完全平整。

添加"纹理"可以使浮雕的斜面凹凸不平，非常适合模拟真实的材质效果，如图14-39所示。纹理是图案素材，之所以能让浮雕凹陷和凸起，是因为Photoshop根据图案的灰度信息将其映射在了浮雕的斜面上。

图14-39

● 图案：单击图案右侧的 按钮，可以在打开的下拉面板中选择一个图案，将其应用到斜面和浮雕上。

● 从当前图案创建新的预设 ：单击该按钮，可以将当前设置的图案创建为一个新的预设图案，新图案会保存在"图案"下拉面板中。

● 缩放：用来缩放图案。需要注意的是，图案是位图，放大比例过高会出现模糊。

● 深度："深度"为正值时图案的明亮部分凸起，暗部凹陷，如图14-40所示；为负值时明亮部分凹陷，暗部凸起，如图14-41所示。

图14-40　　　　　图14-41

● 反相：可以反转纹理的凹凸方向。

● 与图层链接：选取该选项，可以将图案链接到图层，此时对图层进行变换操作时，图案也会一同变换，单击"贴紧原点"按钮，还可以将图案的原点对齐到文档的原点。如果取消选择该选项，则单击"贴紧原点"按钮时，可以将原点放在图层的左上角。

◈ 14.1.8

描边

"描边"效果可以使用颜色、渐变和图案描画对象的轮廓，如图14-42~图14-46所示。该效果对于硬边形状，如文字等特别有用。另外，创建描边浮雕效果时，也需要先添加"描边"效果。

"描边"效果的参数比较简单。"大小"用来设置描边宽度，"位置"用来设置位于轮廓内部、中间还是外部，"填充类型"用来选取描边内容。

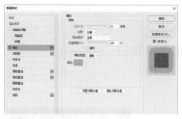

"描边"参数选项

图14-42

原图像

图14-43

颜色描边

图14-44

渐变描边

图14-45

图案描边

图14-46

14.1.9

光泽

　　"光泽"与"等高线"都属于效果之上的效果，也就是说，它们是用于增强效果的效果，很少单独使用。

　　"光泽"效果可以生成光滑的内部阴影，常用来模拟光滑度和反射度较高的对象，如金属的表面光泽，瓷砖的抛光面等。使用该效果时，可以通过选择不同的"等高线"来改变光泽的样式，如图14-47所示。

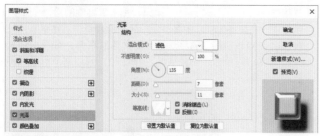

"光泽"选项

无光泽　　　　　　添加光泽

图14-47

- ● 角度：用来控制图层内容副本的偏移方向。

- ● 距离：添加"光泽"效果时，Photoshop将图层内容的两个副本进行模糊和偏移，从而生成光泽。"距离"选项用来控制这两个图层副本的重叠量。

- ● 大小：用来控制图层内容副本的模糊程度。

14.1.10

外发光和内发光

　　"外发光"可以沿图层内容的边缘向外创建发光效果，"内发光"则沿图层内容的边缘向内创建发光效果。添加这两个效果时，可设置发光颜色和范围。

外发光

　　图14-48所示为"外发光"效果参数选项。

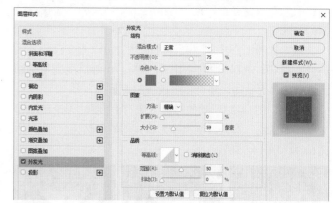

图14-48

- ● 混合模式：用来设置发光效果与下面图层的混合模式。默认为"滤色"模式，它可以使发光颜色变亮，但在浅色图层的衬托下效果不明显。如果下面图层为白色，则完全看不到效果。如果遇到这种情况，可以修改混合模式。

- ● 杂色：可以随机添加深浅不同的杂色。对于实色发光，添加杂色可以使光晕呈现颗粒状；对于渐变发光，其主要用途是可以防止在打印时，由于渐变过渡不平滑而出现明显的条带。

- ● 发光颜色："杂色"选项下面的颜色块和颜色条用来设置发光颜色。如果要创建单色发光，可以单击左侧的颜色块，在打开的"拾色器"中设置发光颜色，如图14-49所示。如果要创建渐变发光，可以单击右侧的渐变条，打开"渐变编辑器"设置渐变，效果如图14-50和图14-51所示。

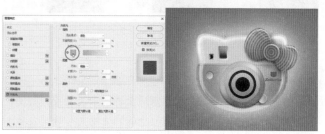

图14-49

图14-50　　　　　　　　　　图14-51

● **方法**：用来设置发光的方法，以控制发光的准确程度。选择"柔和"，可以对发光应用模糊，得到柔和的边缘，如图14-52所示；选择"精确"，则得到精确的边缘，如图14-53所示。

图14-52　　　　　　　　　　图14-53

● **扩展**：在设置好"大小"值后，可以用"扩展"选项来控制在发光效果范围内，颜色从实色到透明的变化程度。

● **大小**：用来设置发光效果的模糊程度。该值越高，光的效果越发散。

● **范围**：可以改变发光效果中的渐变范围。

● **抖动**：可以混合渐变中的像素，使渐变颜色的过渡更加柔和。

内发光

图14-54所示为"内发光"效果参数选项。除"源"和"阻塞"，其他均与"外发光"相同。

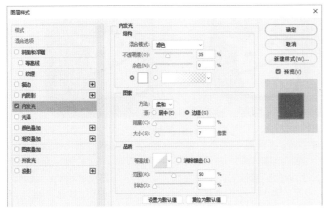

图14-54

● **源**：用来控制发光光源的位置。选择"居中"，表示从图层内容的中心发光，如图14-55所示，此时如果增加"大小"值，发光效果会向图像的中央收缩，如图14-56所示；选择

"边缘"，表示从图层内容的内部边缘发光，如图14-57所示，此时如果增加"大小"值，发光效果会向图像的中央扩展，如图14-58所示。

图14-55　　　　　　　　　　图14-56

图14-57　　　　　　　　　　图14-58

● **阻塞**：在设置好"大小"值后，可以调整"阻塞"值，控制在发光效果范围内颜色从实色到透明的变化程度。该值越高，效果越向内集中，如图14-59和图14-60所示。

图14-59　　　　　　　　　　图14-60

💎 14.1.11
颜色、渐变和图案叠加

"颜色叠加""渐变叠加""图案叠加"效果可以分别在图层上覆盖纯色、渐变和图案，如图14-61~图14-64所示。它们的作用与填充图层（见141页）类似，但它们是附加在图层中的，并且可以与其他样式一同使用，因此其表现空间要远远大于填充图层。这3种效果的用途更多地体现在辅助其他效果上。例如，通过"斜面和浮雕"效果制作出

立体玉石后，可以向玉石中加一些花纹等。如果只是单纯地想填充颜色、渐变和图案，用填充图层会更好一些。

原图

图14-61

颜色叠加

图14-62

渐变叠加

图14-63

图案叠加

图14-64

在默认状态下，这3种效果会完全遮盖图层内容，在使用时需要配合图层模式和不透明度来进行调节。在参数选项上，只有"渐变叠加"的"与图层对齐"和"图案叠加"的"与图层链接"特殊一些，如图14-65和图14-66所示。

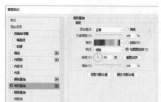

图14-65

图14-66

● 与图层对齐：添加"渐变叠加"效果时，选择该选项，渐变的起始点位于图层内容的边缘；取消选择，渐变的起始点位于文档边缘。

● 与图层链接：添加"图案叠加"效果时，选择该选项，图案的起始点位于图层内容的左上角；取消选择，图案的起始点位于文档的左上角。由于Photoshop预设的都是无缝拼贴图案，因此，是否选择该选项都不会改变图案位置。但如果关闭了"图层样式"对话框，再移动图层内容，则与图层链接的图案会随着图层一同移动，未链接的图案保持不动，这会导致图案与图层内容的对应位置发生改变。

 14.1.12

投影

"投影"效果可以在图层内容的后方生成投影，使其看上去像是从画面中凸出来的。

投影是表现立体效果的重要手段，Photoshop可以创建逼真的投影，并且可设置投影方向、距离和颜色。图14-67所示为"投影"效果参数选项。

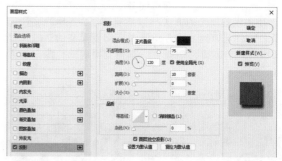

图14-67

● 混合模式：可以设置投影与下方图层的混合模式。默认为"正片叠底"模式，此时投影呈现为较暗的颜色。如果设置为"变亮""滤色""颜色减淡"等变亮模式，则投影会变为浅色，其效果类似于外发光。

● 投影颜色：单击"混合模式"选项右侧的颜色块，可在打开的"拾色器"中设置投影颜色。

● 不透明度：拖曳滑块或输入数值可以调整投影的不透明度，该值越低，投影越淡。

● 角度/距离：决定了投影向哪个方向偏移，以及偏移距离。除了输入数值调整外，还可以手动操作，方法是，将光标放在文档窗口中（光标会变为 ✛ 状），单击并拖曳鼠标即可移动投影，如图14-68和图14-69所示。这种方法较为快捷，可以同时调整投影的方向和距离。

图14-68

图14-69

● 大小/扩展："大小"用来设置投影的模糊范围，该值越大，模糊范围越广，该值越小，投影越清晰。"扩展"用来设置投影的扩展范围，该值会受到"大小"选项的影响，例如，将"大小"设置为0像素后，无论怎样调整"扩展"值，都只生成与原图大小相同的投影。图14-70和图14-71所示为设置不同参数的投影效果。

● 消除锯齿：混合等高线边缘的像素，使投影更加平滑。该选项对于尺寸小且具有复杂等高线的投影非常有用。

距离(D):		25	像素
扩展(R):		0	%
大小(S):		0	像素

图14-70   图14-71

- **杂色**：可以在投影中添加杂色。该值较大时，投影会变为点状。

- **图层挖空投影**：用来控制半透明图层中投影的可见性。选择该选项后，如果当前图层的填充不透明度小于100%，则半透明图层中的投影不可见，效果如图14-72所示，图14-73所示为取消选择此选项时的投影。

图14-72   图14-73

　　"内阴影"效果可以在紧靠图层内容的边缘内添加阴影，使图层内容产生凹陷效果。图14-74所示为原图像，图14-75所示为内阴影参数。

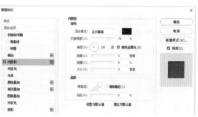

图14-74   图14-75

　　"内阴影"与"投影"的选项设置方式基本相同。它们的不同之处在于："投影"是通过"扩展"选项来控制投影边缘的渐变程度的；而"内阴影"则通过"阻塞"选项来控制。"阻塞"可以在模糊之前收缩内阴影的边界，如图14-76～图14-78所示。"阻塞"与"大小"选项相关联，"大小"值越大，可设置的"阻塞"范围也就越大。

图14-76   图14-77   图14-78

编辑图层样式

14.2

图层样式是一种灵活度非常高的非破坏性编辑功能，不仅参数可随时修改，效果的数量和种类也可在任何时间添加和减少，并且效果可缩放，甚至可以从附加的图层中剥离出来。

14.2.1

分辨率对效果的制约

　　图层样式是经Photoshop处理过的各种图像的组合，它们位移、缩放、模糊、填色、改变不透明度和混合模式以后，在视觉上产生

扫码看视频

浮雕、发光、阴影和描边等效果。也就是说，图层样式是位图，因此，在应用时，效果的大小、范围和影响程度都以像素（见31页）为单位。这会带来一个问题：相同尺寸的两个文件，如果分辨率不同，即使添加相同参数的图层样式，在效果上也会产生差别，如图14-79和图14-80所示。如果搞不懂其中的原因，使用样式时就会不得要领。

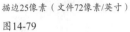

描边25像素（文件72像素/英寸）　　描边25像素（文件300像素/英寸）

图14-79　　　　　　　　图14-80

究其原因，在于分辨率对像素的大小产生了影响，进而导致效果的范围出现视觉上的差异。上面图示中的两个文件尺寸相同，都是10厘米×10厘米，但分辨率不一样，一个为72像素/英寸，另一个为300像素/英寸。我们在第1章介绍过，分辨率越高，像素的数量越多（见31页），因此，300像素/英寸的文件中包含的像素要远远多于72像素/英寸的文件。在同等面积的情况下，像素数量越多，就意味着像素越密集，因而每一个像素的"个头"更小，因此，25像素宽度的描边在低分辨率的图像中很粗，但在高分辨率的图像中则会显得很细。

14.2.2

惠 进阶课

打破效果魔咒

效果可以在文件之间复制使用，也可以创建为预设的样式，保存在"样式"面板（见345页）中。当在不同分辨率的文件间复制样式，或者将样式保存以后，在另一个与之分辨率不同的文件中加载并使用时，效果的比例还是会发生改变。这是由于效果受到分辨率的制约，而在实际使用时出现的情况，也可看作是分辨率对效果施加的"魔咒"。

我们在Photoshop中编辑图像或使用素材时，如果素材的比例不合乎要求，是可以通过缩放（见86页）的方法，将其调整为所需大小的。既然效果也是位图（图像），是不是也能用相同的方法调整呢？沿着该思路探究下去，便可找到答案。

在Photoshop中，效果的设计非常巧妙，它们附加在图层上，但与图层内容又各自独立。就像图层蒙版与图层内容，既互相关联，又可分开编辑和调整一样（见148页）。效果也可脱离图层单独调整。

具体操作时，有两种方法。第一种是使用"缩放效果"命令，对效果的比例进行整体上的缩放（见下面的实战）。这种方法比较适合解决复制或是使用预设效果时，效果与对象的大小不匹配的问题。

第二种方法是双击"图层"面板中的效果，打开"图层样式"对话框，重新调整参数。这种方法既可整体缩放效果，也能进行局部微调。例如，修改预设的"投影"效果时，在调整投影大小之后，还可对投影的方向和不透明度等做出调整。

掌握以上两种方法，效果"魔咒"基本上就能破除了。唯一的例外就是，如果效果中包含纹理和图案等像素类内容，在放大时需要留心观察，放大比例过高，会导致图像品质出现下降。因为毕竟再怎么说，效果也是位图。

14.2.3

惠 进阶课

功能练习：缩放效果

01 打开素材，如图14-81和图14-82所示。这是两个分辨率不同的文件。文字的分辨率大，背景素材的分辨率小（使用"图像>图像大小"命令可以查看分辨率）。

扫码看视频

图14-81　　　　　　　　图14-82

02 使用移动工具 ⊕ 将文字拖入另一个文件中，如图14-83所示。由于文字太大，画面中显示不全。按Ctrl+T快捷键显示定界框，在工具选项栏中设置缩放为50%，将文字缩小，然后按Enter键确认，如图14-84所示。

图14-83　　　　　　　　图14-84

03 可以看到，文字虽然缩小了，但图层效果的比例没有改变，与文字的比例不协调。下面来单独缩放效果。执行"图层>图层样式>缩放效果"命令，打开"缩放图层效果"对话框，将效果的缩放比例也设置为50%，如图14-85所示。这样效果就与文字相匹配了，如图14-86所示。

图14-85　　　　　　　　图14-86

14.2.4

功能练习：显示与隐藏效果

在"图层"面板中，效果前面的眼睛图标 ◉ 用来控制效果的可见性。

01 打开素材，如图14-87所示。如果要隐藏一个效果，可以单击该效果名称前的眼睛图标 ◉，如图14-88所示。

扫码看视频

图14-87　　　　　图14-88

02 单击"效果"前的眼睛图标 ◉，可以隐藏该图层中的所有效果，如图14-89所示。

03 效果被隐藏后，在原眼睛图标处单击，可以重新显示，如图14-90所示。如果其他图层也添加了效果，使用"图层>图层样式>隐藏所有效果"命令，可以隐藏文件中的所有效果。

图14-89　　　　　图14-90

14.2.5

功能练习：修改效果

01 打开素材，如图14-91所示。在"图层"面板中，双击一个效果的名称，如图14-92所示。可以打开"图层样式"对话框并进入该效果的设置面板，此时可以修改效果参数，如图14-93和图14-94所示。

扫码看视频

图14-91　　　　　图14-92

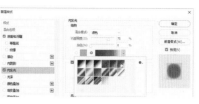

图14-93　　　　　图14-94

02 在左侧的列表中单击一个效果，为图层添加新的效果并设置参数，如图14-95所示。设置完成后，单击"确定"按钮关闭对话框，修改后的效果会应用于图像，如图14-96所示。

图14-95

图14-96

14.2.6

功能练习：复制效果

复制图层样式可以通过3种方法操作。

01 打开素材。"图层0"中包含多种效果。如果只想复制其中的一种，可以将光标放在该效果上，按住Alt键单击并将其拖曳到另一个图层上，如图14-97和图14-98所示。

扫码看视频

图14-97　　　　　图14-98

02 如果要复制一个图层的所有效果，可以将光标放在效果图标 ƒx 上，按住Alt键将 ƒx 图标拖曳到其他图层，如图14-99和图14-100所示。不论是复制一种效果还是所有效果，拖曳时如果没有按住Alt键，会将效果转移到目标图层，原图层不再有效果，如图14-101所示。

图14-99　　　　图14-100　　　　图14-101

03 下面学习怎样同时复制一个图层的所有效果、不透明度和混合模式。按Ctrl+Z快捷键撤销复制操作。单击添加了效果的图层，如图14-102所示，可以看到，它的填充不透明度为85%，执行"图层>图层样式>拷贝图层样式"命令进行复制，单击另一个图层，如图14-103所示，执行"图层样式>粘贴图层样式"命令，即可将该图层的所有效果和不透明度都复制给目标图层，如图14-104所示。如果设置了混合模式，则混合模式也会一同复制。对比图14-100和图14-104可以看到，采用拖曳方法复制的效果中填充不透明度值为100%，说明这种方法不能复制不透明度属性。

图14-102　　　　图14-103　　　　图14-104

14.2.7

技巧：将效果创建为图层

添加图层样式时，Photoshop会对图层内容的副本进行模糊、位移等操作，以实现各种效果。在默认状态下，我们看不到副本。但可以通过命令将它们从图层中分离出来，这样我们就有机会对它们进行单独编辑。例如"投影"效果，它所创建的投影只能使对象从背景中"浮出来"，而不能"立起来"。将其从图层中分离后，就可以对投影进行变形处理，改变投影的立体效果。我们来看具体操作方法。

01 打开素材，如图14-105所示。双击"图层1"，打开"图层样式"对话框，添加"投影"效果，如图14-106和图14-107所示。

02 执行"图层>图层样式>创建图层"命令，将效果剥离到新的图层中，单击该图层，如图14-108所示。

图14-105　　　　　　　图14-106

图14-107　　　　　　　图14-108

03 按Ctrl+T快捷键显示定界框，如图14-109所示，按住Ctrl键拖动控制点，对投影进行扭曲，如图14-110所示。按Enter键确认。

图14-109　　　　　　　图14-110

14.2.8

清除效果

如果要删除一种效果，可以将它拖曳到"图层"面板底部的 🗑 按钮上，如图14-111所示。如果要删除一个图层中的所有效果，可以将效果图标 fx 拖曳到 🗑 按钮上，如图14-112所示。也可以选择图层，然后执行"图层>图层样式>清除图层样式"命令来进行删除。

图14-111　　　　图14-112

使用预设样式

14.3

"样式"面板用来保存、管理和应用图层样式。我们也可以将Photoshop提供的预设样式，或者外部样式库载入该面板中使用。

14.3.1
使用"样式"面板添加效果

选择一个图层后，如图14-113所示，单击"样式"面板中的一个样式，即可为它添加该样式，如图14-114所示。如果单击其他样式，则新效果会替换之前的效果。如果要保留原效果，可以按住 Shift 键单击样式，这样就可以在原有样式上追加新效果。

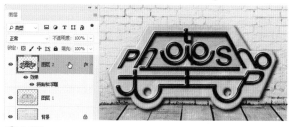

图14-113

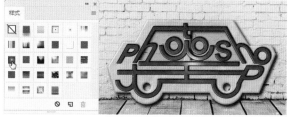

图14-114

14.3.2
创建样式

如果要将我们自己设置的效果创建为预设的图层样式，可以在"图层"面板中选择添加了效果的图层，如图14-115所示，然后单击"样式"面板中的创建新样式按钮 🔲，打开图14-116所示的对话框，设置选项并单击"确定"按钮，如图14-117所示。

图14-115　　　　图14-116　　　　图14-117

- 名称：　用来设置样式的名称。
- 包含图层效果：　可以将当前的图层效果设置为样式。
- 包含图层混合选项：　如果当前图层设置了混合模式，选取该选项，新建的样式将具有这种混合模式。

14.3.3
删除样式

将"样式"面板中的一个效果拖曳到删除样式按钮 🗑 上，即可将其删除，如图14-118和图14-119所示。此外，按住 Alt 键单击一个样式，可直接将其删除。删除"样式"面板中的样式或载入其他样式库后，可以使用"样式"面板菜单中的"复位样式"命令将面板恢复为默认的样式。

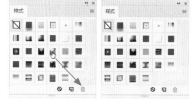

图14-118　　　　图14-119

14.3.4
存储样式库

如果在"样式"面板中创建了大量的自定义样式，可以使用"样式"面板菜单中的"存储样式"命令，将它们保存为一个独立的样式库。如果将样式库保存在 Photoshop 程序文件夹的"Presets>Styles"文件夹中，则重新运行Photoshop后，该样式库的名称会出现在"样式"面板菜单的底部。

14.3.5
载入样式库

除了"样式"面板中显示的样式外，Photoshop还提供了其他的样式，它们按照不同的类型放在不同的库中。例如，Web样式库中包含了用于创建 Web 按钮的样式，"文字效果"样式库中包含了向文本添加效果的样式。要使用这些样式，需要将它们载入"样式"面板中。

打开"样式"面板菜单，选择其中的一个样式库，如图14-120所示，弹出一个对话框，如图14-121所示，单击"确定"按钮，可载入样式并替换面板中的样式；单击

"追加"按钮，可以将样式添加到面板中，如图14-122所示；单击"取消"按钮，则取消载入样式的操作。

图14-120　　　　图14-121　　　　　　　　　图14-122

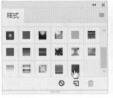

图14-125　　　　图14-126　　　　　　图14-127

14.3.6
▶必学课

功能练习：使用外部样式创建特效字

扫码看视频

01 打开素材，如图14-123所示。打开"样式"面板菜单，选择"载入样式"命令，打开"载入"对话框，选择配套资源中的样式文件，如图14-124所示，将它载入面板中。

03 单击"调整"面板中的 按钮，创建"色相/饱和度"调整图层，将"饱和度"滑块拖曳到最左侧。单击面板底部的 按钮，创建剪贴蒙版，使调整图层只影响下面的一个图层，不会影响背景，如图14-128和图14-129所示。

图14-128　　　　图14-129

图14-123　　　　图14-124

02 选择"图层1"，如图14-125所示，单击"样式"面板中新载入的样式，为图层添加金属效果，如图14-126和图14-127所示。

04 单击"调整"面板中的 按钮，创建"色阶"调整图层，单击面板底部的 按钮，创建剪贴蒙版，拖曳滑块，将金属图形调亮，如图14-130和图14-131所示。

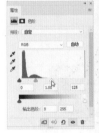

图14-130　　　　图14-131

●平面　●UI

扫码看视频

扁平化图标设计：收音机

14.4

难度：★★☆☆☆　功能：滤镜、椭圆工具、图层样式

说明：这套图标在设计时使用了鲜亮的多彩色设计风格，并添加了弥散阴影，使图标在视觉上丰富、醒目。

　　扁平化图标通过简化、抽象的图形来表现主题内容，减弱或摒弃各种渐变、阴影、高光等拟真视觉效果对用户视线的干扰，让用户更加专注于内容本身。由于扁平化去掉了繁复的装饰，也使展示个性的空间变小。这也正是扁平化设计看似简单，但要做出独特风格却很难的原因。

　　现在主流智能手机的操作系统有苹果系统（iOS）和安卓系统（Android），这两个系统都有其官方设计规范，对图标、状态栏、导航栏和标签栏的大小、字体及最适字号有所要求。图标的制作通常采取做大不做小的原则，做大尺寸的图标，通过缩放得到小尺寸图标。Android是一个开放的系统，不同于iOS系统手机的统一规格，各个手机公司都可以定义Android系统，也使各种尺寸的屏幕应运而生。为了统一设计标准并能兼容更多的手机屏幕，Android系统平台按照屏幕像素密度对屏幕进行了划分。

💎 14.4.1
绘制收音机图形

01 打开素材，如图14-132所示。这是一个iOS图标制作模版，画面中的红色区域是预留区域，也就是留白，制作图标时不要超出红色区域。将前景色设置为黄色（R255，G204，B0）。选择椭圆工具 ◯ ，在工具选项栏中选择"形状"选项，按住Shift键创建圆形，如图14-133所示。在"图层"面板空白处单击，取消路径的显示。当一个系列图标中既有方形（圆角矩形）又有圆形时，就不能采用相同的尺寸了，因为方形所占面积大于圆形，在视觉上会不统一。在制作时需要缩小方形的尺寸，如图14-134所示。

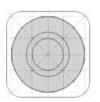

图14-132　　　　　图14-133　　　　　图14-134

02 选择圆角矩形工具 ◻ ，绘制一个白色的圆角矩形，如图14-135所示。为了便于查看操作效果，在提供步骤图时隐藏了参考线。在工具选项栏中选择" ◻ 合并形状"选项，如图14-136所示。绘制的图形会与之前的图形位于同一个形状图层中。在图形右上角绘制天线，由一个小的圆角矩形和圆形组成，如图14-137所示。在"图层"面板空白处单击，取消路径的显示，再绘制图形时会在一个新的形状图层中。一个形状图层中可以包含多种形状，但只能填充一种颜色，因此，要绘制其他颜色的形状图形就得在一个新的图层中。

图14-135　　　　图14-136　　　　图14-137

03 在收音机左侧绘制两个圆形，填充橙色（R255，G153，B0），如图14-138所示。用圆角矩形工具 ◻ 绘制组成音

箱的图形，如图14-139所示。用椭圆工具 ◯ 按住Shift键创建一个圆形，设置填充为无，描边宽度为3点，颜色为橙色，如图14-140所示。

图14-138　　　　　图14-139　　　　　图14-140

💎 14.4.2
给图层组添加效果

01 按住Shift键单击"圆角矩形1"图层，可同时选取图14-141所示的3个图层，按Ctrl+G快捷键编组，如图14-142所示。

图14-141　　　　图14-142

02 单击"图层"面板底部的 *fx* 按钮，在打开的菜单中选择"外发光"命令，打开"图层样式"对话框，设置发光颜色为橙色，如图14-143和图14-144所示。用同样的方法制作其他图标，将背景的圆形设置为丰富、亮丽的颜色。设置外发光颜色时要与背景颜色相近，略深一点即可，如图14-145所示。

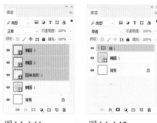

图14-143　　　　　图14-144

图14-145

iOS图标规范		
图标类型	图标尺寸	圆角大小
App图标	120像素×120像素	22像素
App Store图标	1024像素×1024像素	180像素
标签栏导航图标	50像素×50像素	9像素
设置图标	58像素×58像素	10像素
Web Clip图标	120像素×120像素	22像素

Android图标规范		
图标类型	图标尺寸	圆角大小
LDPI屏幕	36像素×36像素	6像素
MDPI屏幕	48像素×48像素	8像素
HDPI屏幕	72像素×72像素	12像素
XHDPI屏幕	96像素×96像素	16像素
XXHDPI屏幕	144像素×144像素	24像素

●平面 ●UI

拟物图标设计：
赛车游戏

扫码看视频① 扫码看视频②

难度：★★★☆☆ 功能：滤镜、图层样式、蒙版

说明：先用滤镜制作一个纹理材质，再通过图层样式表现金属底版和文字的工业感。汽车用的是图片素材，通过蒙版进行遮挡，适当调色，使其具有蒸汽朋克味道。

APP Store图标为上传至应用商店的图标。App是Application的缩写，指运行在手机上的应用程序软件，也叫App软件、App应用或App客户端等。拟物图标是指模拟现实物品的造型和质感，适度概括、变形和夸张，通过表现高光、纹理、材质、阴影等效果对实物进行再现。拟物图标直观有趣、辨识度高，能让人一眼就认出是什么。在制作时注重阴影与质感的表现，以体现真实物品的感觉。

💎 14.5.1

制作金属纹理并定义为图案

01 按Ctrl+N快捷键，创建一个1024像素×1024像素、72像素/英寸的文件，如图14-146所示。将前景色设置为灰色（R179，G179，B179），按Alt+Delete快捷键填充灰色，如图14-147所示。

图14-146　　　　　　　　图14-147

02 执行"滤镜>杂色>添加杂色"命令，在图像中添加单色杂点，如图14-148所示，"高斯分布"会比"平均分布"效果更强烈。执行"滤镜>模糊>动感模糊"命令，设置角度为45°，产生倾斜的纹理，如图14-149和图14-150所示。执行"编辑>定义图案"命令，将纹理定义为图案，如图14-151

所示。在制作图标的文字和金属底版时会用到。

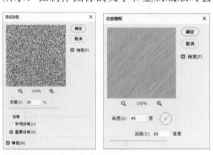

图14-148　　　　　　　　图14-149

图14-150　　　　　　　　图14-151

💎 14.5.2

制作金属底版

01 将图像填充为白色。选择圆角矩形工具 ▢ ，在工具选项栏中选择"形状"选项。在画面中单击，弹出"创建圆角矩形"对话框，设置宽度和高度均为1024像素，半径为180像素，如图14-152所示。创建圆角矩形后，会在"图层"面板中自动生成一个形状图层。新创建的图形不会位于画板正中位置，可以按住Ctrl键单击"背景"图层，将其与形状图层

一同选取，选择移动工具 ✛，分别单击工具选项栏中的垂直居中按钮 ╫ 和水平居中对齐按钮 ╪，将圆形对齐到画板正中位置，如图14-153所示。

图14-152　　　　　图14-153

02 按Ctrl+J快捷键复制形状图层，如图14-154所示。选择圆角矩形工具 ▢，在复制的形状图层上绘制一个小一点的圆角矩形，与原来的图形相减。绘制前先在工具选项栏中选择 ▣ 排除重叠形状选项，如图14-155所示，然后在画面中单击，会弹出"创建圆角矩形"对话框，设置宽度和高度均为755像素，半径为150像素，如图14-156所示。

图14-154　　　　图14-155　　　　图14-156

03 创建圆角矩形后，需要将其与该层中的大圆角矩形对齐，两图形在同一图层中，对齐方法较之前有所不同。使用路径选择工具 ▸ 按住Shift键单击这两个圆角矩形，在工具选项栏中选择"对齐到画布"选项，这是为了避免两图形居中对齐后，又不偏离画布中心。再分别选择水平居中对齐 ╪ 和垂直居中对齐 ╫，如图14-157和图14-158所示。由于下一图层的圆角矩形也为黑色，在图像窗口中看不出两图形相减的效果，可通过"图层"面板中的图层缩览图观察图像，如图14-159所示。

图14-157　　　图14-158　　　图14-159

04 双击该图层，打开"图层样式"对话框，在左侧的列表中选择"图案叠加"选项，设置混合模式为"正常"，不透明度为100%，在"图案"下拉列表中选择自定义的图案，如图14-160和图14-161所示。

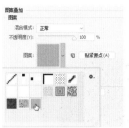

图14-160　　　　　图14-161

05 选择"描边"选项，设置描边大小为12像素，位置为"内部"，描边颜色为蓝灰色，如图14-162和图14-163所示。

图14-162　　　　　图14-163

06 选择"斜面和浮雕"选项，设置参数，如图14-164所示。高光颜色为白色，阴影颜色为接近黑色的深蓝，更好地表现出金属的冷凝质感，如图14-165所示。

图14-164　　　　　图14-165

07 将视图比例放大，可以看到浮雕的斜面略显锐利，如图14-166所示，需要进一步调整。选择"等高线"选项，在浮雕效果基础上对斜面的高光和阴影进行修饰，如图14-167所示，使过渡柔和自然，如图14-168所示。

图14-166　　　图14-167　　　图14-168

08 在"图层样式"对话框中，"光泽"是适合表现金属表面质感的，在制作这个金属底版时，自然也少不了这项设置。选择"光泽"选项，设置参数，如图14-169所示。再选择"颜色叠加"选项，为金属表现添加一层浅灰

色，如图14-170和图14-171所示。

图14-169

图14-170　　　　图14-171

09 选择"渐变叠加"选项，制作一个有丰富层次变化的渐变效果，叠加在金属框上。这个渐变在渐变库中没有现成的样式，需要自己设置。单击渐变按钮，打开"渐变编辑器"，在"渐变类型"下拉列表中选择"杂色"选项，杂色渐变有着丰富的变化，我们要定制的渐变不需要颜色。在"颜色模型"下拉列表中选择"HSB"选项，方便为渐变去色。选中右侧的"限制颜色"选项，如图14-172所示。H、S、B分别表示色调、饱和度、亮度，要为渐变去色，就得将饱和度降为0。将光标放在S（饱和度）滑杆右侧的白色滑块上，如图14-173所示，按住鼠标拖至左侧黑色滑块的位置，渐变变为无色，如图14-174所示。关闭"渐变编辑器"，设置"渐变叠加"选项的其他参数，如图14-175和图14-176所示。

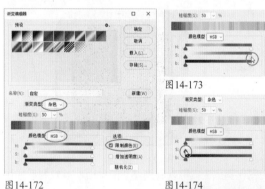

图14-172　　　　　图14-174

图14-175　　　　　图14-176

10 选择"投影"选项，为图标添加一个投影效果，如图14-177和图14-178所示。图标与画布大小相同，投影效

果并不能完全显示。将图标放在其他大一点的背景时，可再根据背景色对投影的颜色、大小做进一步调整。

图14-177　　　　　图14-178

14.5.3
从图标中驶出的汽车

01 打开汽车素材。使用移动工具 将汽车拖入图标文件中。我们需要建立蒙版将后面的车身隐藏起来，使汽车看起来好像是从图标中行驶出来一样。这个蒙版可以在选区基础上创建。先用矩形选框工具框选右侧与金属框重叠的车身部分，如图14-179所示，再用椭圆选框工具（按住Alt键）在轮胎上创建一个选区，如图14-180所示，与矩形选区相减，如图14-181所示，这个选区内的图像就是要隐藏的。按住Alt键单击"图层"面板底部的 按钮，基于选区创建一个反相的蒙版，如图14-182所示。

图14-179　　　　　图14-180

图14-181　　　　　图14-182

新建一个图层，设置不透明度为76%。按Alt+Ctrl+G快捷键创建剪贴蒙版。这个图层负责压暗车身的显示，使车身后部能够融入黑暗的背景中。而剪贴蒙版的意义则是可以放心大胆地去绘制，不用担心会影响到车身以外的部分。将前景色设置为黑色。选择渐变工具 ，在工具选项栏中单击线性渐变按钮 ，在渐变下拉面板中选择"前景色到透明渐变"。从画面右侧（轮胎位置）向左侧拖动鼠标创建渐变，渐变范围约占画面的⅓。在左侧车头位置再创建一个渐变，渐变范围较小，将车头适当压暗，如图14-183和图14-184所示。

后，将文字素材拖入车牌处，通过"自由变换"命令对外观进行倾斜扭曲，使其符合车牌的角度，如图14-198所示。

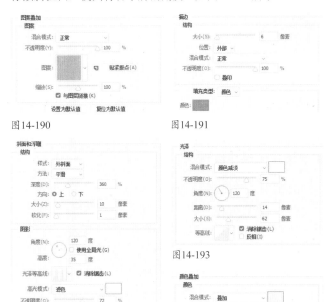

图14-190 图14-191

图14-192 图14-193

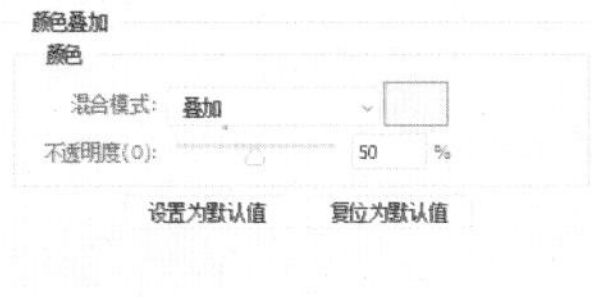

图14-183 图14-184

单击"调整"面板中的 按钮，创建"曲线"调整图层，向下调整曲线，如图14-185所示，使汽车整体变暗，与图标的色调和金属质感更加协调。按Alt+Ctrl+G快捷键，将调整图层也创建到剪贴蒙版组中，如图14-186和图14-187所示。

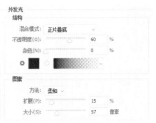

图14-195

图14-196

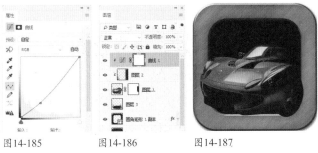

图14-185 图14-186 图14-187

在"汽车"图层下方新建一个图层，用画笔工具 绘制汽车的投影，如图14-188和图14-189所示。

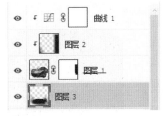

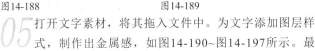

图14-197  图14-198

配套资源中还提供了一个效果图素材文件，可以将图标拖入其中进行展示，其中涉及图层样式的缩放和效果的调整，详细方法请参阅视频讲解进行学习。

图14-188 图14-189

打开文字素材，将其拖入文件中。为文字添加图层样式，制作出金属感，如图14-190~图14-197所示。最

拟物图标设计：
行者游戏

扫码看视频① 扫码看视频②

难度：★★★★☆ 功能：滤镜、图层样式、绘图工具

说明：以孙悟空的形象为基础，在质感的表现上则尽量丰富。用滤镜制作毛发纹理，用图层样式表现图标的立体感，再通过光影的叠加使立体效果和材质感更加突出。

14.6.1
用滤镜打造毛皮纹理

01 按Ctrl+N快捷键，打开"新建文档"对话框，创建一个1024像素×1024像素、72像素/英寸的文档。选择圆角矩形工具 ▢，在工具选项栏中选择"形状"选项。在画布上单击，弹出"创建圆角矩形"对话框，设置宽度和高度均为1024像素，半径为180像素，如图14-199所示，单击"确定"按钮，创建圆角矩形，填充黄色（R208，G127，B62），如图14-200所示。

图14-199　　　　图14-200

02 执行"图层>栅格化>形状"命令，将形状图层转换为普通图层，才能设置滤镜效果。执行"滤镜>杂色>添加杂色"命令。如图14-201所示。单击"图层"面板中的 ▦ 按钮，锁定透明像素，如图14-202所示。

图14-201　　　　图14-202

提示（Tips）

在进行动感模糊操作前，锁定了当前图层的透明像素，使模糊仅发生在图形内部，图形的边缘不会受到影响，依然保持清晰。如果没有这步操作的话，图形的边缘也会变得模糊、虚化。
---

03 执行"滤镜>模糊>动感模糊"命令，将点状的杂色变成细小的短线，像毛发一样，如图14-203和图14-204所示。

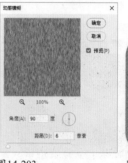

图14-203　　　　图14-204

04 执行"滤镜>渲染>光照效果"命令，设置参数，如图14-205所示，让纹理产生浮雕感，如图14-206所示。

图14-205　　　　图14-206

05 执行"编辑>渐隐光照效果"命令，设置不透明度为70%，弱化纹理的色调及强度，材质看起来有点猕猴桃表皮的质感，如图14-207和图14-208所示。

图14-207　　　　　　　　　　图14-208

06 按Ctrl+U快捷键，打开"色相/饱和度"对话框，增加饱和度与明度，如图14-209和图14-210所示。

图14-209　　　　　　　　图14-210

14.6.2
制作面部装饰及表现五官的立体感

01 双击该图层，打开"图层样式"对话框，在左侧的列表中分别选择"斜面和浮雕"和"内阴影"选项并设置参数，如图14-211~图14-213所示。

图14-211　　　　　图14-212　　　　　图14-213

02 选择椭圆工具 ○，在图形左下角按住Shift键创建一个圆形。使用路径选择工具 ▶，按住Alt+Shift键拖动圆形到画面右侧，进行复制，如图14-214所示。按Alt+Ctrl+G快捷键创建剪贴蒙版，将超出圆角矩形以外的部分隐藏，如图14-215和图14-216所示。

图14-214　　　　　图14-215　　　　　图14-216

03 用钢笔工具 ∂ 绘制叶子，如图14-217所示。同样，用路径选择工具 ▶ 按住Alt+Shift键拖动叶子进行复制，按Ctrl+T快捷键显示定界框，调整叶子的角度，如图14-218所示。用同样的方法再复制一片叶子，如图14-219所示。按住Shift键选取这3片叶子，复制到图形左侧。按Ctrl+T快捷键显示定界框，在图形上单击鼠标右键，显示快捷菜单，选择"水平翻转"命令，如图14-220所示，按Enter键确认。

图14-217　　　图14-218　　　图14-219　　　图14-220

04 设置该图层的混合模式为"颜色减淡"，如图14-221和图14-222所示。

图14-221　　　　　　　　图14-222

05 绘制3个圆形，组成悟空的面部。两个大圆形大小相同，可先绘制一个，再复制出另一个，如图14-223和图14-224所示。有智能参考线的帮助，在绘制小圆形时，可以轻松地将其对齐到两个大圆形的中间位置，如图14-225所示。

图14-223　　　　　图14-224　　　　　图14-225

> **提示**（Tips）
>
> 如果绘制的图形没有位于同一形状图层中，可以按住Ctrl键单击它们各自所在的图层，然后在图层名称后面单击鼠标右键，打开快捷菜单，选择"合并形状"命令，将其合并到一个形状图层中。

06 双击该形状图层，打开"图层样式"对话框，分别选择"描边""内阴影""内发光"选项并设置参数，使图形产生立体感，在边缘也会生成一个柔和的光晕效果，如图14-226~图14-229所示。

图14-226　　　　　　　　图14-227

图14-228　　　　　　　　图14-229

07 选择钢笔工具 ✐ 和"形状"选项，绘制眼睛和鼻子，如图14-230~图14-232所示。

图14-230　　　　　图14-231　　　　　图14-232

08 再添加"内发光"和"光泽"效果，如图14-233~图14-235所示。

图14-233　　　　　图14-234　　　　　图14-235

09 绘制鼻孔和绿色的眼眉，如图14-236所示。打开"图层样式"对话框，为眼眉添加"斜面和浮雕""光泽""投影"效果，如图14-237~图14-240所示。

图14-236　　　　　图14-237　　　　　图14-238

图14-239　　　　　图14-240

◆ **14.6.3**

制作头上戴的紧箍

01 悟空头上的紧箍要使用3种工具绘制。先用钢笔工具 ✐ 绘制，如图14-241所示，再分别用椭圆工具 ◯ 和矩形工具 ▢

绘制，如图14-242所示。按住Alt键拖曳"形状3"图层后面的 fx 图标到当前图层，将眼眉的样式复制到紧箍上，如图14-243所示。

图14-241　　　　　图14-242　　　　　图14-243

02 双击该图层，打开"图层样式"对话框，选择"渐变叠加"选项，在"渐变"的下拉列表中选择橙黄色渐变，如图14-244和图14-245所示。在"图层"面板中的"形状 4"图层（紧箍）上单击鼠标右键，显示快捷菜单，选择"栅格化图层样式"命令，可将图层样式转换到图层中，成为内容的一部分，同时，形状也被栅格化，如图14-246所示。

图14-244　　　　　图14-245　　　　　图14-246

03 单击"图层"面板底部的 ▢ 按钮，创建蒙版。选择渐变工具 ▦ ，在"渐变"下拉面板中选择"前景色到透明渐变"，如图14-247所示。在蒙版的上边和左、右两侧分别创建渐变，都是由外向内拖曳鼠标，颜色外实内虚，使紧箍的边缘隐藏，呈现由虚到实的变化，如图14-248和图14-249所示。

图14-247　　　　　图14-248　　　　　图14-249

◆ **14.6.4**

制作炫酷墨镜

01 用钢笔工具 ✐ 绘制墨镜的外轮廓图形，如图14-250所示。在工具选项栏中选择" ▣ 排除重叠形状"选项，然后绘制内轮廓图形，两图形相减，形成一个墨镜框形状，如图14-251所示。

图14-250　　　　　　　图14-251

02 将眼眉的图层样式复制给镜框。双击"斜面和浮雕"样式，在打开的对话框中调整参数，如图14-252和图14-253所示。

图14-252　　　　　　　图14-253

03 用路径选择工具 ▶ 单击镜框内的路径，打开"路径"面板，单击 ⬭ 按钮，将路径转换为选区，如图14-254所示。在"图层"面板中新建一个图层。选择渐变工具 ▨，在选区内填充线性渐变，如图14-255所示。按Ctrl+D快捷键取消选择。为该图层添加"内阴影"效果，如图14-256所示。

图14-254　　　图14-255　　　图14-256

04 选择钢笔工具 ✐ 和"形状"选项，绘制墨镜上的高光图形，如图14-257所示。设置该图层的不透明度为36%，如图14-258和图14-259所示。

图14-257　　　图14-258　　　图14-259

05 创建图层蒙版，用渐变工具 ▨ 填充一个线性渐变，将高光图形部分隐藏，形成一个渐隐效果，如图14-260和图14-261所示。

06 按住Shift键单击眼镜框图层，将组成墨镜的图层全部选取，如图14-262所示，按Ctrl+G快捷键编组。

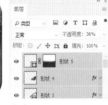

图14-260　　　图14-261　　　图14-262

07 单击"图层"面板底部的 *fx* 按钮，在打开的菜单中选择"投影"命令，为墨镜设置投影效果，如图14-263和图14-264所示。按Alt+Ctrl+E快捷键盖印图层组，将组中的内容合并到一个新的图层中。通过水平翻转得到左侧的墨镜图形，如图14-265所示，完成图标的制作，如图14-266所示。最后，我们为图标加了一个背景效果，由于篇幅有限，这里不再详细讲解制作过程了，读者可以在本书提供的实例文档中找到原文件，图中所使用的渐变颜色、混合模式、不透明度及图层样式参数等就一目了然了，可参照进行练习，如图14-267所示。

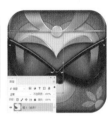

图14-263　　　图14-264　　　图14-265

图14-266　　　　　　　图14-267

355

●平面 ●UI

拟物图标设计：
玻璃质感卡通头像
14.7
难度：★★★☆☆ 功能：绘图工具、图层样式

扫码看视频

说明：使用绘图工具绘制五官和头发形状，应用图层样式制作出具有立体感的、可爱有趣的卡通头像。

14.7.1

制作五官

01 按Ctrl+N快捷键，打开"新建"对话框，创建一个210毫米×297毫米、200像素/英寸的文件。

02 将前景色设置为白色。选择椭圆工具，在工具选项栏中选择"形状"选项，创建一个长度约3.5厘米的椭圆形，如图14-268所示。

图14-268

03 双击该图层，在打开的"图层样式"对话框中分别选择"投影"和"内阴影"效果，将投影的颜色设置为深棕色，而内阴影颜色设置为深红色，其他参数设置如图14-269和图14-270所示。

图14-269

图14-270

04 添加"内发光""斜面和浮雕""等高线"效果，设置参数如图14-271~图14-273所示，制作出一个立体的图形效果，如图14-274所示。

图14-271

图14-272

图14-273

图14-274

05 选择工具选项栏中的"合并形状"选项，再画一个小一点的椭圆，这样它会与大椭圆位于同一个图层中，如图14-275和图14-276所示。

图14-275 图14-276

06 单击"图层"面板底部的按钮，新建一个图层。使用椭圆选框工具按住Shift键创建一个圆形。选择渐变工具，单击径向渐变按钮，再单击按钮打开"渐变编辑器"，调整渐变颜色，如图14-277所示。在圆形选区内填充径向渐变，如图14-278所示。

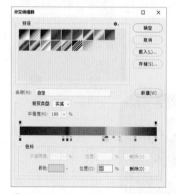

图14-277

图14-278

07 依然保留选区的存在。选择画笔工具，设置大小为尖角55像素，不透明度为80%，在选区内为眼珠点上高光，如图14-279所示。选择移动工具，按住Alt键将眼珠图形拖到另一只眼睛上，进行复制，按Ctrl+D快捷键取消选择，如图14-280所示。

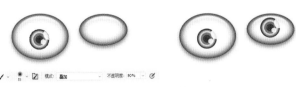

图14-279　　　　　　　　　　　图14-280

08 选择自定形状工具 ，在形状下拉面板中加载"自然"形状库，选择"雨滴"形状，如图14-281所示，在眼睛中间画出图形，作为卡通人的鼻子，如图14-282所示。

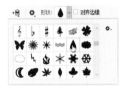

图14-281　　　　　　　　　　　图14-282

09 按住Alt键将"形状1"图层后面的 图标拖曳到"形状2"，复制图层样式，如图14-283和图14-284所示。

图14-283　　　　　　　　　　　图14-284

10 双击该图层，打开"图层样式"对话框，选择"外发光"效果，将发光颜色设置为红色，如图14-285所示。选择"渐变叠加"效果，单击渐变按钮 打开"渐变编辑器"对话框，设置渐变颜色如图14-286和图14-287所示，使鼻子颜色呈现渐变过渡效果，如图14-288所示。

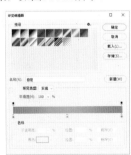

图14-285　　　　　　　　　　　图14-286

图14-287　　　　　　　　　　　图14-288

11 使用钢笔工具 绘制眼眉，将"形状 2"的图层样式复制给眼眉图层。将前景色设置为深棕色（R106，G57，B6），按Alt+Delete快捷键填充前景色，如图14-289所示。

12 将前景色设置为黄色。双击眼眉图层，在打开的对话框中选择"光泽"效果，发光颜色为红色，如图14-290所示。选择"渐变叠加"效果，在"渐变"面板中选择"透明条纹渐变"，由于前景色设置为黄色，所以这个条纹也会呈现黄色，如图14-291和图14-292所示。

图14-289　　　　　　　　　　　图14-290

图14-291　　　　　　　　　　　图14-292

13 单击外发光前面的眼睛图标 ，将该效果隐藏，如图14-293和图14-294所示。

图14-293　　　　　　　　　　　图14-294

14 用同样的方法制作出胡须，如图14-295所示。将前景色设置为深棕色（R54，G46，B43），按Alt+Delete快捷键填充图形，将该图层拖到鼻子图层下方，如图14-296所示。

图14-295　　　　　　　　　　　图14-296

15 绘制出脸的图形，按Shift+Ctrl+[快捷键将其移至底层。按住Alt键，将"形状 2"（鼻子）图层后面的 图标拖曳到脸图层，如图14-297和图14-298所示。

图14-297　　　　　　　图14-298

16 选择椭圆工具 ◯，在工具选项栏中选择"减去顶层形状"选项，如图14-299所示。画出一个椭圆形，作为卡通人的嘴，这个图形会与脸部图形相减，生成凹陷状效果，如图14-300和图14-301所示。

图14-299　　　　图14-300　　　　图14-301

💎 **14.7.2**

制作领结和头发

01 绘制出衣领图形，将前景色设置为深棕色（R87，G60，B100），按Alt+Delete快捷键填充图形，将该图层拖到脸部图层下方。调整"渐变叠加"样式，将渐变样式设置为"对称的"，如图14-302和图14-303所示。

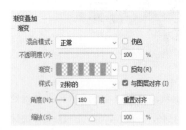

图14-302　　　　　　图14-303

02 在形状下拉面板中加载"形状"库，选择"花1"。创建一个填充黄色的形状，如图14-304和图14-305所示。

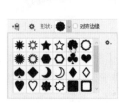

图14-304　　　　　　图14-305

03 按住Ctrl键单击"形状 5"（脸部）图层，载入脸部选区，如图14-306所示。按住Alt键单击面板底部的 ▣ 按钮，基于选区创建一个反相蒙版，如图14-307所示。

图14-306　　　　　　　图14-307

04 选择圆角矩形工具 ▢，设置半径为50像素，按住Shift键绘制一个圆角矩形，隐藏"渐变叠加"效果，如图14-308和图14-309所示。将前景色设置为黑色，在圆角矩形的下面绘制一个矩形，如图14-310所示。

图14-308　　　　图14-309　　　　图14-310

05 在面部图层上方新建一个图层，如图14-311所示。选择椭圆工具 ◯，在工具选项栏中选择"像素"选项，在卡通人的脸上画一些粉红色的圆点，如图14-312所示。

图14-311　　　　　　图14-312

拟物图标设计：布纹质感图标

14.8

扫码看视频

难度：★★★★☆ 功能：图层样式、画笔

说明：使用图层样式表现图标的布纹质感和立体效果。缝纫线则选用方头画笔，通过调整笔尖大小、圆度和间距等参数，使笔迹产生断点，模拟出缝纫效果。

14.8.1

制作布纹

01 打开素材，如图14-313所示。将前景色设置为浅绿色（R177，G222，B32），背景色设置为深绿色（R42，G138，B20）。使用椭圆选框工具○，按住Shift键创建一个圆形选区。新建一个图层，选择渐变工具■，填充渐变，如图14-314所示。

图14-313

图14-314

02 双击该图层，打开"图层样式"对话框，在左侧的列表中选择"投影"和"外发光"选项，添加这两种效果，如图14-315和图14-316所示。

图14-315

图14-316

03 继续添加"内发光""斜面和浮雕""纹理"效果，在对话框中设置参数，制作带有纹理的立体效果，如图14-317~图14-320所示。

04 新建一个图层。使用椭圆选框工具○绘制一个圆形选区，填充深绿色，如图14-321所示。

图14-317

图14-318

图14-319

图14-320

图14-321

05 执行"选择>变换选区"命令，在选区周围显示定界框，按住Alt+Shift键拖曳定界框的一角，将选区成比例缩小，如图14-322所示。按Enter键确认操作。按Delete键删除选区内的图像，形成一个环形，如图14-323所示。按Ctrl+D快捷键取消选择。

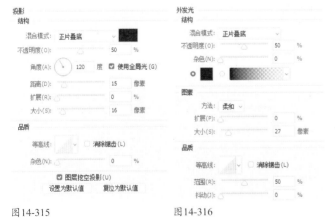

图14-322

图14-323

06 双击该图层，打开"图层样式"对话框，添加"内发光"和"投影"效果，如图14-324~图14-326所示。

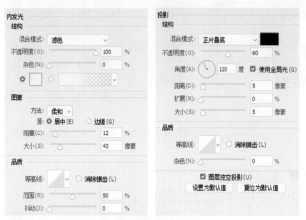

图14-324　　　　　　　　图14-325

图14-326

07 选择椭圆工具○，在工具选项栏中选择"路径"选项，按住Shift键创建一个比圆环稍小点的圆形路径，如图14-327所示。新建一个图层，如图14-328所示。我们要在该图层上制作缝纫线。

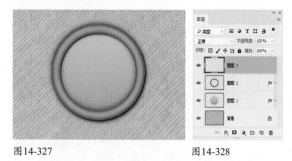

图14-327　　　　　　　　图14-328

💎 14.8.2

制作缝纫线

01 选择画笔工具✎，在工具选项栏的画笔下拉面板菜单中选择"旧版画笔"，加载该画笔库。打开"画笔预设"面板，选择一个方头画笔，设置画笔的大小、圆度和间距，如图14-329所示。选取"形状动态"选项，然后在"角度抖动"下方的"控制"选项下拉列表中选择"方向"，如图14-330所示。

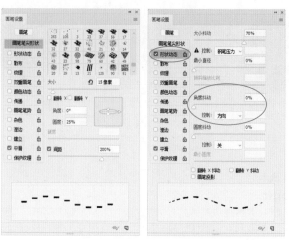

图14-329　　　　　　　　图14-330

02 将前景色设置为浅黄色（R204，G225，B152），单击"路径"面板底部的 ○ 按钮，用画笔描边路径，制作出虚线，如图14-331所示。在"路径"面板空白处单击，隐藏路径，如图14-332所示。

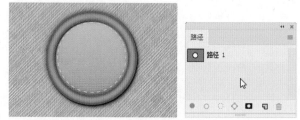

图14-331　　　　　　　　图14-332

03 双击该图层，添加"斜面和浮雕""投影"效果，如图14-333~图14-335所示。

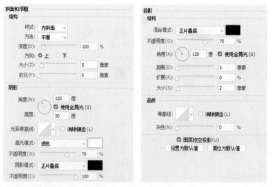

图14-333　　　　　　　　图14-334

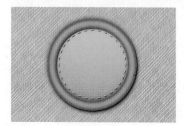

图14-335

04 按Ctrl+O快捷键，打开配套资源中的AI素材文件，会弹出图14-336所示的对话框，单击"确定"按钮打开文件。使用矩形选框工具 选取最左侧的图形，如图14-337所示。

图14-336

图14-337

05 使用移动工具 将选区内的图形拖入图标文档中，按Shift+Ctrl+[快捷键将它移至底层，如图14-338所示。再选取素材文件中的第2个图形，拖入图标文件，放在深绿色曲线上面，如图14-339所示。依次将第3、第4个图形拖入图标文件中，放在图标图层的最上方，效果如图14-340所示。

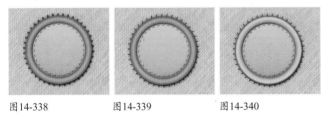

图14-338   图14-339   图14-340

💎 14.8.3
制作凹凸感纹样

01 选择自定形状工具 ，在形状下拉面板菜单中选择"Web"，加载网页形状库，选择图14-341所示的图形。新建一个图层，绘制图形，如图14-342所示。

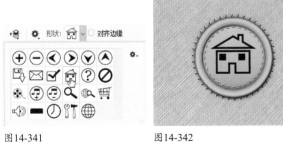

图14-341   图14-342

02 设置该图层的混合模式为"柔光"，使图形显示出底纹效果，如图14-343和图14-344所示。

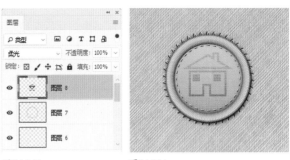

图14-343   图14-344

03 为该图层添加"内阴影""外发光""描边"效果，如图14-345~图14-348所示。

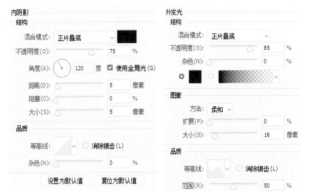

图14-345   图14-346

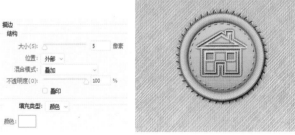

图14-347   图14-348

04 用相同的参数和方法，变换一下填充的颜色，制作出更多的图标效果，如图14-349所示。

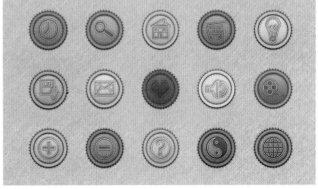

图14-349

361

**品牌宣传类启动
页设计**

14.9

难度：★★★☆ 功能：3D、调整图层、蒙版

说明：品牌宣传类启动页设计，主要以突出产品和品牌为主。本实例通过3D功能，将品牌文字制作成立体字效果，再添加调整图层使立体字能够呈现一个色彩过渡，视觉效果更加强烈。

启动页就是在单击手机桌面图标，启动应用时打开的第一个页面。启动页可以传递给用户APP更新的重要功能，或者引导用户体验、推出重大活动信息及渲染节日氛围等。

14.9.1
制作3D立体字

01 按Ctrl+N快捷键，打开"新建文档"对话框，创建一个750像素×1334像素、72像素/英寸的文件，如图14-350所示。先用浅蓝色填充背景，等制作完立体字后，会用素材将这个背景覆盖。将前景色设置为蓝色（R0，G153，B255）。选择横排文字工具 T，在画面中输入文字"空"，单击工具选项栏中的 ✓ 按钮，结束文字的输入。在另一位置单击，输入文字"间"，使两个文字处于两个图层中，如图14-351所示。

图14-350　　　　　图14-351

02 单击文字"空"所在图层，如图14-352所示，执行"3D>从所选图层新建3D凸出"命令，生成3D立体字，如图14-353所示。在工具选项栏中选择旋转3D对象工具 ，调整立体字的角度，如图14-354所示。

图14-352　　　　图14-353　　　　图14-354

03 单击"3D"面板中的"空"，如图14-355所示，在"属性"面板中设置"凸出深度"为120像素，如图14-356和图14-357所示。

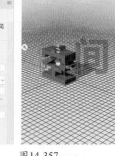

图14-355　　　　　图14-356　　　　　图14-357

04 选择文字"间"所在图层，用同样的方法进行制作，如图14-358所示。按Ctrl键单击文字"空"图层，选取这两个3D立体字图层，按Ctrl+E快捷键合并，如图14-359所示。用拖动3D对象工具 调整字的位置，如图14-360所示。

图14-358　　　　图14-359　　　　图14-360

05 单击"属性"面板中的"无限光"，显示光源。使用拖动3D对象工具 或滑动3D对象工具 调整光源的位置，如图14-361~图14-363所示。

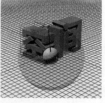

图14-361　　　　图14-362　　　　图14-363

14.9.2
制作立方体板块

01 单击"背景"图层。使用矩形工具 绘制矩形，如图14-364所示。与设置立体字相同，制作一个立体板块，设置"凸出深度"为20像素，如图14-365和图14-366所示。

图14-364　　　　图14-365　　　　图14-366

02 单击"3D"面板中的"无限光"，如图14-367所示。在"属性"面板中取消"阴影"选项的选取，如图14-368所示，这个方形板块是悬浮于空中的，不应有阴影出现。调整光源位置，如图14-369所示。

图14-367　　　　图14-368　　　　图14-369

03 单击"调整"面板中的 ▦ 按钮，创建"色相/饱和度"调整图层，选取"着色"选项，设置参数如图14-370所示。按Alt+Ctrl+G快捷键创建剪贴蒙版，使调整图层只作用于方形板块，不会影响背景，如图14-371和图14-372所示。

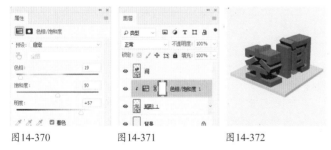

图14-370　　　　图14-371　　　　图14-372

💠 **14.9.3**

为立体字设置渐变颜色

01 选择"间"图层，将其拖至面板底部的 ▣ 按钮上进行复制，如图14-373所示。在图层上单击鼠标右键，打开快捷菜单，选择"栅格化3D"命令，将图层栅格化。设置混合模式为"滤色"，如图14-374和图14-375所示。虽然不栅格化3D图层也可以进行混合模式的设置，但是，这样做可以节省空间，降低文件的大小。

02 再创建一个"色相/饱和度"调整图层，调整立体字的颜色，如图14-376~图14-378所示。

图14-373　　　　图14-374　　　　图14-375

图14-376　　　　图14-377　　　　图14-378

03 单击"调整"面板中的 ▦ 按钮，创建"渐变映射"调整图层，设置渐变颜色为"橙色到白色渐变"，如图14-379所示。用渐变工具 ▦ 在文字下方填充"黑色到透明渐变"，使渐变映射调整图层只改变立体字上方的颜色，文字有一个色彩过渡效果，如图14-380和图14-381所示。按住Shift键单击"间"副本图层，选取这3个图层，按Alt+Ctrl+G快捷键，创建剪贴蒙版，如图14-382和图14-383所示。将素材拖入画面中，放在"背景"图层上方，如图14-384所示。配套资源中提供了效果图展示背景素材，可以将图像盖印（Alt+Shift+Ctrl+E）后拖入其中，通过自由变换（Ctrl+T）命令调整界面大小和角度。

图14-379　　　　图14-380　　　　图14-381

图14-382　　　　图14-383　　　　图14-384

●平面 ●UI

Photoshop CC 2018 14.10

情感故事类引导页设计

扫 码 看 视 频

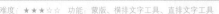

难度：★★★☆☆ 功能：蒙版、横排文字工具、直排文字工具

说明：在设计和制作这个实例时选取了有文艺气息的图片，配以精良的文案，传递出产品的态度和文艺情怀。

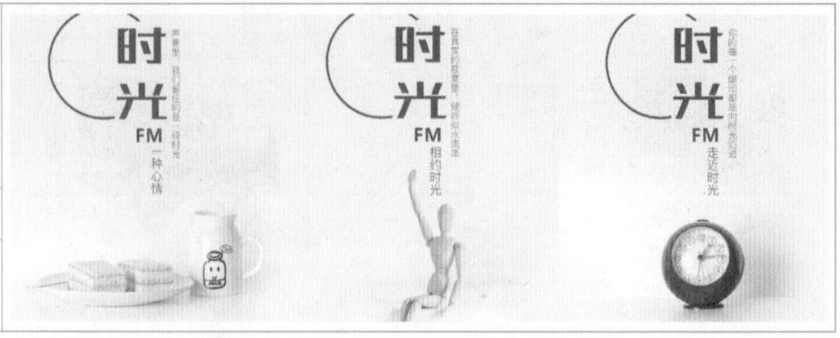

引导页是用户在使用产品前能够了解到的主要功能和产品特点。一个APP的核心是给用户提供更好的服务，所有的设计、包装都要围绕内容和服务去做。设计精美的引导页具有很强的带入感，可以将用户引领到产品所打造的氛围中。

14.10.1 将有文艺气息的图片与背景合成到一起

01 按Ctrl+N快捷键，打开“新建”对话框，创建一个750像素×1334像素、72像素/英寸的文件。将前景色设置为浅灰色（R246，G245，B244），按Alt+Delete快捷键，将背景填充为浅灰色。

02 打开素材，使用移动工具将早餐图片拖入文件中，如图14-385所示。

03 将前景色设置为黑色。选择渐变工具，在渐变下拉列表中选择“前景色到透明渐变”，如图14-386所示。单击“图层”面板底部的按钮，创建蒙版，在图片的上、下两边填充线性渐变，将图片的边缘隐藏，使其与背景融合到一起，如图14-387和图14-388所示。

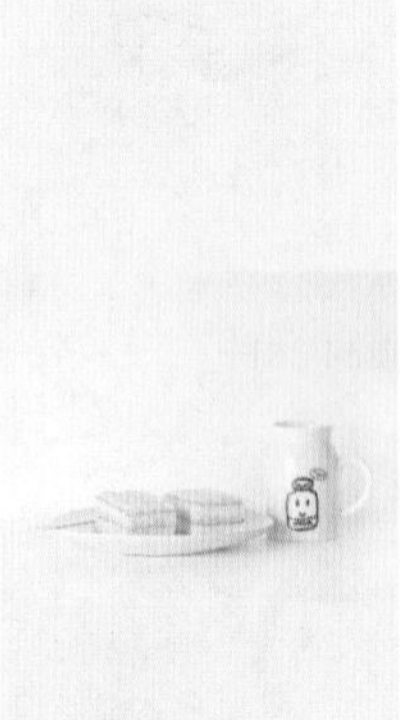

图14-385

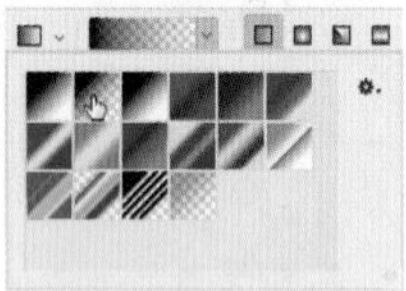

图14-386

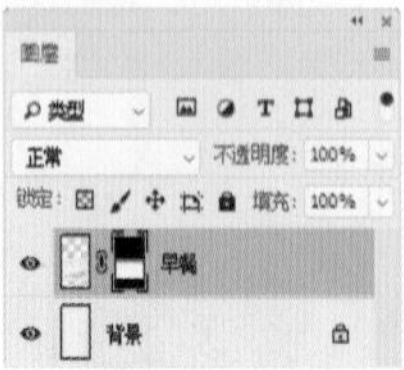

图14-387

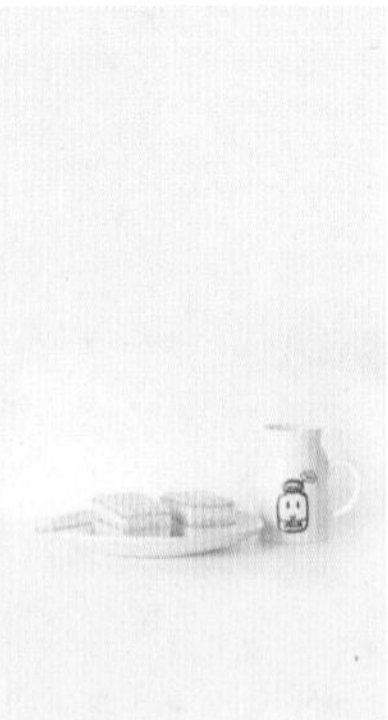

图14-388

14.10.2 制作有设计感的版式

01 将前景色设置为深灰色（R102，G102，B102）。选择直排文字工具，在“字符”面板中设置字体、大小及字距，在画面中单击输入文字“时光”，如图14-389和图14-390所示。选择椭圆工具（形状），按住Shift键绘制一个圆形，设置填充为“无”，描边为6点，如图14-391所示。手机屏幕是长方形的，在界面设计时使用一些圆形，可以增加界面的柔和感。

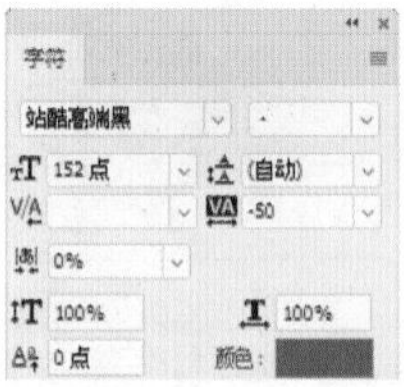

图14-389

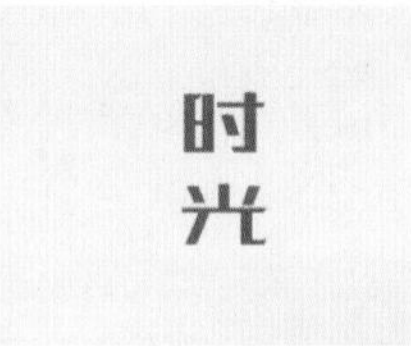

图14-390

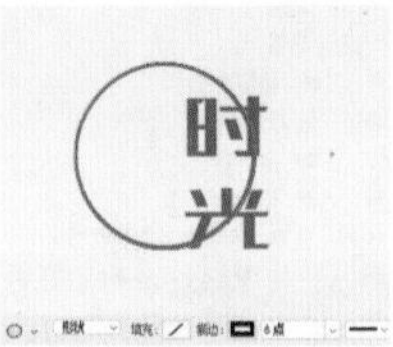

图14-391

02 使用矩形选框工具创建一个选区，将文字框选，如图14-392所示。按住Alt键单击“图层”面板底部的按钮，创建一个反相的蒙版，将选框内与文字重叠的圆圈隐藏，如图14-393和图14-394所示。

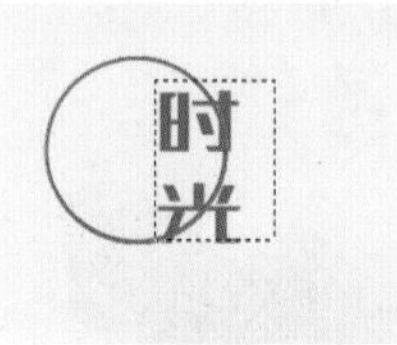

图14-392

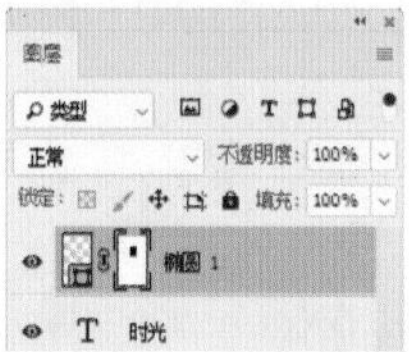

图14-393

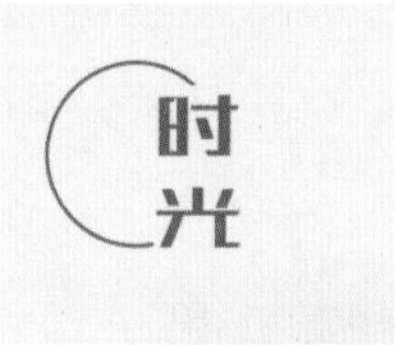

图14-394

03 用横排文字工具输入“FM”，如图14-395所示。用直排文字工具输入文案，可以将文本断为两行，字体大小也进行调整，分别为24点和32点，如图14-396所示。文字的字体、大小和间距的变化可以使画面产生一种节奏感，如图14-397所示。

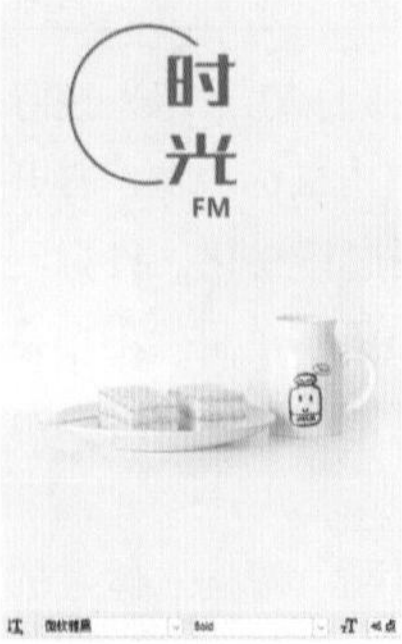

图14-395

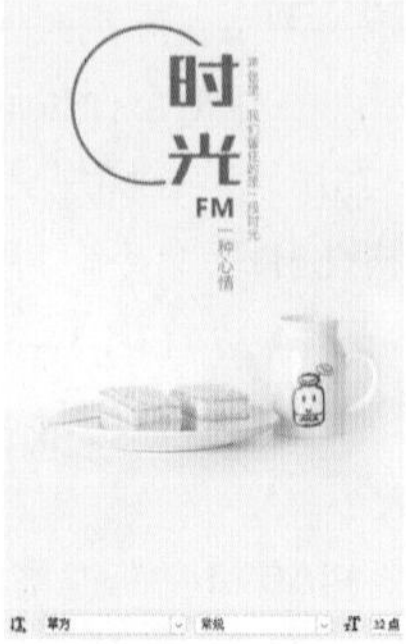

图14-396

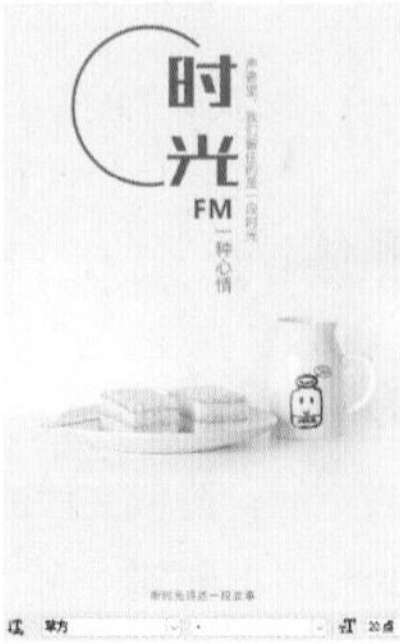

图14-397

04 用椭圆工具 ◯ 在画面下方绘制3个圆形，作为页码控制器，显示视图页面数量。深灰色对应的是当前打开的页面，浅灰色为未显示的页面，如图14-398所示。用同样的方法制作另外两个页面，如图14-399和图14-400所示。可以执行"图像>复制"命令，复制出新的文件，将木头人和时间素材拖入文件中，再对文案进行修改。另一种方法是都在一个文件中制作，采用图层组的方式，将现有的文件进行编组，然后复制图层组，在其基础上制作新的页面，替换素材和修改文字，详细方法可参照视频学习。配套资源中提供了制作效果图所用的手机素材，只需将引导页图像盖印（Alt+Shift+Ctrl+E），然后拖入手机上就可以了。盖印好于合并，因为盖印是在保留原图层的基础上，将图像效果合并到一个新的图层中。合并则使图层合二为一，再想编辑和修改就麻烦了。因此，我们要习惯用盖印的方法来合并图层效果。

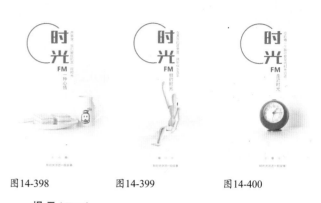

图14-398　　　　图14-399　　　　图14-400

提示（Tips）

在制作实例时，如果没有"苹方"字体，可以使用"黑体–简"，这是与iOS系统中的实际效果最接近的字体。

●平面 | UI

Photoshop CC 2018 / 14.11	可爱插画风格登录界面设计	扫码看视频

难度：★★★☆☆ 功能：自定形状工具、图层样式

说明：本实例是一个关于猫咪的APP界面设计，在设计时以简单可爱的猫咪图形为背景，增加了界面的趣味性。

　　登录界面设计以体现功能、方便用户操作为主。内容包括输入用户名、密码、进行注册等信息。登录界面的装饰元素不宜过多，避免喧宾夺主。

◆ **14.11.1**

绘制品牌Logo

01 按Ctrl+N快捷键，打开"新建"对话框，创建一个750像素×1334像素、72像素/英寸的文件。将前景色设置为浅粉色（R255，G223，B216），按Alt+Delete快捷键，将背景填充为浅粉色。

02 将前景色设置为银红色（R255，G102，B102），选择横排文字工具 **T** ，在工具选项栏中设置字体及大小，在画面中单击，输入文字，如图14-401所示。选择魔棒工具 ✐，在图14-402所示的字母区域内单击进行选取。

图14-401　　　　　　　图14-402

03 新建一个图层，如图14-403所示。按Alt+Delete快捷键，用银红色填充选区，如图14-404所示，按Ctrl+D快捷键取消选择。

图14-403　　　　　　　图14-404

04 选择自定形状工具 ✿，在形状下拉面板中选择"会话3"形状，绘制该图形，如图14-405和图14-406所示。

图14-405　　　　　　　图14-406

05 选择"爪印（猫）"形状，绘制该图形，如图14-407和图14-408所示。

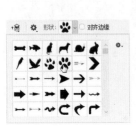

图14-407 　　　　　　　　图14-408

💎 14.11.2

绘制猫咪图形和按钮

01 选择椭圆工具 ○（形状），绘制一个椭圆形，作为猫咪的头部，如图14-409所示。选择钢笔工具 ⌀，给猫咪绘制一个三角形的耳朵，如图14-410所示。用路径选择工具 ▶ 按住Alt+Shift键向右拖动三角形进行复制，按Ctrl+T快捷键显示定界框，在图形上单击鼠标右键，显示快捷菜单，选择"水平翻转"命令，按Enter键确认，如图14-411所示。

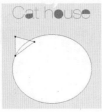

图14-409 　　　　图14-410 　　　　图14-411

02 用矩形工具 ▭ 绘制3条细长的白色图形，作为猫咪的胡须，如图14-412所示。用圆角矩形工具 ▢ 绘制一个按钮，设置填充为"无"，描边为1点，如图14-413所示。用路径选择工具 ▶ 按住Alt+Shift键向下拖曳该图形，进行复制，如图14-414所示。

图14-412 　　　　图14-413 　　　　图14-414

03 再复制一个按钮图形，设置填充为银红色，描边为"无"。双击该图层，打开"图层样式"对话框，选择"投影"选项，为图形添加投影效果，如图14-415和图14-416所示。

图14-415 　　　　　　　　图14-416

04 选择横排文字工具 T，在"字符"面板中设置字体、大小和字距，输入文字，如图14-417~图14-422所示。"登录"按钮为文字按钮，文字到按钮边缘的间距应保持一致。可以选择移动工具 ✛，将文字与按钮图层一同选取，单击工具选项栏中的垂直居中对齐按钮 ‖ 和水平居中对齐按钮 ≜ 进行对齐。

图14-417 　　　　　　　　图14-418

图14-419 　　　　　　　　图14-420

图14-421 　　　　　　　　图14-422

14.12 社交类应用:个人主页设计

难度:★★★☆☆ 功能:矩形工具、渐变工具、蒙版、图层样式

说明:个人主页是集中展示个人信息的页面,由头像、个人信息和功能模块组成。这个APP是铲屎官"以猫会友"的社交类应用,以展示猫咪的日常生活趣事为主。

14.12.1
制作猫咪头像

01 新建一个文件。使用矩形工具 □ 创建一个矩形,如图14-423所示。打开素材文件,使用移动工具 ✛ 将猫咪素材拖入文件中,如图14-424所示,按Alt+Ctrl+G快捷键创建剪贴蒙版,如图14-425所示。

图14-423　　　图14-424　　　图14-425

02 将前景色设置为白色。选择渐变工具 ▧ ,在工具选项栏中单击 ▧ 按钮,打开渐变下拉面板,选择"前景色到透明渐变"渐变,在猫咪图像左上角填充径向渐变,如图14-426所示。调整前景色,单击工具选项栏中的线性渐变按钮 ▨ ,在猫咪右侧填充线性渐变,降低右侧背景的亮度,如图14-427所示。打开素材文件,将状态栏和导航栏拖入文件中,如图14-428所示。

图14-426　　　图14-427　　　图14-428

提示(Tips)

状态栏(Status Bar)位于界面最上方,显示信息、时间、信号和电量等。它的规范高度为40像素。导航栏(Navigation Bar)位于状态栏下方,用于在层级结构的信息中导航或管理屏幕信息。左侧为后退图标,中间为当前界面内容标题,右侧为操作图标。导航栏的规范高度为88像素。

03 选择椭圆工具 ○ ,在画面中单击,弹出"创建椭圆"对话框,设置椭圆大小为144像素,如图14-429所示。使用椭圆选框工具 ◯ 在猫咪上创建一个选区,如图14-430所示,将光标放在选区内,按住Ctrl键拖曳选区内的图像到当前文件中,按Alt+Ctrl+G快捷键创建剪贴蒙版,制作出猫咪的头像。按Ctrl+T快捷键显示定界框,按住Shift键拖曳定界框的一角,将图像成比例缩小,如图14-431所示。

图14-429　　　图14-430　　　图14-431

14.12.2
制作图标和按钮

01 选择自定形状工具 ⬥ ,在形状下拉面板中选择"雄性符号"形状,如图14-432所示,在头像右上方绘制形状,绘制时按住Shift键可锁定形状比例。选择横排文字工具 **T** ,在画面中输入猫咪的名字、品种、年龄和个性特征等信息,都使用"苹方"字体,名号为28点,其他文字为24点,颜色有深浅变化,白色文字用一个矩形色块作为衬托,如图14-433所示。

图14-432　　　　　　　　图14-433

02 调整前景色（R153，G102，B102）。选择"雨滴"形状，如图14-434所示，在画面中绘制，如图14-435所示。按Ctrl+T快捷键显示定界框，在图形上单击鼠标右键，打开快捷菜单，选择垂直翻转命令，如图14-436所示。按Enter键确认。

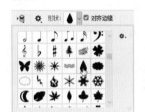

图14-434　　　　图14-435　　　　图14-436

03 选择椭圆工具 ○，在工具选项栏中选择"□排除重叠形状"选项，按住Shift键绘制一个圆形，与雨滴图形相减，制作出地理位置图标，如图14-437所示。输入猫咪的地址，如图14-438所示。

图14-437　　　图14-438

04 在画面下方绘制爪印图形，如图14-439所示。用圆角矩形工具 ○ 绘制一个按钮，如图14-440所示。

图14-439　　　　　　图14-440

05 双击该图层，打开"图层样式"对话框，选择"投影"选项，如图14-441和图14-442所示。

图14-441　　　　　　　　图14-442

06 在按钮上输入白色文字，如图14-443所示。输入其他信息，如图14-444所示。

图14-443　　　　　　图14-444

●平面●UI

卡片流式列表设计

14.13

扫码看视频

难度：★★★☆☆　功能：绘图工具、剪贴蒙版、图层样式

说明：卡片流设计方式在网页和界面领域都有很广泛的应用。卡片流以大图和文字吸引用户，强化了无尽浏览的体验，仿佛可以一直滚动浏览下去。

◈ **14.13.1**

制作猫咪头像和展示

01 在"个人主页"实例基础上制作列表页的设计。执行"图像>复制"命令，复制"个人主页"文件。只保留导航条部分，将其余的删除。选择椭圆工具 ○，在画面中单击，弹出"创建椭圆"对话框，设置椭圆大小为57像素×57像素，如图14-445和图14-446所示，这是列表页头像的规范大小。

图14-445　　　　　图14-446

02 使用移动工具 ✛ 将猫咪素材拖入文件中，调整大小，按Alt+Ctrl+G快捷键创建剪贴蒙版，如图14-447所示。输入猫咪的信息，如图14-448所示。

图14-447

图14-448

03 选择矩形工具 □ ，创建一个矩形，如图14-449所示。双击该图层，打开"图层样式"对话框，添加"描边""投影"效果，如图14-450~图14-452所示。

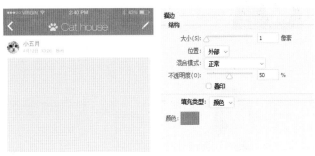

图14-449　　　　　图14-450

图14-451　　　　　图14-452

04 将猫咪素材拖入文件中，按Alt+Ctrl+G快捷键创建剪贴蒙版，如图14-453所示。输入文字。用自定形状工具 ✿ 绘制爪印图形作为装饰，如图14-454所示。

图14-453　　　　　图14-454

◈ 14.13.2

绘制线性图标

01 用自定形状工具 ✿ 绘制心形和台词框形状，用钢笔工具 ✐ 绘制转发图标。输入其他信息。用直线工具 ／ 绘制一条白色的直线，如图14-455所示。

图14-455

02 制作完成一个列表后，按住Shift键将这些图层选取，按Ctrl+G快捷键编组。然后复制编组图层，用来制作另一个列表。只需要将橘猫的素材拖进来，将原素材删除，然后修改文字即可，如图14-456和图14-457所示。

图14-456　　　　　图14-457

女装电商应用：
详情页设计

扫码看视频

难度：★★★★☆　功能：绘图工具、横排文字工具

说明：详情页用于向用户介绍产品，引导用户下单购买。在详情页中既要完美地展示产品，同时产品信息也要清晰，而且"加入购物车"按钮要格外醒目。

◇ 14.14.1

制作导航栏

01 打开素材文件，文件中包含了状态栏，在此基础上制作导航栏。

02 选择矩形工具 □，在画布上单击，打开"创建矩形"对话框，创建一个750像素×88像素的矩形，填充浅灰色，如图14-458和图14-459所示。

图14-458　　　　　　　　图14-459

03 选择钢笔工具 ✐，在导航栏左侧绘制后退图标，在右侧绘制分享图标，如图14-460所示。

04 选择横排文字工具 T，输入导航栏标题文字，以等量的间距作为分隔，如图14-461所示。

图14-460　　　　　　　　图14-461

◇ 14.14.2

制作产品展示及信息

01 选择"背景"图层，填充浅灰色。打开之前制作的淘宝详情页文件，如图14-462所示，按住Shift键选取与人物及背景相关的图层，如图14-463所示，按Alt+Ctrl+E快捷键，将所选图层盖印到一个新的图层中。

02 使用移动工具 ✣ 将盖印图层拖入文件中，调整大小，作为服装的展示。使用矩形工具 □ 在图片左下角绘制一个矩形，作为页码指示器，提示用户当前展示的是第一页视图，如图14-464所示。

图14-462　　　　　　　　图14-463

图14-464

03 选择横排文字工具 T，输入女装的信息。标题文字可以大一点，如图14-465所示。与优惠相关的信息用红色，文字虽小也能足够吸引眼球。如图14-466所示。输入价格信息，如图14-467所示。文字有大小、深浅的变化，体现出信息传达的主次和重要程度。在设计时应了解用户的购买心理，主要文字突出显示，使用户能一眼看到，如图14-468所示。

图14-465　　　　　　　　　图14-466

图14-467　　　　　　　　　图14-468

04 选择自定形状工具 🔧，在"形状"下拉面板中选择"选中复选框"形状，如图14-469所示。在商家承诺的条款信息前面绘制形状，如图14-470所示。

图14-469　　　　　　　　　图14-470

💎 14.14.3

制作标签栏

01 用矩形工具 ⬜ 绘制两个白色的矩形，按Ctrl+[快捷键调整到文字下方，使文字阅读起来更加方便，尽量给用户创造良好的阅读体验。在画面中单击，打开"创建矩形"对话框，创建一个750像素×98像素的矩形，填充略深一点的灰色，如图14-471和图14-472所示。

图14-471　　　　　　　　　图14-472

02 用自定形状工具 🔧 绘制图标，客服、关注和购物车图标都来源于形状库，店铺图标可使用钢笔工具 ✐ 绘制，如图14-473所示。输入标签名称，如图14-474所示。

图14-473　　　　　　　　　图14-474

03 最后，输入文字"加入购物车"，将文字设置为白色，并用红色矩形作为衬托，如图14-475和图14-476所示。

图14-475

图14-476

提示（Tips）

标签栏（Tab Bar）位于界面最下方，用于全局导航，具有方便、快速切换的功能。标签栏内容不超过5个页签，每个页签的名称要简短易懂，以当前卡片主要信息的总称或所执行按钮的名称为主，如主页、地图、发送信息、详情信息等。标签栏的规范高度为98像素。

●平面 ●UI

说明：手机界面制作完成后，会统一放在效果图中进行展示，这也是对界面设计进行的整体包装。好的效果图展示，更容易得到客户的认可。

14.15.1

制作图标

01 新建一个750像素×1334像素、72像素/英寸的文件。将前景色设置为浅黄色（R255，G255，B204），按Alt+Delete快捷键，将背景填充为浅黄色。打开素材，将状态栏拖入文件中，如图14-477所示。

02 选择圆角矩形工具 ◻，在画面中单击，打开"创建圆角矩形"对话框，创建120像素×120像素、半径为22像素的矩形，填充浅黄色（R233，G231，B210），如图14-478和图14-479所示。

图14-477　　　　图14-478　　　　图14-479

03 创建一个圆角矩形，填充黄色（R255，G204，B0），如图14-480所示。选择椭圆工具 ◯，按住Shift键创建一个圆形，如图14-481所示。使用路径选择工具 ▶ 按住Alt+Shift键拖曳圆形，进行复制，如图14-482所示。

图14-480　　　　图14-481　　　　图14-482

04 创建一个矩形，如图14-483所示。按Ctrl+T快捷键显示定界框，在图形上单击鼠标右键，显示快捷菜单，选择"透视"命令，在定界框底边上拖曳鼠标，进行透视调整，如图14-484所示。按Enter键确认。使用直接选择工具 ▶ 调整右上角的锚点，与白色圆形边缘对齐，如图14-485所示。

图14-483　　　　图14-484　　　　图14-485

05 使用路径选择工具 ▶ 按住Alt+Shift键拖曳图形，进行复制，如图14-486所示。将该形状图层拖至黄色圆角矩形上方，按Alt+Ctrl+G快捷键创建剪贴蒙版，将多余的图形隐藏，如图14-487和图14-488所示。

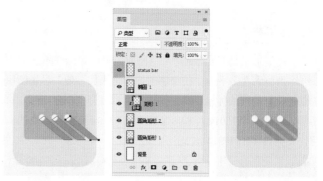

图14-486　　　　图14-487　　　　图14-488

06 用钢笔工具 ⌀ 绘制图形及投影部分，如图14-489和图14-490所示。

07 双击"圆角矩形1"图层，打开"图层样式"对话框，选择"投影"选项，如图14-491和图14-492所示。选择横排文字工具 T，输入"信息"，如图14-493所示。在"图层"面板中，将组成图标的图层全部选取，按Ctrl+G快捷键编组，如图14-494所示。按Ctrl+J快捷键复制该图层组，在此基础上制作其他图标，将树木插图拖入文件中，效果如图14-495所示。按Alt+Shift+Ctrl+E快捷键盖印图层，将图像盖印到一个新的图层中。按Ctrl+A快捷键全选，按Ctrl+C快捷键复制，在制作效果图时，会将它粘贴到手机屏幕中。

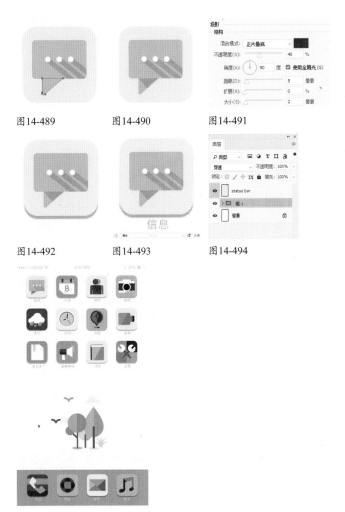

图14-489　　　　图14-490　　　　图14-491

图14-492　　　　图14-493　　　　图14-494

图14-495

提示（Tips）

制作图标时，边缘没有对齐到像素网格，就会出现像素模糊的情况，可以在工具与命令的设置上进行调整。如设置图形大小时应尽量为偶数，不带小数点；使用路径选择工具 ▶ 时，在工具选项栏中选中"对齐边缘"选项，使矢量形状边缘自动与像素网格对齐；首选项中的也有相应的设置。按Ctrl+K快捷键，打开"首选项"对话框，选取"将矢量工具与变化和像素网格对齐"选项，也是起到自动对齐像素网格的作用。

💎 **14.15.2**

编辑智能对象文档

01 新建一个900像素×2600像素、72像素/英寸的文件。将背景填充为浅黄色。打开素材，将手机拖入文件中，如图14-496所示。在"Screen 1"图层的 🔲 图标上双击，如图14-497所示，打开原文件。按Ctrl+V快捷键将图标粘贴到文件中，如图14-498所示，通过自由变换适当放大图像以适合文档。按Ctrl+E快捷键将图层合并，如图14-499所示。按Ctrl+S

快捷键保存，然后关闭该文件，手机屏幕图像会更新为图标界面，如图14-500所示。

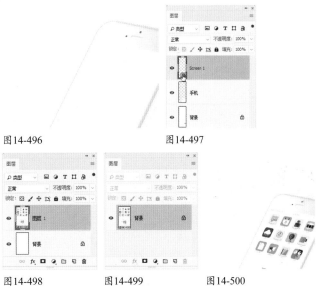

图14-496　　　　　　　　　图14-497

图14-498　　　　图14-499　　　　图14-500

02 用矩形工具 🔲 绘制两个矩形，分别位于图像上、下两端，下方的矩形要放在手机后面，如图14-501所示。将素材文档中的树林插图、云朵和彩虹等图形拖入效果图文件中，输入文字，如图14-502所示，最终效果如图14-503所示。

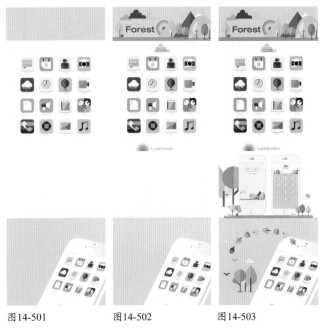

图14-501　　　　图14-502　　　　图14-503

提示（Tips）

智能对象可以保留图像的原始内容和特性，在编辑时双击智能对象图标 🔲 ，可以打开智能对象源文件进行修改、替换内容，然后将图像合层，保存并关闭，智能对象所在的PSD文件会自动更新。

第15章 路径与VI设计

【本章简介】

本章学习 Photoshop 的矢量功能，并运用所学知识和之前的技术，制作一套VI设计方案。

VI(企业视觉识别系统)是CIS(企业识别系统)的重要组成部分，它以标志、标准字和标准色为核心，将企业理念、企业文化、服务内容、企业规范等抽象概念转化为具体符号，从而塑造出独特的企业形象。VI由基础设计系统和应用设计系统两部分组成。基础设计系统包括标志、企业机构简称、标准字体、标准色彩、辅助图形、象征造型符号和宣传标语口号等基础设计要素。应用设计系统是基础设计系统在所有视觉项目中的应用设计开发，主要包括办公事务用品、产品、包装、标识、环境、交通运输工具、广告、公关礼品、制服、展示陈列设计等。

VI设计项目中涉及图形的元素比较多。在Photoshop的众多工具里，绘制匀称的圆形、光滑的曲线，以及各种几何图形，矢量工具要优于绘画类工具，并且修改起来也更加方便。此外，矢量图形可以进行无损缩放，非常适合制作标志等，需要经常变换尺寸或以不同分辨率印刷和喷绘打印的对象。绘图方便、容易修改、无损缩放、打印不受限制等优点，构成了VI设计中使用矢量功能的理由。

矢量图形的创建和编辑方法与矢量类软件(Illustrator)相同，而与我们之前学习的所有Photoshop功能完全不一样。学好矢量功能的关键是掌握绘图方法，这里没有捷径，大量练习才是正途。

矢量图形

15.1

矢量图形这个术语主要用于二维计算机图形学领域。基于矢量图形的软件包括平面设计类的Illustrator、CorealDRAW等，工程和工业制图类的AutoCAD，3D类的3ds Max等。此外，三维模型的渲染也是二维矢量图形技术的扩展，工程制图领域的绘图仪仍然直接在图纸上绘制矢量图形。

15.1.1

▶必学课

矢量图形是由什么构成的

矢量图形（也叫矢量形状或矢量对象）是由称作矢量的数学对象定义的直线和曲线构成的。在Photoshop中，具体是指用形状工具或钢笔工具绘制的直线路径和曲线路径，也可是加载的由其他软件程序制作的可编辑的矢量素材。

扫码看视频

路径在外观上是一段一段线条状的轮廓，每两段路径之间都有一个锚点将它们连接，如图15-1所示。不要小看这简单的轮廓，它们组合起来所构建的画面具有独特的风格，一点也不比位图逊色。例如，图15-2所示为用钢笔工具 绘制的矢量图形，图15-3所示是上色效果。

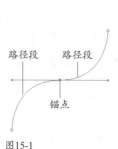

图15-1

图15-2

图15-3

路径可以是开放的，也可以是封闭的，如图15-4和图15-5所示。复杂的图形一般由多个相互独立的路径组件组成，它们称为子路径，如图15-6所示。

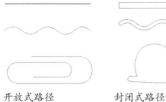

开放式路径   封闭式路径   包含3个子路径
图15-4   图15-5   图15-6

    锚点既连接路径段，也标记了开放式路径的起点和终点。它包含两种类型，即平滑点和角点。平滑点连接平滑的曲线，如图15-7所示，角点连接直线和转角曲线，如图15-8和图15-9所示。

平滑点连接的曲线   角点连接的直线   角点连接的转角曲线
图15-7   图15-8   图15-9

    在曲线路径段上，锚点具有方向线，方向线的端点是方向点，如图15-10所示，拖曳方向点可以拉动方向线，进而改变曲线的形状，如图15-11所示。

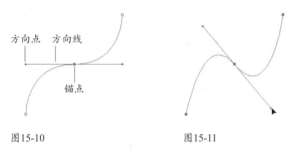

图15-10   图15-11

提示（Tips）

由于是矢量对象，路径和锚点不包含像素，未经填充或描边处理不能打印出来，也不能在其他程序中预览。使用PSD、TIFF、JPEG和PDF等格式存储文件可以保存路径。

15.1.2

路径的6种变身

    在Photoshop中，路径可以"变身"为6种对象，即选区、形状图层、矢量蒙版、文字基线、以颜色填充的图像、以颜色描边的图像，如图15-12所示。通过使用这6种对象，我们可以完成绘图、抠图、合成图像、创建路径文字等工作。

扫码看视频

填充颜色   创建路径文字   转换为选区   用画笔描边

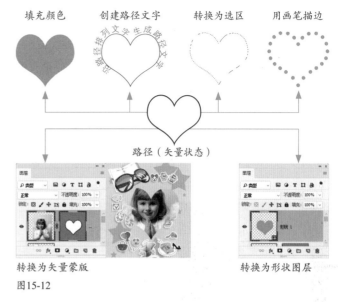

路径（矢量状态）

转换为矢量蒙版   转换为形状图层
图15-12

15.1.3

与路径有关的工具

    Photoshop中的矢量工具包括钢笔工具、各种形状工具、路径编辑类工具和文字类工具（见400页）。

绘图类工具

- 钢笔工具 ✐：Photoshop中强大的绘图工具，使用方法有一定的难度。可以绘制直线路径、光滑的曲线路径和任何形状的图形。
- 弯度钢笔工具 ✐：可以绘制和编辑路径。
- 自由钢笔工具 ✐ / 磁性钢笔工具 ✐：使用自由钢笔工具 ✐ 可以徒手绘制路径。如果在工具选项栏中选择选"磁性的"选项，则可以转换为磁性钢笔工具 ✐，该工具可以自动识别对象的边缘。这两个工具的特点是使用起来比钢笔工具方便，缺点是准确度不高。
- 矩形工具 ▢、圆角矩形工具 ▢、椭圆工具 ◯、多边形工具 ⬡、直线工具 ╱：可以绘制预设的矩形、圆形、星形和直线等简单图形。
- 自定形状工具 ✿：可以绘制Photoshop预设的各种图形，也可以用加载的外部图形库绘图。

图形编辑类工具

- 添加锚点工具 ✐：可以在路径上添加锚点。
- 删除锚点工具 ✐：可以删除路径上的锚点。
- 转换点工具 ⌐：可以转换锚点的类型，调整方向线进而改变路径形状。
- 路径选择工具 ▸：可以选择、移动路径，变换路径的形状。在进行路径运算时，也会用该工具选择路径。
- 直接选择工具 ▹：可以选择锚点，移动方向线进而改变路径形状。

◆ 15.1.4 ▲进阶课

矢量图与位图优、缺点分解析

矢量图与位图是一对"欢喜冤家"。矢量图的最大优点是位图的最大缺点；矢量图的最大缺点反而是位图的最大优点。它们谁也无法替代谁。

矢量图形的最大优点是与分辨率无关，无论怎样旋转和缩放都保持清晰，是真正能做到无损编辑的对象，如图15-13所示。因此，矢量图形非常适合制作图标和Logo等需要经常变换尺寸或以不同分辨率印刷的对象。

放大600%（局部效果）图形丝毫未变，仍光滑清晰

图15-13

位图则受到分辨率的制约，只包含固定数量的像素（见31页）。在放大和旋转时，多出的空间需要新的像素来填充，而Photoshop无法生成原始像素，它只能模拟出像素，这会造成图像没有原来清晰，也就是通常所说的图像变虚了。这是位图的最大缺点。例如，图15-14所示为原图像，图15-15所示为放大600%后的局部，可以看到，图像细节已经模糊了。

图15-14

图15-15

位图的最大优点是可以再现丰富的颜色变化、细微的色调过渡和清晰的图像细节，完整地呈现真实世界中的所有色彩和景物（这也是它成为照片标准格式的原因）。矢量图形虽然也可以表现复杂的图形效果，但在细节上无法像位图那么丰富，这是它的最大缺点。

除此之外，这两种对象的来源、编辑方法、存储方式和应用方面等也有着根本的区别。

从来源上看，矢量图形只能通过软件程序生成（Illustrator、CorelDraw、FreeHand和Auto CAD等）。位图可以用数码相机、摄像机、手机、扫描仪等设备获取，也可用软件程序绘制出来（如Photoshop中的绘画工具）。

从编辑方法上看，基于矢量图的绘图工具可以绘制出光滑流畅的曲线，也能准确地描摹对象的轮廓。在修改时，只需调整路径和锚点即可，非常方便。而基于位图的绘画类工具则以移动鼠标时的运行轨迹进行绘画，很难控制，修改起来也不方便。因此，在绘图方面，矢量工具完胜绘画工具。

在存储方面，矢量图是用一系列计算指令来表示的图形，存储时保存的是计算机指令，所以只占用很小的空间。而保存位图时，需要存储每一个像素的位置和颜色信息。现在，即便是普通的数码照片也动辄几千万个像素，文件的信息量非常大，因此，位图通常会占用较大的存储空间。

在应用方面，位图受到更多的软件程序和输出设备的支持，在软件间交换使用，以及浏览观看和编辑时都比矢量图方便。此外，Photoshop中很多功能也不能应用于矢量图，如滤镜、画笔等。

15.2 绘图模式

矢量图形与位图有着不同的特点，创建和编辑时也遵循独特的方法。Photoshop的矢量工具不仅可以创建矢量图形，也能绘制出位图。这取决于绘图模式如何设定。

15.2.1 绘图模式概述

▶ 必学课

选择一个矢量工具后，需要先在工具选项栏中选择相应的绘制模式，然后进行绘图操作。绘图模式有3种，即形状、路径和像素。

使用"形状"模式绘制出的是形状图层。形状轮廓是矢量图形，其内部可用纯色、渐变和图案填充，并且可以修改填充内容。形状图层同时出现在"图层"面板和"路径"面板中，如图15-16所示。

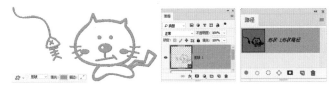

图15-16

使用"路径"模式绘制出的是路径轮廓，可以转换为选区和矢量蒙版。路径只保存在"路径"面板中，"图层"面板没有它的位置，如图15-17所示。

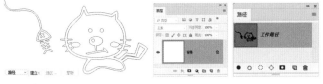

图15-17

使用"像素"模式，可以在当前图层中绘制出用前景色填充的图像，如图15-18所示。在画布上，图像与使用形状图层创建的图形完全相同，但并不具备矢量轮廓，因此，该模式是一种快捷方式，它将绘图和填色操作合二为一了。

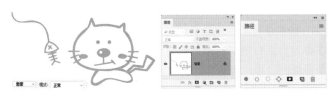

图15-18

15.2.2 形状

填充图形

选择"形状"选项后，可单击"填充"和"描边"选项，在打开的下拉面板中选择用纯色、渐变或图案对图形进行填充和描边，如图15-19所示。图15-20所示为采用不同内容对图形进行填充的效果。如果要自定义填充颜色，可以单击 按钮，打开"拾色器"进行调整。

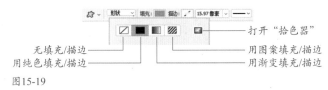

图15-19

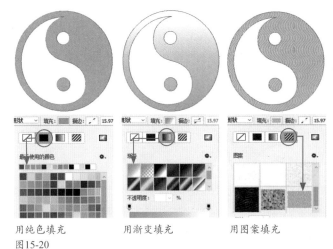

图15-20

> **提示**（Tips）
>
> 创建形状图层后，执行"图层>图层内容选项"命令，可以打开"拾色器"修改形状的填充颜色。

描边图形

在"描边"选项组中，可以用纯色、渐变或图案为图形进行描边，如图15-21所示。

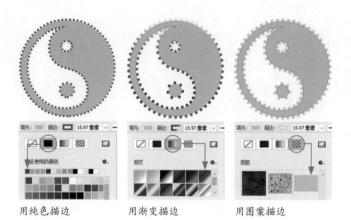

用纯色描边 用渐变描边 用图案描边
图15-21

设置描边选项

"描边"选项栏右侧的选项用于调整描边宽度，如图15-22和图15-23所示。单击第2个 ⌄ 按钮，打开下拉面板，可以设置描边选项，如图15-24所示。

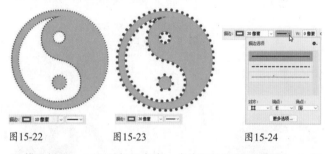

图15-22　　　　图15-23　　　　图15-24

● 描边样式：可以选择用实线、虚线和圆点来描边路径，如图15-25所示。

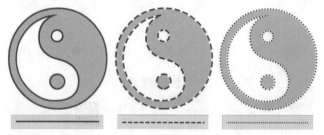

图15-25

● 对齐：单击 ⌄ 按钮，可在打开的下拉菜单中选择描边与路径的对齐方式，包括内部、居中和外部。

● 端点：单击 ⌄ 按钮打开下拉菜单可以选择路径端点的样式，包括端面、圆形和方形，效果如图15-26所示。

端面 圆形 方形
图15-26

● 角点：单击 ⌄ 按钮，可以在打开的下拉菜单中选择路径转角

处的转折样式，包括斜接、圆形和斜面，效果如图15-27所示。

斜接 圆形 斜面
图15-27

● 更多选项：单击该按钮，可以打开"描边"对话框，该对话框中除包含前面的选项外，还可以调整虚线的间距，如图15-28所示。

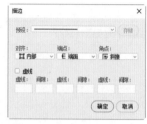

图15-28

💎 15.2.3
路径

在工具选项栏中选择"路径"选项并绘制路径后，单击"选区""蒙版""形状"按钮，可以将路径转换为选区、矢量蒙版和形状图层，如图15-29所示。

绘制的路径 单击"选区"按钮

单击"蒙版"按钮 单击"形状"按钮
图15-29

💎 15.2.4
像素

在工具选项栏中选择"像素"选项后，可以为绘制的图像设置混合模式和不透明度，如图15-30所示。如果想平滑图像的边缘，可选取"消除锯齿"选项。

图15-30

15.2.5

修改形状和路径

创建形状图层或路径后，如图15-31所示，可以通过"属性"面板调整图形的大小、位置、填色和描边属性，如图15-32所示。

图15-31

图15-32

- W/H：可以设置图形的宽度（W）和高度（H）。如果要进行等比缩放，可单击 ⊖ 按钮。

- X/Y：可以设置图形的水平（X）位置和垂直（Y）位置。

- 填充颜色▢/描边颜色▢：可以设置填充和描边颜色。

- 描边宽度/描边样式：可以设置描边宽度（ 10.15点 ），选择用实线、虚线和圆点来描边（ ─ ）。

- 描边选项：单击 ▢ 按钮，可在打开的下拉菜单中设置

描边与路径的对齐方式，包括内部▢、居中▢和外部▢。单击 ┣ 按钮，可以设置描边的端点样式，包括端面┣、圆形┣和方形┣。单击 ┣ 按钮，可以设置路径转角处的转折样式，包括斜接┣、圆形┣和斜面┣。

- 修改角半径：创建矩形或圆角矩形后，可以调整角半径，如图15-33所示；如果要分别调整角半径，可单击 ⊖ 按钮，然后在下面的文本框中输入值，或者将光标放在角图标上，单击并向左或向右拖曳，如图15-34所示。

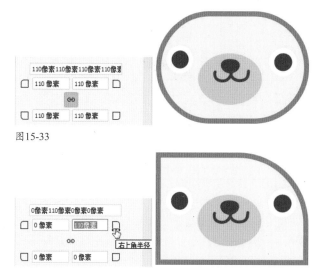

图15-33

图15-34

- 路径运算按钮 ▢ ▢ ▢ ▢ ：可以对两个或更多的形状和路径进行运算（见388页）。

使用形状工具绘图

15.3

Photoshop中的形状工具有6种。其中，矩形工具 ▢ 、圆角矩形工具 ▢ 和椭圆工具 ○ 可以绘制与其名称相同的几何图形；多边形工具 ○ 可以绘制多边形和星形；直线工具 ╱ 可以绘制直线和虚线；自定形状工具 ✿ 可以绘制Photoshop预设的矢量图形，以及用户自定义的图形和外部加载的图形。

15.3.1 进阶课

技巧：动态绘图及其他

形状类工具通过单击并拖曳鼠标的方法使用。操作时可以从一个角拖曳到另一个角来绘制图形，如图15-35所示；也可以在拖曳过程中按住Alt键，以鼠标单击点为中心绘制出图形（直线工具 ╱ 和多边形工具 ○ 除外），如图15-36所示。如果在参考线和网格上绘图，中心绘图法非常

有用。除这两种基本方法之外，各个工具还可以配合不同的按键来达到不同的效果，相关章节中会有详细说明。

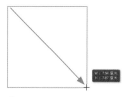

图15-35

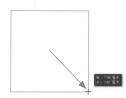

图15-36

使用形状类工具时，掌握动态绘图技巧非常有用。操作方法是，使用形状工具在窗口中单击并拖曳鼠标绘制出形状时，不要放开鼠标按键，这时按住空格键移动鼠标，即可移动形状；松开空格键继续拖曳鼠标，则可以调整形状大小。将操作连贯起来使用，就可以动态调整形状的大小和位置，如图15-37所示。

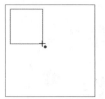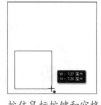

绘制矩形　按住鼠标按键和空格键移动图形　松开空格键拖曳鼠标重新调整矩形大小

图15-37

15.3.2　直线工具 ▶必学课

直线工具 ╱ 用来创建直线和带有箭头的线段，如图15-38所示。在它的工具选项栏中可以设置直线的粗细，在下拉面板中可以设置箭头选项，如图15-39所示。

选择"起点"　选择"终点"　两项都选择　鼠标移动距离很短

（在终点添加箭头，设置"长度"为1000%）"宽度"值分别设置为100%、300%、500%和1000%的箭头

（在终点添加箭头，设置"宽度"为500%）"长度"值分别设置为100%、500%、1000%和2000%的箭头

（在终点添加箭头，设置"宽度"为500%、"长度"为1000%）"凹度"值分别为-50%、0%、20%和50%的箭头

图15-38

380

- 粗细/颜色：可以设置直线的粗细和颜色。
- 起点/终点：可以分别或同时在直线的起点和终点添加箭头。
- 宽度：可以设置箭头宽度与直线宽度的百分比（10%～1000%）。
- 长度：可以设置箭头长度与直线宽度的百分比（10%～5000%）。
- 凹度：用来设置箭头的凹陷程度（-50%～50%）。该值为0%时，箭头尾部平齐；该值大于0%时，向内凹陷；小于0%时，向外凸出。

图15-39

提示（Tips）

使用直线工具 ╱ 时，按住Shift键拖曳鼠标，可以创建水平、垂直或以45°角为增量的直线。

15.3.3　矩形工具 ▶必学课

矩形工具 ▢ 用来绘制矩形和正方形。使用该工具时，单击并拖曳鼠标可以创建矩形；按住Shift键拖曳可以创建正方形；按住Alt键拖曳，会以单击点为中心创建矩形；按住Shift+Alt键，会以单击点为中心创建正方形。矩形的更多创建方法，可单击工具选项栏中的 ✿ 按钮，打开下拉面板设置，如图15-40所示。

- 不受约束：可以通过拖动鼠标创建任意大小的矩形和正方形，如图15-41所示。
- 方形：只创建任意大小的正方形，如图15-42所示。

图15-40　　　图15-41　　　图15-42

- 固定大小：选取该选项，并在它右侧的文本框中输入数值（W为宽度，H为高度）后，在画板上单击鼠标，即可按照预设大小创建矩形。
- 比例：选取该选项，并在它右侧的文本框中输入数值（W为宽度比例，H为高度比例）后，单击并拖曳鼠标时，无论创建多大的矩形，矩形的宽度和高度都保持预设的比例。
- 从中心：以任何方式创建矩形时，鼠标在画面中的单击点即为矩形的中心，拖动鼠标时矩形将由中心向外扩展。

15.3.4

圆角矩形工具

圆角矩形工具 ◻ 用来创建圆角矩形，如图15-43所示。它的使用方法与矩形工具 ▢ 相同。在选项上也只是多了一个"半径"，如图15-44所示。该值越高，圆角范围越广。

图15-43　　　图15-44

15.3.5

椭圆工具

椭圆工具 ◯ 用来创建圆形和椭圆形。使用时，单击并拖曳鼠标可以创建椭圆形，如图15-45和图15-46所示。按住Shift键可以创建圆形，如图15-47所示。椭圆工具的选项及创建方法与矩形工具 ▢ 基本相同，既可以创建不受约束的椭圆和圆形，也可以创建固定大小和固定比例的图形。

图15-45　　　图15-46　　　图15-47

15.3.6

多边形工具

多边形工具 ◯ 用来创建多边形和星形。选择该工具后，首先要在工具选项栏中设置多边形或星形的边数，范围为3～100。单击工具选项栏中的 ✿. 按钮，打开下拉面板，可以设置多边形的其他选项，如图15-48所示。

图15-48

- 半径：可输入多边形和星形的半径长度，按此参数创建图形。
- 平滑拐角：可以创建具有平滑拐角的多边形和星形，图15-49所示为有平滑拐角的5边形和5边星形，图15-50所示为无平滑拐角的5边形和5边星形。
- 星形：选取该选项可以创建星形。在"缩进边依据"选项中可以设置星形边缘向中心缩进的数量，该值越高，缩进量越大。选取"平滑缩进"选项，可以使星形的边平滑地向中心缩进。图15-51所示为各种效果。

图15-49　　　　　　　　　图15-50

5边星形　　　　　5边星形　　　　　5边星形
缩进边依据50%　　缩进边依据90%　　缩进边依据90%
　　　　　　　　　　　　　　　　　平滑缩进

图15-51

15.3.7

设计实战：制作手提袋和咖啡杯状条码签

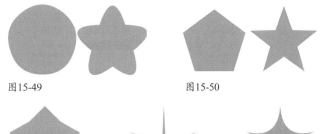

01 选择椭圆工具 ◯，在工具选项栏中选择"形状"选项，设置描边颜色为黑色，宽度为5像素，在画布上单击并按住Shift键拖曳鼠标，创建圆形，如图15-52所示。

扫码看视频

02 使用直接选择工具 ▷ 单击圆形底部的锚点，如图15-53所示，按Delete键删除，得到一个半圆，如图15-54所示。

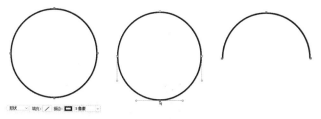

图15-52　　　　图15-53　　　　图15-54

03 执行"视图>显示>智能参考线"命令，开启智能参考线。选择矩形工具 ▢ 及"形状"选项，设置填充和描边颜色为黑色，创建几个矩形，如图15-55所示。有了智能参考线的帮助，我们可以轻松对齐图形。

04 按住Ctrl键单击这几个矩形所在的形状图层，如图15-56所示，执行"图层>合并形状>统一形状"命令，将它们合并到同一个形状图层中，如图15-57所示。

图15-55　　　　图15-56　　　　图15-57

05 单击"图层"面板中的 按钮，新建一个图层。修改矩形工具 的填充和描边颜色，采用同样的方法，再制作几组矩形，组成一个完整的手提袋，如图15-58所示。使用横排文字工具 T 在手提袋的底部单击鼠标，然后输入一行数字，如图15-59所示。

图15-58

图15-59

06 执行"图像>复制"命令，从当前文件中复制出一个相同效果的文件，用来制作咖啡杯。单击半圆形所在的形状图层，如图15-60所示，按Ctrl+T快捷键显示定界框，按住Shift键拖曳，将它旋转-90°，再移动到左侧，作为杯子的把手，如图15-61所示。按Enter键确认。选择矩形工具 ，设置描边宽度为15像素，将把手加粗，如图15-62所示。

图15-60

图15-61

图15-62

07 创建一个矩形，如图15-63所示。按Ctrl+T快捷键显示定界框，按住Shift+Alt+Ctrl键拖曳底部的控制点，进行透视扭曲，制作出小盘子，按Enter键确认，如图15-64所示。

图15-63

图15-64

15.3.8

功能练习：加载形状库

Photoshop提供了大量预设的图形，也允许用户加载外部图形库，或者保存并使用自己绘制的图形。无论是加载Photoshop预设的形状库，还是将外部形状库载入Photoshop中使用，都要占用系统资源，严重的话，会导致Photoshop的处理速度变慢，因此，在使用后最好通过复位形状的办法将它们删除。

01 选择自定形状工具 ，在工具选项栏中单击"形状"选项右侧的 按钮，打开形状下拉面板，单击面板右上角的 按钮，打开面板菜单，菜单底部是Photoshop提供的预设形状库，如图15-65所示。

02 选择"全部"命令，在弹出的对话框中单击"确定"按钮，如图15-66所示，载入全部形状，如图15-67所示。

图15-65　　　图15-66　　　图15-67

03 下面来载入配套资源中的形状。打开形状下拉面板菜单，先选择"复位形状"命令，将面板恢复为默认的形状，即删除上一步加载的形状。选择"载入形状"命令，如图15-68所示，在打开的对话框中选择配套资源中的形状文件，如图15-69所示，单击"载入"按钮，将外部形状载入Photoshop中，如图15-70所示。

图15-68　　图15-69　　　图15-70

15.3.9

功能练习：用自定形状工具创建并保存形状

加载形状以后，使用自定形状工具 ❀ 才能将图形绘制出来。该工具的下拉面板还可以存储路径，可以将自己绘制或编辑后的图形保存到该面板中，作为一个预设的形状，以后需要该形状时，可以将其调用出来，而不必再重新绘制。

01 选择自定形状工具 ❀ ，在工具选项栏中选择"路径"选项，打开形状下拉面板，选择前一个实战中加载的雪花图形，在画板中单击，然后按住Shift键拖曳鼠标，绘制该图形，如图15-71所示。按住Shift键，可以让图形保持原有的比例，不会出现变形，如果不按住该按键，则上下拖曳可以拉伸图形的高度，左右拖曳可以拉伸图形的宽度。

02 选择邮票图形，如图15-72所示，在雪花外侧绘制该图形，如图15-73所示。

图15-71　　　　图15-72　　　　　　　图15-73

03 下面将雪花和邮票组成的图形存储为预设的形状。执行"编辑>定义自定形状"命令，打开"形状名称"对话框，输入名称，如图15-74所示，单击"确定"按钮保存。需要使用该形状时，选择自定形状工具 ❀ ，打开形状下拉面板便可找到它，如图15-75所示。

图15-74　　　　　　　　　　　图15-75

15.4 使用钢笔工具绘图

钢笔工具 ❀ 是非常强大的绘图工具，它既可以绘图，也常用来描摹对象的轮廓，将轮廓转换为选区之后，可将对象选取并从背景中分离出来（即抠图）。钢笔工具 ❀ 的绘图练习应该从基本图形入手，包括直线、曲线和转角曲线。这些图形看似简单，但所有复杂的图形都是从它们中间演变而来的。

15.4.1

功能练习：绘制直线 ▶必学课

01 选择钢笔工具 ❀ ，在工具选项栏中选择"路径"选项。将光标移至画布上（光标变为 ❀ 状），单击鼠标，创建一个锚点，如图15-76所示。

02 放开鼠标左键，在下一处位置按住Shift键（锁定水平方向）单击，创建第二个锚点，两个锚点会连接成一条由角点定义的直线路径。在其他区域单击可继续绘制直线路径，如图15-77所示。操作时按住Shift键还可以锁定垂直方向，或以45°角为增量进行绘制。

03 如果要闭合路径，将光标放在路径的起点，当光标变为 ❀ 状时，如图15-78所示，单击即可，如图15-79所示。如果要结束一段开放式路径的绘制，可以按住Ctrl键（临时转

换为直接选择工具 ❀ ）在画面的空白处单击。单击其他工具或按Esc键，也可以结束路径的绘制。

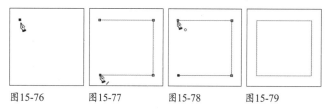

图15-76　　　图15-77　　　图15-78　　　图15-79

15.4.2

功能练习：绘制曲线 ▶必学课

用钢笔工具绘制的曲线叫作贝塞尔曲线。它是由法国计算机图形学大师Pierre E.Bézier在20世纪70年代早期开发的，其原理是在锚点上加上两个控制柄，无论调整哪个

控制柄，另外一个始终与它保持一条直线并与曲线相切。贝塞尔曲线具有精确和易于修改的特点，被广泛地应用在计算机图形领域，如Illustrator、CorelDRAW、FreeHand、Flash和3ds Max等软件都包含绘制贝塞尔曲线的工具。

01 选择钢笔工具 ✐ 及"路径"选项。单击并向上拖曳鼠标，创建一个平滑点，如图15-80所示。

02 将光标移至下一处位置上，如图15-81所示，单击并向下拖曳鼠标，创建第二个平滑点，如图15-82所示。在拖曳的过程中可以调整方向线的长度和方向，进而影响由下一个锚点生成的路径的走向。要绘制出平滑的曲线，需要控制好方向线。

03 继续创建平滑点，即可生成一段光滑、流畅的曲线，如图15-83所示。

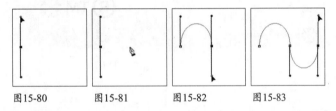

图15-80　　　图15-81　　　图15-82　　　图15-83

◈ 15.4.3 ▣必学课
功能练习：在曲线后面绘制直线

01 选择钢笔工具 ✐ 及"路径"选项。在画布上单击并拖曳鼠标绘制一段曲线，如图15-84所示。将光标放在最后一个锚点上，按住Alt键，如图15-85所示，单击鼠标，将该平滑点转换为角点，这时它的另一侧方向线会被删除，如图15-86所示。

02 在其他位置单击鼠标（不要拖曳），即可在曲线后面绘制出直线，如图15-87所示。

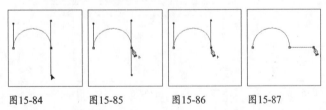

图15-84　　　图15-85　　　图15-86　　　图15-87

◈ 15.4.4 ▣必学课
功能练习：在直线后面绘制曲线

01 选择钢笔工具 ✐ 及"路径"选项。在画布上单击鼠标，绘制一段直线。将光标放在最后一个锚点上，按住Alt键，如图15-88所示，单击并拖曳鼠标，从锚点上拖出方向线，如

扫码看视频

图15-89所示。

02 在其他位置单击并拖曳鼠标，可以在直线后面绘制出曲线。如果拖曳方向与方向线的方向相同，可以创建S形曲线，如图15-90所示；如果方向相反，则创建C形曲线，如图15-91所示。

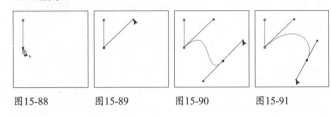

图15-88　　　图15-89　　　图15-90　　　图15-91

◈ 15.4.5 ▣必学课
功能练习：绘制转角曲线

通过单击并拖曳鼠标的方式可以绘制光滑流畅的曲线。但是如果想要绘制与上一段曲线之间出现转折的曲线（即转角曲线），就需要在创建锚点前改变方向线的方向。下面就通过转角曲线绘制一个心形图形。

扫码看视频

01 按Ctrl+N快捷键，打开"新建"对话框，创建一个大小为788像素×788像素，分辨率为100像素/英寸的文件。执行"视图>显示>网格"命令，显示网格，通过网格辅助绘图很容易创建对称图形。当前的网格颜色为黑色，不利于观察路径，可以执行"编辑>首选项>参考线、网格和切片"命令，将网格颜色改为灰色，如图15-92所示。

图15-92

02 选择钢笔工具 ✐ 及"路径"选项。在网格点上单击并向画面右上方拖曳鼠标，创建一个平滑点，如图15-93所示。将光标移至下一个锚点处，单击并向下拖曳鼠标创建曲线，如图15-94所示。将光标移至下一个锚点处，单击（不要拖曳鼠标）创建一个角点，如图15-95所示。这样就完成了右侧心形的绘制。

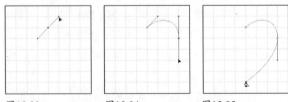

图15-93　　　图15-94　　　图15-95

03 在图15-96所示的网格点上单击并向上拖曳鼠标，创建曲线。将光标移至路径的起点上，单击鼠标闭合路径，

如图15-97所示。

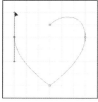 

图15-96　　　　　图15-97

04 按住Ctrl键（切换为直接选择工具 ▷ ）在路径的起始处单击，显示锚点，如图15-98所示。此时锚点上会出现两条方向线，将光标移至左下角的方向线上，按住Alt键切换为转换点工具 ⌐ ，如图15-99所示。单击并向上拖曳该方向线，使之与右侧的方向线对称，如图15-100所示。按Ctrl+'快捷键隐藏网格，完成绘制，如图15-101所示。

图15-98　　　图15-99　　　图15-100　　　图15-101

> **技术看板 39** 预判路径走向
>
> 单击钢笔工具选项栏中的 ✿. 按钮，打开下拉面板，选取"橡皮带"选项，此后使用钢笔工具 ⌀ 绘制路径时，可以预先看到将要创建的路径段，从而判断出路径的走向。
>
>

◆ **15.4.6**　　　　　　　　　　　　　　🎓 进阶课

用弯度钢笔工具绘图

使用钢笔工具 ⌀ 绘图时，想要同时编辑路径，需要配合多个按键才能完成。弯度钢笔工具 ⌀ 则可直接用于编辑路径，这是它最方便的地方。该工具特别适合绘制曲线。

绘制路径

选择弯度钢笔工具 ⌀ 后，在画布上单击鼠标创建第1个锚点，如图15-102所示。在其他位置单击鼠标，创建第2个锚点，它们之间会生成一段路径，如图15-103所示。如果想要路径发生弯曲，可在下一处位置单击鼠标，如图15-104所示。单击并按住鼠标按键移动，可以控制路径的弯曲程度，如图15-105所示。如果想要绘制出直线，则需

要双击鼠标，然后在下一处位置单击，如图15-106所示。完成绘制后，可按Esc键。

图15-102　　　图15-103　　　图15-104

图15-105　　　图15-106

编辑路径

如果要在路径上添加锚点，可以在路径上方单击鼠标，如图15-107和图15-108所示。如果要删除一个锚点，可单击它，然后按Delete键，如图15-109和图15-110所示。单击并拖曳锚点，可以移动其位置，如图15-111所示。双击锚点，可以转换其类型，即将平滑锚点转换为角点，如图15-112所示，或者相反。

 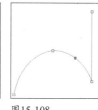 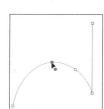

图15-107　　　图15-108　　　图15-109

图15-110　　　图15-111　　　图15-112

> **技术看板 40** 让路径更易于识别
>
> 使用钢笔工具 ⌀ 、弯度钢笔工具 ⌀ 、自由钢笔工具 ⌀ 和磁性钢笔工具 ⌀ （见329页）时，可以在工具选项栏中设置路径线条的粗细和颜色，使路径更加便于绘制和观察。
>
>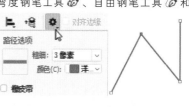

编辑路径

15.5

使用钢笔工具 ✐ 绘图或描摹对象的轮廓时，有时不能一次就绘制准确，需要在绘制完成后，通过对锚点和路径的编辑来达到目的。此外，使用形状工具绘制的图形也可以通过编辑生成新的图形。

◆ 15.5.1

选择与移动路径

需要选择整个路径时，可以使用路径选择工具 ► 来操作。选择该工具后，将光标放在路径上方，单击路径，即可选择路径，如图15-113所示。按住Shift键单击其他路径，可以将其一同选取，如图15-114所示。此外，单击并拖曳出一个框，则可将选框范围内的所有路径都选取，如图15-115所示。

图15-113　　　　图15-114　　　　图15-115

选择一个或多个路径后，将光标放在路径上方，单击并拖曳鼠标可以进行移动，如图15-116所示。如果只需要移动一条路径，将光标放在一条路径上方，单击并拖曳鼠标可直接移动，如图15-117所示，不必先选取再移动。

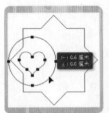

图15-116　　　　图15-117

◆ 15.5.2

选择与移动锚点和路径段

如果要选择或移动锚点，首先要让锚点显示出来。使用直接选择工具 ►，将光标放在路径上方，单击鼠标可以选择路径段并显示其两端的锚点，如图15-118所示。显示锚点后，如果单击它，便可将其选取（选取的锚点为实心方块，未选取的锚点为空心方块），如图15-119所示；如果单击它并拖曳鼠标，则可将其移动，如图15-120所示。

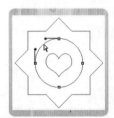
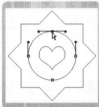
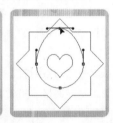

图15-118　　　　图15-119　　　　图15-120

需要注意的是，单击锚点后，按住鼠标左键不放并拖动，可将其移动。但如果单击了锚点后，光标从锚点上移开了，这时又想移动锚点，则将光标重新定位在锚点上，单击并拖动鼠标才能将其移动。否则，只能在画面中拖曳出一个矩形框，可以框选锚点（路径、路径段），但不能进行移动。路径和路径段也是如此，从选择的路径或路径段上移开光标后，要进行移动，需要重新将光标定位在路径或路径段上方。

路径段的选取方法比锚点简单，使用直接选择工具 ► 单击路径即可，如图15-121所示。在路径段上单击并拖曳鼠标，则可将其移动，如图15-122所示。

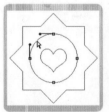

图15-121　　　　图15-122

如果想要选取多个锚点（或多条路径段），可以使用直接选择工具 ► 按住Shift键逐个单击锚点（或路径段）。或者单击并拖曳出一个选框，将需要选取的对象框选。如果要取消选择，可以在画面空白处单击。

◆ 15.5.3

添加和删除锚点

选择添加锚点工具 ✐，将光标放在路径上，当光标变为 ✎₊ 状时，如图15-123所示，单击可以添加一个锚点，如

图15-124所示；如果单击并拖曳鼠标，可同时调整路径形状，如图15-125所示。

图15-123　　　　　图15-124　　　　　图15-125

选择删除锚点工具 ⬗，将光标放在锚点上，当光标变为 ⬗_ 状时，如图15-126所示，单击可以删除该锚点，如图15-127所示。此外，使用直接选择工具 ⬗ 选择锚点后，按Delete键也可以将其删除，但该锚点两侧的路径段也会同时删除，这样操作会导致闭合式路径变为开放式路径，如图15-128所示。

图15-126　　　　　图15-127　　　　　图15-128

> **提示**（Tips）
>
> 适当删除锚点可降低路径的复杂度，使其更加易于编辑。尤其是对于曲线，锚点越少，曲线越平滑、流畅。

◈ 15.5.4

转换锚点类型

转换点工具 ⬗ 可以转换锚点的类型。选择该工具后，将光标放在锚点上方，如果这是一个角点，单击并拖曳鼠标可将其转换为平滑点，如图15-129和图15-130所示；如果这是一个平滑点，则单击鼠标，可将其转换为角点，如图15-131所示。

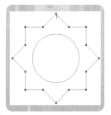 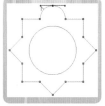 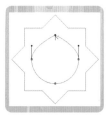

图15-129　　　　　图15-130　　　　　图15-131

◈ 15.5.5　　　　　　　　　　　　　　

调整曲线形状

锚点分为平滑点和角点两种。在曲线路径段上，每个锚点还包含一条或两条方向线，方向线的端点是方向点，如图15-132所示。拖曳方向点可以调整方向线的长度和方向，进而改变曲线的形状。直接选择工具 ⬗ 和转换点工具 ⬗ 可用于拖曳方向点。

直接选择工具 ⬗ 会区分平滑点和角点。对于该工具，平滑点上的方向线永远是一条直线，拖曳任意一端的方向点，都会影响锚点两侧的路径段，如图15-133所示。角点上的方向线不会联动，可以单独调整，因此，拖曳角点上的方向点时，只调整与方向线同侧的路径段，如图15-134所示。

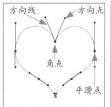 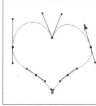 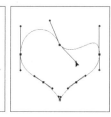

图15-132　　　　　图15-133　　　　　图15-134

转换点工具 ⬗ 对平滑点和角点"一视同仁"。无论拖曳哪种方向点，都只单独调整锚点一侧的方向线，不影响另外一侧方向线和路径段，如图15-135和图15-136所示。

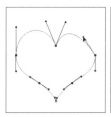 

图15-135　　　　　图15-136

◈ 15.5.6　　　　　　　　　　　　　　

技巧：用钢笔工具编辑路径

前面介绍的所有操作都可以用钢笔工具 ⬗ 完成，这样我们在绘制路径时就可以编辑形状，而不必使用其他工具。但这需要一定的技巧，反复练习才能熟练掌握。下面我们来学习操作方法。每完成一步，可以按Alt+Ctrl+Z快捷键撤销操作，将图形恢复为原样。

扫码看视频

01 打开素材。单击"路径"面板中的路径，在画面中显示它，如图15-137所示。选择钢笔工具 ⬗，在工具选项栏中选取"自动添加/删除"选项，如图15-138所示。

图15-137　　　　图15-138

02 按住Ctrl+Alt键单击路径，可以选取路径，如图15-139所示。选取后按住Ctrl键单击路径并进行拖曳，可以移动路径，如图15-140所示。按住Ctrl键在空白处单击结束编辑。

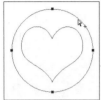

图15-139　　　　图15-140

03 按住Ctrl键单击路径，可以选取路径段同时显示锚点，如图15-141所示。选取后，按住Ctrl键单击路径段并进行拖曳，可以移动路径段，如图15-142所示。按住Ctrl键单击锚点可以选取锚点，如图15-143所示。按住Ctrl键单击锚点并进行拖曳，可以移动锚点。

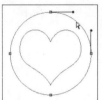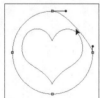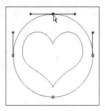

图15-141　　　图15-142　　　图15-143

04 将光标放在路径段上，单击鼠标可以添加锚点，如图15-144所示。将光标放在锚点上，如图15-145所示，单击鼠标可以删除锚点，如图15-146所示。

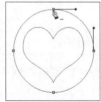

图15-144　　　图15-145　　　图15-146

05 按住Ctrl键单击心形图形，将其选取。下面我们来转换锚点类型。将光标放在锚点上方，按住Alt键可以临时切换为转换点工具 ⌐。因此，我们按住Alt键单击并拖曳锚点，可将其转换为平滑点，如图15-147和图15-148所示；按住Alt键单击平滑点，则将其转换为角点，如图15-149所示。

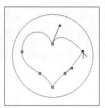

图15-147　　　　图15-148　　　　图15-149

06 通过前面的操作，我们已经学会了怎样临时切换工具，即按住Ctrl键切换为直接选择工具 ▸，按住Alt键切换为转换点工具 ⌐，用这些技术调整曲线的形状也就水到渠成了。结合前面所讲，根据自己的需要按住Ctrl键或Alt键拖曳方向点即可。它们的区别在于编辑平滑点，按住Ctrl键操作会影响平滑点两侧的路径段，如图15-150所示；按住Alt键操作只影响一侧路径段，如图15-151所示。

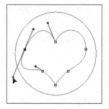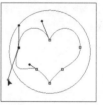

图15-150　　　　图15-151

技术看板 ④ 钢笔工具光标观察技巧

使用钢笔工具时 ⌀，光标在路径和锚点上会有不同的显示状态，通过对光标的观察可以判断钢笔工具此时的功能，从而更加灵活地使用钢笔工具。

● ⌀。当光标在画面中显示为 ⌀ 状时，单击可以创建一个角点；单击并拖动鼠标可以创建一个平滑点。

● ⌀。在绘制路径的过程中，将光标移至路径起始的锚点上，光标会变为 ⌀ 状，此时单击可闭合路径。

● ⌀。选择一个开放式路径，将光标移至该路径的一个端点上，光标变为 ⌀ 状时单击，然后便可继续绘制该路径；如果在绘制路径的过程中将钢笔工具移至另外一条开放路径的端点上，光标变为 ⌀ 状时单击，可以将这两段开放式路径连接成一条路径。

◈ **15.5.7** ♣进阶课

路径运算

　　使用选择类工具选取对象时，通常要对选区进行相加、相减等运算*(见55页)*，以使其符合要求。在Photoshop中，除选区和通道外，路径也都可以进行运算，它们的基本原理一样，只是操作方法有所不同。路径运算至少需要两个图形，如果图形是现成的，使用路径选择工具 ▸ 将它们选取便可；如果想要在绘制路径的过程中进行运算，可先绘制一个图形，然后单击工具选项栏中的 ▣ 按钮，打开下拉菜单选择运算方法，如图15-152所示，之后绘制另一个图形。以图15-153所示的图形为例，绘制好邮票图形后，单击不同的运算按钮，再绘制人物图形，就会得到不同的运算结果，如图15-154所示。

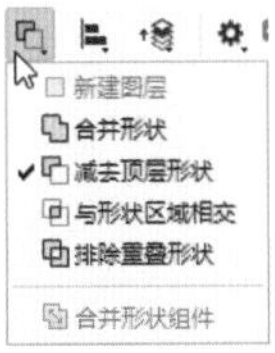

图15-152　　　　图15-153

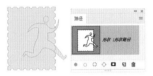

合并形状　　　　　　　　　减去顶层形状

与形状区域相交　　　　　　排除重叠形状

图15-154

运算按钮	说明
新建图层 ▢	创建新的路径层
合并形状 ▣	新绘制的图形与现有的图形合并
减去顶层形状 ▣	从现有的图形中减去新绘制的图形
与形状区域相交 ▣	得到的图形为新图形与现有图形相交的区域
排除重叠形状 ▣	得到的图形为合并路径中排除重叠的区域
合并形状组件 ▣	合并重叠的路径组件

技术看板 42 修改路径运算结果

路径是矢量对象，修改起来非常方便，并且使用路径选择工具 ▶ 选择多个子路径后，单击工具选项栏中的运算按钮，还可修改运算结果。这是选区和通道运算无法实现的。

◈ 15.5.8 ●平面 ●网店 ●UI ●插画

设计实战：通过路径运算制作图标

01 按Ctrl+N快捷键，打开"新建文档"对话框，创建一个24厘米×24厘米、分辨率为72像素/英寸的RGB模式文件。打开"视图>显示"下拉菜单，看一下"智能参考线"命令，前

扫码看视频

面是否有一个"√"，如果有就说明开启了智能参考线。没有的话，就单击该命令启用智能参考线。

02 按Ctrl+R快捷键显示标尺，将光标放在窗口顶部的标尺上，按住Shift键拖出参考线，放在12厘米的位置上，如图15-155所示。按住Shift键拖出参考线，可以使参考线与刻度对齐，另外，智能参考线还会显示当前参考线的坐标，这样就等于为准确定位参考线提供了双重保险。采用同样的方法，从窗口左侧的标尺拖出参考线，如图15-156所示。参考线的相交点就是画面的中心点。

图15-155　　　　图15-156

03 选择自定形状工具 ❀。在工具选项栏中选项"形状"选项，设置填充颜色为蓝色，无描边。在形状下拉面板中载入所有形状，选择图15-157所示的图形。

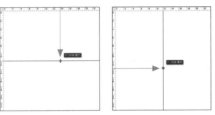

图15-157

04 将光标放在中心点上，单击鼠标，然后按住Alt+Shift键拖曳出图形，如图15-158所示。选择双环图形，单击减去顶层形状按钮 ▣，如图15-159所示。将光标放在中心点上，首先单击并拖曳鼠标，然后按住Alt+Shift键继续拖曳，此时图形会以中心点为基准展开，放开鼠标后，会进行相减运算，如图15-160所示。操作时一定要先拖曳出图形，然后按Alt+Shift键，否则这两个按键会影响运算。

图15-158　　　　图15-159　　　　图15-160

05 选择五角星并单击排除重叠形状按钮 ▣，如图15-161所示。按住Alt+Shift键绘制五角星，操作时可同时按住空格键移动图形，使之与外侧的圆环对齐，如图15-162所示。

06 按Ctrl+R快捷键隐藏标尺；按Ctrl+；快捷键隐藏参考线；按Ctrl+H快捷键隐藏路径。打开"样式"面板，在

面板菜单中选择"Web样式"命令，载入该样式库，单击图15-163所示的样式，为图形添加效果。图15-164所示为添加不同样式创建的效果。

分布，如图15-167和图15-168所示。

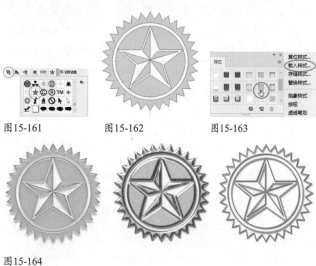

图15-161 图15-162 图15-163

图15-164

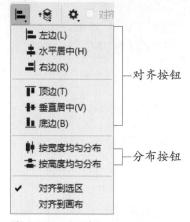

图15-167

15.5.9

对齐与分布路径

在Photoshop中，不止图层可以对齐和分布，路径和形状图层中的矢量图形也能进行同样的操作。但有一些特殊要求，即同一个路径层中的多个路径，以及同一个形状图层中的多个形状可以对齐和分布，不同的路径层、不同的形状图层无法操作，如图15-165和图15-166所示。但不同的形状图层可以用对齐和分布图层的方法处理*(见68和69页)*。

这两个路径层不能对齐和分布

这3个图形可以对齐和分布

图15-165

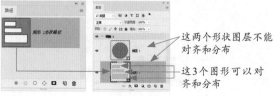

这两个形状图层不能对齐和分布

这3个图形可以对齐和分布

图15-166

使用路径选择工具 ▶ 按住Shift键在画面中单击多个子路径（或同一个形状图层中的多个形状），将它们选取后，单击工具选项栏中的 ▦ 按钮，打开下拉菜单选择一个对齐与分布选项，即可对所选路径（或形状）进行对齐与

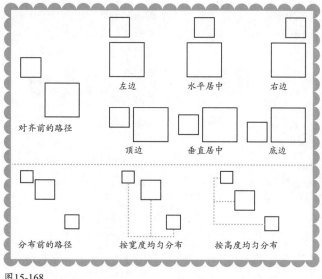

图15-168

> **提示** (Tips)
>
> 进行路径分布操作时，需要至少选择3个路径组件。此外，选择"对齐到画布"选项，可以相对于画布来对齐或分布对象。例如，单击左边按钮 ▦ ，可以将路径对齐到画布的左侧边界上。

15.5.10

路径的变换与变形

在"路径"面板中选择路径，执行"编辑>变换路径"下拉菜单中的命令，或按Ctrl+T快捷键，所选路径上会显示定界框，此时拖曳定界框和控制点可以对路径进行缩放、旋转、斜切和扭曲等操作。具体方法与图像的变换方法相同*(见82页)*。

15.5.11
调整路径的堆叠顺序

Photoshop中的图层按照其创建的先后顺序依次向上堆叠，路径也遵守这一规则。但表现在两个方面。一是各个路径层的上下堆叠；二是同层路径的上下堆叠，也就是说，在同一个路径层中绘制多条路径时，这些路径也会按照创建的先后顺序堆叠。

在进行路径的相减运算时（减去顶层形状按钮 ❏ ），Photoshop将使用所选路径中的下方路径减去上方路径，因

此，要想获得预期结果，就需要先将路径的堆叠顺序调整好。调整方法是，选择路径，单击工具选项栏中的 按钮打开下拉菜单，选择一个选项即可，如图15-169所示。

图15-169

管理路径

15.6

就像图层多了需要管理一样，路径数量多了以后，也要做好管理工作。由于路径相对于图层来讲比较简单，因而管理方法并不复杂，可以通过"路径"面板完成。

15.6.1
"路径"面板

必学课

执行"窗口>路径"命令，打开"路径"面板，如图15-170所示。该面板中可以显示存储的路径、当前工作路径和当前矢量蒙版的名称和缩览图。

图15-170

- 路径/工作路径/矢量蒙版：显示了当前文件中包含的路径、临时路径和矢量蒙版。
- 用前景色填充路径 ●：用前景色填充路径区域。
- 用画笔描边路径 ○：用画笔工具对路径进行描边。
- 将路径作为选区载入 ⋮⋮⋮：将当前选择的路径转换为选区。
- 从选区生成工作路径 ◇：从当前的选区中生成工作路径。
- 添加蒙版 ▣：单击该按钮，可以从路径中生成图层蒙版，再次单击可生成矢量蒙版。

- 创建新路径 ▣：创建新的路径层。
- 删除当前路径 🗑：删除当前选择的路径。

15.6.2
创建和管理路径层

单击"路径"面板中的 ▣ 按钮，可以创建一个路径层，如图15-171所示。如果要在新建路径层时为路径命名，可以按住Alt键单击 ▣ 按钮，在打开的"新建路径"对话框中进行设置，如图15-172和图15-173所示。如果要修改路径层的名称，可以在名称上双击，然后在显示的文本框中输入新名称并按Enter键。

扫码看视频

图15-171　　　　图15-172　　　　图15-173

路径层的管理方式与图层非常相似。例如，按住Ctrl键单击各个路径层，可以将它们同时选取，如图15-174和图15-175所示。在这种状态下，可以使用路径选择工具 ▶ 和直接选择工具 ▷ 编辑分属不同路径层上的路径，图15-176

所示为同时选择两个路径层上的锚点。按Delete键，可以一次性将它们删除。按住Alt键拖曳路径层，可以像图层一样复制，如图15-177和图15-178所示。等等这些，在之前都是不可想象的。

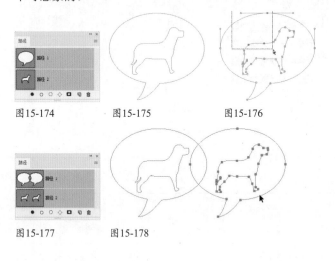

图15-174　　　　图15-175　　　　图15-176

图15-177　　　　图15-178

💎 15.6.3
管理工作路径

使用钢笔工具或形状工具绘图前，如果单击"路径"面板中的 ▣ 按钮，再绘图，图形会保存在路径层上，如图15-179所示；如果没有单击 ▣ 按钮而直接绘图，则保存在工作路径层上，如图15-180所示。

图15-179　　　　图15-180

工作路径层是一个"临时工"，稍有不慎就会被"开除"。例如，单击"路径"面板的空白区域，如图15-181所示，之后，绘制一个圆形路径，前一个图形就会被圆形替代，如图15-182所示。

图15-181　　　　图15-182

我们可以通过3种方法避免出现这种情况。对于已绘制好的工作路径，可将其所在的路径层拖曳到"路径"面板中的 ▣ 按钮上，这时它的名称会变为"路径1"，表示已转换为正式的路径，即从"临时工"变为"正式工"。如果路径层较多，可以双击工作路径层，弹出"存储路径"对话框，为它设置一个名称，通过这种方法保存路径后，

便于查找。如果尚未绘图，可以先单击"路径"面板中的 ▣ 按钮，创建一个路径层，再绘制路径。

💎 15.6.4
显示和隐藏路径

单击一个路径层，如图15-183所示，即可将其选择，同时，画布上也会显示路径。在面板的空白处单击，如图15-184所示，可以取消选择并隐藏画布上的路径。

图15-183　　　　　　　　图15-184

选择路径后，文档窗口的画布上会始终显示该路径，即使是使用其他工具进行图像处理时也是如此。如果要保持路径的选取状态，但又不希望它对视线造成干扰，可以按Ctrl+H快捷键，隐藏画布上的路径。再次按该快捷键可以重新显示路径。

💎 15.6.5
复制和删除路径

如果要原位复制路径，可以在"路径"面板中将路径层拖曳到 ▣ 按钮上（工作路径需要拖曳两次）。此时复制出的路径与原路径重叠，且它们位于不同的路径层中，如图15-185所示。

如果不在意路径的位置，可以使用路径选择工具 ▶ 单击画板中的路径并按住Alt键拖曳，此时可沿拖曳方向复制出路径，但复制出的路径与原路径位于同一个路径层中，如图15-186和图15-187所示。

图15-185　　　　图15-186　　　　图15-187

如果想将路径复制到其他打开的文件中，可以使用路径选择工具 ▶ 将其拖曳到另一文件。操作方法与拖曳图像到其他文件是一样的（见85页），只是使用的是路径选择工具 ▶ ，而非移动工具 ✛ 。

如果要删除文档窗口中的路径，可以使用路径选择工具 ▶ 单击画布上的路径，再按Delete键。

如果要删除"路径"面板中的路径层，可以单击路径

层，然后单击面板底部的 🗑 按钮，在弹出的对话框中单击"是"按钮。更简便的方法是直接将路径层拖曳到 🗑 按钮上。

💎 15.6.6
功能练习：路径与选区互相转换

🏳必学课

01 打开素材。使用魔棒工具 🖌 选择背景，如图15-188所示。按Shift+Ctrl+I快捷键反选，选中北极熊，如图15-189所示。单击"路径"面板中的 ◇ 按钮，可以将选区转换为路径，如图15-190所示。在面板的空白处单击，取消路径的选取，如图15-191所示。

02 如果要从路径中载入选区，可以按住Ctrl键单击路径层的缩览图，如图15-192和图15-193所示。虽然单击"路径"面板中的路径层后，再单击 ⬚ 按钮也可载入选区，但这会因选择了路径层而在文档窗口显示路径。

图15-188　　　　图15-189　　　　图15-190

图15-191　　　　图15-192　　　　图15-193

💎 15.6.7
设计实战：用画笔描边路径制作花饰字

●平面　●网店　UI　●插画

01 打开素材。单击路径层，如图15-194所示，画布上会显示所选的文字路径，如图15-195所示。

扫码看视频

图15-194　　　　图15-195

02 选择画笔工具 🖌。打开"画笔"面板，在"旧版画笔>默认画笔>特殊效果画笔"组内选择"杜鹃花串"笔尖

并设置直径为40像素，如图10-196所示。新建一个图层。调整前景色（R2，G125，B0）和背景色（R99，G140，B11）。打开"路径"面板菜单，选择"描边路径"命令，如图15-197所示。打开"描边路径"对话框，在"工具"下拉列表中选择画笔，如图15-198所示，单击"确定"按钮，对路径进行描边，效果如图15-199所示。

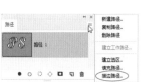

图15-196　　　　　　　图15-197

图15-198　　　　　　　图15-199

> **提示**（Tips）
>
> 在"描边路径"对话框中可以选择画笔、铅笔、橡皮擦、背景橡皮擦、仿制图章、历史记录画笔、加深和减淡等工具描边路径，只是描边路径前，需要先设置好工具的参数。

03 新建一个图层。调整前景色（R190，G139，B0）和背景色（R189，G4，B0），按住Alt键单击"路径"面板底部的 ◯ 按钮，通过这种方法直接打开"描边路径"对话框，选取"模拟压力"选项，如图15-200所示，使描边线条产生粗细变化，效果如图15-201所示。

图15-200　　　　　　　图15-201

04 设置画笔工具 🖌 的直径为20像素。新建一个图层。设置前景色为白色，背景色为橙色（R243，G152，

B0），再次描边路径，效果如图15-202所示。按Ctrl+L快捷键打开"色阶"对话框，拖曳滑块，提高色调的对比度，如图15-203和图15-204所示。

图15-202

图15-203

图15-204

图15-205

图15-206

05 在"路径"面板的空白处单击隐藏路径。双击"图层3"，打开"图层样式"对话框，为文字添加"投影"效果，如图15-205和图15-206所示。

06 按住Alt键，将"图层 3"后面的效果图标 *fx* 拖曳给"图层 2"和"图层 1"，复制效果到这两个图层，使花朵文字产生立体感，如图15-207和图15-208所示。

图15-207

图15-208

●平面 ●网店 ●UI ●插画

VI设计：标志与标准色

15.7

扫码看视频① 扫码看视频②

难度：★★★★☆ 功能：绘图工具、钢笔工具、形状图层

说明：本实例是为一家餐厅设计的logo，从中可以学习到建立网格系统及绘制标志的方法，使用绘图工具制作出符合规范大小的图形，以合理的空间布局进行排列。

C:100 M:0 Y:0 K:0   C:0 M:0 Y:0 K:100

◇ 15.7.1
制作标志基本形

在制作前，应先对标志设计的规范要求有所了解。标志设计注重内涵的把握和独特视觉个性的表现，力求做到凝练、清晰、简洁、生动，易于辨识和记忆。既然是为餐厅制作Logo，在构思时店名"渔香"引发了许多联想，想到了鱼、水、盘、筷等意象，设计时将图形与文字巧妙结合起来，形成字体与图形结合的字图造型Logo。为了增加装饰感，设计时将"渔"字的"田"和"香"字的"日"概括为圆形，"田"字以笔画为主，"日"字则用色块表现，既有明暗对比，又有外形上的关联，于统一中寻求变化。在设计标志前应多画些草稿图，将自己的想法尽量完善，这个步骤就不多说了，下面主要讲一下具体制作方法。

01 按Ctrl+N快捷键，打开"新建文档"对话框，创建一个297毫米×210毫米、300像素/英寸的文件。

02 先来制作部首"田"，再以它的笔画粗细、结构为参照，衍生出一个网格系统，在此基础上制作的图形会更加规范化，具有美感且便于应用。选择椭圆工具 ◯，在工具选项栏中选择"形状"选项，按住Shift键在画面中创建一个圆形。打开"属性"面板，单击 ◯◯ 按钮锁定长宽比，设置圆形大小为337像素，描边宽度为50像素，颜色为黑色，描边对齐到路径内，如图15-209和图15-210所示，图中洋红色外圈为圆形路径被选取时呈现的高亮显示色。

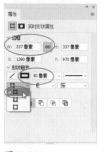
图15-209

图15-210

03 使用圆角矩形工具 ▢ （选取"形状"选项）创建一个圆角矩形。在"属性"面板中设置宽度为203像素、高度为50像素（与圆形的描边宽度一致）、圆角半径为25像素、填充黑色、无描边，如图15-211~图15-213所示。在"图层"面板中按Ctrl键单击"椭圆1"形状图层，将其一同选取，选择移动工具 ✛ ，在工具选项栏中分别单击垂直居中对齐按钮 ▯ 和水平居中对齐按钮 ▯ ，将这两个图形对齐。

图15-211　　　　图15-212　　　　图15-213

04 按Ctrl+C快捷键复制圆角矩形，按Ctrl+V快捷键粘贴，按Ctrl+T快捷键显示定界框，如图15-214所示。在工具选项栏中设置旋转角度为90°，按Enter键确认，"田"字制作完成，如图15-215所示。

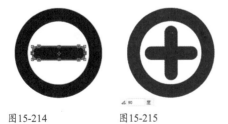

图15-214　　　　图15-215

◈ 15.7.2

自定义网格系统

标志设计的网格源于小方格，类似网格纸。标志种类

的复杂和结构的多样，使网格不再局限于方格，出现了圆形网格系统及设计师自定义网格等。其中不乏数学运算，用以规范设计过程中各元素的大小及间距关系。下面，我们根据这个案例标志的结构创建一个自定义的、以圆形为主的网格系统，或称之为结构辅助线，它是标志设计的一个重要步骤。

01 选择椭圆工具 ◯ ，在文字上创建一个大小为50像素的圆形，描边为1像素，无填充，如图15-216所示。这个圆形的大小与笔画的粗细是一致的，都是50像素。我们将该图层命名为"辅助线"。使用路径选择工具 ▶ 选取这个圆形，按住Alt键（光标显示为 ▶₊状）+Shift键向右拖曳鼠标，复制圆形，如图15-217所示。

图15-216　　　　　　图15-217

02 再复制出两个圆形，依次向右排列，如图15-218所示，这便是文字的字间距了。选择"椭圆1"图层，按Ctrl+J快捷键复制该图层，如图15-219所示。使用路径选择工具 ▶ 选取椭圆（田字的外框圆形），按住Shift键向右拖动，直至圆形辅助线的边缘处，放开鼠标，如图15-220所示。根据辅助线作图，有助于建立系统性，合理规划空间，对空白区域进行规范，打造标志元素间的协调感。

图15-218　　　　图15-219　　　图15-220

03 将该圆形填充为黑色，无描边，用它来制作"香"字，如图15-221所示。

图15-221

15.7.3
根据网格辅助线制作标志

01 创建一个与之前参数相同的圆角矩形，如图15-222所示。使用路径选择工具 ▶ 按住Shift键单击圆形，将其一同选取，如图15-223所示。单击工具选项栏中的 ▣ 按钮，在打开的下拉列表中选择"▣排除重叠形状"选项，通过图形运算，将两个图形进行整合，实现挖空效果，如图15-224和图15-225所示。

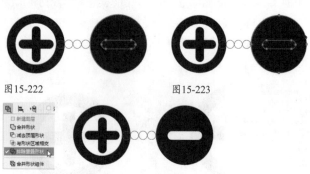

图15-222　　　　　　　　　　图15-223

图15-224　　　　图15-225

02 "田"字与"日"字并置时，以线为主的"田"字会显得比较小、弱、轻，而笔画间填满颜色的字，由于色彩面积大，则会显得沉和更有分量感，为了达到视觉上的平衡，要将"日"字的圆形缩小一些。那么，缩小多少才好呢？经过反复调整找到了一个参照。先单击"辅助线"图层。按照"田"字笔画间距创建一个圆形，它的大小是17像素。将其复制到"日"字上，找到它的居中位置，如图15-226所示。可以按Ctrl+R快捷键显示标尺，在纵向标尺上拖出参考线，定位在文字的居中位置以作参照。或者使用前面提示中讲到的图形居中对齐方式。

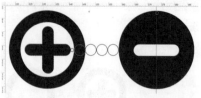

图15-226

03 选择黑色圆形，设置大小为320像素，将它与"田"字进行底边对齐，如图15-227和图15-228所示。

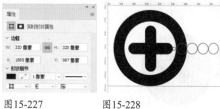

图15-227　　　　　图15-228

04 用钢笔工具 ✐ （选取"形状"选项）绘制一条鱼，鱼眼用椭圆工具 ○ 来画，两图形之间进行排除重叠形状运算。三点水用圆形和雨滴形状来表现（选择自定形状工具 ✿ 后，在工具选项栏中选择），如图15-229所示。以之前创建的笔画大小为规范，制作出文字的其他部分，"渔"字下面的一横用波浪线来表现，有海水之意，如图15-230所示。

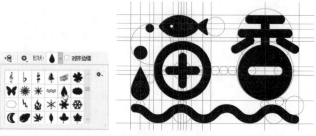

图15-229　　　　　图15-230

05 对尺寸进行标注，为使结构更清晰，可将文字和参考线的颜色进行调整，最终呈现一个令客户满意的效果，如图15-231所示。

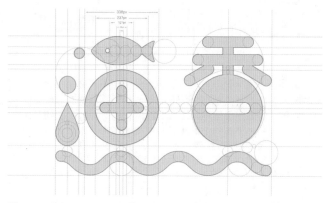

图15-231

15.7.4
制作标准色

标准色是建立统一形象的基本视觉要素之一，是象征公司或产品特性的指定颜色，也是标志、标准字体及宣传媒介专用的色彩。当视觉受到一定距离的影响时，对文字的识别度会降低，却可以清晰地辨识出颜色，可见色彩在视觉传达中的活跃性和敏感度。标准色分单色与复色，单色虽清晰明了，但在同行业中易产生雷同。复色是指两种以上的颜色，数量不宜过多，避免产生繁复感。

01 使用路径选择工具 ▶ 选取波浪线，单击工具选项栏中的"填充"选项，在打开的下拉面板中单击▣按钮，打开"拾色器"，将颜色调整为蓝色（C100，M0，Y0，K0），如图15-232和图15-233所示。

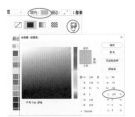

图15-232　　　　　　图15-233

02 使用矩形工具 ⬚ ，创建一个矩形，在"属性"面板中设置大小，以同样的蓝色进行填充，如图15-234所示。

选择横排文字工具 **T** ，在工具选项栏中设置字体及大小，在画面中单击输入色值，用同样的方法制作出黑色块及色值，如图15-235所示。

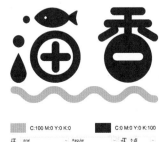

图15-234　　　　　图15-235

技术看板 43 黄金分割

黄金分割是一种数学上的比例关系，具有严格的比例性及艺术性，蕴含着丰富的美学价值。黄金分割在设计、绘画、摄影等领域广为应用，已经成为一种重要的形式美法则。黄金分割的比例是 0.618:1，作为一个通用的比例参考，在Logo设计中，一些著名的品牌也应用到了黄金分割率，从而达到一种完美的平衡效果。

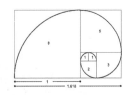

斐波那契弧线也称黄金螺旋　　达·芬奇名画《蒙娜丽莎》中的黄金分割

Apple公司Logo，轮廓在直径上遵循斐波那契数列的圆形

本书提供了斐波那契圆形素材，使用时可复制粘贴到文件中，按住Shift键进行等比缩放，将其应用于标志设计中。

●平面　●网店　●UI　●插画

VI设计：
制作名片

Photoshop CC 2019

15.8

扫 码 看 视 频

难度：★★★★☆　功能：横排文字工具、直线工具

说明：使用横排文字工具输入名片信息。有所不同的是，将名片中的营业时间、地址和电话等字样用图标代替，使名片风格简洁、时尚。

　　成品名片的尺寸通常为9厘米×5.5厘米。名片制作好之后要用于印刷并进行裁切，所以颜色应设置为CMYK模式，为使裁切后不出现白边，在设计时上、下、左、右四边都各留出1~3毫米的剩余量（即"出血"）。

01 按Ctrl+N快捷键，打开"新建文档"对话框，设置名片大小，如图15-236所示，单击"创建"按钮，新建一个名片文件。

图15-236

02 为了便于查找和使用标志图，将标志文件的所有图层归纳为3个图层组（选取图层后按Ctrl+G快捷键即可编组），分别是标志、标准色和辅助线。单击"标志"图层组，按Alt+Ctrl+E快捷键盖印图层，得到一个合层的标志效果，如图15-237所示。使用移动工具 ✛ 将标志拖入名片文件中。按Ctrl+T快捷键显示定界框，按住Shift键拖曳定界框的一角，将标志等比缩小，按Enter键确认，如图15-238所示。

03 选择横排文字工具 **T**，在工具选项栏中设置字体及大小，在标志下方输入文字，如图15-239所示。

图15-237　　　　图15-238　　　　　　　图15-239

04 选择直线工具 ／，创建一个粗细为3像素的蓝色竖线（创建时按住Shift键）。打开素材，使用移动工具 ✛ 将图标拖入文件中，在其右侧输入文字，如图15-240所示。完成名片正面的制作。将名片中的营业时间、地址和电话等字样用图标代替，删繁就简，名片风格简洁、时尚的同时所有信息都一目了然。按住Shift键选取除"背景"以外的所有图层，按Ctrl+G快捷键编组并重新命名，如图15-241所示。

图15-240　　　　　　　　　　　　　　　图15-241

05 名片背面的设计比较简单，我们提供了一个由标志组成的图案素材，用来做底色，中间放上二维码就可以了，如图15-242所示。可以找一些木纹素材做背景，将名片进行透视调整，合成到一个空间里，看起来有接近实物的真实效果，如图15-243所示。

图15-242　　　　　　　　　　　图15-243

VI设计：
应用系统设计

扫码看视频

●平面 ●网店 ● UI ● 插画

难度：★★★☆　功能：载入模板、编辑模板

说明：载入Adobe Stock的免费模板，将标志及文字放入其中，再对模板图像进行编辑，调整颜色。

不同行业有不同的应用设计系统，如餐饮业、服装业、百货业、旅游业等，各有特定的形象载体，设计时应根据主体对象制定相应的应用项目。

在进行应用系统设计前，可先在"新建文档"对话框中查看一下Photoshop提供的免费模板文件，它们是Adobe Stock的免费模板，这些模板都是分层文件，可以在其基础上进行编辑整合、修改大小或另外保存。

01 按Ctrl+N快捷键打开"新建文档"对话框，单击"打印"标签，切换到"打印"选项，可以看到模板的缩览图，单击一个缩览图，如图15-244所示，单击对话框右侧的

"查看预览"按钮可以查看模板预览图，如图15-245所示。单击"下载"按钮，弹出"Adobe Stock"对话框，如图15-246所示，链接到下载文件后，单击"下载"按钮即可下载模板。

图15-244

图15-245   图15-246

图15-247   图15-248

图15-249   图15-250   图15-251

02 模板下载完成后，对话框右下方会显示"打开"按钮，单击它打开文档就可以编辑了。在文字图层前面的眼睛图标 ◉ 上单击，将文字隐藏，如图15-247所示。将制作好的标志和文字拖曳到卡片上，按照卡片的倾斜度进行旋转，图15-248所示。如果对信封的颜色不太满意，可以单独进行调整。使用快速选择工具 选取信封，基于选区创建一个"色相/饱和度"调整图层就可以了，如图15-249~图15-251所示。

以下为产品形象系列、包装系列应用系统设计。

第16章　文字使用与设计

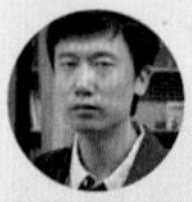

文字概述

16.1

Photoshop 提供了多个用于创建文字的工具，文字的编辑方法也非常灵活。

16.1.1
文字工具与文字类型

在 Photoshop 中，可以通过3种方法创建文字，即在任意一点创建点文字，在一个矩形范围框内创建段落文字，以及在路径上方或矢量图形内部创建路径文字。横排文字工具 **T** 和直排文字工具 **IT** 都可用来创建这3种类型的文字。

另外两种文字工具，横排文字蒙版工具 **T** 和直排文字蒙版工具 **IT** 则用来创建文字状选区。它们的实用性并不强。因为，从横排文字工具 **T** 和直排文字工具 **IT** 创建的文字中也可以载入选区，而且，文字内容修改起来更加方便，同时选区随文字内容而变。

无论是点文字、段落文字，还是路径文字，都可以通过"文字变形"命令进行变形处理，让文字的整体外观变为扇形、弧形或其他更多形状。也可以转换为形状图层，或从文字中生成路径，进行更进一步的编辑。

16.1.2
文字的外观变化形式

进阶课

文字的基本排列形式有两种，即横排和竖排。这是点文字和段落文字为我们呈现的效果，如图16-1和图16-2所示。

扫码看视频

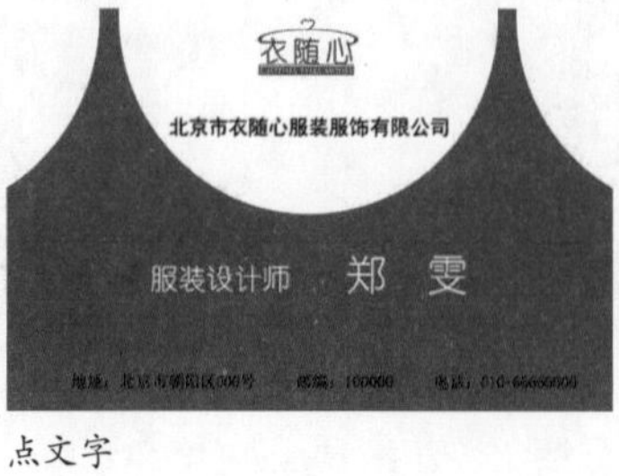

点文字

图16-1

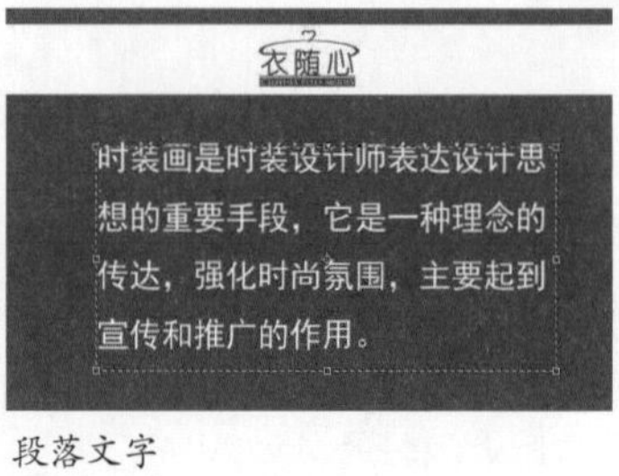

段落文字

图16-2

点文字属于"一根筋"的性格，它只知道沿水平或垂直方向（横向和纵向）排布文字，甚至文字超出画布之外也毫无反应。它的优点是创建方法简单，但效果单一。

段落文字则要"聪明"一些，它撞了南墙知道回头，不会将文字排到画布外边。段落文字可以将文字限定在矩形范围内，因而，这类文字的整体外形呈现为方块状。它的优点是方便了大段和多段文字的输入与管理，但文字外观相比较点文字并没有突破。很显然，这两种文字排列方式都缺少变化，只能满足基本的使用需要。

唯一能让文字排列形式出现变化的是路径文字，如图16-3和图16-4所示。

图16-3　　　　图16-4

它提供了两种变化样式。一种是文字在路径上方排列，文字可随着路径的弯曲而起伏、转折。其原理是以路径为基线排布点文字。这种状态下的点文字不仅可以沿路径移动，还能翻转到路径的另一侧。

另一种是让文字在封闭的路径内部排列，文字的整体外观与路径外观一致。例如，路径是心形的，则所有文字也排成心形。其原理是以路径轮廓为框架排布段落文字，当框架（即路径轮廓的形状）发生改变时，其中的文字便会自动排布以与之适应。

路径是矢量功能，文字也是，路径文字将二者完美结合。用路径控制文字排列，摆脱了其要么横排、要么竖排的简单形式。文字的布局也会随着路径的改变而产生变化，由此，文字的排列形状一下子就变得"可塑"了。

路径虽然可以让文字排列成曲线、圆环或其他图形化的形状，但文字本身并没有变形，也就是说，虽然整个文本的外观发生了改变，但其中每一个文字并没有变形。

而能让整个文本外观及其中的每一个文字本身全都产生变形的是变形文字。

变形文字基于一种叫作"封套"的矢量功能。该功能在矢量软件Adobe Illustrator中称为"封套扭曲"，它可以将图形"塞入"封套中，使其按照封套的形状产生扭曲变形，如图16-5所示。Photoshop中的变形文字功能与之异曲同工，它通过15种预设的封套来改变文字形状，使之产生变形，图16-6和图16-7所示为其中的一种效果。

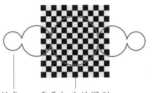

封套　　需要扭曲的图形　　　封套扭曲效果

图16-5

点文字　　　　　　旗帜状扭曲

图16-6　　　　　　图16-7

16.1.3 进阶课

文字的7种特殊属性

Photoshop中的文字属于矢量对象，这意味着文字与图像（位图）相比有着特殊之处。

● 专用工具：文字具有矢量对象的优点，然而又有别于路径，我们不能用路径创建和编辑工具进行文字方面的操作。文字有其专门的创建和编辑工具。

● 无损缩放：矢量对象的最大优点是无损缩放，因此，文字无论怎样缩放、旋转和倾斜，清晰度都不会有任何改变。

● 无限次修改：矢量对象的另一个优点是可以反复编辑，无限次修改。文字也是如此。文字的内容、字体、颜色、间距和行距等属性在任何时间都可以编辑。

● 沿路径排列：文字可以在任何形状的路径外部和内部排列。

● 变形：文字在矢量状态下可以进行变形处理。

● 转换成矢量形状和路径：文字可以转换为矢量形状和路径，这是设计特殊字体的最佳方法。

● 转换成位图：前面列举的编辑方法都是基于矢量状态下的文字，文字栅格化除外（见417页）。因为栅格化以后，文字会转换为图像。

创建文字

16.2

下面介绍点文字和段落文字的创建和方法，以及文字内容的添加与删除、文字颜色修改方法等。

16.2.1

▶必学课

功能练习：创建点文字

点文字是一个水平或垂直的文本行，适合用来处理字数较少的标题、标签和网页上的菜单选项。由于点文字不能自动换行，如果一直输入，文字会扩展到画布外面而看不到。需要换行时，可以按Enter键。

扫码看视频

01 打开素材。选择横排文字工具 **T**（也可以用直排文字工具 **IT** 创建直排文字），在工具选项栏中设置字体、大小和颜色，如图16-8所示。

02 在需要输入文字的位置单击鼠标，画面中会出现闪烁的"I"形光标，它被称作"插入点"，如图16-9所示，然后便可输入文字，如图16-10所示。

03 现在文字位置有点偏。将光标放在字符外，单击并拖曳鼠标，将其移动到画面中央，如图16-11所示。

图16-8　　　　　　图16-9

图16-10　　　　　　图16-11

04 单击工具选项栏中的 ✔ 按钮，或在文本框外侧单击鼠标，即可结束文字的输入，如图16-12所示。单击其他工具、按Enter键，以及按Ctrl+Enter键也可以结束操作。如果要放弃输入，可以单击工具选项栏中的 ⊘ 按钮，或按Esc键。结束文字编辑以后，"图层"面板中会生成文字图层，它的缩

览图上有一个大写的"T"字，如图16-13所示。文字图层可以添加图层样式、图层蒙版和矢量蒙版、设置不透明度和混合模式，也可以调整堆叠顺序。

图16-12　　　　　　图16-13

16.2.2

▶必学课

功能练习：选取和编辑文字

修改文字之前，需要选取文字。使用横排文字工具 **T** 在文本上拖曳可以选取部分文字，双击文字图层中的"T"字缩览图，则可以选取所有文字。此外，在文字中设置插入点后，单击3下鼠标，可以选取一行文字；单击4下鼠标，可以选取整个段落；按Ctrl+A快捷键，可以选取全部文字。

扫码看视频

01 打开素材。选择横排文字工具 **T**，将光标放在文字上方，单击并拖曳鼠标，选取文字，如图16-14所示。

02 在这种状态下，可以在工具选项栏中修改所选文字的字体和大小，如图16-15所示。输入文字，则可修改所选文字，如图16-16所示。按Delete键，可以删除所选文字，如图16-17所示。单击工具选项栏中的 ✔ 按钮，或在文本框外侧单击鼠标，结束编辑。

图16-14　　　　　　图16-15

图16-16　　　　　　　　图16-17

03 下面来添加文字。将光标放在文字行上，光标变为"I"状时，如图16-18所示，单击鼠标，设置文字插入点，如图16-19所示，此时输入文字，便可添加到文本中，如图16-20所示。

图16-18　　　　　图16-19　　　　　图16-20

💎 **16.2.3**　　　　　　　　　　🚩必学课

功能练习：修改文字颜色

选取文字后，按Alt+Delete快捷键，可以使用前景色填充文字；按Ctrl+Delete快捷键，则使用背景色填充文字。如果只是单击了文字图层，使其处于选取状态，而并未选择个别文字，则用这两个快捷键可以填充整个文字图层中的所有文字。除此之外，还可以通过下面的方法修改文字颜色。

01 打开素材，如图16-21所示。使用横排文字工具 T 在文字上方单击并拖曳鼠标，选取文字。所选文字的颜色会变为原有颜色的补色，我们可以看到，黄色文字变为蓝色，如图16-22所示。在这种状态下可以修改文字颜色。

图16-21　　　　　　　　图16-22

02 如果使用"颜色"面板或"色板"面板来操作，我们看不到文字真正的颜色。例如，将颜色设置为红色，如图16-23所示，但文字上显示的是其补色（青色），如图16-24所示。只有单击工具选项栏中的 ✔ 按钮确认修改后，才能看到真正的颜色。要想实时显示文字颜色，需要使用"拾色器"。

图16-23　　　　　　图16-24

03 单击工具选项栏中的文字颜色图标，如图16-25所示，打开"拾色器"，此时颜色能够以原有的面目显示，如图16-26和图16-27所示。单击 ✔ 按钮确认修改。

图16-25

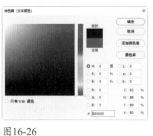

图16-26　　　　　　　　图16-27

💎 **16.2.4**　　　　　　　　　　🚩必学课

功能练习：创建段落文字

段落文字是在一个矩形定界框内输入的文字，当文字到达定界框边界时会自动换行。但如果要开始新的段落，则需要按Enter键。

段落文字适合处理文字量较大的文本（如宣传单）。它可以通过两种方法来创建。第1种方法是使用横排文字工具 T 拖曳出任意大小的定界框，用以存放文字；第2种方法是在拖曳时按住Alt键，然后在弹出的"段落文字大小"对话框中输入"宽度"和"高度"值，精确定义文字定界框的大小。

01 打开素材。选择横排文字工具 T ，在工具选项栏中设置字体、字号和颜色，如图16-28所示。在画布上单击鼠标，并向右下角拖出一个定界框，如图16-29所示。

图16-28　　　　　　　　图16-29

02 放开鼠标，画布上会出现闪烁的"I"形光标，如图16-30所示，输入文字，当文字到达文本框边界时会自动换行，如图16-31所示。单击工具选项栏中的 ✓ 按钮结束文字的编辑，即可创建段落文本。

图16-30   图16-31

◈ 16.2.5

功能练习：编辑段落文字

📍 必学课

创建段落文字后，可以调整定界框的大小，以及对文字进行旋转、缩放和斜切，文字会在调整后的定界框内重新排列。

扫码看视频

定界框既存放文字，也用来限定文字范围。当定界框被调小后，不能显示全部文字时，它右下角的控制点会变为 ⊞ 状。操作时要注意观察，如果出现该标记，就应该拖曳控制点，将定界框范围调大，以便让隐藏的文字显示出来，或者将文字的字号调小。

01 使用横排文字工具 **T** 在文字中单击，设置插入点，同时显示文字的定界框，如图16-32所示。拖曳控制点，调整定界框的大小，文字会重新排列，如图16-33所示。

图16-32   图16-33

02 将光标放在定界框右下角的控制点上，单击鼠标，然后按住Shift+Ctrl键拖曳，可以等比缩放文字，如图16-34所示。如果没有按住Shift键，则会对文字进行拉伸。

03 将光标移至定界框外，当指针变为弯曲的双向箭头时拖曳鼠标可以旋转文字，如图16-35所示。如果同时按住Shift键，则能够以15°角为增量进行旋转。单击工具选项栏中的 ✓ 按钮，结束文本的编辑。

图16-34   图16-35

◈ 16.2.6

转换点文本与段落文本

点文本和段落文本可以互相转换。如果是点文本，可以使用"文字>转换为段落文本"命令，将其转换为段落文本；段落文本可以使用"文字>转换为点文本"命令转换为点文本。需要注意的是，在转换为点文本时，溢出到定界框外的字符将会被删除。因此，为避免丢失文字，应首先调整定界框，使所有文字在转换前都显示出来。

◈ 16.2.7

转换水平文字与垂直文字

使用"文字>文本排列方向"菜单中的"横排"和"竖排"命令，可以让水平文字和垂直文字互相转换，如图16-36和图16-37所示。

图16-36   图16-37

技术看板 44 创建文字状选区

横排文字蒙版工具 **T** 和直排文字蒙版工具 **IT** 用于创建文字状选区。它们可通过两种方法使用，单击并输入文字，或单击并拖出一个矩形定界框，然后在其中输入文字。文字选区可以像任何其他选区一样移动、复制、填充或描边。这两个工具可在无法承载非栅格化（即矢量状态）文字的图层蒙版和Alpha通道中创建字。

文字状选区

选区描边效果

创建路径和变形文字

16.3

在路径上方输入的文字是点文字，在封闭的路径内部输入的文字则是段落文字。一直以来，这是矢量软件才能实现的操作。Adobe 在Photoshop CS版中增加了这项功能以后，使文字的编辑也能像矢量程序那样灵活。路径文字、点文字和段落文字都可以处理为变形文字。

16.3.1

必学课

功能练习：沿路径排列文字

在路径上输入文字时，文字的排列方向与路径的绘制方向一致。需要注意的是，路径的正确绘制方法是从左向右绘制，这样文字才能从左向右排列。如果路径是从右向左绘制的，则文字在路径上会发生颠倒。

扫码看视频

01 打开一个素材，如图16-38所示。选择钢笔工具 ✐，在工具选项栏中选择"路径"选项，沿手的轮廓从左向右绘制路径，如图16-39所示。

图16-38　　　　　　　图16-39

02 选择横排文字工具 T，设置字体、大小和颜色，如图16-40所示。将光标放在路径上，光标变为 ꞁ 状时，如图16-41所示，单击鼠标设置文字插入点，画面中会出现闪烁的"I"形光标，此时输入文字即可沿着路径排列，如图16-42所示。

图16-40

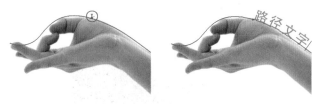

图16-41　　　　　　　图16-42

03 选择直接选择工具 ▷ 或路径选择工具 ▶，将光标定位到文字上，当光标变为 ꝰ 状时，如图16-43所示，单击并沿路径移动鼠标，可以移动文字，如图16-44所示。

04 单击并向路径的另一侧拖曳文字，可以翻转文字，如图16-45所示。在"路径"面板的空白处单击，隐藏路径。

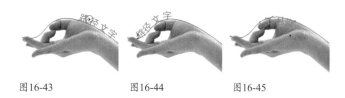

图16-43　　　　图16-44　　　　图16-45

16.3.2

必学课

设计实战：在封闭的图形内输入文字

01 打开素材。单击路径层，画布上会显示路径，如图16-46和图16-47所示。这是一个时尚女郎的轮廓。

扫码看视频

图16-46　　　　　　　图16-47

02 选择横排文字工具 T，设置字体、大小和颜色，如图16-48所示。将光标移动到图形内部，光标会变为 ꝰ 状，如图16-49所示。需要注意，光标不要放在路径上方，如图16-50所示，否则文字会沿路径排列。

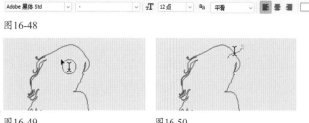

图16-48

图16-49　　　　　　　图16-50

03 单击鼠标，此时会显示定界框，输入文字（文字内容可自定），如图16-51所示。按Ctrl+Enter键结束操作。单击"路径1"，重新显示路径，再按一次Ctrl+Enter键，将当前的文字路径转换为选区，如图16-52所示。

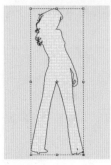

图16-51　　　　　　　图16-52

04 按住Ctrl键单击"图层"面板底部的 ☰ 按钮，在文字图层下方创建图层，如图16-53所示。调整前景色，然后按Alt+Delete快捷键，在选区内填充前景色。按Ctrl+D快捷键取消选择，效果如图16-54所示。

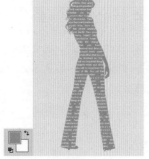

图16-53　　　　　　　图16-54

💎 **16.3.3**　　　　　　　　　　　　　　　　🔊 进阶课

功能练习：编辑文字路径

在路径的转折处，文字会因"拥挤"而出现重叠。采用增加文字间距（*见410页*）的方法可以解决这个问题，但文字的排列可能很不均匀。使用曲线路径，或者转折不要太大，都可以避免这种情况发生。此外，也可以通过修改路径让转折处变得平滑顺畅。改变路径形状时，路径文字的排列也会随之改变。

创建路径文字时，Photoshop会基于鼠标所单击的路径生成一条新的文字路径。编辑该路径才能修改文字的排列形状，原始路径与文字不相关。

01 打开素材。单击文字图层，画面中会显示路径，如图16-55和图16-56所示。

图16-55　　　　　　　图16-56

02 使用直接选择工具 ▷ 单击路径，显示锚点，如图16-57所示。

03 移动锚点或调整方向线修改路径的形状，文字会沿修改后的路径重新排列，如图16-58和图16-59所示。

图16-57　　　　　　图16-58　　　　　　图16-59

💎 **16.3.4**　　　　　　　　　　　●平面 ●网店 ●插画

设计实战：制作奔跑的人形轮廓字

01 打开素材。单击"路径"面板中的路径层，在画布上显示路径，如图16-60和图16-61所示。

扫码看视频

图16-60　　　　　　　图16-61

02 将前景色设置为蓝色（R38，G164，B253）。选择横排文字工具 **T**，单击工具选项栏中的 ▤ 按钮，打开"字符"面板，设置字体、大小及间距，单击 **T** 按钮，以便让文字的角度倾斜，如图16-62所示。将光标放在路径上，当光标显示为 ⌇ 形状时，如图16-63所示，单击鼠标设置文字插入点，然后输入文字，如图16-64所示。

图16-62　　　　　　　图16-63

图16-64

03 单击工具选项栏中的 ✔ 按钮，结束文字的输入。单击文字图层前面的眼睛图标 👁，隐藏图层，如图16-65所示。再次单击"路径1"，显示路径，如图16-66所示。将光标放在人物腿部的小路径上单击，在路径上输入文字，将路径文字全部显示的效果如图16-67所示。

图16-65　　　图16-66 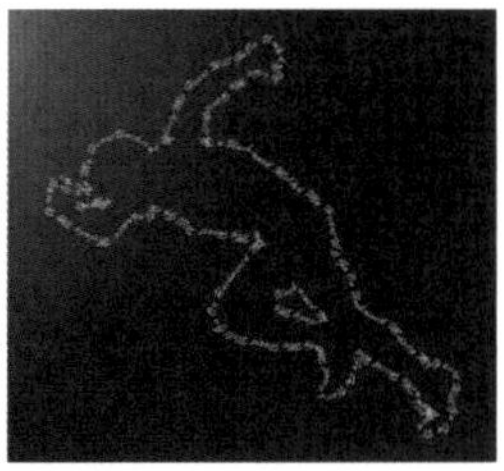　　　图16-67

提示（Tips）

"路径1"中包括两个封闭的子路径。在小路径上制作路径文字时，由于它包含在大路径内，会自动将文字插入点设置在大路径上。先将大路径文字图层隐藏，就能避免这种情况发生，可以继续制作其他路径文字。

---

04 人物轮廓区域的路径文字制作完成后，将两个路径文字图层隐藏，如图16-68所示。单击"路径"面板中的"路径2"，显示该路径，如图16-69和图16-70所示。

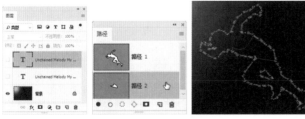

图16-68　　　图16-69　　　图16-70

05 下面在它内部制作一个区域文本，文字按照路径的区域进行排列。将鼠标移动到路径内，光标变为 ⨁ 状时单击鼠标，输入文字，如图16-71和图16-72所示。显示全部文字的效果如图16-73所示。使用移动工具 ✛ 将区域文字的位置略向上调整，避免与路径文字重叠，如图16-74所示。

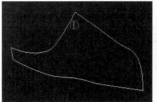

图16-71

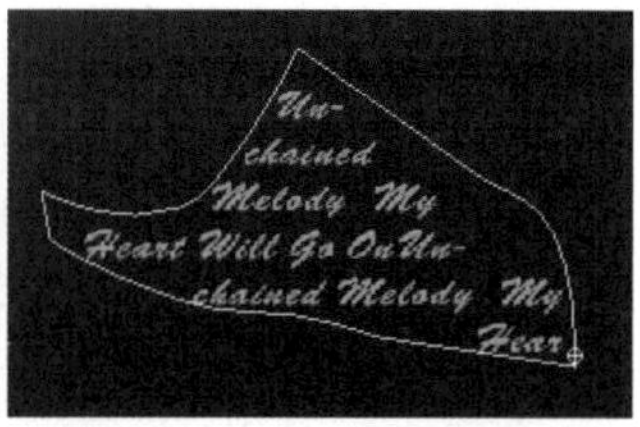

图16-73

图16-72

图16-74

06 在画面空白位置单击，输入一组数字。按Ctrl+A快捷键将数字全部选取，在工具选项栏中设置字体、大小及颜色，如图16-75所示。执行"图层>栅格化>文字"命令，将文字转换为普通图层。使用椭圆选框工具 ⬭ 按住Shift键创建圆形选区，将数字选中，将光标放在选区内拖动，可移动选区的位置，使数字位于选区的右下方，如图16-76所示。

图16-75

图16-76

07 执行"滤镜>扭曲>球面化"命令，使文字产生球面膨胀的效果，如图16-77和图16-78所示。为了增强球面化效果，可再次应用该滤镜。

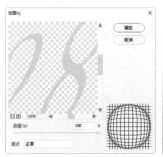

图16-77

图16-78

08 按Ctrl+D快捷键取消选择。设置该图层的不透明度为20%，使用移动工具 ✛ 将数字拖到画面左上角，如图16-79所示。

图16-79

图16-84　　　　图16-85　　　　　　　图16-86

💎 16.3.5　　　　　　　　　　　　　　⊞ 进阶课
功能练习：创建变形文字

《04》选择另外一个文字图层，执行"文字>文字变形"命令，打开"变形文字"对话框，选择"膨胀"样式，创建收缩效果，如图16-87和图16-88所示。

　　　点文字、段落文字和路径文字都可以进行变形处理。此外，使用横排文字蒙版工具 🇹 和直排文字蒙版工具 �🇹 创建选区时，在文本输入状态下同样可以进行变形操作，从而得到变形的文字选区。Photoshop提供了15种预设的变形样式，可以让文字产生扇形、拱形、波浪形等形状的扭曲。选择一种样式后，还可以控制变形程度。

扫码看视频

图16-87　　　　　　　　　　　　图16-88

《01》打开素材，如图16-80所示。单击文字图层，如图16-81所示。

《05》将前景色设置为黄色，如图16-89所示。单击"图层"面板底部的 🔲 按钮，新建一个图层，设置混合模式为"叠加"，如图16-90所示。使用柔角画笔工具 🖌 在文字、脚掌顶部点几处亮点作为高光，如图16-91所示。

 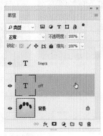
图16-80　　　　　　图16-81

《02》执行"文字>文字变形"命令，打开"变形文字"对话框，在"样式"下拉列表中选择"扇形"，并调整变形参数，如图16-82和图16-83所示。

图16-89　　图16-90　　　　　　图16-91

技术看板 ④5 重置和取消变形

　　　使用横排文字工具 🇹 和直排文字工具 �📝 创建的文本，在进行变形处理后，只要没有栅格化或转换为形状，可以随时修改变形参数，或取消变形。

图16-82　　　　　　　　图16-83

　　　如果要修改变形参数，可以选择一个文字工具，单击工具选项栏中的创建文字变形按钮 ∫，或执行"文字>文字变形"命令，打开"变形文字"对话框进行修改，也可以在"样式"下拉列表中选择另外一种样式。

《03》创建变形文字后，它的缩览图中会出现出一条弧线，如图16-84所示。双击该图层，打开"图层样式"对话

　　　如果要取消变形，将文字恢复为变形前的状态，可以在"变形文字"对话框的"样式"下拉列表中选择"无"，然后单击"确定"按钮关闭对话框。

框，添加"描边"效果，如图16-85和图16-86所示。

"变形文字"对话框选项

● 样式： 在该选项的下拉列表中可以选择15种变形样式，效果如图16-92所示。

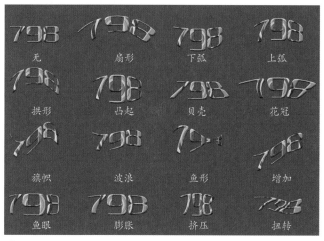

图16-92

● 水平/垂直： 选择"水平"，文本扭曲的方向为水平方向，选择"垂直"，扭曲方向为垂直方向，如图16-93所示。

图16-93

● 弯曲： 用来设置文本的弯曲程度。

水平扭曲/垂直扭曲：可以让文本产生透视扭曲效果，如图16-94所示。

图16-94

格式化字符

字符是指文本中的文字内容，包括单个汉字、字母、数字、标点和符号等。格式化字符是指设置字符的字体、大小、颜色、行距和字距等属性。字符属性既可在创建文字之前在工具选项栏和"字符"面板中设置，也可以在创建文字之后修改。在默认状态下，设置字符属性会影响所选文字图层中的所有文字，如果只想修改部分文字，可以先用文字工具将它们选取，再进行编辑。

16.4.1

文字工具选项栏

在文字工具选项栏中可以选择字体，设置文字大小和颜色，以及进行简单的段落对齐，如图16-95所示。

图16-95

● 更改文本方向 ↓T： 单击该按钮，可以将横排文字转换为直排文字，或者将直排文字转换为横排文字。此外，使用"文字 > 文本排列方向"下拉菜单中的命令也可以进行转换。

● 设置字体： 在该选项的下拉列表中可以选择一种字体。选择字体的同时可查看字体的预览效果。如果用于预览的字体太小，可以打开"文字 > 字体预览大小"菜单，选择"特大"或"超大"选项。

● 设置字体样式： 选择字体后，可以在该选项的下拉列表中查看和使用其变体，包括Regular（规则的）、Italic（斜体）、Bold（粗体）和Bold Italic（粗斜体）等，如图16-96所示。需要注意的是，该选项仅适用于部分英文字体。如果使用的字体（英文字体、中文字体皆可）不包含粗体和斜体样式，可以单击"字符"面板底部的仿粗体按钮 T 和仿斜体按钮 T，让Photoshop加粗或倾斜文字。

ps *ps* **ps** ***ps***

Regular　　Italic　　Bold　　Bold Italic

图16-96

● 设置文字大小：可以设置文字的大小，也可以直接输入数值并按Enter键来进行调整。

● 消除锯齿：可以消除文字边缘的锯齿（见417页）。

● 对齐文本：根据输入文字时鼠标单击点的位置对齐文本，包括左对齐文本、居中对齐文本和右对齐文本。

● 设置文本颜色：单击颜色块，可以打开"拾色器"设置文字颜色。

● 创建变形文字：单击该按钮，可以打开"变形文字"对话框，为文本添加变形样式，创建变形文字。

● 显示/隐藏"字符"和"段落"面板：单击该按钮，可以打开和关闭"字符"和"段落"面板。

● 从文本创建3D：从文字中创建3D模型。

技术看板 05 文字编辑技巧

●调整文字大小：选取文字以后，按住Shift+Ctrl键并连续按>键，能够以2点为增量将文字调大；按Shift+Ctrl+<键，则以2点为增量将文字调小。

●调整字间距：选取文字以后，按住Alt键并连续按→键可以增加字间距；按Alt+←键，则减小字间距。

●调整行间距：选取多行文字以后，按住Alt键并连续按↑键可以增加行间距；按Alt+↓键，则减小行间距。

★ 16.4.2　　　　　　　　　　　必学课

"字符"面板

在"字符"面板中，字体、样式、颜色、消除锯齿等选项与工具选项栏相同，如图16-97所示。其他选项如下。

字体系列 —— 字体样式
字体大小 —— 设置行距
字距微调 —— 字距调整
比例间距
垂直缩放 —— 水平缩放
基线偏移 —— 文字颜色
特殊字体样式
OpenType字体
连字及拼写规则 —— 消除锯齿

图16-97

● 设置行距：可以设置各个文字行之间的垂直间距。默认的选项为"自动"，此时Photoshop会自动分配行距，它会随着字体大小的改变而改变。在同一个段落中，可以应用一个

以上的行距量，但文字行中的最大行距值决定该行的行距值。图16-98所示是行距为72点的文本（文字大小为72点），图16-99所示是行距调整为100点的文本。

图16-98 　　　　　　　　　　图16-99

● 字距微调：用来调整两个字符之间的间距，操作方法是，使用横排文字工具在两个字符之间单击，出现闪烁的"I"形光标后，如图16-100所示，在该选项中输入数值并按Enter键，以增加（正数），如图16-101所示，或者缩小（负数）这两个字符之间的间距量，如图16-102所示。此外，如果要使用字体的内置字距微调信息，可以在该选项的下拉列表中选择"度量标准"；如果要根据字符形状自动调整间距，可以选择"视觉"选项。

图16-100 　　　　图16-101 　　　　图16-102

● 字距调整：字距微调只可调整两个字符之间的间距，而字距调整则可以调整多个字符或整个文本中所有字符的间距。如果要调整多个字符，可以使用横排文字工具将它们选取，如图16-103所示；如果未进行选取，则会调整文中所有字符的间距，如图16-104所示。

图16-103 　　　　　　　　　　图16-104

● 比例间距：可以按照一定的比例来调整字符的间距。在未进行调整时，比例间距值为0%，此时字符的间距最大；设置为50%，字符的间距会变为原来的一半；设置为100%，字符的间距为0。由此可知，比例间距只能收缩字符之间的间距，而字距微调和字距调整既可以收缩、也可以扩展间距。

● 垂直缩放/水平缩放：垂直缩放可以垂直拉伸文字，不会改变其宽度；水平缩放可以在水平方向上拉伸文字，不会改变其高度。这两个百分比相同时，可进行等比例缩放。

● 基线偏移：使用文字工具在图像中单击设置文字插入点时，会出现闪烁的"I"形光标，光标中的小线条标记的便是文字的基线（文字所依托的假想线条），如图16-105所示。在默

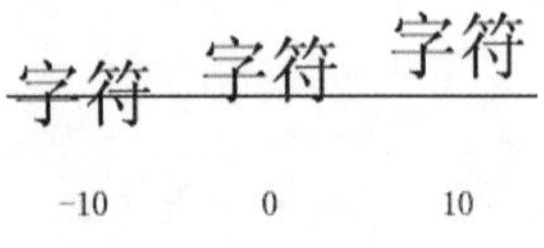

字符　字符　字符

-10　　　0　　　10

图16-105

认状态下，绝大部分文字位于基线之上，小写的g、p、q位于基线之下。调整字符的基线使字符上升或下降。

- OpenType 字体（见413页）：包含当前 PostScript 和 TrueType 字体不具备的功能，如花饰字和自由连字。
- 连字及拼写规则：可对所选字符进行有关连字符和拼写规则的语言设置。Photoshop 使用语言词典检查连字符连接。

◈ 16.4.3 　　　　　　　　　　　　　　　　　 ⦿ 进阶课

技巧：使用特殊字体样式

位于"字符"面板下面的一排"T"状按钮用来创建特殊字体样式，如图16-106所示。图16-107所示为原文字，图16-108所示为单击各按钮所创建的效果。

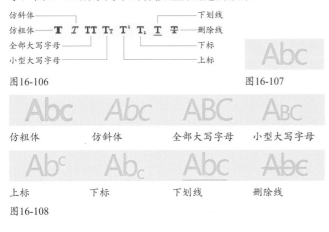

仿斜体——┐
仿粗体——┐
全部大写字母——┐
小型大写字母——┐　　　　　　　┌——下划线
　　　　　　　　　　　　　　　┌——删除线
　　　　　　　　　　　　　　　┌——下标
　　　　　　　　　　　　　　　┌——上标

图16-106　　　　　　　　　　　　　　　图16-107

| 仿粗体 | 仿斜体 | 全部大写字母 | 小型大写字母 |
| 上标 | 下标 | 下划线 | 删除线 |

图16-108

◈ 16.4.4 　　　　　　　　　　　　　　　　　 ⦿ 进阶课

技巧：筛选字体

从事设计工作的人为了作品风格的需要，一般都会安装很多字体，但经常使用的往往只有几种，要在几十、甚至上百种字体中找到需要的几种是一件很麻烦的事。Photoshop筛选字体功能可以给我们提供帮助。

打开文字工具选项栏或"字符"面板的字体列表，对于经常使用的字体，可单击其前方的☆状图标，这时图标会变为★状，如图16-109所示，这表示字体已经被收藏了。单击"筛选"选项右侧的★图标，字体列表中就只显示被收藏的字体，一目了然，如图16-110所示。取消收藏也很简单，单击字体前方的★图标便可。

图16-109　　　　　　　　　　　　图16-110

其他筛选字体的方法还包括，单击🅽按钮，可以显示来自 Typekit 的同步字体；单击≈按钮，可以显示视觉效果上与选中的字体类似的字体（包含来自 Typekit 的字体），如图16-111和图16-112所示；以及在"筛选"下拉列表中选择不同种类的字体。此外，在字体列表中单击鼠标，然后输入字体的名称来进行查找也是不错的方法。只是需要熟知字体的名称方可操作，适合高级用户。

当前选择的字体　　　　　　　　视觉效果与之相同的字体

图16-111　　　　　　　　　　　图16-112

格式化段落

16.5

格式化段落是指设置文本中段落的属性，如段落的对齐、缩进和文字行的间距等。段落是指末尾带有回车符的任何范围的文字，对于点文本来说，每行便是一个单独的段落；对于段落文本来说，由于定界框大小的不同，一段可能有多行。

◈ 16.5.1 　　　　　　　　　　　　　　　　　 ⚑ 必学课

"段落"面板

"段落"面板中的选项可以处理一个、多个或所有段落，不能处理单个或多个字符，如图16-113所示。

右对齐文本 —
居中对齐文本 —

— 最后一行左对齐
— 最后一行居中对齐
— 最后一行右对齐

左对齐文本 —
左缩进 —
首行缩进 —
段前添加空格 —

— 全部对齐
— 右缩进

— 段后添加空格

图16-113

如果要设置单个段落的格式，可以用文字工具在该段落中单击，设置文字插入点并显示定界框，如图16-114所示；如果要设置多个段落的格式，先要选择这些段落，如图16-115所示。如果要设置全部段落的格式，则可在"图层"面板中选择该文本图层，如图16-116所示。

图16-114   图16-115   图16-116

16.5.2
设置段落的对齐方式

"段落"面板最上面的一排按钮用来设置段落的对齐方式，它们可以将文字与段落的某个边缘对齐。

- 左对齐文本 ▤：文字的左端对齐，段落右端参差不齐，如图16-117所示。
- 居中对齐文本 ▤：文字居中对齐，段落两端参差不齐，如图16-118所示．
- 右对齐文本 ▤：文字的右端对齐，段落左端参差不齐，如图16-119所示。

图16-117   图16-118   图16-119

- 最后一行左对齐 ▤：最后一行左对齐，其他行左右两端强制对齐，如图16-120所示。
- 最后一行居中对齐 ▤：最后一行居中对齐，其他行左右两端强制对齐，如图16-121所示。
- 最后一行右对齐 ▤：最后一行右对齐，其他行左右两端强制对齐，如图16-122所示。
- 全部对齐 ▤：在字符间添加额外的间距，使文本左右两端强

制对齐，如图16-123所示。

图16-120   图16-121

图16-122   图16-123

16.5.3
设置段落的缩进方式

缩进用来指定文字与定界框之间或与包含该文字的行之间的间距量。它只影响选择的一个或多个段落，因此，各个段落可以设置不同的缩进量。

- 左缩进 ▸▮：横排文字从段落的左边缩进，直排文字从段落的顶端缩进，如图16-124所示。
- 右缩进 ▮◂：横排文字从段落的右边缩进，直排文字则从段落的底部缩进，如图16-125所示。
- 首行缩进 ▸▤：缩进段落中的首行文字。对于横排文字，首行缩进与左缩进有关，如图16-126所示；对于直排文字，首行缩进与顶端缩进有关。如果将该值设置为负值，则可以创建首行悬挂缩进。

图16-124   图16-125   图16-126

16.5.4
设置段落的间距

"段落"面板中的段前添加空格按钮 ▾▤ 和段后添加空格按钮 ▴▤ 用于控制所选段落的间距。图16-127所示为选择的段落，图16-128所示为设置段前添加空格为30点的效果，图16-129所示为设置段后添加空格为30点的效果。

图16-127　　　　图16-128　　　　图16-129

连字符是在每一行末端断开的单词间添加的标记。在将文本强制对齐时，为了对齐的需要，会将某一行末端的单词断开至下一行，选取"段落"面板中的"连字"选项，即可在断开的单词间显示连字标记。

16.6 使用特殊字体和字形

Photoshop CC 2018

在文字工具选项栏和"字符"面板的字体下拉列表中，每个字体名称的右侧都用图标标识出它属于哪种类型。其中，比较特殊的几种字体包括OpenType、OpenType SVG和OpenType SVG emoji。

16.6.1
使用 OpenType 字体

鼎 进阶课

在"字符"面板和文字工具的选项栏中，有 O 状图标是OpenType字体。OpenType字体是Windows和Macintosh操作系统都支持的字体文件，使用这种字体以后，在这两个操作平台间交换文件时，不会出现字体替换或其他导致文本重新排列的问题。

使用OpenType字体后，还可在"字符"面板或"文字>OpenType"下拉菜单中选择一个选项，为文字设置格式，如图16-130和图16-131所示。

图16-130　　　　图16-131

16.6.2
使用 OpenType SVG 字体

鼎 进阶课

有 状图标的是OpenType SVG字体。它有两个分支，在文字列表中的区别也很明显，一种在 图标右侧显示渐变文字 SAMPLE ，这是Trajan Color Concept 字体。另一种显示 状符号，这是Emoji字体。Emoji

（绘文字——绘指图画，文字指的是字符）是表情符号的统称，创造者是日本人栗田穰崇，最早在日本网络及手机用户中流行，自苹果公司发布的iOS 5输入法中加入了emoji后，表情符号开始席卷全球。

使用Trajan Color Concept字体时，可得到立体效果的文字，如图16-132所示。选取文字以后，还会自动显示一个下拉面板，在其中可以为字符选择多种颜色和渐变，如图16-133所示。

图16-132　　　　　　　图16-133

Emoji 字体是"符号大杂烩"，包括表情符号、旗帜、路标、动物、人物、食物和地标等图标。这些符号只能通过"字形"面板使用，无法用键盘输入。

使用横排文字工具 T 在画布上或文本中单击鼠标，设置文字插入点，打开"字形"面板，选择Emoji字体，面板中就会显示各种表情包，双击表情包，即可将其插入文本中，如图16-134~图16-137所示。

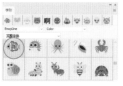

图16-134　　　　　　　图16-135

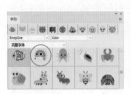 

图16-136　　　　　　　　图16-137

表情包还有不同的玩法。例如，先双击C，再双击N，将这两个字母组合起来就会变为中国国旗；双击其他国家/地区 ISO代码的字母也可以，如US生成美国国旗。通过这种方法生成国旗后，按Backspace键，国旗将分解为独立的单字母字形。

💎 16.6.3　　　　　　　　　　　　　　　　鼎 进阶课

使用OpenType可变字体

有 G_{Var} 状图标的是OpenType可变字体，如图16-138所示。使用这种字体以后，可以通过"属性"面板中的滑块调整文字的直线宽度、文字宽度、倾斜度和视觉大小等，如图16-139和图16-140所示。

图16-138　　　　　　　　图16-139

调整前的文字　　　　　　　直线宽度900

宽度80　　　　　　　　　　倾斜12

图16-140

💎 16.6.4　　　　　　●平面 ●网店 ●插画

从 Typekit 网站添加字体

对于从事设计工作的人，字体当然是越多越好，因为

字体多，创作空间就大，表现效果就更加丰富。

Adobe提供了大量字体，可以执行"文字>从Typekit 添加字体"命令，链接到Typekit 网站选择和购买。启动同步操作后，Creative Cloud 桌面应用程序会将字体同步至我们的计算机，并在"字符"面板和选项栏中显示。

💎 16.6.5　　　　　　　　　　　　　　　　鼎 进阶课

"字形"面板

在"字符"面板或文字工具选项栏中选择一种字体以后，"字形"面板中会显示该字体的所有字符，如16-141所示。字形由字体所支持的 OpenType 功能进行组织，如替代字、装饰字、花饰字、分子字、分母字、风格组合、定宽数字、序数字等。

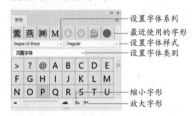

图16-141

使用"字形"面板可以将特殊字符，如上标和下标字符、货币符号、数字、特殊字符及其他语言的字形插入文本中，如图16-142和图16-143所示。

图16-142　　　　　　　　图16-143

在"字形"面板中，如果字形右下角有一个黑色的方块，就表示该字形有可用的替代字。在方块上单击并按住鼠标按键，便可弹出窗口，将光标移动到替代字形的上方并松开，可将其插入文本中，如图16-144所示。

选择文字

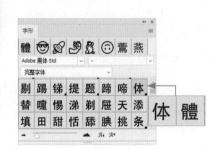

用替代字形替代文字

图16-144

使用字符和段落样式

16.7

"字符样式"和"段落样式"面板可以保存文字样式，并可快速应用于其他文字、线条或文本段落，从而极大地节省操作时间。

16.7.1   惠 进阶课

创建字符样式和段落样式

字符样式是字体、大小、颜色等字符属性的集合。单击"字符样式"面板中的 按钮，即可创建一个空白的字符样式，如图16-145所示，双击它，打开"字符样式"选项对话框可以设置字符属性，如图16-146所示。

图16-145   图16-146

对其他文本应用字符样式时，只需选择文字图层，如图16-147所示，再单击"字符样式"面板中的样式即可，如图16-148和图16-149所示。

  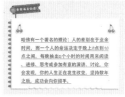

图16-147   图16-148   图16-149

段落样式的创建和使用方法与字符样式相同。单击"段落样式"面板中的 按钮，创建空白样式，然后双击该样式，可以打开"段落样式选项"面板设置段落属性。

16.7.2

存储和载入文字样式

当前的字符和段落样式可存储为文字默认样式，它们会自动应用于新的文件，以及尚未包含文字样式的现有文件。如果要将当前的字符和段落样式存储为文字默认样式，可以执行"文字>存储默认文字样式"命令。如果要将默认字符和段落样式应用于文件，可以执行"文字>载入默认文字样式"命令。

使用文字编辑命令

16.8

在Photoshop中，除了可以在"字符"和"段落"面板中编辑文本外，还可通过相关命令编辑文字，如匹配字体、进行拼写检查、查找和替换文本等。

16.8.1

替换所有欠缺字体

打开一个文件时，如果其中的文字使用了当前操作系统中没有的字体，会弹出一条警告信息。如果忽略警告，在编辑缺少字体的文字图层时，Photoshop 会提示我们用现有的字体替换缺少的字体。如果有多个图层都包含缺少的字体，可以使用"文字>替换所有欠缺字体"命令，将它们一次性替换。

缺少字体时，Photoshop 还会在 Typekit 中搜索缺失字体。如果找到了，便用其替换缺失字体。

> **提示**（Tips）
>
> 当弹出"缺失字体"对话框时，如果单击"文档打开时不显示"按钮，则以后就不会再显示此对话框。此后再想查看文件中是否存在缺失字体，需要使用"文字>解析缺失字体"命令操作。

💎 16.8.2
更新所有文字图层

导入在旧版Photoshop中创建的文字时，执行"文字>更新所有文字图层"命令，可以将其转换为矢量对象。

💎 16.8.3
技巧：匹配字体
●平面 ●网店 ●插画

当我们在杂志、网站、宣传品的文本中发现心仪的字体时，高手凭经验便可获知使用的是哪种字体，或者找到与之类似的字体。而"小白"就只能靠猜了。这里介绍一个技巧，可以识别字体或快速找到相似字体。

打开需要匹配字体的文件，如图16-150所示。执行"文字>匹配字体"命令，画面上会出现一个定界框，拖曳控制点，使其靠近文本的边界，以便Photoshop减少分析范围，更快地出结果。Photoshop会识别图像上的字体，并在弹出的"匹配字体"对话框中将其匹配到本地或是Typekit上相同或是相似的字体，如图16-151所示。

图16-150　　　　　　图16-151

如果只想列出计算机中的相似字体，可以取消"显示可从Typekit 同步的字体"选项的选取。如果文字扭曲或呈现一定的角度，应先拉直图像或校正图像透视（见236页），再匹配字体，这样识别的准确度更高。

"匹配文字"借助神奇的智能图像分析，只需使用一张拉丁文字体的图像，Photoshop就可以利用机器学习技术来检测字体，并将其与计算机或 Typekit 中经过授权的字体相匹配，进而推荐相似的字体。遗憾的是，该功能目前还仅适用于罗马/拉丁字符，不支持汉字。

💎 16.8.4
无格式粘贴文字

复制文字以后，执行"编辑>选择性粘贴>粘贴且不使用任何格式"命令，将其粘贴到文本中时，可去除源文本中的样式属性并使其适应目标文字图层的样式。

💎 16.8.5
粘贴 Lorem Ipsum 占位符文本

使用文字工具在文本中单击，设置文字插入点，执行"文字>粘贴 Lorem Ipsum"命令，可以使用 Lorem Ipsum 占位符文本快速地填充文本块以进行布局。

💎 16.8.6
拼写检查

使用"编辑>拼写检查"命令，可以检查当前文本中的英文单词拼写是否有误。图16-152所示为"拼写检查"对话框。当发现错误时，Photoshop会将其显示在"不在词典中"列表内，并在"建议"列表中给出修改建议。如果被查找到的单词拼写正确，可单击"添加"按钮，将它添加到Photoshop词典中。以后再查找到该单词时，Photoshop会将其划分为正确的拼写形式。

图16-152

💎 16.8.7
查找和替换文本
鼎 进阶课

相对于只能检查英文单词的"拼写检查"命令，"编辑>查找和替换文本"命令更有用。有需要修改的文字（汉字）、单词和标点时，可以通过该命令，让Photoshop来检查和修改。

图16-153所示为"查找和替换文本"对话框。在"查找内容"选项内输入要替换的内容，在"更改为"选项内输入用来替换的内容，然后单击"查找下一个"按钮，Photoshop会搜索并突出显示查找到的内容。如果要替换内容，可以单击"更改"按钮；如果要替换所有符合要求的内容，可单击"更改全部"按钮。需要注意的是，已经栅格化的文字不能进行查找和替换操作。

图16-153

16.8.8
语言选项

在"文字>语言选项"下拉菜单中，Photoshop提供了多种处理东亚语言、中东语言、阿拉伯数字等文字的选项。例如，执行"文字>语言选项>中东语言功能"命令，可以启用中东语言功能，"字符"面板中会显示中东文字选项。

16.8.9
基于文字创建工作路径

进阶课

选择一个文字图层，如图16-154所示，执行"文字>创建工作路径"命令，可以基于文字生成工作路径，原文字图层保持不变，如图16-155所示。生成的工作路径可以应用填充和描边，或者通过调整锚点得到变形文字。

图16-154

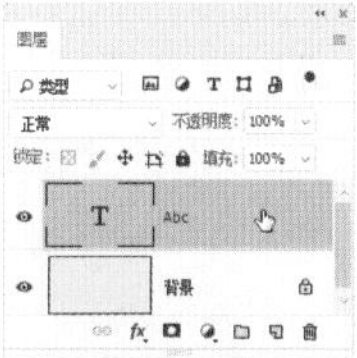

图16-155

16.8.10
将文字转换为形状

进阶课

在进行旋转、缩放和倾斜操作时，无论是点文字、段落文字、路径文字，还是变形文字，Photoshop都将其视为完整的对象，而不管其中有多少个文字，因此，不允许我们对文本中的单个文字（泛指部分文字，非全部文字）进行处理。如果想要突破这种局限，可以采取一种折中的办法，即将文字转换为矢量图形，再对其中的单个文字图形进行变换操作。

选择文字图层，如图16-156所示，执行"文字>转换为形状"命令，可以将它转换为形状图层（见377页），如图16-157所示。文字变为矢量图形后，原文字图层不会保留，无法修改文字内容、字体、间距等属性，因此，在将文字转换为图形前，最好复制一个文字图层留作备用。

图16-156

图16-157

16.8.11
为文字消除锯齿

文字虽然是矢量对象，但需要转换为像素后，才能在计算机屏幕上显示，或打印到纸上。在转换时，文字的边缘会产生硬边和锯齿。在文字工具选项栏、"字符"面板和"文字>消除锯齿"下拉菜单中都可以选择一种方法来消除锯齿。

选择"无"，表示不对锯齿进行处理，如果文字较小，如创建用于Web的小尺寸文字时，选择该选项，可以避免文字边缘因模糊而看不清楚.

选择其他几个选项时，Photoshop会让文字边缘的像素与图像混合，产生平滑的边缘。其中，"锐利"会使边缘显得最为锐利；"犀利"表示边缘以稍微锐利的效果显示；"浑厚"会使文字看起来变粗一点；"平滑"会使边缘显得柔和。图16-158所示为具体效果。

无　　锐利　　犀利　　浑厚　　平滑
图16-158

16.8.12
栅格化文字图层

Photoshop中的文字在未进行栅格化以前是矢量对象，可以随时修改文字内容、颜色和字体等属性，也可以任意旋转、缩放而不会出现锯齿（即文字保持清晰，不会模糊）。

栅格化是指将矢量对象像素化。对于文字，就是将文字转变为图像，这意味着我们可以用绘画工具、调色工具和滤镜等编辑文字图层，但文字的属性将不能再进行修改，而且旋转和缩放时也容易造成清晰度下降，使文字模糊。

如果要进行栅格化，可以在"图层"面板中选择文字图层，然后执行"文字>栅格化文字图层"命令，或"图层>栅格化>文字"命令，如图16-159和图16-160所示。

图16-159

图16-160

第17章 Web 图形与网店装修

使用Web图形

使用 Photoshop 的 Web 工具，可以轻松构建网页的组件，或按照预设或自定格式输出完整网页。

【本章简介】

2005 年 4 月 18 日，Adobe 公司通过换股方式将著名的软件公司，也是其重要的竞争对手 Macromedia 收购，该公司网页设计软件 Dreamweaver、Fireworks，以及动画软件 Flash 等都被 Adobe 纳入囊中。两家公司合并以后，极大地丰富了 Adobe 的产品线，提高了其在多媒体和网页制作方面的能力。

网页设计与网页制作是两个概念。Photoshop 更主要的用途是进行网页设计。例如，设计网站主页、导航条、欢迎模块、收藏区、客服区，等等（本章中就提供了相关实例）。这些设计工作在 Photoshop 中完成以后，再用 Dreamweaver、Fireworks 等其他软件制作成为网页。在最近几年的版本升级时，Photoshop 对于网页设计的支持也越来越多，包括可以导出各种格式的图像资源，可复制 CSS 和 SVG 等。Photoshop 中也包含一些网页制作功能。例如，可以制作切片、使用"存储为 Web 所用格式"命令可以对切片进行优化等。

在早期，关于 Photoshop 是否支持网页制作曾有过一段小插曲。基于用户的要求，1998 年，Adobe 在 Photoshop 中加入了 ImageReaddy，用以弥补 Photoshop 在 Web 功能上的欠缺。而到了 Photoshop CS3 版本时，ImageReady 又消失了，它的功能被完全融合到 Photoshop 中，因此，用户使用 Web 功能时，不必像之前得在两个软件间跳转了，省了不少事。

【学习重点】

17.1.1

Web 安全色

颜色是网页设计的重要内容，然而，我们在计算机屏幕上看到的颜色却不一定都能在其他系统上的 Web 浏览器中以同样的效果显示。为了使颜色能够在所有的显示器上看起来一模一样，在制作网页时，就需要使用Web安全颜色。

在"颜色"面板或"拾色器"对话框中调整颜色时，如果出现警告图标，如图17-1所示，可单击该图标，将当前颜色替换为与其最为接近的 Web 安全颜色，如图17-2所示。更好的办法是在"颜色"面板或"拾色器"中设置颜色时，选择相应的选项，这样就可以始终在Web 安全颜色模式下工作，如图17-3和图17-4所示。

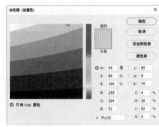

图17-1　图17-2　图17-3　　　　图17-4

17.1.2

了解切片的类型

在制作网页时，通常要对页面进行分割，即制作切片，然后通过优化切片来对图像进行不同程度的压缩，以减少图像的下载时间。另外，还可以为切片制作动画，链接到URL地址，或者使用它们制作翻转按钮。

Photoshop中有3种切片，使用切片工具创建的切片称作用户切片，通过图层创建的切片称作基于图层的切片。

创建新的用户切片或基于图层的切片时，会生成附加的自动切片来占据图像的其余区域，自动切片可填充图像中用户切片或基于图层的切片未定义的空间。每次添加或编辑用户切片或基于图层的切片时，都会重新生成自动切片。用户切片和基于图层的切片由实线定义，而自动切片则由虚线定义，如图17-5和图17-6所示。

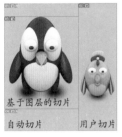

图17-5　　　　　　　图17-6

17.1.3
功能练习：使用切片工具创建切片

01 打开素材。选择切片工具 ✂，在工具选项栏的"样式"下拉列表中选择"正常"选项，如图17-7所示。

扫码看视频

样式：正常　宽度：　高度：　基于参考线的切片

图17-7

02 在要创建切片的区域上单击并拖出一个矩形框（可同时按住空格键移动定界框），如图17-8所示，放开鼠标即可创建一个用户切片，它以外的部分会生成自动切片，如图17-9所示。如果按住Shift键拖动，则可以创建正方形切片；按住Alt键拖动，可以从中心向外创建切片。

图17-8　　　　　　　图17-9

> **提示**（Tips）
>
> 在"样式"下拉列表中，选择"正常"选项，可通过拖曳鼠标自由定义切片的大小；选择"固定长宽比"选项，并输入切片的高宽比，按Enter键，可以创建具有固定长宽比的切片。例如，如果要创建一个宽度是高度两倍的切片，可以输入宽度2和高度1；选择"固定大小"，并输入切片的高度和宽度值，然后在画板上单击，可以创建指定大小的切片。

17.1.4
功能练习：基于参考线创建切片

01 打开素材，如图17-10所示。按Ctrl+R快捷键显示标尺，如图17-11所示。

扫码看视频

图17-10　　　　　　　图17-11

02 分别从水平标尺和垂直标尺上拖出参考线，定义切片的范围，如图17-12所示。

03 选择切片工具 ✂，单击工具选项栏中的"基于参考线的切片"按钮，即可基于参考线创建切片，如图17-13所示。

图17-12　　　　　　　图17-13

17.1.5
功能练习：基于图层创建切片

01 打开素材，如图17-14和图17-15所示。这是一个PSD格式的分层文件。

图17-14　　　　　　　图17-15

02 选择"图层1"，如图17-16所示，执行"图层>新建基于图层的切片"命令，基于图层创建切片，切片会包含该图层中的所有像素，如图17-17所示。

03 使用移动工具 ⊕ 移动图层内容时，切片区域会随之自动调整，如图17-18所示。此外，编辑图层内容，如进行缩放时也是如此，如图17-19所示。

图17-16　　　　图17-17

图17-18　　　　图17-19

17.1.6

▶ 必学课

功能练习：选择、移动与调整切片

创建切片以后，可以移动切片或组合多个切片，也可以复制切片或删除切片，或者为切片设置输出选项，指定输出内容，为图像指定URL链接信息等。

扫码看视频

01 打开素材。使用切片选择工具 ✂ 单击一个切片，将它选择，如图17-20所示。按住Shift键单击其他切片，可以选择多个切片，如图17-21所示。

图17-20　　　　图17-21

02 选择切片后，拖动切片定界框上的控制点可以调整切片大小，如图17-22所示。

03 拖曳切片则可以移动切片，如图17-23所示。住 Shift 键可以将移动限制在垂直、水平或 45° 对角线的方向上；按住Alt键拖曳鼠标，可以复制切片。如果想防止切片被意外修改，可以执行"视图>锁定切片"命令，锁定所有切片。再次执行该命令则取消锁定。

> **提示**（Tips）
>
> 执行"编辑>首选项>参考线、网格和切片"命令，打开"首选项"对话框，可以修改切片的颜色和编号。

图17-22　　　　图17-23

切片选择工具选项栏

切片选择工具 ✂ 的选项栏中提供了可调整切片的堆叠顺序、对切片进行对齐与分布的选项，如图17-24所示。

图17-24

- **调整切片堆叠顺序**：在创建切片时，最后创建的切片是堆叠顺序中的顶层切片。当切片重叠时，可以单击该选项中的按钮，改变切片的堆叠顺序，以便能够选择到底层的切片。单击置为顶层按钮 ，可以将所选切片调整到所有切片之上；单击前移一层按钮 ，可以将所选切片向上层移动一个顺序；单击后移一层按钮 ，可以将所选切片向下层移动一个顺序；单击置为底层按钮 ，可以将所选切片移动到所有切片之下。

- **提升**：将所选的自动切片或图层切片转换为用户切片。

- **划分**：单击该按钮，可以打开"划分切片"对话框对所选切片进行划分。

- **对齐与分布切片**：选择了两个或多个切片后，单击相应的按钮可以让所选切片对齐或均匀分布，它们是顶对齐 、垂直居中对齐 、底对齐 、左对齐 、水平居中对齐 和右对齐 。如果选择了3个或3个以上切片，可单击相应的按钮使所选切片按照一定的规则均匀分布，这些按钮包括按顶分布 、垂直居中分布 、按底分布 、按左分布 、水平居中分布 和按右分布 。对齐和分布切片的操作与对齐和分布图层效果大致相同（见 68 页）。

- **隐藏自动切片**：单击该按钮，可以隐藏自动切片。

- **设置切片选项**：单击该按钮，可在打开的"切片选项"对话框中设置切片的名称、类型并指定URL地址等。

17.1.7

划分切片

使用切片选择工具 ✂ 选择切片，如图17-25所示，单击工具选项栏中的"划分"按钮，可在打开的对话框中设置切片的划分方式，如图17-26所示。

- **水平划分为**：选取该选项后，可以在长度方向上划分切片。它包含两种划分方式，选择"个纵向切片，均匀分隔"，可输入切片的划分数目；选择"像素/切片"，可以输入一个数值，基于指定数目的像素创建切片，如果按该像素数目无法平均地划分切片，则会将剩余部分划分为另一个切片。例如，如果将 100 像素宽的切片划分为 3 个 30 像素宽的新切片，则剩余的 10 像素宽的区域将变成一个新的切片。图 17-27 所示为选择"个纵向切片，均匀分隔"后，设置数值为 3 的划分结果；图 17-28 所示为选择"像素/切片"后，输入数值为 200 像素的划分结果。

图17-25

图17-26

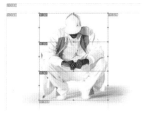
图17-27

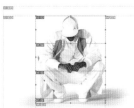
图17-28

- 垂直划分为：选取该选项后，可以在宽度方向上划分切片。它也包含两种划分方法。
- 预览：在画面中预览切片划分结果。

💎 17.1.8
组合切片与删除切片

使用切片选择工具选择两个或更多的切片，如图17-29 所示，单击鼠标右键打开下拉菜单，选择"组合切片"命令，可以将所选切片组合为一个切片，如图17-30所示。

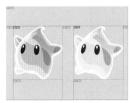
图17-29

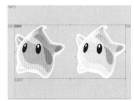
图17-30

如果要删除切片，可以选择一个或多个切片，然后按 Delete 键。如果要删除所有用户切片和基于图层的切片，可以执行"视图>清除切片"命令。

💎 17.1.9
转换为用户切片

基于图层的切片与图层的像素内容相关联，因此，在对切片进行移动、组合、划分、调整大小和对齐等操作时，唯一的方法是编辑相应的图层。如果想使用切片工具

完成以上操作，则需要先将这样的切片转换为用户切片。此外，在图像中，所有自动切片都链接在一起并共享相同的优化设置，如果要为自动切片设置不同的优化设置，也必须将其提升为用户切片。

使用切片选择工具 ✂ 选择要转换的切片，如图17-31 所示，单击工具选项栏中的"提升"按钮，即可将其转换为用户切片，如图17-32所示。

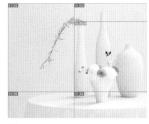
图17-31

图17-32

💎 17.1.10
设置切片选项

使用切片选择工具 ✂ 双击切片，或者选择切片然后单击工具选项栏中的 按钮，可以打开"切片选项"对话框，如图17-33 所示。

图17-33

- 切片类型：可以选择要输出的切片的内容类型，即在与 HTML 文件一起导出时，切片数据在 Web 浏览器中的显示方式。"图像"为默认的类型，切片包含图像数据；选择"无图像"，可以在切片中输入 HTML 文本，但不能导出为图像，并且无法在浏览器中预览；选择"表"，切片导出时将作为嵌套表写入到 HTML 文本文件中。
- 名称：可以输入切片的名称。
- URL：输入切片链接的Web地址，在浏览器中单击切片图像时，即可链接到此选项设置的网址和目标框架。该选项只能用于"图像"切片。
- 目标：输入目标框架的名称。
- 信息文本：指定哪些信息出现在浏览器中。这些选项只能用于图像切片，并且只会在导出的 HTML 文件中出现。
- Alt标记：指定选定切片的 Alt 标记。Alt 文本在图像下载过程中取代图像，并在一些浏览器中作为工具提示出现。
- 尺寸：X和Y选项用于设置切片的位置，W和H选项用于设置切片的大小。
- 切片背景类型：可以选择一种背景色来填充透明区域（适用于"图像"切片）或整个区域（适用于"无图像"切片）。

优化切片图像

17.2

创建切片后，可以对切片图像进行优化，以减小文件的大小。在Web上发布图像时，较小的文件可以使Web服务器更加高效地存储和传输图像，用户则能够更快地下载图像。

执行"文件>导出>存储为 Web 所用格式（旧版）"命令，打开"存储为 Web 所用格式"对话框，如图17-34所示，在对话框中导出和优化切片图像。Photoshop 将每个切片存储为单独的文件并生成显示切片图像所需的 HTML 或 CSS 代码。

扫码看视频

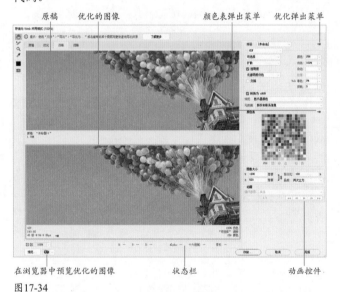

图17-34

文件基本信息

使用切片选择工具 单击需要优化的切片，将其选择，在右侧的文件格式下拉列表中选择一种文件格式并设置优化选项，对所选切片进行优化，如图17-35所示。Web图形格式可以是位图（栅格），也可以是矢量。位图格式（GIF、JPEG、PNG 和 WBMP）与分辨率有关，因此，图像的尺寸会随显示器分辨率的不同而发生变化，图像品质也可能会发生变化。矢量格式（SVG 和 SWF）与分辨率无关，对图像进行放大或缩小时不会降低图像品质。

图17-35

工具

- **缩放工具 / 抓手工具 / 缩放文本框**：使用缩放工具 单击可以放大图像的显示比例，按住 Alt 键单击则缩小显示比例，也可在窗口左下角的缩放文本框中输入显示百分比。使用抓手工具 可以移动查看图像。

- **切片选择工具** ：当图像包含多个切片时，可以使用该工具选择窗口中的切片，以便对其进行优化。

- **吸管工具 / 吸管颜色** ：使用吸管工具在图像中单击，可以拾取单击点的颜色，并显示在吸管颜色图标中。

- **切换切片可视性** ：单击该按钮，可以显示或隐藏切片的定界框。

菜单和选项

- **显示选项**：单击"原稿"标签，窗口中会显示未优化的图像；单击"优化"标签，窗口中会显示应用了当前优化设置的图像；单击"双联"标签，可并排显示图像的两个版本，即优化前和优化后的图像；单击"四联"标签，可并排显示图像的 4 个版本，如图 17-36 所示，原稿以外的其他 3 个图像可以进行不同的优化，每个图像下面都提供了优化信息，如优化格式、文件大小、图像估计下载时间等，通过对比可以找出满意的优化方案。

- **优化弹出菜单**：包含"存储设置""链接切片""编辑输出设置"等命令，如图 17-37 所示。

- **颜色表弹出菜单**：包含与颜色表有关的命令，可以新建颜色、删除颜色及对颜色进行排序等，如图 17-38 所示。

图17-36　　　　　　　图17-37　　图17-38

- **转换为 sRGB**：如果使用 sRGB 以外的嵌入颜色配置文件来优化图像，应勾选该项，将图像的颜色转换为 sRGB，然后存储图像以便在 Web 上使用。这样可确保在优化图像中看到的颜色与其他 Web 浏览器中颜色看起来相同。

- **预览**：可以预览图像不同的灰度系数值显示在系统中的效果，

并对图像做出灰度系数调整以进行补偿。计算机显示器的灰度系数值会影响图像在 Web 浏览器中显示的明暗程度。

● 元数据： 可以选择要与优化的文件一起存储的元数据。

● 颜色表： 将图像优化为 GIF、 PNG-8 和 WBMP 格式时， 可在 "颜色表" 中对图像颜色进行优化设置。

● 图像大小： 可以调整图像的宽度 （W） 和高度 （H）， 也可以通过百分比值进行缩放。

● 状态栏： 显示光标所在位置图像的颜色值等信息。

● 在浏览器中预览优化的图像： 单击 按钮可在计算机上默认的 Web 浏览器中预览优化后的图像。 预览窗口中会显示图像的题注， 其中列出了图像的文件类型、 像素尺寸、 文件大小、 压缩规格和其他 HTML 信息， 如图 17-39 所示。 如果要使用其他浏览器， 可在此菜单中选择 "其他" 命令。

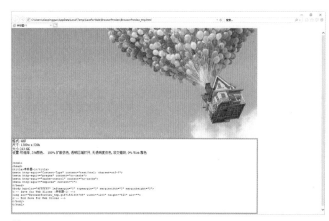

图17-39

导出图层和文件

17.3

使用 Photoshop可以将画板（见75页）、图层、图层组（见67页）或Photoshop文件导出为 PNG、JPEG、GIF 或 SVG 图像资源。

17.3.1
●平面 ●网店

快速导出 PNG 资源

　　PNG是网络图形常用的文件格式。它的特点是体积小、传输速度快、支持透明背景。该格式采用的是无损压缩方法，可确保导出后图像的质量不会降低。使用 "文件>导出>快速导出为PNG"命令，或 "图层>快速导出为PNG"命令，可以将文件或其中的所有画板导出为PNG资源。如果想要用该快捷方法将文件导出为其他格式，可以执行 "文件>导出>导出首选项"命令，打开 "首选项"对话框修改文件格式。使用 "文件>导出>将图层导出到文件"命令，可以将图层导出为单独的文件。

17.3.2
●平面 ●网店

设计实战：生成图像资源

　　Photoshop可以从PSD文件的每一个图层中生成一幅图像。有了这项功能，Web设计人员就可以从PSD文件中自动提取图像资源，免除了手动分离和转存工作。

扫码看视频

01 将配套资源中的PSD素材复制到计算机中，然后在Photoshop中打开它，如图17-40和图17-41所示。

图17-40

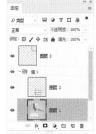

图17-41

02 执行 "文件>生成>图像资源"命令，使该命令处于选取状态。在图层组的名称上双击，显示文本框，修改名称并添加文件格式扩展名.jpg，如图17-42所示。在图层名称上双击，将该图层重命名为 "太阳.gif"，如图17-43所示。需要注意的是，图层名称不支持特殊字符 /、：和 *。

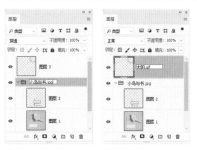

图17-42　　　　　图17-43

03 操作完成后，即可生成图像资源，Photoshop 会将它们与源 PSD 文件一起保存在子文件夹中，如图17-44所示。如果源 PSD 文件尚未保存，则生成的资源会保存在桌面上的新文件夹中。

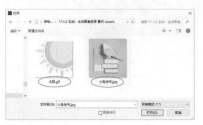

图17-44

> **提示 (Tips)**
>
> 如果要禁用图像资源生成功能，取消"文件>生成>图像资源"命令前的选取即可。

技术看板 46 生成多个资源并指定品质和大小

如果要从一个图层或图层组生成多个资源，可以用逗号（，）分隔资源名称。例如，以"图层_4.jpg，图层_4b.png，图层_4c.png"命名图层可以生成3个资源。默认情况下，生成图像资源时，JPEG 资源会以90%品质生成；PGN 资源会以32位图像生成；GIF资源会以基本Alpha透明度生成。当重命名图层或图层组以便为资源生成做准备时，可以自定品质和大小。例如，如果将图层名称设置为"120%图层.jpg，42%图层.png24，100×100图层_2.jpg90%，250%图层.gif"，则可以从该图层生成以下资源。

1.图层.jpg（缩放120%的8品质JPEG图像）2.图层.png（缩放42%的24位PNG图像）3.图层_2.jpg（100×100 像素绝对大小的90%品质JPEG图像）4.图层.gif（缩放250%的GIF图像）。

◆ **17.3.3** ●平面 ●网店

设计实战：导出并微调图像资源

如果将图层、图层组、画板或Photoshop 文件导出为图像时，想要对设置进行微调，可以使用"导出为"命令操作。该命令设计得非常"贴心"，它充分考虑到了用户使用中遇到的各种情况。例如，进行Web设计时，制作好的图标用在不同的地方时对于尺寸方面也会有所要求，有的可能是原有尺寸的一半，有的可能要放大到两倍才行。

扫码看视频

01 打开素材，如图17-45所示。这是在两个画板上创建的设计图稿，如图17-46所示。

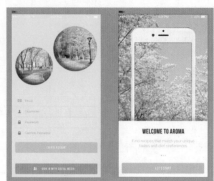

图17-45

图17-46

02 执行"文件>导出>导出为"命令，或"图层>导出为"命令，打开"导出为"对话框，在"格式"下拉列表中选择文件格式，如图17-47所示。如果要改变图像或画布尺寸，可以在"图像大小"和"画布大小"选项组中设置。

图17-47

03 单击"后缀"右侧的+状图标，添加一组选项，并选取"0.5×"，该组的"后缀"会自动变为"@0.5×"，这样可以同时导出两组图像资源，一组是原始尺寸，另一组是它的一半大小。文件后缀可帮助我们轻松管理导出的资源，因为，0.5×资源的名称后缀均为@0.5×。单击"全部导出"按钮，在弹出的对话框中为资源指定保存位置，如图17-48和图17-49所示，单击"选择文件夹"按钮，导出资源，如图17-50所示。

图17-48   图17-49

图17-50

04 除了导出全部内容外，还可以只导出部分图层、图层组或画板。例如，单击"画板2"前方的 〉 按钮，展开画板组，按住Ctrl键单击图17-51所示的两个图层，将它们选取，然后在它们上方单击鼠标右键，从弹出的快捷菜单中选择"导出为"命令，如图17-52所示。

图17-51   图17-52

05 之后按照第2步、第3步方法操作，即可将这两个图层导出为资源，如图17-53和图17-54所示。

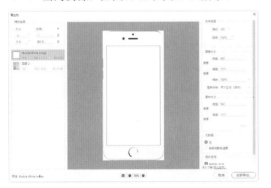

图17-53

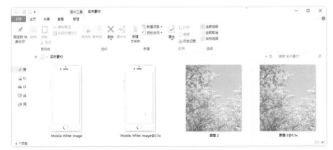

图17-54

"导出为"对话框选项	说明
文件设置	可以选择将文件导出为PNG、JPEG、GIF或SVG格式
图像大小	可以指定图像资源的"宽度"和"高度"。如果调整"缩放"值，对图像进行了放大或缩小，还可以选择以哪种方法进行"重新采样"
画布大小	可以设置资源所占据的画布的大小。如果图像大于画布大小，将会按照所设置的画布"宽度"和"高度"对它进行剪切。如果不想裁切图像，可以单击"复位"按钮，将该选项中的数值恢复为"图像大小"中设置的值
元数据	可以指定是否要将元数据（版权和联系信息）嵌入导出的资源中
色彩空间	可以设置是否要将导出的资源转换为sRGB 色彩空间，以及是否要将颜色配置文件嵌入导出的资源中

◈ 17.3.4   ◈网店

复制CSS

执行"图层>复制CSS"命令，可以从形状或文本图层生成级联样式表（CSS）属性。CSS 即级联样式表，是一种用来表现HTML（标准通用标记语言的一个应用）或XML（标准通用标记语言的一个子集）等文件样式的计算机语言。

◈ 17.3.5   ◈网店

复制SVG

在一个图层上单击鼠标右键，从弹出的菜单中选择"复制 SVG"命令，此后便可将SVG资源粘贴到 Adobe XD文件中。此外，也可在Photoshop的画布中，将 SVG 资源直接拖曳到 Adobe XD。

Adobe XD（Adobe Experience Design CC）是一款专为UX、UI、原型、交互而生的矢量化图形设计软件，可快速设计和建立手机 App和网站原型，包含线框稿、视觉设计、互动设计、用户体验设计、原型制作、预览和共享等功能。

> **提 示**（Tips）
>
> UX即用户体验。UX设计指以用户体验为中心的设计。UX设计师研究和评估一个系统的用户体验，关注该系统的易用性、价值体现、实用性、高效性等。

制作童装店招

难度：★★☆☆☆ 功能：钢笔工具、画笔工具

说明：本实例是一个儿童服装店招设计，风格柔和清新，符合产品定位。

店招顾名思义就是网店的招牌，作用与实体店铺是一样的。店招位于网店首页的顶端，设计简洁，以能清晰传达店铺种类和功能为佳。店招的标准尺寸是950像素×150像素，也有些店招宽度超出950像素，但是最大不能超出1260像素。静态店招为JPEG格式，带有动画效果的动态店招为GIF格式。

💎 17.4.1

用钢笔工具绘制店铺Logo

01 按Ctrl+N快捷键，打开"新建文档"对话框，创建一个950像素×150像素、72像素/英寸的文件。

02 将前景色设置为青蓝色（R102，G204，B204）。选择钢笔工具 ✍，在工具选项栏中选择"形状"选项，绘制树叶形状，如图17-55所示。选择"排除重叠形状"选项，如图17-56所示，在树叶中间绘制一个小图形，形成挖空效果，如图17-57所示。

图17-55 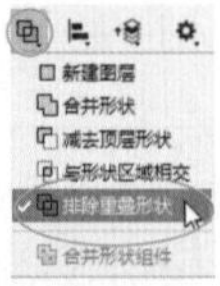　　　图17-56 　　　图17-57

03 选择横排文字工具 **T**，在工具选项栏中设置字体、大小及颜色（R255，G102，B102），输入店铺名称，如图17-58和图17-59所示。在名称下面输入店铺的广告语，文字与叶子颜色相同，如图17-60所示。

图17-58　　　　　　图17-59

图17-60

💎 17.4.2

用画笔工具绘制背景的装饰花边

01 在"背景"图层上方新建一个图层。选择矩形工具 ▢，在工具选项栏中选择"像素"选项，绘制一个浅黄色矩形，如图17-61所示。

02 选择画笔工具 ✍，按F5键打开"画笔设置"面板，选择"硬边圆"画笔，设置间距为93%，如图17-62所示。

图17-61　　　　　　　　图17-62

03 在图层面板最上方新建一个图层。将前景色设置为青蓝色，将画笔工具 ✍ 放在画面左上角，笔尖一半在画面中，一半在画面外，单击鼠标同时按住Shift键并拖曳鼠标，绘制一条与画面等宽的直线，在画面下方也绘制一条，如图17-63所示。

图17-63

04 打开素材，使用移动工具 ✛ 将童装素材及聚划算图标拖入画面中，按Shift+Ctrl+[快捷键，将素材移至底层，使其不遮挡花边，如图17-64所示。

图17-64

制作首饰店招

难度：★★☆☆☆　功能：绘制图形、编辑路径

扫码看视频

●平面 ●网店

说明：本实例为首饰店店招设计，左侧为店铺名称和信息，中间为店铺的广告语和热销产品，右侧为代金券。以有限的空间放置能吸引顾客的元素，尽可能地留住顾客。

17.5.1
制作关注图标

01 打开素材。执行"窗口>字符"命令，打开"字符"面板，设置字体参数，将间距设置为-25，垂直缩放80%，如图17-65所示。选择横排文字工具 **T**，在画布上输入文字，如图17-66所示。

02 新建一个图层，选择矩形工具 □，在工具选项栏中选择"像素"选项，在文字下方绘制一个长方形，颜色为品红色（R255，G0，B102）。输入店铺信息，如图17-67和图17-68所示。

图17-65　　　　图17-66

图17-67　　　　图17-68

03 选择椭圆工具 ◯，在工具选项栏中选择"形状"选项，按住Shift键并拖曳鼠标创建圆形，如图17-69所示。用直接选择工具 ▷ 在圆形边缘的路径上单击，显示锚点，如图17-70所示。选择钢笔工具 ⌀，将光标放在图形下方锚点左侧的路径上，钢笔工具显示为 ⌀+ 状，如图17-71所示，单击可添加锚点。

图17-69　　　　图17-70　　　　图17-71

04 用同样的方法在路径右侧也添加一个锚点，如图 17-72所示。用直接选择工具 ▷ 单击圆形下方的锚点，将其选取，如图17-73所示，按住鼠标向左下方拖曳，如图17-74所示。再调整一下锚点两侧的方向线，使路径更流畅，如图17-75所示。

05 选择自定形状工具 ⚘，单击工具选项栏中的 按钮，打开"形状"下拉面板，选择"红心"形状，如图17-76所示。创建一个白色的心形，如图17-77所示。如果面板中没有这个形状，可以单击面板右上方的 ✿. 按钮，打开面板菜单，选择"全部"命令，加载全部形状就可以找到了。

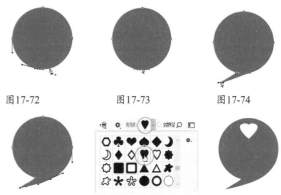

图17-72　　　　图17-73　　　　图17-74

图17-75　　　　图17-76　　　　图17-77

06 选择横排文字工具 **T**，在画面空白处输入文字"关注"，再拖至图形上，如图17-78和图17-79所示。输入其他文字，如图17-80所示。

图17-78　　　　图17-79

图17-80

17.5.2
制作优惠券

01 新建一个图层。选择矩形工具 □，在工具选项栏中选择"像素"选项，绘制一个白色矩形。双击该图层，打

开"图层样式"对话框，添加"描边"效果，设置描边大小为1像素，如图17-81和图17-82所示。

图17-81　　　　　　　图17-82

02 新建一个图层，按Alt+Ctrl+G快捷键创建剪贴蒙版，设置该图层的不透明度为50%，如图17-83所示。选择多边形套索工具 ，在矩形右侧创建一个梯形选区，填充品红色，如图17-84所示。由于图层设置了不透明度，颜色看起来会比较浅。选区可创建得大一些，剪贴蒙版会将多余的区域隐藏，按Ctrl+D快捷键取消选择。

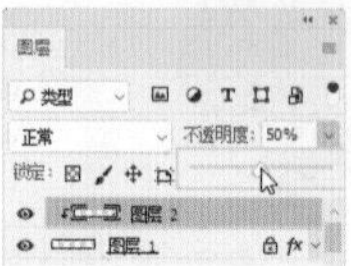

图17-83 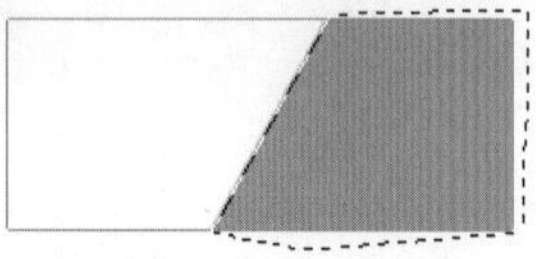　　　　　图17-84

03 单击"图层1"，按住Alt键向上拖至"图层2"上方，设置不透明度为50%，如图17-85所示。按Ctrl+T快捷键显示定界框，在工具选项栏中设置水平缩放为95%，垂直缩放为85%，如图17-86所示。按Enter键确认。

图17-85 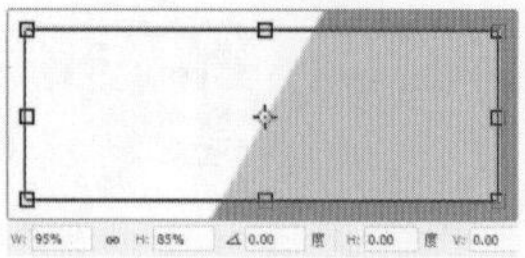　　　　　　图17-86

04 选择横排文字工具 T ，在画面中输入优惠券金额文字，如图17-87~图17-89所示。"￥"符号读作元，在中文输入法状态下按Shift+4键，拼音输入法状态下为人民币全拼。输入其他文字，在"点击领取"下方绘制一个品红色矩形，衬托白色的文字，如图17-90~图17-93所示。

图17-87　　　　图17-88　　　　图17-89

图17-90　　　　图17-91　　　　图17-92

图17-93

17.6 网店店招与导航条设计

难度：★★☆☆☆ 功能：渐变、变形文字

说明：本实例是一个口腔护理店的导航条设计，将其与店招一体制作，形成空间的相互借用，既突出了品牌，导航也不因范围小而显得局促，有空间扩大的感觉。

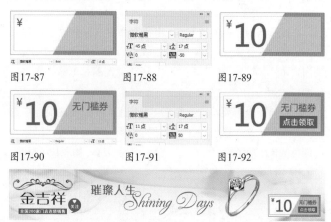

导航条是网店首页的重要组成部分，可以使顾客更方便地找到所需商品，快速地从一个页面跳转到另一个页面。导航条的位置在店招下方，在设计时要考虑与网店的整体风格一致，字体和用色方面都要有统一的规划。导航条的尺寸为950像素×50像素，由于空间有限，导航条一般不会有太繁复的设计，注重的是用户体验，视觉清晰，使用方便。

17.6.1

制作店招背景和导航条文字

01 新建一个文件，将高度设置为200像素，即150像素的店招和50像素高度的导航条，宽度不变，如图17-94所示。

02 选择渐变工具 ，在工具选项栏中单击 按钮，打开"渐变编辑器"，调整渐变颜色，如图17-95所示。

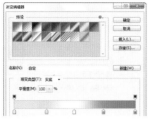

图17-94　　　　　　　　图17-95

图17-99

03 在画布上按住Shift键同时拖曳鼠标，创建一个线性渐变，如图17-96所示。打开素材，使用移动工具 ⊕ 将导航条背景和牙刷素材拖入文件中，如图17-97所示。

04 选择横排文字工具 **T**，输入品牌名称"洁士"，设置字体为"微软雅黑"，大小为55点。英文字母大小为36点。左右两侧的广告语分别为31点和17点，如图17-98所示。

图17-96　　　　　　　　图17-97

17.6.2

制作彩带上的变形文字

01 在彩带上输入14点白色小字，如图17-100所示。单击工具选项栏中的 ⊥ 按钮，打开"变形文字"对话框，在样式下拉列表中选择"拱形"选项，设置参数如图17-101所示，使文字产生弯曲，与彩带的弧形一致，如图17-102所示。

图17-100　　　　图17-101　　　　图17-102

02 选择移动工具 ⊕，按住Ctrl键单击"背景"图层，将其与当前文字图层一同选取，单击工具选项栏中的 ♣ 按钮，进行水平居中对齐，如图17-103所示。

图17-98

05 在工具选项栏中设置字体及大小，在导航条上单击，输入文字，每个类别之间要保持相同的距离，在装饰彩带处可根据图形位置添加空格，使文字能够不遮挡彩带。在"所有分类"后面用钢笔工具 ⌀ 绘制一个三角形图标，如图17-99所示。

图17-103

17.7

收藏区设计

说明：本实例是一个徽标形的收藏区设计，图形来自于Photoshop提供的形状库，风格古典精致，用色简单时尚，不显沉闷。

难度：★★☆☆☆　功能：绘制形状、虚线描边、剪贴蒙版

●平面 ●网店

店铺收藏区是顾客将感兴趣的店铺收藏起来，下次访问时能轻松地找到。收藏区的设计很灵活，可以在店招中，也可以在首页的某个区域。比如有的店铺不仅首页上方有店铺收藏，在首页底部也设置了，旨在提醒顾客查看完店铺宝贝后，可以随时进行收藏。

17.7.1

制作背景图形

01 按Ctrl+N快捷键，打开"新建文档"对话框，创建一个200像素×150像素、72像素/英寸的文件，如图17-104所示。

02 将前景色设置为橘红色（R255，G102，B51）。选择自定形状工具 ⌀，在工具选项栏中选择"形状"选项，

在"形状"下拉面板中选择"标志6"形状，如图17-105所示。创建形状，如图17-106所示。

03 双击形状图层，打开"图层样式"对话框，选择"投影"选项，将投影颜色也设置为橘红色，与图形颜色相同，如图17-107和图17-108所示。

图17-104　　　　　　　　图17-105

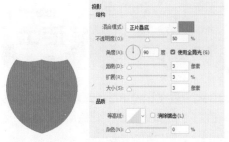

图17-106　　　　图17-107　　　　图17-108

04 按Ctrl+J快捷键复制当前图层，生成"形状1副本"图层。将光标放在图层后面的 fx 图标上，将其拖至面板底部的 🗑 按钮上，删除图层中的效果，如图17-109所示。按Ctrl+T快捷键显示定界框，按住Alt+Shift键的同时拖曳定界框的一角，保持中心点不变的情况下，将图形等比缩小，如图17-110所示，按Enter键确认。在工具选项栏中设置图形的描边颜色为浅黄色，描边宽度为1点，如图17-111所示。

图17-109　　　　图17-110　　　　图17-111

💎 17.7.2
制作放射线纹理和其他装饰物

01 打开"形状"下拉面板，选择图17-112所示的"靶标2"形状。绘制形状的同时按住Shift键可锁定比例，绘制的图形要略大于标志图形，如图17-113所示。按Alt+Ctrl+G快捷键创建剪贴蒙版，将超出标志图形以外的区域隐藏，如图17-114所示。

图17-112　　　　　　图17-113　　　　　　图17-114

02 选择矩形工具 ▭，创建一个矩形，填充青蓝色，如图17-115所示。按Ctrl+T快捷键显示定界框，在画面中单击鼠标右键，显示快捷菜单，选择"透视"命令。将光标放在定界框的右下角，按住鼠标向左拖曳，另一边也会有同样的变化，可以将矩形变换成梯形，如图17-116所示，按Enter键确认。按Ctrl+J快捷键复制该图层，通过自由变换将图形缩小一些，如图17-117所示。

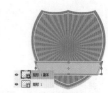

图17-115　　　　　图17-116　　　　　图17-117

03 在工具选项栏中将描边类型设置为虚线，宽度仍为1点，如图17-118所示。选择钢笔工具 ✐，绘制一个颜色略深一点的图形，作为折叠到图标后面的那部分图形，如图17-119所示。按Shift+Ctrl+[快捷键将其移至底层，如图17-120所示。

图17-118　　　　　图17-119　　　　　图17-120

04 在"形状"下拉面板中选择"领结"形状，如图17-121所示。绘制形状，如图17-122所示。使用路径选择工具 ▶ 按住Alt+Shift键的同时向右侧拖曳领结形状，进行复制，如图17-123所示。

图17-121　　　　　　图17-122　　　　　　图17-123

05 选择自定形状工具 ✿，在"形状"下拉面板中选择"五角星"形状，如图17-124所示。绘制一个星形，如

图17-125所示。使用路径选择工具 ▶ 按住Alt+Shift键的同时向右侧拖曳星形，复制出4个星形，如图17-126所示。按住Shift键单击这几个星形，将它们选取，单击工具选项栏中的 ▤ 按钮，在打开的下拉列表中选择"‖‖ 按宽度均匀分布"选项，使星形之间的距离一致。

06 使用横排文字工具 T 输入文字信息，如图17-127～图17-129所示。

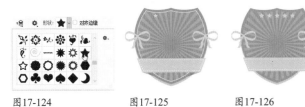

图17-124　　　　图17-125　　　　图17-126

图17-127

图17-128　　　　　　图17-129

客服区设计

Photoshop CC 2016
17.8

难度：★★☆☆☆　功能：绘制图形、图层样式

扫码看视频

●平面 ●网店

说明：客服区是网店与顾客进行沟通交流的平台。有的网店为体现专业度和服务品质，会在首页的多个位置设置客服区，以便顾客能随时联系到工作人员。本实例是一个侧边栏的客服区设计。

◆ 17.8.1

制作背景图形

01 按Ctrl+N快捷键，打开"新建文档"对话框，创建一个300像素×350像素、72像素/英寸的文件。

02 选择圆角矩形工具 □，在工具选项栏中选择"形状"选项。在画布上单击，弹出"创建圆角矩形"对话框，设置图形的大小，如图17-130所示，单击"确定"按钮，创建一个圆角矩形，如图17-131所示。

图17-130　　　　　　图17-131

03 双击该图层，打开"图层样式"对话框，添加"描边"效果，设置描边颜色为橘红色，如图17-132和图17-133所示。

04 用矩形工具 □ 创建一个矩形，略大于圆角矩形，如图17-134所示。按Alt+Ctrl+G快捷键创建剪贴蒙版，将超出圆角矩形的部分隐藏，如图17-135和图17-136所示。

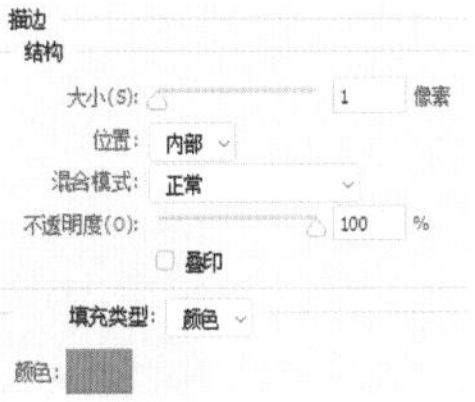

图17-132　　　　　　　　图17-133

图17-134 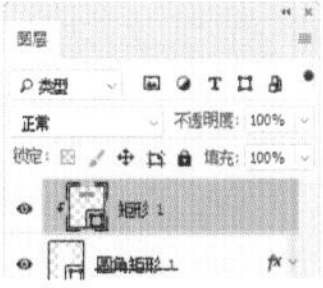　　　　图17-135　　　　图17-136

05 在图形右侧绘制一个圆角矩形，如图17-137所示。按Shift+Ctrl+[快捷键将其移至底层，如图17-138所示。选择钢笔工具 ✐，在图形右侧绘制一个白色的三角形，如图17-139所示。

图17-137　　　　图17-138　　　　图17-139

◇ 17.8.2

添加旺旺头像和文字

01 打开素材，如图17-140所示。使用移动工具 ✛ 将图形拖入文件中，按照图17-141所示的位置进行摆放。在工具选项栏中选取"自动选择"选项，用移动工具按住Alt键的同时向下拖曳旺旺图形进行复制，如图17-142所示。

图17-140   图17-141   图17-142

02 网店客服区对于旺旺图标的大小是有要求的，作为客服链接的旺旺图标尺寸为16像素×16像素。按Ctrl+T快捷键显示定界框，单击工具选栏中的保持长宽比按钮 ⇔，锁定比例，设置缩放参数为37%，如图17-143所示，按Enter键确认。按Alt+Shift键拖动图标进行复制，如图17-144和图17-145所示。

图17-143   图17-144   图17-145

> **提示**（Tips）
>
> 测量图形大小的方法有两种。一是使用矩形工具，在画面中单击，可以弹出对话框，创建一个16像素大小的矩形作为参照；另一种是按Ctrl+R快捷键显示标尺，用标尺来测量。

03 用横排文字工具 T 输入文字，如图17-146和图17-147所示。图形右侧的"在线客服"可使用直排文字输入工具 ↓T，如图17-148所示。

图17-146   图17-147   图17-148

●平面 ●网店

欢迎模块及优惠促销设计

17.9

扫码看视频

难度：★★★☆☆ 功能：变换图形、图层样式

说明：根据产品风格和对客户群的定位，进行欢迎模块的设计。活动信息设计为一个圆形标签，颜色采用女性喜爱的冰激凌色系，体现高雅与浪漫的风格。

◇ 17.9.1

制作优雅的冰激凌色系标签

01 按Ctrl+N快捷键，打开"新建文档"对话框，创建一个1920像素×720像素、72像素/英寸的RGB模式文件，如图17-149所示。

02 将前景色设置为薄荷绿（R204，G255，B204），按Alt+Delete快捷键填充前景色。选择椭圆工具 ◯，在工具选项栏中选择"形状"选项，按住Shift键创建一个圆形，填充白色，如图17-150所示。

03 按Ctrl+J快捷键复制当前图层，生成"椭圆1拷贝"图层，如图17-151所示。按Ctrl+T快捷键显示定界框，按住Alt+Shift键的同时拖曳定界框的一角，将图形等比缩小，如图17-152所示，按Enter键确认。

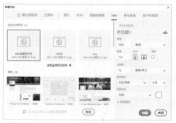

图17-149   图17-150

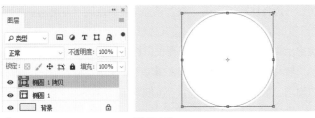

图17-151　　　　　　　图17-152

04 在工具选项栏中设置描边颜色为浅粉色（R255，G204，B204），描边宽度为2点，描边类型为虚线，如图17-153所示。按Ctrl+J快捷键，再次复制图层，如图17-154所示。

图17-153　　　　　　　　　图17-154

05 选择路径选择工具 ▶，在工具选项栏中选择"与形状区域相交"选项，按住Alt+Shift键向上拖动圆形进行复制，如图17-155所示。复制的圆形与原来的圆形相减，只保留重叠的区域。将填充颜色设置为浅粉色，描边设置为无，如图17-156所示。

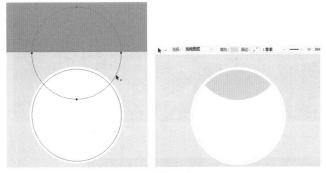

图17-155　　　　　　　图17-156

06 打开素材，将蝴蝶结拖入文件中，如图17-157所示。双击该图层，打开"图层样式"对话框，选择"投影"选项，设置参数，如图17-158和图17-159所示。

图17-157　　　　图17-158　　　　　　图17-159

07 选择横排文字工具 T，在"字符"面板中设置字体、大小及字距，在画布上单击，输入文字，如图17-160~图17-163所示。

图17-160　　　　　　　图17-161

图17-162　　　　　　　图17-163

08 选择圆角矩形工具 ▢，在工具选项栏中设置半径为30像素，绘制图形，如图17-164所示。输入其他文字，如图17-165和图17-166所示。

图17-164　　　　　　图17-165　　　　　　　图17-166

09 输入优惠信息，如图17-167和图17-168所示。用横排文字工具 T 在数字"399"上拖曳鼠标，将其选取，如图17-169所示。在"字符"面板中设置大小为60点，颜色为桃红色（R255，G102，B102），如图17-170所示。将数字"99"也进行相同的调整，如图17-171所示。输入活动时间，文字大小为22点，如图17-172所示。

图17-167　　　　　　图17-168　　　　　　　图17-169

图17-170　　　　　　图17-171　　　　　　　图17-172

💎 17.9.2
以活泼的版式排列商品

01 按住Shift键单击"椭圆 1"图层，选取除"背景"以外的所有图层，如图17-173所示，按Ctrl+G快捷键创建图层组，如图17-174所示。打开箱包素材，这是一个分层文件，每个箱包都位于单独的图层中，便于编辑。将箱包拖入文件中，如图17-175所示。

图17-173　　图17-174　　图17-175

> **提 示**（Tips）
>
> 冰激凌色系甜美清新，是很得少女心的色系，适合表现与女性相关的主题。比较有代表性的冰激凌色包括：粉蓝色、藕荷色、粉色、青色、柠檬黄、薄荷绿。颜色的调配就是在纯色或高饱和度颜色中加入适量的白色。要用Photoshop调配的话，在颜色图层上创建一个"色相/饱和度"调整图层，将"明度"参数设置为"+80"，就可以调出柔和甜美少女心的冰激凌色了。

02 选择移动工具 ✛ ，在工具选项栏中选取"自动选择"选项，在箱包上单击，将其选取，调整位置。按Ctrl+T快捷键显示定界框，在定界框外拖曳鼠标，调整箱包角度，使其呈现比较自然的摆放效果。在"图层"面板中，将"箱色"图层组拖到"组1"下方，如图17-176和图17-177所示。

图17-176　　　　图17-177

03 拖入插画素材，该素材是分层文件，可根据箱包的摆放位置，对花朵或叶子进行调整，如图17-178所示。

图17-178

●平面 ●网店

Photoshop CC 2018
17.10

欢迎模块及新品发布设计

扫码看视频

难度：★★★☆☆　功能：蒙版、文字转换为形状和编辑路径

说明：使用茂密的大森林作为背景来衬托精油，氛围沉静又有童话般的神秘感，与品牌风格相符。在进行字体设计时，笔画中加入树叶作为装饰，体现取材天然、绿色环保的理念。

💎 17.10.1
为产品营造有神秘感的背景画面

01 打开素材，如图17-179和图17-180所示。

图17-179

图17-180

02 使用移动工具 ✛ 将森林图像拖入绿色背景文件中。放在"背景"图层上方。单击面板底部的 ▣ 按钮，创建蒙版。选择画笔工具 ✐ （柔角450像素），在大树位置涂抹黑色，将其隐藏。将画笔的不透明度设置为30%，在画面左侧涂抹灰色，淡化这部分图像的显示，以使树木之间的白色不再抢眼，如图17-181所示。

图17-181

💎 17.10.2
压暗背景并添加光效以突出产品

01 打开精油素材并拖入文件中，如图17-182所示。背景色调比精油浅，而且画面内容丰富，精油并没有成为主体。应再做调整，使画面分出主次，将产品精油衬托出来。

图17-182

02 单击"图层"面板底部的 🔲 按钮，新建一个图层。这个图层要位于"组1"下方，才可以不遮挡画面中的藤蔓和绿叶。用画笔工具 ✏ 在精油附近涂一些黑色，压暗背景。给左侧也涂一些，如图17-183所示。

图17-183

03 打开素材，如图17-184所示。

图17-184

04 将"蓝绿光点"和"白光"图层拖入文件，放在精油图层下方，衬托精油，如图17-185和图17-186所示。再将"蓝黄光斑"图层放在精油图层上方，使产品被绚丽的彩光环绕着，有种强势推出的隆重感，画面焦点也聚集在此，如图17-187所示。

图17-185　　　　　图17-186　　　　　图17-187

💎 17.10.3
"森林物语"字体设计

01 再新建一个同样大小的文件，用来制作文字。选择横排文字工具 **T**，在"字符"面板中设置字体及大小，将字距设置为-50，输入文字如图17-188和图17-189所示。

图17-188　　　　　图17-189

02 在"图层"面板中的文字图层上单击鼠标右键，打开快捷菜单，选择"转换为形状"命令，将文字转换为形状后，原来的文字图层也会变为形状图层，如图17-190所示。用直接选择工具 ▷ 单击文字"物"的路径，显示锚点，再框选如图17-191所示的锚点，将其向上拖曳，与竖画上边的锚点高度一致，如图17-192所示。

图17-190　　　　图17-191　　　　图17-192

03 再框选文字"森"右侧的两个锚点，如图17-193所示，按住Shift键向右沿水平方向拖曳，与文字"物"连接上，如图17-194所示。

图17-193　　　　　　　图17-194

04 单击文字"林"，显示锚点，如图17-195所示。选择删除锚点工具 ✐ ，将光标放在多余笔画的锚点上，如图17-196所示，单击鼠标可将锚点删除，如图17-197和图17-198所示。

图17-195　　图17-196　　图17-197　　图17-198

05 再来编辑文字"物"。用直接选择工具 ▶ 单击"物"，显示锚点。锚点密集的话就不能用框选的方法了，可以将要编辑的锚点逐一选取，方法是按住Shift键单击。选取图17-199所示的4个锚点，向上拖曳，与"森"的延长笔画持平，如图17-200所示。用删除锚点工具 ⌀ 删除部首上的笔画，如图17-201所示。

图17-210

02 选择横排文字工具 **T**，在"字符"面板中设置字体参数，输入文字"初夏新品"，如图17-211和图17-212所示。输入产品英文名称，使用圆角矩形工具 ▢ 绘制一个黄色图形作为衬托，如图17-213和图17-214所示。

图17-199　　　图17-200　　　图17-201

06 用直接选择工具 ▶ 单击"语"，如图17-202所示。选取口字和言字旁上边的点，按Delete键删除，如图17-203所示。再调整一个偏旁部首的外观，如图17-204所示。

图17-211　　　　　　　图17-212

图17-213　　　　　　　图17-214

图17-202　　　图17-203　　　图17-204

07 使用椭圆工具 ◯ 绘制一个椭圆形。选择添加锚点工具 ⌀，在椭圆形最上方的锚点两边分别添加新锚点，如图17-205和图17-206所示。用直接选择工具 ▶ 将中间的锚点向下拖动，使图形看起来像一个嘴唇形状，如图17-207所示。用转换点工具 ⌐ 单击这个锚点，将其转换成角点，如图17-208所示。

03 新建一个图层，选择矩形工具 ▢，绘制一个矩形，如图17-215所示。将它放在花纹图层的下方。双击该图层，打开"图层样式"对话框，选择"描边"选项，设置颜色为黄色，如图17-216和图17-217所示。

图17-205　　　图17-206　　　图17-207　　　图17-208

图17-215　　　图17-216　　　图17-217

04 设置该图层的不透明度为76%，填充不透明度为45%，如图17-218和图17-219所示。

08 选择椭圆工具 ◯，在工具选项栏中选择"⊡排除重叠形状"选项，在嘴唇图形上绘制一个小椭圆形，与原来的图形相减。再用钢笔工具 ⌀ 绘制树叶，作为装饰。树叶要填充绿色，因此不能与文字在同一个形状图层，如图17-209所示。

图17-218　　　　　　　图17-219

05 选择直线工具 ╱，在工具选项栏中设置宽度为2像素，按住Shift键绘制两个竖线，如图17-220所示。

图17-209

◈ **17.10.4**

制作其他文字及背板

01 将文字拖入文件中。打开素材，将花纹放在文字下方，如图17-210所示。

图17-220

06 输入其他信息。单击"调整"面板中的▽按钮，创建"自然饱和度"调整图层，增加自然饱和度，同时适当增加饱和度，使图像色彩更加鲜亮，如图17-221和图17-222所示。

图17-221　　图17-222

●平面 ●网店

欢迎模块及新年促销活动设计

难度：★★★☆☆　功能：绘制图形、编辑文字

说明：在制作背景时，以简洁的图形、喜庆的色彩来衬托主题和模特隆重的装束。

扫码看视频

17.11.1 绘制热烈喜庆的背景画面

01 创建一个1920像素×720像素、72像素/英寸的文件。将前景色设置为橙色（R255，G153，B0），按Alt+Delete快捷键填充前景色，如图17-223所示。

02 选择钢笔工具 ✐，在工具选项栏中选择"形状"选项，绘制图17-224所示的图形，填充橘红色（R255，G51，B0）。

图17-223　　　　　图17-224

03 选择椭圆工具 ◯（形状），按住Shift键绘制几个大小不同的圆形，填充棕红色（R153，G51，B0），如图17-225所示。将颜色相同的圆形绘制在一个形状图层中，方法是绘制完一个圆形后，单击工具选项栏中的 ▢ 按钮，选择"⬚合并形状"选项，再绘制其他的圆形就可以了。

04 设置图层的混合模式为"正片叠底"，不透明度为68%，如图17-226和图19-227所示。

05 单击工具选项栏中的▢按钮，选择"▢新建图层"选项，再绘制几个圆形，位于一个新的图层中，填充白色，如图17-228所示。

06 设置该图层的不透明度为60%，如图17-229和图17-230所示。

图17-225　　　　　图17-226

图17-227　　　　　图17-228

图17-229　　　　　图17-230

07 打开蝴蝶结素材。选择魔棒工具 ✦，在工具选项栏中单击添加到选区按钮 ▢，设置容差为30，在图像背景上单击，然后在蝴蝶结细小的空隙处单击，才能将背景全部选取，如图17-231所示。按Shift+Ctrl+I快捷键反选，选取蝴蝶结，如图17-232所示。

图17-231　　　　　图17-232

08 使用移动工具 ✛ 将选区内的蝴蝶结拖入文件中，如图17-233所示。打开并拖入人物素材，放在蝴蝶结上方，如图17-234所示。

图17-233　　　　图17-234

09 打开花朵素材，如图17-235所示，这是一个分层的文件。使用移动工具 ✛，在工具选项栏中选取"自动选择"选项，拖入叶子与花朵，放在人物身后作为装饰物，如图17-236所示。

图17-235　　　　图17-236

💎 17.11.2

制作并装饰文字

01 选择矩形工具 ▢，绘制一个矩形，如图17-237所示。

图17-237

02 设置该图层的不透明度为50%，使图形呈现半透明效果，以便让背景图像显示出来，如图17-238和图17-239所示。

图17-238　　　　图17-239

03 选择横排文字工具 Ｔ，在"字符"面板中设置文字参数，面板中的 Ｔ 图标，表示为文字设置仿粗体，如图17-240所示，单击工具选项栏中的 ✔ 按钮，完成输入。在其下方输入主题文字，如图17-241所示，用横排文字工具 Ｔ 在"的"上面拖动鼠标，将该文字选取，调整大小及垂直缩放参数，使这个字变小一些，如图17-242所示。

图17-240　　　　图17-241　　　　图17-242

04 将素材中的蝴蝶拖入，放在文字上。选择直线工具 ╱ 绘制一条直线，如图17-243所示。选择自定形状工具 ✿，在形状下拉面板中选择"横幅4"形状，图17-244所示，在画面中创建一个宽于底图色块的图形，如图17-245所示。

图17-243　　　　图17-244　　　　图17-245

05 在横幅上输入一行白色小字，如图17-246所示。输入折扣信息，文字大小为27点，颜色为深棕色。再单独选取数字部分，设置大小为45点，修改颜色为绿色，如图17-247所示。输入文字"立即抢购"，在"立即"后面插入Enter键，使文字两行排列。绘制一个橙色方形，按Ctrl+[快捷键移至文字下方作为衬托，如图17-248所示。

图17-246　　　　图17-247　　　　图17-248

06 输入本次促销活动的时间，文字大小为23点，效果如图17-249所示。

图17-249

●平面 ●网店

详情页：时尚清新的宝贝描述

Photoshop CC 2018
17.12

扫码看视频

难度：★★★★★ 功能：通道、应用图像、色阶、画笔工具

说明：本实例中需要将模特背景去除。在制作时通过"应用图像"命令将通道混合，以增加人物头发与背景的对比，再用画笔工具编辑通道，从而制作出人物的选区。

宝贝描述就是对网店单件商品的细节描述，如材质、尺寸、使用方法等，可以使顾客更加了解产品。由于网店的销售模式比较特殊，商品既无实物，又无营业员，网店的宝贝描述就显得尤为重要，它直接影响成交转化率。在设计时要更加专业、正规，以吸引顾客购买。宝贝描述图的宽度是750像素，高度不限，通常以图文结合的方式进行展示。

💎 17.12.1
使用"应用图像"命令抠图

01 打开模特素材。抠图之前先来分析一下图像。我们知道抠图比较麻烦的是毛发细节，这幅图中模特的发丝部分就是抠图重点。再看头发与背景的对比，一深一浅，这在通道中可以处理为一黑一白，白色即为选取部分。再来分析衣服部分，整体来看服装的外形比较简单，但是，白色上衣与浅灰色背景有点混淆，在选择时要注意，好在衣服的轮廓简单，不会给选择带来太多麻烦。

02 执行"窗口>通道"命令，打开"通道"面板，先找出一个头发与背景对比清晰的通道，用它来完成抠图操作。分别单击红、绿、蓝通道，以观察通道中的图像，如图17-250~图17-252所示。可以看到，红通道中头发色调是最浅的，不适合此项操作。绿通道和蓝通道中头发很清晰，与背景的对比明显。蓝通道中人物整体的色调比较柔和，皮肤为灰色，我们选择绿通道，将它拖至面板底部的 🔲 按钮上进行复制，如图17-253所示。

图17-250　　　　　　图17-251

图17-252　　　　　　图17-253

03 执行"图像>应用图像"命令，打开"应用图像"对话框，将混合模式设置为"正片叠底"，如图17-254和图17-255所示。"正片叠底"模式可以使图像中的白色保持不变，其他颜色变得更暗。再次执行该命令，设置相同的参数，如图17-256所示。不仅头发、裙子呈现出清晰的黑色，皮肤也为深灰色了，抠图的难度降低了一半。

04 上衣轮廓比较简单，可以用快速选择工具 🖌 选取，如图17-257所示。由于衣服与背景颜色相近，在选取右侧衣袖时会同时选取一些背景，需要进一步处理。

图17-254　　　　　　图17-255

图17-256　　　　　　图17-257

05 使用多边形套索工具 ⟩ 按住Alt键在多选的区域上创建选区，将其从原选区中排除，如图17-258和图17-259所示。

图17-258　　　　图17-259

06 单击工具选项栏中的"选择并遮住"按钮，在"视图"下拉列表中选择"黑白"模式，以便更好地观察图像，如图17-260所示。按Ctrl++快捷键，让窗口中的图像放大显示，可以看到选区边缘还存在锯齿，并不光滑，如图17-261所示。选取"智能半径"选项，设置参数，让选区变得更平滑，如图17-262和图17-263所示。单击"确定"按钮，关闭对话框，按Ctrl+Delete快捷键填充黑色，如图17-264所示。按Ctrl+D快捷键取消选择。

图17-260　　　　图17-261

图17-262　　　图17-263　　　图17-264

07 按Ctrl+L快捷键打开"色阶"对话框，单击右侧的设置白场工具 ⟩，在背景上单击，如图17-265所示，所有比该点亮的像素都会变为白色，如图17-266所示。通道中的白色为选取区域，我们要选取的是人物，按Ctrl+I快捷键反相，使人物变成白色，如图17-267所示。

08 接下来的工作就轻松多了，选择画笔工具 ⟩，在工具选项栏中设置混合模式为"叠加"，不透明度为75%，在人物脸上的灰色区域涂抹白色，直至灰色全部变白，如图17-268

所示。设置"叠加"模式可以不影响背景，即使涂到背景上，白色也不会对背景的黑色产生任何作用。不透明度是不使边缘线的对比过于强烈。裙子部分可以使用多边形套索工具 ⟩，在轮廓内创建选区，如图17-269所示，填充白色，然后取消选择。边缘处的小部分灰色就更好处理了，如图17-270所示。

图17-265　　　图17-266　　　图17-267

图17-268　　　图17-269　　　图17-270

09 单击"通道"面板底部的 ⟩ 按钮，载入通道中的选区，如图17-271所示。单击RGB复合通道或按Ctrl+2快捷键，显示彩色图像。单击"图层"面板底部的 ⟩ 按钮，基于选区创建蒙版，将背景隐藏，如图17-272所示。将窗口放大，再仔细检查一下抠图效果，如图17-273所示。

图17-271　　　图17-272　　　图17-273

◇ **17.12.2**

调整模特照片颜色

01 新建一个750像素×1266像素、72像素/英寸的文件。将人物拖入该文件。

02 单击"调整"面板中的 按钮，创建"曲线"调整图层，将曲线略向上调整，提亮人物色调，如图17-274和图17-275所示。

03 单击"调整"面板中的 按钮，创建一个"可选颜色"调整图层，分别调整红色、黄色、白色和中性色，使模特的色彩更自然，肤色更加健康，如图17-276~图17-280所示。

04 按住Ctrl键，单击"曲线1"调整图层，将其一同选取，如图17-281所示，按Alt+Ctrl+G快捷键创建剪贴蒙版，如图17-282所示，使调整图层只作用于模特，不会影响到其他图像。

图17-274　　　　　　图17-275　　　　　　图17-276

图17-277　　　　　　图17-278　　　　　　图17-279

图17-280　　　　　　图17-281　　　　　　图17-282

💎 **17.12.3**

制作图片展示及信息说明

01 选择矩形工具 ，绘制3个不同颜色的矩形，将白色的衣服与背景分隔开，如图17-283所示。在左上角绘制一个方形，如图17-284所示。按Ctrl+J快捷键复制方形，使用移动工具 将图形向右上方轻移，如图17-285所示。

图17-283　　　　　　图17-284　　　　　　图17-285

02 打开素材，如图17-286所示。将蝴蝶结拖入文件中，按Alt+Ctrl+G快捷键创建剪贴蒙版，用移动工具 调整一下蝴蝶结在图形中的显示位置，如图17-287所示。将衣服重点细节进行放大，使顾客能直观地感受到面料、做工、设计等细节。用简短的文字说明将信息传递给顾客，顾客能通过展示的图片及信息确定是否购买商品。

图17-286　　　　　　　　　　　图17-287

03 选择横排文字工具 T ，在工具选项栏中设置字体及大小，在画布上单击鼠标，输入文字，如图17-288所示。输入衣服信息文字时，单击工具选项栏中的左对齐文本按钮 ，如图17-289所示。

图17-288　　　　　　　　　　　图17-289

04 单击"矩形1"图层，选取这5个图层，如图17-290所示。按Ctrl+G快捷键编组，重新命名为"领口设计"，如图17-291所示。按Ctrl+J快捷键复制该图层组，修改名称为"半裙设计"。使用移动工具 调整图形的位置，用横排文字工具 T 在衣服信息文字上双击，将文字全部选取，单击工具选项栏中的右对齐文本按钮 ，使文本沿右侧对齐，如图17-292所示。

图17-290　　　　　　图17-291　　　　　　图17-292

05 使用移动工具 将裙子素材拖入文件，放在"蝴蝶结"图层下方，它会自动加入剪贴蒙版组中，如图17-293所示。将"蝴蝶结"图层拖曳到面板底部的 按钮上，将其删除，如图17-294和图17-295所示。

图17-293　　　图17-294　　　图17-295

06 输入服装的其他信息。通常这些文字会用标题栏的形式进行分组，便于顾客浏览和查找所需商品信息。服装产品应在尺寸上标注明确，使顾客能清楚地判断是否适合自己购买和穿着，以减小由于尺寸问题造成的退换货概率。

07 选择椭圆工具 ○，在工具选项栏中选择"形状"选项，设置填充为"无"，描边颜色为青绿色，描边宽度为9点，按住Shift键绘制若干大小不同的圆形，如图17-296所示。选择矩形工具 □（形状），设置填充为"无"，描边颜色为浅黄色，描边宽度为8点，按住Shift键绘制方形。使用路径选择工具 ▶ 选取方形，按Ctrl+T快捷键显示定界框，在定

界框外拖曳鼠标可调整方形的角度。再绘制几个浅粉色图形，输入主题文字，如图17-297所示。

图17-296　　　　　　　　　　图17-297

时尚女鞋网店装修

17.13　Photoshop CC 2018

难度：★★★★★　功能：绘图工具、图层样式

说明：本实例是某品牌女鞋的店铺首页设计。欢迎模块中主题文字放在正中位置，清晰明确，突出了活动内容。模特穿着女鞋的图片展示，使顾客能清晰地看到产品效果。

扫码看视频

01 打开素材，如图17-298所示。这是一个首页模板，以模块形式进行了区域划分，可在此基础上进行网页设计。由于首页元素多，将图层按照模块名称进行了分组管理，如图17-299所示。

图17-298　　　　　　　　图17-299

02 使用移动工具 ✛ 将商品Logo、关注和优惠券标签拖入文件，在之前的实例中讲解过制作方法，这里不再赘述。选择横排文字工具 T，输入广告语，如图17-300所示。

03 在导航条上输入文字，每个项目文字之间设置相同的空格间距。用矩形工具 □ 在"所有分类"文字后面绘制

一个黑色矩形，以突出文字的显示。用钢笔工具 ✐ 绘制一个白色的三角形，如图17-301所示。

图17-300

图17-301

04 将女鞋素材和英文拖入文件中。输入本次活动标题文字"夏季满赠，惊喜换新"，设置字体为"微软雅黑"，大小为60点。在其下方分别输入其他文字，字体略调小一些，并在文字后面加上黑色的圆角矩形和红色圆形进行衬托，使文字醒目，如图17-302所示。

图17-302

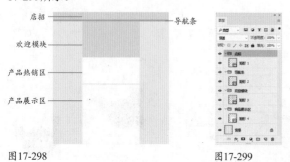

05 选择矩形工具 □，在画布上单击，弹出"创建矩形"对话框，设置参数，如图17-303所示，创建一个红色的矩形，如图17-304所示。按Ctrl+T快捷键显示定界框，在图形上单击鼠标右键，显示快捷菜单，选择"透视"命令。将光标放在定界框上，按住鼠标向右拖曳，将矩形变换成梯形，如图17-305所示。按Enter键确认。

图17-303　　　　　图17-304　　　　　图17-305

06 选择路径选择工具 ▶，按住Alt+Shift键拖动图形进行复制，共复制4个，如图17-306所示。使用矩形选框工具 □ 创建一个与欢迎模块相同宽度的选区，如图17-307所示。

图17-306　　　　　　　　图17-307

07 单击"图层"面板底部的 □ 按钮，基于选区创建蒙版，将选区以外的图形隐藏，如图17-308和图17-309所示。

图17-308　　　　　图17-309

08 输入优惠券上的文字信息。优惠额度字体为"Impact"，大小为66点，如图17-310所示，为了拉长文字的高度，使其与旁边两行文字一致，可以在"字符"面板中将"垂直缩放"参数设置为130%。右侧两行文字使用了"Adobe黑体"，分别是26点和20点，文字的字体、大小有所变化，可以突出要强调的信息，让顾客能一目了然，在设计上也体现出了版式变化之美。

图17-310

09 将女鞋素材拖入文件。选择矩形工具 □，绘制一个矩形，设置填充为"无"，描边宽度为2点，颜色为黑色，如图17-311所示。

图17-311

10 使用矩形选框工具 □ 在黑色边框中间创建一个矩形，如图17-312所示。按住Alt键单击 □ 按钮，创建一个反相的蒙版，将选区内的边框隐藏，如图17-313和图17-314所示。在空白位置输入文字，如图17-315所示。

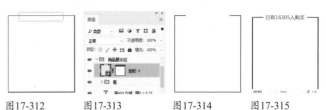

图17-312　　　图17-313　　　图17-314　　　图17-315

11 输入其他文字，如图17-316~图17-318所示。输入符号"￥"。双击该图层，打开"图层样式"对话框，选择"描边"选项，并设置描边大小为2像素，颜色为白色，如图17-319所示。将文字放在数字"9"上面，如图17-320所示。

图17-316　　　　　图17-317　　　　　图17-318

图17-319　　　　　　　　图17-320

12 拖入其他女鞋素材，并摆放整齐。使用矩形工具 □ 绘制矩形，然后移动到女鞋后面。复制该图形到其他女鞋后面，填充不同的颜色。拖入素材文件中的斜纹图案，放在色块后面，形成淡雅的投影，如图17-321所示。输入价格信息。可在制作完一组价格信息后，将其复制到其他女鞋上，然后修改价格数字就可以了，要排列整齐，如图17-322所示。

图17-321　　　　　　　　图17-322

第18章　视频与动画

打开和创建视频

18.1

Photoshop 可以打开和编辑视频，也可创建具有各种长宽比的图像，以便它们能够在不同的设备（如视频显示器）上正确显示。

18.1.1

认识视频组

在 Photoshop 中打开视频或图像序列文件时，会创建一个视频组，帧包含在视频图层中（此类图层左下角有■状图标），如图 18-1 所示。视频组中也可以创建其他类型的图层，如文本、图像和形状图层。它可以在时间轴的单一轨道上，将多个视频剪辑和这些图层合并。

使用画笔工具 ✐ 和仿制图章工具 ♣ 可以在视频文件的各个帧上进行绘制和仿制，如图 18-2 所示。选区和图层蒙版可用于限定编辑范围。此外，视频图层也可以像编辑常规图层一样进行移动、调整混合模式和不透明度，以及添加图层样式。

图 18-1

图 18-2

18.1.2

▶必学课

打开视频文件

执行"文件>打开"命令，在弹出的对话框中选择视频文件，单击"打开"按钮，即可在 Photoshop 中将其打开。

18.1.3
导入视频

在Photoshop中创建或打开一个图像文件后，执行"图层>视频图层>从文件新建视频图层"命令，可以将视频导入当前文件中。

有些视频采用隔行扫描方式来实现流畅的动画效果，在这样的视频中获取的图像往往会出现扫描线，使用"逐行"滤镜可以消除这种扫描线。

18.1.4
创建空白视频图层

使用"图层>视频图层>新建空白视频图层"命令，可以在当前文件中创建一个空白的视频图层。

18.1.5
创建在视频中使用的图像

执行"文件>新建"命令，打开"新建文档"对话框，选择"胶片和视频"选项卡，然后在下方的"空白文档预设"列表中选择一个预设选项，如图18-3所示，单击"创建"按钮，即可创建一个空白的视频图像文件。

图18-3

18.1.6
技巧：进行像素长宽比校正

像素长宽比用于描述帧中的单一像素的宽度与高度的比例。不同的视频标准使用不同的像素长宽比。一些计算机视频标准将 4:3 长宽比帧定义为 640 像素宽×480 像素高，产生的是方形像素。而其他视频编码设备，如 DV NTSC 像素的像素长宽比为 0.91，即矩形像素（非正方形），如果在方形像素显示器上显示矩形像素，则图像会发生扭曲，例如，圆形会扭曲成椭圆，如图18-4所示。使用"视图>像素长宽比校正"命令可以缩放屏幕显示，校正图像，如图18-5所示。这样就可以在显示器的屏幕上准确地查看DV和D1视频格式的文件，就像是在Premiere等视频软件中查看文件一样。

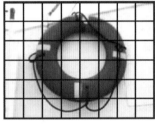

图18-4　　　　　　　图18-5

> 提示（Tips）
>
> 打开文件后，可以在"视图>像素长宽比"下拉菜单中选择与将用于 Photoshop 文件的视频格式兼容的像素长宽比，然后通过"视图>像素长宽比校正"命令来进行校正。

编辑视频

18.2

Photoshop中的"时间轴"面板可以对视频进行编辑，创建专业的淡化和交叉淡化效果，修改视频剪辑的持续时间及速度，对文本、静态图像和智能对象应用动感效果等。

18.2.1
"时间轴"面板

执行"窗口>时间轴"命令，打开"时间轴"面板，如图18-6所示。面板中显示了视频的持续时间，使用面板底部的工具可以浏览各个帧，放大或缩小时间显示，删除关

键帧和预览视频。

- 播放控件：提供了用于控制视频播放的按钮，包括转到第一帧 ⏮、转到上一帧 ⏪、播放 ▶ 和转到下一帧 ⏩。
- 音频控制按钮 🔊：单击该按钮可以关闭或启用音频播放。
- 设置回放选项 ⚙：可设置是否循环播放视频。

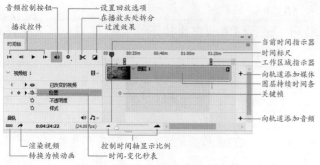

图18-6

● 在播放头处拆分 ✂ ： 单击该按钮，可以在当前时间指示器 ▼ 所在的位置拆分视频或音频，如图18-7所示。

● 过渡效果 ◩ ： 单击该按钮打开下拉菜单，如图18-8所示，使用菜单中的命令可以为视频添加过渡效果，从而创建专业的淡化和交叉淡化效果。

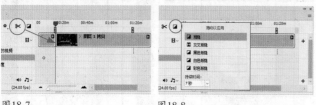

图18-7　　　　　　　　图18-8

● 当前时间指示器 ▼ ： 拖曳当前时间指示器，可以导航帧或更改当前时间或帧。

● 时间标尺： 根据文件的持续时间和帧速率，水平测量视频持续时间。

● 工作区域指示器： 如果要预览或导出部分视频，可以拖曳位于顶部轨道两端的标签进行定位，如图18-9所示。

● 图层持续时间条： 指定图层在视频的时间位置。如果要将图层移动到其他时间位置，可以拖曳该条，如图18-10所示。

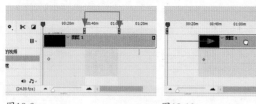

图18-9　　　　　　　　图18-10

● 向轨道添加媒体/音频： 单击轨道右侧的 ➕ 按钮，可以打开一个对话框将视频或音频添加到轨道中。

● 关键帧导航器 ◀ ◇ ▶ ： 单击轨道标签两侧的箭头按钮，可以将当前时间指示器从当前位置移动到上一个或下一个关键帧。单击中间的按钮可添加或删除当前时间的关键帧。

● 时间-变化秒表 ◷ ： 启用或停用图层属性的关键帧设置。

● 转换为帧动画 ▢▢▢ ： 单击该按钮，可以将"时间轴"面板切换为帧动画模式。

● 渲染视频 ➜ ： 单击该按钮，可以打开"渲染视频"对话框。

● 控制时间轴显示比例 ◢ △ ▲ ： 可单击或拖曳滑块

来调整时间轴长度。

● 视频组： 可以编辑和调整视频。例如，单击 ▾ 按钮可以打开一个下拉菜单，菜单中包含"添加媒体""新建视频组"等命令，如图18-11所示。在视频剪辑上单击鼠标右键可以调出"持续时间"以及"速度"滑块，如图18-12所示。

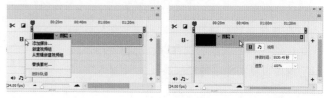

图18-11　　　　　　　　图18-12

● 音轨： 可以编辑和调整音频。例如，单击 ◀ 按钮，可以让音轨静音或取消静音；在音轨上单击鼠标右键打开下拉菜单，可调节音量或对音频进行淡入、淡出设置，如图18-13所示；单击音符按钮 ♫ 打开下拉菜单，可以选择"新建音轨"或"删除音频剪辑"等命令，如图18-14所示。

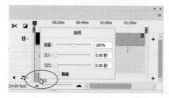

图18-13　　　　　　　　图18-14

◈ 18.2.2　　　　　　　●平面 ●网店 ●动漫 ●影视

设计实战：获取静帧图像

Photoshop可以从视频文件中获取静帧图像，我们可以将图像应用于网络或印刷。

扫码看视频

01 执行"文件>导入>视频帧到图层"命令，弹出"打开"对话框，选择视频素材。

02 单击"载入"按钮，打开"将视频导入图层"对话框，选择"仅限所选范围"选项，然后拖曳时间滑块，定义导入的帧的范围，如图18-15所示。如果要导入所有帧，可以选择"从开始到结束"选项。

03 单击"确定"按钮，即可将指定范围内的视频帧导入图层中，如图18-16所示。

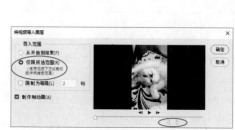

图18-15　　　　　　　　图18-16

18.2.3　　　　　　　　　●平面 ●动漫 ●影视

设计实战：为视频图层添加效果

01 打开视频素材，如图18-17和图18-18所示。下面来为视频图层添加效果，使视频在播放时，画面呈现为立体按钮状。

扫码看视频

图18-17　　　　　　　　　　图18-18

02 打开"时间轴"面板，单击"样式"轨道前的时间-变化秒表 ◌ ，添加一个关键帧，如图18-19所示。将当前指示器 拖曳到图18-20所示的位置。

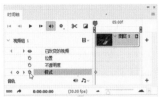

图18-19　　　　　　　　　　图18-20

03 双击"图层"面板中的视频图层，打开"图层样式"对话框，为它添加"斜面和浮雕"效果，如图18-21和图18-22所示。该时间段会自动添加一个关键帧。

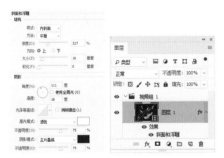

图18-21　　　　　　　　　　图18-22

04 单击播放按钮 ▶ 播放视频文件。播放到关键帧处，画面就变成了立体按钮状，如图18-23和图18-24所示。

图18-23　　　　　　　　　　图18-24

18.2.4　　　　　　　　　●平面 ●网店 ●动漫 ●影视

设计实战：制作动态静图

01 打开视频素材，如图18-25和图18-26所示。下面先来剪辑一下视频。

扫码看视频

图18-25　　　　　　　　　　图18-26

02 拖曳指示器 查看视频效果，确定要剪辑的范围，将片头定位在11:07的位置，如图18-27所示。最终要呈现的效果是画面左侧人物为静止状态，而右侧车流仍在正常前行。将光标放在图层持续时间条的一端，按住鼠标向右拖曳，将片头不要的部分剪掉，再用同样的方法剪辑片尾，只保留3秒的视频就可以了，如图18-28所示。

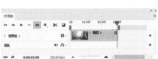

图18-27　　　　　　　　　　图18-28

03 单击转到第一帧按钮 ，回到视频开始的位置，制作一个静帧图像。在"图层"面板中单击"视频组1"，如图18-29所示，按Alt+Shift+Ctrl+E快捷键盖印图层，生成"图层2"，如图18-30所示。它为静止的图像，可以看到其缩览图的右下角没有视频图标，如图18-31所示。

图18-29　　　　　　图18-30　　　　　　图18-31

04 拖动"图层 2"右侧的图层持续时间条，使其与"视频1"的时长相同，如图18-32所示。单击"图层"面板底部的 ◻ 按钮，创建蒙版，如图18-33所示。选择渐变工具 ◾ ，在图像中间位置按住Shift键填充一个线性渐变，用黑色遮挡住画面右侧的汽车，如图18-34所示。

图18-32　　　　　　图18-33　　　　　　图18-34

05 单击"调整"面板中的 按钮，创建一个"曲线"调整图层，将曲线向下调整，如图18-35所示，恢复天空的色调。为使图像的其他部分不受影响，可使用画笔工具 在天空以外的区域涂抹黑色，如图18-36所示。

图18-35　　　　图18-36

06 单击"调整"面板中的 按钮，创建一个"色彩平衡"调整图层，分别调整"阴影"和"高光"参数，使画面色彩感更强，如图18-37~图18-39所示。按空格键播放视频，可以看到画面一半静止，一半运动，动静结合，非常有趣。

图18-37　　　　图18-38

图18-39

💎 18.2.5

插入、复制和删除空白视频帧

创建空白视频图层后，可在"时间轴"面板中选择它，然后将当前时间指示器 拖曳到所要编辑的帧处，打开"图层>视频图层"菜单，选择"插入空白帧"命令，可以在当前时间处插入空白视频帧；选择"删除帧"命令，则会删除当前时间处的视频帧；选择"复制帧"命令，可以添加一个处于当前时间的视频帧的副本。

💎 18.2.6

解释视频素材

由于带有 Alpha 通道的视频是直接的或预先正片叠底的。当使用包含 Alpha 通道的视频时，需要解释 Alpha 通道，才能获得所需结果。操作方法是在"时间轴"面板或"图层"面板中选择视频图层，执行"图层>视频图层>解释素材"命令，打开"解释素材"对话框进行设置，如图18-40所示。

图18-40

> **提 示**（Tips）
>
> 如果在不同的应用程序中修改了视频图层的源文件，则需要在Photoshop中执行"图层>视频图层>重新载入帧"命令，在"时间轴"面板中重新载入和更新当前帧。

当预先正片叠底的视频位于带有某些背景色的文件中时，可能会产生重影或光晕。在"解释素材"对话框中可以指定杂边颜色，以便半透明像素与背景混合（正片叠底），而不会产生光晕。选择"直接 - 无杂边"选项，可以将 Alpha 通道解释为直接 Alpha 透明度。如果用于创建视频的应用程序不会对颜色通道预先进行正片叠底，应选择此选项。

选择"预先正片叠加 - 杂边"选项，可以使用 Alpha 通道来确定有多少杂边颜色与颜色通道混合。如有必要，可单击该选项右侧的颜色块来指定杂边颜色。

选择"忽略"选项，表示忽略Alpha通道。

> **提 示**（Tips）
>
> 如果要指定每秒播放的视频帧数，可以输入帧速率。如果要对视频图层中的帧或图像进行色彩管理，可以在"颜色配置文件"下拉菜单中选择一个配置文件。

💎 18.2.7

替换视频图层中的素材

如果由于某种原因导致视频图层和源文件之间的链接断开，视频图层上便会显示警告图标 。出现这种情况时，可在"时间轴"或"图层"面板中选择该视频图层，执行"图层>视频图层>替换素材"命令，在打开的"替换素材"对话框中找到视频源文件并重新建立链接。也可以通过该命令用其他视频替换现有图层中的视频。

18.2.8 在视频图层中恢复帧

如果要放弃对帧视频图层和空白视频图层所做的修改，可以在"时间轴"面板中选择视频图层，将当前时间指示器 ▇ 移动到特定的视频帧上，执行"图层>视频图层>恢复帧"命令，以恢复特定的帧。如果要恢复视频图层或空白视频图层中的所有帧，可以执行"图层>视频图层>恢复所有帧"命令。

18.2.9 隐藏和显示已改变的视频

如果要隐藏已改变的视频图层，可以执行"图层>视频图层>隐藏已改变的视频"命令，或单击时间轴中已改变的视频轨道旁边的眼睛图标 ⊙ 。再次单击该图标，可以重新显示视频图层。

存储和渲染视频

对视频进行编辑之后，可将其存储为PSD格式，或者作为 QuickTime 影片或图像序列进行渲染，也可将视频图层栅格化。

18.3.1 存储视频

必学课

在Photoshop中编辑视频之后，可以使用"文件>存储为"命令，将其存储为PSD格式。该格式能够保留用户所做的修改，并且文件可以在其他类似于 Premiere Pro 和 After Effects 这样的 Adobe 应用程序中播放，或在其他应用程序中作为静态文件访问。

18.3.2 渲染视频

必学课

使用"文件>导出>渲染视频"命令可以将视频导出。图18-41所示为"渲染视频"对话框。在"位置"选项组中可以设置视频名称和存储位置。在"范围"选项组中可以设置渲染文件中的所有帧，或者只渲染部分帧。在"渲染选项"选项组中，"Alpha通道"选项可以指定Alpha通道的渲染方式，该选项仅适用于支持Alpha通道的格式，如PSD或TIFF；"3D品质"选项可以选择渲染品质。

导出视频文件

"渲染视频"对话框中的第2个选项组比较关键，它决定了将文件导出为视频还是图像序列。如果要导出为视频文件，可单击 ∨ 按钮，打开下拉菜单，选择"Adobe Media Encoder"选项，然后单击"格式"选项右侧的 ∨ 按钮，如图18-42所示，打开下拉列表选择视频格式。其中，DPX（数字图像交换）格式主要适用于使用 Adobe Premiere Pro 等编辑器

合成到专业视频项目中的帧序列；H.264 (MPEG-4) 是通用的格式，具有高清晰度和宽银幕视频预设和为平板电脑设备或 Web 传送而优化的输出性能。选择一种格式后，可以在下方的选项中设置文件大小、帧速率和像素长宽比等。

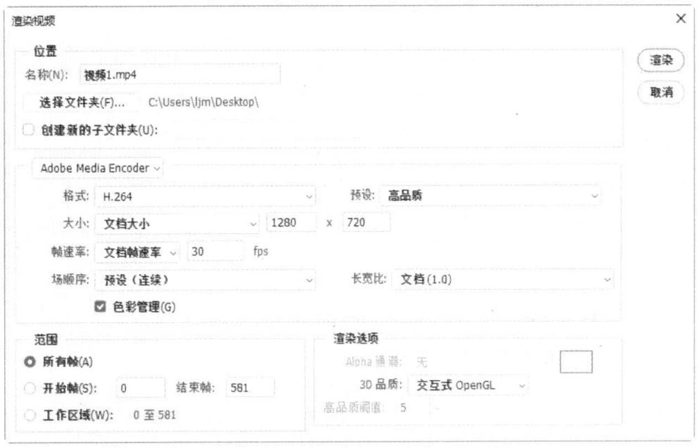

图18-41

图18-42

导出图像序列

选择"Photoshop 图像序列"选项，可以导出图像序列。此时对话框中会显示图18-43所示的选项。可以指定"起始编号"和"位数"（这些选项指定导出文件的编号

系统），然后从"大小"选项中选取大小，以指定导出文件的像素大小。单击"设置"按钮，可以指定格式特定的选项。在"帧速率"选项中可以选择帧速率。

图18-43

18.3.3
栅格化视频图层

执行"图层>视频图层>栅格化"命令，可以将视频图层栅格化，使其转换为图像。如果要一次栅格化多个视频图层，可以在"图层"面板中选择这些图层，并将当前时间指示器设置为要在顶部视频图层中保留的帧，然后执行"图层>栅格化>图层"命令。

动画

动画是在一段时间内显示的一系列图像或帧，当每一帧较前一帧都有轻微的变化时，连续、快速地显示这些帧就会产生运动或其他变化的视觉效果。

18.4

18.4.1
帧模式"时间轴"面板 ▶必学课

打开"时间轴"面板，如果面板为时间轴模式，可以单击 ▥▥▥ 按钮，切换为帧模式，如图18-44所示。"时间轴"面板会显示动画中的每个帧的缩览图，使用面板底部的工具可浏览各个帧，设置循环选项，添加和删除帧及预览动画。

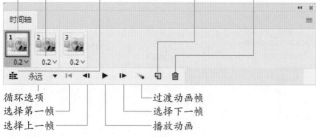

图18-44

- **当前帧**：当前选择的帧。

- **帧延迟时间**：设置帧在回放过程中的持续时间。

- **循环选项**：设置动画的播放次数。

- **选择第一帧** ◄▏：单击该按钮，可以自动选择序列中的第一个帧作为当前帧。

- **选择上一帧** ◄▎：单击该按钮，可以选择当前帧的前一帧。

- **播放动画** ▶：单击该按钮，可以在文档窗口中播放动画，再次单击则停止播放。

- **选择下一帧** ▎▶：单击该按钮，可以选择当前帧的下一帧。

- **过渡动画帧** ↘：如果要在两个现有帧之间添加一系列过渡帧，并让新帧之间的图层属性均匀变化，可单击该按钮，打开"过渡"对话框进行设置，如图18-45所示，图18-46和图18-47所示为添加过渡帧前后的面板状态。

图18-45　　　　图18-46

图18-47

- **转换为视频时间轴** ⊡⊞：单击该按钮，面板中会显示视频编辑选项。

- **复制所选帧** ⊡：单击该按钮，可以在面板中添加帧。

- **删除所选帧** 🗑：删除当前选择的帧。

18.4.2 ●平面 ●网店 ●动漫
设计实战：制作蝴蝶飞舞动画

01 打开动画素材，如图18-48所示。打开"时间轴"面板，在帧延迟时间下拉列表中选择0.2秒，将循环次数设置为"永远"。单击复制所选帧按钮 ⊡，添加一个动画帧，如图

扫码看视频

18-49所示。

图18-48　　　　　　　图18-49

02 按Ctrl+J快捷键复制"图层 1"，然后隐藏原图层，如图18-50所示。按Ctrl+T快捷键显示定界框，按住Shift+Alt键拖曳中间的控制点，将蝴蝶向中间压扁，如图18-51所示。再按住Ctrl键拖曳左上角和右下角的控制点，调整蝴蝶的透视，如图18-52所示。按Enter键确认。

图18-50　　　图18-51　　　　图18-52

03 单击播放动画按钮 ▶ 播放动画，画面中的蝴蝶会不停地扇动翅膀，如图18-53和图18-54所示。再次单击该按钮可停止播放，也可以按空格键切换。执行"文件>存储为"命令，将动画保存为PSD格式，以后可随时对动画进行修改。

图18-53　　　　　　　图18-54

🔹 18.4.3

●平面 ●网店 ●动漫

设计实战：制作发光效果动画

01 按Ctrl+O快捷键，打开动画素材，如图18-55所示。

扫码看视频

02 双击"图层1"，打开"图层样式"对话框，添加"外发光"效果，如图18-56和图18-57所示。

图18-55　　　图18-56　　　图18-57

03 在"时间轴"面板中将帧的延迟时间设置为0.2秒，循环次数设置为"永远"。单击复制所选帧按钮 🔲，添加一个动画帧，如图18-58所示。

图18-58

04 在"图层"面板中双击"图层 1"的外发光效果，打开"图层样式"对话框修改发光参数，如图18-59所示。单击"确定"按钮关闭对话框。单击"时间轴"面板中的 🔲 按钮，再添加一个动画帧，然后重新打开"图层样式"对话框，添加"渐变叠加"和"外发光"效果，如图18-60和图18-61所示。

05 单击播放动画按钮 ▶ 播放动画，卡通人物的身体就会向外发出绚烂的颜色，如图18-62所示。

图18-59　　　　　图18-60　　　　　图18-61

图18-62

06 动画文件制作完成后，执行"文件>导出>存储为Web所用格式（旧版）"命令，选择GIF格式，如图18-63所示，单击"存储"按钮将文件保存，之后就可以将该动画文件上传到网上或作为QQ表情与朋友共同分享了。

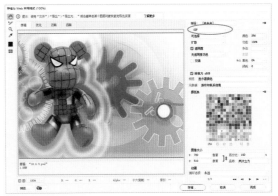

图18-63

第19章   3D 与技术成像

19.1   3D功能概述

编辑3D模型时，会占用大量系统资源，对显卡的要求也较高，如果显存低于512MB，就会停用3D功能。

19.1.1   3D 工作区

必学课

在Photoshop中打开3D文件时，会自动切换到3D工作区，如图19-1所示，Photoshop会保留对象的纹理、渲染和光照信息，并将3D模型放在3D 图层上，在其下面的条目中显示对象的纹理。

扫码看视频

3D光源　3D副视图　3D地面　　　3D工具　3D模型　　　3D模型使用的材质　3D图层

图19-1

在3D工作区中，可以创建3D模型，如立方体、球面、圆柱和3D明信片等，也可以修改场景和对象方向、拖曳阴影、调整光源位置，编辑地面反射和其他效果，甚至还可以将3D对象自动对齐至图像中的消失点上。

19.1.2   3D 网格、材质和光源

进阶课

3D文件包含网格、材质和光源等组件。网格相当于3D模型的骨骼；材质相当于3D模型的皮肤；光源相当于太阳或白炽灯，可以使3D场景亮起来，让3D模型可见。

扫码看视频

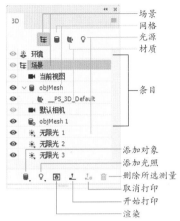

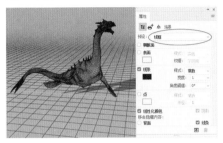

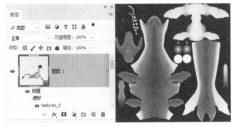

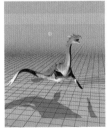

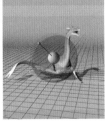

网格提供了3D模型的底层结构。通常，网格看起来是由成千上万个单独的多边形框架结构组成的线框，如图19-2所示。在 Photoshop中，可以在多种渲染模式下查看网格，还可以分别对每个网格进行操作，也可以用2D图层创建3D网格。但要编辑3D模型本身的多边形网格，则必须使用3D程序。

图19-2

一个网格可具有一种或多种相关的材质，它们控制整个网格的外观或局部网格的外观。材质映射到网格上，可以模拟各种纹理和质感，例如，颜色、图案、反光度或崎岖度等。图19-3所示为恐龙模型使用的纹理材质。

图19-3

在3D场景中，光源的类型包括点光、聚光灯和无限光，如图19-4所示。可以移动和调整现有光照的颜色和强度，也可以将新的光源添加到3D场景中。

点光　　　　　聚光灯　　　　　无限光

图19-4

◈ 19.1.3 ➤ 进阶课

"3D"面板

打开3D模型，如图19-5所示，或者在"图层"面板中选择3D图层后，"3D"面板中会显示与之关联的3D组件。面板顶部包含场景 🏠、网格 🌐、材质 ● 和光源 💡

按钮。单击场景 🏠 按钮，可以显示3D场景中的所有条目（网格、材质和光源），如图19-6所示。单击其他按钮，则会单独显示网格、材质和光源。

图19-5　　　　　　　　图19-6

"3D"面板仿效"图层"面板，采用根对象（类似于图层组）和子对象的层级模式。在面板中的3D对象上单击鼠标右键，打开下拉菜单，如图19-7所示，使用其中的命令可以像编辑图层一样，为3D对象编组、调整堆叠顺序，或者像智能对象（见95页）一样复制出与之链接的实例。

图19-7

● 添加对象：可以向3D场景中添加金字塔、立方体和球体等。

● 复制对象：可以在3D场景中复制出新的3D对象。

● 反转顺序：反转对象的堆叠顺序，类似于调整图层顺序。

● 编组对象/取消对象编组：按住 Ctrl 键单击面板中的多个3D对象，将它们选择，执行"编组对象"命令，可以将它们编入一个组中（类似于图层组）。此外，使用"3D> 编组对象"命令，也可将所选3D对象编入一个组中。使用"3D> 将场景中的所有对象编组"命令，则可将场景中的所有对象编入一个组中（在"3D"面板中，组的名称为"场景对象"）。使用3D工具对组中的所有模型同时进行移动、旋转、缩放等操作。如果要取消编组，可以执行"取消对象编组"命令。

● 创建对象实例：在"3D"面板中单击3D对象，使用该命令可以复制出一个3D实例，它是与原始对象保持链接的实例副本（类似于智能对象副本），对原始对象所做的修改会反映在实例上。

● 分离实例：单击3D对象的实例，执行该命令可切断其与原始对象的链接。

● 删除对象：删除所选3D对象。

19.1.4

打开和置入 3D 文件

▶必学课

　　如果要打开一个3D文件，可以使用"文件>打开"命令，像打开图像文件一样操作。如果要在当前文件中置入3D模型，可以执行"3D>从文件新建3D图层"命令，在打开的对话框中选择3D文件，并将其打开。如果同时打开了一个2D文件（图像）和一个3D文件，可以使用移动工具 ⊕，直接将3D图层拖入另一个文件。

19.2 3D对象和相机工具

Photoshop可以编辑3D文件中的模型、光源和相机，包括对3D模型进行移动、旋转和缩放；移动光源位置和照射角度；移动、旋转、滚动相机视图等。

19.2.1

3D 对象和相机编辑工具

▶必学课

　　在Photoshop中打开3D文件，或单击3D图层以后，选择移动工具 ⊕，它的工具选项栏中就会显示3D对象和相机编辑工具，如图19-8所示。

扫码看视频

旋转3D对象工具 —————— 滑动3D对象工具
3D 模式：———— 缩放3D对象工具
滚动3D对象工具 —————— 拖动3D对象工具

图19-8

　　如果要编辑3D模型，可以选择其中的一个工具，然后在文档窗口中单击3D模型，如图19-9所示。如果要编辑光源，可在其上方单击鼠标，如图19-10所示。如果要编辑相机，则在空白处，即模型和相机之外的空间单击鼠标，如图19-11所示。

　　直接在文档窗口中单击对象，是最简单的选取方法。但操作不当的话也可能选错。例如，在模型上单击两下鼠标，会选取光标下方的材质，如图19-12所示。不仅如此，拖曳鼠标还有可能移动模型或相机的位置。

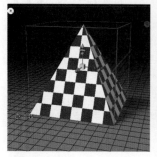

图19-9　　　　　　　图19-10

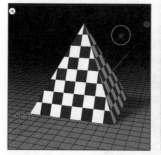

图19-11　　　　　　　图19-12

　　稳妥起见，最好是在"3D"面板中选取对象。例如，如果要编辑整个模型，可单击模型所在的条目，如图19-13所示；如果要编辑模型上的某处材质，可在其材质条目上单击，如图19-14所示；如果要编辑光源，可在光源条目上单击，如图19-15所示；单击"当前视图"条目，可编辑相机，如图19-16所示。

图19-13　　　图19-14　　　图19-15　　　图19-16

　　另外，编辑不同的项目时，文档窗口的边界线会改变颜色。例如，编辑相机时，边界线会变为金色，如图19-17所示。单击"3D"面板中的"当前视图"条目（即相机）时，也同样如此。编辑环境时，边界线变为蓝色，如图19-18所示。编辑3D模型的网格控件和光源时，则文档窗口不会显示边界线。

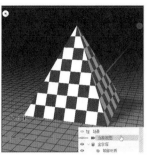
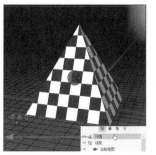

图19-17　　　　　　　　　图19-18

💎 **19.2.2**　　　　　　　　　　🚩必学课

功能练习：编辑3D对象

01 按Ctrl+O快捷键，打开素材，单击3D图层，如图19-19所示。选择移动工具✛，在工具选项栏单击旋转3D对象工具⟳，在模型上单击，选择模型，如图19-20所示。上下拖曳可以使模型围绕其*x*轴旋转，如图19-21所示；两侧拖曳可围绕其*y*轴旋转，如图19-22所示；按住 Alt键的同时拖曳鼠标，则可以滚动模型。

图19-19　　　　　　　　　图19-20

图19-21　　　　　　　　　图19-22

02 选择滚动3D对象工具◎，在3D对象两侧拖曳鼠标，可以使模型围绕其*z*轴旋转，如图19-23所示。

03 选择拖动3D对象工具✥，在3D对象两侧拖曳可沿水平方向移动模型，如图19-24所示；上下拖曳可沿垂直方向移动模型；按住Alt键的同时拖曳可沿*x/z*方向移动。

图19-23　　　　　　　　　图19-24

04 选择滑动3D对象工具✥，在3D对象两侧拖曳可沿水平方向移动模型；上下拖曳可将模型移近或移远，如图19-25所示；按住Alt键的同时拖曳可沿*x/y*方向移动。

05 选择缩放3D对象工具◈，单击3D对象并上下拖曳可放大或缩小模型，如图19-26所示；按住Alt键的同时拖曳可沿*z*方向缩放。

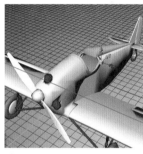

图19-25　　　　　　　　　图19-26

技术看板 47 让3D对象紧贴地面

移动3D对象以后，执行"3D>将对象移到地面"命令，可以使其紧贴到3D地面上。

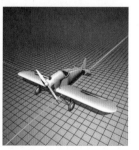

飞机位于半空中　　　　　　飞机紧贴3D地面

💎 **19.2.3**　　　　　　　　　　🚩必学课

功能练习：调整3D相机

在3D工作区中，选择移动工具✛后，在模型以外的空间单击并拖曳鼠标，可调整相机视图，同时保持3D对象的位置不变。

扫码看视频

01 按Ctrl+O快捷键，打开素材，如图19-27所示。单击3D图层，如图19-28所示。

图19-27　　　　　　图19-28

02 选择移动工具 ✛，在工具选项栏中单击环绕移动3D相机工具 ◐，在模型以外的区域单击并上、下、左、右拖曳鼠标，可以旋转相机视图，如图19-29所示。选择滚动3D相机工具 ◉，拖曳鼠标可以滚动相机视图，如图19-30所示。

图19-29　　　　　　图19-30

03 选择平移3D相机工具 ❖，使用它可以让相机沿x或y方向平移，如图19-31所示。

04 使用滑动3D相机工具 ❖可以步进相机。使用变焦3D相机工具 ▣可以调整3D相机的视角，如图19-32所示。

 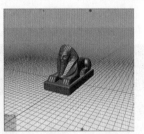

图19-31　　　　　　图19-32

提示（Tips）

调整模型和相机时，按住 Shift 键并进行拖曳，可以将旋转、平移、滑动或缩放操作限制为沿单一方向移动。

◈ 19.2.4　　　　　　　　鼎 进阶课

技巧：通过3D轴调整3D项目

在3D工作区中，当选择3D对象后，画面中会出现3D轴，它显示了3D 空间中模型、相机、光源和网格的当前x、y和z轴的方向。通

扫码看视频

过它，可以对模型、网格、相机等进行移动、旋转和缩放操作。

01 按Ctrl+O快捷键，打开素材，如图19-33所示。选择3D图层。使用移动工具 ✛ 单击模型，可以看到3D轴，如图19-34所示。此时光标移过3D轴的控件时，各个控件会高亮显示，表示其可被编辑。

 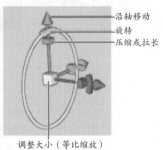

　　　　　　　　　　　沿轴移动
　　　　　　　　　　　旋转
　　　　　　　　　　　压缩或拉长

调整大小（等比缩放）

图19-33　　　　　　图19-34

02 将光标放在任意轴的锥尖上，向相应的方向拖曳，沿x/y/z轴移动项目，如图19-35所示。

03 单击轴尖内弯曲的旋转线段，此时会出现旋转平面的黄色圆环，围绕 3D 轴中心沿顺时针或逆时针方向拖曳圆环即可旋转模型，如图19-36所示。要进行幅度更大的旋转，可以将鼠标向远离3D轴的方向移动。

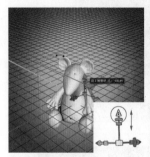 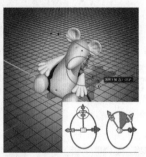

图19-35　　　　　　图19-36

04 向上或向下拖曳 3D 轴中的中心立方体，可等比缩放，如图19-37所示。

05 如果想要进行不等比缩放，可将某个彩色的变形立方体向中心立方体拖曳，或向远离中心立方体的位置拖曳，如图19-38所示。

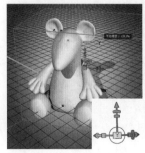

图19-37　　　　　　图19-38

19.2.5

通过坐标精确定位3D对象

使用"编辑>自由变换"命令（见88页）时，可通过工具选项栏中的选项精确定位图像的位置、旋转角度和缩放比例。3D对象也能进行类似的操作，即通过坐标来精确定位3D模型、相机和光源位置和缩放等。操作时，可在"3D"面板或文档窗口中选择3D对象，单击"属性"面板顶部的坐标图标 ⊕，然后输入参数，如图19-39和图19-40所示。

图19-39　　　　　　　图19-40

● 位置 ✥：可输入位置坐标（x为水平，y为垂直，z为纵深方向）。

● 旋转 △：单击该按钮可输入x、y、z轴旋转角度坐标。

● 缩放 ⊕：可输入x、y、z轴缩放比例。

● 重置 ⟲：单击该按钮可重置x、y、z轴选项的参数。

● 复位坐标：单击该按钮，可重置所有坐标。

● 移到地面：让模型紧贴地面网格。

19.2.6

用3D相机创建景深效果

景深就是照片中位于焦点范围内的图像清晰、焦点以外的图像模糊的画面效果（见263页）。调整3D相机时，可以在"属性"面板中通过"景深"选项组创建景深效果，让一部分3D对象处于焦点内（清晰），其他对象变得模糊，如图19-41和图19-42所示。其中的"深度"选项用来设置景深范围；调整"缩放"值，让模型靠近或远离我们。

图19-41　　　　　　　图19-42

在"视图"下拉列表中，还可以选择一个相机视图，从不同的视角观察模型，效果如图19-43所示。

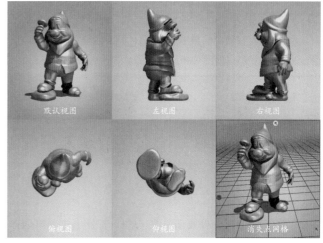

图19-43

从2D对象创建3D模型

19.3

Photoshop可以从2D对象，如图层、文字、路径中生成基本的3D模型，并且可以在3D空间移动模型、修改渲染设置、添加光源或将其与其他3D图层合并。

19.3.1

设计实战：从文字中创建3D模型

●平面 ●插画 ●影视

01 打开素材，如图19-44所示。使用横排文字工具 **T** 输入文字，如图19-45所示。

扫码看视频

02 执行"文字>创建3D文字"命令，创建3D立体字。选择移动工具 ✥，在文字上单击，将其选择，在"属性"面板中设置"凸出深度"为500，对文字模型进行拉伸，如图19-46和图19-47所示。

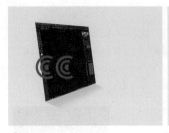

图19-44　　　　　　　　　图19-45

图19-46　　　　　　　　　图19-47

03 在空白处单击，取消文字的选取。使用旋转3D对象工具 调整相机的角度，如图19-48所示。单击灯光，调整它的照射角度，如图19-49所示。

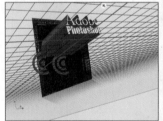

图19-48　　　　　　　　　图19-49

04 单击"3D"面板底部的 按钮，打开下拉菜单选择"新建无限光"命令，添加一个无限光。调整它的照射方向和参数，如图19-50和图19-51所示。

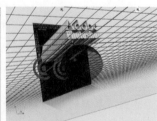

图19-50　　　　　　　　　图19-51

05 单击"图层"面板底部的 按钮，为3D图层添加蒙版。使用柔角画笔工具 在文字末端涂抹黑色，如图19-52和图19-53所示。

06 单击"调整"面板中的 按钮，创建"色相/饱和度"调整图层，如图19-54所示。按Alt+Ctrl+G快捷键创建剪贴蒙版，使调整图层只影响文字，如图19-55所示。

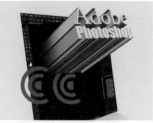

图19-52　　　　　　　　　图19-53

图19-54　　　　　　　　　图19-55

07 使用画笔工具 在文字"Adobe"上涂抹黑色，让文字恢复原有的颜色，如图19-56和图19-57所示。

图19-56　　　　　　　　　图19-57

08 选择"CC"图层，执行"3D>从所选图层新建3D模型"命令，生成3D模型。采用与前面相同的方法调整模型角度和光照，并添加图层蒙版，用画笔工具 将文字底部涂黑，如图19-58所示。将装饰图形所在的图层显示出来，效果如图19-59所示。

图19-58　　　　　　　　　图19-59

◆ 19.3.2　　　　　　　　　●平面　●插画　●影视

设计实战：从选区中创建3D模型

01 打开素材。使用快速选择工具 选取卡通大叔，如图19-60所示。执行"选择>新建3D模型"命令，或者"3D>从当前选区新建

扫码看视频

3D模型"命令，即可从选中的图像中生成3D对象，如图19-61所示。

图19-60　　　　　图19-61

02 单击"3D"面板顶部的网格按钮 ▦ ，如图19-62所示。在"属性"面板中选择一种凸出样式，并设置"凸出深度"为100%，如图19-63和图19-64所示。

03 在"图层"面板中选择并显示"背面"图层。采用同样的方法制作卡通大叔背面的立体效果，如图19-65所示。

图19-62　　　　　图19-63

图19-64　　　　　图19-65

◆ 19.3.3

设计实战：从路径中创建3D对象

●平面 ●插画 ●影视

01 打开素材。新建一个图层，如图19-66所示。打开"路径"面板，单击老爷车路径，如图19-67所示，在画面中显示该图形，如图19-68所示。

扫码看视频

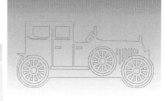

图19-66　　图19-67　　图19-68

02 执行"3D>从所选路径新建3D模型"命令，基于路径生成3D对象，如图19-69所示。用旋转3D对象工具 ⟳ 调整对象的角度，如图19-70所示。

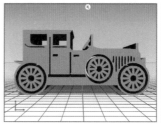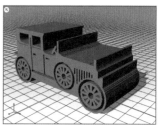

图19-69　　　　　图19-70

03 选择3D材质吸管工具 ✒ ，在模型正面单击，选择材质，如图19-71所示。在"属性"面板中选择"石砖"材质，如图19-72所示，效果如图19-73所示。

04 用3D材质吸管工具 ✒ 在模型顶面单击，为顶面也应用"石砖"材质，效果如图19-74所示。

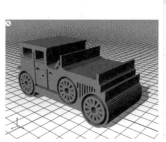

图19-71　　　　　图19-72

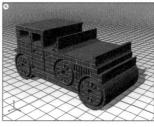

图19-73　　　　　图19-74

> **提示**（Tips）
>
> 选择3D对象所在的图层，执行"3D>从3D图层生成工作路径"命令，可基于当前3D对象生成工作路径。

19.3.4

💎 19.3.4   💰 进阶课

技巧：拆分3D对象

在默认情况下，从图层、路径和选区中创建的3D对象将作为一个整体的3D模型出现，如果需要编辑其中的某个单独的对象，可将其拆分开来。

01 打开素材，如图19-75所示。这是从文字中生成的3D对象。用旋转3D对象工具 🔄 旋转对象，如图19-76所示，可以看到，所有文字是一个整体。

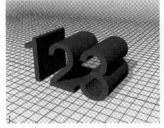 

图19-75   图19-76

02 执行"3D>拆分凸出"命令，这样就可以选择任意一个数字进行调整，如图19-77和图19-78所示。

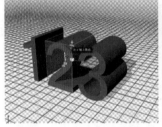 

图19-77   图19-78

19.3.5

💎 19.3.5   ●平面 ●插画 ●影视

设计实战：复制3D模型

01 按Ctrl+N快捷键，创建35厘米×35厘米、72像素/英寸的文件。将背景填充为深蓝色。使用横排文字工具 T 输入文字，如图19-79和图19-80所示。

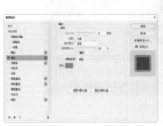

图19-79   图19-80

02 双击文字所在的图层，打开"图层样式"对话框，添加"描边"效果，如图19-81和图19-82所示。执行"图层>栅格化>图层样式"命令，将文字栅格化。

图19-81   图19-82

03 执行"3D>从所选图层新建3D模型"命令，生成3D立体字。单击模型，在"属性"面板中选择一种凸出样式，设置"凸出深度"为350像素，如图19-83和图19-84所示。

图19-83   图19-84

04 在"3D"面板的文字模型上单击鼠标右键，打开下拉菜单，选择"复制对象"命令，如图19-85所示，复制出一个模型，如图19-86所示。将光标放在3D轴上，当出现"绕X轴旋转"提示信息后，拖曳鼠标将模型向上翻转，如图19-87所示。在画面的空白处单击，取消模型的选择。单击并拖动鼠标，调整相机角度，如图19-88所示。

图19-85   图19-86

图19-87　　　　　　　图19-88

05 单击复制出的模型，调整它的高度位置和纵深位置，如图19-89所示。拖曳模型时，可使用坐标轴来进行操作，这样可以锁定垂直和纵深方向。单击光源，在"属性"面板中设置阴影的"柔和度"为30%，让阴影的边缘变淡，如图19-90所示。

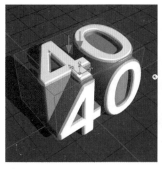

图19-89　　　　　　　图19-90

19.3.6

技巧：为3D模型添加约束

扫码看视频

在Photoshop中创建3D模型后，可以通过内部约束来提高特定区域中的网格分辨率，精确地改变膨胀，或在表面打孔。

01 打开素材，如图19-91所示。在"图层"面板中单击"图层 1"，执行"3D>从所选图层新建3D模型"命令，生成3D模型，如图19-92所示。

图19-91　　　　　　　图19-92

02 使用移动工具✛单击3D模型，在"属性"面板中选择一种形状并设置"凸出深度"为120像素，如图19-93和图19-94所示。

图19-93　　　　　　　图19-94

03 选择椭圆工具◯，在工具选项栏中选择"路径"选项，按住Shift键创建圆形路径，如图19-95所示。单击"3D"面板中的"边界约束1"条目，如图19-96所示，然后单击"属性"面板中的"将路径添加到表面"按钮，如图19-97所示，为模型添加约束，约束曲线会沿着3D对象中指定的路径远离要扩展的对象进行扩展（或靠近要收缩的对象进行收缩），效果如图19-98所示。

图19-95　　　　　　　图19-96

图19-97　　　　　　　图19-98

04 如果要取消约束，可单击"删除约束"按钮，如图19-99所示。

技术看板 48 用选区约束

创建选区后，单击"属性"面板中的"将选区添加到表面"按钮，可用选区创建约束。

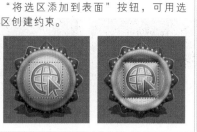

图19-99

创建3D形状、网格和体积

19.4

使用"3D"菜单中的命令,可以从Photoshop中创建3D形状,包括圆环、球面或帽子等单一网格对象,以及锥形、立方体、圆柱体、易拉罐或酒瓶等多网格对象,还可以处理医学上的DICOM图像文件,根据文件中的帧生成3D模型。

19.4.1

●平面 ●插画 ●影视

设计实战:制作3D石膏几何体

01 新建一个3500像素×2500像素、分辨率为72像素/英寸的文件。使用渐变工具 填充线性渐变,如图19-100所示。新建一个图层。执行"3D>从图层新建网格>网格预设>立方体"命令,创建3D立方体,如图19-101所示。

扫码看视频

图19-100

图19-101

02 选择移动工具 ,在工具选项栏中选择移动3D相机工具 ,调整相机视角,如图19-102所示。用变焦3D相机工具 将模型调整到远处,如图19-103所示。

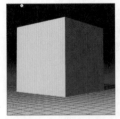
图19-102

图19-103

03 平移3D相机工具 向上移动相机,如图19-104所示。用移动3D相机工具 ,再调整相机视角,用变焦3D相机工具 调整模型距离,如图19-105所示。

图19-104

图19-105

04 单击"3D"面板中的"无限光"条目,如图19-106所示,在"属性"面板中调整阴影的"柔和度",让阴影边缘产生衰减,如图19-107和图19-108所示。

图19-106　　　　图19-107　　　　图19-108

05 新建一个图层。执行"3D>从图层新建网格>网格预设>球体"命令,创建3D球体。用移动3D相机工具 调整相机视角,让明暗交界线位于球体的右下方,以便与立方体的光照和投影角度一致,如图19-109所示。用平移3D相机工具 将它移动到立方体上方,如图19-110所示。在"属性"面板中调整阴影的"柔和度",效果如图19-111所示。

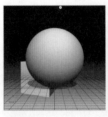
图19-109

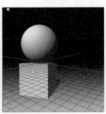
图19-110

图19-111

06 按住Ctrl键单击"图层"面板底部的 按钮,在"背景"图层上方创建图层,如图19-112所示。执行"3D>从图层新建网格>网格预设>圆柱体"命令,创建3D圆柱体,如图19-113所示。调整相机视角,如图19-114所示。

图19-112

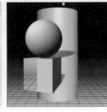
图19-113

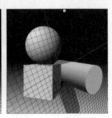
图19-114

07 单击"3D"面板中的"无限光"条目,如图19-115所示。在"属性"面板中取消"阴影"选项的选取,如图19-116和图19-117所示。

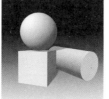

图19-115　　　图19-116　　　图19-117

08 按住Ctrl键单击另外两个图层,将这3个模型图层全部选取,如图19-118所示,使用移动工具⊹进行移动,将模型调整到画面中心,如图19-119所示。

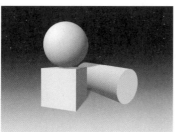

图19-118　　　　图19-119

创建其他3D模型

使用"3D>从图层新建网格"菜单中的命令,还可以创建金字塔、酒瓶、圆环、明信片(原始的2D图层会作为3D明信片对象的"漫射"纹理映射出现)等3D对象,如图19-120和图19-121所示。

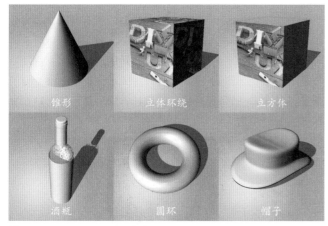

图19-120

图19-121

◈ **19.4.2**

设计实战:创建球面全景图

使用"Photomerge"命令将多幅照片组合成全景照片后,可以通过"球面全景"命令将其制作为球面全景图。

01 打开素材,如图19-122所示。这是在"11.7.1实战:拼接全景照片"一节使用"文件>自动>Photomerge"命令创建的全景照片(操作方法见258页)。

扫码看视频

图19-122

02 单击合并后的全景图层,将它选取,如图19-123所示,执行"3D>球面全景>通过选中的图层新建全景图图层"命令,调用全景图查看器,如图19-124所示。

图19-123　　　　图19-124

> **提 示**(Tips)
>
> 使用"3D>球面全景>导入全景图"命令,可将球面全景图直接载入查看器。

03 选择移动工具⊹,单击并拖曳鼠标,可以查看全景图图像,如图19-125和图19-126所示。

图19-125

图19-126

04 如果要调整相机视角，如让画面由远及近，可以在"属性"面板中进行设置，如图19-127所示。执行"3D>球面全景>导出全景图"命令，将该图像导出为JPEG格式，如图19-128所示。

图19-127

图19-128

19.4.3

功能练习：创建深度映射的3D网格

Photoshop可以通过深度映射的方式，基于图像的明度值转换出深度不一的表面。较亮的值生成表面上凸起的区域，较暗的值生成凹下的区域，进而生成3D模型。

扫码看视频

01 打开素材，如图19-129所示。执行"3D>从图层新建网格>深度映射到>纯色凸出"命令，生成3D网格，如图19-130所示。

图19-129

图19-130

02 在"属性"面板的"预设"下拉列表中选择"未照亮的纹理"选项，如图19-131所示，改变模型的外观，如图19-132所示。

图19-131

图19-132

提示（Tips）

"3D>从图层新建网格>深度映射到"菜单中还包含其他命令。选择"平面"命令，可以将深度映射数据（黑、白和灰色）应用于平面表面；选择"双面平面"，可创建两个沿中心轴对称的平面，并将深度映射数据应用于两个平面；选择"圆柱体"，可以从垂直轴中心向外应用深度映射数据；选择"球体"，可以从中心点向外呈放射状地应用深度映射数据。

素材

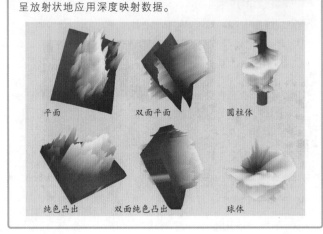

平面　　　　　双面平面　　　　　圆柱体

纯色凸出　　　双面纯色凸出　　　球体

19.4.4　　　　　　　鼎 进阶课

编辑网格

在"3D"面板中，显示了3D模型的所有网格。如果要编辑一个网格，可单击它，将其选取，如图19-133所示。使用3D对象工具，或通过3D轴可以对所选网格进行移动、旋转和缩放，如图19-134~图19-136所示。单击网格前方的眼睛图标 ◎ ，则隐藏网格。要想让它恢复显示，可以在原眼睛图标处单击。

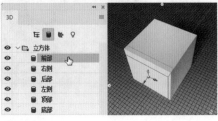

图19-133

图19-134

图19-135

图19-136

选择网格后，还可以在"属性"面板中设置网格属性，如图19-137所示。

● 捕捉阴影：控制选定的网格是否在其表面显示来自其他网格所产生的阴影。图19-138所示为顶部网格开启"捕捉阴影"后，圆锥的阴影会投射在立方体上。取消该选项的选取，则无阴影，如图19-139所示。

图19-137

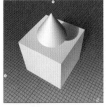

图19-138

图19-139

● 投影：控制选定的网格是否投影到其他网格表面上。

● 不可见：隐藏网格，但显示其表面的所有阴影。

19.4.5
3D体积

Photoshop可以打开和处理医学上的DICOM图像（.dc3、.dcm、.dic 或无扩展名）文件，并根据文件中的帧生成3D模型。

执行"文件>打开"命令，打开一个DICOM 文件，Photoshop会读取文件中所有的帧，并将它们转换为图层。选择要转换为 3D 体积的图层后，执行"3D>从图层新建网格>体积"命令，即可创建 DICOM 帧的 3D 体积。使用 Photoshop 的 3D 工具可以从任意角度查看 3D 体积，或更改渲染设置以更直观地查看数据。

19.5 编辑3D纹理和材质

在Photoshop中打开3D文件时，纹理会作为 2D 文件与 3D 模型一起导入，在3D 图层下方按照散射、凹凸和光泽度等类型编组。使用绘画工具和调整命令可以编辑纹理，也可以创建新的纹理。

19.5.1
为3D模型添加材质

材质用来控制网格的外观，将其映射到网格上，可以模拟各种纹理和质感，例如，皮肤、头发、颜色、图案、反光度或崎岖度等。

扫码看视频

在"3D"面板中单击一个材质条目后，可以在"属性"面板中添加或修改材质，并可通过"漫射""不透明度""凹凸"等选项调整纹理映射。

单击"漫射"选项右侧的 按钮，打开下拉菜单，选择"载入纹理"命令，可以在弹出的对话框中选择一幅图像作为纹理贴在模型表面，如图19-140所示。

单击材质条目

未贴图的3D模型

载入材质

选择图片
图19-140

贴图后的模型

　　Photoshop不仅支持外部材质，也提供了36种预设材质，我们可以单击材质球右侧的 按钮，打开下拉面板进行选择，如图19-141和图19-142所示。

图19-141

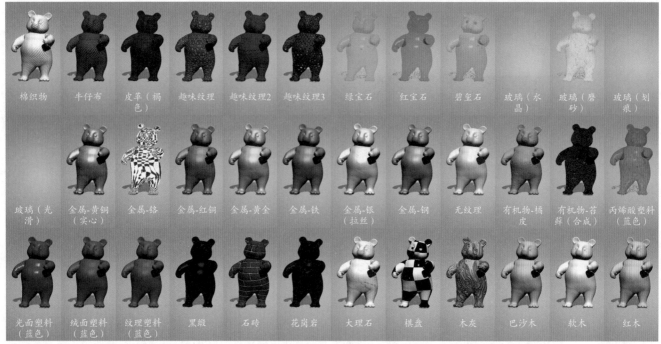

图19-142

技术看板 ❹ 材质纹理编辑技巧

● 修改材质的颜色：单击"漫射"选项右侧的颜色块，可以打开 32 位拾色器调整材质颜色。

● 编辑、替换和移去纹理：单击"漫射"选项右侧的 按钮，打开下拉菜单，选择"编辑纹理"命令，可以弹出纹理文件窗口，此时可修改纹理；选择"替换纹理"命令，可以使用其他图像替换当前纹理文件；选择"移去纹理"命令，则会从3D对象上清除纹理。

● 查看纹理映射图像的缩览图：将光标放在"图层"面板纹理名称上方，停留片刻可以显示纹理图像的缩览图和纹理尺寸。

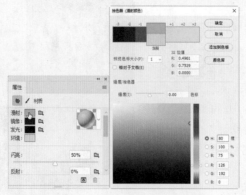

修改材质颜色

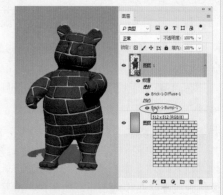

查看纹理映射图像

19.5.2

设置3D材质属性

在"3D"面板中单击一个材质条目,如图19-143所示,可以在"属性"面板中设置材质属性,如图19-144所示。如果模型包含多个网格,则每个网格可能会有与之关联的特定材质。

图19-143   图19-144

● 漫射: 是指材质的颜色,可以是实色或任意的2D图像,如图19-145和图19-146所示。

图19-145   图19-146

● 镜像: 可以为高光和反光等镜面属性设置显示的颜色,如图19-147和图19-148所示。

图19-147   图19-148

● 发光: 可以定义不依赖于光照即可显示的颜色,创建从内部照亮3D对象的效果,如图19-149所示。

● 环境: 可以设置环境光的颜色。该颜色与用于整个场景的全局环境色相互作用,如图19-150所示。

图19-149   图19-150

● 闪亮: 即反射光的散射程度。低反光度(高散射)产生更明显的光照,但焦点不足,如图19-151所示;高反光度(低散射)产生不明显、更亮和更耀眼的高光,如图19-152所示。

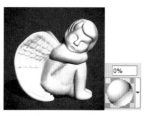

图19-151   图19-152

● 反射: 可增加3D场景、环境映射和材质表面上其他对象的反射,如图19-153和图19-154所示。

图19-153   图19-154

● 粗糙度: 可以增加材质的粗糙度,降低反射和高光,如图19-155所示。

● 凹凸: 可以在纹理表面创建凹凸效果,而并不实际修改网格,如图19-156所示。凹凸映射是一种灰度图像,其中较亮的值创建突出的表面区域,较暗的值创建平坦的表面区域。

图19-155   图19-156

● 不透明度: 可以调整材质的不透明度。

● 折射: 可以设置折射率。当两种折射率不同的介质(如空气和水)相交时,光线方向发生改变,即产生折射。新材料的默认值是1.0(空气的近似值)。

● 法线: 可以设置材质的法线映射,从漫射映射生成正常映射,如图19-157所示。

● 环境: 储存3D模型周围环境的图像。环境映射会作为球面全景来应用,在模型的反射区域中显现,如图19-158所示。

图19-157   图19-158

💎 **19.5.3** 🚩 必学课

功能练习：用3D材质吸管工具添加布纹

用3D材质吸管工具 ✎ 从3D模型上取样后，可以在"属性"面板中修改材质。

01 打开3DS格式的素材。使用旋转3D对象工具 ⬤ 旋转模型，如图19-159所示。

02 选择3D材质吸管工具 ✎，将光标放在椅子靠背上，单击鼠标，对材质进行取样，如图19-160所示，"属性"面板中会显示所选材质。单击材质球右侧的 按钮，打开下拉列表，选择"棉织物"材质，如图19-161所示，将它贴在椅子靠背上，如图19-162所示。

图19-159

图19-160

图19-161

图19-162

03 用3D材质吸管工具 ✎ 单击椅子扶手，如图19-163所示，拾取材质，为它贴上"软木"材质，如图19-164所示。

图19-163　　　　　　　图19-164

💎 **19.5.4** 🚩 必学课

功能练习：用3D材质拖放工具添加大理石材质

3D 材质拖放工具 ✎ 与油漆桶工具 🪣 非常相似，它能够直接在 3D 对象上对材质进行取样并应用材质，而无须事先选取对象。

01 打开3D模型，如图19-165所示。选择3D材质拖放工具 ✎，在工具选项栏中打开材质下拉列表，选择大理石材质，如图19-166所示。

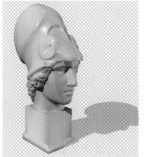
图19-165

图19-166

02 将光标放在石膏模型上，如图19-167所示，单击鼠标，即可将所选材质应用到模型中，如图19-168所示。

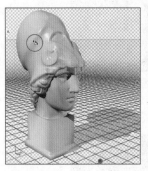
图19-167

图19-168

💎 **19.5.5** 🚩 进阶课

功能练习：为瓷盘贴青花图案

01 打开模型素材，如图19-169所示。在"图层"面板中双击纹理所在的列表，如图19-170所示，在一个单独的窗口中打开纹理（智能对象），如图19-171所示。

图19-169　　　图19-170　　　图19-171

02 打开一个贴图文件，如图19-172所示，使用移动工具 ✛ 将它拖入3D纹理文件中，如图19-173所示。

图19-172　　　　图19-173

03 关闭该窗口，弹出一个对话框，如图19-174所示，单击"是"按钮，存储对纹理所做的修改并将其应用到模型中，如图19-175所示。

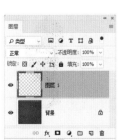

图19-174

图19-175

💎 **19.5.6** 惠 进阶课

技巧：替换并调整纹理位置

01 按Ctrl+N快捷键，打开"新建"对话框，创建一个20厘米×20厘米、72像素/英寸的文件。填充洋红色渐变。新建一个图层，如图19-176所示。

02 执行"3D>从图层新建网格>网格预设>圆柱体"命令，生成3D对象。用旋转3D对象工具 🖐 旋转圆柱体，如图19-177所示。

扫码看视频

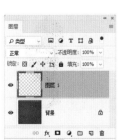
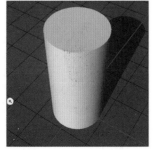

图19-176　　　　图19-177

03 单击"3D"面板中的无限光，如图19-178所示，在"属性"面板中设置"强度"为100%，"柔和度"为30%，

如图19-179和图19-180所示。

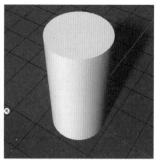

图19-178　　图19-179　　图19-180

04 单击"顶部材质"条目，如图19-181所示。在"属性"面板中单击"漫射"选项右侧的 按钮，打开下拉菜单，选择"替换纹理"命令，如图19-182所示。在弹出的对话框中选择配套资源中的素材，如图19-183所示。单击"打开"按钮，在顶面贴图，如图19-184所示。

图19-181　　　　图19-182

图19-183　　　　图19-184

05 选择"圆柱体材质"，如图19-185所示，为它贴相同的图案，如图19-186所示。

图19-185　　　　图19-186

06 单击"漫射"选项右侧的 按钮，打开下拉菜单，选择"编辑UV属性"命令，如图19-187所示。在弹出的对话框中调整贴图位置，如图19-188和图19-189所示。

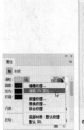  

图19-187　　图19-188　　　　　图19-189

19.5.7
重新生成纹理映射

UV 映射是指让 2D 纹理映射中的坐标与 3D 模型上的坐标相匹配，这样3D 模型上材质所使用的纹理文件（2D纹理）便能够准确地应用于模型表面了。用一句话概括，就是使 2D 纹理正确地绘制在 3D 模型上。

如果3D模型的纹理没有正确映射到网格，在Photoshop中打开这样的文件时，纹理就会在模型表面产生扭曲，如出现多余的接缝、图案拉伸或挤压等情况。使用"3D>生成UV"命令，可以将纹理重新映射到模型，从而校正扭曲。图19-190所示为执行该命令时弹出的对话框，单击"确定"按钮，会再弹出一个对话框，如图19-191所示。

图19-190　　　　　　　图19-191

选择"低扭曲度"，可以使纹理图案保持不变，但会在模型表面产生较多接缝，如图19-192所示；选择"较少接缝"，会使模型上出现的接缝数量最小化，这会产生更多的纹理拉伸或挤压，如图19-193所示。

图19-192　　　　　　图19-193

该命令对于从网络上下载的 3D 对象而言特别有用，可以为 3D 图层中的对象和材质重新生成 UV 贴图。

19.5.8
创建绘图叠加

用3ds Max、Maya等程序创建3D对象时，UV映射发生在创建内容的程序中。Photoshop 可以将 UV 叠加创建为参考线，帮助我们直观地了解 2D 纹理映射如何与 3D 模型表面匹配，并且在编辑纹理时，这些叠加还可作为参考线来使用。

UV叠加作为附加图层添加到纹理文件中。关闭并存储纹理文件时或从纹理文件切换到关联的 3D 图层（纹理文件自动存储）时，UV叠加会出现在模型表面。

双击"图层"面板中的纹理条目，如图19-194所示，打开纹理文件，此时可在"3D>创建绘图叠加"下拉菜中选择叠加选项，如图19-195所示。

图19-194　　　　　　图19-195

● 线框：显示 UV 映射的边缘数据，如图 19-196 所示。

● 着色：显示用实色渲染模式的模型，如图 19-197 所示。

图19-196　　　　　　图19-197

● 顶点颜色：3D 扫描的 PLY 文件通常带有顶点颜色，但没有纹理。打开 PLY 文件后，在"图层"面板中双击 3D 图层中"纹理"下的漫射，打开纹理，执行"3D>创建绘图叠加>

顶点颜色"命令，可以将顶点颜色转换为纹理颜色。

 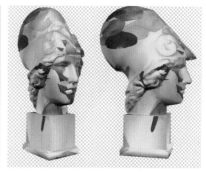

图19-198　　　　　　图19-199

案应用于3D模型上的效果。

💎 19.5.9
创建并使用重复的纹理拼贴

重复纹理由网格图案中完全相同的拼贴构成，能提供更加逼真的模型表面覆盖效果，而且可以改善渲染性能，占用的存储空间也比较小。

打开一幅图像，选择要创建为重复拼贴的图层，执行"3D>从图层新建拼贴绘画"命令，可以创建包含9个完全相同的拼贴图案，如图19-198所示。图19-199所示为将该图

在3D模型上绘画

19.6

在Photoshop中可以使用任何绘画工具直接在 3D 模型上绘画，也可以通过选择工具将特定的模型区域设为目标，或者让Photoshop识别并高亮显示可绘画的区域。

💎 19.6.1
功能练习：在3D汽车模型上涂鸦

01 打开3D素材，如图19-200所示。打开"3D>在目标纹理上绘画"下拉菜单，选择一种映射类型，如图19-201所示。通常情况下，绘画应用于漫射纹理映射。

扫码看视频

图19-200　　　　　　图19-201

> **提示**（Tips）
> 如果跨材质或接缝进行绘画，可以先执行"3D>绘画系统>投影"命令，然后进行绘画操作。

02 选择画笔工具 ✐，在"画笔"面板中选择枫叶图形，如图19-202所示，将前景色设置为橙色，在模型上涂抹

即可进行绘画，如图19-203所示。

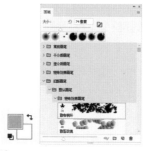

图19-202　　　　　　图19-203

💎 19.6.2
设置绘画衰减角度

在模型上绘画时，绘画衰减角度可以控制表面在偏离正面视图弯曲时的油彩使用量。衰减角度是根据朝向我们的模型表面突出部分的直线来计算的。例如，在足球模型中，当球体面对我们时，足球正中心的衰减角度为 0°，随着球面的弯曲，衰减角度逐渐增大，并在球边缘处达到最大（90°），如图19-204所示。执行"3D>绘画衰减"命令，可以打开"3D绘画衰减"对话框设置绘画衰减角度，如图19-205所示。

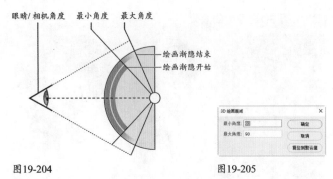

图19-204 图19-205

- 最小角度：最小衰减角度设置绘画随着接近最大衰减角度而渐隐的范围。例如，如果最大衰减角度是45°，最小衰减角度是30°，那么在30°和45°的衰减角度之间，绘画不透明度将会从100减少到0。

- 最大角度：最大绘画衰减角度范围为0°～90°。0°时，绘画仅应用于正对前方的表面，没有减弱角度；90°时，绘画可沿弯曲的表面（如球面）延伸至其可见边缘。

19.6.3
选择可绘画区域

直接在模型上绘画与直接在 2D 纹理映射上绘画是不同的，有时画笔在模型上看起来很小，但相对于纹理来说可能实际上又很大（这取决于纹理的分辨率，或应用绘画时我们与模型之间的距离），因此，只观看3D模型，还无法明确判断是否可以成功地在某些区域绘画。执行"3D>选择可绘画区域"命令，可以选择模型上可以绘画的最佳区域。

19.6.4
隐藏表面

对于内部包含隐藏区域，或者结构复杂的模型，可以使用任意选择工具在 3D 模型上创建选区，限定要绘画的区域，如图19-206所示。然后从"3D>显示/隐藏多边形"菜单中选择一个命令，将其他部分隐藏，如图19-207所示。

图19-206 图19-207

- 选区内：隐藏选中的表面，如图 19-208 所示。

- 反转可见：将当前可见的表面隐藏，显示不可见的表面，如图 19-209 所示。

图19-208 图19-209

- 显示全部：显示所有隐藏的表面。

3D光源

Photoshop中可以添加和编辑点光、聚光灯和无限光3种类型的光源。3D光源可以从不同角度照亮模型，在3D场景中添加逼真的深度和阴影。

19.7.1
添加、隐藏和删除光源

▶必学课

单击"3D"面板底部的 ♀ 按钮，打开下拉菜单，选择光源类型，如图19-210所示，即可在3D场景中添加光源。

如果要隐藏一个光源，可单击"3D"面

板光源条目旁的眼睛图标 ◉，如图19-211所示。再次单击可重新显示光源。

如果将光源移动到画布外面，可单击"属性"面板中的移到视图按钮 ♀，让光源重新回到画面中。

如果要删除光源，可以在3D场景中单击光源，将其选择，或者在"3D"面板中选择该光源，然后单击面板底部的 圙 按钮，如图19-212所示。

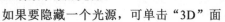

扫码看视频

图19-210　　　　图19-211　　　　图19-212

19.7.2

使用预设光源

添加光源或选择一个光源以后，可以在"属性"面板的"预设"下拉列表中选择一个命令，将当前光源改为预设的光源样式，如图19-213和图19-214所示。选择"类型"下拉列表中的命令，则可以改变光源类型。例如，可以将当前光源由无限光改为聚光灯。

图19-213

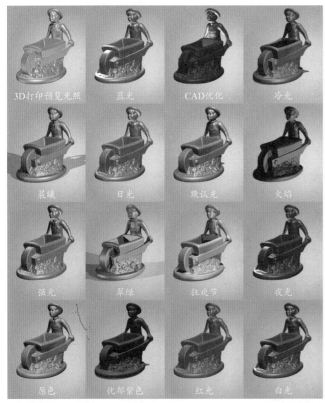

图19-214

19.7.3

调整光源参数

在3D工作区或者"3D"面板中选择光源以后，可以在"属性"面板中调整光源的参数，如图19-215所示。其中，"预设""颜色""强度"等是所有类型光源共同的选项。

● 类型：在下拉列表中选择光源类型，可将当前光源转换为点光、聚光灯或无限光。

● 颜色/强度：单击"颜色"选项右侧的色块，可以打开"拾色器"设置光源颜色，如图19-216和图19-217所示。在"强度"选项中可以调整光源的亮度。

图19-215　　　　图19-216　　　　图19-217

● 阴影/柔和度：选取"阴影"选项，可以创建阴影，如图19-218所示。拖曳"柔和度"滑块，可以模糊阴影边缘，使其产生逐渐的衰减效果，如图19-219所示。

图19-218　　　　　　　图19-219

19.7.4　　　　　　　　　　　　　　進阶课

使用点光

点光在3D场景中是一个小球。它就像灯泡一样，可以向各个方向照射，如图19-220所示。选择点光后，可以在"属性"面板中选取"光照衰减"选项，让光源产生衰减效果，如图19-221~图19-223所示。"内径"和"外径"选项决定衰减锥形，以及光源强度随对象距离的增加而减弱的速度。对象接近"内径"限制时，光照强度最大；对象接近"外

扫码看视频

473

径"限制时，光照强度为零；处于中间距离时，光照从最大强度线性衰减为零。

心的宽度；"锥形"选项则用来设置光源的发散范围，如图19-226和图19-227所示。

图19-220　　　　图19-221

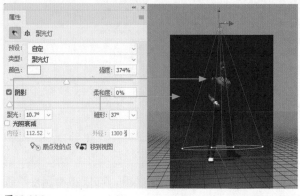

图19-226

图19-222　　　　图19-223

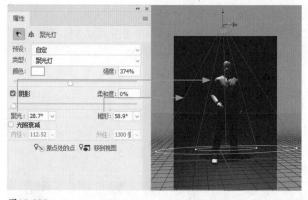

图19-227

 19.7.5 　　　　　　　　　惠 进阶课

使用聚光灯

聚光灯在3D场景中显示为锥形，能照射出可调整的锥形光线。它也包含"光照衰减"选项，可以调整聚光灯的衰减范围，如图19-224和图19-225所示。

 19.7.6 　　　　　　　　　惠 进阶课

使用无限光

无限光在3D场景中显示为半球状。它像太阳光，可以从一个方向平面照射，如图19-228和图19-229所示。无限光只有"颜色""强度""阴影"等基本参数，没有特殊的光照属性。

图19-224　　　　图19-225

聚光灯还包含"聚光"选项，它可以设置光源明亮中

图19-228　　　　图19-229

渲染3D模型

Photoshop CC 2018
19.8

完成3D文件的编辑之后，可以对模型进行渲染，创建用于 Web、打印或动画的最高品质输出效果。在渲染期间，渲染的剩余时间和百分比会显示在文档窗口底部的状态栏中。

19.8.1
使用预设的渲染选项

在"3D"面板中单击"场景"条目，如图19-230所示，之后可以在"属性"面板的"预设"下拉列表中选择预设的渲染选项，如图19-231和图19-232所示。"默认"是标准渲染模式，可以显示模型的可见表面；"线框"和"顶点"类会显示底层结构；"实色线框"类可以合并实色和线框渲染；要以反映其最外侧尺寸的简单框来查看模型，可以选择"外框"类预设。

图19-230　　图19-231

图19-232

技术看板 50 用画笔描绘模型

使用"素描草""散布素描""素描粗铅笔""素描细铅笔"等预设选项时，可以选择一个绘画工具（画笔或铅笔），然后执行"3D>使用当前画笔素描"命令，用画笔描绘模型。

19.8.2
自定义设置横截面

在"属性"面板中选择"横截面"选项后，可创建以所选角度与模型相交的平面横截面，如图19-233所示，这样能够切入到模型内部查看里面的内容。

图19-233

● 切片：可选择沿 x、y、z 轴创建切片，如图19-224~图19-236所示。

x轴切片　　　y轴切片　　　z轴切片
图19-234　　　图19-235　　　图19-236

● 倾斜：可以将平面向其任一可能的倾斜方向旋转至 360°，如图19-237所示。

● 位移：可沿平面的轴移动平面，但不改变平面的斜度，如图19-238所示。位移为0时，平面与3D模型相交于中点。

x轴切片、倾斜60°　　位移-12
图19-237　　　　　图19-238

● 平面/不透明度：选择"平面"选项，可以显示创建横截面的相交平面，如图19-239~图19-241所示。单击选项右侧的颜色块，可以设置平面颜色，在"不透明度"选项中可调整平面不透明度。

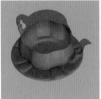

*x*轴平面
图19-239

*y*轴平面
图19-240

*z*轴平面
图19-241

● 相交线：可以高亮显示横截面平面相交的模型区域。单击右侧的颜色块，可以设置相交线颜色。图19-242所示是相交线为红色时的效果（*z*轴平面）。

● 侧面A/B：单击按钮，可以显示横截面A侧或横截面B侧。

● 互换横截面侧面▶◀：单击该按钮，可以将模型的显示区域更改为相交平面的反面，如图19-243和图19-244所示。

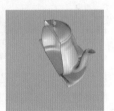

图19-242
图19-243
图19-244

◈ 19.8.3

自定义表面

在"属性"面板中选择"表面"选项以后，可以在"样式"下拉列表中选择一个选项，改变模型表面的显示方式，如图19-245所示。

图19-245

◈ 19.8.4

自定义线条

在"属性"面板中选取"线条"选项后，可以在"样式"下拉列表中选择线框线条的显示方式，以及调整线条宽度，如图19-246~图19-251所示。

图19-246
图19-247
图19-248

图19-249
图19-250
图19-251

提示（Tips）

当模型中的两个多边形在某个特定角度相接时，会形成一条折痕或线，"角度阈值"可调整模型中的结构线条数量。如果边缘在小于该值设置（0~180）的某个角度相接，则会移去它们形成的线。若设置为0，则显示整个线框。

◈ 19.8.5

自定义顶点

顶点是组成线框模型的多边形相交点。在"属性"面板中选取"点"选项后，可以在"样式"下拉列表中选择顶点的外观，如图19-252~图19-257所示。通过"半径值"选项可以调整每个顶点的像素半径。

图19-252
图19-253
图19-254

平坦　　　　　　实色　　　　　　　外框

图19-255　　　　图19-256　　　　　图19-257

独渲染。

此外，3D模型的结构、灯光和纹理贴图越复杂，渲染所需时间越长。如果完成渲染后，发现纹理、光源或其他问题，则需要修改后再重新渲染。这样反复操作会耗费大量时间。若要提高效率，可以只渲染模型的局部，再从中判断整个模型的最终效果，以便为修改提供参考。使用选框工具在模型上创建一个选区，如图19-258所示，然后单击 ▣ 按钮，即可渲染选中的区域，如图19-259所示。

19.8.6
渲染模型

渲染选项设置完成后，需要最终渲染模型时，可以单击"3D"面板底部的 ▣ 按钮，或者使用"3D>渲染3D图层"命令进行渲染。

最终渲染将使用光线跟踪和更高的取样速率，以便获得更逼真的光照和阴影。在渲染期间，剩余时间和百分比会显示在文档窗口底部的状态栏中。如果想暂停渲染，可以按Esc键。再单击一次 ▣ 按钮，可继续渲染。

渲染设置只针对当前选择的3D图层有效。如果文件包含多个3D图层，则需要为每个图层分别指定渲染设置并单

图19-258　　　　　　　　图19-259

> **提示**（Tips）
>
> 如果打开了3D动画文件，可以使用"3D>渲染要提交的文档"命令，打开"渲染视频"对话框设置参数，渲染静止的3D对象。

存储和导出3D文件

19.9

模型编辑或渲染完成后，可以拼合3D场景以便用其他格式输出，也可以将3D场景与2D内容合并，或将其栅格化。

19.9.1
存储3D文件
🏳 必学课

编辑3D文件后，如果要保留文件中的3D内容，包括位置、光源、渲染模式和横截面，可以执行"文件>存储"命令，选择PSD、PDF或TIFF作为保存格式。

19.9.2
导出3D图层
🏳 进阶课

如果要导出3D图层，可以在"图层"面板中单击它，如图19-260所示，然后执行"3D>导出3D图层"命令，

打开"存储为"对话框，在"格式"下拉列表中可以用Collada、Wavefront/OBJ、U3D 和 Google Earth 4等受支持的 3D 格式导出 3D 图层，如图19-261所示。

图19-260　　　　　　图19-261

选取"纹理格式"时需要注意，U3D 和 KMZ 支

持 JPEG 或 PNG 作为纹理格式；DAE 和 OBJ 支持所有 Photoshop 支持的用于纹理的图像格式。

🔹 19.9.3   🔹 进阶课

合并3D图层

选择两个或多个3D图层，如图19-262所示，执行"3D>合并3D图层"命令，可将它们合并到一个场景中，如图19-263所示。合并后，可以单独处理每一个模型，也可同时在所有模型上使用位置工具和相机工具。

图19-262   图19-263

🔹 19.9.4

将3D图层转换为智能对象

在"图层"面板中选择3D图层，打开面板菜单，选

择"转换为智能对象"命令，可以将3D图层转换为智能对象。转换后仍可保留3D图层中的3D信息，可对其应用滤镜，如果要重新编辑原3D内容，双击智能对象图层。

🔹 19.9.5

将3D图层栅格化

在"图层"面板中选择3D图层后，执行"图层>栅格化>3D"命令，可以将3D图层转换为普通的2D图层。

🔹 19.9.6

在Sketchfab上共享3D图层

Sketchfab 是一项 Web 服务，用于发布和显示交互式3D 模型。执行"3D>在 Sketchfab 上共享 3D 图层"命令，可以使用 Sketchfab 共享 3D 图层。

> **提示**（Tips）
>
> 执行"3D>获取更多内容"命令，可链接到Adobe网站浏览与3D有关的内容、下载3D插件。

19.10 3D打印

Photoshop支持3D打印技术。如果用户配置了3D打印机，可通过Photoshop直接进行3D打印。在准备打印时，Photoshop 会自动使3D模型防水，还会生成必要的支撑结构（支架和底座），以确保打印能够顺利完成。

🔹 19.10.1

打印3D模型

在Photoshop 中打开3D模型，执行"3D>3D打印设置"命令后，可以在"属性"面板中显示打印选项，如图19-264所示。设置好选项之后，执行"3D>3D打印"命令，Photoshop会统一并准备3D场景以便用于打印流程，如图19-265所示。打印所需时间取决于我们选择的细节级别。如果要取消正在进行的3D打印，可以按Esc键。

如果要打印多个对象，可以在"3D"面板中选择模型，然后执行"3D>封装地面上的对象"命令。

图19-264

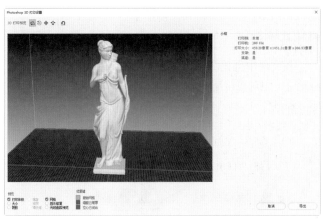

图19-265

如果要将 3D 打印设置导出到 STL 文件，可单击"导出"按钮，将文件保存到计算机上的适当位置。之后可以将 STL 文件上传到在线服务，或将其放入SD卡，以供本地打印之用。

> **提 示**（Tips）
>
> 执行"3D>为3D打印统一场景"命令，可统一3D场景的所有元素并使场景防水。

19.10.2
定义横截面

如果想要在打印3D模型前定义横截面，以便切掉3D模型的某些部分，可以在"3D"面板中选择场景条目，然后在"属性"面板中选择"横截面"并指定横截面的设置，再执行"3D>将横截面应用到场景"命令。

19.10.3
简化网格

3D模型的网格结构是由三角形搭建的。模型越复杂，网格越多。使用"3D>简化网格"命令，可以减少三角形网格数量，降低文件的复杂性，如图19-266所示。在为3D打印做准备时，该功能非常有用。

图19-266

● 简化：拖曳该滑块，即可减少网格数量。滑块下方的"原始大小"显示的是调整前的网格数量，滑块上方文本框中的数值是调整后的网格数量，"估计大小"显示的是网格减少的百分比。

● 生成法线图：为正在简化的网格生成法线图。

● 阴影：可以开启或关闭阴影。

● 网格叠加：显示 UV 叠加。单击该选项右侧的颜色块，可以打开"拾色器"修改网格颜色，以便于更好地观察简化效果。

● 预览简化：选取该选项后，可以在对话框中预览简化效果。

测量与计数
19.11

使用Photoshop中的测量功能，可以测量用标尺工具 ━ 或选择工具定义的任何区域，包括用套索、快速选择和魔棒等工具选取的不规则区域，也可以计算高度、宽度、面积和周长。使用计数工具 ₁₂³ 可以对图像中的对象计数。

19.11.1
设置测量比例

设置测量比例是指在图像中设置一个与比例单位（如英寸、毫米或微米）数相等的指定像素数。创建测量比例之后，就可以用选定的比例单位测量区域并接收计算和记录结果。执行"图像>分析>设置测量比例>自定"命令，可以打开"测量比例"对话框，如图19-267所示。

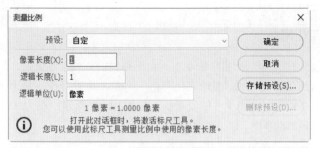

图19-267

● 预设：如果创建了自定义的测量比例预设，可在该选项的下拉列表中将其选择。

● 像素长度：可拖动标尺工具 ▭ 测量图像中的像素距离，或在该选项中输入一个值。关闭"测量比例"对话框时，将恢复当前工具设置。

● 逻辑长度/逻辑单位：可输入要设置为与像素长度相等的逻辑长度和逻辑单位。例如，如果像素长度为50，并且要设置的比例为 50 像素/微米，则应输入 1 作为逻辑长度，并使用微米作为逻辑单位。

● 存储预设/删除预设：单击"存储预设"按钮，可将当前设置的测量比例保存。需要使用时，可在"预设"下拉列表中选择。单击"删除预设"按钮可删除自定义的预设。

> **提示**（Tips）
>
> 执行"图像>分析>设置测量比例>默认值"命令，可以返回到默认的测量比例，即1 像素 = 1 像素。

19.11.2
创建比例标记

执行"图像>分析>置入比例标记"命令，打开"测量比例标记"对话框并设置选项，即可在画布左下角创建比例标记，同时添加一个图层组，用以包含文本图层和图形图层，如图19-268和图19-269所示。

图19-268

图19-269

● 长度：设置比例标记的长度（以像素为单位）。

● 字体/字体大小：可选择字体并设置字体的大小。

● 显示文本：显示比例标记的逻辑长度和单位。

● 文本位置：可选择在比例标记的上方或下方显示题注。

● 颜色：可设置比例标记和题注的颜色（黑色或白色）。

19.11.3
编辑比例标记

在文件中创建测量比例标记后，可以使用移动工具 ✛ 移动它，也可以使用文字工具编辑题注或修改文本的大小、字体和颜色（见402页），如图19-270和图19-271所示。

图19-270　　　　图19-271

如果要添加新的比例标记，可执行"图像>分析>置入比例标记"命令，弹出图19-272所示的对话框。单击"移去"按钮，可替换现有的标记；单击"保留"按钮，可新建比例标记并保留原有的比例标记，如图19-273所示。如果新的比例标记和原有的标记彼此遮盖，可以在"图层"面板中隐藏原来的比例标记。如果要删除比例标记，可将测量比例标记图层组拖曳到删除图层按钮 🗑 上。

图19-272　　　　图19-273

19.11.4
选择数据点

数据点会向测量记录添加有用信息，例如，可以添加要测量文件的名称、测量比例和测量的日期/时间等。执行"图像>分析>选择数据点>自定"命令，打开"选择数据点"对话框，如图19-274所示。在对话框中，数据点将根据可以测量它们的测量工具进行分组，"通用"数据点适用于所有工具，此外，还可以单独设置选区、标尺工具和计数工具的数据点。

图19-274

● 标签：标识每个测量并自动将每个测量编号为测量 1、测量 2 等。

- 日期和时间：表示测量发生时间的日期/时间。
- 文档：标识测量的文档（文件）。
- 源：测量的源，即标尺工具、计数工具或选择工具。
- 比例：源文档的测量比例。
- 比例单位：测量比例的逻辑单位。
- 比例因子：分配给比例单位的像素数。
- 计数：根据使用的测量工具发生变化。使用选择工具时，表示图像上不相邻的选区的数目；使用计数工具时，表示图像上已计数项目的数目；使用标尺工具时，表示可见的标尺线的数目（1或2）。
- 面积：用方形像素或根据当前测量比例校准的单位（如平方毫米）表示的选区的面积。
- 周长：选区的周长。
- 圆度：4pi（面积/周长2）。若值为1.0，则表示一个完全的圆形，当值接近0.0时，表示一个逐渐拉长的多边形。
- 高度：选区的高度（max y - min y），其单位取决于当前的测量比例。
- 宽度：选区的宽度（max x - min x），其单位取决于当前的测量比例。
- 灰度值：这是对亮度的测量。
- 累计密度：选区中的像素值的总和。此值等于面积（以像素为单位）与平均灰度值的乘积。
- 直方图：为图像中的每个通道生成直方图数据，并记录0~255的每个值所表示的像素的数目。对于一次测量的多个选区，将为整个选定区域生成一个直方图文件，并为每个选区生成附加的直方图文件。

◆ 19.11.5
功能练习：使用标尺测量距离和角度

标尺工具 ▭ 可以测量两点间的距离、角度和坐标。下面使用它测量距离和角度。

扫码看视频

01 打开素材。执行"图像>分析>标尺工具"命令，或在"工具"面板中选择标尺工具 ▭。将光标放在需要测量的起点处，光标会变为 ▭ 状，如图19-275所示。单击并拖曳鼠标至测量的终点处，测量结果会显示在工具选项栏和"信息"面板中，如图19-276所示。

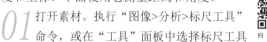

图19-275　　　　　　　　　图19-276

02 下面来测量剪刀夹角的角度。单击工具选项栏中的"清除"按钮，清除测量线。将光标放在角度的起点处，如图19-277所示，单击并拖曳到夹角处，然后放开鼠标，如图19-278所示。如果要创建水平、垂直或以45°角为增量的测量线，可按住Shift键拖曳鼠标。创建测量线后，将光标放在测量线的一个端点上，拖曳鼠标可以移动测量线。

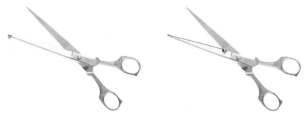

图19-277　　　　　　　　　图19-278

03 按住Alt键，光标会变为 ▭ 状，如图19-279所示，单击并拖曳鼠标至测量的终点处，放开鼠标后，角度的测量结果会显示在工具选项栏中，如图19-280所示。

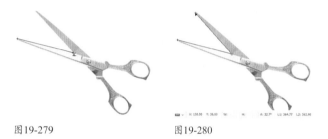

图19-279　　　　　　　　　图19-280

┌─ 提示（Tips）─────────────

在工具选项栏中，"X/Y"代表了起始位置（x和y轴）；"W/H"代表了在x和y轴上移动的水平（W）和垂直（H）距离；"A"代表了相对于轴测量的角度（A）；"L1/L2"代表了使用量角器时移动的两个长度（L1和L2）。

└──────────────────────

◆ 19.11.6
功能练习：手动计数

01 打开素材，如图19-281所示。执行"图像>分析>计数工具"命令，或选择计数工具 123，在工具选项栏中调整标记大小和标签大小参数，如图19-282所示。

扫码看视频

图19-281

标记大小：10　　标签大小：30

图19-282

02 在玩具摩天轮上单击鼠标，Photoshop会跟踪单击次数，并将计数数目显示在项目上和计数工具选项栏中，如图19-283和图19-284所示。

图19-283　　　　　　　　图19-284

03 执行"图像>分析>记录测量命令"，可以将计数数目记录到"测量记录"面板中，如图19-285所示。

图19-285

> **提示**（Tips）
>
> 如果要移动计数标记，可以将光标放在标记或数字上方，当光标变成方向箭头时，再进行拖曳；按住 Shift 键可限制为沿水平或垂直方向拖曳；按住Alt键单击标记，可删除标记。

计数工具选项栏

选择计数工具后，在工具选项栏中会显示计数数目、颜色、标记大小等选项，如图19-286所示。各个选项的含义如下。

图19-286

- 计数：显示了总的计数数目。
- 计数组：类似于图层组，可包含计数，每个计数组都可以有自己的名称、标记和标签大小及颜色。单击 □ 按钮，可以创建计数组；单击 ◉ 按钮，可以显示或隐藏计数组；单击 🗑 按钮，可以删除计数组。
- 清除：单击该按钮，可将计数复位到 0。
- 颜色：单击颜色块，可以打开"拾色器"设置计数组的颜色，图19-287所示为设置为红色时的效果。
- 标记大小：可以输入1~10的值，定义计数标记的大小。图19-288所示是该值为10的标记。
- 标签大小：可以输入8~72的值，定义计数标签的大小。图19-289所示是该值为72的标签。

计数颜色为红色　　　标记大小为10　　　标签大小为72
图19-287　　　　　图19-288　　　　　图19-289

"测量记录"面板选项

- 记录测量：单击该按钮，可在面板中添加测量记录。
- 选择所有测量 ⊟ /取消选择所有测量 ⊠ ：单击 ⊟ 按钮，可选择面板中所有的测量记录。选择后，单击 ⊠ 按钮，可取消选择。
- 导出所选测量 ⬆ ：单击该按钮，可以将测量记录导出。
- 删除所选测量 🗑 ：在面板中选择一个测量记录后，单击该按钮可将其删除。

◈ 19.11.7

功能练习：使用选区自动计数

01 打开素材，如图19-290所示。下面使用选区自动计数。选择椭圆选框工具 ◯ ，按住Shift键创建圆形选区，将篮球选中，如图19-291所示。

图19-290　　　　　　　　图19-291

02 执行"图像>分析>选择数据点>自定"命令，打开"选择数据点"对话框，如图19-292所示。在对话框中可以设置计算高度、宽度、面积和周长等内容。采用默认的设置，即选择所有数据点，单击"确定"按钮关闭对话框。执行"图像>分析>记录测量"命令，或单击"测量记录"面板中的"记录测量"按钮，Photoshop 会对选区计数，如图19-293所示。

03 创建测量记录后，可将其导出到逗号分隔的文本文件中，在电子表格应用程序中打开该文本文件，并利用这些测量数据执行统计或分析计算。单击面板顶部的 按钮，打开"存储"对话框，设置文件名和保存位置，单击"保存"按钮导出文件。图19-294所示为使用Excel打开的该文件。

图19-293

图19-292

图19-294

图像堆栈

图像堆栈可以将一组参考帧相似、但品质或内容不同的图像组合在一起。将多个图像组合到堆栈中之后，就可以对它们进行处理，消除不需要的内容或杂色，生成一个复合视图。

图像堆栈通常用于减少法学、医学或天文图像中的图像杂色和扭曲，或者从一系列静止照片或视频帧中移去不需要的或意外的对象。例如，移去从图像中走过的人物，或移去在拍摄的主题前面经过的汽车。

为了获得最佳结果，图像堆栈中包含的图像应具有相同的尺寸和极其相似的内容，例如，图19-295所示为一组猎户座的星空图像。选择所有图层后，如图19-296所示，执行"编辑>自动对齐图层"命令，对齐图层，再执行"图层>智能对象>转换为智能对象"命令，将所选图层打包到一个智能对象中，如图19-297所示。然后在"图层>智能对象>堆栈模式"下拉菜单中选择一个堆栈模式创建图像堆栈，如图19-298所示。如果要减少杂色，可选择"平均值"或"中间值"模式；如果要从图像中移去对象，可选择"中间值"模式。图19-299所示为选择"中间值"模式后的效果。

图19-295　　　　图19-296

图19-297　　　图19-298　　　图19-299

第20章

综合实例

●平面 ●网店 ●插画 ●影视

制作超可爱牛奶字

难度：★★★☆☆ 功能：通道、滤镜和图层样式

说明：在通道中为文字制作立体效果，载入选区后应用到图层中，再用绘制的圆点制作出奶牛花纹。

01 打开素材，如图20-1所示。单击"通道"面板底部的 ⊡ 按钮，创建一个通道，如图20-2所示。选择横排文字工具 T ，在工具选项栏中设置字体及大小，在画布上单击并输入文字，结束后单击 ✔ 按钮。由于是在通道中输入的文字，所以它会呈现选区状态。在选区内填充白色，按Ctrl+D快捷键取消选择，如图20-3所示。

图20-1　　　　　　图20-2　　　　　　图20-3

02 将Alpha 1通道拖曳到面板底部的 ⊡ 按钮上复制。按Ctrl+K快捷键，打开"首选项"对话框，在左侧列表的"增效工具"中，选取"显示滤镜库的所有组和名称"选项，以便让"塑料包装"滤镜出现在滤镜菜单内，然后关闭对话框。执行"滤镜>艺术效果>塑料包装"命令，参数设置如图20-4所示，效果如图20-5所示。

图20-4　　　　　　　　图20-5

03 按住Ctrl键单击Alpha 1副本通道，载入该通道中的选区，如图20-6所示。按Ctrl+2快捷键返回RGB复合通道，显示彩色图像，如图20-7所示。

04 单击"图层"面板底部的 ⊡ 按钮，新建一个图层，在选区内填充白色，如图20-8和图20-9所示。按Ctrl+D快捷键取消选择。

图20-6　　　　　图20-7

图20-8　　　　　图20-9

图20-15　　　　　　　　图20-16

05 按住Ctrl键单击Alpha 1通道，载入该通道中的选区，如图20-10所示。执行"选择>修改>扩展"命令，扩展选区范围，如图20-11和图20-12所示。

图20-10　　　　　图20-11

图20-17

图20-12

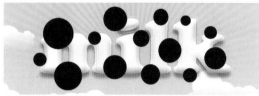

图20-18

06 单击"图层"面板底部的 ▣ 按钮，基于选区创建蒙版，如图20-13和图20-14所示。

09 执行"滤镜>扭曲>波浪"命令，对圆点进行扭曲，如图20-19和图20-20所示。

图20-13　　　　　图20-14

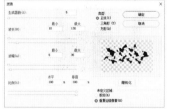

图20-19　　　　　　　图20-20

07 双击文字所在的图层，打开"图层样式"对话框，分别添加"投影""斜面和浮雕"效果，如图20-15~图20-17所示。

10 按Ctrl+Alt+G快捷键创建剪贴蒙版，将花纹的显示范围限定在下面的文字区域内，如图20-21所示。在画布上添加其他文字，显示"热气球"图层，如图20-22所示。

08 新建一个图层。将前景色设置为黑色，选择椭圆工具 ◯，在工具选项栏中选择"像素"选项，按住Shift键绘制几个圆形，如图20-18所示。

图20-21　　　　　图20-22

制作超酷打孔特效字

扫码看视频

难度：★★★☆☆ 功能：路径运算、图层样式

说明：用形状图层组成字母，添加图层样式，表现真实的重叠与镂空效果。

01 打开素材，如图20-23和图20-24所示。下面先根据文字的结构重新绘制路径，再为每个笔画添加图层样式，使文字呈现层次感。

图20-23　　　　　　　　　　图20-24

02 将前景色设置为蓝色（R0，G183，B238）。选择圆角矩形工具 ，在工具选项栏中选择"形状"选项，在"属性"面板中设置填充为蓝色，无描边，半径为30像素。根据字母"P"的笔画轮廓绘制一个圆角矩形，在"图层"面板中会自动生成一个形状图层，如图20-25~图20-27所示。

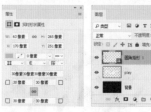

图20-25　　　　图20-26　　　　图20-27

03 打开"路径"面板，单击"路径1"，如图20-28所示。在画面中显示该路径，按Ctrl+C快捷键复制，在"路径"面板空白处单击，隐藏路径，如图20-29所示。使用路径选择工具 在蓝色路径图形上单击，如图20-30所示。按Ctrl+V快捷键，将复制的路径粘贴到形状图层中，如图20-31和图20-32所示。

图20-28　　　　图20-29　　　　图20-30

图20-31　　　　图20-32

04 选择椭圆工具 ，在工具选项栏中选取"形状"选项，单击排除重叠形状按钮 ，如图20-33所示。

图20-33

05 在画布上先单击并拖曳鼠标，此时不要放开鼠标按键，按Shift键，这样可以将椭圆转换为圆形，放开鼠标后可创建打孔效果，如图20-34所示。使用路径选择工具 在圆形路径上单击，将其选取，如图20-35所示，按Alt键拖曳进行复制，移动到相应位置，生成图20-36所示的效果。

图20-34　　　　图20-35　　　　图20-36

06 双击"形状1"图层，打开"图层样式"对话框，在左侧列表分别选择"投影"和"内发光"效果，设置参数如图20-37和图20-38所示。

图20-37　　　　　　　　图20-38

07 再添加"斜面和浮雕"效果，使字母产生一定厚度，参数如图20-39所示。添加"光泽"效果，在字母表面创建光泽感，参数如图20-40所示，效果如图20-41所示。

图20-39

图20-40

图20-41

提示（Tips）

要改变路径形状的颜色，可先调整前景色（背景色），然后像填充图形一样操作，按Alt+Delete快捷键填充前景色（Ctrl+Delete快捷键填充背景色）。

08 继续绘制路径，形成完整的字母，以不同的颜色进行填充，可以按Ctrl+[或Ctrl+] 快捷键调整形状的前后位置。隐藏最底层的"PLAY"图层，效果如图20-42所示。

图20-42

09 为了便于区分字母，可以将组成每个字母的图层选取，按Ctrl+G快捷键编组。按住Shift键选取这些图层组，如图20-43所示，按Alt+Ctrl+E快捷键盖印图层，将字母效果合并到一个新的图层中，如图20-44所示。

图20-43　　图20-44

10 按Ctrl+J快捷键复制图层，单击图层前面的眼睛图标 👁，隐藏图层。选择第一个盖印的图层，如图20-45所示。执行"编辑>变换>垂直翻转"命令，翻转图像，使之成为倒影，如图20-46所示。

 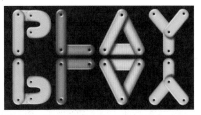

图20-45　　图20-46

11 执行"滤镜>模糊>高斯模糊"命令，打开"高斯模糊"对话框，设置参数，如图20-47和图20-48所示。

图20-47　　图20-48

12 单击"图层"面板底部的 ◨ 按钮，添加图层蒙版。使用渐变工具 ▣ 填充线性渐变，将字母的下半部分隐藏，如图20-49和图20-50所示。

图20-49　　图20-50

13 选择并显示另一个盖印的图层，按Shift+Ctrl+[快捷键将其移至底层，如图20-51所示。执行"滤镜>模糊>动感模糊"命令，设置参数如图20-52所示。再应用一次该滤镜，这次调整参数，沿垂直方向进行模糊，如图20-53所示，效果如图20-54所示。

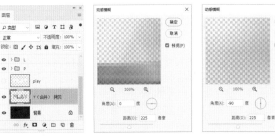

图20-51　　图20-52　　图20-53

图20-54

14 使用矩形选框工具 ▭ 在文字的下半部分创建一个选区，如图20-55所示。

15 在"图层"面板最上方新建一个图层。将前景色设置为黑色。使用渐变工具 ▭ 填充"前景色到透明渐变"，按Ctrl+D快捷键取消选择，效果如图20-56所示。

图20-55　　　　　　　　图20-56

16 设置混合模式为"叠加"，不透明度为60%，按住Ctrl键单击Play图层缩览图，载入字母的选区，如图20-57所示。单击 ▭ 按钮，基于选区生成图层蒙版，将选区外的图像隐藏，如图20-58所示，效果如图20-59所示。

17 打开一个飞鸟素材文件，将其拖入文件中，效果如图20-60所示。

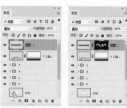 

图20-57　　　图20-58　　　图20-59

图20-60

●平面 ●网店 ●插画 ●影视

20.3 制作3D效果有机玻璃字

扫码看视频

难度：★★★☆☆　功能：扩展选区、变换并复制图像

说明：通过变换让文字呈现透视感，再对文字进行复制，通过堆叠表现立体效果。

01 按Ctrl+N快捷键打开"新建文档"对话框，创建一个20厘米×10厘米，300像素/英寸的文档。将前景色设置为灰色（R210，G209，B207），按Alt+Delete快捷键填色。

02 打开"字符"面板，设置字体和大小，如图20-61所示。使用横排文字工具 T 输入文字，如图20-62所示。执行"图层>栅格化>文字"命令，将文字图层栅格化。按住Ctrl键单击文字图层的缩览图，载入文字选区，如图20-63所示。

图20-61　　　图20-62　　　图20-63

03 执行"选择>修改>扩展"命令，打开"扩展选区"对话框，将选区向外扩展20像素，如图20-64和图20-65所示。按Ctrl+Delete快捷键填充背景色（白色），如图20-66所示。按Ctrl+D快捷键取消选择。

图20-64　　　图20-65　　　图20-66

04 按Ctrl+T快捷键显示定界框。按住Alt+Ctrl+Shift键拖曳右上角的控制点，进行透视扭曲，如图20-67所示。放开按键，向下拖曳中间的控制点，将文字压扁，如图20-68所示。按住Shift键拖曳右上角的控制点，将文字等比放大，如图20-69所示。

图20-67　　　图20-68　　　图20-69

05 选择移动工具 ✛ ，按住Alt键不放，然后连续按↓键（大概40下），复制图层，如图20-70和图20-71所示。

图20-70　　　　　图20-71

06 按住Shift键单击"3d拷贝"图层，将当前图层与该图层中间的所有图层同时选取，如图20-72所示，按Ctrl+E快捷键合并，如图20-73所示。按Ctrl+[快捷键，将该图层移动到"3d"图层的下方，如图20-74所示。

图20-72　　　　　图20-73　　　　　图20-74

07 双击该图层，打开"图层样式"对话框，添加"颜色叠加"效果，如图20-75和图20-76所示。

图20-75　　　　　图20-76

08 在左侧列表中选择"内发光"效果，设置发光颜色为红色（R255，G0，B0），如图20-77和图20-78所示。按Enter键关闭对话框。

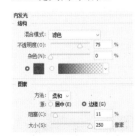

图20-77　　　　　图20-78

09 双击"3d"图层，打开"图层样式"对话框，添加"渐变叠加"效果，渐变颜色设置为黑-灰色，如图20-79和图20-80所示。在左侧列表中选择"内发光"选项，添加该效果，设置发光颜色为红色，如图20-81和图20-82所示。按Enter

键关闭对话框。

图20-79　　　　　图20-80

图20-81　　　　　图20-82

10 在"背景"图层的眼睛图标 ● 上单击，将该图层隐藏，如图20-83和图20-84所示。

图20-83　　　　　图20-84

11 按Alt+Ctrl+Shift+E快捷键，将图像盖印到一个新的图层中，如图20-85所示。执行"滤镜>模糊>高斯模糊"命令，对图像进行模糊处理，如图20-86和图20-87所示。

图20-85　　　　　图20-86　　　　　图20-87

12 按Ctrl+Shift+[快捷键，将该图层移至底层，如图20-88所示。显示"背景"图层，如图20-89所示。

图20-88　　　　　图20-89

13 设置图层的不透明度为46％，如图20-90所示。用移动工具 ⊕ 将图像向右下方拖曳，使它成为文字的投影，如图20-91所示。图20-92所示为3D字在其他背景上的效果。

图20-90　　　　图20-91

图20-92

●平面 ●网店 ●插画 ●影视

制作重金属风格特效字

20.4

难度：★★★☆☆　功能：文字、图层样式

扫码看视频

说明：使用图层样式制作具有真实质感的金属特效字。

01 打开背景素材。使用横排文字工具 **T** 在画布上输入文字，如图20-93所示。

02 双击文字图层，打开"图层样式"对话框，在左侧列表中分别选择"投影"和"内发光"效果，设置参数，如图20-94和图20-95所示，效果如图20-96所示。

03 添加"渐变叠加"效果，设置渐变颜色为黑白线性渐变，如图20-97和图20-98所示。添加"斜面和浮雕"效果，让文字呈现立体效果，选择预设的光泽等高线，通过它塑造高光形态，如图20-99和图20-100所示。

图20-93

图20-94

图20-97

图20-98

图20-95

图20-96

图20-99

图20-100

04 选择“等高线”选项并选取一个等高线，为立体字的表面添加更多的细节，如图20-101和图20-102所示。

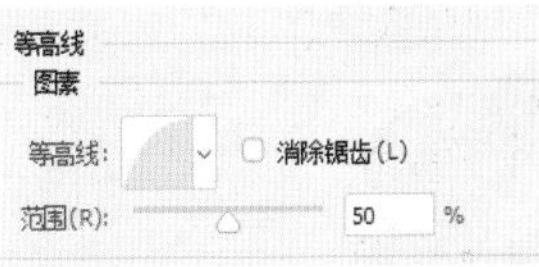

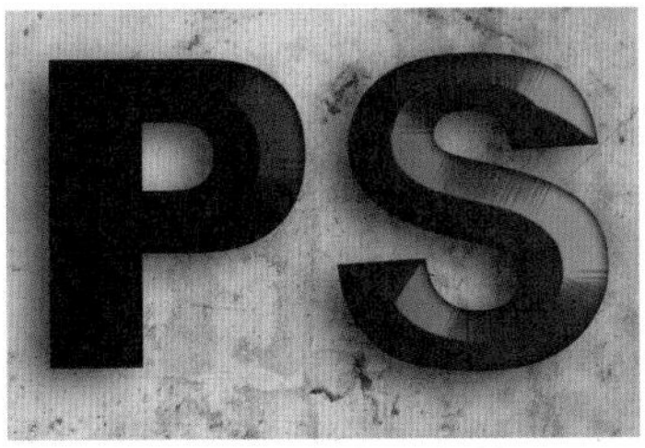

图20-101　图20-102

05 打开纹理素材，使用移动工具 将它拖入文字文件中，如图20-103所示。按Alt+Ctrl+G快捷键创建剪贴蒙版，将纹理图像的显示范围限定在文字区域内，如图20-104和图20-105所示。

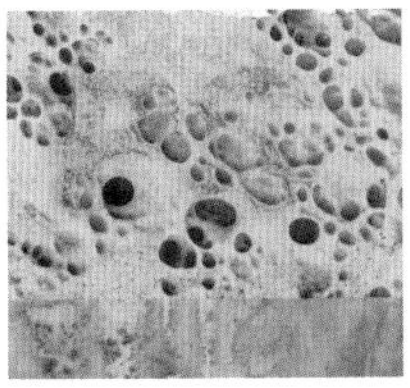

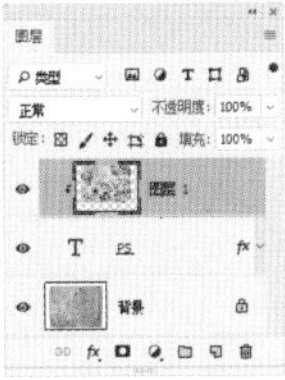

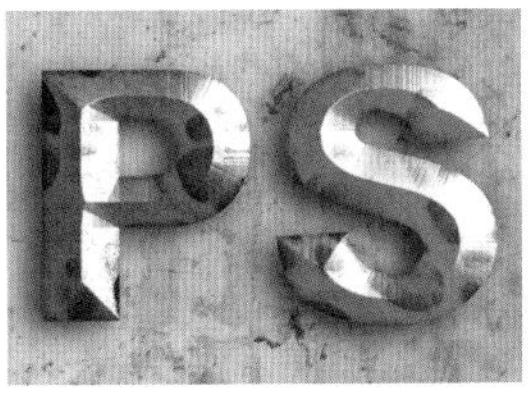

图20-103　图20-104　图20-105

06 双击“图层1”，打开“图层样式”对话框。按住Alt键拖曳“本图层”选项中的白色滑块，该滑块会分为两半，拖曳时观察渐变条上方的数值，当出现“202”时放开鼠标，如图20-106所示。此时的纹理素材中，色阶高于“202”的亮调图像会被隐藏起来，只留下深色图像。通过这种方法，可以巧妙地为文字贴图，使其呈现出斑驳的金属质感，如图20-107所示。

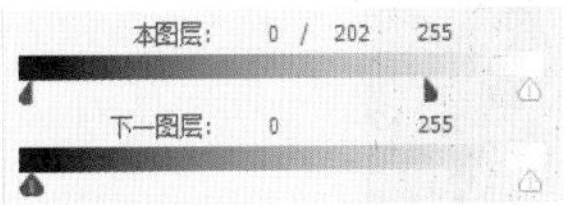

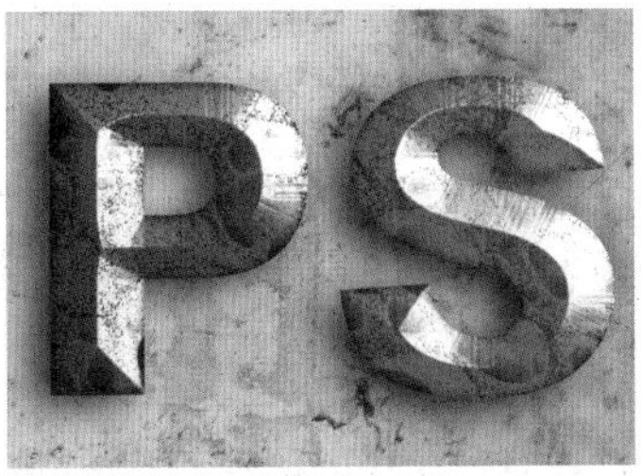

图20-106　图20-107

07 选择“PS”文字图层，单击“图层”面板底部的 按钮，为它添加图层蒙版，如图20-108所示。使用多边形套索工具 创建一条狭长的选区，如图20-109所示。下面来为文字添加一个凹槽。调整前景色（R141，G141，B141），按Alt+Delete快捷键在蒙版中填色，按Ctrl+D快捷键取消选择，如图20-110所示。

08 选择“图层 1”。使用横排文字工具 T 输入一组文字，如图20-111所示。文字图层会创建在“图层 1”的上方。

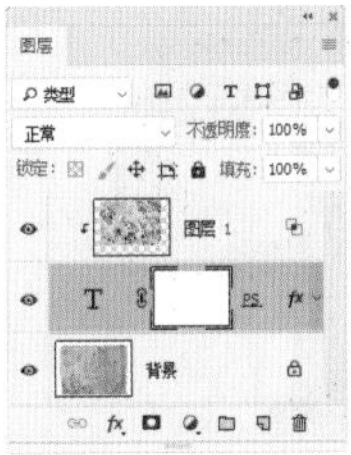

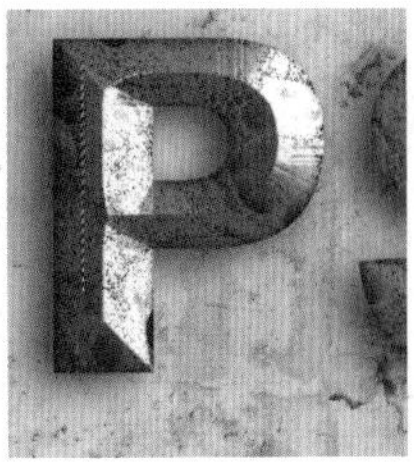

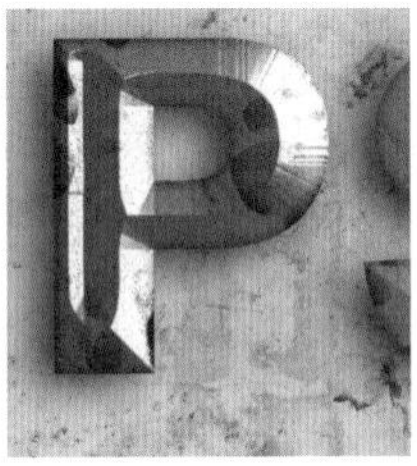

图20-108　图20-109　图20-110

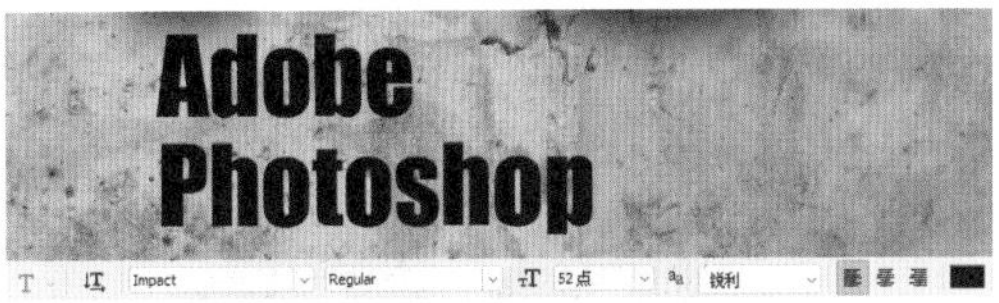

图20-111

09 按住Alt键，将文字“PS”的效果图标 拖曳到当前文字图层上进行复制，如图20-112所示，效果如图20-113所示。

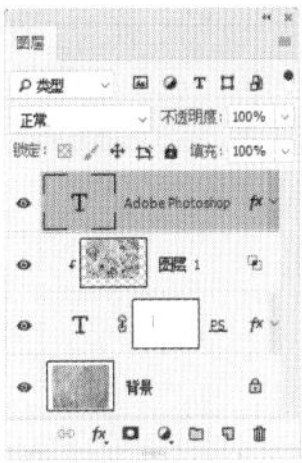

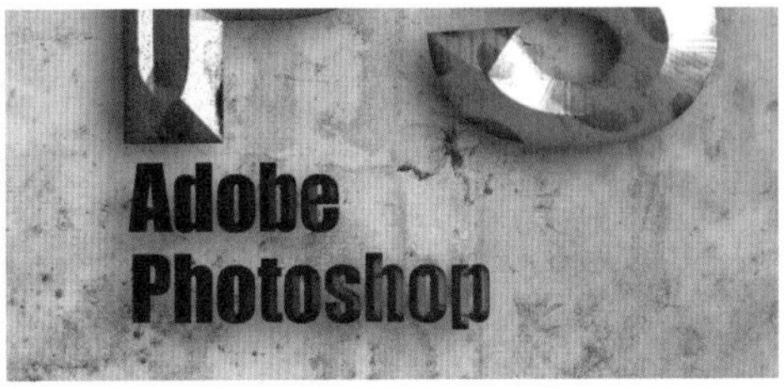

图20-112　图20-113

10 执行“图层>图层样式>缩放效果”命令，对效果进行缩放，设置缩放参数为20%，如图20-114所示，使之与文字大小相匹配，如图20-115所示。

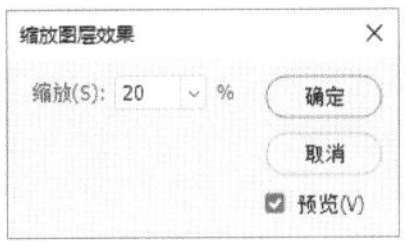

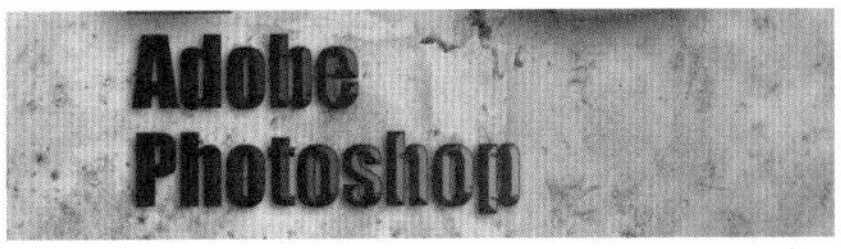

图20-114　图20-115

11 按住Alt键，将“图层1”拖曳到当前文字层的上方，复制出一个纹理图层。按Alt+Ctrl+G快捷键创建剪贴蒙版，为当前文字也应用纹理贴图，如图20-116和图20-117所示。

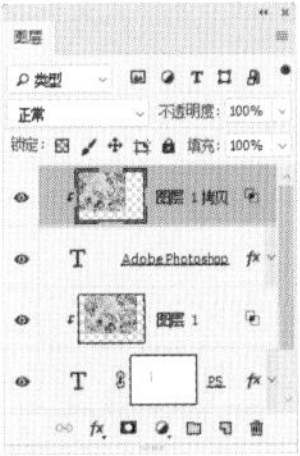

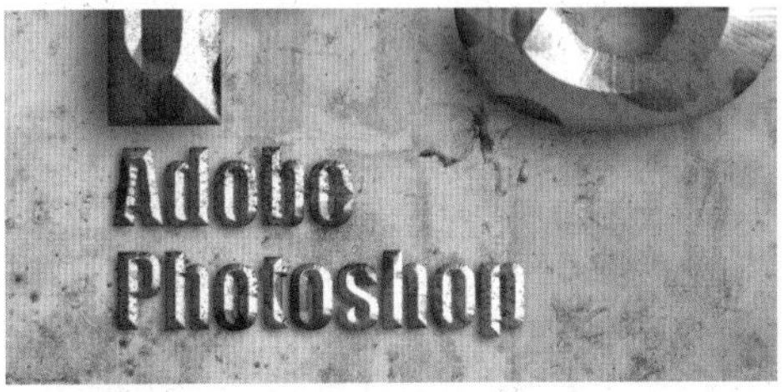

图20-116　图20-117

12 使用直排文字工具 IT 在文字“P”的凹槽内输入一行小字，如图20-118所示。按住Alt键，将“Adobe Photoshop”层的效果图标 拖曳到当前层中，复制效果，如图20-119和图20-120所示。

图20-118　　　　　图20-119　　　　　图20-120

13 单击"调整"面板中的 按钮，创建"色阶"调整图层。
拖曳黑色的阴影滑块，如图20-121所示，增加图像色调
的对比度，让金属质感更强、文字更加清晰，如图20-122所示。

图20-121　　　　　图20-122

14 添加一些文字和图形，让版面更加充实、完美，如图
20-123所示。

图20-123

●平面 ●网店 ●插画 ●影视

制作激光特效字

扫码看视频

难度：★★★☆☆　功能：自定义图层、图层样式

说明：使用自定义的图案给智能对象添加图层样式，通过不同的图案叠加出绚烂的效果。

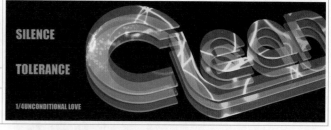

01 按Ctrl+O快捷键，打开3个素材，如图20-124~图20-126
所示。

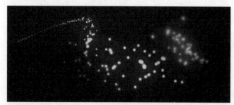

图20-124

图20-125

图20-126

02 切换到第一个素材文件中，执行"编辑>定义图案"
命令，打开"图案名称"对话框，命名图案为"图案
1"，如图20-127所示。单击"确定"按钮关闭对话框。用同
样的方法将另外两个图像也定义为图案。

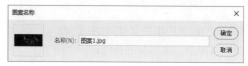

图20-127

03 打开一个素材，如图20-128和图20-129所示。图中的文字为矢量智能对象，如果双击 图 图标，便可在Illustrator软件中打开智能对象的源文件，对图形进行编辑并保存之后，Photoshop中的对象会同步更新，这是矢量智能对象的优势。

图20-128　　　　图20-129

04 双击该图层，打开"图层样式"对话框，添加"投影"效果，如图20-130所示。选择"图案叠加"效果，在图案下拉面板中选择自定义的"图案1"，设置缩放参数为184%，如图20-131和图20-132所示。

05 不要关闭"图层样式"对话框，将光标放在文字上，光标会自动变为移动工具，在文字上单击并拖曳鼠标，调整图案的位置，如图20-133所示。调整完毕后关闭对话框。

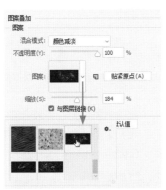

图20-130　　　　图20-131

图20-132　　　　图20-133

06 按Ctrl+J快捷键复制当前图层，如图20-134所示。选择移动工具，按键盘中的↑键，连续按15次，使文字之间产生一定的距离，如图20-135所示。

图20-134　　　　图20-135

07 双击该图层后面的 图标，打开"图层样式"对话框，选择"图案叠加"效果，在图案下拉面板中选择"图案2"，修改缩放参数为77%，如图20-136和图20-137所示。

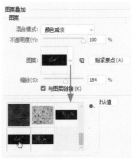

图20-136　　　　图20-137

08 同样，在不关闭对话框的情况下，调整图案的位置，使更多的光斑出现在文字中，如图20-138所示。

图20-138

09 重复上面的操作。复制图层，如图20-139所示。将复制后的文字向上移动，如图20-140所示。使用自定义的"图案3"对文字进行填充，如图20-141和图20-142所示。

图20-139　　　　图20-140

图20-141　　　　图20-142

10 在画布上输入其他文字，注意版面的布局。在一个新的图层中，用画笔工具 ✐ 画一个可爱的卡通人，活跃画面的气氛，如图20-143所示。

图20-143

●平面 ●插画

用橘子制作米老鼠头像

20.6

扫码看视频

难度：★★★☆☆ 功能：参考线、画笔工具、蒙版

说明：通过蒙版的遮盖来表现橘子剥皮后的效果，橘皮的厚度是用画笔工具绘制的。

01 打开素材。这是一个分层文件，橘子、橘肉和背景都位于单独的图层中，如图20-144和图20-145所示。

图20-144　　　　　　　图20-145

02 按Ctrl+R快捷键显示标尺，将光标放在标尺上拖动，拖出参考线，定位出橘子的范围，如图20-146所示。单击"图层"面板底部的 ▢ 按钮，为"图层 2"创建蒙版，按住Alt键单击蒙版缩览图，如图20-147所示，在窗口中单独显示蒙版。

图20-146　　　　　　　图20-147

03 选择画笔工具 ✐，在工具选项栏的画笔下拉面板中选择一个尖角笔尖，设置画笔大小为20像素，如图20-148所示。在参考线范围内绘制米老鼠的轮廓，如图20-149所示，按] 键将笔尖调大，将米老鼠的面部涂成黑色，如图20-150所示。按X快捷键切换前景色与背景色。用白色绘制出眼睛和嘴，如图20-151和图20-152所示。

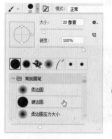

图20-148　　　　图20-149　　　　图20-150

图20-151　　　　　　　图20-152

04 头像绘制完成后，单击"图层"面板中的图像缩览图，显示图像，如图20-153和图20-154所示。

图20-153　　　　　　图20-154

05 下面来制作挖空部分的投影。按住Ctrl键单击"图层2"的蒙版缩览图，载入蒙版的选区（即蒙版中的白色区域），如图20-155所示，按Shift+Ctrl+I快捷键反选，选中米老鼠，如图20-156所示。

图20-155　　　　　　图20-156

06 按住Ctrl键单击"图层"面板底部的 按钮，在当前图层下方新建一个图层，如图20-157所示。在选区内填充黑色，按Ctrl+D快捷键取消选择，如图20-158所示。

图20-157　　　　　　图20-158

07 双击"图层3"，打开"图层样式"对话框，添加"内发光"效果，如图20-159所示。单击"确定"按钮关闭对话框，在"图层"面板中将填充设置为0%，如图20-160和图20-161所示。新建一个图层。将前景色设置为棕红色（R160，G68，B0），用画笔工具 为镂空部分绘制几处深色的投影，如图20-162所示。

图20-159　　　　　　图20-160

图20-161　　　　　　图20-162

08 在"图层 2"上方新建一个图层。将前景色设置为白色，用柔角画笔（23像素）沿着镂空的边缘绘制白线，如图20-163所示。将前景色设置为黄色（R250，G205，B26），用画笔工具 （不透明度60%）绘制黄线，可与白线稍重叠，如图20-164所示。

图20-163　　　　　　图20-164

09 将前景色设置为深红色（R177，G56，B35），按[键将笔尖调小，贴着黄线绘制，再用橡皮擦工具 修饰、擦除多余部分，如图20-165所示。用同样的方法绘制出眼睛、嘴巴的切面部分，如图20-166所示。

图20-165

图20-166

●平面 ●插画

制作球面极地特效

扫码看视频

难度：★★★☆☆ 功能："图像大小"命令、滤镜

说明：调整图像大小、通过极坐标命令制作极地效果。

01 打开素材，如图20-167所示。

图20-167

02 执行"图像>图像大小"命令，取消"约束比例"的选取，在"宽度"中设置参数为60厘米，使之与高度相同，如图20-168和图20-169所示。

03 执行"图像>图像旋转>180度"命令，将图像旋转180°，如图20-170所示。

图20-168

图20-169

图20-170

04 执行"滤镜>扭曲>极坐标"命令，在打开的对话框中选取"平面坐标到极坐标"选项，如图20-171所示，效果如图20-172所示。

图20-171

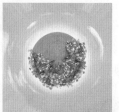
图20-172

05 打开素材，将极地效果拖入该素材中。按Ctrl+T快捷键显示定界框，单击鼠标右键，在打开的快捷菜单中选择"水平翻转"命令，再将图像放大并调整角度，如图20-173所示，按Enter键确认。新建一个图层，设置混合模式为"柔光"，用柔角画笔✏在球形边缘绘制黄色，形成发光效果，如图20-174所示。新建一个图层，在画面上方涂抹蓝色，下方涂抹橘黄色，如图20-175所示。

图20-173

图20-174

图20-175

06 在"组 1"前面单击，显示该图层组，效果如图20-176和图20-177所示。

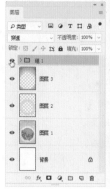
图20-176

图20-177

用3D功能设计制作可乐包装

扫码看视频

●平面 ●插画

Live on the　　　　　　　　　　side of life

难度：★★★☆☆ 功能：3D、"曲线"命令

说明：用Photoshop的3D功能制作立体可乐罐模型，为它贴上商标图案，打上灯光。

01 按Ctrl+N快捷键，打开"新建文档"对话框，创建一个文件，如图20-178所示。选择渐变工具 ，在工具选项栏中单击径向渐变按钮 ，在画布上填充渐变颜色，如图20-179所示。

图20-178　　　　　　图20-179

02 新建一个图层，如图20-180所示。执行"3D>从图层新建网格>网格预设>汽水"命令，如图20-181所示，在该图层中创建一个3D易拉罐，并切换到3D工作区，如图20-182所示。

图20-180　　　　　图20-181

图20-182

03 单击"3D"面板中的"标签材质"选项，如图20-183所示，弹出"属性"面板，设置闪亮参数为56%、粗糙度为49%、凹凸为1%，如图20-184和图20-185所示。

图20-183　　　　　图20-184　　　　　图20-185

04 单击"漫射"选项右侧的 图标，打开下拉菜单，选择"替换纹理"命令，如图20-186所示。在打开的对话框中选择易拉罐贴图素材，如图20-187所示，贴图后的效果如图20-188所示。

图20-186　　　　　图20-187　　　　　图20-188

05 选择缩放3D对象工具 ，在窗口中单击并向下拖动鼠标，将易拉罐缩小。再用旋转3D对象工具 旋转罐体，让商标显示到前方。接着用拖动3D对象工具 将它移到画面下方，如图20-189~图20-191所示。

图20-189　　　　　图20-190　　　　　图20-191

06 打开"漫射"菜单，选择"编辑UV属性"命令，如图20-192所示，在打开的"纹理属性"对话框中设置参数，调整纹理的位置，使贴图能够正确地覆盖在易拉罐上，如图20-193和图20-194所示。

图20-192

图20-193

图20-194

07 按住Ctrl键单击"图层 1"的缩览图，载入易拉罐的选区，如图20-195和图20-196所示。

图20-195

图20-196

08 按Shift+Ctrl+I快捷键反选。单击"调整"面板中的 按钮，创建一个"曲线"调整图层。用这个图层来表现易拉罐边缘的金属质感，增加图像的亮度，产生金属光泽，如图20-197所示。单击面板底部的 按钮，创建剪贴蒙版，使调整只对易拉罐有效，不会影响背景，如图20-198和图20-199所示。

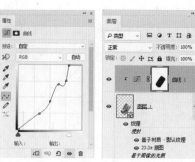

图20-197　　　　图20-198　　　　图20-199

09 选择"图层 1"，如图20-200所示，再来调整一下易拉罐的光线。单击"3D"面板中的"无限光"条目，如图20-201所示。在"属性"面板中设置颜色强度为93%，如图20-202和图20-203所示。

图20-200　　　　图20-201

图20-202　　　　　　　图20-203

10 单击"图层"面板底部的 按钮，新建一个图层。将前景色设置为黑色。选择渐变工具 ，单击径向渐变按钮 ，在渐变下拉面板中选择"前景色到透明渐变"，在画面中心填充径向渐变，如图20-204和图20-205所示。

图20-204　　　　　　图20-205

11 将该图层拖曳到"图层 1"下方。按Ctrl+T快捷键显示定界框，调整图形高度，使之成为易拉罐的投影，如图20-206和图20-207所示。

图20-206

图20-207

12 打开装饰素材文件，如图20-208所示。将它（组1文件夹）拖入易拉罐文件中，然后适当调整一下位置，如图20-209所示。

图20-208   图20-209

●平面 ●插画

用绘画工具和滤镜制作绚彩玻璃球

Photoshop CC 2018   20.9

扫 码 看 视 频

难度：★★★☆☆ 功能：滤镜、渐变、图层转换

说明：通过滤镜表现球体纹理，用画笔与渐变绘制明暗、表现光泽感。

01 按Ctrl+N快捷键，打开"新建文档"对话框，在"预设"下拉列表中选择Web选项，在"大小"下拉列表中选择1024×768，创建一个文件。将前景色设置为浅绿色（R232，G250，B208），按Alt+Delete快捷键，填充前景色，如图20-210所示。新建一个图层，如图20-211所示。

图20-210

图20-211

02 将前景色设置为黑色。选择渐变工具 █，在渐变下拉列表中选择"透明条纹渐变"，如图20-212所示，按住Shift键由左至右拖曳鼠标填充渐变，如图20-213所示。

图20-212   图20-213

03 单击 █ 按钮，锁定图层的透明像素，如图20-214所示。分别将前景色调整为橘红色、红色、绿色、蓝色和橙色，使用画笔工具 ✎ 为条纹重新着色，如图20-215所示。

图20-214

图20-215

499

04 按Alt+Shift+Ctrl+E快捷键盖印图层，如图20-216所示。按Ctrl+T快捷键显示定界框，拖曳定界框的右边，调整图像的宽度，使条纹变细，如图20-217所示。按Enter键确认操作。

图20-216　　　　　图20-217

05 选择移动工具 ✛，按住Alt+Shift键向右侧拖曳图像进行复制，同时，在"图层"面板中新增一个图层，如图20-218所示。仔细观察图像的中间区域，其他条纹边缘都很柔和，橘红色条纹边缘过于锐利，如图20-219所示。

06 按Ctrl+[快捷键，将"图层2 拷贝"下移一个图层顺序，如图20-220所示。使用移动工具 ✛ 调整位置，向左移动将橘红色条纹隐藏在后面，如图20-221所示。

 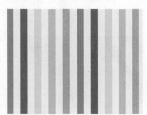

图20-218　　　　　图20-219

图20-220　　　　　图20-221

07 按住Ctrl键单击"图层 2"，可同时选取这两个图层，如图20-222所示，按Ctrl+E快捷键合并，如图20-223所示。

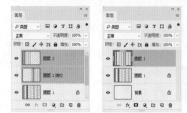

图20-222　　　　　图20-223

08 选择椭圆选框工具 ◯，按住Shift键创建一个圆形选区，如图20-224所示。执行"滤镜>扭曲>球面化"命令，设置数量为100%，如图20-225所示，效果如图20-226所示。再次

应用该滤镜，增强膨胀程度，使条纹的扭曲效果更明显，如图20-227所示。

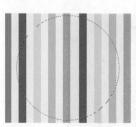 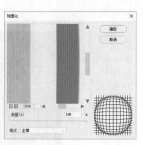

图20-224　　　　　图20-225

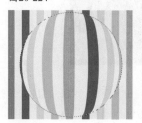 

图20-226　　　　　图20-227

09 按Shift+Ctrl+I快捷键反选，按Delete键删除选区内的图像，按Ctrl+D快捷键取消选择，如图20-228所示。

图20-228

10 单击"图层 2"前面的眼睛图标 👁，隐藏该图层，选择"图层 1"，如图20-229所示。按Ctrl+E快捷键向下合并，如图20-230所示。按住Alt键双击"背景"图层，将其转换为普通图层，如图20-231所示。

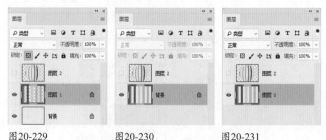

图20-229　　　　　图20-230　　　　　图20-231

11 按Ctrl+T快捷键显示定界框，将光标放在定界框的一角，按住Shift键单击并拖动鼠标，将图像旋转30°，如图20-232所示。再按住Alt键拖曳定界框边缘，将图像放大，布满画面，如图20-233所示。

12 执行"滤镜>模糊>高斯模糊"命令，设置"半径"为15像素，如图20-234所示，效果如图20-235所示。

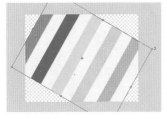

图20-232

图20-233

图20-234

图20-235

13 按Ctrl+J快捷键，复制"背景"图层，设置它的混合模式为"正片叠底"，不透明度为60%，如图20-236和图20-237所示。

图20-236

图20-237

14 按Ctrl+E快捷键向下合并图层，如图20-238所示。执行"图层>新建>背景图层"命令，将该图层转换为"背景"图层，如图20-239所示。

图20-238　　　　图20-239

15 选择并显示"图层 2"，如图20-240所示。通过自由变换调整圆球的大小和角度，如图20-241所示。

图20-240

图20-241

16 选择画笔工具 ✐，设置不透明度为20%。新建一个图层，按Alt+Ctrl+G快捷键创建剪贴蒙版，如图20-242所示。在圆球的底部涂抹白色，如图20-243所示，顶部涂抹黑色，表现出明暗过渡效果，如图20-244所示。

图20-242

图20-243

图20-244

17 新建一个图层，并创建剪贴蒙版。选择椭圆工具 ○，在工具选项栏中选取"像素"选项，按住Shift键绘制一个黑色的圆形，如图20-245所示。使用椭圆选框工具 ○ 创建一个选区，将大部分圆形选取，仅保留一个细小的边缘，如图20-246所示。按Delete键删除图像，按Ctrl+D快捷键取消选择，如图20-247所示。

图20-245

图20-246

图20-247

18 单击"图层"面板顶部的 ⊞ 按钮，锁定该图层的透明区域。使用画笔工具 ✐ 涂抹白色，由于画笔工具设置了不透明度，因此，在黑色图形上涂抹白色时，会表现为灰色，这就使原来的黑边有了明暗变化，如图20-248所示。新建一个图层，将画笔工具的不透明度设置为100%，在"画笔"面板中选择"半湿描边油彩笔"，如图20-249所示。为圆球绘制高光，效果如图20-250所示。

图20-248

图20-249

图20-250

19 按住Shift键单击"图层 2"，选取所有组成圆球的图层，按Ctrl+E快捷键合并。使用移动工具 ✛ 按住Alt拖曳画面中的圆球进行复制，按Ctrl+L快捷键打开"色阶"对话框，将阴影滑块和中间调滑块向右侧调整，使圆球色调变暗，如图20-251和图20-252所示。

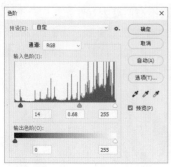

图20-251

图20-252

图20-253

20 用同样的方法复制圆球，调整大小和明暗，效果如图20-253所示。

●平面 ●摄影 ●插画

把照片中的自己制作成金银纪念币

难度：★★★★☆ 功能：路径文字、滤镜

说明：使用滤镜制作纪念币和纪念币边缘的纹理，通过滤镜和图层样式增强金属质感和立体效果。

01 打开素材，如图20-254所示。这是一个PSD格式的分层文件，女孩在一个单独的图层中。选择椭圆工具 ○，在工具选项栏中选择"路径"选项，按住Shift键绘制一个圆形路径，如图20-255所示。

图20-254　　图20-255

图20-256

图20-257

02 选择横排文字工具 T，打开"字符"面板选择字体并设置大小，将文字颜色设置为灰色（R191，G191，B191），如图20-256所示，在路径上单击并输入文字，文字会沿路径排列，如图20-257所示。

03 按Ctrl+E快捷键，将文字与人物图像合并为一个图层。执行"滤镜>风格化>浮雕效果"命令，设置参数，如图20-258所示，创建浮雕效果，如图20-259所示。

图20-258

图20-259

04 按Shift+Ctrl+U快捷键去除颜色，如图20-260所示。双击"图层1"，打开"图层样式"对话框，在左侧列表中选择"投影"和"渐变叠加"选项，设置参数，如图20-261和图20-262所示，为图层添加这两种效果，如图20-263所示。

图20-260

图20-269

图20-270

图20-261

08 按D键，恢复默认的前景色与背景色。在"图层"面板最上方新建一个图层，填充白色。执行"滤镜>滤镜库"命令，在"素描"滤镜组中找到"半调图案"滤镜，设置参数，如图20-271所示，制作条纹效果。

图20-262

图20-263

05 创建"曲线"调整图层，在曲线上单击，添加3个控制点，拖曳这些控制点调整曲线，如图20-264所示。单击面板底部的按钮，创建剪贴蒙版，使"曲线"只调整硬币，不会影响背景桌面，如图20-265和图20-266所示。

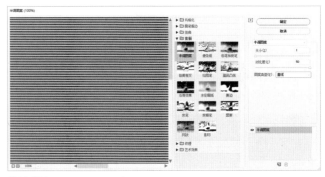

图20-271

09 执行"编辑>变换>顺时针旋转90度"命令，效果如图20-272所示。使用移动工具将条纹图像移动到画布左侧，再按住Shift+Alt键拖曳进行复制，使条纹布满画面，如图20-273所示。

图20-264　　　　图20-265　　　　图20-266

06 新建一个图层，按Alt+Ctrl+G快捷键创建剪贴蒙版，选择渐变工具，单击工具选项栏中的按钮，在银币左上方填充径向渐变。设置图层的混合模式为"叠加"，不透明度为70%，如图20-267和图20-268所示。

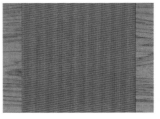

图20-272　　　　　　　图20-273

10 复制条纹图像后，在"图层"面板中会新增一个图层，如图20-274所示，按Ctrl+E快捷键向下合并图层，如图20-275所示。

图20-267　　　　图20-268

07 选取"图层1"，单击面板底部的按钮，在"图层1"上方新建一个带有剪贴蒙版属性的图层，设置混合模式为"柔光"，不透明度为80%，如图20-269所示。使用画笔工具在鼻子和脸颊画出高光，如图20-270所示。

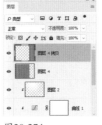

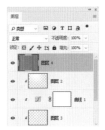

图20-274　　　　图20-275

11 执行"滤镜>扭曲>极坐标"命令，在打开的对话框中选择"平面坐标到极坐标"选项，如图20-276和图20-277所示。

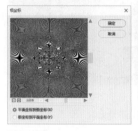
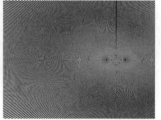

图20-276　　　　　图20-277

12 按Ctrl+T快捷键显示定界框，拖曳控制点调整图像的宽度，再将图像向左侧拖曳，使中心点与画面中心对齐，如图20-278所示。按Enter键确认操作。

13 按住Ctrl键单击"图层 1"缩览图，如图20-279所示，载入选区。单击 ▢ 按钮，基于选区创建图层蒙版，将选区外的图像隐藏，如图20-280和图20-281所示。

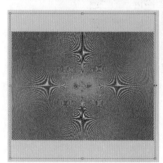
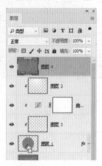

图20-278　　　　　图20-279

图20-280　　　　　图20-281

14 按住Ctrl键单击"图层 1"的缩览图，载入选区，执行"选择>变换选区"命令，在选区上显示定界框，如图20-282所示。按住Alt+Shift键拖曳定界框的一角，保持中心点位置不变将选区成比例缩小，如图20-283所示。按Enter键确认操作。

图20-282　　　　　图20-283

15 单击"图层 4"的蒙版缩览图，然后在选区内填充黑色，按Ctrl+D快捷键取消选择。按Alt+Ctrl+G快捷键创建剪贴蒙版，如图20-284和图20-285所示。

图20-284　　　　　图20-285

16 双击该图层，打开"图层样式"对话框，添加"斜面和浮雕"效果，如图20-286所示，使纪念币边缘产生立体感，如图20-287所示。

图20-286　　　　　图20-287

17 按Alt+Shift+Ctrl+E快捷键盖印图层，下面用这个图层制作金币。执行"滤镜>渲染>光照效果"命令，打开"光照效果"对话框，在右侧的颜色块上单击，打开"拾色器"设置灯光颜色。设置亮部颜色为土黄色（R180，G140，B65）、暗部颜色为深棕色（R46，G38，B1），拖曳控制点调整光源大小，将鼠标放在图20-288所示的位置，拖曳鼠标，增加光照强度，呈现金币的光泽即可，不要使光线过于强烈。

图20-288

●平面 ●插画

制作超震撼冰手特效

扫码看视频

难度：★★★★★ 功能：图层样式、混合颜色带和滤镜

说明：通过滤镜表现冰的质感，通过图层样式制作水滴效果。

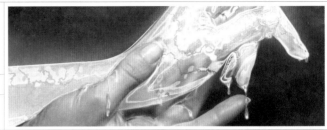

01 打开素材。单击"路径"面板中的"路径1"，在画布上显示路径，如图20-289和图20-290所示。

图20-289　　　　图20-290

02 单击"路径"面板底部的 ◯ 按钮，载入路径中的选区。连续按4次Ctrl+J快捷键，将选区内的图像复制到新的图层中，依次修改名称为"手""质感""轮廓""高光"。选择"质感"图层，将其他两个图层隐藏，如图20-291所示。

03 执行"滤镜>滤镜库"命令，打开"滤镜库"，在"艺术效果"滤镜组中找到"水彩"滤镜，制作斑驳效果，如图20-292和图20-293所示。

图20-291　　　图20-292　　　　　图20-293

04 双击该图层，打开"图层样式"对话框，按住Alt键拖曳"本图层"的黑色滑块，将滑块分开并向右侧拖曳，如图20-294所示，隐藏图像中较暗的像素，如图20-295所示。

图20-294　　　　　　图20-295

05 选择并显示"轮廓"图层，如图20-296所示。执行"滤镜>滤镜库"命令，在"风格化"滤镜组中找到"照亮边缘"滤镜，设置参数，如图20-297和图20-298所示。按Shift+Ctrl+U快捷键去色，设置该图层的混合模式为"滤色"，如图20-299所示。

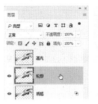

图20-296　　　　　　图20-297

图20-298　　　　　　图20-299

06 选择并显示"高光"图层，如图20-300所示。执行"滤镜>滤镜库"命令，在"素描"滤镜组中找到"铬黄渐变"滤镜，设置参数如图20-301所示，效果如图20-302所示。设置该图层的混合模式为"滤色"，如图20-303所示。

图20-300　　　　　　图20-301

图20-302　　　　　　　　图20-303

07 按Ctrl+L快捷键打开"色阶"对话框，向右侧拖曳阴影滑块，将图像调暗，如图20-304和图20-305所示。

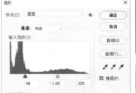

图20-304　　　　　　图20-305

08 选择"轮廓"图层。按Ctrl+T快捷键显示定界框，分别拖曳定界框的左边和上边控制点，增加图像的长度和宽度，使冰雕轮廓大于手的轮廓，如图20-306所示。

09 单击"调整"面板中的■按钮，创建"色相/饱和度"调整图层，如图20-307所示。

 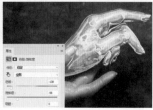

图20-306　　　　　　　　图20-307

10 使用柔角画笔工具 ✐ 涂抹冰雕以外的图像，将其隐藏。可以降低画笔工具的不透明度，在食指和中指上涂抹灰色（蒙版中的灰色区域为半透明区域），这样就会显示出淡淡的蓝色，如图20-308和图20-309所示。

图20-308　　　　　　　　图20-309

11 选择"手"图层，将其他图层隐藏，锁定该图层的透明像素，如图20-310所示。选择仿制图章工具 ▲，在工具选项栏中设置直径为90像素，在"样本"下拉列表中选择"所有图层"。按住Alt键在背景上单击进行取样，然后在左手图像上单击并拖曳鼠标，将复制的图像覆盖在左手上，如图20-311所示。继续复制图像，直到整个手臂填满，如图20-312所示。

图20-310　　　　图20-311　　　　　图20-312

12 将之前隐藏的图层显示出来。选择"质感"图层，设置它的混合模式为"明度"，如图20-313和图20-314所示。

图20-313　　　　图20-314

13 按住Ctrl键单击 ▢ 按钮，在当前图层下方新建一个图层，设置名称为"白色"。按住Ctrl键单击"手"图层缩览图载入选区，填充白色，如图20-315和图20-316所示。按Ctrl+D快捷键取消选择。

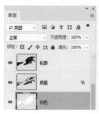 

图20-315　　　　　　图20-316

14 如果左手是透明的，那么被其遮挡的右手手指也应依稀可见。使用柔角画笔工具 ✐ 绘制手指的效果，图20-317所示为单独显示该图层的效果，图20-318所示为整体效果。

图20-317　　　　　　　　图20-318

15 设置该图层的不透明度为80%。单击"图层"面板底部的 ▢ 按钮添加蒙版，使用灰色和黑色涂抹手指，使这部分区域不至于太亮，如图20-319所示。新建一个图层，设置不透明度为40%。按住Ctrl键单击"手"图层缩览图，载入选区，按Shift+Ctrl+I快捷键反选，使用画笔工具 ✐（柔角200像素、不透明度30%）在冰雕周围绘制发光区域，如图20-320所示。按Ctrl+D快捷键取消选择。

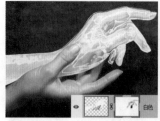 

图20-319　　　　　　　　图20-320

16 在"高光"图层上方新建一个图层，设置名称为"裂纹"。执行"滤镜>渲染>云彩"命令，生成云彩效果。再执行"分层云彩"命令，产生更加丰富的变化，如图20-321所示。按Ctrl+L快捷键打开"色阶"对话框，将高光滑块拖到直方图最左侧，如图20-322所示，效果如图20-323所示。

17 设置该图层的混合模式为"颜色加深"，按Alt+Ctrl+G快捷键，将它与下面的图层创建为一个剪贴蒙版组，如图20-324和图20-325所示。

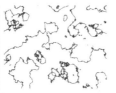

图20-321　　　　图20-322　　　　图20-323

图20-324　　　　图20-325

18 在"质感"图层下方新建一个图层。使用画笔工具 🖌 在冰雕上绘制白色的线条，使用涂抹工具 🖐 修改线的形状，表现冰雕溶化形成的水滴效果，如图20-326所示。设置该图层的填充不透明度为50%，如图20-327所示。

图20-326　　　　　　图20-327

19 双击该图层，打开"图层样式"对话框，分别添加"投影""斜面和浮雕""等高线"效果，设置参数，如图20-328～图20-330所示，效果如图20-331所示。

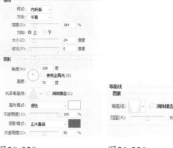

图20-328　　　　　　图20-329　　　　　　图20-330

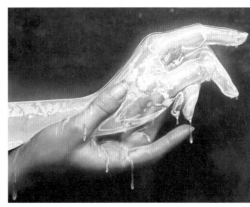

图20-331

20.12 **制作铜手特效**

扫码看视频

难度：★★★☆☆　功能：滤镜、混合模式

说明：通过滤镜表现金属质感，通过混合模式表现光泽。

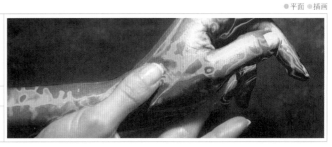

01 使用上一实例的素材操作。载入左手路径的选区，连续按3次Ctrl+J快捷键，将选区内的图像复制到新的图层中，修改名称，如图20-332所示。选择"颜色"图层，将其他两个图层隐藏，如图20-333所示。

02 将前景色设置为棕色（R148，G91，B31），背景色设置为深棕色（R41，G26，B8）。按住Ctrl键单击"颜色"图层缩览图，载入左手的选区。使用渐变工具 ▨ 填充线性渐变，如图20-334所示。按Ctrl+D快捷键取消选择。

图20-332　　　　图20-333　　　　图20-334

03 选择并显示"明暗"图层，按Shift+Ctrl+U快捷键去色，设置混合模式为"亮光"，不透明度为80%，如图20-335和图20-336所示。

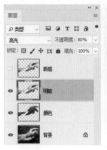

图20-335　　　　　　图20-336

04 选择并显示"质感"图层。执行"滤镜>素描>铬黄"命令，制作肌理效果，如图20-337所示。设置该图层的混合模式为"颜色减淡"，不透明度为45%，如图20-338所示。

图20-337　　　　　　图20-338

05 按住Ctrl键单击"质感"图层缩览图，载入左手的选区。在"质感"图层下方新建一个图层，使用柔角画笔工具 ✎ 在手的暗部涂抹白色，如图20-339所示。按Ctrl+D快捷

键取消选择。设置该图层的混合模式为"柔光"，不透明度为80%，表现出暗部细节，如图20-340所示。

图20-339　　　　　　图20-340

06 再次载入左手的选区。单击"调整"面板中的 ▦ 按钮，创建"色相/饱和度"调整图层，设置饱和度参数为+30，如图20-341所示，同时，选区将转换为调整图层的蒙版，如图20-342所示，效果如图20-343所示。

图20-341　　　　图20-342　　　　图20-343

●平面　●插画

制作梦幻光效气泡

20.13

扫码看视频

难度：★★★★☆　功能：矢量图形、变换复制、图层样式

说明：制作矢量图形并添加图层样式，产生光感特效。通过复制、变换图形与编辑图层样式，改变图形的外观及发光颜色。

01 按Ctrl+O快捷键，打开素材，如图20-344所示。

图20-344

02 单击"图层"面板底部的 ◻ 按钮，新建一个图层。选择渐变工具 ▦，单击径向渐变按钮 ▦，打开渐变下拉面板，选择"透明彩虹渐变"，如图20-345所示。在画布右上方拖动鼠标创建渐变，如图20-346所示。

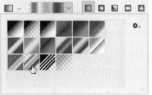

图20-345　　　　　　图20-346

03 按Ctrl+U快捷键打开"色相/饱和度"对话框，拖曳色相滑块，修改渐变颜色，如图20-347和图20-348所示。

图20-347　　　　　　　图20-348

04 设置该图层的混合模式为"柔光"，不透明度为64%，如图20-349和图20-350所示。

图20-349　　　　　　　图20-350

05 单击"图层"面板底部的 ▢ 按钮，创建图层组。在图层组的名称上双击，命名为"粉红色"，如图20-351所示。选择钢笔工具 ⬦，在工具选项栏中选择"形状"选项，绘制一个图形，如图20-352所示。

图20-351　　　　　　　图20-352

06 在"图层"面板中设置该图层的"填充"为0%，如图20-353所示。双击该图层，打开"图层样式"对话框，在左侧列表中选择"内发光"效果，设置参数，如图20-354所示，效果如图20-355所示。

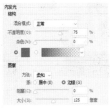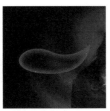

图20-353　　　　图20-354　　　　图20-355

07 使用椭圆工具 ⬭ 按住Shift键绘制一个小一点的圆形，按住Alt键，将"形状 1"图层后面的效果图标 fx 拖曳到"形状 2"图层上，为该图层复制相同的效果。双击"内发光"效果，如图20-356所示，修改大小参数为70像素，如图

20-357所示，减小发光范围，效果如图20-358所示。

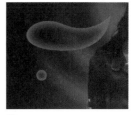

图20-356　　　图20-357　　　　　图20-358

08 选择"形状 1"图层，按Ctrl+J快捷键复制该图层，按Ctrl+T快捷键显示定界框，单击鼠标右键，在打开的快捷菜单中选择"垂直翻转"命令，将图形翻转，再缩小并调角度，如图20-359所示。用这种方法再制作出两个图形，如图20-360所示。

图20-359　　　　　　　图20-360

09 接下来要通过复制、变换的方法制作出更多的图形，图形的颜色则要通过修改"图层样式"中的内发光颜色来改变。新建一个名称为"黄色"的图层组。将前面制作好的图形复制一个，拖入该组中，如图20-361所示。将图形放大并水平翻转。双击图层后面的效果图标 fx，打开"图层样式"对话框，选择"内发光"效果，单击颜色图标，打开"拾色器"，将发光颜色设置为黄色（R255，G198，B0），如图20-362和图20-363所示。

图20-361　　　图20-362　　　　　图20-363

10 复制黄色图形，调整大小和角度，组成图20-364所示的效果。用同样的方法制作出蓝色、绿色、深蓝色和红色的图形，使画面丰富绚烂，如图20-365所示。

图20-364　　　　　　　图20-365

11 将前景色设置为白色。选择渐变工具 ▭，单击径向渐变按钮 ▣，在渐变下拉面板中选择"前景色到透明渐变"，如图20-366所示。新建一个图层，在发光图形上面创建径向渐变，如图20-367所示，设置混合模式为"叠加"，在画面中添加更多渐变，形成闪亮发光的特效，如图20-368和图20-369所示。

图20-366

图20-367

图20-368

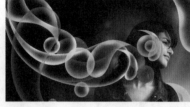

图20-369

12 打开星星素材，使用移动工具 ✛ 将星星拖入当前文件中，在画面中输入文字，排布在画面中心的发光圆形内，完成后的效果如图20-370所示。

图20-370

●平面 ●插画

20.14 将照片中的自己变成插画女郎

扫码看视频

难度：★★★☆ 功能：混合模式、变换

说明：通过混合模式将位图与矢量图合成在一个画面中，形成时尚、独特的插画风格。

01 按Ctrl+N快捷键，打开"新建文档"对话框，创建一个210毫米×297毫米、300像素/英寸的文件。设置前景色为深灰色（R92，G86，B86），如图20-371所示。按Alt+Delete快捷键填充前景色，如图20-372所示。

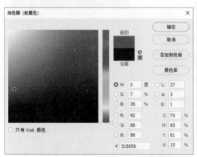

图20-371

图20-372

02 打开素材，如图20-373所示。这是一个分层的图形文件，使用移动工具 ✛ 将石子地面拖入当前文件中，如

图20-374所示。

图20-373

图20-374

03 打开两个纹理素材，如图20-375和图20-376所示。使用移动工具 ✛ 将第一幅纹理素材拖入文档中，设置混合模式为"叠加"，如图20-377和图20-378所示。将第二幅纹理素材也拖入，先按Ctrl+I快捷键将图像反相，再设置混合模式为"柔光"，如图20-379和图20-380所示。

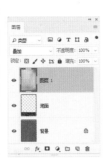

图20-375　　　　　图20-376　　　　　图20-377

图20-384　　　　　图20-385　　　　　图20-386

07 单击图像缩览图。选择矩形选框工具 $\square$，设置羽化参数为30像素，选取人物的上半部分，如图20-387所示。单击图像缩览图，按Ctrl+L快捷键打开"色阶"对话框，拖曳高光滑块，使图像变亮，如图20-388所示。分别调整红、绿和蓝3个通道的色阶，使人物肤色变明亮，如图20-389~图20-392所示。

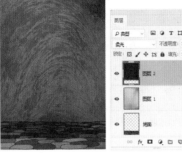

图20-378　　　　　图20-379　　　　　图20-380

04 使用橡皮擦工具 $\diagup$（柔角300像素）将覆盖住地面的图像擦掉，如图20-381所示。

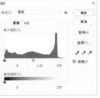

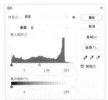

图20-387　　　　　图20-388　　　　　图20-389

图20-381

05 打开一个素材，如图20-382所示。使用快速选择工具 $\diagup$ 选取人物，包括摩托车的把手，如图20-383所示，人物的头发、鞋跟、车把手等图像有些复杂，选取时要耐心细致。

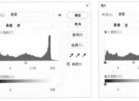

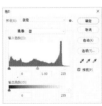

图20-390　　　　　图20-391　　　　　图20-392

08 按住Ctrl键单击人物图层的蒙版缩览图，载入人物的选区，如图20-393所示。按住Ctrl键单击面板底部的 $\square$ 按钮，在当前图层下方新建一个图层，填充黑色，如图20-394所示。按Ctrl+D快捷键取消选择。按Ctrl+T快捷键显示定界框，先将高度缩小，再按住Alt+Shift+Ctrl键，将光标放在定界框上，光标显示为 $\triangleright$ 状态时向右拖动鼠标进行变换处理，如图20-395所示。

图20-382　　　　　图20-383

06 双击"背景"图层，将其转换为普通图层，单击"图层"面板底部的 $\square$ 按钮，创建蒙版，如图20-384所示，将人物以外的区域隐藏，如图20-385所示。使用移动工具 $\oplus$ 将图像拖入插画文件中，如图20-386所示。

图20-393　　　　　图20-394　　　　　图20-395

09 执行"滤镜>模糊>高斯模糊"命令，使投影边缘变得柔和，如图20-396和图20-397所示。在"图层"面板中设置该图层的不透明度为60%。按Ctrl+J快捷键复制该图层，按Ctrl+T快捷键显示定界框，调整投影的宽度，再将该图层的不透明度设置为40%，效果如图20-398所示。

显，效果如图20-399所示。最后，将太阳镜、帽子等素材拖入文件中，输入文字，如图20-400所示。

图20-396　　　　图20-397　　　　图20-398

图20-399　　　　　　　图20-400

10 将素材文件中的摩托车、翅膀、火焰、云彩等图形移动到画面的相应位置。在人物图层上方新建一个图层，设置混合模式为"叠加"，不透明度为35%，在画面左上角创建一个"白色到透明"的径向渐变，提亮画面，使光影效果更明

●平面　●网店　●摄影　●插画

用PS设计一款时尚彩妆

20.15

扫码看视频

难度：★★★☆☆　功能：调整图层、蒙版

说明：通过"色彩平衡""曲线""色相/饱和度"命令以及混合模式等为人物打造一个时尚、绚烂的妆容。

---

01 打开素材，使用快速选择工具选取人物，如图20-401所示。单击"选择并遮住"按钮，在打开的对话框中调整参数，使选区更加精确，在"输出到"选项中默认为"新建带有图层蒙版的图层"，单击"确定"按钮，基于选区创建带有图层蒙版的图层，如图20-402~图20-404所示。

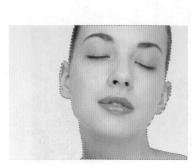

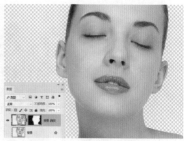

图20-403　　　　　　图20-404

图20-401　　　　　　图20-402

02 选择并显示"背景"图层，将其填充为白色。单击"背景 拷贝"图层的图像缩览图，如图20-405所示。按Ctrl+B快捷键打开"色彩平衡"对话框，选取"保持明度"选项，分别对中间调和高光进行调整，使人物的肤色变白，如图

20-406~图20-408所示。

图20-405　　　　图20-406

图20-407　　　　　　　图20-408

03 调整眉毛的色调。创建一个曲线调整图层，将RGB曲线向下调整，如图20-409所示，将蓝色曲线向上调整，增加蓝色，如图20-410和图20-411所示。

图20-409　　　　图20-410　　　　　图20-411

04 按Ctrl+I快捷键将蒙版反相，此时调整效果不见了，被蒙版隐藏起来。使用画笔工具 （柔角）在眉毛的位置涂抹白色，显示眉毛的调整结果，如图20-412和图20-413所示。

图20-412　　　　　图20-413

05 下面再用另一种方法来为人物添加眼影效果。使用椭圆选框工具 （羽化10像素）在眼睛上创建一个选区，如图20-414所示。创建一个"曲线"调整图层，将RGB曲线向下调整，如图20-415所示。再分别调整红、绿和蓝通道的曲线，增加红色和蓝色，减少绿色，使眼影呈现玫瑰红的颜色，如图20-416~图20-419所示。

图20-414　　　　图20-415　　　　图20-416

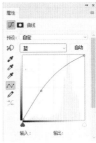

图20-417　　　　图20-418　　　　图20-419

06 使用画笔工具 （柔角）在眼睛上面涂抹白色，扩大眼影范围，如图20-420所示。降低画笔工具的不透明度，在眼睛周围涂抹，可以使眼影变浅，与皮肤之间呈现自然的过渡，图20-421所示为蒙版效果。

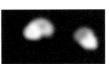

图20-420　　　　　　　图20-421

07 用同样的方法调整唇彩的颜色。图20-422~图20-424所示为曲线参数，图20-425所示为调整后的效果。

图20-422　　　　图20-423　　　　图20-424

图20-425

08 将前景色设置为黑色。选择钢笔工具 ，在工具选项栏中选择"形状"选项。绘制眼线，如图20-426所示。设置图层混合模式为"正片叠底"，不透明度为40%，如图20-427和图20-428所示。

图20-426　　　　图20-427　　　　图20-428

09 将前景色设置为深红色（R117，G0，B44）。新建一个图层，设置混合模式为"正片叠底"，不透明度为80%。使用画笔工具 ✏（柔角）在眼角涂抹，如图20-429所示。将前景色设置为深紫色（R125，G5，B88）。新建一个图层，设置混合模式为"柔光"，不透明度为35%，绘制出腮红，如图20-430所示。

图20-429　　　　　　　图20-430

10 选择画笔工具 ✏，打开"画笔"面板，选择"沙丘草"样本，设置大小为392像素，角度为124°，如图20-431所示。将前景色设置为深红色（R193，G53，B5）。新建一个图层，在眼睛上面单击绘制眼睫毛，如图20-432所示。

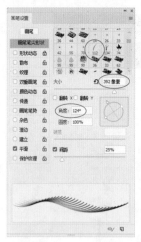
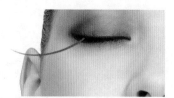

图20-431　　　　　　　图20-432

11 按Ctrl+J快捷键，复制当前图层，使用移动工具 ✛ 将复制后的眼睫毛向右侧移动，按Ctrl+U快捷键打开"色相/饱和度"对话框，设置色相参数为+180，改变睫毛颜色，如图20-433和图20-434所示。

图20-433　　　　　　　图20-434

12 再复制一个眼睫毛，调整位置和颜色，如图20-435和图20-436所示。

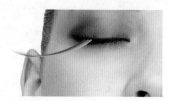

图20-435　　　　　　　图20-436

13 用同样的方法制作彩色眼睫毛，如图20-437所示。按住Shift键选取第一个眼睫毛图层，按Ctrl+E快捷键将所有眼睫毛图层合并。按Ctrl+M快捷键打开"曲线"对话框，将曲线向上调整，使睫毛色调变亮，如图20-438和图20-439所示。

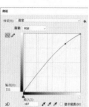

图20-437　　　　图20-438　　　　图20-439

14 单击"图层"面板顶部的 ▦ 按钮，锁定该图层的透明区域，如图20-440所示。使用画笔工具 ✏ 在睫毛的根部涂抹黑色，如图20-441所示。

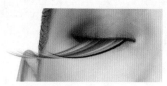

图20-440　　　　　　　图20-441

15 复制眼睫毛图层，移动到另一只眼睛上面，按Ctrl+T快捷键显示定界框，先进行水平翻转，再调整一下大小和角度，使它贴近眼睛，效果如图20-442所示。

图20-442

16 使用椭圆选框工具 ◯（羽化20像素）在眼睛上创建一个选区。选择渐变工具 ▬，在渐变下拉面板中选择"色谱"渐变，如图20-443所示。在选区内填充渐变，如图20-444所示。

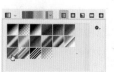

图20-443　　　　　　　图20-444

17 使用移动工具 ✛ 按住Alt键将选区内的图像拖曳到另一只眼睛上，执行"编辑>变换>水平翻转"命令，按Ctrl+D快捷键取消选择。用画笔工具 ✐ 在嘴唇的高光位置涂些白色，如图20-445所示。设置该图层的混合模式为"溶解"，不透明度为20%，如图20-446和图20-447所示。

图20-445

图20-446

图20-447

18 打开素材，如图20-448所示。将它拖入彩妆文件中，放在人物图层下方，效果如图20-449所示。

图20-448

图20-449

●平面 ●插画 ●动漫

动漫设计：绘制美少女

20.16
Photoshop CC 2018

扫码看视频

难度：★★★★★　功能：画笔工具、钢笔工具

说明：充分利用路径轮廓绘画，对路径填色，以及将路径转换为选区，以限定绘画范围。用钢笔工具绘制发丝，进行描边处理，表现出头发的层次感。

01 打开素材。"路径"面板中包含卡通少女外形轮廓素材，这是用钢笔工具绘制的。轮廓绘制并不需要特别的技巧，只要能熟练使用钢笔工具，就能很好地完成。下面我们来学习上色技巧。单击"路径1"，在画面中显示路径，如图20-450和图20-451所示。

图20-450

图20-451

02 新建一个图层，命名为"皮肤"，如图20-452所示。将前景色设置为淡黄色（R253，G252，B220）。使用路径选择工具 ▶ 在脸部路径上单击，选取路径。单击"路径"面板底部的 ● 按钮，用前景色填充路径，如图20-453所示。

图20-452

图20-453

03 选择身体路径，填充皮肤色（R254，G223，B177），如图20-454所示。选择脖子下面的路径，如图20-455所示，单击"路径"面板底部的 ◌ 按钮，将路径转换为选区，如图20-456所示。使用画笔工具 ✐ （柔角）在选区内填充暖褐色，选区中间位置颜色稍浅，按Ctrl+D快捷键取消选择，如图20-457所示。用浅黄色表现脖子和锁骨，如图20-458所示。

图20-454

图20-455

图20-456

图20-457

图20-458

> **提示**（Tips）
>
> 单击"路径"面板中的路径层，可以在画面中显示路径；使用路径选择工具 ▶ 选取路径，单击"路径"面板底部的按钮可以对其进行填充、描边或转换选区等操作。要修改路径则需要使用直接选择工具 ▶，通过移动锚点来完成。在"路径"面板空白处（路径层下方）单击，可以隐藏路径。

04 按住Ctrl键单击"图层"面板底部的 🗔 按钮，在当前图层下方新建一个图层，命名为"耳朵"，如图20-459所示。在"路径"面板中选取耳朵路径，填充颜色（比脸部颜色略深一点），如图20-460所示。

图20-459　　　　　　　图20-460

> **提示（Tips）**
> 设置前景色时可以先使用吸管工具 🖋 拾取皮肤色，再打开"拾色器"将颜色调暗。按 [键（缩小）或] 键（放大）可以调整画笔大小。

05 在"皮肤"图层上方新建一个图层，命名为"眼睛"。选择眼睛路径，如图20-461所示。单击"路径"面板底部的 ◌ 按钮，将路径转换为选区，用淡青灰色填充选区，如图20-462所示。用画笔工具 🖋（柔角）在眼角处涂抹棕色，如图20-463所示。按Ctrl+D快捷键取消选择。

图20-461　　　　　图20-462　　　　　图20-463

06 使用椭圆选框工具 ◌ 创建一个选区，如图20-464所示。单击工具选项栏中的从选区减去按钮 🗗，再创建一个与当前选区重叠的选区，如图20-465所示，通过选区相减运算得到月牙状选区，填充褐色，如图20-466所示。

图20-464　　　　　图20-465　　　　　图20-466

07 使用路径选择工具 ▸ 按住Shift键选取眼睛、眼线及睫毛等路径，如图20-467所示。填充栗色，如图20-468所示。在"路径"面板空白处单击，取消路径的显示，如图20-469所示。

图20-467　　　　　图20-468　　　　　图20-469

08 单击 🗗 按钮锁定该图层的透明像素，如图20-470所示。用画笔工具 🖋（柔角40像素，不透明度80%）分别在上、下眼线处涂抹浅棕色，降低画笔工具的不透明度，可使绘制的颜色过渡自然，如图20-471所示。

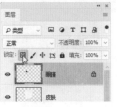

图20-470　　　　　　　图20-471

09 按] 键将笔尖调大，在眼珠里面涂抹桃红色，如图20-472所示。使用椭圆选框工具 ◌（羽化2像素）按住Shift键创建一个选区，如图20-473所示，填充栗色，按Ctrl+D快捷键取消选择，如图20-474所示。

图20-472　　　　　图20-473　　　　　图20-474

10 使用加深工具 🖐 沿着眼线涂抹，对颜色进行加深处理，如图20-475所示。将前景色设置为淡黄色。选择画笔工具 🖋，设置混合模式为"叠加"，在眼球上单击，形成闪亮的反光效果，如图20-476所示。

图20-475　　　　　　　图20-476

11 用画笔工具 🖋（混合模式为正常）在眼球上绘制白色光点，如图20-477所示。将画笔工具的混合模式设置为"叠加"，不透明度为66%，将前景色设置为黄色（R255，G241，B0），在眼球上涂抹黄色，如图20-478所示。

图20-477　　　　　　　图20-478

12 新建一个图层。先用画笔工具 🖋 画出眼眉的一部分，如图20-479所示。再用涂抹工具 🖐 在笔触末端按住鼠标拖动，涂抹出眼眉形状，如图20-480所示。用橡皮擦工具 🧽 适当擦除眉头与眉梢的颜色，如图20-481所示。

图20-479　　　　图20-480　　　　图20-481

13 按住Ctrl键单击"眼睛"图层，如图20-482所示。按
Alt+Ctrl+E快捷键盖印图层，将眼睛和眼眉合并到一个
新的图层中。执行"编辑>变换>水平翻转"命令，使用移动工
具 ✛ 将图像拖到脸部右侧，如图20-483所示。

图20-482　　　　图20-483

14 单击"路径"面板中的路径层，显示路径。使用路径
选择工具 ▶ 选取鼻子路径，如图20-484所示。在"图
层"面板中新建一个名称为"鼻子"的图层，用浅褐色填充路
径区域，如图20-485所示。

图20-484　　　　　　　图20-485

15 新建图层用以绘制嘴部，同样是用选取路径进行填充的
方法，如图20-486和图20-487所示。表现牙齿和嘴唇时
则需要将路径转换为选区，使用画笔工具 ✐ 在选区内绘制出
明暗效果，如图20-488~图20-491所示。

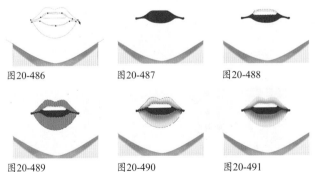

图20-486　　　图20-487　　　图20-488

图20-489　　　图20-490　　　图20-491

16 用吸管工具 ✐ 拾取皮肤色作为前景色。在"画笔"面
板中选择"半湿描油彩笔"笔尖，如图20-492所示，在
嘴唇上单击，表现纹理感。绘制时可降低画笔的不透明度，使
颜色有深浅变化，并能表现嘴唇的体积感，还要根据嘴唇的弧
线调整笔尖的角度，如图20-493所示。

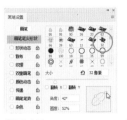

图20-492　　　　　　　图20-493

17 分别选取"皮肤"和"耳朵"图层，绘制出五官的结
构，如图20-494和图20-495所示。

图20-494　　　　　图20-495

18 选择头发路径，如图20-496所示。在"图层"面板中新
建一个名称为"头发"的图层，用黄色填充路径区域，
如图20-497所示。

图20-496　　　　　　图20-497

19 单击"路径"面板底部的 ▣ 按钮，新建一个路径层，
如图20-498所示。选择钢笔工具 ✐ ，在工具选项栏中
选择"路径"选项，绘制头发的层次，如图20-499所示。

图20-498　　　　图20-499

517

20 单击"路径"面板底部的 ⬚ 按钮，将路径转换为选区。新建一个图层。在选区内填充棕黄色，使用橡皮擦工具 ◢（柔角，不透明度20%）适当擦除，使颜色产生明暗变化，如图20-500所示。按Ctrl+D快捷键取消选择，效果如图20-501所示。

图20-500

图20-501

21 分别创建一个新的路径层和图层，用钢笔工具 ◢ 绘制发丝，如图20-502所示。将前景色设置为褐色。选择画笔工具 ◢，在画笔下拉面板中选择"硬边圆压力大小"笔尖，设置大小为4像素，如图20-503所示。按住Alt键单击"路径"面板底部的 ⬚ 按钮，打开"描边路径"对话框，选取"模拟压力"选项，如图20-504所示，描绘发丝路径，如图20-505所示。

图20-502

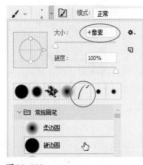
图20-503

图20-504

图20-505

22 选择"头发"图层，使用加深工具 ◢ 涂抹，加强头发的层次感，如图20-506所示。绘制出脖子后面的头发，如图20-507所示。

23 打开素材，如图20-508所示。将"组1"拖入人物文件中，如图20-509所示。

图20-506

图20-507

图20-508

图20-509

24 按Alt+Ctrl+E快捷键，将"组1"中的图像盖印到一个新的图层中，按住Ctrl键单击该图层缩览图，载入所有花朵装饰物的选区，如图20-510所示。按住Alt+Shift+Ctrl键单击"头发"图层缩览图，通过选区运算，得到的选区用来制作花朵在头发上形成的投影，如图20-511所示。

图20-510

图20-511

25 将盖印的图层删除，创建一个新图层。在选区内填充褐色，按Ctrl+D快捷键取消选择，如图20-512所示。执行"滤镜>模糊>高斯模糊"命令，对图像进行模糊处理，如图20-513所示。

图20-512

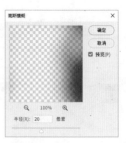
图20-513

26 设置该图层的混合模式为"正片叠底"，不透明度为35%，按Ctrl+[快捷键，将其动到"组 1"的下方，使用移动工具 ✛ 将投影略向下移动，如图20-514和图20-515所示。选择"背景"图层，填充肉粉色（R248，G194，B172），如图20-516所示。

图20-514 图20-515 图20-516

●平面 ●插画

超现实效果：画面突破创意

20.17 | Photoshop CC 2018

扫码看视频

难度：★★★★★ 功能：调整图层、图层样式

说明：使用图层样式表现裂口，再对画面进行统一调整。

01 按Ctrl+O快捷键，打开素材，如图20-517所示。

图20-517

02 单击"调整"面板中的 ▦ 按钮，创建"色相/饱和度"调整图层，拖曳滑块降低色彩的饱和度，如图20-518和图20-519所示。

图20-518 图20-519

03 新建一个图层，使用画笔工具 ✐（尖角）在人物的脸颊处绘制出一个裂口，如图20-520和图20-521所示。

04 选择多边形套索工具 ⪤（羽化1像素），在裂口的右侧创建选区。在"裂口"图层的下面创建一个名称为"卷边"的图层，将前景色设置为皮肤色，按Alt+Delete快捷键填充前景色，如图20-522和图20-523所示，然后取消选择。裂口的下边的颜色应当偏黄。裂口右边缘可使用橡皮工具 ⬙（柔角）处理，使它更加自然柔和。

图20-520 图20-521

图20-522 图20-523

05 双击图层，打开"图层样式"对话框，分别添加"投影""内发光""渐变叠加"效果，制作出纸裂开后的卷边效果，如图20-524~图20-527所示。

图20-524

图20-525

图20-526

图20-527

06 打开素材，如图20-528所示。将它拖入当前文件中，放在"裂口"图层的上面，将马适当缩小并放到裂口处，如图20-529所示。

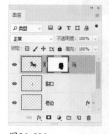

图20-528

图20-529

07 单击 ■ 按钮添加蒙版，使用画笔工具 ✐（柔角100像素）在马的后半身涂抹，靠近裂口处时应将画笔调小（可以按 [键）细致涂抹，使图像边缘与裂口的衔接准确，制作出马从裂口跳出的效果，如图20-530和图20-531所示。

图20-530　　　　图20-531

08 单击"调整"面板中的 按钮，创建"色阶"调整图层，调整色阶使图像变亮，如图20-532所示。按Alt+Ctrl+G快捷键创建剪贴蒙版，使色阶调整图层只作用于"马"图层，如图20-533和图20-534所示。

图20-532　　　　图20-533　　　　图20-534

09 创建一个名称为"色调"的图层，填充棕色（R70，G38，B4）。设置混合模式为"正片叠底"，不透明度为75%，以加深图像，如图20-535和图20-536所示。

图20-535　　　　图20-536

10 为该图层添加蒙版。使用画笔工具 ✐（柔角，500像素，不透明度80%）在画面中央涂抹，生成类似光照的效果，使视点集中在马身上，如图20-537和图20-538所示。

图20-537　　　　图20-538

11 按住Alt键单击 按钮，创建一个名称为"加深"的图层，模式为"正片叠底"。将前景色设置为深灰色，使用画笔工具 ✐ 在画面下方的两个角涂抹，加深这两个区域，使画面色调的变化更加丰富，调整该图层的不透明度为50%，使画面色调的变化更加微妙，如图20-539和图20-540所示。

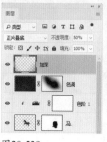

图20-539　　　　图20-540

12 打开素材，将它拖入当前文件中，放在画面左侧，如图
20-541所示。

图20-541

●平面 ●插画

空间突变：擎天柱重装上阵

Photoshop CC.2018 20.18

扫码看视频

难度：★★★★★ 功能：滤镜、蒙版

说明：通过影像合成技术把虚拟与现实结合，制作具有视觉震撼力的作品。

01 打开变形金刚素材。打开"路径"面板，单击路径层，如图20-542所示，按Ctrl+Enter快捷键，将路径转换为选区，如图20-543所示。

图20-542　　　　　图20-543

02 打开手素材，如图20-544所示。使用移动工具 ⊕ 将选中的变形金刚拖入到手文件中，如图20-545所示。

图20-544　　　　　图20-545

03 按两下Ctrl+J快捷键复制图层。单击下面两个图层的眼睛图标 ● ，将它们隐藏。按Ctrl+T快捷键显示定界框，将图像旋转，如图20-546和图20-547所示。

04 单击"图层"面板底部的 ▫ 按钮，添加蒙版。使用画笔工具 ✐ 在变形金刚腿部涂抹黑色，将其隐藏，如图20-548和图20-549所示。

图20-546　　　　　图20-547

图20-548　　　　　图20-549

05 将该图层隐藏，选择并显示中间的图层。按Ctrl+T快捷键显示定界框，按住Ctrl键拖曳控制点，对图像进行变形处理，按Enter键确认，如图20-550和图20-551所示。

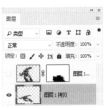

图20-550　　　　　图20-551

06 按D键，恢复默认的前景色和背景色。执行"滤镜>滤镜库"命令，打开"滤镜库"，在"素描"滤镜组中找到"绘图笔"滤镜，设置参数如图20-552所示。将图像处理成为铅笔素描效果，再将图层的混合模式设置为"正片叠底"，效果如图20-553所示。

图20-552　　　　　　　　图20-553

07 单击"图层"面板底部的 █ 按钮，添加蒙版。用画笔工具 ✎ 在变形金刚上半身，以及遮挡住手指和铅笔的图像上涂抹黑色，将其隐藏起来，如图20-554所示。单击图层前面的眼睛图标 ◉，将该图层隐藏，选择并显示最下面的变形金刚图层，对图像进行适当扭曲，如图20-555所示。

图20-554　　　　　　　　图20-555

08 设置该图层的混合模式为"正片叠底"，不透明度为55%。单击"图层"面板顶部的 ▨ 按钮锁定透明区域，调整前景色（R39，G29，B20），按Alt+Delete快捷键填色，如图20-556和图20-557所示。

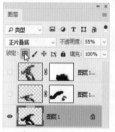

图20-556　　　　　　　　图20-557

09 再单击一下 ▨ 按钮，解除锁定。执行"滤镜>模糊>高斯模糊"命令，如图20-558所示，让图像的边缘变得柔和，使之成为变形金刚的投影。为该图层添加蒙版，用柔角画笔工具 ✎ 修改蒙版，将下半边图像隐藏起来，如图20-559和图20-560所示。

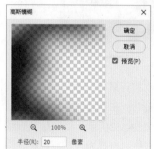
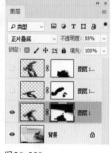

图20-558　　　　　　　　图20-559

图20-560

10 将上面的两个图层显示出来。单击"调整"面板中的 ▨ 按钮，创建"曲线"调整图层，拖曳曲线将图像调亮，如图20-561所示。将它移到面板的顶层。使用渐变工具 ▨ 填充黑白线性渐变，对蒙版进行修改，如图20-562和图20-563所示。

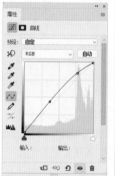
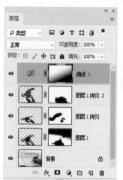

图20-561　　　　　　　　图20-562

图20-563

11 新建一个图层，设置混合模式为"柔光"，不透明度为60%。使用柔角画笔工具 ✎ 在画面四周涂抹黑色，对边角进行加深处理，如图20-564和图20-565所示。

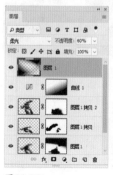

图20-564　　　　　　　　图20-565

20.19

高端影像合成：
CG插画

扫码看视频

难度：★★★★★ 功能：蒙版、"色阶"和"色彩范围"命令

说明：灵活编辑图像、合成图像，注意影调的表现。

01 按Ctrl+O快捷键，打开素材，如图20-566和图20-567所示。

图20-566　　　　　　　　图20-567

02 按Ctrl+L快捷键打开"色阶"对话框，向左拖曳高光滑块，提高图像的亮度，如图20-568和图20-569所示。

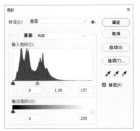

图20-568　　　　　　图20-569

03 打开树皮素材，如图20-570所示。使用移动工具 ⊕ 将树皮图像拖入人物文件中，如图20-571所示。

图20-570　　图20-571

04 设置该图层的混合模式为"浅色"，不透明度为60%，按Alt+Ctrl+G快捷键创建剪贴蒙版。单击"图层"面板底部的 ◘ 按钮，添加图层蒙版。使用柔角画笔工具 ✔ 在树皮周围涂抹黑色，将边缘隐藏，使纹理融入皮肤中，如图20-572和图20-573所示。

05 打开素材，如图20-574所示。将山峦图像拖到人物文件中，执行"编辑>变换>旋转90度（顺时针）"命令，将图像旋转，设置混合模式为"强光"，使山峦融合到人物皮肤

中，如图20-575所示。

图20-572　　　　　　图20-573

图20-574　　　　　　图20-575

06 按Alt+Ctrl+G快捷键创建剪贴蒙版，将超出人物区域的图像隐藏，如图20-576和图20-577所示。单击 ◘ 按钮创建蒙版，使用柔角画笔工具 ✔ 在手臂、面部涂抹黑色，将这部分区域的山峦图像隐藏，如图20-578和图20-579所示。

图20-576　　　　　　图20-577

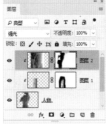

图20-578　　　　　　图20-579

07 将画笔工具调小，不透明度设置为100%，用白色在手指上涂抹，使手指皮肤也呈现山峦的颜色，人物的文身效果就制作完了，如图20-580和图20-581所示。

图20-580　　　　图20-581

08 下面要为图像添加云彩、飞鸟和各种花朵元素，使画面丰富、意境唯美。按Ctrl+O快捷键，打开一个文件，如图20-582所示。按Shift+Ctrl+U快捷键去色，将图像转换为黑白色，如图20-583所示。

图20-582　　　　图20-583

09 按Ctrl+L快捷键打开"色阶"对话框，单击设置黑场工具 ，如图20-584所示，在图20-585所示的位置单击，将灰色区域转换为黑色，图20-586所示为"色阶"对话框效果，图20-587所示为图像效果。

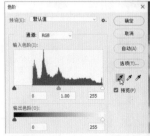

图20-584　　　　图20-585

图20-586　　　　图20-587

10 使用移动工具 将云彩图像拖入人物文件中，按Ctrl+T快捷键显示定界框，将图像的高度适当调小，按Enter键确认，如图20-588所示。设置该图层的混合模式为"滤色"，这样可以隐藏黑色像素，在画面中只显示白色的云彩，如图20-589所示。

图20-588　　　　图20-589

11 使用橡皮擦工具 （柔角）将云彩整齐的边缘擦除，如图20-590所示。

图20-590

12 打开一个素材，如图20-591所示。使用移动工具 将枝叶图像拖入人物文件中，放置在手臂上面，如图20-592所示。

图20-591　　　　图20-592

13 按住Ctrl键单击"图层"面板底部的 按钮，在当前图层下方创建一个图层，如图20-593所示。按住Ctrl键单击"枝叶"图层，从该图层中载入选区，如图20-594和图20-595所示。在选区内填充黑色，按Ctrl+D快捷键取消选择。按Ctrl+T快捷键显示定界框，按住Ctrl键拖曳定界框的一角，对图像进行变换，如图20-596所示。按Enter键确认操作。

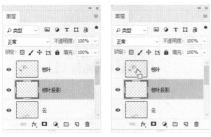

图20-593　　　　　图20-594

图20-595　　　　　图20-596

14 执行"滤镜>模糊>高斯模糊"命令，设置半径为10像素，如图20-597和图20-598所示。

 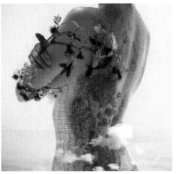

图20-597　　　　　图20-598

15 设置该图层的混合模式为"正片叠底"，不透明度为30%，如图20-599和图20-600所示。

图20-599　　　　　图20-600

16 打开素材，如图20-601所示。先来调整一下花环的颜色，使其与制作的插画色调协调。按Ctrl+U快捷键打开"色相/饱和度"对话框，设置参数，如图20-602所示。

图20-601　　　　　图20-602

17 按Ctrl+L快捷键，打开"色阶"对话框，将阴影滑块和高光滑块向中间移动，以便增强色调的对比度，如图20-603和图20-604所示。

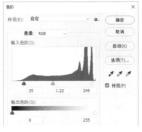 

图20-603　　　　　图20-604

18 执行"选择>色彩范围"命令，打开"色彩范围"对话框，在画面的背景区域单击鼠标，进行取样，设置"颜色容差"为75，如图20-605和图20-606所示。在预览框内可以看到花环外面的背景已被选取，花环里面的背景呈现灰色，说明未被全部选取。单击添加到取样工具，在花环里面的背景上单击，如图20-607所示。将这部分图像添加到选区内，在预览框内可以看到，原来的灰色区域已变为白色，如图20-608所示。

图20-605　　　　　图20-606

图20-607　　　　　图20-608

19 单击"确定"按钮，选区效果如图20-609所示。按Shift+Ctrl+I快捷键将花环选取，如图20-610所示。

图20-609　　　　　　　　　图20-610

图20-613　　　　　　　　　图20-614

20 按住Ctrl键将选区内的花环拖入人物文件。按Ctrl+T快捷键显示定界框，将图像进行水平翻转，再调整角度和位置，如图20-611和图20-612所示。按Enter键确认操作。

图20-615　　　　　　　　　图20-616

图20-611　　　　　　　　　图20-612

21 选择移动工具 ✛，按住Alt键拖曳图像进行复制，如图20-613所示。使用橡皮擦工具 ◢（柔角）将花环上的花朵擦除，再调整花环的大小和角度，组成发髻的形状。通过"色相/饱和度"命令调整花环的颜色，使其与人物的色调相统一，效果如图20-614所示。在发髻下方新建一个图层，使用柔角画笔工具 ✍ 绘制发髻的投影，如图20-615所示。

22 打开素材，如图20-616所示。将素材拖入人物文件，最终效果如图20-617所示。

图20-617

●平面 ●网店 ●摄影 ●插画

广告表现大视觉：
拒绝象牙制品

扫码看视频

难度：★★★★★　功能：蒙版、混合颜色带

说明：通过蒙版、混合颜色带进行图像合成，在图像上叠加纹理，表现裂纹效果。

01 按Ctrl+O快捷键，打开素材，大象位于一个单独的图层中，如图20-618和图20-619所示，先来营造场景氛围，再制作破损和残缺的部分。

02 选择"背景"图层。将前景色设置为灰褐色（R76，G67，B52）。使用渐变工具 ■ 填充一个倾斜的线性渐变，如图20-620和图20-621所示。

图20-618　　　　　　　　　图20-619　　　　　　　　　图20-620　　　　　　　　　图20-621

03 打开素材，使用移动工具 ✛ 将其拖入大象文件中，如图20-622所示。单击"图层"面板底部的 ◻ 按钮，为该图层添加蒙版。使用柔角画笔工具 ✐ 在地面周围涂抹黑色，使图像能够融合到背景中，如图20-623和图20-624所示。

04 单击"图层"面板底部的 ◻ 按钮，新建一个图层。在画面底部涂抹黑色，可降低画笔工具的不透明度，使颜色过渡自然，如图20-625所示。

图20-622

图20-623

图20-624

图20-625

05 选择套索工具 ◯，设置羽化参数为2像素。在大象左侧耳朵上创建一个选区，如图20-626所示。按住Alt键单击 ◻ 按钮基于选区创建一个反相的蒙版，将选区内的图像隐藏，如图20-627所示。

图20-626

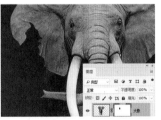
图20-627

06 分别在大象的右耳和两条后腿处创建选区，在选区内填充黑色，使这部分区域隐藏，制作出断裂的效果，如图20-628~图20-631所示。

图20-628

图20-629

图20-630

图20-631

07 打开纹理素材，如图20-632所示。将其拖入大象文件中，按Alt+Ctrl+G快捷键创建剪贴蒙版，设置混合模式为"正片叠底"，形成裂纹效果，如图20-633所示。

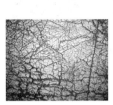
图20-632

图20-633

08 创建并编辑蒙版，隐藏部分纹理。打开一个素材，如图20-634所示。将其拖入大象文件，按Ctrl+T快捷键显示定界框，先调整图像角度，如图20-635所示。单击鼠标右键，在打开的快捷菜单中选择"变形"命令，如图20-636所示，显示变形网格，拖曳锚点使图像中的光线呈现垂直方向，如图20-637所示。按Enter键确认。

图20-634

图20-635

图20-636

图20-637

09 双击该图层，打开"图层样式"对话框，按住Alt键拖曳本图层选项中的黑色滑块，隐藏该图层中所有比该滑

块所在位置暗的像素，使图像能更好地融合到背景中，如图20-638和图20-639所示。

图20-638　　　　图20-639

10 创建蒙版，使用画笔工具 ✐ 在图像的边缘涂抹黑色，将边缘隐藏，如图20-640和图20-641所示。

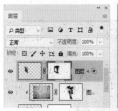

图20-640　　　　图20-641

11 打开素材，如图20-642所示。拖入大象文件中并调整角度，如图20-643所示。设置混合模式为"滤色"。创建蒙版，将多余的图像隐藏，如图20-644和图20-645所示。

图20-642　　　　图20-643

图20-644　　　　图20-645

12 在"图层"面板中选择大象左耳上尘土所在的图层，按住Alt键向上拖曳，复制该图层，如图20-646所示。将其移至大象右耳处。双击该图层，对混合颜色带参数进行调整，向右拖曳黑色滑块，更多的隐藏当前图层的背景区域，如图20-647所示。

13 打开素材，如图20-648所示，拖入大象文件后，创建蒙版，将土堆底边隐藏，使其与背景的土地融为一体，如图20-649所示。

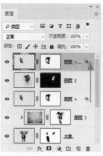

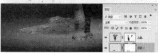

图20-646　　　　图20-647

图20-648　　　　图20-649

14 按住Ctrl键单击"大象"图层缩览图，载入大象的选区，如图20-650和图20-651所示。

图20-650　　　　图20-651

15 新建一个图层。将选区内填充黑色，按Ctrl+D快捷键取消选择。按Ctrl+T快捷键显示定界框，拖曳定界框将图像缩小，如图20-652所示；按住Ctrl键拖曳定界框的一角，对图像进行变形处理，如图20-653所示。按Enter键确认。

图20-652　　　　图20-653

16 执行"滤镜>模糊>高斯模糊"命令，设置半径为8像素，如图20-654所示。使投影边缘变得柔和，设置该图层的不透明度为45%。创建蒙版，用画笔工具 ✐（不透明度30%）在投影上涂抹黑色，表现出明暗变化，如图20-655所示。

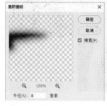

图20-654　　　　图20-655

17 打开素材，将"土石"图层组拖入大象文件中，如图 20-656和图20-657所示。

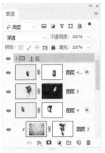

图20-656　　　　　图20-657

用画笔工具 ✏ 在画面左上角及地面的土堆上涂抹一些白色，营造一个柔和的光源氛围，如图20-661所示。

图20-658　　　　　图20-659

18 新建一个图层。选择多边形套索工具 ⬙（羽化50像素）创建3个选区，如图20-658所示。填充白色，制作3束由左上方投射的光线，如图20-659所示。

19 设置该图层的混合模式为"柔光"，不透明度为40%，如图20-660所示。用橡皮擦工具 ✐（柔角，不透明度30%）修饰一下大象身上的光线，将多余的部分擦除。最后，

图20-660　　　　　图20-661

●平面 ●网店 ●摄影 ●插画

创意风暴：菠萝城堡

20.21

扫 码 看 视 频

难度：★★★★★　功能：蒙版、混合模式、"色彩平衡"命令

说明：将不同色调、光线的图像合成在一起，制作出具有童话艺术氛围的有趣作品。

01 按Ctrl+O快捷键，打开素材，如图20-662所示。

图20-662

02 选择渐变工具 ▣ ，单击工具选项栏中的 ▬ 按钮，打开"渐变编辑器"调整渐变颜色，如图20-663所示。新建一个图层，按住Shift键由上至下拖曳鼠标，填充线性渐变，如图20-664所示。

03 设置混合模式为"强光"，使画面颜色变得明亮纯净，如图20-665和图20-666所示。

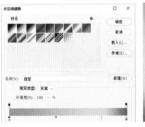

图20-663　　　　　图20-664

图20-665　　　　　图20-666

04 打开素材，如图20-667所示。使用移动工具 ⊕ 将沙粒图像拖入菠萝城堡文件中。按Ctrl+T快捷键显示定界框，调整图像的高度，按Enter键确认操作，如图20-668所示。

图20-667　　　　　　　　图20-668

05 单击"图层"面板底部的 ■ 按钮，创建图层蒙版。使用渐变工具 ■ 填充线性渐变，操作时起点应在沙粒图像内，才能将沙粒图像的边缘隐藏，如图20-669和图20-670所示，将两幅图像合成在一起。

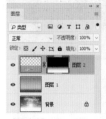

图20-669　　　　　　　　图20-670

06 新建一个图层，设置混合模式为"叠加"，不透明度为35%。将前景色设置为黑色，在渐变下拉面板中选择"前景色到透明渐变"，由画面下方向上拖曳鼠标填充渐变，使沙粒色调变浓，如图20-671和图20-672所示。按Shift+Ctrl+E快捷键合并图层。

图20-671　　　　　　　　图20-672

07 打开菠萝素材，如图20-673所示。使用移动工具 ⊕ 将菠萝拖入菠萝城堡文件中，执行"编辑>变换>旋转90度（顺时针）"命令，效果如图20-674所示。

图20-673　　　　　　　　图20-674

08 单击"图层"面板底部的 ■ 按钮，添加图层蒙版。选择画笔工具 ✎ ，在"画笔"面板中选择"半湿描边油彩笔"，设置大小为100像素，如图20-675所示。在菠萝底部涂抹黑色，使其隐藏到沙粒中。再使用柔角画笔在菠萝叶的边缘上涂抹灰色，如图20-676所示为蒙版效果，图20-677所示为图像效果。

09 按Ctrl+J快捷键，复制该图层，如图20-678所示。执行"滤镜>模糊>高斯模糊"命令，设置模糊半径为10像素，如图20-679和图20-680所示。

图20-675　　　　　　　　图20-676

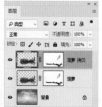

图20-677　　　　　　　　图20-678

图20-679　　　　　　　　图20-680

10 单击该图层的蒙版缩览图，使用柔角画笔工具 ✎ 在菠萝的中心位置涂抹黑色，隐藏中心的模糊图像，只让菠萝的边缘则呈现模糊效果，如图20-681和图20-682所示。

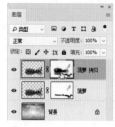

图20-681　　　　　　　　图20-682

11 单击"菠萝"图层的蒙版缩览图，如图20-683所示。在图像中菠萝的左侧涂抹深灰色，使图像呈现虚实变化，如图20-684所示。

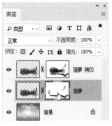

图20-683 　　　　　　　图20-684

12 按住Ctrl键单击"菠萝拷贝"图层，选取这两个图层，如图20-685所示。按Ctrl+E快捷键，将它们合并，如图20-686所示。

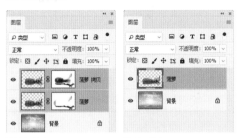

图20-685 　　　　　　　图20-686

13 按Ctrl+B快捷键，打开"色彩平衡"对话框，分别对"中间调""阴影""高光"做出调整，使菠萝颜色变黄，画面色调更加温暖，如图20-687~图20-690所示。

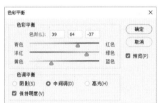
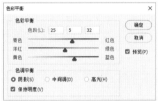

图20-687 　　　　　　　图20-688

图20-689 　　　　　　　图20-690

14 在"菠萝"图层下方新建一个图层，选择柔角画笔工具 ✎ ，设置不透明度为32%，绘制出投影，如图20-691和图20-692所示。

图20-691 　　　　　　　图20-692

15 打开素材，如图20-693和图20-694所示。

图20-693 　　　　　　　图20-694

16 使用移动工具 ✛ 将素材拖入菠萝城堡文件中，装饰在菠萝上面，如图20-695所示。

图20-695

17 在"菠萝"图层上方新建一个图层，设置混合模式为"正片叠底"。使用柔角画笔工具 ✎ （不透明度20%）绘制门、窗、草丛和路灯的投影，使画面中各种元素的合成更加自然。在菠萝叶子上涂抹一些黑色，使色调变化丰富，在画面左上角加入文字，如图20-696所示。

图20-696

注：除上述滤镜外，其他滤镜均在配套资源的"Photoshop CC 2018滤镜"电子文档中。